# 松下PLC技术完全攻略

高安邦　胡乃文　马　欣　主编
邵俊鹏　吴洪兵　李树亭　主审

U0231255

化学工业出版社

·北京·

"攻略"引自成语"攻城略地",即"进攻占领"的意思。所谓"松下 PLC 技术完全攻略"就是将攻克松下 PLC 技术的流程指南、注意要点、诀窍、方法和步骤等告知读者,让读者省去摸索的时间,少走或不走弯路,完全把松下 PLC 学到手,达到事半功倍的效果。

全书共有 9 章,内容主要包含:快速打开 PLC 技术领域的大门、熟知松下 PLC 的主要硬/软件资源、掌握松下系列 PLC 的编程工具软件、探索 PLC 控制系统设计方法、传承 PLC 基本的编程规则与最常用的编程环节、探索松下 PLC 通信功能的开发应用、掌握 PLC 综合应用中的触摸屏和组态王技术、学会松下 PLC 的安装与维护、完全攻略松下 PLC 的速记表等。其宗旨是以"授人以渔"的方法,指导和引领 PLC 工程技术人员在掌握正确的设计理念和方法的基础上,以设计实践案例为示范和样板,与时俱进、举一反三,不断自主创新,设计出 PLC 工程应用的精品来。

本书内容翔实,图文并茂,阐述清晰透彻,可读性、实用性强。本书既可作为 PLC 工程应用设计人员的指导书,也可作为理工科大学相关专业本/专科师生的实用教材和参考书。

## 图书在版编目（CIP）数据

松下 PLC 技术完全攻略/高安邦,胡乃文,马欣主编.
—北京:化学工业出版社,2019.3
ISBN 978-7-122-33821-1

Ⅰ.①松⋯　Ⅱ.①高⋯　②胡⋯　③马⋯　Ⅲ.①PLC 技术　Ⅳ.①TB4

中国版本图书馆 CIP 数据核字（2019）第 019198 号

责任编辑：李军亮　万忻欣　　　　　　　文字编辑：吴开亮
责任校对：宋　玮　　　　　　　　　　　装帧设计：刘丽华

出版发行：化学工业出版社（北京市东城区青年湖南街 13 号　邮政编码 100011）
印　　装：北京市白帆印务有限公司
787mm×1092mm　1/16　印张 30½　字数 794 千字　2019 年 8 月北京第 1 版第 1 次印刷

购书咨询：010-64518888　　　　　　　　售后服务：010-64518899
网　　址：http://www.cip.com.cn
凡购买本书,如有缺损质量问题,本社销售中心负责调换。

定　　价：128.00 元

# 本书编写人员

主　编　高安邦　胡乃文　马　欣

参　编　薛　易　崔　冰　罗泽艳

主　审　邵俊鹏　吴洪兵　李树亭

序

可编程序控制器（PLC）作为一种现代新型工业用控制装置，具有功能性强、安全可靠性高、指令系统简单、编程简便易学、易于掌握、体积小、维修工作量少、现场连接方便等一系列显著优点，不仅可以取代传统的"继电器－接触器"控制系统以实现逻辑控制、顺序控制、定时/计数等各种功能，大型高档的 PLC 还能像微型计算机那样进行数字运算、数据处理、模拟量调节、运动控制、闭环过程控制以及联网通信等。

目前，PLC 已被广泛应用于机械制造、机床、冶金、采矿、建材、石油、化工、汽车、电力、造纸、纺织、装卸、环保等行业，其市场份额已经超过了 DCS、智能控制仪表、IPC 等工控设备。在自动化领域，PLC 与数控机床、工业机器人、CAD/CAM 被并称为现代工业技术的四大支柱并已跃居榜首，尤其在工程项目中的应用越来越广泛。PLC 及其网络现已成为工矿企业中首选的工业控制装置，由 PLC 组成的多级分布式控制网络也已成为现代工业控制系统的主要组成部分，其应用的深度和广度也代表了一个国家工业现代化的先进程度。

随着国内各类加工基地的建设，生产线、加工设备和加工中心的启用，PLC 控制系统的应用还将进一步扩大。因此，学习 PLC 系统的意义十分重大，用好 PLC 的意义更为深远；学用 PLC 技术实现对现代工程设备的稳定可靠控制、提升产品的竞争力，已成为目前推动这一技术发展的主要驱动力量。

随着 PLC 技术在我国各个应用领域的逐步普及和大量应用，需要掌握 PLC 产品基础和实用开发技术的工程技术人员群体也在不断扩大，国内各理工科大学和高职院校都相继开设了 PLC 应用技术专业课程。可见，PLC 应用技术已成为当代理工科院校师生、广大工程技术人员竞相掌握的一门重要技能。

随着 PLC 技术的广泛应用，如何更深层次地应用 PLC 技术，在工程实践中进行 PLC 的更深入的应用开发，更充分地利用 PLC 产品丰富的内部资源完成复杂项目的开发等问题不断困扰着采用 PLC 技术进行工程项目开发的相关人员。因此，如何帮助广大高校师生、工程技术人员迅速解决上述难题已然成为一个亟待解决的问题。目前，解决这些问题的重要手段就是在源头上多下功夫。比如，编写一些高质量的实用科技图书，以"授人以渔"的方法，帮助读者真正掌握 PLC 产品的基础知识和各种实用开发技术，解决在实际工程项目开发过程中所遇到的各种困扰，从而更快、更好地完成各种实际项目的开发和设计。

为了满足广大工程技术人员对 PLC 系统设计的需要，便于读者全面、系统、深入地掌握 PLC 的最新应用技术，在国家级优秀出版社的策划下，高安邦教授已经组织编著出版了一些有关 PLC 工程应用设计的图书，由于它们侧重于工程应用设计实践，因此深受广大读者欢迎。应广大读者的要求和化学工业出版社的邀约，哈尔滨理工大学高安邦教授和胡乃文高级工程师又组织编著了这部以松下 FP 系列 PLC 在工程控制领域的开发应用设计指南为主线的新作，更具有与时俱进的实用

价值。

本书以松下 FP 系列 PLC 工程开发应用为目的，在广泛吸收国外先进标准、先进设计思想的基础上，以工程应用的开发设计为主线，从实用的角度出发，详尽介绍了 PLC 工程应用设计必需的技术基础；重点介绍了 PLC 基本指令的编程规则与技巧、PLC 工程开发应用设计的方法；又给出了大量的工程应用设计实践案例，内容丰富，可读性、可用性和实践性强。榜样的力量是无穷尽的，完全攻略能给读者提供攻克松下 FP 系列 PLC 技术的流程指南、注意要点、诀窍、方法和步骤等，给读者以指引和启迪；设计实践案例能够提供示范、样板和经验，让读者省去摸索的时间，少走或不走弯路，完全把松下 FP 系列 PLC 学到手，达到事半功倍的效果；其宗旨就是引领 PLC 工程技术人员在掌握正确的设计理念和方法的基础上，以设计实践案例为示范和样板，与时俱进、举一反三，不断自主创新，设计出 PLC 工程应用的精品来。

本书具有如下主要特点：

① 内容全面、体系完备。本书从不同层面和深度，介绍利用 PLC 开发工具进行工程应用开发设计的全过程，内容翔实，覆盖面广。

② 实践性强、案例典型。本书注重实践性，书中所有案例都已经过验证，均可实现，并具有较强的代表性，读者可通过案例对相应技术点有清晰直观的了解。

③ 把握新知、结合实际。本书对松下 FP 系列 PLC 产品的新知识、新特性、新功能做了详尽的介绍。书中很多技术点都是笔者已经在实际工作中大量运用的，它们是开发经验的提炼和总结，相信会给读者启迪和帮助。

我们衷心祝贺这部新作的出版，相信它对提高我国 PLC 工程技术人员的应用能力和水平会有所帮助，它将为实现中国梦添砖加瓦；将为我国 PLC 技术的蓬勃发展和崛起腾飞发挥作用。

哈尔滨理工大学机械动力工程学院院长/教授　刘献礼
哈尔滨理工大学机械动力工程学院教授　邵俊鹏

前言

    PLC 是近几十年才发展起来的一种新型工业用控制装置。它可以取代传统的"继电器-接触器"控制系统实现逻辑控制、顺序控制、定时、计数等各种功能，中/大型高档 PLC 还能像微型计算机（PC）那样进行数字运算、数据处理、模拟量调节以及联网通信等。它具有通用性强、可靠性高、指令系统简单、编程简便易学、易于掌握、体积小、维修工作量少、现场连接方便等一系列显著优点，已广泛应用于机械制造、机床、冶金、采矿、建材、石油、化工、汽车、电力、造纸、纺织、装卸、环境保护等各行各业，已经分别超过了 DCS、智能控制仪表、IPC 等工控设备的市场份额。在自动化领域，PLC 与数控机床、工业机器人、CAD/CAM 并称为现代工业技术的四大支柱并已跃居榜首，尤其在机电一体化产品中的应用越来越广泛，已成为改造和研发机电一体化产品最理想的首选/优选控制器；其应用的深度和广度也代表了一个国家工业现代化的先进程度。随着中国日趋成为世界的加工中心，各类加工基地的建设，生产线、加工设备和加工中心的大量启用，PLC 工程控制系统的应用还将进一步扩大。因此，学习 PLC 系统的意义十分重大，用好 PLC 的意义更为深远；学用 PLC 技术来实现对现代工程设备的稳定可靠控制、提升产品的竞争力，已成为目前推动这一技术发展的主要驱动力量。

    在众多类型的 PLC 中，松下电工近年推出的 FP$\Sigma$、FP0、FP1 等中/小型 PLC 体积小、重量轻，具有较强的控制能力和较高的性价比。本书结合 PLC 在我国应用和发展的实际情况，选用了在我国引进较早，生产现场应用较广泛，在各类 PLC 书籍中选用也较多、较具有代表性、普遍性和先进性的松下 PLC，对其他公司/其他机型的 PLC 也具有较方便和实用的可移植性。

    本书的写作意图不仅仅是满足一般普及知识的需要，更偏重于中/高档次复杂控制系统的开发应用。它以工程应用的开发设计为主线，从实用的角度出发，详尽介绍了 PLC 工程应用设计必需的技术基础；用"授人以渔"的方法，重点介绍了 PLC 基本指令的编程规则与技巧、PLC 工程开发应用设计的方法；又给出了大量的工程应用设计实践案例，内容丰富，可读性、可用性和实践性强。完全攻略能给读者提供攻克松下 PLC 技术的流程指南、注意要点、诀窍、方法和步骤等，给读者以指引和启迪；设计实践案例能够提供示范、样板和经验，让读者省去摸索的时间，少走或不走弯路，完全把松下 PLC 学到手，达到事半功倍的效果；其宗旨就是引领 PLC 工程技术人员在掌握正确的设计理念和方法的基础上，以设计实践案例为示范和样板，与时俱进、举一反三，不断自主创新，设计出 PLC 工程应用的精品来。

    全书共有 9 章，内容包含：快速打开 PLC 技术领域的大门、熟知松下小型 PLC 的主要硬件资源、掌握松下小型 PLC 的主要软件资源、掌握松下 FR 系列 PLC 的编程工具软件、探索 PLC 控制系统设计方法、传承 PLC 基本的编程规则与最常用的编程环节、探索松下 PLC 通信功能的开发应用、掌握 PLC 综合应用中的触摸

屏和组态王技术、学会松下 PLC 的安装与维护、完全攻略松下 PLC 的速记表等。

本书由一些志同道合者联合编写，是编者多年来从事教学研究和科研开发实践经验的概括和总结。参加该书编写工作的有高安邦教授(第 5 章、参考文献)、哈尔滨理工大学胡乃文高级工程师(第 1、2、6、8 章)、黑龙江科技大学薛易副教授/博士(第 3 章)、哈尔滨信息工程学院马欣讲师/硕士(第 4 章)、保定电力职业技术学院崔冰讲师/硕士(第 7 章)、哈尔滨华崴重工有限公司罗泽艳工程师(第 9 章和附录)。全书由哈尔滨理工大学三级教授/硕士生导师高安邦主持编写和负责统稿；聘请了全国机械电子工程专业委员会副主任委员/国家机械学科教学指导委员会委员/黑龙江省机械工程学会理事/黑龙江省液压与气动学会副理事长/哈尔滨理工大学机械动力工程学院院长邵俊鹏教授/博士/博士生导师、金陵科技学院机电学院吴洪兵教授/教授级高级工程师/博士、李树亭研究员进行审稿，他们对本书的编写提供了大力支持和提出了宝贵的编写意见。三亚技师学院的高家宏、高鸿升、佟星、郜普艳、李梦华、谢越发、谢礼德、樊文国、孙佩芳、沈洋、冯坚、吴英旭、王海丽、陈瑾、刘曼华、黄志欣、孙定霞、尚升飞、吴多锦、唐涛、钟其恒等，淮安信息职业技术学院的杨帅、薛岚、陈银燕、关士岩、陈玉华、毕洁廷、赵冉冉、刘晓艳、王玲、姚薇、居海清、蒋继红、吴会琴、卢志珍、刘业亮、张守峰、丁艳玲、张月平、张广川、尹朝辉、裴立云、朱绍胜、于建明、邱少华、王宇航、马鑫、陆智华、余彬、邱一启、张纺、武婷婷、司雪美、朱颖、杨俊、周伟、陈忠、陈丹丹、杨智炜、霍如旭、张旭、宋开峰、陈晨、丁杰、姜延蒙、吴国松、朱兵、杨景、赵家伟、李玉驰、张建民、施赛健等也为本书做了大量的辅助性工作。该书的编写得到了哈尔滨理工大学、黑龙江科技大学、哈尔滨信息工程学院、保定电力职业技术学院、哈尔滨华崴集团公司、淮安信息职业技术学院和三亚技师学院等单位的大力支持。任何一本新书的出版都是在认真总结和引用前人知识和智慧的基础上创新发展起来的，本书的编写无疑也参考和引用了许多前人优秀教材与研究成果的结晶和精华。在此表示最诚挚的感谢！

鉴于编者的水平和经验有限，书中不足之处在所难免，恳请读者和专家们不吝批评指正，以便今后更好地完善、充实和提高。


编　者

目录

# 第3章　掌握松下小型 PLC 的主要软件资源　088

# 第 4 章　掌握松下 FR 系列 PLC 的编程工具软件　　144

# 第 5 章　探索 PLC 控制系统设计方法　　184

## 第 6 章  PLC 基本的编程规则与最常用的编程环节   215

## 第7章 探索松下 PLC 通信功能的开发应用　　320

# 第 8 章　掌握 PLC 综合应用中的触摸屏和组态王技术　　359

第1章

# 快速打开PLC技术领域的大门

　　可编程序控制器（PLC）是近几十年才发展起来的一种新型工业用控制装置。它可以取代传统的"继电器-接触器"控制系统实现逻辑控制、顺序控制、定时、计数等各种功能，中大型高档PLC还能像微型计算机（PC）那样进行数字运算、数据处理、模拟量调节以及联网通信等。它具有通用性强、可靠性高、指令系统简单、编程简便易学、易于掌握、体积小、维修工作量少、现场连接方便等一系列显著优点，已广泛应用于机械制造、机床、冶金、采矿、建材、石油、化工、汽车、电力、造纸、纺织、装卸、环境保护等各行各业，尤其在工程设计中的开发应用更是越来越广泛。在工业应用领域，PLC与数控机床、工业机器人、CAD/CAM并称为现代工业技术的四大支柱并跃居第一位，已成为改造和研发机电一体化产品的首选控制器；其应用的深度和广度也代表着一个国家工业现代化的先进程度。要快速打开PLC技术领域的大门，就应该首先从战略高度整体上认识和掌握有关这种新型工业控制器的诞生与发展、结构组成、功能特点、工作原理、编程语言及其工程应用等技术知识。

## 1.1 PLC 概述

### 1.1.1 PLC 的诞生与迅猛发展

#### （1）PLC 的诞生

　　可编程序控制器（Programmable Logic Controller，PLC）是随着科学技术的进步与现

代社会生产方式的转变，为适应多品种、小批量生产的需要而诞生、发展起来的一种新型的工业控制装置。

　　PLC 是在"继电器-接触器控制"的基础上发展起来的。从 1969 年问世以来，虽然至今才 50 年，但由于其具有通用灵活的控制性能、可以适应各种工业环境的可靠性与简单方便的使用性能，在工业自动化各领域取得了广泛的应用。

　　① "继电器-接触器控制系统"存在的问题　众所周知，制造业中使用的生产设备与生产过程的控制，一般都需要通过工作机构、传动机构、原动机以及控制系统等部分实现。特别是当原动机为电动机时，还需要对电动机的启/制动、正/反转、调速与定位等动作进行控制。生产设备与生产过程的电气操作与控制部分，称为电气自动控制装置或电气自动控制系统。

　　最初的电气自动控制装置（包括目前使用的一些简单机械）只是一些简单的手动电器（如刀开关、正反转开关等）。这些电器只适合于电机容量小、控制要求简单、动作单一的场合。

　　随着科学的迅猛发展和技术的不断进步，生产机械对电气自动控制也提出了越来越高的要求，电气自动控制装置也逐步发展成了各种形式的现代电气自动控制系统。

　　作为常用电气自动控制系统的一种，人们习惯于把以继电器、接触器、按钮、开关等为主要器件所组成的逻辑控制系统称为"继电器-接触器控制系统"。

　　继电器-接触器控制系统的基本特点是结构简单、生产成本低、抗干扰能力强、故障检修直观方便、适用范围广。它不仅可以实现生产设备、生产过程的自动控制，还可以满足大容量、远距离、集中控制的要求。因此，直到今天继电器-接触器控制系统仍是工业自动控制领域最基本的控制系统之一。

　　但是，由于继电器-接触器控制系统的控制元件（继电器、接触器）均为独立元件，它决定了系统的"逻辑控制"与"顺序控制"功能只能通过控制元件间的不同连接实现。因此，它不可避免地存在以下不足：

　　a. 可靠性差，使用寿命较短，排除故障困难。由于继电器、接触器控制系统采用的是"有触点控制"形式，额定工作频率低，工作电流大，长时间连续使用易损坏触点或产生接触不良等故障，直接影响到系统工作的可靠性。如果其中一个继电器损坏，甚至某一对触点接触不良，都会影响整个系统的正常运行。查找和排除故障往往是非常困难的，有时可能会花费大量的时间。

　　b. 通用性、灵活性差，总体成本较高。继电器本身并不贵，但是控制柜内部的安装、接线工作量极大，因此整个控制柜的价格是相当高的。当生产流程或工艺发生变化，需要更改控制要求时，控制柜内的元件和接线也需要作相应的变动，通常必须通过更改接线或增减控制器件才能实现。但是，这种改造的工期长、费用高，以至于有的用户宁愿放弃旧的控制柜的改造，另外再制作一台新的控制柜；有时甚至需要进行重新设计，因此难以满足多品种、小批量生产的要求。

　　c. 体积大，材料消耗多。继电器-接触器控制系统的逻辑控制需要通过控制电器与电器间的连接实现，安装电器需要大量的空间，连接电器需要大量的导线，控制系统的体积大，材料消耗多。

　　d. 运行费用高，噪声大。由于继电器、接触器均为电磁器件，在系统工作时，需要消耗较多的电能，同时，多个继电器、接触器的同时通/断，会产生较大的噪声，对工作环境造成不利的影响。

　　e. 功能局限性大。由于继电器-接触器控制系统在精确定时、计数等方面的功能不完善，

影响了系统的整体性能，它只能用于定时要求不高、计数简单的场合。

f. 不具备现代工业控制所需要的数据通信、网络控制等功能。

正因为如此，继电器-接触器控制系统已难以适应现代工业复杂多变的生产控制要求与生产过程控制集成化、网络化需要。

② PLC 的诞生　为了解决继电器-接触器控制系统存在的通用性、灵活性差，功能局限性大，通信、网络方面欠缺的问题，20 世纪 50 年代末，人们曾设想利用计算机功能完备、通用性和灵活性强的特点来解决以上问题。但由于当时的计算机原理复杂，生产成本高，程序编制难度大，加上工业控制需要大量的外围接口设备，可靠性问题突出，使得它在面广量大的一般工业控制领域难以普及与应用。

到了 20 世纪 60 年代末，有人这样设想：能否把计算机通用、灵活、功能完善的特点与继电器-接触器控制系统的简单易懂、使用方便、生产成本低的特点结合起来，生产出一种面向生产过程顺序控制，可利用简单语言编程，能让完全不熟悉计算机的人也能方便使用的控制器呢？

这一设想最早由美国最大的汽车制造商——通用汽车公司（GM 公司）于 1968 年提出。当时，该公司为了适应汽车市场多品种、小批量的生产需求，需要解决汽车生产线继电器-接触器控制系统中普遍存在的通用性、灵活性差的问题，提出了对一种新型控制器的十大技术要求，并面向社会进行招标。十大技术要求具体如下：

a. 编程方便，且可以在现场方便地编辑、修改控制程序；

b. 价格便宜，性价比要高于继电器系统；

c. 体积要明显小于继电器控制系统；

d. 可靠性要明显高于继电器控制系统；

e. 具有数据通信功能；

f. 输入可以是 AC 115V；

g. 输出驱动能力在 AC 115V/2A 以上；

h. 硬件维护方便，最好采用"插接式"结构；

i. 扩展时，只需要对原系统进行很小的改动；

j. 用户存储器容量至少可以扩展到 4KB。

以上就是著名的"GM 十条"。这些要求的实质内容是提出了将继电器-接触器控制系统的简单易懂、使用方便、价格低廉的优点与计算机的功能完善、灵活性、通用性好的优点结合起来，将继电器-接触器控制系统的硬连线逻辑转变为计算机的软件逻辑编程的设想。

根据以上要求，美国数字设备公司（DEC 公司）在 1969 年首先研制出了全世界第一台可编程序控制器，并称之为"可编程序逻辑控制器"（Programmable Logic Controller，PLC）。该样机在 GM 公司的应用获得了成功。此后，PLC 得到了快速发展，并被广泛用于各种开关量逻辑运算与处理的场合。

早期 PLC 的硬件主要由分立元件与小规模集成电路构成，它虽然采用了计算机技术，但指令系统、软件与功能相对较简单，一般只能进行逻辑运算的处理，同时通过简化计算机的内部结构与改进可靠性等措施，使之能与工业环境相适应。

正因为如此，在 20 世纪 70 年代初期曾经出现过一些由二极管矩阵、集成电路等器件组成的所谓"顺序控制器"；20 世纪 70 年代末期曾经出现过以 MC14500 工业控制单元（Industrial Control Unit，ICU）为核心，由 8 通道数据选择器（MC14512）、指令计数器（MC14516）、8 位可寻址双向锁存器（MC14599）、存储器（2732）等组成的"ICU 可编程序控制器"等产品。这些产品与 PLC 相比，虽然具有一定的价格优势，但最终还是由于其

可靠性、功能等多方面的原因，未能得到进一步的推广与发展；而 PLC 则随着微处理器价格的全面下降，最终以其优良的性价比，得到了迅猛发展，并最终成为了当代工业自动控制技术的重要支柱技术之一。

**（2）PLC 的迅猛发展**

PLC 技术随着计算机和微电子技术的发展而迅猛发展，由最初的 1 位机发展为 8 位机。随着微处理器 CPU 和微型计算机技术在 PLC 中的应用，形成了现代意义上的 PLC。20 世纪 80 年代以来，随着大规模和超大规模集成电路等微电子技术的迅猛发展，以 16 位和 32 位微处理器构成的微机化 PLC 得到了惊人的发展，使 PLC 在概念、设计、性能价格比以及应用等方面都有了新的突破。不仅控制功能增强，功耗、体积减小，成本下降，可靠性提高，编程和故障检测更为灵活方便，而且远程 I/O 和通信网络、数据处理以及人机界面（HMI）也有了长足的发展。现在 PLC 不仅能广泛地应用于制造业自动化，还可以应用于连续生产的过程控制系统，所有这些已经使其成为现代工业的四大支柱之一，即使在现场总线技术已成为自动化技术应用热点的今天，PLC 仍然是现场总线控制系统中不可缺少的首选控制器。

总结 PLC 的发展历程，大致经历了以下五个阶段。

① 初级阶段　从第一台 PLC 问世到 20 世纪 70 年代中期。这个时期的 PLC 功能简单，主要完成一般的继电器控制系统的功能，即顺序逻辑、定时和计数等，编程语言为梯形图。

② 崛起阶段　从 20 世纪 70 年代中期到 80 年代初期。由于 PLC 在取代继电器-接触器控制系统方面的卓越表现，所以自从它在电气自动控制领域开始普及应用后便得到了飞速的发展。这个阶段的 PLC 在其控制功能方面增强了很多，例如数据处理、模拟量的控制等。

③ 成熟阶段　从 20 世纪 80 年代初期到 90 年代初期。这之前的 PLC 主要是单机应用和小规模、小系统的应用；但随着对工业自动化技术水平、控制性能和控制范围要求的提高，在大型的控制系统（如冶炼、饮料、造纸、烟草、纺织、污水处理等）中，PLC 也展示出了其强大的生命力。对这些大规模、多控制器的应用场合，就要求 PLC 控制系统必须具备通信和联网功能。这个时期的 PLC 顺应时代要求，在大型的 PLC 中一般都扩展了遵守一定协议的通信接口。

④ 飞速发展阶段　从 20 世纪 90 年代初期到 90 年代末期。由于对模拟量处理功能和网络通信功能的提高，PLC 控制系统在过程控制领域也开始大面积使用。随着芯片技术、计算机技术、通信技术和控制技术的发展，PLC 的功能得到了进一步的提高。现在 PLC 不论从体积上、人机界面功能、端子接线技术，还是从内在的性能（速度、存储容量等）、实现的功能（运动控制、通信网络、多机处理等）方面都远非过去的 PLC 可比。20 世纪 80 年代以后是 PLC 发展最快的时期，年增长率一直都保持在 30%～40%。

⑤ 开放性、标准化阶段　从 20 世纪 90 年代中期以后。其实关于 PLC 开放性的工作在 20 世纪 80 年代就已经展开，但由于受到各大公司利益的阻挠和技术标准化难度的影响，这项工作进展得并不顺利。所以，PLC 诞生后的近 30 年时间里，各种 PLC 通信标准、编程语言等方面都存在着不兼容的地方，这为在工业自动化中实现互换性、互操作性和标准化都带来了极大的不便，现在随着 PLC 国际标准 IEC 61131 的逐步完善和实施，特别是 IEC 61131-3 标准编程语言的推广，使得 PLC 真正走入了一个开放性和标准化的新时代。

**（3）PLC 进一步的飞速发展趋势**

PLC 总的发展趋势是向高集成度、小体积、大容量、高速度、易使用、高性能、信息化、软 PLC、标准化、与现场总线技术紧密结合等方向发展。

① 向小型化、专用化、低成本方向发展　发展小型（超小型）化、专用化、模块化、低成本 PLC 以真正替代最小的继电器系统。

随着微电子技术的发展，新型器件性能的大幅度提高，价格却大幅度降低，使得 PLC 结构更为紧凑，操作使用十分简便。从体积上讲，有些专用的微型 PLC 仅有一块香皂大小。PLC 的功能不断增加，将原来大、中型 PLC 才有的功能部分移植到小型 PLC 上，如模拟量处理、复杂的功能指令和网络通信等。PLC 的价格也不断下降，真正成为现代电气控制系统中不可替代的首选控制装置。据统计，小型和微型 PLC 的市场份额一直保持在 70％～80％，所以对 PLC 小型化的追求永远不会停止。

② 向大容量、高速度、信息化方向发展　发展大容量、高速度、多功能、高性能价格比的 PLC，以满足现代化企业中那些大规模复杂系统自动化的需要。

现在大中型 PLC 采用多微处理器系统，有的采用了 32 位微处理器，并集成了通信联网功能，可同时进行多任务操作，运算速度、数据交换速度及外设响应速度都有大幅度提高，存储存量大大增加，特别是增强了过程控制和数据处理的功能。为了适应工厂控制系统和企业信息管理系统日益有机结合的要求，信息技术也渗透到了 PLC 中，如设置开放的网络环境、支持 OPC（OLE for Process Control）技术，等等。

③ 智能化模块的发展　大力加强过程控制和数据处理功能，提高组网和通信能力，开发多种功能模块，以使各种规模的自动化系统功能更强、更可靠，组成和维护更加灵活人性化，使 PLC 应用范围更加广泛。

为了实现某些特殊的控制功能，PLC 制造商开发出了许多智能化的 I/O 模块。这些模块本身带有 CPU，使得占用主 CPU 的时间很少，减少了对 PLC 扫描速度的影响，提高了整个 PLC 控制系统的性能。它们本身有很强的信息处理能力和控制功能，可以完成 PLC 的主 CPU 难以兼顾的功能。由于在硬件和软件方面都采取了可靠性和便利化的措施，所以简化了某些控制系统的设计和编程。典型的智能化模块主要有高速计数模块、定位控制模块、温度控制模块、闭环控制模块、以太网通信模块和各种现场总线协议通信模块等。

④ 人机界面（接口）的发展　HMI（Human-Machine Interface）在工业自动化系统中起着越来越重要的作用，PLC 控制系统在 HMI 方面的进展主要体现在以下几个方面：

a. 编程工具的发展　过去绝大部分中小型 PLC 仅提供手持式编程器，编程人员通过编程器和 PLC 打交道。首先是把编制好的梯形图程序转换成语句表程序，然后使用编程器一个字符一个字符地敲到 PLC 内部；另外，调试时也只能通过编程器观察很少的信息。现在编程器已被淘汰，基于 Windows 的编程软件不仅可以对 PLC 控制系统的硬件组态，即设置硬件的结构、类型、各通信接口的参数等，而且可以在屏幕上直接生成和编辑梯形图、语句表、功能块图和顺序功能图程序，并且可以实现不同编程语言之间的自动转换。程序被编译后可下载到 PLC，也可以将用户程序上传到计算机。编程软件的调试和监控功能也远远超过手持式编程器，可以通过编程软件中的监视功能实时观察 PLC 内部各存储单元的状态和数据，为诊断分析 PLC 程序和工作过程中出现的问题带来了极大的方便。

b. 功能强大、价格低廉的 HMI　过去在 PLC 控制系统中进行参数的设定和显示时非常麻烦，对输入设定参数要使用大量的拨码开关组，对输出显示参数要使用数码管，它们不仅占据了大量的 I/O 资源、而且功能少、接线繁琐。现在各种单色、彩色的显示设定单元、触摸屏、覆膜键盘等应有尽有，它们不仅能完成大量数据的设定和显示，还能直观形象地显示动态图形画面和完成数据处理等功能。

c. 基于 PC 的组态软件　在中大型的 PLC 控制系统中，仅靠简单的显示设定单元已不能解决人机界面的问题，所以基于 Windows 的 PC 机成为了最佳的选择。配合适当的通信

接口或适配器，PC 机就可以和 PLC 之间进行信息的互换，然后配合功能强大的组态软件，就能完成复杂的和大量的画面显示、数据处理、报警处理、设备管理等任务。这些组态软件国外的品牌有 WinCC、iFIX、Intouch 等，国产知名公司有业控、力控等。现在组态软件的价格已下降到非常低的水平，所以在环境较好的应用现场，使用 PC 加组态软件来取代触摸屏的方案也是一种不错的选择。

⑤ 在过程控制领域的使用以及 PLC 的冗余特性　虽然 PLC 的强项是在制造业领域使用，但随着通信技术、软件技术和模拟量控制技术的发展并不断地融合到 PLC 中，它现在也被广泛地应用到了过程控制领域。但在过程控制系统中使用必然要求 PLC 控制系统具有更高的可靠性。现在世界上顶尖的自动化设备供应商提供的大型 PLC 中，一般都增加了安全性和冗余性的产品，并且符合 IEC 61508 标准的要求。该标准主要为可编程电子系统内的功能性安全设计而制定，为 PLC 在过程控制领域使用的可靠性和安全设计提供了依据。现在 PLC 的冗余产品包括 CPU 系统、I/O 模块以及热备份冗余软件等。大型 PLC 以及冗余技术一般都是在大型的过程控制系统中使用。

⑥ 开放性和标准化　PLC 厂家在使硬件及编程工具换代频繁、丰富多样、功能提高的同时，日益向 MAP（制造自动化协议）靠拢，并使 PLC 基本部件如输入输出模块、接线端子、通信协议、编程语言和工具等方面的技术规格规范化、标准化，使不同产品间能相互兼容，易于组网，以方便用户真正利用 PLC 来实现工厂生产的自动化。

世界上大大小小的电气设备制造商几乎都推出了自己的 PLC 产品，但由于没有一个统一的规范和标准，因此 PLC 产品在使用上都存在着一些差别，而这些差别的存在对 PLC 产品制造商和用户都是不利的。一方面它增加了制造商的开发费用；另一方面它也增加了用户学习和培训的负担。这些非标准化的使用结果，使得程序的重复使用和可移植性都成为不可能的事情。

现在的 PLC 采用了各种工业标准，如 IEC 61131、IEEE 802.3、以太网、TCP/IP、UDP/IP 等，以及各种事实上的工业标准，如 Windows NT、OPC 等。特别是 PLC 的国际标准 IEC 61131，为 PLC 在硬件设计、编程语言、通信联网等各方面都制定了详细的规范。其中的第 3 部分 IEC 61131-3 是 PLC 的编程语言标准。IEC 61131-3 的软件模型是现代 PLC 的软件基础，是整个标准的基础性的理论工具。它为传统的 PLC 突破了原有的体系结构（即在一个 PLC 系统中插装多个 CPU 模块），并为相应的软件设计奠定了基础。IEC 61131-3 不仅在 PLC 系统中被广泛采用，在其他的工业计算机控制系统、工业编程软件中也得到了广泛的应用。越来越多的 PLC 制造商都在尽量往该标准上靠拢，尽管由于受到硬件和成本等因素的制约，不同的 PLC 和 IEC 61131-3 兼容的程度有大有小，但这毕竟已成为了一种发展的强劲趋势。

⑦ 通信联网功能的增强和易用化　在中大型 PLC 控制系统中，需要多个 I/O 以及智能仪器仪表连接成一个网络，进行信息的交换。PLC 通信联网功能的增强使它更容易与 PC 和其他智能控制设备进行互联，使系统形成一个统一的整体，实现分散控制和集中管理。现在许多小型甚至微型 PLC 的通信功能也十分强大。PLC 控制系统通信的介质一般有双绞线或光纤，具备常用的串行通信功能。在提供网络接口方面，PLC 向两个方向发展：一是提供直接挂接到现场总线网络中的接口（如 PROFIBUS、AS-i 等）；二是提供 Ethernet 接口，使 PLC 直接接入以太网。

⑧ 软 PLC 的概念　所谓软 PLC 就是在 PC 机的平台上，在 Windows 操作环境下，用软件来实现 PLC 的功能。这个新概念是在 20 世纪 90 年代中期提出的。安装有组态软件的 PC 机既然能完成人机界面的功能，为何不能把 PLC 的功能也用软件来实现呢？PC 机价格

便宜，有很强的数学运算、数据处理、通信和人机交互的功能。如果软件功能完善，则利用这些软件可以方便地进行工业控制流程的实时和动态监控，完成报警、历史趋势和各种复杂的控制功能，同时节约控制系统的设计时间。配上远程 I/O 和智能 I/O 后，软 PLC 也能完成复杂的分布式的控制任务。在随后的几年，软 PLC 的开发也呈现了上升的势头。但后来软 PLC 并没有出现人们希望的那样占据相当市场份额的局面，这只是因为软 PLC 本身存在的一些缺陷：

　　a. 软 PLC 对维护和服务人员的要求较高；

　　b. 电源故障对系统影响较大；

　　c. 在占绝大多数的低端应用场合，软 PLC 没有优势可言；

　　d. 在可靠性方面和对工业环境的适应性方面，和 PLC 无法比拟；

　　e. PC 机发展速度太快，技术支持不容易保证。

随着生产厂家的努力和技术的发展，软 PLC 肯定也能在其最适合的地方得到认可。

⑨ PAC 的概念　在工控界，对 PLC 的应用情况有一个 "80-20" 法则，即：

　　a. 80％的 PLC 应用场合都是使用简单的低成本的小型 PLC；

　　b. 78％（接近 80％）的 PLC 都是使用开关量（或数字量）；

　　c. 80％的 PLC 应用使用 20 个左右的梯形图指令就可解决问题。

其余 20％的应用要求或控制功能要求使用 PLC 无法轻松满足，而需要使用别的控制手段或 PLC 配合其他手段来实现。于是，一种能结合 PLC 的高可靠性和 PC 机的高级软件功能的新产品应运而生，这就是 PAC（Programmable Automation Controller），或基于 PC 机架构的控制器。它包括了 PLC 的主要功能以及 PC-based 控制中基于对象的、开放的数据格式和网络能力。其主要特点是使用标准的 IEC 61131-3 编程语言，具有多控制任务处理功能，兼具 PLC 和 PC 机的优点。PAC 主要用来解决那些所谓的剩余的 20％的问题，但现在一些高端 PLC 也具备了解决这些问题的能力，加之 PAC 是一种较新的控制器，所以其应用市场还有待于进一步的开发和推动。

⑩ PLC 在现场总线控制系统中的位置　现场总线的出现，标志着自动化技术步入了一个新的时代。现场总线（Field bus）是 "安装在制造和过程区域的现场装置与控制室内的自动控制装置之间的数字式、串行、多点通信的数据总线"，是当前工业自动化的热点之一。随着 3C（Computer Control and Communication）技术的迅猛发展，解决自动化信息孤岛的问题成为可能。采用开放化、标准化的解决方案，把不同厂家遵守同一协议规范的自动化设备连接成控制网络并组成系统已成为可能。现场总线采用总线通信的拓扑结构，整个系统处在全开放、全数字、全分散的控制平台上。从某种意义上说，现场总线技术给自动控制领域所带来的变化是革命性的。到今天，现场总线技术已基本走向成熟和实用化。现场总线控制系统的优点是：

　　a. 节约硬件数量与投资；

　　b. 节省安装费用；

　　c. 节省维护费用；

　　d. 提高了系统的控制精度和可靠性；

　　e. 提高了用户的自主选择权。

在现场总线控制系统 FCS（Field bus Control System）中，增加了相关通信协议接口的 PLC，既可以作为主站成为 FCS 的主控制器，也可以作为智能化的从站实现分散式的控制。一些软 PLC 配合通信板卡也可以作为 FCS 的主站。

综上所述，将来的新一代 PLC 将要实现：

a. CPU 处理速度进一步加快；

b. 控制系统分散化；

c. 可靠性进一步提高；

d. 控制与管理功能一体化；

e. 向两极化（大型化和小型化）方向发展；

f. 编程语言和编程工具向标准化和多样化发展；

g. I/O 组件标准化、功能组件智能化；

h. 通信网络化；

i. 向大记忆容量，快处理速度发展；

j. 发展故障诊断技术和容错技术。

PLC 的新发展还可概括为以下几个方面：

a. 在系统构成规模上，向超大型、超小型方向发展；

b. 在增强控制能力和扩大应用范围上，进一步开发各种智能 I/O 模块；

c. 在系统集成方面进一步提高安全性、可靠性；

d. 在控制与管理功能一体化方面，进一步增强通信联网能力；

e. 在编程语言与编程工具方面，达到多样化、高级化、标准化。

目前，世界上有 200 多个厂家生产 300 多种 PLC 产品，比较著名的厂家有美国的 A-B（被 Rockwell 收购）、GE、MODICON（被 Schneider 收购），日本的 MITSUBISHI、OMRON、FUJI、松下电工，德国的 SIEMENS 和法国的 Schneider 公司等。在全球 PLC 制造商中，根据美国 Automation Research Corp（ARC）调查，世界 PLC 主导厂家的五霸分别为日本的 MITSUBISHI（三菱）公司、OMRON（欧姆龙）公司，德国的 SIEMENS（西门子）公司，美国的 Allen-Bradley（A-B）公司，法国的 Schneider（施耐德）公司；他们的销售额约占全球总销售额的三分之二。我国的 PLC 产品市场目前也还被外国产品垄断着。

我国的 PLC 生产目前也有一定的发展，小型 PLC 已批量生产，中型 PLC 已有产品，大型 PLC 已开始研制。国内 PLC 形成产品化的生产企业约 30 多家，国内产品市场占有率不超过 10%，主要生产单位有：苏州电子计算机厂、苏州机床电器厂、上海兰星电气有限公司、天津市自动化仪表厂、杭州通灵控制电脑公司、北京机械工业自动化所和江苏嘉华实业有限公司等。目前国内产品在价格上占有明显的优势，而在质量上还稍有欠缺和不足。随着新一代开放式 PLC 走向市场，国内的生产厂家，如和利时、浙大中控等生产的基于 IEC 61131-3 编程语言的 PLC 有可能会在未来的 PLC 市场中占有一席之地。

## 1.1.2　PLC 的定义和标准

### （1）PLC 的定义

PLC 技术一出现，立即引起了全世界的广泛关注，1969 年首先将其进行商品化并推向市场的是美国 GOULD 公司；1971 年，在引进美国技术后，日本研制出了自己的第一台 PLC；1973 年，德国 SIEMENS 公司也研制出了欧洲第一台 PLC；1974 年，法国随之也研制出了 PLC。

到了 20 世纪 70 年代中期，PLC 开始采用微处理器。PLC 的功能也由最初的逻辑运算拓展到数据处理功能，并得到了更为广泛的应用。由于当时的 PLC 功能已经不再局限于逻辑处理的范畴，为此，PLC 也随之改称为可编程序控制器（Programmable Controller，PC）。

1980 年，美国电气制造商协会（National Electonic Manufacture Association，NEMA）对可编程序控制器进行了如下定义："可编程序控制器是一种带有指令存储器、数字或模拟

输入/输出接口，以位运算为主，能完成逻辑、顺序、定时、计数和算术运算功能，面向机器或生产过程的自动控制装置。"并将其统一命名为 Programmable Controller（PC）。

可编程序控制器（Programmable Conroller）简称 PC，个人计算机（Personal Computer）也称 PC，为了避免混淆，人们仍习惯于将最初多用于逻辑控制而发展起来的可编程序控制器叫作 PLC（Programmable Logic Controller）。

国际电工委员会在 1987 年颁布的 PLC 标准草案中也对 PLC 作了定义："PLC 是一种专门为在工业环境下应用而设计的数字运算操作的电子装置。它采用可以编制程序的存储器，用来在其内部存储执行逻辑运算、顺序运算、定时、计数和算术运算等操作的指令，并能通过数字式或模拟式的输入和输出，控制各种类型的机械或生产过程。PLC 及其有关的外围设备都应按照易于与工业控制系统形成一个整体，易于扩展其功能的原则而设计。"

定义中有以下几点应值得注意：

① PLC 是"数字运算操作的电子装置"，其中带有"可以编制程序的存储器"，可以进行"逻辑运算、顺序运算、定时、计数和算术运算"工作，可以认为 PLC 具有计算机的基本特征。事实上，PLC 无论从内部构造、功能还是工作原理上看都是一种不折不扣的计算机。

② PLC 是"为在工业环境下应用"而设计。工业环境和一般办公环境有较大的区别，PLC 具有特殊的构造，使它能在高粉尘、高噪声、强电磁干扰和温度变化剧烈的环境下正常工作。为了能控制"机械或生产过程"，它又要能"易于与工业控制系统形成一个整体"。这些都是个人计算机不可能做到的。因此 PLC 又不是普通的计算机，它是一种能满足工业现场恶劣环境下使用的工业控制计算机。

③ PLC 能控制"各种类型"的工业设备及生产过程。它"易于扩展其功能"，它的程序能根据控制对象的不同要求，让使用者"可以编制程序"。也就是说，PLC 较之以前的工业控制计算机，如单片机等工业控制系统，具有更大的灵活性，它可以方便地应用在各种场合，它又是一种通用的工业控制计算机。

通过以上定义还可以了解到，相对于一般意义上的计算机，PLC 并不仅仅具有计算机的内核，它还配置了许多使其适用于工业控制的器件。它实质上是经过了一次开发的工业控制计算机。但是，从另一个方面来说，它是一种通用机，但不经过二次开发，它就不能在任何具体的工业设备上使用。不过，自其诞生以来，电气工程技术人员感受最深刻的也正是 PLC 二次开发编程十分容易。它在很大程度上使得工业自动化设计从专业设计院走进了厂矿企业，变成了普通工程技术人员甚至普通电气工人都力所能及的工作。再加上其体积小、可靠性高、抗干扰能力强、控制功能完善、适应性强、安装接线简单等众多显著优点，PLC 在其问世后的短短 40 余年中便获得了突飞猛进的发展，在工业控制中得到了极其广泛的应用，已跃居现代工业四大支柱（PLC、数控机床、工业机器人、CAD/CAM）之首位。

更简单地说，PLC 就是一台工业控制计算机，它的全称是 Programmable Logic Controller（可编程序逻辑控制器）。如果说融入人们日常生活的计算机是通用级电脑的话，那么 PLC 则是专业级的，是业界倍受推崇的工业控制器。PLC 和计算机一样，也是由中央处理器（CPU）、存储器（Memory）及输入/输出单元（I/O）3 大部分组成的，但它又不同于一般的计算机，更适合工业控制。图 1-1 为 PLC 用于电动机控制。

**（2）PLC 的标准**

为了统一 PLC 的产品标准，国际电工委员会（International Electro-technical Commission，IEC）在 1979 年开始进行 PLC 的标准化工作。同年 10 月，IEC 开始设立专门工作组（Working Group，WG）；1983 年 7 月，在 WG 的第 7 次会议上，决定设立特别工作小组（Task Force，TF），并对标准化工作进行了深入的探讨，逐步形成了有关标准。

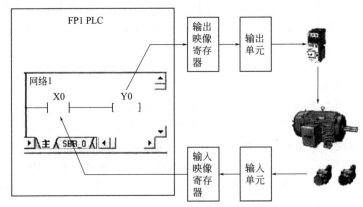

**图 1-1　PLC 用于电动机控制**

在 IEC 标准中，PLC 标准由以下 5 部分组成：

第一部分（Part1）　　基本信息（General Information）；

第二部分（Part2）　　设备特性（Equipment Characteristics）；

第三部分（Part3）　　编程语言（Programming Languages）；

第四部分（Part4）　　用户准则（User Guidelines）；

第五部分（Part5）　　服务指南（Messaging Service Specification）。

1987 年 7 月，在 IEC 的 TC65A 会议上，标准的第一部分（Part1）、第二部分（Part2）被认定为 CO 文件（Central Office），标准的第三部分（Part3）被认定为 CO 文件的前期准备 S 文件（Secretarial）。

标准（IEC 61131）在听取各国意见后，于 1992～1995 年间陆续颁布。在我国，1995 年 11 月颁布了 GB/T 15969-1/2/3/4 标准，它完全等同于 IEC 61131-1/2/3/4 的对应部分。

标准的第一部分（IEC 61131-1，即 Part1），明确了 PLC 的功能与特点，并给 PLC 使用的术语进行了定义。

标准的第二部分（IEC 61131-2，即 Part2），包括了 PLC 的使用环境、电气机械特性、试验要求等，它主要是明确了 PLC 生产厂家的 PLC 产品应该达到的具体要求。

标准的第三部分（IEC 61131-3，即 Part3），包括了 PLC 编程的基本要素、文本语言、图形语言等有关 PLC 编程语言的语法、符号标准。明确了 5 种 PLC 编程语言，即指令表（Instruction List）、结构化文本（Structured Text）、梯形图（Ladder Diagram）、功能块图（Function Block Diagram）、顺序功能图（Sequential Function Chart）的基本结构与特征。

需要注意的是，IEC 61131-3 标准只是推荐了 PLC 用户程序编制的基本方法，但在具体实现形式与命名上并未作严格的规定，因此，即使对于同样的编程语言，在不同公司的 PLC 产品中仍然有所不同。例如：在 SIEMENS 公司 PLC 产品中指令表编程的英文为 "Statement list"（DIN 19239），简称 STL；梯形图编程简称 LAD；功能块图编程语言在 S5 系列 PLC（STEP5）中为控制系统流程图，英文为 "Control System Flowchart"（DIN 40700），简称 CSF；结构化文本编程英文为 "Structured Control Languages"，简称 SCL；顺序功能图编程为 "Graphic Programming Languages"，简称 S7-GRAPH 等。

标准的第四部分（IEC 61131-4，即 Part4），作为用户指南，它包括了 PLC 的功能说明、选型基准、安装环境要求、维护、安全保护等针对 PLC 用户的基本使用指南。

标准的第五部分（IEC 61131-5，即 Part5），主要是对 PLC 用语、符号、功能、名词的解释，并明确了 PLC 之间的通信协议等规范。

　　IEC 标准对可编程序控制器作了如下定义："可编程序控制器是一种数字运算操作的电子系统，专为在工业环境下的应用而设计。它采用可编程序的存储器，用来存储执行逻辑运算和顺序控制、定时、计数和算术运算等操作的指令，并通过数字或模拟的输入/输出接口，控制各种类型的机器设备或生产过程。"

　　标准强调可编程序控制器及其相关设备的设计原则是应"易于与工业控制系统连成一个整体且具有扩充功能"。

　　由此可见，在 IEC 的定义中，已经对可编程序控制器的使用环境（工业环境）与功能（具有通信与可扩展功能）作了更为明确的要求。简而言之，IEC 标准所定义的可编程序控制器是一种具有通信功能与可扩展输入/输出接口，主要用于逻辑处理和顺序控制的工业计算机控制装置。

## 1.1.3　PLC 的特点、功能及应用

### （1）PLC 的特点

　　① 可靠性高、抗干扰能力强　为保证 PLC 能在工业环境下可靠工作，设计和生产过程中采取了一系列硬件和软件的抗干扰措施，主要有以下几个方面。

　　a. 隔离　这是抗干扰的主要措施之一。PLC 的输入/输出接口电路一般采用光电隔离来传递信号，这种光电隔离措施，使外部电路与内部电路之间避免了电的联系，可有效地抑制外部干扰源对 PLC 的影响，同时防止外部高压串入，减少故障和误动作。

　　b. 滤波　这是抗干扰的另一个主要措施。在 PLC 的电源电路和输入/输出电路中设置了多种滤波电路，用以对高频干扰信号进行有效抑制。

　　c. 屏蔽　对 PLC 的内部电源还采取了屏蔽、稳压、保护等措施，以减少外界干扰，保证供电质量。另外，使输入/输出接口电路的电源彼此独立，以避免电源之间的干扰。

　　d. 联锁　内部设置联锁、环境检测与诊断、Watchdog（看门狗）等电路，一旦发现故障或程序循环执行时间超过了警戒时钟 WDT 规定时间（预示程序进入死循环），立即报警，以保证 CPU 可靠工作。

　　e. 控制　利用系统软件定期进行系统状态、用户程序、工作环境和故障检测，并采取信息保护和恢复措施。

　　f. 后备　对用户程序及动态工作数据进行电池后备，以保障停电后有关状态或信息不丢失。

　　g. 密封　采用密封、防尘、抗振的外壳封装结构，以适应工作现场恶劣环境。

　　h. 抗干扰　PLC 是以集成电路为基本元件的电子设备，内部处理过程不依赖于机械触点，也是保障可靠性高的重要原因；而采用循环扫描的方式，也提高了抗干扰能力。

　　通过以上措施，保证了 PLC 能在恶劣环境中可靠地工作，使平均故障时间间隔（MTBF）长，故障修复时间短。目前，MTBF 一般已达到（4~5）×10⁴h。

　　② 功能完善、扩充方便、组合灵活、实用性强　现代 PLC 所具有的功能及其各种扩展单元、智能单元和特殊功能模块，可以方便、灵活地组合成各种不同规模和要求的控制系统，以适应各种工业控制的需要。

　　③ 编程简单、使用方便、控制过程可变、具有很好的柔性　PLC 继承传统继电器控制电路清晰直观的特点，充分考虑电气工人和技术人员的读图习惯，采用面向控制过程和操作者的"自然语言"——梯形图为编程语言，容易学习和掌握。PLC 控制系统采用软件编程来实现控制功能，其外围只需将信号输入设备（按钮、开关等）和接收输出信号执行控制任务的输出设备（如接触器、电磁阀等执行元件）与 PLC 的输入、输出端子相连接，安装简

单，工作量少。当生产工艺流程改变或生产线设备更新时，不必改变 PLC 硬件设备，只需改变程序即可，灵活方便，具有很强的"柔性"。

④ 体积小、重量轻、功耗低　由于 PLC 是专为工业控制而设计的，其结构紧密、坚固，体积小巧，以超小型 PLC 为例，其新近产品的品种底部尺寸小于 $100 \text{mm}^2$，重量小于 150g，能耗仅数瓦。由于其体积小很容易嵌入机械设备内部，因此是实现机电一体化首选的最理想控制器件。

**（2）PLC 的功能**

PLC 是一种根据生产过程顺序控制的要求，为了取代传统的"继电器-接触器"控制系统而发展起来的工业自动控制设备，它必须首先具备满足顺序控制要求的基本逻辑运算功能。随后，由于技术的不断进步与 PLC 应用范围的日益扩大，在顺序控制的基础上，又不断开发了可以满足各种工业控制要求的特殊控制功能。近年来，为了适应信息、网络技术的发展，PLC 作为基本的工业控制设备，网络与通信功能已经成为 PLC 的重要技术指标之一。总之，虽然各 PLC 的性能、价格有较大的区别，但其主要功能相近，它包括图 1-2 所示的几部分。

① 条件控制功能　条件控制（或称逻辑控制或顺序控制）功能是指用 PLC 的与、或、非指令取代继电器触点串联、并联及其他各种逻辑连接，进行开关控制。

② 定时/计数控制功能　定时/计数控制功能就是用 PLC 提供的定时器、计数器指令实现对某种操作的定时或计数控制，以取代时间继电器和计数继电器。

③ 步进控制功能　步进控制功能就是用步进指令来实现在有多道加工工序的控制中，只有前一道工序完成后，才能进行下道工序操作的控制，以取代由硬件构成的步进控制器。

④ 数据处理功能　数据处理功能是指 PLC 能进行数据传送、比较、移位、数制转换、算术运算与逻辑运算以及编码和译码等操作。

⑤ A/D 与 D/A 转换功能　A/D 与 D/A 转换功能就是通过 A/D、D/A 模块完成对模拟量和数字量之间的转换。

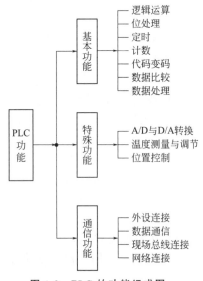

图 1-2　PLC 的功能组成图

⑥ 运动控制功能　运动控制功能是指通过高速计数模块和位置控制模块等进行单轴或多轴控制。

⑦ 过程控制功能　过程控制功能是指通过 PLC 的 PID 控制指令实现对温度、压力、速度、流量等物理参数的闭环控制。

⑧ 扩展功能　扩展功能是指通过连接输入/输出扩展单元（即 I/O 扩展单元）模块来增加输入输出点数，也可通过附加各种智能单元及特殊功能单元来提高 PLC 的控制能力。

⑨ 远程 I/O 功能　远程 I/O 功能是指通过远程 I/O 单元将分散在远距离的各种输入、输出设备与 PLC 主机相连接，进行远程控制，接收输入信号，传出输出信号。

⑩ 通信联网功能　通信联网功能是指通过 PLC 之间的联网、PLC 与上位计算机的连接等，实现远程 I/O 控制或数据交换，以完成系统规模较大的复杂控制。

⑪ 监控功能　监控功能是指 PLC 能监视系统各部分运行状态和进程，对系统出现的异常情况进行报警和记录，甚至自动终止运行；也可在线调整、修改控制程序中的定时器、计

数器等设定值或强制 I/O 状态。

**（3）PLC 的应用领域**

随着微电子技术的快速发展，PLC 的制造成本不断下降，而其功能却大大增强。目前在先进工业国家中 PLC 已成为工业控制的标准设备，应用面几乎覆盖了所有工业企业，诸如钢铁、冶金、采矿、水泥、石油、化工、轻工、电力、机械制造、汽车、装卸、造纸、纺织、环保、交通、建筑、食品、娱乐等各行各业，主要的应用范围包括开关控制、顺序控制、运动控制、过程控制、数据处理、信号报警和联锁系统以及通信和联网等多方面，已跃居现代工业自动化四大支柱（PLC、数控机床、工业机器人、CAD/CAM）的主导地位。

自从美国研制出世界第一台 PLC 以来，德国、日本等许多国家相继开发出各自的产品，并受到工业界的普遍欢迎。美国著名的商业情报公司 FROST SULLIIVAN 公司曾对该国石油、化工、冶金、机械等行业的 400 多个工厂企业进行统计调查，结果表明 PLC 在企业中的应用相当普及，PLC 销售额的年增长率超过 20%。

由于 PLC 控制器所具有的功能，使它既可用于开关量控制，又可用于模拟量控制；既可用于单机控制，又可用于组成多机控制系统；既可控制简单系统，又可控制复杂系统。它的应用类型可大致归纳为如下几类。

① 逻辑控制 逻辑控制是 PLC 最基本、最广泛的应用方面。用于 PLC 取代继电器系统和顺序控制器，实现单机控制、多机控制及生产线自动控制，如各种机床，自动电梯，锅炉上料，注塑机械，包装机械，印刷机械，纺织机械，装配生产线，电镀流水线，货物的存取、运输和检测等的控制。

② 运动控制 运动控制是通过配用 PLC 生产厂家提供的单轴或多轴等位置控制模块、高速计数模块等来控制步进电机或伺服电机，从而使运动部件能以适当的速度或加速实现平滑的直线运动或圆周运动。世界上各主要 PLC 厂家的产品几乎都有运动控制功能，广泛地用于精密金属切削机床、成型机械、装配机械、机械手、机器人等设备的控制。

③ 过程控制 过程控制是通过配用 A/D、D/A 转换模块及智能 PID 模块实现对生产过程中的温度、压力、流量、速度等连续变化的模拟量进行单回路或多回路闭环调节控制，使这些物理参数保持在设定值上。在各种加热炉、锅炉等的控制以及化工、轻工、食品、制药、建材等许多领域的生产过程中有着广泛的应用。

a. 慢连续量的过程控制 慢连续量的过程控制是指对温度、压力、流量和速度等慢连续变化的模拟量的闭环控制。作为工业控制计算机，PLC 通过模拟量输入输出模块，实现 A/D 和 D/A 的转换，并通过专用的智能 PID 模块，编制各种各样的控制算法程序，实现对模拟量的闭环控制，使被控变量保持为设定值。PID 控制是一般闭环控制系统中常用的控制方法，PID 处理一般是运行专用的 PID 子程序。PLC 的这一功能已广泛应用在电力、冶金、化工、轻工、机械等行业，例如锅炉控制、加热炉控制、磨矿分级过程控制、水处理控制、酿酒控制等。

b. 快连续量的运动控制 PLC 提供了拖动步进电机或伺服电机的单轴或多轴位置控制模块，通过这些模块可实现直线运动或圆周运动的控制。如今，运动控制已是 PLC 不可缺少的功能之一，世界上各主要 PLC 厂家的产品几乎都有运动控制功能，广泛地用于各种机械、机床、机器人、电梯等场合。

④ 数据处理 现代 PLC 具有数学运算（包括逻辑运算、函数运算、矩阵运算等），数据的传输转换、排序、检索和移位，以及数制转换、编码、译码等功能，可以完成数据的采集、分析和处理任务。这些数据可以与存储在存储器中的参考值进行比较，也可传送给其他

的智能装置，或者输送给打印机打印制表。数据处理一般用于大、中型控制系统，如数控机床、柔性制造系统、过程控制系统、机器人控制系统等。

⑤ 多级控制　多级控制是指利用 PLC 的网络通信功能模块及远程 I/O 控制模块可以实现多台 PLC 之间的连接、PLC 与上位计算机的连接，以达到上位计算机与 PLC 之间及 PLC 与 PLC 之间的指令下达、数据交换和数据共享，这种由于 PLC 进行分散控制、计算机进行集中管理的方式，能够完成较大规模的复杂控制，甚至实现整个工厂生产的自动化。

⑥ 通信及联网　随着计算机控制技术的不断发展，工厂自动化网络的发展也更加迅猛，各 PLC 厂商都十分重视 PLC 的通信功能，纷纷推出各自的网络系统。最新生产的 PLC 都具有通信接口，实现通信非常方便快捷。PLC 通信包含 PLC 之间的通信以及 PLC 与其他智能设备之间的通信，主要有以下四种情况：

a. PLC 之间的通信：PLC 之间可一对一通信，也可在多达几十甚至几百台 PLC 之间进行通信。既可在同型号 PLC 之间进行通信，也可在不同型号的 PLC 之间进行通信。例如可以将三菱 FX 系列 PLC 作为三菱 A 系列 PLC 的就地控制站，从而可简单地实现生产过程的分散控制和集中管理。

b. PLC 与各种智能控制设备之间的通信：PLC 可与条形码读出器、打印机以及其他远程 I/O 智能控制设备进行通信，形成一个功能强大的控制网络。

c. PLC 与上位计算机之间的通信：可用计算机进行编程，或对 PLC 进行监控和管理。通常情况下，采用多台 PLC 实现分散控制，由一台上位计算机进行集中管理，这样的系统称为分布式控制系统。

d. PLC 与 PLC 的数据存取单元进行通信：PLC 提供了各种型号不一的数据存取单元，通过此数据存取单元可方便地对设定数据进行修改，对各监控点的数据或图形变化进行监控，还可对 PC 出现的故障进行诊断等。

近几年来，随着计算机控制技术和通信网络技术的发展，已兴起工厂自动化（FA）网络系统。PLC 的联网、通信功能正适应了智能化工厂发展的需要，它可使工业控制从点到线再到面，使设备级的控制、生产线的控制和工厂管理层的控制连成一个整体，从而创造更高的效益。

PLC 的应用领域越来越广泛，几乎可以说凡是有控制系统存在的地方都需要 PLC。在发达国家，PLC 已广泛应用于所有的工业部门，随着 PLC 性能价格比的不断提高，PLC 的应用范围还将不断扩大。对于 PLC 应用的整体认识如图 1-3 所示；如 FP 还配备了 1：N 通信（最多 99 台）、PC（PLC）之间连接（最多 16 台）等丰富的通信功能，如图 1-4～图 1-6 所示。

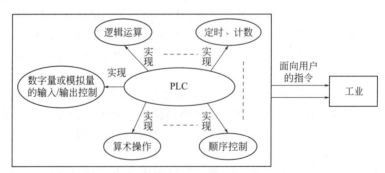

图 1-3　对于 PLC 的整体应用认识

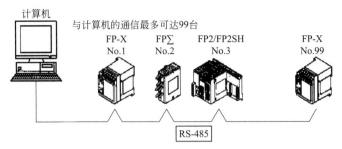

图 1-4　1：99 通信

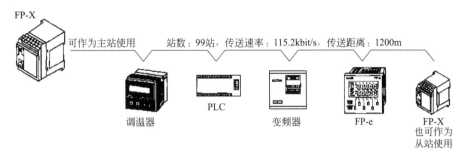

图 1-5　PLC 与 PLC 之间的连接

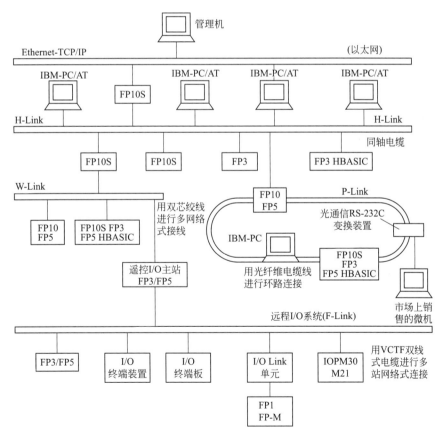

图 1-6　FP 系列复合网络

### 1.1.4　PLC 与继电器-接触器控制系统、微机及集散控制系统的比较

自从微型计算机问世以来，工业控制一直是其重要的应用领域。在工业控制上，除 PLC 外，继电器-接触器控制系统、工业控制计算机（简称工业 PC）与集散控制系统（简称 DCS）也是其中的代表性产品。为了便于读者进一步了解，现将 PLC 与它们的比较简述如下。

**（1）PLC 与继电器-接触器控制系统的比较**

在 PLC 出现以前的一个世纪中，继电器-接触器硬件电路是逻辑控制、顺序控制的唯一执行者，它结构简单，价格低廉，一直被广泛应用。但它与 PLC 控制系统相比却有许多缺点，见表 1-1。

表 1-1　PLC 与继电器-接触器控制系统的比较

| 比较名称 | PLC | 继电器控制系统 |
| --- | --- | --- |
| 控制功能的实现 | 通过编程实现所需的控制要求 | 通过对继电器进行硬接线完成相应的控制功能 |
| 对生产工艺变化的适应性 | 只需对程序修改，适应性强 | 需进行重新设计与接线，适应性差 |
| 可靠性 | 采用大规模集成电路，绝大部分是软继电器；采用抗干扰措施，可靠性高 | 元器件多、触点多，易出现故障 |
| 灵活性和柔韧性 | 有种类齐全的扩展单元，扩展灵活，灵活性好 | 差 |
| 控制的实时性 | 微处理器控制，实时性很好 | 机械动作时间常数大，实时性较差 |
| 占有空间与安装 | 体积小，重量轻，安装工作量小 | 体积大，笨重，安装工作量很大 |
| 复杂控制能力 | 很强 | 极差 |
| 使用寿命 | 长 | 短 |
| 价格 | 较高 | 低 |
| 维护 | 简单 | 复杂 |

从以上几个方面的比较可知，PLC 在性能上比继电器-接触器控制系统优异，特别是可靠性高，设计施工周期短，调试修改方便，而且体积小，功耗低，使用维护方便。但 PLC 在很小的系统中使用时，由于其众多功能未得到充分利用，其价格要高于继电器-接触器控制系统。

**（2）PLC 与通用微机及工控微机（PC）的比较**

采用微电子技术制作的 PLC，它也是由 CPU、RAM、ROM、I/O 接口等 5 大件构成的，与微机有相似的构造，但又不同于一般的通用微机，特别是它采用了特殊的抗干扰技术，使它更能适用于恶劣环境下的工业现场控制。PLC 与通用微机（PC）的比较见表 1-2。

表 1-2　PLC 与通用微机(PC)的比较

| 比较项目 | 可编程序控制设备 | 微机 |
| --- | --- | --- |
| 应用范围 | 工业控制 | 科学计算、数据处理、通信等 |
| 使用环境 | 工业现场 | 具有一定温度、湿度的机房 |
| 输入/输出 | 控制强电设备需光电隔离 | 与主机采用微电联系不需光电隔离 |

续表

| 比较项目 | 可编程序控制设备 | 微机 |
|---|---|---|
| 程序设计 | 一般为梯形图语言,易于学习和掌握 | 程序语言丰富,汇编、FORTRAN、BASIC 及 COBOL 等语句复杂,需专门计算机的硬件和软件知识 |
| 系统功能 | 自诊断、监控等 | 配有较强的操作系统 |
| 工作方式 | 循环扫描方式及中断方式 | 中断方式 |

20 世纪 60 年代,计算机技术开始应用于工业领域,但工控微机在很多方面远远不如 PLC 的功能强大,两者之间的比较见表 1-3。

表 1-3　PLC 与工控微机(计算机控制系统)的比较

| 比较名称 | PLC | 计算机控制系统 |
|---|---|---|
| 编程语言 | 助记符语句表、梯形图等 | 汇编语言、高级语言 |
| 工作方式 | 扫描方式 | 中断方式 |
| 工作环境 | 可在较差的环境下工作 | 要求很高 |
| 对使用者的要求 | 语言易学 | 需进行专门的培训才可掌握 |
| 系统软件 | 功能专用,占用存储时间小 | 功能强大,占用存储时间很大 |
| 可靠性 | 工业级,有很多种特殊设计,包括监视计时器功能 | 商业级要求 |
| 价格 | 较低 | 高 |
| 应用领域 | 工业控制 | 办公、管理、科学计算等 |

而用于工业控制的工控计算机（工业 PC）是以通用微型计算机为基础的工业现场自动控制设备,它的特点是具有标准化的总线结构,因此各机型间的兼容性好,与计算机间的通信容易。而 PLC 的接口标准目前还没有完全统一,标准化程度较差,其兼容性与通信性能与工业 PC 相比还有一定的差距。

在硬件方面,工业 PC 与通用计算机的本质无太大的区别,它需要通过各种接口板与现场检测号、执行元件相连接;但不像 PLC 那样具有较多的、适应各种控制要求的功能模块可供选择。因此,其工业现场工作可靠性与通用性与 PLC 相比存在一定的差距。

在软件方面,工业 PC 可以像通用计算机那样使用形式多样、功能丰富的应用软件,可以适应算法复杂、实时性强的控制场合,但对编程人员的要求较高。PLC 的软件特点是通俗易懂,编程方便,便于掌握;且由于内部采用了循环扫描的工作方式,程序可靠性高。

**（3）PLC 与集散控制系统 DCS 的比较**

集散控制系统（DCS）又称为分散控制系统,产生于 20 世纪 70 年代。它与 PLC 同样都是以微型计算机为基础,专门为工业过程控制而设计的过程控制装置,但 DCS 发展的基础和方向与 PLC 有所不同。

首先,在控制功能方面,DCS 是在生产过程仪表控制的基础上发展起来的计算机控制装置,控制功能侧重于模拟量处理、回路调节、状态显示等方面;而 PLC 是在继电器-接触器控制系统的基础上发展起来的计算机控制装置,控制功能侧重于开关量处理、顺序控制、逻辑运算方面。

其次,在发展趋势上,为了扩大产品的应用领域,作为 PLC 的重要发展方向是向功能化、网络化发展。通过具有各种特殊功能的模块（如温度测量与调节模块、模拟量输入/输

出模块、PID 调节模块等）与网络连接手段，当代 PLC 已经可以很容易地通过各种现场总线（如 CC-Link、PROFIBUS 等）、工业以太网构成完整的分布式 PLC 控制系统，应用范围不断向传统的 DCS 控制领域拓展。

PLC 与 DCS 的比较见表 1-4。

表 1-4　PLC 与 DCS 的比较

| 比较名称 | PLC | 集散控制系统 |
| --- | --- | --- |
| 工作方式 | 扫描方式 | 按用户的程序指令工作包含中断方式 |
| 采样速度 | 每个采样点的采样速度相同 | 根据被检测对象的特性决定 |
| 存储器容量 | 大多采用逻辑运算,所需的存储器容量较小 | 大多采用大量的数学运算,所需的存储器容量较大 |
| 应用场合 | 开关量的逻辑控制 | 连续量的模拟控制 |
| 运算速度 | 开关量的速度较高 | 模拟量的速度较低 |
| 设计方法 | 根据现场环境并按照安装在控制室而设计 | 根据现场工作环境要求设计 |

# 1.2  PLC 的基本结构及工作原理

## 1.2.1  PLC 的基本结构

目前 PLC 生产厂家很多，产品结构也各不相同，图 1-7 为通用 PLC 的结构框图，其基本组成部分如图 1-8（整体式）～图 1-10（组合式）所示。可以看出，PLC 采用了典型的计算机结构，主要包括 CPU、RAM、ROM 和 I/O 接口电路等。其内部采用总线结构进行数据和指令的传输。如果把 PLC 看作一个系统，该系统由 "输入变量→PLC→输出变量" 组成。外部的各种开关信号、模拟信号以及传感器检测的各种信号均可作为 PLC 的输入变量；它们经 PLC 外部输入端子输入到内部寄存器中，经 PLC 内部逻辑运算或其他各种运算处理后送到输出端子，它们是 PLC 的输出变量；由这些输出变量对外围设备进行各种控制。因此也可以把 PLC 看作是一个中间处理器或变换器，它将工业现场的各种输入变量转换为能控制工业现场设备的各种输出变量。

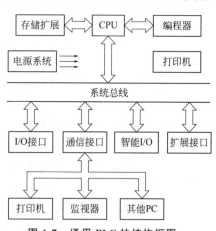

图 1-7　通用 PLC 的结构框图

下面结合图 1-8～图 1-10，具体介绍各部分的作用。

**（1）CPU**

CPU 是 PLC 的核心部件，整个 PLC 的工作过程都是在 CPU 的统一指挥和协调下进行的。它的主要任务是按一定的规律或要求读入被控对象的各种工作状态，然后根据用户所编制的应用程序的要求去处理有关数据，再向被控对象送出相应的控制（驱动）信号。它与被控对象之间的联系是通过各种 I/O 接口实现的。

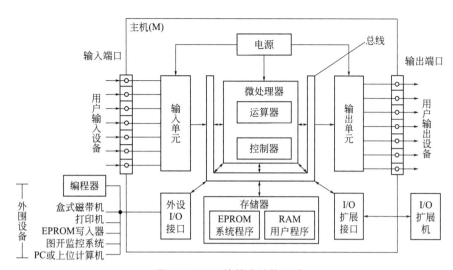

图 1-8　PLC 的基本结构组成

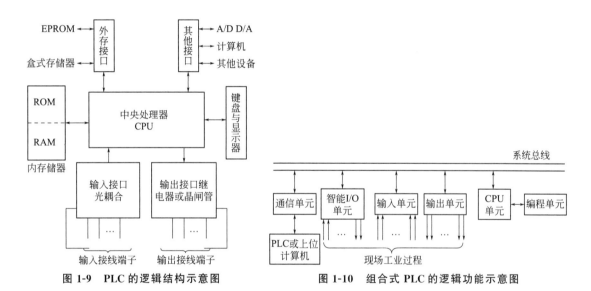

图 1-9　PLC 的逻辑结构示意图　　　　图 1-10　组合式 PLC 的逻辑功能示意图

① 中央处理模板　PLC 中的中央处理模板通常是指 PLC 中的主控板,它与一般计算机系统中的 CPU 概念不同,后者常用 CPU 表示一个中央处理器,即它是一块芯片。事实上,在一个中型或大型 PLC 的中央处理模板上,不仅有 CPU 集成芯片(可能还不止一块),还有一定数量的 ROM 或 EPROM(储存系统的操作系统)和 RAM(储存少量的数据或用户程序)。

② 字处理器和位处理器　在中型或大型规模的 PLC 中常装有两个中央处理器:字处理器和位处理器。其中字处理器是主处理器,它完成字节(Byte,B)指令的处理,并实现各种控制作用(包括对位处理器的控制)。而位处理器是辅助处理器,它主要处理位(bit)信息,其主要特点是它在处理位信息时,速度可以很高。在小型 PLC 中,往往只用一个处理器同时完成这两方面的工作。

③ CPU 的主要功能

a. 接收用户从编程器输入的用户程序,并将它们存入用户存储区。

b. 用扫描方式接收源自被控对象的状态信号，并存入相应的数据区（输入映射区）。

c. 用户程序的语法错误检查，并给出错误信息。

d. 系统状态及电源系统的监测。

e. 执行用户程序，完成各种数据的处理、传输和存储等功能。

f. 根据数据处理的结果，刷新输出状态表，以实现对各种外部设备的实时控制和其他辅助工作（如显示和打印等）。

目前 PLC 中所用的 CPU 多为单片机，在高档机中现已采用 16 位甚至 32 位的 CPU。

**（2）存储器**

PLC 内部的存储器有系统存储器和用户存储器两大类。

① 系统存储器　用以存放系统程序，包括系统管理程序、监控程序、磁盘输入处理程序、翻译程序、编译解释程序等。系统程序在 PLC 出厂前已将其固化在只读存储器 ROM 或 PROM 中，用户不能更改。

② 用户存储器　用以存放用户程序和工作数据。它分用户程序存储区和工作数据存储区。在编程工作方式下，为了读写修改方便，用户输入的控制程序经过预处理后，存放在 RAM 的低地址区。工作数据存储区占用 RAM 若干存储单元，用来存放逻辑变量。这些逻辑变量在 PLC 中称为输入继电器 X、输出继电器 Y、内部辅助继电器 R、定时器 TM、计数器 CT、数据寄存器 DT 等。RAM 的存储内容通过编程器或编程软件读出并更改。为了防止 RAM 中的程序和数据因电源停电而丢失，常用高级的锂电池作为后备电源，锂电池的寿命一般为 3～5 年。

PLC 产品手册中给出的存储器类型和容量是针对用户程序存储器而言的。

**（3）输入/输出（I/O）接口电路**

它起着在 PLC 和外围设备之间传递信息的作用。PLC 通过输入接口电路将开关、按钮、传感器等输入信号转换成 CPU 能接收和处理的信号。输出接口电路是将 CPU 送出的弱电流控制信号转换成现场需要的强电流信号输出，以驱动被控设备。为了保证 PLC 可靠地工作，设计者在 PLC 的接口电路上采取了不少措施。输入、输出接口电路是用户使用 PLC 唯一要进行的硬件连接，从使用的角度考虑，每个用户都必须清楚地了解 PLC 的 I/O 性能，才能使用自如。

① 输入（I）接口　输入接口通过 PLC 的输入端子接收现场输入设备的控制信号，现场输入信号可以是按钮、限位开关、光电开关、温度开关、行程开关以及传感器输出的开关量等。PLC 输入接口电路将这些信号转换成 CPU 所能接收和处理的数字信号。PLC 输入接口电路与输入控制设备的连接示意图如图 1-11 所示。

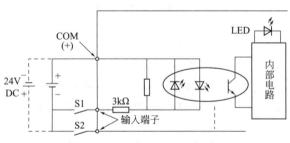

图 1-11　PLC 的输入接口电路

当按钮 S1 闭合时，输入信号通道光电耦合器件传送给内部电路，输入信号与内部电路之间并无电的联系，通过这种隔离措施可以防止现场干扰串入 PLC。由于光电耦合器件的发光二极管采用两个反并联，使输入端的信号极性可根据需要任意确定。

② 输出（O）接口　输出接口电路将经 CPU 处理过的输出数字信号传送给输出端的电路元件，以控制其接通或断开，从而控制现场执行部件。现场执行部件包括电磁阀、继电

器、接触器、灯具、电热器、电动机等。为适应不同类型的输出设备负载，PLC 的输出接口类型有三种：继电器输出型、晶体管输出型和晶闸管输出型。继电器型输出电路如图 1-12 所示，其电路负载电流大于 2A，响应时间为 8～10ms，机械寿命大于 $10^6$ 次，动作速度慢。晶体管型输出电路负载电流均为 0.5A，响应时间小于 1ms，漏电流小于 $100\mu A$，有 PNP 和 NPN 晶体管输出两种形式，如图 1-13、图 1-14 所示。

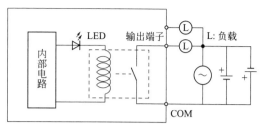

图 1-12　继电器型输出电路

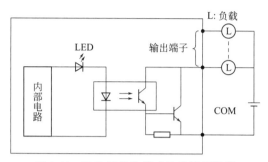

图 1-13　PNP 型晶体管式输出端子接线

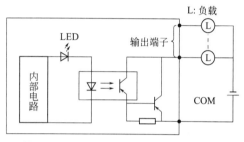

图 1-14　NPN 型晶体管式输出端子接线

晶闸管输出电路如图 1-15 所示，一般采用三端双向晶闸管作为输出，其耐压较高，负载能力较大，响应时间小于 1ms。

③ I/O 模块的外部接线方式

a. 输入（I）模块的外部接线。

- 汇点式输入接线（见图 1-16）。
- 独点（分隔）式输入接线（见图 1-17）。

b. 输出（O）模块的外部接线。

- 汇点式输出接线（见图 1-18）。
- 独点（分隔）式输出接线（见图 1-19）。

c. 输入/输出模块的外接线（见图 1-20）。

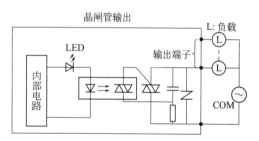

图 1-15　晶闸管型输出端子接线

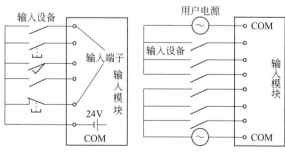

图 1-16　汇点式输入接线

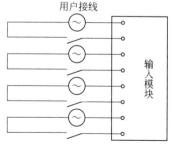

图 1-17　独点（分隔）式输入接线

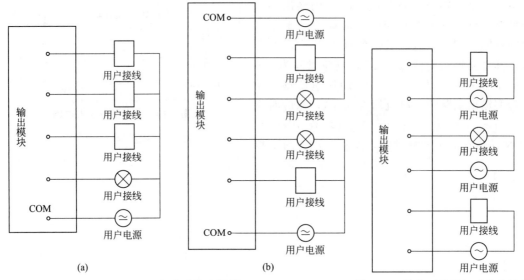

(a)　　　　　　　　　　　(b)

图 1-18　汇点式输出接线　　　　图 1-19　独点（分隔）式输出接线

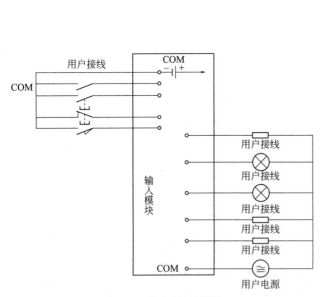

图 1-20　输入/输出接线

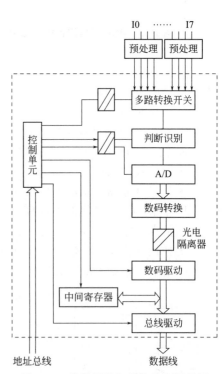

图 1-21　模拟量输入模块结构原理图

④ 模拟量 I/O 模块　见图 1-21、图 1-22。

⑤ 模拟量 I/O 模块的外部接线

a. 模拟量输入模块端的接线方式（见图 1-23）。

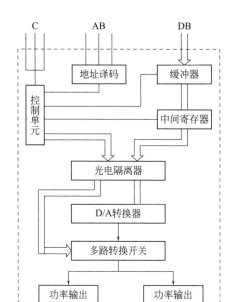

图 1-22 模拟量输出模块结构原理图

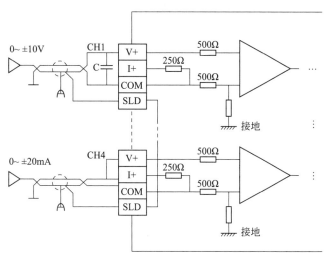

图 1-23 模拟量输入模块结构原理图

b. 模拟量输出模块端的接线方式（见图 1-24）。

⑥ PLC 常用的 I/O 模块 见图 1-25。

总之，这些接口电路有以下特点：

① 输入端采用光电耦合电路，它可以大大减少电磁干扰。

② 输出也采用光电隔离电路，并分为三种类型（见图 1-24）：继电器输出型、晶闸管输出型和晶体管输出型，这使得 PLC 可以适合各种用户的不同要求。其中继电器输出型为有触点输出方式，可用于直流或低频交流负载回路；晶闸管输出型和晶体管输出型皆为无触点输出方式，前者可用于高频大功率交流负载回路，后者则用于小功率直流负载回路。而且有些输出电路被做成模块式，可以插拔，更换起来十分方便。

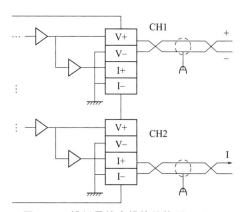

图 1-24 模拟量输出模块结构原理图

③ 模拟量 I/O 属于扩展模块，需要另外选购使用。

④ 实际工程应用中的 I/O 连接如图 1-26 所示。

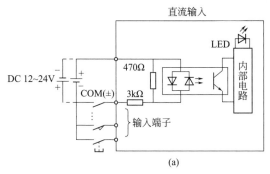

(a)

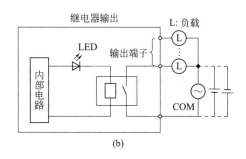

(b)

图 1-25

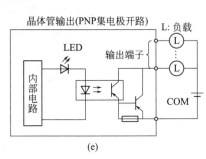

图 1-25    PLC 中常用的 I/O 电路

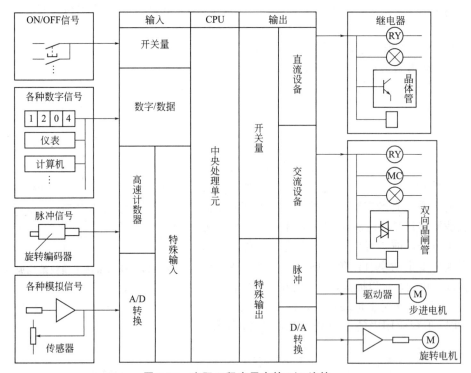

图 1-26    实际工程应用中的 I/O 连接

## （4）电源

PLC 电源是指将外部交流电经整流、滤波、稳压转换成满足 PLC 中 CPU、存储器、I/O 接口等内部电路工作所需要的直流电源或电源模块。为避免电源干扰，接口电路的电源回路彼此相互独立。

**（5）编程工具**

　　编程工具是 PLC 最重要的外围设备，它实现了人与 PLC 的联系对话。用户利用编程工具不但可以输入、检查、修改和调试用户程序，还可以监视 PLC 的工作状态、修改内部系统寄存器的设置参数以及显示错误代码等。编程工具常用的有三种：一种是手持编程器，只需通过编程电缆与 PLC 相接即可使用；一种是图形编辑编程器；另一种是带有 PLC 专用工具软件的计算机，它通过 RS-232 通信口与 PLC 连接；若 PLC 用的是 RS-422 通信口，则需另加适配器。目前多使用后者。

　　图形编辑编程器的结构、原理与通用计算机相同，只是安装了 PLC 专用的软件，并对其密封、接口等部分作了一定的改进，使之能够更好地适应工业环境的使用。早期的图形编辑编程器使用 CRT 显示器，编程器的体积大，现场调试与服务时使用、携带均不方便。因此，目前一般均使用彩色液晶显示器，这种编程器的结构与笔记本计算机已经没有太大的区别。

　　图形编辑型编程器的功能比简易型编程器要强得多。在程序的输入、编辑方面，它不仅可以使用所有编程语言进行程序的输入与编辑，而且还可以对 PLC 程序、I/O 信号、内部编程元件等加文字注释与说明，为程序的阅读、检查提供了方便。在调试、诊断方面，图形编辑型编程器可以进行梯形图程序的实时、动态显示，显示的图形形象、直观，可以监控与显示的内容也远比简易型编程器要多得多。在使用操作方面，图形编辑型编程器不但可以与 PLC 联机使用，也能进行离线编程，还可以通过仿真软件进行系统仿真。图形编程器的主要功能如图 1-27 所示。

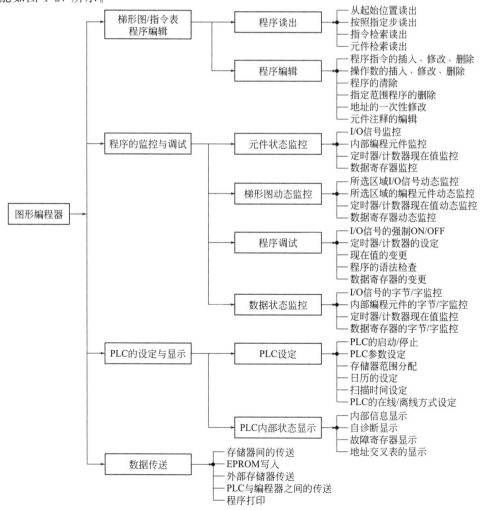

**图 1-27　图形编程器的主要功能**

由于专用图形编辑编程器的使用范围受到一定的局限，价格通常较高，且其功能与安装了程序开发软件后的通用计算机无实质性的区别，目前已逐步被通用笔记本计算机所代替。

**（6）PLC 的外围接口**

若主机单元（带有 CPU）的 I/O 点数不够用，可进行 I/O 扩展，即通过 I/O 扩展接口电缆与 I/O 扩展单元（不带有 CPU）相接，以扩充 I/O 点数。智能 I/O 接口、通信接口等一般也通过接口与主机单元相接。

① 智能 I/O 接口　智能 I/O 接口板上多设自己的微处理器和控制软件，因此可以独立工作。目前在 PLC 的外围接口中，以智能模块品种最多。

a. 高速计数器　可以满足计数频率高达 100kHz 以上的计数（定时）要求。

b. PID 调节器　具有快速 PID 调节器的闭环系统控制模板，以"硬件"方式对控制系统作闭环控制。

c. 通信模板　带微处理器的通信模板，可适应多台 PLC 联网或与外部设备快速进行交换信息的需求。

d. 转换模板　以 8085 微处理器为核心的 ASCII/BASIC 转换模块可使 PLC 在高级语言 GE/BASIC 的控制下实现与 I/O 作信息传输和读写用户程序等。

e. 其他智能模板　对于一些极特殊的用户需求，用户也可根据 PLC 提供的总线信号和用户具体要求设计专用的智能模板。

② 通信接口　通信接口是专用于数据通信的一种智能模块，在 PLC 中使用普遍，因此单列为一种接口。它主要用于实现人机对话（例如在通信接口可连接专用键盘、打印机或显示器等），在一个具有多台 PLC 的复杂系统中，也可利用通信接口互连起来，以构成多机局部网络控制系统，或在计算机与 PLC 之间使用通信接口，实现多级分布式控制系统。

通信接口常有串行接口和并行接口两种，它们都是在专用系统软件的控制下，遵循国际上多种规范的协议来进行工作的。因此用户应根据不同的设备要求，分别选择相应通信方式和配置合适的通信接口模板。

除了上面介绍的几个最常用的主要部分外，PLC 上还常常配有连接各种外围设备的接口，并均留有插座，可通过电缆方便地配接诸如串行通信模块、EPROM 写入器、打印机、录音机等外围设备。

## 1.2.2　PLC 的工作原理

**（1）PLC 控制系统的等效电路**

图 1-28 是一个典型的机床继电器控制电路，KT 是时间继电器；KM1、KM2 是两个接触器，分别控制电机 M1、M2 的运转；SB1 为停止按钮，SB2 为启动按钮。控制过程如下：按下启动按钮 SB2，电机 M1 开始运转，10s 后，电机 M2 开始运转；按下停止按钮 SB1，电机 M1、M2 同时停止运转。

在控制线路中，当按下 SB2 时，KM1、KT 的线圈同时通电，KM1 的一个常开触点闭合并自锁，M1 开始运

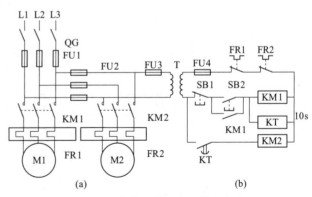

图 1-28　一个典型的继电器控制电路

转；KT 线圈通电后开始计时，10s 后 KT 的延时常开触点闭合，KM2 线圈通电，M2 开始运转。当按下 SB1 时，KM1、KT 线圈同时断电，KM2 线圈也断电，M1、M2 随之停转。

现若改用日本松下公司生产的 FP 系列微型 PLC 来实现上述的控制功能，图 1-29 为改用 PLC 控制的等效电路图。在 PLC 的面板上有一排输入端子和一排输出端子，输入端子和输出端子各有自己的公共接线端子 M 或 L，输入端子的编号为 X1、X2、…，输出端子的编号为 Y1、Y2、…。停止按钮 SB1、启动按钮 SB2、热继电器 FR1 与 FR2 的一端接到输入端子上，另一端通过电源接到输入公共端子 COM 上；接触器 KM1、KM2 的线圈接到输出端子上，输出公共端子 COM 上接 AC 220V 负载驱动电源。PLC 控制的等效电路由三部分组成：

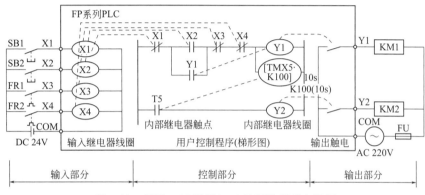

图 1-29　将图 1-27 改用 PLC 控制的等效电路图

① 输入部分：接收操作指令（由启动按钮、停止按钮、开关等提供），或接收被控对象的各种状态信息（由行程开关、接近开关、各种传感器信号等提供）。PLC 的每一个输入点对应一个内部输入继电器，当输入点与输入 M 端接通时，输入继电器线圈通电，它的常开触点闭合、常闭触点断开；当输入点与输入 M 端断开时，输入继电器线圈断电，它的常开触点断开、常闭触点接通。

② 控制部分：这部分是用户编制的控制程序，通常用梯形图的形式表示。用户控制程序放在 PLC 的用户程序存储器中。系统运行时，PLC 依次读取用户程序存储器中的程序语句，对它们的内容进行解释并加以执行，有需要输出的结果则送到 PLC 的输出端子，以控制外部负载的工作。

③ 输出部分：根据程序执行的结果直接驱动负载。PLC 的每一个输出点对应一个内部输出继电器，每个输出继电器仅有一个硬触点与输出点相对应。当程序执行的结果使输出继电器线圈通电时，对应的硬输出触点闭合，控制外部负载动作。

其 PLC 控制过程为：当按下 SB2 时，输入继电器 X2 的线圈通电，X2 的常开触点闭合，使输出继电器 Y1 的线圈得电，Y1 对应的硬输出触点闭合，KM1 得电，M1 开始运转；同时 Y1 的一个常开触点闭合并自锁；定时器 T37 的线圈通电开始计时，延时 10s 后 KT 的常开触点闭合，输出继电器 Y2 的线圈得电，Y2 对应的硬输出触点闭合，KM2 得电，M2 开始运转。当按下 SB1 时，输入继电器 X1 的线圈通电，X1 的常闭触点断开，Y1、T37 的线圈均断电，Y2 的线圈也断电，Y1、Y2 对应的两个硬输出触点随之断开，KM1、KM2 断电，M1、M2 停转。

**（2）PLC 的工作原理**

PLC 采用循环扫描工作方式，其工作过程如图 1-30 所示。PLC 通电后，有两种基本的

工作状态，即运行（RUN）状态与停止（STOP）状态。在运行状态，PLC 的工作过程分为内部处理、通信服务、输入处理、程序执行和输出处理 5 个阶段。在停止状态，PLC 只进行内部处理和通信服务。

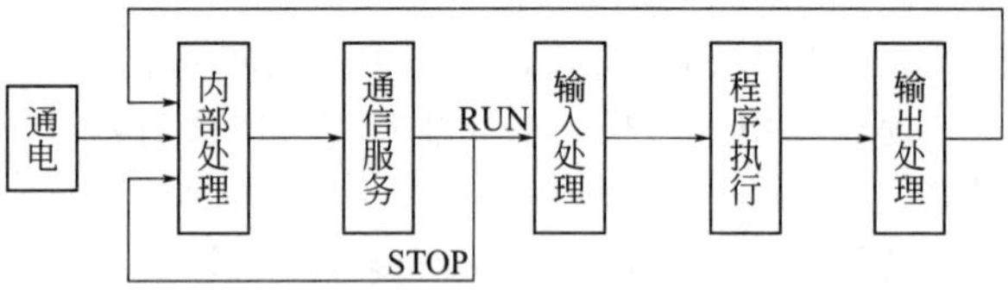

图 1-30　PLC 采用循环扫描工作

　　① 内部处理阶段　在内部处理阶段，PLC 复位监控定时器，运行自诊断程序（进行硬件检查、用户内存检查等）。检查正常后，方可进行下面的操作。如果有异常情况，则根据错误的严重程度报警或停止 PLC 运行。

　　② 通信服务阶段　通信服务阶段又叫通信处理阶段、通信操作阶段或外设通信阶段。在此阶段，PLC 与带微处理器的外部智能装置进行通信，响应编程工具键入的命令，更新编程工具的显示内容。

　　当 PLC 处于停止状态时，只执行以上两个阶段的操作；当 PLC 处于运行状态时，还要完成以下三个阶段的操作。

　　③ 输入处理阶段　输入处理阶段又叫输入采样阶段、输入刷新阶段或输入更新阶段。在此阶段，PLC 中的 CPU 把所有外部输入电路的接通/断开（ON/OFF）状态通过输入接口电路读入输入映像寄存器（此时输入映像寄存器的状态被刷新），接着进入程序执行阶段。在输入处理阶段，如果外接的输入触点电路接通，对应的输入映像寄存器为"1"状态，梯形图中对应的输入继电器的常开触点接通，常闭触点断开；如果外接的输入触点电路断开，对应的输入映像寄存器为"0"状态，梯形图中对应的输入继电器的常开触点断开，常闭触点接通。在输入处理阶段完成后，输入映像寄存器与外界隔离，即使外部输入信号的状态发生了变化，输入映像寄存器的状态也不会随之而变。输入信号变化了的状态只有等到下一个扫描周期的输入处理阶段到来时才能通过 CPU 送入输入映像寄存器中，这种输入工作方式称为集中输入工作方式。

　　④ 程序执行阶段　PLC 的用户程序由若干条指令组成，指令在存储器中按步序号顺序排列。在没有跳转指令时，则从第一条指令开始，逐条顺序地执行用户程序，直到用户程序结束之处；然后，进入输出处理阶段。在程序执行阶段，CPU 对程序按从左到右、先上后下的顺序对每条指令进行解释、执行，则从输入映像寄存器、输出映像寄存器和元件映像寄存器中将有关编程元件的"0""1"（"OFF""ON"）状态读出来，并根据用户程序给出的逻辑关系进行相应的逻辑运算，运算的结果再写入到对应的输出映像寄存器和元件映像寄存器中。因此，各编程元件的映像寄存器（输入映像寄存器除外）的内容随着程序的执行而变化。

　　⑤ 输出处理阶段　输出处理阶段又叫输出刷新阶段或输出更新阶段。在此阶段，则将输出映像寄存器的"0""1"状态传送到输出锁存器，然后经输出接口电路和输出端子再传送到外部负载。在梯形图中，如果某一输出继电器的线圈"通电"，对应的输出映像寄存器为"1"状态，相应的输出锁存器也为"1"状态。信号经输出接口电路的隔离和功率放大后（继电器型输出接口电路中对应的硬件继电器的线圈通电、其常开触点闭合），驱动外部负载通电工作；反之，外部负载断电，停止工作。在输出处理阶段完成后，输出锁存器的状态不变，即使输出映像寄存器的状态发生了变化，输出锁存器的状态也不会随之改变。输出映像寄存器变化了的状态只有等到下一个扫描周期的输出处理阶段到来时才能通过 CPU 送入输出锁存器中，这种输出工作方式称为集中输出工作方式。

　　根据 PLC 的上述循环扫描工作过程，可以得出从输入端子到输出端子的信号传递过程，如图 1-31 所示。

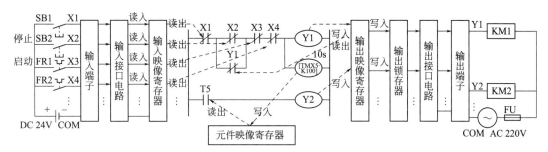

图 1-31　PLC 从输入到输出的信号传递过程示意图

在输入处理阶段，CPU 将 SB1、SB2、FR1、FR2 触点的状态读入相应的输入映像寄存器，外部触点接通时存入输入映像寄存器的是二进制数 "1"，反之存入 "0"。

在程序执行阶段，当执行第一条指令时，从输入映像寄存器 X1、X2、X3、X4 和输出映像寄存器 Y1 中读出二进制数进行逻辑运算（触点串联对应 "与" 运算，触点并联对应 "或" 运算），其运算结果写入输出映像寄存器 Y1 和元件映像寄存器 T5 中。当执行第二条指令时，从元件映像寄存器 T5 中读出二进制数，然后写入输出映像寄存器 Y2 中。

在输出处理阶段，CPU 将各输出映像寄存器中的二进制数写入输出锁存器并锁存起来，再经输出电路传递到输出端子，从而控制外部负载动作。如果输出映像寄存器 Y1 和 Y2 中存放的是二进制数 "1"，外接的 KM1 和 KM2 线圈将通电，反之将断电。

PLC 的循环扫描工作方式为 PLC 提供了一条死循环自诊断功能。PLC 内部设置了一个监控定时器 WDT，其定时时间可由用户设置为大于用户程序的扫描周期，PLC 在每个扫描周期的内部处理阶段将监控定时器复位。正常情况下，监控定时器不会动作，如果由于 CPU 内部故障使程序执行进入死循环，那么，扫描周期将超过监控定时器的定时时间，这时监视定时器动作，运行停止，提示用户。

综上所述，PLC 虽具有微机的许多特点，但它的工作方式却与微机有很大不同。微机一般采用等待命令的工作方式，而 PLC 则采用循环扫描的工作方式。在 PLC 中用户程序按先后顺序存放，如图 1-32 所示。

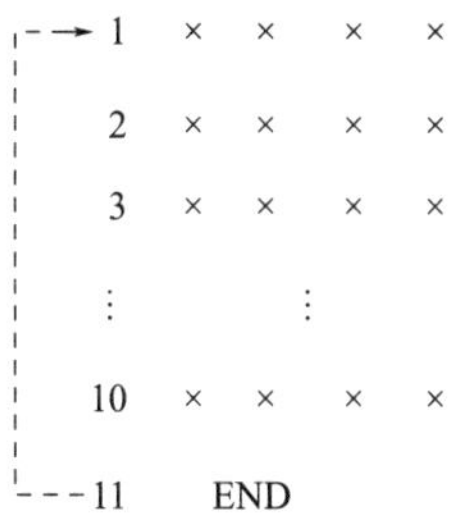

```
┌─→ 1    ×    ×    ×
│    2    ×    ×    ×
│    3    ×    ×    ×
│    ⋮    ⋮         ⋮
│   10    ×    ×    ×
└---11    END
```

图 1-32　PLC 循环扫描方式图

对每个程序，CPU 从第一条指令开始执行，直至遇到结束符 END 后又返回第一条，如此周而复始不断循环，每一个循环称为一个扫描周期。扫描周期的长短主要取决于以下几个因素：一是 CPU 执行指令的速度；二是执行每条指令占用的时间；三是程序中指令条数的多少。一个扫描周期大致可分为 I/O 刷新和执行指令两个阶段，即：

| I/O 刷新 | 执行指令 | I/O 刷新 | 执行指令 | … | … |
|---|---|---|---|---|---|
| ←第一个扫描周期→ | | ←第二个扫描周期→ | | | |

所谓 I/O 刷新是指 PLC 先将上一次扫描的执行结果送到输出端，再读取当前输入的状态，也就是将存放输入、输出状态的寄存器内容进行一次更新，故称为 "I（输入）/O（输出）刷新"。由于每一个扫描周期只进行一次 I/O 刷新，即每一个扫描周期 PLC 只对输入、输出状态寄存器更新一次，故使系统存在输入、输出滞后现象，这在一定程度上降低了系统的响应速度。由此可见，若输入变量在 I/O 刷新期间状态发生变化，则本次扫描期间输出会相应地发生变化。反之，若在本次刷新之后输入变量才发生变化，则本次扫描输出不变，而要

到下一次扫描的 I/O 刷新期间输出才会发生变化。由于 PLC 采用循环扫描的工作方式，因此它的输出对输入的响应速度要受扫描周期的影响。PLC 的这一特点，一方面使它的响应速度变慢，但另一方面也使它的抗干扰能力增强，对一些短时的瞬间干扰，可能会因响应滞后而躲避开。这对一些慢速控制系统是有利的，但对一些快速响应系统则不利，在使用中应特别注意这一点。

总之，采用循环扫描的工作方式，是 PLC 区别于微机和其他控制设备的最大特点，使用者对此应给予足够的重视。再如图 1-33 所示为一加电输出禁止程序，该程序运用了松下 PLC 的特殊标志位存储器 SM0.3。SM0.3 为加电接通一个扫描周期，使 M1.0 置位为"1"，这时 X5、X6 无论处于什么状态，Y3 和 Y4 均无输出。其 PLC 具体的循环扫描工作过程图与过程流程图如图 1-34 和图 1-35 所示。

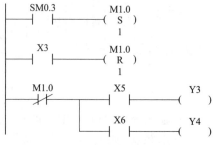

图 1-33　加电输出禁止程序

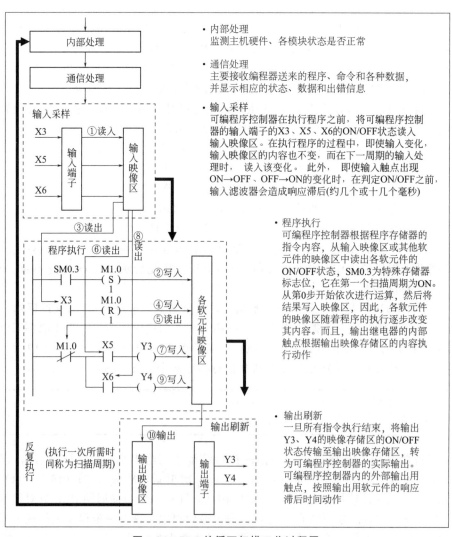

图 1-34　PLC 的循环扫描工作过程图

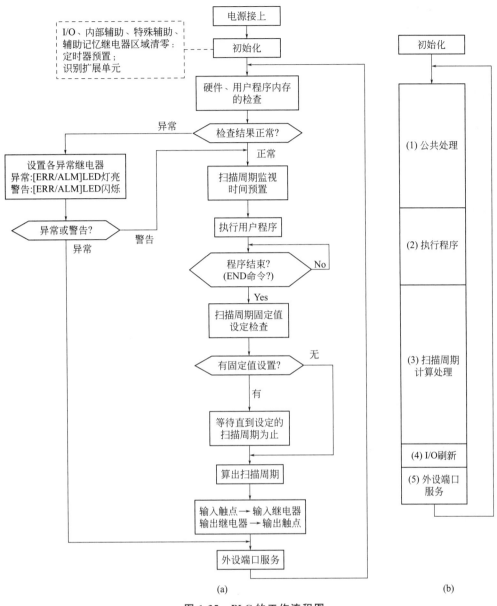

图 1-35　PLC 的工作流程图

**（3）PLC 对输入/输出的处理规则**

根据 PLC 工作特点，可以总结出 PLC 在对 I/O 处理方面遵循着以下规则。

① 输入状态映像寄存器中的数据，取决于与输入端子板上各输入端相对应的输入锁存器在上一次刷新期间的状态。

② 程序执行中所需的输入和输出状态，由输入状态映像寄存器和输出状态映像寄存器读出。

③ 输出状态映像寄存器的内容随程序执行过程中与输出变量有关的指令的执行结果而改变。

④ 输出锁存器中的数据，由上一次输出刷新阶段时输出状态映像寄存器的内容决定。

⑤ 输出端子板上各输出端的通断状态，由输出锁存器中的内容决定。

### （4）PLC 的扫描周期

PLC 在运行状态时，执行一次图 1-34 所示的扫描操作所用的时间称为扫描周期（工作周期），其典型值为几十毫秒。扫描周期 $T$ 的计算公式为：

$$T = T_1 + T_2 + T_3 + T_4 + T_5$$

式中，$T = T_1$ 为内部处理时间；$T_2$ 为通信服务时间；$T_3$ 为输入处理时间；$T_4$ 为程序执行时间；$T_5$ 为输出处理时间。

如日本三菱公司 $FX_2$-40MR 型 PLC，配置开关量输入 24 点，开关量输出 16 点，用户程序为 1000 步，不包含功能指令，PLC 运行时不连接编程器等外设。$FX_2$-40MR 型 PLC 的 I/O 扫描速度为 0.03ms/（8 点），用户程序的扫描速度为 $0.74\mu s$/步，内部处理所需要的时间为 0.96ms。则：

内部处理所需要的时间为 $T_1 = 0.96$ms；

通信服务所需要的时间 $T_2 = 0$ms；

输入处理所需要的时间 $T_3 = 0.03$ms/（8 点）×24 点 = 0.09ms；

程序执行所需要的时间 $T_4 = 0.74\mu s$/步×1000 步 = 0.74ms；

输出处理所需要的时间 $T_5 = 0.03$ms/（8 点）×16 点 = 0.06ms。

一个扫描周期 $T$ 为：

$T = T_1 + T_2 + T_3 + T_4 + T_5 = 0.96$ms + 0ms + 0.09ms + 0.74ms + 0.06ms = 1.85ms

该例中假设用户程序中没有功能指令，而在实际的控制程序设计中，稍微复杂一点的程序都包含有功能指令。对于功能指令，逻辑条件满足与否，执行时间不同甚至差异较大，计算出的扫描周期也不一样。

## 1.3　PLC 的技术性能

由于各厂家的 PLC 产品技术性能不尽相同，且各有特色，故不可能一一介绍，只能介绍一些最基本的技术性能。

### 1.3.1　基本技术性能

① 输入/输出点数（即 I/O 点数）　这是 PLC 最重要的一项技术指标。所谓 I/O 点数，即是 PLC 外部的输入、输出端子数。这些端子可通过螺钉或电缆端口与外部设备相连，它直接决定了 PLC 能控制的输入与输出量的多少，即控制系统规模的大小。

② 程序容量　一般以 PLC 所能存放用户程序的多少来衡量。在 PLC 中程序是按"步"存放的（一条指令少则 1 步，多则十几步），一"步"占用一个地址单元，一个地址单元占两个字节。如日本三菱公司 $F_1$ 系列 PLC 的程序容量为 1000 步，可推知其程序容量为 2K 字节；$FX_{2N}$ 系列 PLC 的程序容量则为 8000 步，16K 字节。

③ 扫描速度　PLC 工作时是按照扫描周期进行循环扫描的，所以扫描周期的长短决定了 PLC 运行速度的快慢。因扫描周期的长短取决于多种因素，故一般用执行 1000 步指令所需时间作为衡量 PLC 速度快慢的一项指标，称为扫描速度，单位为"ms/k"。扫描速度有时也用执行一步指令所需的时间来表示，单位为"$\mu s$/步"。PLC 的 I/O 响应时序图见图 1-36，从中可以了解 PLC 扫描周期和扫描速度的内涵。

④ 指令条数　这是衡量 PLC 软件功能强弱的主要指标。PLC 具有的指令种类越多，说

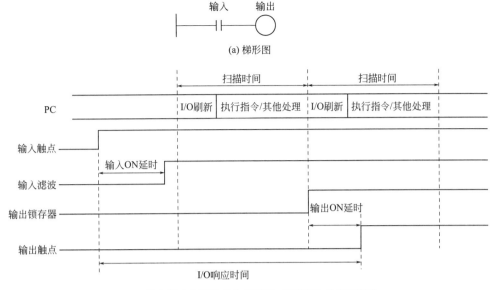

(a) 梯形图

最小I/O响应时间=输入ON延时+扫描时间+输出ON延时

(b) 最小I/O响应时序图

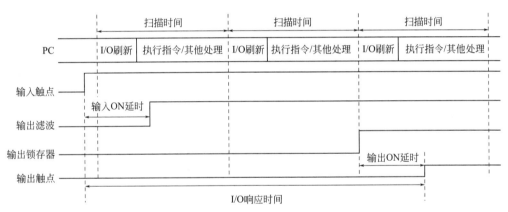

最大I/O响应时间=输入ON延时+扫描时间×2+输出ON延时

(c) 最大I/O响应时序图

图 1-36　PLC 的 I/O 响应时序图

明其软件功能越强。PLC 指令一般分为基本指令和高级指令（或称功能指令）两部分。

⑤ 内部继电器和寄存器　PLC 内部有许多继电器和寄存器，用以存放变量状态、中间结果、数据等，还有许多具有特殊功能的辅助继电器和寄存器，如定时器、计数器、系统寄存器、索引寄存器等。用户通过使用它们，可简化整个系统的设计。因此内部继电器、寄存器的配置情况是衡量 PLC 硬件功能的一个指标。

⑥ 编程语言及编程手段　编程语言一般分为梯形图、助记符语句表、状态转移图、控制流程图等几类，不同厂家的 PLC 编程语言类型有所不同，语句也各异。编程手段主要是指用何种编程装置，编程装置一般分为手持编程器和带有相应编程软件的计算机两种。

⑦ 高级（功能）模块　PLC 除了主控模块外还可以配接各种高级模块。主控模块实现基本控制功能，高级模块则可实现某种特殊功能。高级模块的种类及其功能的强弱常用来衡量该 PLC 产品的技术水平高低。目前各厂家开发的高级模块种类繁多，主要有以下一些：

A/D、D/A、高速计数、高速脉冲输出、PID 控制、模糊控制、运动控制、位置控制、网络通信以及各种物理量转换模块等。这些高级模块使 PLC 不但能进行开关量顺序控制，而且能进行模拟量控制，以及精确的速度和定位控制。特别是网络通信模块的迅速发展，使得 PLC 可以充分利用计算机和互联网的资源，实现远程监控。近年来出现的网络机床、虚拟制造等就是建立在网络通信技术的基础上的。

### 1.3.2　PLC 的内存分配及 I/O 点数

在使用 PLC 之前，深入了解 PLC 内部寄存器的配置和功能，以及 I/O 分配情况对使用者来说是至关重要的。下面是一般 PLC 产品的内部寄存器区划分情况：

| I/O 继电器区 | 内部通用继电器区 | 数据寄存器区 |
| --- | --- | --- |
| 特殊继电器区 | 特殊寄存器区 | 系统寄存器区 |

每个区分配一定数量的内存单元，并按不同的区命名编号。下面分别介绍各个区。

① I/O 继电器区　I/O 区的寄存器可直接与 PLC 外部的输入、输出端子传递信息。这些 I/O 寄存器在 PLC 中具有 "继电器" 的功能，即它们有自己的 "线圈" 和 "触点"。故 PLC 中又常称这一寄存器区为 "I/O 继电器区"。每个 I/O 寄存器由一个字（16 个 bit）组成，每个 bit 位对应 PLC 的一个外部端子，称作一个 I/O 点。I/O 寄存器的个数乘以 16 等于 PLC 总的 I/O 点数。如某 PLC 有 10 个 I/O 寄存器，则该 PLC 共有 160 个 I/O 点。在程序中，每个 I/O 点又都可以看成是一个 "软继电器"，有常开触点，也有常闭触点。同一个命名的触点可以反复使用，其使用次数不限。这里的 "软继电器" 实际上就是 PLC 内部的逻辑电路或只是一些存储的逻辑量。在 PLC 中常常用这样的逻辑量代替实际的物理器件，用这种 "软继电器" 代替 "硬继电器" 可以大大减少外部接线，增加系统设计的灵活性，便于实现柔性制造系统（FMS）。这可以说是 "继电器-接触器控制" 设计上的一个革命，也是 PLC 之所以能逐渐取代传统 "继电器-接触器" 控制的一个重要原因。

不同厂家的 PLC 对 I/O 寄存器有不同的编号，有的以 X、Y 分别表示输入、输出端，以下标数字进行编号；还有的用序号为输入、输出分区编号。不同型号的 PLC 配置有不同数量的 I/O 点，一般小型的 PLC 主机有十几至几十个 I/O 点。

若一台 PLC 主机的 I/O 点数不够，可进行 I/O 扩展。一般 I/O 扩展模块中只有 I/O 接口电路、驱动电路，而没有 CPU。它只能通过接口与主机相连使用，不能单独使用。PLC 的最大扩展能力主要受 CPU 寻址能力和主机驱动能力的限制。

② 内部通用继电器区　这个区的寄存器与 I/O 区结构相同，即能以字为单位（16 个 bit）使用，也能以位为单位（1 个 bit）使用。不同之处在于它们只能在 PLC 内部位用，而不能直接进行输入/输出控制。其作用与中间继电器相似，在程序控制中可存放中间变量。

③ 数据寄存器区　这个区的寄存器只能按字使用，不能按位使用。一般只用来存放各种数据。

④ 特殊继电器、寄存器区　这两个区中的继电器和寄存器的结构并无特殊之处，也是以字或位为一个单元，但它们都被系统内部占用，专门用于某些特殊目的，如存放各种标志、标准时钟脉冲、计数器和定时器的设定值和经过值、自诊断的错误信息等。这些区的继电器和寄存器一般不能由用户任意占用。

⑤ 系统寄存器区　系统寄存器一般用来存放各种重要信息和参数，如各种故障检测信息、各种特殊功能的控制参数以及 PLC 产品出厂设定值。这些信息和参数保证 PLC 的正常

工作。在某些 PLC 产品中，这些寄存器是以十进制数进行编号的，它们各自存放着不同的信息。这些信息有的可以进行修改，有的是不能修改的。当需要修改系统寄存器时，必须使用特殊的命令，这些命令的使用方法见有关的使用手册。而通过用户程序，不能读取和修改系统寄存器的内容。

上面介绍了 PLC 的内部寄存器及 I/O 点的概念，这对使用者是十分重要的。但对于具体的寄存器及 I/O 编号和分配使用情况，则必须结合具体机型进行针对性的学习和掌握，才有实际意义。

# 1.4　PLC 的分类

目前各个厂家生产的 PLC，其品种、规格及功能都各不相同。其分类也没有统一标准，这里仅介绍常见的三种分类方法供参考。

## 1.4.1　按结构形式分类

目前，从 PLC 的硬件结构形式上分类，PLC 可以分为整体式固定 I/O 型、模块式、基本单元加扩展型、集成式、分布式 5 种基本结构形式，其特点分别如下。

### （1）整体式（一体式）固定 I/O 型

整体式固定 I/O 型 PLC（见图 1-37）是一种整体结构、I/O 点数固定的小型 PLC（也称微型 PLC）。

整体式固定 PLC 的处理器、存储器、电源、输入/输出接口、通信接口等都安装在基本单元上，I/O 点数不能改变，且无 I/O 扩展模块接口。

整体式固定 I/O 型 PLC 的特点是结构紧凑、体积小、安装简单，适用于 I/O 控制要求固定、点数较少（20～30 点）的机电一体化设备或仪器的控制，特别是在产品批量较大时，可以降低生产成本，提高性能价格比。

作为功能的扩展，此类 PLC 一般可以安装少量的通信接口、显示单元、模拟量输入等微型功能选件，以增加必要的功能。

整体式固定 I/O 型 PLC 品种、规格较少，比较常用的有日本 MITSUBISH（三菱）的 $FX_1$、$FX_{1S}$-10/14/20/30 系列、$FX_2$、$FX_{2N}$ 系列与 KOYO（光洋）的 SM16/24 系列等。

图 1-37　整体式固定 I/O 型 PLC

### （2）模块式 PLC

模块式 PLC（见图 1-38）是大、中型 PLC 的常用结构。它通常需要使用统一的安装基板（或机架），PLC 的部分或者全部单元采用模块化安装的结构形式。专用的安装基板（或机架）除用于安装、固定各 PLC 组成模块外，通常还带有内部连接总线，各组成模块通过内部总线构成整体。

模块式 PLC 的电源、中央处理器、输入/输出、通信等一般为独立的模块。在部分 PLC 上，也有将电源与中央处理器（包括存储器）、基板进行一体化的结构，但所有其他模块（I/O 模块与功能模块）均为独立安装。

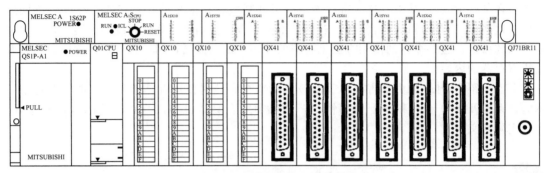

图 1-38　模块式 PLC 示意图

与整体式固定 I/O 型及基本单元加扩展型 PLC 相比，模块式 PLC 具有如下特点：

① 全部 PLC 的组成模块均可以由用户自由选择，不受基本单元 I/O 的限制，PLC 的配置更灵活。

② 模块式 PLC 可以连接的 I/O 点数、功能模块数量众多，容易构成大、中型 PLC。

③ 模块式 PLC 的 I/O 模块一般均采用可拆卸的连接端，更换模块时一般不需要进行重新接线，故障诊断、安装调试与维修方便。

模块式 PLC 的 I/O 点一般可以达到 1024 点以上，可以连接各种开关量输入/输出、模拟量输入/输出、位置控制、温度测量与调节、网络通信等功能扩展模块。

此类 PLC 通常用于复杂机电一体化产品与自动线的控制，绝大部分生产厂家的大、中型 PLC 都采用了这种结构形式，如 SIEMENS 公司的 S7-300/400 系列和日本 MITSUBISH（三菱）的 Q 系列等。

最常用的整体式和模块式 PLC 的结构形式与主要特点见表 1-5。

表 1-5　PLC 按结构分类

| 分类 | 结构形式 | 主要特点 |
| --- | --- | --- |
| 一体式 | 将 PLC 的各部分电路包括 I/O 接口电路、CPU、存储器、稳压电源均封装在一个机壳内，称为主机。主机可用电缆与 I/O 扩展单元、智能单元、通信单元相连接 | 结构紧凑、体积小、价格低。一般小型 PLC 机采用这种结构。常用于单机控制的场合 |
| 模块式 | 将 PLC 的各基本组成部分做成独立的模块，如 CPU 模块(包括存储器)、电源模块、输入模块、输出模块。其他各种智能单元和特殊功能单元也制成各自独立的模块。然后通过插槽板以搭积木的方式将它们组装在一起，构成完整的系统 | 对被控对象应变能力强，便于灵活组合。可随意插拔，易于维修。一般中、大型机都采用这种结构 |

### （3）基本单元加扩展型

基本单元加扩展型 PLC（见图 1-39）是一种由整体结构、固定 I/O 点数的基本单元、可选择扩展 I/O 模块构成的小型 PLC。PLC 的处理器、存储器、电源、固定数量的输入/输出接口、通信接口等安装于基本单元上。通过基本单元的扩展接口，可以连接扩展 I/O 模块与功能模块，进行 I/O 点数与控制功能的扩展。

与整体式固定 I/O 型 PLC 相比，基本单元

图 1-39　基本单元加扩展型 PLC

加扩展型 PLC 同样具有结构紧凑、体积小、安装简单的特点；但它可以根据设备的 I/O 点数与控制要求，增加 I/O 点或功能模块，因此，具有 I/O 点数可变与功能扩展容易的优点，可以灵活适应控制要求的变化。

基本单元加扩展型 PLC 与模块化结构 PLC 的主要区别在于：

① 基本单元加扩展型 PLC 的基本单元本身具有集成、固定点数的 I/O 点，基本单元可以独立使用。

② 基本单元、扩展模块自成单元，不需要安装基板（或机架），因此，在控制要求变化时，可以在原基础上很方便地对 PLC 的配置进行改变。

③ 可以使用功能模块，由于基本单元具有扩展接口，因此可以连接其他功能模块。

基本单元加扩展型 PLC 的最大 I/O 点数通常可以达到 256 点以上；功能模块的规格与品种也较多，有模拟量输入/输出、位置控制、温度测量与调节、网络通信等。

这类 PLC 在机电一体化产品中的实际用量最大，大部分生产厂家的小型 PLC 都采用了这种结构形式。如日本 MITSUBISH（三菱）的 $FX_{1N}/FX_{1NC}/FX_{2N}/FX_{2NC}/FX_{3UC}$ 系列等（见图 1-38）。

**（4）集成式 PLC**

集成式 PLC（也称内置式 PLC）一般作为数控系统（CNC）的功能补充，用于实现数控机床或其他数控设备的辅助机能控制，如刀具自动交换控制、工作台自动交换控制、冷却的开/关控制、主轴的启动/正反转/停止控制、夹具的自动松/夹、自动上/下料控制等。

集成式 PLC 是一种将 PLC 与 CNC（数控装置）集成于一体的专用 PLC，通常无独立的电源与 CPU，一般不可以单独使用。

在大多数数控系统中，PLC 与 CNC 共用同一 CPU，如三菱的 E60 系列数控系统（见图1-40），FANUC0 系列数控系统，SIEMENS 810 系列、802 系列数控系统等。

当 PLC 与 CNC 共用 CPU 时，PLC 的输入/输出通常以 I/O 接口模块的形式安装在数控系统或者机床上，I/O 模块与 CPU 间通过总线连接，如三菱的 FCU6-HRC341/351 模块（见图 1-39）、SIEMENS 802D 的 PP72/48 模块、FANUC-0iC I/O 模块均属于这种情况。

采用集成式结构时，PLC 接口模块一般都为用途单一的开关量输入/输出模块（有时有少量的模拟量接口），单个模块的 I/O 点数通常都较多，如 PP72/48 I/O 模块为 72 点输入/48点输出，FCU6-HRC341/351 为 64 点输入/48 点输出，0iC I/O 模块为 96 点输入/48点输出等。但接口模块的规格较少，一般只有 1~2 种，且 I/O 的点数与输入/输出的要求固定不变。当 I/O 点数不足时，需要增加 I/O 模块进行扩展，PLC 通常无特殊功能模块可以供选择。

在功能强大的数控系统中，PLC 也有使用单独 CPU 的场合，此类 PLC 具有独立的电源模块、CPU 模块、I/O 模块、整体结构与通用型模块式 PLC 相同，也可以作为独立 PLC 使用（此类情况不常见）；在部分 CNC 上，也有直接使用通用 PLC 的情况（如 SIEMENS 早期的 SINUMERIK 6、3、8 系列 CNC，SINUMERIK 850、880 系列 CNC，以及当前的SINUMERIK 810D/840D 系列 CNC 均为直接使用 PLC 的产品）。

使用单独 CPU 的集成式 PLC，一般通过特殊的接口模块与总线实现 CNC 与 PLC 间的数据交换。PLC 的其他组成部分均为模块化结构，与通用 PLC 一样，单个 I/O 模块的控制点数较少，但可以安装的模块数较多，且输入/输出要求可变，使用较灵活。

集成式 PLC 的优点是可以随时通过 CNC 的操作面板进行程序编辑、调试与状态诊断，在部分系统中还可以进行梯形图的动态显示。

集成式 PLC 的使用方法与通用 PLC 基本相同，但在 I/O 信号与标志寄存器（也称内部

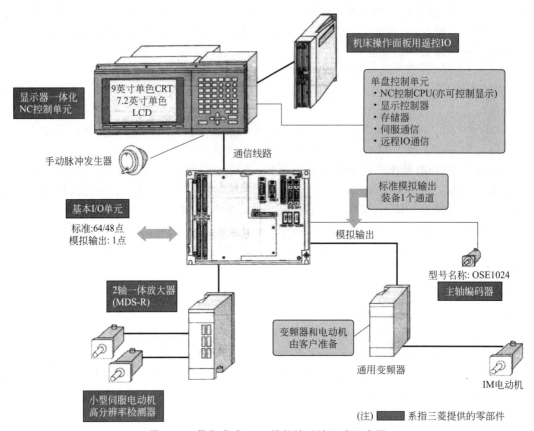

图 1-40　带集成式 PLC 的数控系统组成示意图

继电器）方面，具有地址固定的 CNC 与 PLC 间的内部传送信号；在指令系统方面，具备部分适合于 CNC 机床控制的特殊功能指令，如刀具自动交换控制用的回转器计数指令、回转器捷径选择指令、"随机换刀"控制指令等。

　　由于集成式 PLC 一般都需要与 PLC 同时使用，编程时必须了解系统内部 PLC 与 CNC 之间的信号关系，才能正确使用。

### （5）分布式 PLC

　　分布式 PLC（见图 1-41）是一种用于大型生产设备或者生产线实现远程控制的 PLC，一般是通过在 PLC 上增加用于远程控制的"主站模块"实现对远程 I/O 点的控制。中央控制 PLC 的结构形式原则上无规定的要求，即可以是基本单元加扩展型 PLC 或者模块式 PLC，但由于功能、I/O 点数等方面的限制，常见的还是以模块化结构 PLC 居多。

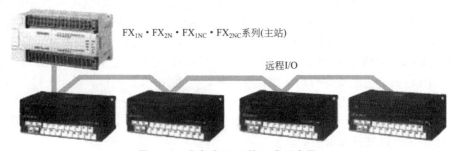

图 1-41　分布式 PLC 的组成示意图

　　分布式 PLC 的特点是各组成模块可以被安装在不同的工作场所。如可以将 CPU、存储器、显示器等以中央控制（通常称为主站）的形式安装于控制室，将 I/O 模块（通常称为远程 I/O）与功能模块以"工作站"（通常称从站）的形式安装于生产现场的设备上。

　　中央控制 PLC（主站）与"工作站"（从站）之间一般需要通过总线（如 SIEMENS 公司的 PROFIBUS-DP 等）进行连接与通信，因此，它事实上已经构成了简单的 PLC 与功能模块间的网络系统。

## 1.4.2　按 I/O 点数和程序容量分类

　　PLC 按 I/O 点数和程序容量分类见表 1-6。

表 1-6　PLC 按 I/O 点数和程序容量分类

| 分类 | I/O 点数 | 程序容量 |
| --- | --- | --- |
| 超小型机 | 64 点以内 | 256～1000 字节 |
| 小型机 | 64～256 | 1K～3.6K 字节 |
| 中型机 | 256～2048 | 3.6K～13K 字节 |
| 大型机 | 2048 以上 | 13K 字节以上 |

## 1.4.3　按功能分类

　　PLC 按功能分类见表 1-7。

表 1-7　PLC 按功能分类

| 分类 | 主要功能 | 应用场合 |
| --- | --- | --- |
| 低档机 | 具有逻辑运算、定时、计数、移位及自诊断、监控等基本功能。有的还有少量的模拟量 I/O、数据传送、运算及通信等功能 | 主要适用于开关量控制、顺序控制、定时/计数控制及少量模拟量控制的场合 |
| 中档机 | 除了进一步增加以上功能外，还有数制转换、子程序调用、通信联网功能，有的还具有中断控制、PID 回路控制等功能 | 适用于既有开关量又有模拟量的较为复杂的控制系统，如过程控制、位置控制等 |
| 高档机 | 除了进一步增加以上功能外，还具有较强的数据处理功能、模拟量调节、特殊功能的函数运算、监控、智能控制及通信联网的功能 | 适用于更大规模的过程控制系统，并可构成分布式控制系统，形成整个工厂的自动化网络 |

注：以上分类并不十分严格，特别是目前市场上许多小型机已具有中、大型机功能，故表中所列仅供参考。

## 1.5　PLC 的编程语言

　　PLC 的编程语言目前常用的主要有以下几种。

### 1.5.1　梯形图

　　梯形图（Ladder，Diagram，LAD）是最常用的 PLC 图形编程语言。梯形图与继电器-接触器控制系统的电路图很相似，具有直观易懂的优点，很容易被工厂熟悉继电器-接触器的电气人员掌握，它特别适用于开关量逻辑控制。有时也把梯形图称为电路或程序。梯形图

示例如图 1-42 所示。

LAD 由触点、线圈和用方框表示的功能块组成。触点代表逻辑输入条件，如外部的开关、按钮和内部条件等；线圈通常代表逻辑输出结果，用来控制外部的指示灯、交流接触器和内部的输出条件等；功能块用来表示定时器、计数器或者数学运算等附加指令。

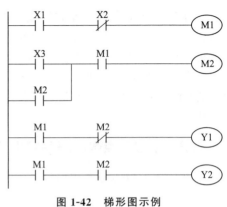

图 1-42　梯形图示例

在分析梯形图中的逻辑关系时，为了借用继电器-接触器控制系统电路图的分析方法，可以想象左右两侧垂直母线（右侧垂直母线可省略）之间有一个"左正右负"的直流电源，当图 1-42 的梯形图中 X1 的触点接通时，有一个假想的"能流"（Power Flow）流过 Y1 的线圈。利用能流这一概念，可以直观、形象、更好地理解和分析梯形图，能流只能从左向右流动。

在 PLC 中，把触点和线圈等组成的独立电路称为网络（Network），用编程软件生成的梯形图和语句表程序中有网络编号，允许以网络为单位，给梯形图加注释。在网络中，程序的逻辑运算按从左到右的方向执行，与能流的方向一致。各网络按从上到下的顺序执行，执行完成所有的网络后，返回到最上面的网络重新执行。使用编程软件可以直接生成和编辑梯形图，并将它下载到 PLC 中。

## 1.5.2　指令表

用梯形图等图形编程虽然直观、简便，但要求 PLC 配置 LRT 显示器方可输入图形符号。在许多小型、微型 PLC 的编程器中没有 LRT 屏幕显示，或没有较大的液晶屏幕显示，就只能用一系列 PLC 操作命令组成的指令程序将梯形图控制逻辑描述出来，并通过编程器输入到 PLC 中去。

PLC 的指令表（Instruction List，IL，也称为语句表、指令字程序、助记符语言）是由若干条 PLC 指令组成的程序。PLC 的指令类似于计算机汇编语言的形式，它是用指令的助记符来编程的。但是 PLC 的指令系统远比计算机汇编语言的指令系统简单得多。PLC 一般有 20 多条基本逻辑指令，可以编制出能替代继电器控制系统的梯形图。因此，指令表也是一种应用很广的编程语言。

PLC 中最基本的运算是逻辑运算，最常用的指令是逻辑运算指令，如"与""或""非"等。这些指令再加上"输入""输出"和"结束"等指令，就构成了 PLC 的基本指令。不同厂家的 PLC，指令的助记符不相同。如松下 FP1 系列 PLC 常见指令的助记符为：

ST：表示输入一个逻辑变量，每一逻辑行起始处必须用这一指令。

AN：逻辑"与"，表示输入变量串联。

OR：逻辑"或"，表示输入变量并联。

NOT（/）：逻辑"非"，表示输入变量求反。

OT：表示输出一个变量。

ANS：实现多个指令块的"与"运算，相当于"组与"。

ORS：实现多个指令块的"或"运算，相当于"组或"。

……

ED：表示结束。

指令表是梯形图的派生语言，它保持了梯形图的简单、易懂的特点，并且键入方便、编

程灵活。但是指令表不如梯形图形象、直观，较难阅读，其中的逻辑关系也很难一眼看出。所以在设计时一般多使用梯形图语言；而在使用指令表编程时，也是先根据控制要求编出梯形图，然后根据梯形图转换成指令表后再写入 PLC 中，这种转换的规则是很简单的。在用户程序存储器中，指令按步序号顺序排列。

指令表比较适合熟悉 PLC 和逻辑程序设计的经验丰富的程序员，指令表可以实现某些不能用 LAD 或 FBD 实现的功能。

## 1.5.3　顺序功能图

顺序功能图（Sequential Function Chart，SFC）是一种位于其他编程语言之上的图形语言，用来编制顺序控制程序。

SFC 提供了一种组织程序的图形方法，在顺序功能图中可以用别的语言嵌套编程。步、转换和动作是顺序功能图中的几种主要元件，步是一种逻辑块，即对应于特定的控制任务的编程逻辑；动作是控制任务的独立部分；转换是从一个任务变换到另一个任务的原因或条件。如图 1-43 所示。可以用顺序功能图来描述系统的功能，根据它可以很容易地编写出梯形图程序。

图 1-43　顺序功能图

## 1.5.4　功能块图

功能块图是一种类似于数字逻辑电路的编程语言，有数字电路基础的人很容易掌握。该编程语言用类似"与门""或门""非门"的方框来表示逻辑运算关系，方框的左侧为逻辑运算的输入变量，右侧为输出变量，输入、输出端的小圆圈表示"非"运算，信号是自左向右流动的。功能块图如图 1-44 所示。

## 1.5.5　结构文本及其他高级编程语言

结构文本（Structured Text，ST）是为 IEC 1131-3 标准创

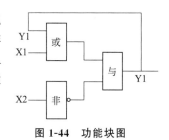

图 1-44　功能块图

建的一种专用的高级编程语言，与 FBD 相比，它能实现复杂的数学运算，编写的程序非常简洁和紧凑。

目前也有一些 PLC 可用 BASIC 和 C 等高级语言进行编程，但使用尚不普遍，本书从略。

虽然 PLC 有 5 种编程语言，但在 FX$_{2N}$ PLC 的编程软件中，用户只可以选用 LAD、FBD 和 STL 这三种编程语言，其中 FBD 不常用。STL 程序较难阅读，其中的逻辑关系很难一眼看出，所以在设计复杂的开关量控制程序时一般都使用 LAD 语言。但 STL 可以处理某些不能用 LAD 处理的问题，且 STL 输入方便快捷，还可以为每一条语句加上注释，便于复杂程序的阅读。在设计通信、数学运算等高级应用程序时建议使用语句表语言。LAD 程序中输入信号与输出信号之间的逻辑关系一目了然，易于理解，与继电器-接触器控制系统电路图的表达方式极为相似，设计开关量控制程序时建议选用 LAD 语言。

**思考题**

1. PLC 是如何诞生和发展起来的？
2. PLC 进一步的发展趋势将有哪些方面？
3. PLC 的定义、标准、特点、功能、应用有哪些方面？

4. PLC 与继电器-接触器控制系统、微机及集散控制系统相比较，各有哪些特点和优缺点？

5. 试述 PLC 的结构组成，分析各部分的作用。

6. 图形编程器的主要功能有哪些？

7. 什么是扫描和扫描周期？PLC 是如何扫描工作的？PLC 的扫描周期取决于什么？

8. PLC 对输入/输出的处理遵循着怎样的规则？

9. PLC 的技术性能主要包含哪些内容？

10. PLC 的内存及 I/O 点数是如何分配的？

11. PLC 按结构形式分类有哪些类型？各有什么特点？

12. PLC 常用的编程语言有哪些？如何使用？

13. PLC 的特殊功能有什么特点？PLC 特殊功能的实现形式有哪些？

14. 从功能用途上，PLC 的特殊功能大致可以分为哪几类？各有什么用途？

15. 认真总结归纳，本章内容中有哪些知识点？其重点和难点在哪里？

16. 本章的知识点对完全攻略 PLC 技术有何作用？通过本章的知识点的学习你有哪些收获？

第 **2** 章

# 熟知松下小型PLC 的主要硬件资源

　　松下电工生产有 FP-e、FP0、FP1、FP-X、FP$\Sigma$、FP2、FP3、FP10 等系列 PLC 产品。其中 FP-e、FP0、FP1、FP-X、FP$\Sigma$ 是小型 PLC，FP2、FP3、FP10 是中大型 PLC。所有系列产品都使用相同的编程工具软件 FPWIN GR。通过本章熟知松下小型 PLC 的主要硬件资源，可以了解 FP 系列产品的多数共性，对其他型号的 PLC，可以达到举一反三、触类旁通的效果。

## 2.1 FP1 系列 PLC 硬件配置及其功能

### 2.1.1 FP1 概述

　　FP1 是日本松下电工生产的最具有代表性的小型 PLC 产品，产品型号及其含义为：

　　　　　FP1 - □ □ □ —— 后缀"C"表示带RS-232□和时钟/日历
　　　　　　　　　　　　　　—— 用数字表示I/O点数
　　　　　　　　　　　　　　—— 英文字母：C表示主控单元
　　　　　　　　　　　　　　　　　　　　　　E表示扩展单元

　　该产品有 C14、C16、C24、C40、C56、C72 等多种规格，形成系列化，其硬件结构、指令系统、性能指标、编程方法基本相同。它集 CPU、I/O、通信等诸多功能模块为一体，具有体积小、功能强、性价比高等特点。在大写字母 C 后面的阿拉伯数字是表示该种型号

PLC 的输入/输出点数之和。例如 C24 即表示该种型号的 PLC 有 24 个输入/输出点，即 16 个输入点，8 个输出点，输入和输出点数之和为 24。由于 FP 系列 PLC 的输入/输出点数较少，故 FP1 系列属于小型机。但考虑到现在与将来，FP1 在设计过程中采用先进的方法及组件，使其具有通常只在大型 PLC 中才具备的功能，是一种近代功能非常强的小型 PLC，在某些功能上甚至能与大型机相媲美。在保证其各种优良控制功能的前提下，做到了体积结构紧凑，符合我国国情，特别适合在中小企业中推广应用。

　　FP1 的硬件配置较全，主机控制单元内有高速计数器，可输入频率高达 10kHz 的脉冲，并可同时输入两路脉冲。另外还可输出频率可调的脉冲信号。该机的输入脉冲捕捉功能可捕捉最小脉冲宽度 0.5ms 的输入脉冲。可调输入延时滤波功能可以使输入响应时间根据外围设备的情况进行调节，调节范围为 1～128ms。手动拨盘式寄存器控制功能，可通过调节面板上的电位器使特殊寄存器 DT9040～9043 中的数值在 0～255 范围改变，实现从外部进行输入设定。此外，该机还具有强制置位/复位控制功能、口令保护功能、固定扫描时间设定功能、时钟/日历控制功能等。该机还具有 8 个中断源的中断优先权管理，主机控制单元还配有 RS-232C 接口，可实现 PLC 和 PC 之间的通信，在 PC 机上的梯形图编程可直接传送到 PLC 中去。

　　除了主机控制单元以外，与之配套的还有扩展单元、智能单元和连接单元等。

　　扩展单元为一些扩展 I/O 点数的模块，由 E8～E40 系列组成，利用这些模块最多可以将 I/O 的点数扩展至 152 点。

　　FP1 的智能单元主要为 A/D、D/A 模块。当需要对模拟量进行测量和控制时，可以连接智能单元。

　　使用 FR1 的 I/O 连接（LINK）单元，通过远程 I/O 可实现与主 FP 系统进行 I/O 数据通信，从而实现一台主控制单元对多台控制单元的控制。

　　FP1 的指令功能也很强，共有 190 多条指令。除能进行基本逻辑运算外，还可进行＋、－、×、÷等运算。数据处理功能也比一般小型机强，除处理 8 位、16 位数字外，还可处理 32 位数字，并能进行多种码制变换。除一般 PLC 中常用的指令外还有中断和子程序调用、凸轮控制、高速计数、字符打印以及步进指令等特殊功能指令。由于指令非常丰富，功能极强，故给用户提供了很大方便。

　　另外，FP1 的监控功能很强，可实现梯形图监控，列表继电器监控，动态时序图监控（用户可同时监控 16 个 I/O 点时序），具有几十条监控命令，多种监控方式，如单点、多点、字、双字等。

　　指令和监控结果均可用日、英、德、意四种文字加以显示。

　　表 2-1～表 2-4 是 FP1 产品规格一览表，表 2-5 是 FP1 性能一览表。

表 2-1　FP1 控制单元规格表

| 系列 | | 说明 | | | | | |
|---|---|---|---|---|---|---|---|
| | | 内藏式存储器 | I/O 点数 | 工作电压 | COM 端极性（输入） | 类型 | 型号 |
| C14 | 标准型 | EEPROM | 14<br>输入：8<br>输出：6 | 24V DC | ± | 继电器<br>晶体管（NPN 集电极开路）<br>晶体管（PNP 集电极开路） | AFP12313B<br>AFP12343B<br>AFP12353B |
| | 标准型 | EEPROM | 14<br>输入：8<br>输出：6 | 100～240V AC | ± | 继电器<br>晶体管（NPN 集电极开路）<br>晶体管（PNP 集电极开路） | AFP12317B<br>AFP12347B<br>AFP12357B |

续表

| 系列 | | 说明 | | | | | |
|---|---|---|---|---|---|---|---|
| | | 内藏式存储器 | I/O 点数 | 工作电压 | COM 端极性（输入） | 类型 | 型号 |
| C16 | 标准型 | EEPROM | 16<br>输入：8<br>输出：8 | 24V DC | ± | 继电器<br>晶体管（NPN 集电极开路）<br>晶体管（PNP 集电极开路） | AFP12113B<br>AFP12143B<br>AFP12153B |
| | | | | | + | 继电器<br>晶体管（NPN 集电极开路） | AFP12112B<br>AFP12142B |
| | | | | 100～240V AC | ± | 继电器<br>晶体管（NPN 集电极开路）<br>晶体管（PNP 集电极开路） | AFP12117B<br>AFP12147B<br>AFP12157B |
| | | | | | + | 继电器<br>晶体管（NPN 集电极开路） | AFP12116B<br>AFP12146B |
| C24 | 标准型 | RAM | 24<br>输入：16<br>输出：8 | 24V DC | ± | 继电器<br>晶体管（NPN 集电极开路）<br>晶体管（PNP 集电极开路） | AFP12213B<br>AFP12243B<br>AFP12253B |
| | | | | | + | 继电器<br>晶体管（NPN 集电极开路） | AFP12212B<br>AFP12242B |
| | | | | 100～240V AC | ± | 继电器<br>晶体管（NPN 集电极开路）<br>晶体管（PNP 集电极开路） | AFP12217B<br>AFP12247B<br>AFP12257B |
| | | | | | + | 继电器<br>晶体管（NPN 集电极开路） | AFP12216B<br>AFP12246B |
| | C24C 型（带 RS-232C 口及日历/时钟功能） | RAM | 24<br>输入：16<br>输出：8 | 24V DC | ± | 继电器<br>晶体管（NPN 集电极开路）<br>晶体管（PNP 集电极开路） | AFP12213CB<br>AFP12243CB<br>AFP12253CB |
| | | | | | + | 继电器<br>晶体管（NPN 集电极开路） | AFP12212CB<br>AFP12242CB |
| | | | | 100～240V AC | ± | 继电器<br>晶体管（NPN 集电极开路）<br>晶体管（PNP 集电极开路） | AFP12217CB<br>AFP12247CB<br>AFP12257CB |
| | | | | | + | 继电器<br>晶体管（NPN 集电极开路） | AFP12216CB<br>AFP12246CB |
| C40 | 标准型 | RAM | 40<br>输入：24<br>输出：16 | 24V DC | ± | 继电器<br>晶体管（NPN 集电极开路）<br>晶体管（PNP 集电极开路） | AFP12413<br>AFP12443<br>AFP12453 |
| | | | | | + | 继电器<br>晶体管（NPN 集电极开路） | AFP12412<br>AFP12442 |
| | | | | 100～240V AC | ± | 继电器<br>晶体管（NPN 集电极开路）<br>晶体管（PNP 集电极开路） | AFP12417<br>AFP12447<br>AFP12457 |
| | | | | | + | 继电器<br>晶体管（NPN 集电极开路） | AFP12416<br>AFP12446 |

| 系列 | | 说明 | | | | | |
|---|---|---|---|---|---|---|---|
| | | 内藏式存储器 | I/O 点数 | 工作电压 | COM 端极性（输入） | 类型 | 型号 |
| C40 | C40C 型（带 RS-232C 口及日历/时钟功能） | RAM | 40 输入:24 输出:16 | 24V DC | ± | 继电器<br>晶体管（NPN 集电极开路）<br>晶体管（PNP 集电极开路） | AFP12413<br>AFP12443<br>AFP12453 |
| | | | | | + | 继电器<br>晶体管（NPN 集电极开路） | AFP12412<br>AFP12442 |
| | | | | 100～240V AC | ± | 继电器<br>晶体管（NPN 集电极开路）<br>晶体管（PNP 集电极开路） | AFP12417<br>AFP12447<br>AFP12457 |
| | | | | | + | 继电器<br>晶体管（NPN 集电极开路） | AFP12416<br>AFP12446 |
| C56 | 标准型 | RAM | 56 输入:32 输出:24 | 24V DC | ± | 继电器<br>晶体管（NPN 集电极开路）<br>晶体管（PNP 集电极开路） | AFP12513<br>AFP12543<br>AFP12553 |
| | | | | 100～240V AC | ± | 继电器<br>晶体管（NPN 集电极开路）<br>晶体管（PNP 集电极开路） | AFP12517<br>AFP12547<br>AFP12557 |
| | C56C 型（带 RS-232C 口及日历/时钟功能） | RAM | 56 输入:32 输出:24 | 24V DC | ± | 继电器<br>晶体管（NPN 集电极开路）<br>晶体管（PNP 集电极开路） | AFP12513<br>AFP12543<br>AFP12553 |
| | | | | 100～240V AC | ± | 继电器<br>晶体管（NPN 集电极开路）<br>晶体管（PNP 集电极开路） | AFP12517<br>AFP12547<br>AFP12557 |
| C72 | 标准型 | RAM | 72 输入:40 输出:32 | 24V DC | ± | 继电器<br>晶体管（NPN 集电极开路）<br>晶体管（PNP 集电极开路） | AFP12713<br>AFP12743<br>AFP12753 |
| | | | | 100～240V AC | ± | 继电器<br>晶体管（NPN 集电极开路）<br>晶体管（PNP 集电极开路） | AFP12717<br>AFP12747<br>AFP12757 |
| | C72C 型（带 RS-232C 口及日历/时钟功能） | RAM | 72 输入:40 输出:32 | 24V DC | ± | 继电器<br>晶体管（NPN 集电极开路）<br>晶体管（PNP 集电极开路） | AFP12513<br>AFP12543<br>AFP12553 |
| | | | | 100～240V AC | ± | 继电器<br>晶体管（NPN 集电极开路）<br>晶体管（PNP 集电极开路） | AFP12717<br>AFP12747<br>AFP12757 |

表 2-2    FP1 扩展单元规格表

| 系列 | 说明 | | | | |
|---|---|---|---|---|---|
| | I/O 点数 | 工作电压 | 输入 COM | 输出类型 | 型号 |
| E8 | 8 输入:8 | — | + | — | AFP13802 |
| | | | ± | — | AFP13803 |

续表

| 系列 | 说明 | | | | |
| --- | --- | --- | --- | --- | --- |
| | I/O 点数 | 工作电压 | 输入 COM | 输出类型 | 型号 |
| E8 | 8<br>输入:4<br>输出:4 | — | ± | 继电器<br>晶体管(NPN 集电极开路) | AFP13812<br>AFP13842 |
| | | | ± | 继电器<br>晶体管(NPN 集电极开路)<br>晶体管(PNP 集电极开路) | AFP13813<br>AFP13843<br>AFP13853 |
| | 8<br>输出:8 | — | — | 继电器<br>晶体管(NPN 集电极开路)<br>晶体管(PNP 集电极开路)<br>三端晶闸管 | AFP13810<br>AFP13840<br>AFP13850<br>AFP13870 |
| E16 | 16<br>输入:16 | — | ± | | AFP13103 |
| | 16<br>输入:8<br>输出:8 | — | + | 继电器<br>晶体管(NPN 集电极开路) | AFP13112<br>AFP13142 |
| | | | ± | 继电器<br>晶体管(NPN 集电极开路)<br>晶体管(PNP 集电极开路) | AFP13113<br>AFP13143<br>AFP13153 |
| | 16<br>输出:16 | — | — | 继电器<br>晶体管(NPN 集电极开路) | AFP13110<br>AFP13140 |
| E24 | 24<br>输入:16<br>输出:8 | 24V DC | + | 继电器<br>晶体管(NPN 集电极开路) | AFP13212<br>AFP13242 |
| | | | ± | 继电器<br>晶体管(NPN 集电极开路)<br>晶体管(PNP 集电极开路) | AFP13213<br>AFP13243<br>AFP13253 |
| | | 100~240V AC | + | 继电器<br>晶体管(NPN 集电极开路) | AFP13216<br>AFP13246 |
| | | | ± | 继电器<br>晶体管(NPN 集电极开路)<br>晶体管(PNP 集电极开路) | AFP13217<br>AFP13247<br>AFP13257 |
| E40 | 40<br>输入:24<br>输出:16 | 24V DC | + | 继电器<br>晶体管(NPN 集电极开路) | AFP13412<br>AFP13442 |
| | | | ± | 继电器<br>晶体管(NPN 集电极开路)<br>晶体管(PNP 集电极开路) | AFP13413<br>AFP13443<br>AFP13453 |
| | | 100~240V AC | + | 继电器<br>晶体管(NPN 集电极开路) | AFP13416<br>AFP13446 |
| | | | ± | 继电器<br>晶体管(NPN 集电极开路)<br>晶体管(PNP 集电极开路) | AFP13417<br>AFP13447<br>AFP13457 |

表 2-3 FP1 智能单元规格表

| 类型 | 性能说明 | 工作电压 | 型号 |
|---|---|---|---|
| FP1 A/D 转换单元 | • 模拟输入通道:4 通道/单元<br>• 模拟输入范围:0~5V,0~10V<br>0~20mA<br>• 数字输出范围:K0~K1000 | 24V DC | AFP1402 |
| | | 100~240V AC | AFP1406 |
| FP1 D/A 转换单元 | • 模拟输出通道:2 通道/单元<br>• 模拟输出范围:0~5V,0~10V<br>0~20mA<br>• 数字输入范围:K0~K1000 | 24V DC | AFP1412 |
| | | 100~240V AC | AFP1416 |

表 2-4 FP1 连接单元规格表

| 类型 | 性能说明 | 工作电压 | 型号 |
|---|---|---|---|
| FP1 I/O LINK 单元 | FP1 I/O LINK 单元是用于在 FP3/FP5 和 FP1 之间进行 I/O 信息交换的接口单元 | 24V DC | AFP1732 |
| | 通过 I/O LINK 单元将 FP1 连到 FP3/FP5 远程 I/O 系统,用两线制电缆进行串行 I/O 信息交换 | 100~240V AC | AFP1736 |
| C-NET 适配器 | RS-485←→RS-422/RS-232C 信号转换器。用于 PLC 与计算机之间的通信 | 24V DC | AFP8532 |
| | 通信介质(RS-485 口):两线制或双绞线电缆 | 100~240V AC | AFP8536 |
| S1 型 C-NET 适配器<br>(只对 FP1 控制单元) | RS-485←→RS-422。用于 FP1 控制单元的信号转换器。用于 C-NET 适配器与 FP1 控制单元之间的通信 | — | AFP15401 |

表 2-5 FP1 性能一览表

| 项目 | C14 | C16 | C24 | C40 | C56 | C72 |
|---|---|---|---|---|---|---|
| I/O 分配 | 8/6 | 8/8 | 16/8 | 24/16 | 32/24 | 40/32 |
| 最大 I/O 点数 | 54 | 56 | 104 | 120 | 136 | 152 |
| 扫描速度 | 1.6μs/步 | | | | | |
| 程序容量 | 900 步 | | 2720 步 | | 5000 步 | |
| 存储器类型 | EEPROM | | RAM 和 EPROM | | | |
| 基本指令条数 | 41 | | 80 | | 81 | |
| 高级指令条数 | 85 | | 111 | | 111 | |
| 内部继电器(R) | 256 | | 1008 | | | |
| 特殊内部继电器(R) | 64 | | | | | |
| 定时器/计数器(T/C) | 128 | | 144 | | | |
| 数据寄存器(DT) | 256 字 | | 1660 字 | | 6144 字 | |
| 特殊数据寄存器(DT) | 70 字 | | | | | |
| 索引寄存器(IX,IY) | 2 字 | | | | | |
| 主控指令(MC/MCE)点数 | 16 | | 32 | | | |
| 跳转标记(LBL)个数 | 32 | | 64 | | | |
| 步进阶数 | 64 | | 128 | | | |

续表

| 项目 | C14 | C16 | C24 | C40 | C56 | C72 |
|---|---|---|---|---|---|---|
| 子程序数 | 8 | | 16 | | | |
| 中断数 | — | | 9 | | | |
| 高速计数 | X0、X1 为计数输入，X2 为复位输入 | | | | | |
| 脉冲捕捉输入 | 4 | | 8 | | | |
| 中断输入 | — | | 8 | | | |
| 定时中断 | — | | 10ms～30s 间隔 | | | |
| 固定扫描 | 2.5ms×设定值(160ms 或更小) | | | | | |
| 输入延时滤液 | 1～128ms | | | | | |
| 自诊断功能 | 如：看门狗、电池检测、程序检测 | | | | | |

## 2.1.2　FP1 系列 PLC 的硬件构成及特性

FP1 系列 PLC 有 C14、C16、C24、C40、C56、C72 等型号，它们的硬件结构、指令系统、性能指标、编程方法基本相同，下面就来介绍 FP1 系列 PLC 的构成及其特性。

**（1）控制单元**

控制单元设有与编程器、计算机相连的接口，与 I/O 扩展单元（或 A/D、D/A 转换单元）相连的扩展口，输入输出端子，电源输入和输出端子等。C24 控制单元提供输入点 16 个，输出点 8 个；C40 控制单元提供输入点 24 个，输出点 16 个；C56 控制单元提供输入点 32 个，输出点 24 个；C72 控制单元提供输入点 40 个，输出点 32 个。下面就以 C24 和 C72 控制单元前面板图说明其功能，参看图 2-1 和图 2-2。

图 2-1 为 FP1 C24 型 PLC 控制单元的外形图。下面对图中 PLC 的各部分逐一进行说明。

① RS-232 口（C24、C40、C56 和 C72 型有）　利用该口能与 PC 机通信编程，也连接其他外围设备（如 IOP 智能操作板、条形码判读器和串行打印机等）。

② 运行监视指示灯

a. 当运行程序时，"RUN" 的 LED 亮；

b. 当控制单元中止执行程序时，"PROG" 的 LED 亮；

c. 当发生自诊断错误时，"ERR" 的 LED 亮；

d. 当检测到异常的情况时或出现 "Watchdog" 定时故障时，"ALARM" 的 LED 亮。

③ 电池座　为了使当控制单元断电时仍能保持住有用的信息，在控制单元设有蓄电池，电池的寿命一般为 3～6 年。

④ 电源端子　每种控制单元有两种电源形式——交流型和直流型。对于交流型控制单元，该端子接 100～240V 交流电。对于直流型控制单元，该端子接 24V 直流电。

⑤ 存储器（EPROM）和主存储器（EEPROM）插座　该插座可用来连接 EPROM 和 EEPROM。

⑥ 方式选择开关　方式选择开关共有三个工作方式挡位，即 "RUN" "REMOTE" 和 "PROG"。

a. "RUN" 工作方式　当开关扳到这个挡值时，控制单元运行程序。

b. "REMOTE" 工作方式　在这个工作方式下，可以使用编程工具（如 FP 编程器Ⅱ

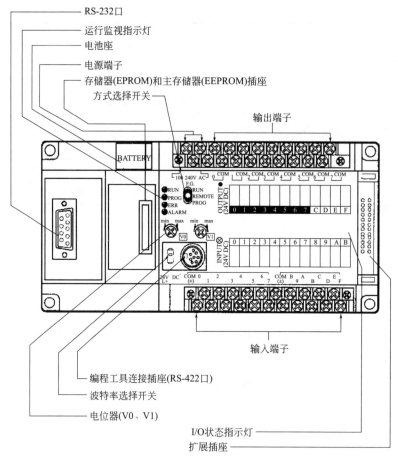

**图 2-1　FP1 C24 型 PLC 控制单元的外形图**

型和 NPST 软件）改变 PLC 的工作方式为"RUN"或"PROG"。

　　c. "PROG"工作方式　在此方式下可以编辑程序。若在"RUN"工作方式下编辑程序，则按出错对待。PLC 鸣响报警，提示编程者将方式选择开关切换至"PROG"工作方式。

　　⑦ 输入端子　C24 型：16 点；C40 型：24 点；C56 型：32 点；C72 型：40 点。输入电压范围为直流 12～24V。该端子板为两头带螺钉可拆卸的板。带"·"标记的端子不能作为输出端子使用。

　　⑧ 输出端子　C24 型：8 点；C40 型：16 点；C56 型：24 点；C72 型：32 点。该端子板为两头带螺钉可拆卸的板。带"·"标记的端子不能作为输出端子使用。

　　⑨ 编程工具连接插座（RS-422 口）　可用此插座经连接电缆连接编程工具（如 FP 编程器Ⅱ型或带 NPST 软件的个人计算机）。

　　⑩ 波特率选择开关　当 PLC 与外部设备进行通信时（如 FR 编程器Ⅱ型或带 NPST 软件的个人计算机），可用此开关设定波特率。根据不同情况可作如下设定：

　　FR 编程器Ⅱ型（AFP1114）：19200bps 或 9600bps。

　　带 NPST-GR 软件的 PC 机：9600bps。

　　⑪ 电位器（V0、V1）　这两个电位器可用螺丝刀（也称螺钉旋具）进行手动调节，实现外部设定。这一功能可以使你从外部向 PLC 的某些固定的数据存储单元输入数值在 0～255 范围变化的模拟量。这些输入的设定值放在"手动拨盘"寄存器中（V0：DT9040，V1：DT9041）。

RS-232口(C24C、C40C、C56C和C72C型有):
可用此插座连接外围设备[如IOP智能操作板(Intelligent Operating Panel)，条码判
读器和串行打印机等]

运行监视指示灯:
① 当运行程序时，"RUN"LED亮，而当执行强制输入/输出(在"RUN"方式)命令时，
该指示灯闪动
② 当控制单元中止执行程序时，"PROG"LED亮
③ 当发生自诊断错误时"ERR"LED亮
④ 当检测到异常情况或"Watchdog"定时故障时，"ALARM"LED亮

备份电池座:
关于备份电池座的更换请参阅维修内容

电源端子:
对交流型控制单元，该端子接100~240V交流。对直流型控制单元，该端子接24V直流

存储器(EPROM)和主存储器(EEPROM)插座:
该插座可用于连接EPROM和EEPROM

方式选择开关:
"RUN"方式: 控制单元运行程序
"REMOTE"方式: 在该方式下，可以使用编程工具(如FP编程器和NPST软件)改变PLC
的工作方式为"RUN"或"PROG"
"PROG"方式: 在此方式下可以编辑程序

输出端子:
C24型: 8点; C40系列: 16点; C56系列; 24点; C72系列: 32点
该端子板为两头带螺钉可拆卸的板，带"·"号者不能作为输出端子使用

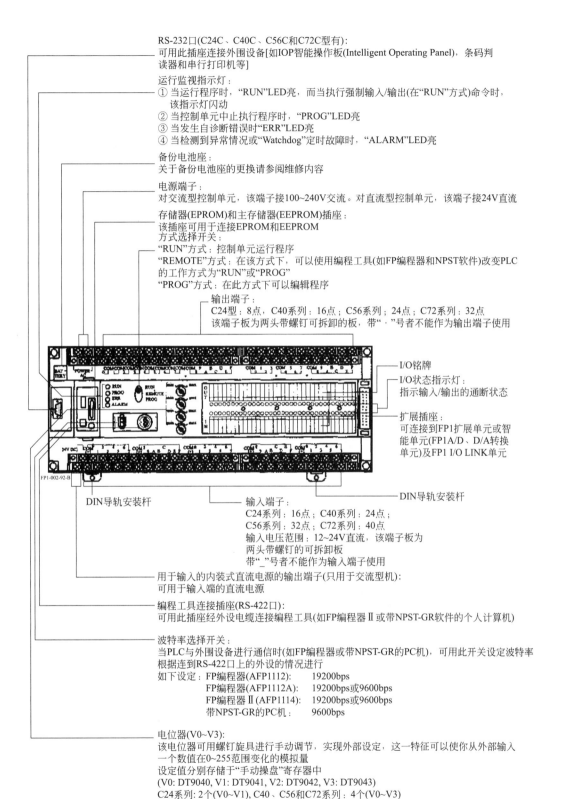

I/O铭牌

I/O状态指示灯:
指示输入/输出的通断状态

扩展插座:
可连接到FP1扩展单元或智
能单元(FP1A/D、D/A转换
单元)及FP1 I/O LINK单元

DIN导轨安装杆

DIN导轨安装杆

输入端子:
C24系列: 16点; C40系列: 24点;
C56系列: 32点; C72系列: 40点
输入电压范围: 12~24V直流，该端子板为
两头带螺钉的可拆卸板
带"_"号者不能作为输入端子使用

用于输入的内装式直流电源的输出端子(只用于交流型机):
可用于输入端的直流电源

编程工具连接插座(RS-422口):
可用此插座经外设电缆连接编程工具(如FP编程器Ⅱ或带NPST-GR软件的个人计算机)

波特率选择开关:
当PLC与外围设备进行通信时(如FP编程器或带NPST-GR的PC机)，可用此开关设定波特率
根据连到RS-422口上的外设的情况进行
如下设定: FP编程器(AFP1112):　　　　19200bps
　　　　　 FP编程器(AFP1112A):　　　　19200bps或9600bps
　　　　　 FP编程器Ⅱ(AFP1114):　　　　19200bps或9600bps
　　　　　 带NPST-GR的PC机:　　　　　 9600bps

电位器(V0~V3):
该电位器可用螺钉旋具进行手动调节，实现外部设定，这一特征可以使你从外部输入
一个数值在0~255范围变化的模拟量
设定值分别存储于"手动操盘"寄存器中
(V0: DT9040, V1: DT9041, V2: DT9042, V3: DT9043)
C24系列: 2个(V0~V1), C40、C56和C72系列: 4个(V0~V3)

**图 2-2　C72 控制单元前面板图说明其功能**

C24 系列：2 个（V0、V1）；C40、C56 和 C72 系列：4 个（V0～V3）。

⑫ I/O 状态指示灯　指示输入/输出的通断状态。当某个输入触点闭合时，对应于这个触点编号的输入指示发光二极管点亮（下一排）；当某个输出继电器接通时，对应这个输出继电器编号的输出指示发光二极管点亮（上一排）。

⑬ 扩展插座　通过这个插座，可以连接 FP1 扩展 I/O 点数的模块（扩展单元）或智能单元（FP1 A/D、D/A 转换单元）及 FP1 I/O LINK 单元。

C72 控制单元前面板图说明其功能，参看图 2-2，可对熟知 FP1 的硬件资源一目了然。

**（2）扩展单元**

① E8 和 E16 系列　扩展单元 E16 前面板如图 2-3 所示。

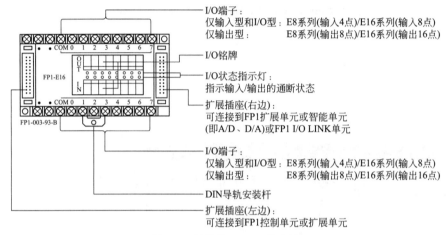

图 2-3　扩展单元 E16 前面板

② E24 和 E40 系列　扩展单元 E40 前面板如图 2-4 所示。

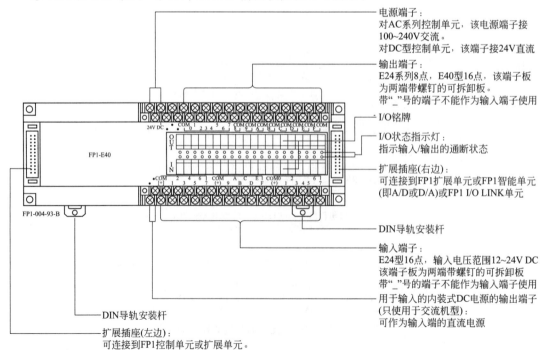

图 2-4　扩展单元 E40 前面板

**（3）智能单元**

① FP1 A/D 转换单元  A/D 模块前面板如图 2-5 所示。

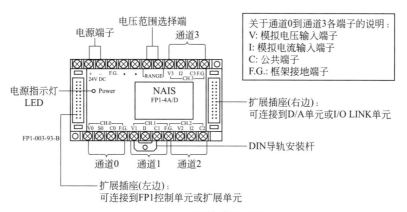

图 2-5  A/D 模块前面板

② FP1 D/A 转换单元  D/A 模块前面板如图 2-6 所示，图中作了详细说明。

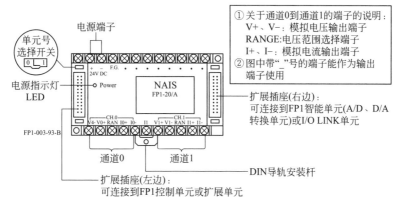

图 2-6  D/A 模块前面板

**（4）连接单元**

① FP1 I/O LINK 单元  FP1 连接单元如图 2-7 所示，图中作了详细说明。
② S1 型 C-NET 适配器

FP1 型 C-NET 适配器如图 2-8 所示，图中作了详细说明。

**（5）编程工具**

编程工具的系统构成如图 2-9 所示，可使用个人计算机（PC）或 FP 手持编程器进行程序编辑。

① NPST-GR 软件  使用 NPST-GR 编程软件可以在 PC 机上方便地编制程序。

必备工具：

a. 计算机：商用个人计算机（IBM PC/AT 或 100％兼容机）。

b. 主存：550KB 以上。

c. EMS：800KB 以上。

d. 硬盘空间：2KB 以上。

e. 操作系统：MS-DOS 3.3 以上版本。

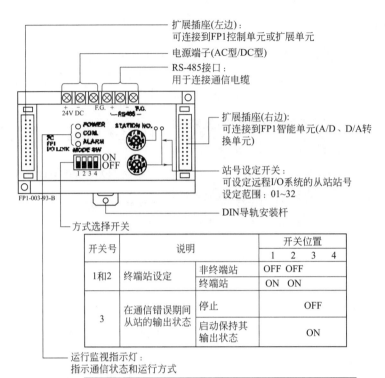

图 2-7 FP1 I/O 连接单元前面板

扩展插座(左边)：
可连接到FP1控制单元或扩展单元

电源端子(AC型/DC型)

RS-485接口：
用于连接通信电缆

扩展插座(右边)：
可连接到FP1智能单元(A/D、D/A转换单元)

站号设定开关：
可设定远程I/O系统的从站站号
设定范围：01~32

DIN导轨安装杆

方式选择开关

| 开关号 | 说明 | | 开关位置 | | | |
|---|---|---|---|---|---|---|
| | | | 1 | 2 | 3 | 4 |
| 1和2 | 终端站设定 | 非终端站 | OFF | OFF | | |
| | | 终端站 | ON | ON | | |
| 3 | 在通信错误期间从站的输出状态 | 停止 | | | OFF | |
| | | 启动保持其输出状态 | | | ON | |

运行监视指示灯：
指示通信状态和运行方式

| LED | 说明 |
|---|---|
| 电源(POWER)指示灯 | 电源上电时"ON"<br>未加电源时"OFF" |
| 通信(COM)指示灯 | 未通信时"ON"<br>正常通信时"闪动"<br>由于从站通信错误引起的远程I/O控制中止时，该指示灯"慢速闪动"<br>出现异常情况时该指示灯"OFF" |
| 报警(ALARM)指示灯 | 单元错误"ON"<br>站号设定错误"闪动"<br>单元正常"OFF" |

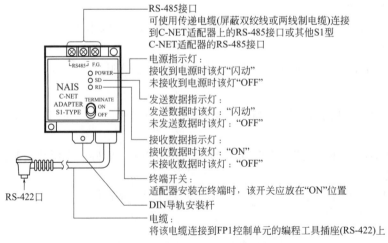

图 2-8 FP1 型 C-NET 适配器

RS-485接口
可使用传递电缆(屏蔽双绞线或两线制电缆)连接到C-NET适配器上的RS-485接口或其他S1型C-NET适配器的RS-485接口

电源指示灯：
接收到电源时该灯"闪动"
未接收到电源时灯"OFF"

发送数据指示灯：
发送数据时该灯："闪动"
未发送数据时该灯："OFF"

接收数据指示灯：
接收数据时该灯："ON"
未接收数据时该灯："OFF"

终端开关：
适配器安装在终端时，该开关应放在"ON"位置

DIN导轨安装杆

电缆：
将该电缆连接到FP1控制单元的编程工具插座(RS-422)上

RS-422口

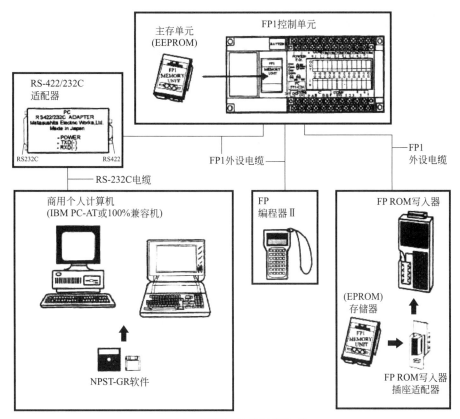

图 2-9　编程工具的系统构成

f. 视频监视器：EGA 或 VGA。

g. NPST-GR 软件：3 版本 AFP266538。

h. RS-232C 电缆（3m/9.843ft）：AFB85833/AFB85853。

i. RS-422/232C 适配器：AFP8550。

j. FP1 外设电缆：AFP15205（0.5m/1.640ft）、AFP1523（3m/9.843ft）。

NPR-GR 中的".EXE"文件被压缩在系统盘上，安装时应将其恢复。

采用计算机编程接线连接如图 2-10 所示。

② FP 编程器Ⅱ　使用手持式 FP 编程器Ⅱ可实现程序读、写和修改。

必备工具：

a. FP 外设电缆：AFP15205（0.5m/1.640ft）；AFP1523（3m/9.843ft）。

b. FR 编程器Ⅱ：AFP1114。

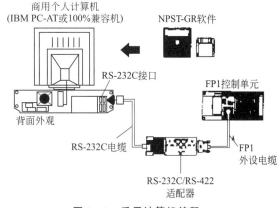

图 2-10　采用计算机编程

## 2.1.3　FP1 的内部寄存器及 I/O 配置

在使用 PLC 之前最重要的是先了解 PLC 的内部寄存器及 I/O 配置情况。

**（1）PLC 的内部寄存器及 I/O 配置**

表 2-6 是 PLC 的内部寄存器及 I/O 配置一览表。

表 2-6　FP1 寄存器及 I/O 配置一览表

| 名称 | 功能说明 | 符号 | 地址编号 | | |
|---|---|---|---|---|---|
| | | | C14、C16 | C24、C40 | C56、C72 |
| 输入继电器 | 该继电器将外部开关信号送到 PLC | X（位） | 208 点　X0～X12F | | |
| | | WX（字） | 13 字　WX0～WX12 | | |
| 输出继电器 | 该继电器将 PLC 执行程序的结果向外输出，驱动外设电器动作 | Y（位） | 208 点　Y0～Y12F | | |
| | | WY（字） | 13 字　WY0～WY12 | | |
| 内部继电器 | 该继电器不能提供外部输出，只能在 PLC 内部使用 | R（位） | 256 点 R0～R15F | 1008 点 R0～R62F | |
| | | WR（字） | 16 字 WR0～WR15 | 63 字 WR0～WR62 | |
| 特殊内部继电器 | 该继电器是有特殊用途的专用内部继电器，用户不能占用，也不能用于输出，但可作为接点使用 | R（位） | 64 点　R900～R903F | | |
| | | WR（字） | 4 字　WR900～WR903 | | |
| 定时器 | 该接点是定时器指令的输出 | T（位） | 100 点　T0～T99 | | |
| 计数器 | 该接点是计数器指令的输出 | C（位） | 28 点 C100～C127 | 44 点 C100～C143 | |
| 定时器/计数器设定值寄存器 | 该寄存器用来存储定时器/计数器指令的预置值 | SV（字） | 128 字 SV0～SV127 | 144 字 SV0～SV143 | |
| 定时器/计数器经过值寄存器 | 该寄存器用来存储定时器/计数器指令的经过值 | EV（字） | 128 字 EV0～EV127 | 144 字 EV0～EV143 | |
| 数据寄存器 | 该寄存器用来存储 PLC 内处理的数据 | DT（字） | 256 字 DT0～DT255 | 1660 字 DT0～DT1659 | 6144 字 DT0～DT6143 |
| 特殊数据寄存器 | 该寄存器是有特殊用途的存储区 | DT（字） | 70 字　DT9000～DT9069 | | |
| 索引寄存器 | 该寄存器用于存放地址和常数的修正值 | IX（字） | 一个字/每个单元，无编号系统 | | |
| | | IY（字） | | | |
| 十进制常数寄存器 | 用于十进制常数 | K | 16 位常数（字）K−32768～K32767 | | |
| | | | 32 位常数（双字）K−2147483648～K2147483647 | | |
| 十六进制常数寄存器 | 用于十六进制常数 | H | 16 位常数（字）H0～HFFFF | | |
| | | | 32 位常数（双字）H0～HFFFFFFFF | | |

表 2-6 中有以下几点要说明：

①　表中寄存器均为 16 位的。表中 X、WX 和 Y、WY 均为 I/O 区继电器，可以直接和输入、输出端子传递信息。但 X 和 Y 是按位寻址的，而 WX 和 WY 只能按"字"（即 16

位）寻址。

② 表中 R0～R62F 和 WR～WR62 均为内部通用寄存器，即可供用户使用的，这些寄存器均可作为内部继电器即"软继电器"用。而 R9000～R903F 和 WR900～WR903 均为特殊寄存器，用户不能占用，这些寄存器均有专门的用途，其详细介绍可见书后附录。同理 R 和 WR 的区别也是一个是按位寻址，另一个只能按"字"寻址。表中专用数据寄存器 DT9000～DT9067 的用途见书末附录。另外还有些寄存器是作为系统设置用的，称系统寄存器，这些寄存器的用途见书末附录。

③ K 可以存放十进制常数，其值为 -32768～32767 的整数。H 可以存放十六进制常数，其值为 0～FFFF。

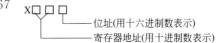

④ X 和 Y 的编号说明如下：

如：X120 即 WX12 寄存器中的第 0 号位，X12F 即 WX12 寄存器中第 F 号位。用图表示如下：

| WX12: | F | E | D | C | B | A | 9 | 8 | 7 | 6 | 5 | 4 | 3 | 2 | 1 | 0 |
|---|---|---|---|---|---|---|---|---|---|---|---|---|---|---|---|---|

X12F　　　　　　　　　　　　　　　　　　　　　X120

寄存器 Y 的编号也与此相同。

由表中所给 X 和 Y 的数目即可知该种型号 PLC 的 I/O 点数。X 为 X0～X12F 共 208 点，Y 为 Y0～Y12F 共 208 点，即该 PLC 总共可扩展 416 点。但受外部接线端子和主机驱动能力的限制一般只用到 100～200 点，其余均可做内部寄存器用。如 FP1-C40 最大可扩到 120 点。

**（2）C 系列小型机的 I/O 地址分配表**

① I/O 地址分配表　表 2-7 中给出了 C 系列小型机的 I/O 地址分配表。

表 2-7　C 系列小型机的 I/O 地址分配表

| 品种 | | 输入端编号 | 输出端编号 |
|---|---|---|---|
| 主控单元 | C14 | X0～X7 | Y0～Y4、Y7 |
| | C16 | X0～X7 | Y0～Y7 |
| | C24 | X0～XF | Y0～Y7 |
| | C40 | X0～XF、X10～X17 | Y0～YF |
| | C56 | X0～XF、X10～X1F | Y0～YF、Y10～Y17 |
| | C72 | X0～XF、X10～X1F、X20～X27 | Y0～YF、Y10～Y1F |
| 扩展单元（初级） | E8（入） | X30～X37 | — |
| | E8（入/出） | X30～X33 | Y30～Y33 |
| | E8（出） | — | Y30～Y37 |
| | E16（入） | X30～X3F | — |
| | E16（入/出） | X30～X37 | Y30～Y37 |
| | E16（出） | — | Y30～Y3F |
| | E24 | X30～X3F | Y30～Y37 |
| | E40 | X30～X3F、X40～X47 | Y30～Y3F |

| 品种 | | 输入端编号 | 输出端编号 |
|---|---|---|---|
| 扩展单元<br>（次级） | E8（入） | X50～X57 | — |
| | E8（入/出） | X50～X53 | Y50～Y53 |
| | E8（出） | — | Y50～Y57 |
| | E16（入） | X50～X5F | — |
| | E16（入/出） | X50～X57 | Y50～Y57 |
| | E16（出） | — | Y50～Y5F |
| | E24 | X50～X5F | Y50～Y57 |
| | E40 | X50～X5F，X60～X67 | Y50～Y5F |
| I/O 连接单元 | | X70～X7F（WX7）<br>X80～X8F（WX8） | Y70～Y7F（WY7）<br>Y80～Y8F（WY8） |
| A/D 单元 | CH0 | X90～X9F（WX9） | — |
| | CH1 | X100～X10F（WX10） | — |
| | CH2 | X110～X11F（WX11） | — |
| | CH3 | X120～X12F（WX12） | — |
| D/A 单元 | 0# CH0 | — | Y90～Y9F（WY9） |
| | 0# CH1 | — | Y100～Y10F（WY10） |
| | 1# CH0 | — | Y110～Y11F（WY11） |
| | 1# CH1 | — | Y120～Y12F（WY12） |

② 输入/输出特性　表 2-8 为 FP1 系列 PLC 的输入特性。

**表 2-8　FP1 系列 PLC 的输入特性**

| 项目 | 参数 |
|---|---|
| 额定输入电压 | 12～24V DC |
| 工作电压范围 | 10.2～26.4V DC |
| 接通电压/电流 | 小于 10V/小于 3mA |
| 关断电压/电流 | 大于 2.5V/大于 1mA |
| 响应时间 ON↔OFF | 小于 2ms（正常输入）（见注）<br>小于 50$\mu$s（设定高速计数器）<br>小于 200$\mu$s（设定中断输入） |
| | 小于 500$\mu$s（设定脉冲捕捉） |
| 输入阻抗 | 约 3kΩ |
| 运行方式指示 | LED |
| 连接方式 | 端子板（M3.5 螺钉） |
| 绝缘方式 | 光耦合 |

注：使用输入时间滤波器可将 8 点输入单元的输入响应时间设为 1ms、2ms、4ms、8ms、16ms、32ms、64ms、128ms。E8 和 E16 输入响应时间固定为 2ms。

表 2-9 为 FP1 系列 PLC 的继电器输出特性。

表 2-9 FP1 系列 PLC 的继电器输出特性

| 项目 | | 参数 |
|---|---|---|
| 输出类型 | | 常开 |
| 额定控制能力 | | 2A 250V AC,2A 30V DC(5A/公共端) |
| 响应时间 | OFF→ON | 小于 8ms |
| | ON←OFF | 小于 10ms |
| 机械寿命 | | 大于 $5 \times 10^6$ 次 |
| 电气寿命 | | 大于 $10^5$ 次 |
| 浪涌电流吸收 | | 无 |
| 工作方式指示 | | LED |
| 连接方式 | | 端子板(M3.5 螺钉) |

表 2-10 为 FP1 系列 PLC 的晶体管输出特性。

表 2-10 FP1 系列 PLC 的晶体管输出特性

| 项目 | 参数 |
|---|---|
| 绝缘方式 | 光耦合 |
| 输出方式 | 晶体管 PNP 和 NPN 开路集电极 |
| 额定负载电压范围 | 5～24V DC |
| 工作负载电压范围 | 4.75～26.4V DC |
| 最大负载电流 | 0.5A/点(24V DC) |
| 最大浪涌电流 | 3A |
| OFF 状态泄漏电流 | 不大于 $100\mu A$ |
| ON 状态压降 | 不大于 1.5V |
| 响应时间OFF→ON<br>ON←OFF | 不大于 1ms<br>不大于 1ms |
| 浪涌电流吸收器 | 压敏电阻 |
| 工作方式指示 | LED |
| 连接方式 | 端子板(M3.5 螺钉) |

**（3）特殊功能继电器的基本功能**

下面将分别介绍这些特殊功能继电器的基本功能。

① 内部继电器（R） 该继电器简称 R 继电器，不能提供外部输出，只能在 PLC 内部使用，其地址 R0～R62F，其编址的规则与 I/O 寄存器相同。该继电器在 PLC 中十分有用，可做中间继电器使用，它所带的触点均为软触点。每个继电器所带的触点数没有限制。这样的继电器在 PLC 内部多达 1008 个（C24 型～C72 型）。

② 特殊内部继电器（R） 特殊内部继电器是有特殊用途的专用内部继电器。其地址从 R9000～R903F，在 FP-1 PLC 内共有 64 个。这些特殊内部继电器不能用于输出，它们只能做内部触点用。它们的主要用途是：

　　a. 标志继电器　当自诊断和操作等发生错误时，对应于该编号的继电器触点闭合，以产生标志。此外也用于产生一些强制性标志、设置标志和数据比较标志等。

　　b. 特殊控制继电器　为了控制更加方便，FR1 提供了一些不受编程控制的特殊继电器。例如，初始闭合继电器 R9013，它的功能是只在运行中第一次扫描时闭合，从第二次扫描开始断开并保持打开状态。

　　c. 信号源继电器　R9018～R901E 这 7 个继电器都是不用编程就能自动产生脉冲信号的继电器。例如 R901A 就为一个 0.1s 时钟脉冲继电器，它的功能是 R901A 继电器的触点以 0.1s 为周期重复通/断动作（ON：0.05s；OFF：0.05s）。

　　这些特殊内部继电器的具体功能见表 2-11。

表 2-11　特殊内部继电器表

| 字地址 | 位地址 | 名称 | 说明 | C14/C16 | C24/C56　C40/C72 |
|---|---|---|---|---|---|
| R900 | R9000 | 自诊断错误标志 | 当自诊断错误发生时 ON；<br>自诊断错误代码存在 DT9000 中 | √ | |
| | R9005 | 电池错误标志（非保持） | 当电池错误发生时瞬间接通 | | |
| | R9006 | 电池错误标志（保持） | 当电池错误发生时接通且保持此状态 | | |
| | R9007 | 操作错误标志（保持） | 当操作错误发生时接通且保持此状态；<br>错误地址放在 DT9017（见注） | | |
| | R9008 | 操作错误标志（非保持） | 当操作错误发生时瞬间接通；<br>错误地址放在 DT9018（见注） | | |
| | R9009 | 进位标志 | 瞬间接通；<br>当出现溢出时；<br>当移位指令之一被置"1"时；<br>也可用于数据比较指令[F60/F61]的标志 | | √ |
| | R900A | ＞标志 | 在数据比较指令[F60/F61]中当 S1＞S2 时；瞬间接通<br>（参考 F60 和 F61 指令的说明） | | |
| | R900B | ＝标志 | 在数据比较指令[F60/F61]中当 S1＝S2 时；瞬间接通<br>（参考 F60 和 F61 指令的说明） | √ | |
| | R900C | ＜标志 | 在数据比较指令[F60/F61]中当 S1＜S2 时；瞬间接通<br>（参考 F60 和 F61 指令的说明） | | |
| | R900E | RS-422 错误标志 | 当 RS-422 错误发生时接通 | | |
| | R900F | 扫描常数错误标志 | 当扫描常数错误发生时接通 | | |
| R901 | R9010 | 常闭继电器 | 常闭 | | |
| | R9011 | 常开继电器 | 常开 | | |
| | R9012 | 扫描脉冲继电器 | 每次扫描交替开闭 | | |
| | R9013 | 初始闭合继电器 | 只在运行中第一次扫描时合上，从第二次扫描开始断开并保持打开状态 | | |
| | R9014 | 初始断开继电器 | 只在运行中第一次扫描时打开，从第二次扫描开始闭合且保持闭合状态 | | |

续表

| 字地址 | 位地址 | 名称 | 说明 | C14/C16 | C24/C56 C40/C72 |
|---|---|---|---|---|---|
| R901 | R9015 | 步进开始时闭合的继电器 | 仅在开始执行步进指令(SSTP)的第一扫描到来瞬间合上;只能用于步进指令,在步进程序中用在适当的时间执行 NSTP 指令,参见关于 SSTP 指令的说明 | | |
| | R9018 | 0.01s 时钟脉冲继电器 | 以 0.01s 为周期重复通/断动作(ON:OFF=0.005s:0.005s) | | |
| | R9019 | 0.02s 时钟脉冲继电器 | 以 0.02s 为周期重复通/断动作(ON:OFF=0.01s:0.01s) | | |
| | R901A | 0.1s 时钟脉冲继电器 | 以 0.1s 为周期重复通/断动作(ON:OFF=0.05s:0.05s) | √ | |
| | R901B | 0.2s 时钟脉冲继电器 | 以 0.2s 为周期重复通/断动作(ON:OFF=0.1s:0.1s) | | |
| | R901C | 1s 时钟脉冲继电器 | 以 1s 为周期重复通/断动作(ON:OFF=0.5s:0.5s) | | √ |
| | R901D | 2s 时钟脉冲继电器 | 以 2s 为周期重复通/断动作(ON:OFF=1s:1s) | | |
| | R901E | 1min 时钟脉冲继电器 | 以 1min 为周期重复通/断动作(ON:OFF=30s:30s) | | |
| R902 | R9020 | 运行方式标志 | 当 PLC 方式置为"RUN"时合上 | | |
| | R9026 | 信息标志 | 当信息显示指令执行时合上 | | |
| | R9027 | 远程方式标志 | 当方式选择开关置为"REMOTE"时合上 | √ | |
| | R9029 | 强制标志 | 在强制通/断操作期间合上 | | |
| | R902A | 中断标志 | 当允许外部中断时合上(参见 ICTL 指令说明) | | |
| | R902B | 中断错误标志 | 当中断错误发生时合上 | | |
| R903 | R9032 | RS-232C 口选择标志 | 在系统寄存器 No.412 中当 RS-232C 口被置为GENERAL(K2)时合上 | | *√(见注) |
| | R9033 | 打印/输出标志 | 当打印/输出指令[F147]执行时合上(参见 F147 指令说明) | | √ |
| | R9036 | I/O 连接错误标志 | 当 I/O 连接错误发生时合上 | √ | |
| | R9037 | RS-232C 错误标志 | 当 RS-232C 错误发生时合上 | | |
| | R9038 | RS-232C 发送标志(F144) | 当 PLC 使用串行通信指令(F144)接收到结束符时该接点闭合 | | *√(见注) |
| R903 | R9039 | RS-232C 发送标志(F144) | 当数据由串行通信指令(F144)发送完毕时合上[F144];当数据正被串行通信指令(F144)发送完毕时接点断开;参见 F144 指令说明(见注) | | *√(见注) |
| | R903A | 高速计数器控制标志 | 当高速计数器被 F162、F163、F164 和 F165 指令控制时合上;参见 F162、F163、F164 和 F165(高速计数器控制)指令的说明 | √ | √ |
| | R903B | 凸轮控制标志 | 当凸轮控制指令[F165]被执行时合上;参见 F165 指令说明 | | |

注:只有 C24、C40、C56C 和 C72C 类型可用。

③ 定时器（T）　定时器（T）的触点是定时器指令（TM）的输出。如果定时器指令定时时间到，则与其同号的触点动作。定时器的编号用十进制数表示（T0～T99）。在 FP1 中，一共有 100 个定时器。

④ 计数器（C）　计数器（C）的触点是计数器指令（CT）的输出。如果计数器指令计数完毕，则与其同号的触点动作。同定时器一样，计数器的编号也用十进制数表示（C100～C143），FP1 中，一共有 44 个计数器。计数器的编号是接在定时器编号的后面的。实际上定时器的个数与计数器分享。通过系统寄存器可以调整计数器的起始编号。现在给出的编号只是默认值而已。但是定时器和计数器的总和（为 144）是不变的。

⑤ 定时器/计数器设定值寄存器（SV）　定时器/计数器设定值寄存器是存储定时器/计数器指令预置值的寄存器。每个定时器/计数器预置值的寄存器由一个字（1 字＝16bit）组成。它们的地址编号用十进制数表示，同定时器/计数器的编号一一对应（SV0～SV143）。

⑥ 定时器/计数器经过值寄存器（EV）　定时器/计数器经过值寄存器是存储定时器/计数器经过值的寄存器。这个寄存器的内容随着程序的运行而变化，当它的内容变为 0 时，定时器/计数器的触点动作。每个定时器/计数器经过值寄存器由一个字（1 字＝16bit）组成。这些寄存器的地址编号用十进制数表示，同定时器/计数器的编号一一对应（EV0～EV143）。

关于定时器/计数器设定值寄存器（SV）和经过值寄存器（EV）的功能和用途将在指令系统中讲述。

⑦ 通用数据寄存器（DT）　通用数据寄存器用来存储 PLC 内部处理的数据，同 R 继电器不同，它是纯粹的寄存器，不带任何触点，每个数据寄存器由一个字（1 字＝16bit）组成。C14/C16 型有 256 个通用数据寄存器，编号为 DT0～DT255；C24/C40 型有 1660 个通用数据寄存器，编号为 DT0～DT1659；C56/C72 有 6144 个通用数据寄存器，编号为DT0～DT6143。通用数据寄存器的地址编号用十进制数表示。

⑧ 特殊数据寄存器（DT）　特殊数据寄存器是有特殊用途的寄存器。在 FP1 内部共有 70 个特殊数据寄存器，编号从 DT9000～DT9069。每一个特殊数据寄存器都是为特殊目的而配置的。这些特殊数据寄存器的具体用途见表 2-12。

表 2-12　特殊数据寄存器

| 地址 | 名称 | 说明 | C14/C16　C24/C40　C56/C72 |
|---|---|---|---|
| DT9000 | 自诊断错误代码寄存器 | 当自诊断错误发生时,错误代码存入 DT9000 | |
| DT9014 | 辅助寄存器（用于 F105 和 F106 指令） | 当执行 F105 或 F106 指令时,移出的十六进制数据位被存储在该寄存器十六进制位置 0(即 bit 0～3)处(参考 F105 和 F106 指令的说明) | |
| DT9015 | 辅助寄存器（用于 F32、F33、F52 和 F53 指令） | 当执行 F32 或 F52 指令时,除得余数被存于 DT9015 中;　当执行 F33 或 F53 指令时,除得余数低 16bit 存于 DT9015 中(参考 F32、F52、F33 和 F53 指令的说明) | √ |
| DT9016 | 辅助寄存器（用于 F33 和 F53 指令） | 当执行 F33 或 F53 指令时,除得余数高 16bit 位存于 DT9016 中;　参考 F33 和 F53 指令的说明 | |

续表

| 地址 | 名称 | 说明 | C14/C16 | C24/C40 | C56/C72 |
|---|---|---|---|---|---|
| DT9017 | 操作错误地址寄存器（保持） | 当操作错误被检测出来后,操作错误地址存于 DT9017 中,且保持其状态 | | | |
| DT9018 | 操作错误地址寄存器（非保持） | 当操作错误被检测出来后,最后的操作错误的最终地址存于 DT9018 中 | | | |
| DT9019 | 2.5ms 振铃计数器寄存器 | DT9019 中的数据每 2.5ms 增加 1,通过计算时间差值可用来确定某些过程的经过时间 | | | |
| DT9022 | 扫描时间寄存器（当前值） | 当前扫描时间存于 D9022,扫描时间可用下式计算<br>扫描时间(ms)＝数据×0.1(ms) | | √ | |
| DT9023 | 扫描时间寄存器（最小值） | 最小扫描时间存于 D9023,扫描时间可用下式计算<br>扫描时间(ms)＝数据×0.1(ms) | | | |
| DT9024 | 扫描时间寄存器（最大值） | 最大扫描时间存于 D9024,扫描时间可用下式计算<br>扫描时间(ms)＝数据×0.1(ms) | | | |
| DT9025 | 中断屏蔽状态 | 中断屏蔽状态存于 DT9025 中,可用于监视中断状态 | | | |
| | 寄存器 | 根据每一位的状态来判断屏蔽情况:<br>不允许中断:0,　允许中断:1;<br>DT9025 每位的位置对应中断号码;<br>参考 ICTL 指令的说明 | | | |
| DT9027 | 定时中断间隔寄存器 | 定时中断间隔存于 DT9027 中,可用于监视定时中断间隔。用下式计算间隔:间隔(ms)＝数据×10(ms)<br>参考 ICLTL 指令说明 | | | |
| DT9030 | 信息 0 寄存器 | 当执行 F149 指令时,指定信息的内容被存于 DT9030、DT9031、DT9033、DT9034 和 DT9035 中<br>参考 F149 指令的说明 | | | √ |
| DT9031 | 信息 1 寄存器 | | | | |
| DT9032 | 信息 2 寄存器 | | | | |
| DT9033 | 信息 3 寄存器 | | | | |
| DT9034 | 信息 4 寄存器 | | | | |
| DT9035 | 信息 5 寄存器 | | | | |
| DT9037 | 工作寄存器 1（用于 F96 指令） | 当 F96 指令执行时,已找到的数据个数存于 DT9037 中<br>参考 F96 指令说明 | | √ | |
| DT9038 | 工作寄存器 2（用于 F96 指令） | 当执行 F96 指令时,所找到的第一个数据的地址与 S2 所指定的数据区首地址之间的相对地址存放在 DT9038 中<br>参考 F96 指令说明 | | | |
| DT9040 | 手动拨盘寄存器（V0） | 电位器的值(V0、V1、V2 和 V3)存于:<br>-C14 和 C16 系列:V0 DT9040<br>-C24 系列:V0 DT9040<br>　　　　　V1 DT9041<br>-C40、C56 和 C72 系列:<br>　V0 DT9040<br>　V1 DT9041<br>　V2 DT9042<br>　V3 DT9043 | √ | √ | √ |
| DT9041 | 手动拨盘寄存器（V1） | | | | |
| DT9042 | 手动拨盘寄存器（V2） | | | √（仅 C40 用） | √ |
| DT9043 | 手动拨盘寄存器（V3） | | | | |

| 地址 | 名称 | 说明 | C14/C16  C24/C40  C56/C72 | | |
|---|---|---|---|---|---|
| DT9044 | 高速计数器经过值区<br>(低 16 位) | 高速计数器经过值低 16 位存于 DT9044 | | | |
| DT9045 | 高速计数器经过值区<br>(高 16 位) | 高速计数器经过值高 16 位存于 DT9045 | | | |
| DT9046 | 高速计数器预置值区<br>(低 16 位) | 高速计数器预置值低 16 位存于 DT9046 | √ | | |
| DT9047 | 高速计数器预置值区<br>(高 16 位) | 高速计数器预置值高 16 位存于 DT9047 | | | |
| DT9052 | 高速计数器控制寄存器 | 用于控制高速计数器工作<br>参考 F0(高速计数器控制)指令的说明 | | | |
| DT9053 | 时钟/日历监视寄存器 | 时钟/日历的时和分钟数据存于 DT9053,它只能用于监视数据 | | | |
| DT9054 | 时钟/日历监视和设置寄存器<br>(分/秒) | 时钟/日历的数据存于 DT9054、DT9055、DT9056 和 DT9057 中。可用于设置和监视时钟/日历 | | | |
| DT9055 | 时钟/日历监视和设置寄存器<br>(日/时) | 当用 F0 指令设置时钟/日历时,从 DT9058 的最高有效位变为"1"开始,修订值有效 | | | |
| DT9056 | 时钟/日历监视和设置寄存器<br>(年/月) | | | * √<br>(见注) | |
| DT9057 | 时钟/日历监视和设置寄存器<br>(星期) | | | | |
| DT9058 | 时钟/日历校准寄存器 | 当 DT9058 最低有效位置为"1"时,时钟/日历可校准如下:<br>当秒数据从 H00 到 H29 时:秒数据截断为 H00;<br>当秒数据从 H30 到 H59 时:秒数据截断为 H00,分数据加 1;<br>用 F0 指令执行的修正时钟/日历设定,当 DT9058 最高有效位置为"1"时,开始有效 | | | |
| DT9059 | 通信错误代码寄存器 | RS-232C 口通信代码存于 DT9059 高 8 位区,编程工具口错误代码存于 DT9059 低 8 位区 | | * √<br>(见注) | |
| DT9060 | 步进过程监视寄存器<br>(过程号:0～15) | 这些寄存器用于监视步进程序的执行情况<br>步进程序的执行监视如下:<br>工作:1  停止:0<br>bit 0～15→step 0～15 | | | |
| DT9061 | 步进过程监视寄存器<br>(过程号:16～31) | 工作:1  停止:0<br>bit 0～15→step 16～31 | | | √ |
| DT9062 | 步进过程监视寄存器<br>(过程号:32～47) | 工作:1  停止:0<br>bit 0～15→step 32～47 | | | |
| DT9063 | 步进过程监视寄存器<br>(过程号:48～63) | 工作:1  停止:0<br>bit 0～15→step 48～63 | | | |

续表

| 地址 | 名称 | 说明 | | C14/C16　C24/C40　C56/C72 |
|------|------|------|------|------|
| DT9064 | 步进过程监视寄存器<br>(过程号:48～63) | 工作:1　停止:0<br>bit 0～15→step 64～79 | | |
| DT9065 | 步进过程监视寄存器<br>(过程号:80～95) | 工作:1　停止:0<br>bit 0～15→step 80～95 | | √ |
| DT9066 | 步进过程监视寄存器<br>(过程号:64～79) | 工作:1　停止:0<br>bit 0～15→step 96～111 | | |
| DT9067 | 步进过程监视寄存器<br>(过程号:112～127) | 工作:1　停止:0<br>bit 0～15→step 112～127 | | |

注:1. 特殊数据寄存器 DT9017 和 DT9018 只可用于带 2.7 以上 CPU 版本的 FP1 机(所有型号中后缀带"B"的 FP1 均有此功能)。

2. 只有 C24、C40、C56 和 C72 类型可用。

⑨　常数（K、H）　在 FP1 PLC 中的常数使用十进制数和十六进制数。如果在数字的前面冠以字母 K 的话，为十进制数。如果数字前面的字母为 H 的话，则为十六进制数。K100 代表十进制数 100；H100 代表十六进制数 100。

⑩　索引寄存器（IX、IY）　在 FP1 PLC 的内部有两个索引寄存器 IX 和 IY，这是两个 16 位的寄存器（1 个字），可用于存放地址和常数的修正值。索引寄存器在编程中非常有用，它们的存在使得编程变得十分灵活、方便。许多其他类型的小型 PLC 都不具备这种功能。

索引寄存器的作用可分以下两类：

a. 作寄存器用　当索引寄存器用作 16bit 寄存器时，IX 和 IY 可单独使用。当索引寄存器用作 32bit 寄存器时，IX 作低 16bit，IY 作高 16bit。当把它作为 32bit 操作数编程时，如果指定 IX，则高 16bit 自动指定为 IY。

b. 其他操作数的修正值　在高级指令和一些基本指令中，索引寄存器可用作其他（WX、WY、WR、SV、EV、DT 和常数 K、H）的修正值。有了该功能，可用一条指令替代多条指令来实现控制。

•地址修正功能（对 WX、WY、WR、SV、EV 或 DT）。这个功能类似于计算机的变址寻址功能。当索引寄存器与另一操作数（WX、WY、WR、SV、EV 或 DT）一起编程时，操作数的地址发生移动，移动量为索引寄存器（IX 或 IY）的值。当索引寄存器用作地址修正值时，IX 和 IY 可单独使用。

【例 2-1】　将 DTO 中的数据传送至由 DT100 和 IX 共同指定的数据寄存器中去。

[F0 MV，DT0，IXDT100]　　这是一条数据传输的高级指令，执行例子要求的功能。

当 IX＝K10 时，DT0 中的数据被传送至 DT110。

当 IX＝K20 时，DT20 中的数据被传送至 DT120。

•常数修正值功能（对 K 和 H）。当索引寄存器与常数（K 或 H）一起编程时，索引寄存器的值被加到源常数上（K 或 H）。

使用索引寄存器时应注意：索引寄存器不能用索引寄存器来修正；当索引寄存器用作地址修正值时，要确保修正后的地址没有越限；当索引寄存器用作常数修正值时，修正后的值可能上溢或下溢。

在 FP1 PLC 的内部还有一些系统寄存器。它们是存放系统配置和特殊功能参数的寄存器。关于系统寄存器的介绍已经超出本书讨论的范围，读者若对此感兴趣，请参阅 FP1 PLC 的技术手册。

## 2.2 FP-X 系列 PLC 硬件配置及其功能

　　FP-X 系列 PLC 有 C14、C30、C60 等控制单元，此外还有 E16、E30、E60 扩展单元和多种功能的扩展插卡。它们都是紧凑式的箱体结构，可安装在 DM 导轨上。各单元之间通过插座、电缆相连接。

### 2.2.1 FP-X 单元部件

#### （1）主机型单元（控制单元）

　　FP-X 的主机单元（控制单元）的面板布置示于图 2-11。从图中可以看出 C14 部件只有 RS-232 编程口，没有 USB 编程口，其他都有 2 个编程口。C14 有 1 个插卡位置，C30 有 2 个插卡位段，C60 有 3 个插卡位置。

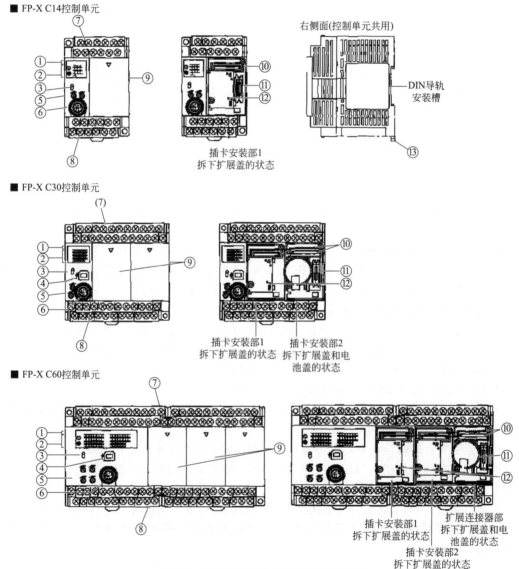

图 2-11　FP-X 的控制单元的面板布置图

图 2-11 中有编号的器件说明如下：

① 运行监视灯。显示 PLC 的运行/停止、错误/报警等动作状态。具体状态见表 2-13。

表 2-13　运行监视灯显示的具体状态

| 类别 | LED | | LED 的状态和动作状态 |
|---|---|---|---|
| ■RUN | RUN | 绿 | 灯亮：RUN 模式-程序执行中 |
| | | | 闪烁：在 RUN 模式强制输入、输出执行中<br>（RUN，PROG，LED 交替闪烁） |
| ■PROG | PROG | 绿 | 灯亮：PROG 模式-运行停止中<br>在 PROG 模式强制输入、输出执行中 |
| | | | 闪烁：在 RUN 模式强制输入、输出执行中<br>（RUN，PROG，LED 交替闪烁） |
| ■ERR | ERROR/ALARM | 红 | 闪烁：自诊断查出错误（ERROR） |
| | | | 灯亮：硬件异常或程序运算停滞、监控（watchdog timer）动作中（ALARM） |

② I/O 状态指示灯。用发光二极管指示各输入输出的通断状态。

③ RUN/PROG 模式切换开关。模式开关切换到 RUN 时主机进入运行程序方式；模式开关切换到 PROG 时主机停止运行程序进入编程方式。

注：使用计算机编程软件 FPWIN GR 可以操作主机的运行/停止模式状态。重新接通电源时，用 RUN/PROG 模式切换开关确定主机的工作状态。

④ USB 连接器。标准 USB 接口，用于计算机与 PLC 的编程和通信。

⑤ 模拟电位器。通过转动可调电位器，特殊数据寄存器 DT90040～DT90043 的值在 K0～K1000 的范围内变化。可以应用于模拟定时器等。C14/C30 有 2 个，C60 有 4 个。

⑥ RS-232C 编程口。连接编程工具的连接器。在控制器主机的编程口中，可使用市售的微型 5 针 DIN 连接器与计算机串行口相接。编程口的引脚图及功能分别如图 2-12 和表 2-14 所示。

表 2-14　编程口的功能

| 针号 | 名称 | 信号方向 |
|---|---|---|
| 1 | 信号用接地 | SG |
| 2 | 发送数据 | 单元→SD 外部设备 |
| 3 | 接收数据 | 单元←RD 外部设备 |
| 4 | （未使用） | |
| 5 | +5V | 单元→外部设备 |

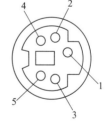

图 2-12　编程口的引脚图

⑦ 电源和输入端子台。供电电源以及输入信号接口配线端子。其中供电电源有 AC 输入和 DC 输入两种。

⑧ 输入用通用电源和输出端子台。输入用通用电源的输出端子和输出信号接口配线端子。当供电电源为 AC 时输入用通用电源的输出端子为 24V 电源，当供电电源为 DC 时输入用通用电源的输出端子是空端子。

⑨ 扩展盖。扩展电缆、电池安装后，请装上盖。

⑩ 连接扩展插卡的连接器。

⑪ 扩展 I/O 单元、扩展 FP0 适配器连接用连接器。用了插入专用的扩展电缆。

⑫ 电池盖。当使用另售的备份电池时，拆下该盖后进行安装。利用备份电池对实时时钟或者数据寄存器进行备份。

⑬ DIN 导轨安装推杆（左右钩）。可以轻松一按即在 DIN 导轨上安装。

**（2）扩展单元**

扩展单元内部设有中央处理器和存储器，而设置的 I/O 接口和端子只能与主机型单元配合使用，以扩展 I/O 点数。图 2-13 所示为扩展单元的面板布置图。

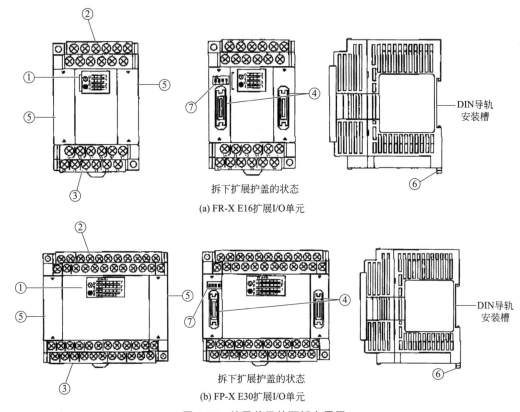

(a) FR-X E16扩展I/O单元

拆下扩展护盖的状态

(b) FP-X E30扩展I/O单元

图 2-13　扩展单元的面板布置图

图 2-13 中有编号的器件说明如下：

① I/O 状态指示灯。用发光二极管指示各输入输出的通断状态。

② 输入端子台。输入信号接口配线端子（注意 FP-X E30 有电源端子）。

③ 输出端子台。输出信号接口配线端子（注意 FP-X E30 有电源端子）。

④ 扩展接线插座。使用专用电缆用于与控制单元或另一个扩展单元连接。

⑤ 扩展盖。扩展电缆、电池安装后，请装上盖。

⑥ DIN 导轨安装推杆（左右钩）。可以轻松一按即在 DIN 导轨上安装。

⑦ 终端设定 DIP 开关。最后部分的扩展单元中，全部开关均置 ON。

**（3）扩展插卡**

FP-X 系列 PLC 扩展插卡分通信插卡和 I/O 功能插卡，插卡全部安装在控制单元上图 2-11 的 9 位置，如图 2-14 所示。I/O 功能插卡安装在图中 1 号和 2 号位置，通信插卡只能安装在图中 1 号位置，并且可叠在 I/O 功能插卡的上方。

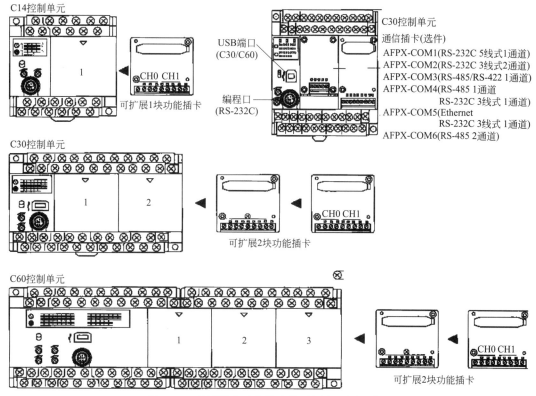

图 2-14　扩展插卡的安装法律委员会位置示意图

## 2.2.2　FP-X 模块的等效电路图及接线图

在实际的工程设计应用中，掌握 PLC 的输入输出等效电路并能够做到把外部信号与PLC 正确地相接是非常有帮助的。在 FP-X 系列 PLC 中，根据输出的电路形式分为两种：一种是继电器输出型，一种是晶体管输出型。晶体管输出又分两类即 NPN 型和 PNP 型，而这两种的输出形式对应的输入电路也不同，下文分别介绍。

### （1）控制单元继电器输出型的输入输出等效电路

① 输入等效电路　图 2-15 是输入等效电路。图中 X$n$ 表示 X0～X$n$ 输入中的任意一路。其中，X0～X7 的电阻是 R1 为 5.1kΩ；R2 为 3kΩ；X8～X$n$ 的电阻是 R1 为 5.6kΩ，R2 为1kΩ。输入信号可以是触点、按钮、开关或晶体管组成的无触点开关。输入等效电路的性能指标示于表 2-15。图 2-16 是输入等效电路接一个按钮的应用例子。在例子中，当按钮未按下时，光电耦合的发光二极管不发光，内部电路接收输入的信号是 0；当按钮按下时，光电耦合的发光二极管发光，内部电路接收输入的信号是 1。PLC 内的 CPU 通过输入信号的变化可以进行运算。

表 2-15　继电器输出型输入等效电路的性能指标

| 项目 | 规格 |
| --- | --- |
| 绝缘方式 | 光电耦合器绝缘 |
| 额定输入电压 | DC 24 V |

| 项目 | | 规格 |
|---|---|---|
| 使用电压范围 | | 21.6V DC～26.4V DC |
| 额定输入电流 | | 约 4.7mA(控制单元 X0～X7)<br>约 4.3mA(控制单元 X8 以上) |
| 共用方式 | | 8 点/公共端(C14R)<br>16 点/公共端(C30R/C60R)<br>(输入电源的极性＋/—均可) |
| 最小 ON 电压/最小 ON 电流 | | 19.2V DC/3mA |
| 最大 OFF 电压/最大 OFF 电流 | | 2.4V DC/1mA |
| 输入阻抗 | | 约 5.1kΩ(控制单元 X0～X7)<br>约 5.6kΩ(控制单元 X8 以上) |
| 响应时间 | OFF→ON | 控制单元 X0～X7<br>0.6ms 以下：一般输入时<br>50μs 以下：高速计数、脉冲捕捉、中断输入设定时控制单元 X8 以上 0.6ms 以下 |
| | ON→OFF | 控制单元 X0～X7<br>0.6ms 以下：一般输入时<br>50μs 以下：高速计数、脉冲捕捉、中断输入设定时控制单元 X8 以上 0.6ms 以下 |

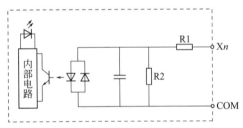

图 2-15　继电器输出型输入等效电路

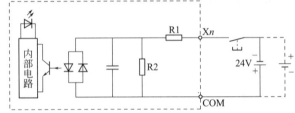

图 2-16　继电器输出型输入等效电路接线例子

② 输出等效电路　图 2-17 是输出等效电路。图中 $Yn$ 表示 Y0～$Yn$ 输出中的任意一路。由于继电器输出是无源有触点的，其输出可以是交流负载，也可以是直流负载。为了提高输出触点的使用寿命，对于直流电感件负载，须在负载两端并联续流二极管。对于交流负载，则在负载两端并联阻容吸收电路（电容 $0.1\mu F$，电阻 $100\Omega$）。输出等效电路的性能指标示于表 2-16。图 2-18 是输入等效电路接一路发光二极管的应用例子。在例子中当 PLC 输出为 1 时，继电器的线圈得电，其接点闭合，发光二极管亮；反之当 PLC 输出为 0 时，继电器的线圈失电，其接点打开，发光二极管灭。

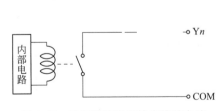

图 2-17　继电器输出型输出等效电路

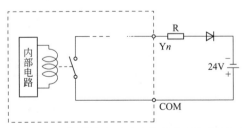

图 2-18　继电器输出型输出等效电路接线例子

表 2-16　继电器输出型输出等效电路的性能指标

| 项目 | | 规格 | |
|---|---|---|---|
| | | C14 | C30/C60 |
| 绝缘方式 | | 继电器绝缘 | |
| 输出形式 | | 1A 输出(继电器不可更换) | |
| 额定控制容量 | | 2A 250V AC、2A 30V DC | |
| | | (6A 以下/公共端) | (8A 以下/公共端) |
| 共用方式 | | 1 点/公共端、2 点/公共端、3 点/公共端、4 点/公共端 | |
| 响应时间 | OFF→ON | 约 10ms | |
| | ON→OFF | 约 8ms | |
| 寿命 | 机械方面 | 2000 万次以上(通断频率 180 次/min) | |
| | 电气方面 | 10 万次以上(以额定控制容量　通断频率 20 次/min) | |

### （2）控制单元晶体管输出型的输入输出等效电路

① 输入等效电路　图 2-19 是晶体管输出型输入等效电路。其中，图的左边是 PLC 输入端 X0～X3 的等效电路，该等效电路是作为高速计数、脉冲捕捉、中断输入而设计的；图的右边是 PLC 输入端 X4～X11 的等效电路，该等效电路原理与继电器输出型的输入等效电路设计是一样的。两种电路的输入信号都可以是触点、按钮、开关或晶体管组成的无触点开关。输入等效电路的性能指标如表 2-17 所示。

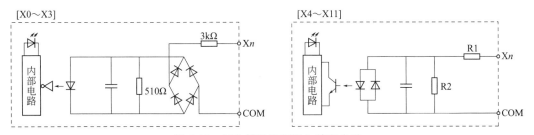

图 2-19　晶体管输出型输入等效电路

表 2-17　晶体管输出型输入等效电路的性能指标

| 项目 | | 规格 | |
|---|---|---|---|
| | | C14 | C30/C60 |
| 绝缘方式 | | 光电耦合器绝缘 | |
| 额定输入电压 | | DC 24V | |
| 使用电压范围 | | 21.6V DC～26.4V DC | |
| 额定输入电流 | | 约 8mA(控制单元 X0～X3)<br>约 4.7mA(控制单元 X4～X7)<br>约 4.3mA(控制单元 X8 以上) | |
| 共用方式 | | 8 点/公共端 | 16 点/公共端 |
| | | (输入电源的极性＋/－均可) | |
| 最小 ON 电压/最小 ON 电流 | | 19.2V DC/6mA(控制单元 X0～X3)<br>19.2V DC/3mA(控制单元 X4 以上) | |

| 项目 | 规格 | |
|---|---|---|
| | C14 | C30/C60 |
| 最小 OFF 电压/最小 OFF 电流 | 2.4V DC/1.3mA（控制单元 X0～X3）<br>2.4V DC/1mA（控制单元 X4 以上） | |
| 输入阻抗 | 约 3kΩ（控制单元 X0～X3）<br>约 5.1kΩ（控制单元 X4～X7）<br>约 5.6kΩ（控制单元 X8 以上） | |
| 响应时间　OFF→ON | 控制单元 X0～X3<br>一般输入时：135μs 以下<br>高速计数、脉冲捕捉、中断输入设定时：5μs 以下 | |
| 响应时间　ON→OFF | 控制单元 X4～X7<br>一般输入时：35μs 以下<br>高速计数、脉冲捕捉、中断输入设定时：50μs 以下<br>控制单元 X8 以上（仅限 C30/C60）：0.6ms 以下 | |

　　② 输出等效电路　图 2-20 是晶体管 NPN 型的输出等效电路，图 2-21 是晶体管 PNP 型的输出等效电路。从图中可以看到 PLC 内部通过光电隔离经外部电路到复合管放大 OC 形式输出到负载。负载电源由外部提供，其范围是 5～24V。其输出等效电路的性能指标见表 2-18。从表中可以看出 Y0～Y3 除做普通数字输出外，还具有高速数字输出功能。

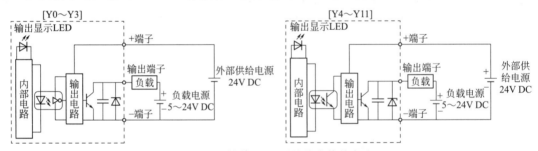

图 2-20　晶体管 NPN 型的输出等效电路

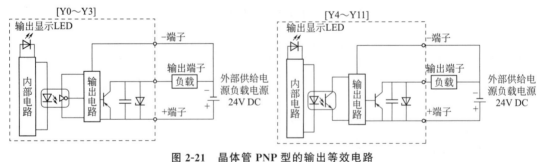

图 2-21　晶体管 PNP 型的输出等效电路

表 2-18　晶体管输出型输出等效电路的性能指标

| 项目 | 规格 | |
|---|---|---|
| | C14 | C30/C60 |
| 绝缘方式 | 光电耦合器绝缘 | |
| 输出形式 | 开路集电极 | |

续表

| 项目 | | 规格 | |
|---|---|---|---|
| | | C14 | C30/C60 |
| 额定负载电压 | | NPN型:5～24V DC　/PNP型:24V DC | |
| 负载电压允许范围 | | NPN型:4.75～26.4V DC　/PNP型:21.6～26.4V DC | |
| 最大负载电流 | | 0.5A | |
| 最大浪涌电流 | | 1.5A | |
| 共用方式 | | 6点/公共端 | 8点/公共端、6点/公共端 |
| OFF时漏电流 | | 1μA以下 | |
| 响应时间<br>(在25℃) | OFF→ON | Y0～Y3(负载电流15mA以上时):2μs以下<br>(C14:Y4～Y5、C30/C60:Y4～Y7):20μs以下<br>(负载电流15mA以上时)<br>(C14:无、C30/C60:Y8以上):1ms以下 | |
| 响应时间<br>(在25℃) | ON→OFF | Y0～Y3(负载电流15mA以上时):8μs以下<br>(C14:Y4～Y5、C30/C60:Y4～Y7):30μs以下<br>(负载电流15mA以上时)<br>(C14:无、C30/C60:Y8以上):1ms以下 | |

| 外部供给电源<br>(+、-端子) | 电压 | | 21.6～26.4V DC | | | |
|---|---|---|---|---|---|---|
| | 电流 | | Y0～Y5(Y7) | Y8～YD | Y10～Y17 | Y18～Y1D |
| | | C14 | 40mA以下 | — | — | — |
| | | C30 | 60mA以下 | 35mA以下 | — | — |
| | | C60 | 60mA以下 | 35mA以下 | 45mA以下 | 45mA以下 |

### （3）控制单元的外部接线图的例子

控制单元型号分类比较多，图2-22和图2-23是以AFPX-C60R和AFPX-C60T两类最大点数的外部接线图为例来说明的。图中L表示负载。

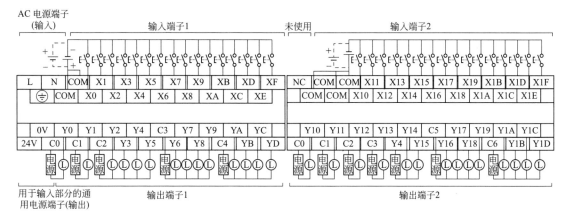

**图2-22　AFPX-C60R外部接线图**

### （4）扩展单元输入输出等效电路及接线

扩展单元根据输出类型也分继电器型和晶体管型，其输入输出的等效电路除无高速输入

AC 电源端子
(输入)　　　　　　　输入端子1　　　　　　　未使用　　　　　输入端子2

| L | N | COM | X1 | X3 | X5 | X7 | X9 | XB | XD | XF |
|---|---|-----|----|----|----|----|----|----|----|----|
| ⏚ | COM | X0 | X2 | X4 | X6 | X8 | XA | XC | XE | |

| NC | COM | COM | X11 | X13 | X15 | X17 | X19 | X1B | X1D | X1F |
|----|-----|-----|-----|-----|-----|-----|-----|-----|-----|-----|
| COM | COM | X10 | X12 | X14 | X16 | X18 | X1A | X1C | X1E | |

| 0V | − | Y1 | Y3 | Y5 | Y7 | | Y9 | YB | YD | |
|----|---|----|----|----|----|----|----|----|----|----|
| 24V | + | Y0 | Y2 | Y4 | Y6 | + | Y8 | YA | YC | NC |

| NC | − | Y11 | Y13 | Y15 | Y17 | − | Y19 | Y1B | Y1D | |
|----|---|-----|-----|-----|-----|----|-----|-----|-----|----|
| NC | + | Y10 | Y12 | Y14 | Y16 | + | Y18 | Y1A | Y1C | NC |

用于输入部分的通
用电源端子(输出)　　　输出端子1　　　　　　未使用　未使用　　　　输出端子2　　　　　　未使用
　　　　　　　　　+，−(左侧)：Y0～Y7用电源　　　　　　　　+，−(左侧)：Y10～Y17用电源
　　　　　　　　　+，−(右侧)：Y8～YD用电源　　　　　　　　+，−(右侧)：Y18～Y1D用电源

**图 2-23　AFPX-C60T 外部接线图**

和高速输出的功能外，它们的电路和性能与控制单元的电路和性能基本一样，其输入输出的等效电路如图 2-24 所示。

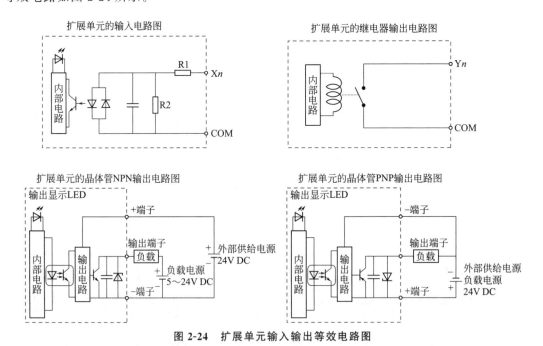

**图 2-24　扩展单元输入输出等效电路图**

　　AFP-X 外部扩展单元接线图如图 2-25 和图 2-26 所示，图中是以 AFPX-E30R 和 AFPX-E30T 为例的，其中 L 表示负载。

**（5）功能插卡的性能和接线**

　　在前面介绍的控制单元和扩展单元中，其输入输出都是数字量的接口，可以方便实现逻辑和顺序控制，而本节介绍功能插卡中的模拟输入输出功能可以实现过程控制。下面介绍功能插卡的性能和接线方法。

　　① 模拟输入插卡 AFPX-AD2　AFPX-AD2 模拟输入卡具有两通道模拟量的输入，每一

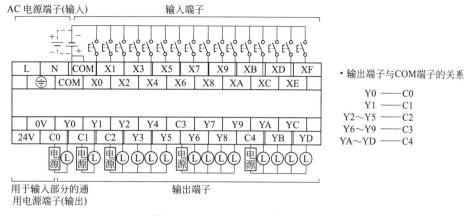

图 2-25　AFPX-E30R 外部接线图

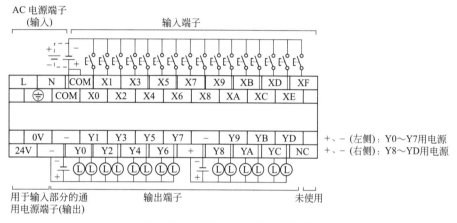

图 2-26　AFPX-E30T 外部接线图

通道模拟量可以是电压量 $0\sim10V$，也可以是电流量 $0\sim20mA$。由于内部电路采用 12 位 A/D 转换器件，模拟量（温度、压力等）输入经 A/D 转换后变成数字量的范围是 $0\sim4000$。AFPX-AD2 模拟输入卡的端子图和说明如图 2-27 所示，外部模拟量与卡的连接示于图 2-28。注意该卡的模拟输入与内部电路是没有隔离的。

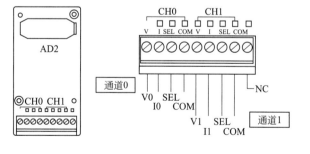

| | V | 电压输入 |
|---|---|---|
| CH0 | I | 电流输入 |
| | SEL | 电压/电流选择 |
| | COM | 公共端 |
| | V | 电压输入 |
| CH1 | I | 电流输入 |
| | SEL | 电压/电流选择 |
| | COM | 公共端 |
| NC | | 未使用 |

图 2-27　AFPX-AD2 模拟输入卡的端子图和说明

② 模拟输出插卡 AFPX-DA2　AFPX-DA2 模拟输出卡具有两通道模拟量的输出，该卡内部电路采用 12 位 D/A 转换器件，每一通道的数字量 $0\sim4000$ 经 D/A 转换变成模拟量输出，它可以是电压量 $0\sim10V$，也可以是电流量 $0\sim20mA$。模拟输出插卡 AFPX-DA2 的端

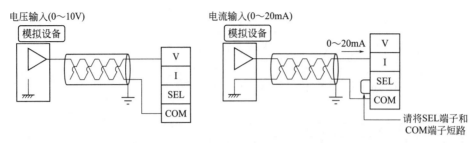

图 2-28    AFPX-AD2 模拟信号接线图

子图和说明如图 2-29 所示，卡与外部模拟量的连接示于图 2-30。该卡的模拟输出与内部数字电路和模拟输出之间都采用变压器绝缘和隔离 IC 绝缘。

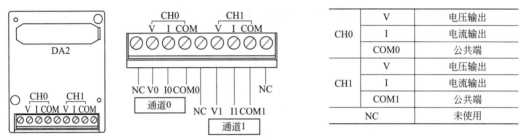

图 2-29    AFPX-DA2 模拟输出卡的端子图和说明

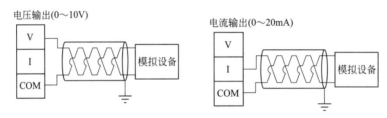

图 2-30    AFPX-DA2 模拟信号接线图

③ 模拟 I/O 插卡 AFPX-A21    AFPX-A21 模拟 I/O 插卡具有两通道模拟量的输入和一通道模拟量的输出。两通道模拟量的输入若是电压量可以是 0～10V 或 0～5V，若是电流量可以是 0～20mA。模拟量的输出若是电压量可以是 0～10V，若是电流量可以是 0～20mA。模拟量的输入与内部数字电路、模拟量的输入与模拟输出之间都采用变压器绝缘和隔离 IC 绝缘。该插卡端子图及说明如图 2-31 所示，与外部的连接图示于图 2-32。

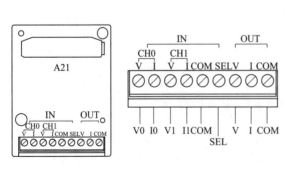

| 输入 | CH0 | V | 电压输入 |
| | | I | 电流输入 |
| | CH1 | V | 电压输入 |
| | | I | 电流输入 |
| | COM | | 公共端(输入用) |
| | SEL | | 0～10V/0～5V、0～20mA 选择 |
| 输出 | | V | 电压输出 |
| | | I | 电流输出 |
| | COM | | 公共端(输出用) |

图 2-31    AFPX-A21 模拟 I/O 插卡的端子图和说明

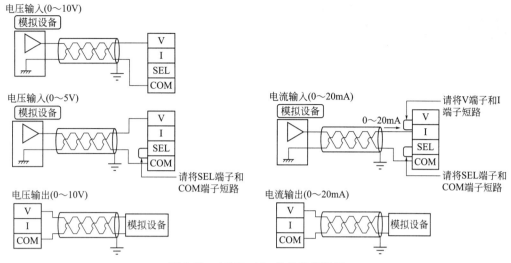

图 2-32　AFPX- A21 的外部接线图

④ 热电偶插卡 AFPX-TC2　AFPX-TC2 热电偶插卡是专门为测量温度而设计的，它可以把直接接入插卡的热电偶微弱电信号通过内部电路进行处理转换成数字量。该卡具有两个输入通道，可接入 K 型和 J 型热电偶，温度范围是 $-50.0 \sim 500.0 ℃$，对应的数字量范围是 $-500 \sim 5000$，数字转换的时间需 200ms。当热电偶接线出现断线时，则数字量是 8000，当热电偶发生超量程时，则数字量为 $-502$、5001 或 8000。而数字量出现 8001 时，表明转换的数据还没有准备好，请编制程序不要采用这段时间数据。AFPX-TC2 热电偶插卡端子图及说明如图 2-33 所示，与外部的连接图示于图 2-34。

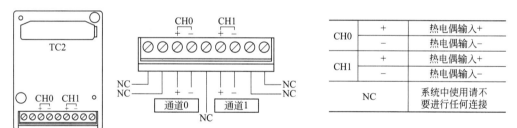

图 2-33　AFPX-TC2 端子图

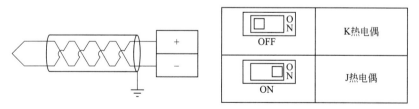

图 2-34　AFPX-TC2 外部接线图

⑤ 数字 I/O 功能插卡　数字 I/O 功能插卡有 5 类：8 路数字输入卡 AFPX-IN8、8 路 NPN 晶体管输出卡 AFPX-TR8、6 路 PNP 晶体管输出卡 AFPX-TR6P、4 路数字输入/3 路 NPN 晶体管输出卡 AFPX-IN4T3、3 路高速数字输入/3 路 NPN 高速数字输出卡 AFPX-PLS。这 5 类插卡的等效电路都可以参看控制单元中与之对应的等效电路，这里不再叙述。它们的端子接线示于图 2-35。

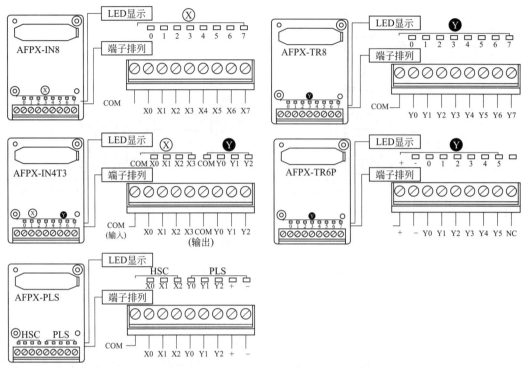

图 2-35　数字 I/O 功能插卡外部端子图

## 2.2.3　FP-X 的内部寄存器和 I/O 配置

在 FP-X 型中，内部寄存器、输入点、输出点、定时器、计数器等这类元件用位（bit）寻址表示时，采用专用英文字母 R、X、Y、T、C 代码来与之对应，也可以用字（word）寻址表示，此时则用 WR、WX、WY、SV 代码来与之对应，其中 SV 表示定时器、计数器的设定值的代码。这些元件代码的范围具体在表 2-19 中列出。在编程时，必须了解这些元件代码，以便编写程序时能够正确应用。

表 2-19　继电器、存储区域、常数一览表

| 名称 | | 可使用存储器区域的点数和范围 | | 功能 |
|---|---|---|---|---|
| | | C14 | C30<br>C60 | |
| 位寄存器（继电器） | 外部输入　X | 1760 点（X0～X109F） | | 由外部的输入，使用点数由硬件决定 |
| | 外部输出　Y | 1760 点（Y0～Y109F） | | 向外部的输出，使用点数由硬件决定 |
| | 内部继电器　R | 4096 点（R0～R255F） | | 内部通用位寄存器（继电器） |
| | 连接继电器　L | 2048 点（L0～L127F） | | PLC 之间连接时共享使用的位寄存器（继电器） |
| | 定时器　T | 1024 点（T0～T1007/C1008～C1023） | | 定时器设定时间到达时为 ON 与定时器的编号相对应 |
| | 计数器　C | | | 计数器计数到达时为 ON 与计数器的编号相对应 |
| | 特殊内部继电器　R | 192 点（R9000～R911F） | | 内部特殊专用位寄存器（继电器）作为标志等使用的 |

续表

| 名称 | | 可使用存储器区域的点数和范围 | | 功能 |
| --- | --- | --- | --- | --- |
| | | C14 | C30<br>C60 | |
| 存储器区域 | 外部输入　WX | 110 字(WX0～WX109) | | 由外部做字的输入 |
| | 外部输出　WY | 110 字(WY0～WY109) | | 向外部做字的输出 |
| | 内部继电器　WR | 256 字(WR0～WR255) | | 内部通用字寄存器(继电器) |
| | 连接继电器　WL | 128 字(WL0～WL127) | | PLC 之间连接时共享使用的字寄存器(继电器) |
| | 数据寄存器　DT | 12285 字<br>(DT0～DT12284) | 32765 字<br>(DT0～DT32764) | 为程序中使用的数据存储器<br>以 16 位(1 字)为单位进行处理 |
| | 特殊数据寄存器　DT | 374 字(DT9000～DT90373) | | 存储特定内容的数据存储器<br>存储各种设定或错误代码 |
| | 连接继电器　LD | 256 字(LD0～LD255) | | PLC 之间连接时共享使用的字数据存储器 |
| | 定时器/计数器<br>设定值区域　SV | 1024 字(SV0～SV1023) | | 为存储定时器的目标值和计数器的设定值的数据存储器。与定时器/计数器的编号相对应 |
| | 定时器/计数器<br>经过值区域　EV | 1024 字(EV0～EV1023) | | 为存储定时器和计数器工作时的经过值的数据存储器。与定时器/计数器的编号相对应 |
| | 变址寄存器 I | 14 字(10～113) | | 存储器区域的地址及用常数变址用寄存器 |
| 控制指令点数 | 主控制继电器<br>点数(MCR)　MC | 256 点 | | |
| | 标记数(JP+LOOP)　LBL | 256 点 | | |
| | 步进数　SSTP | 1000 级 | | |
| | 子程序数　SUB | 500 子程序 | | |
| | 中断程序数　INT | Ry 型:输入 14 程序、定时 1 程序<br>Tr 型:输入 8 程序、定时 1 程序 | | |
| 常数 | 十进制常数　K | K-32768～K32767(16 位运算时) | | |
| | | K-2147483648～K2147483647(16 位运算时) | | |
| | 十六进制常数　H | H0～HFFFF(16 位运算时) | | |
| | | H0～HFFFFFFFF(32 位运算时) | | |
| | 浮点数型实数　F | $F-1.175494\times10^{-38}$～$F-3.402823\times10^{38}$ | | |
| | | $F1.175494\times10^{-38}$～$F3.402823\times10^{38}$ | | |

对表 2-19 的说明类同于表 2-6 的说明，这里从略。

FP-X 型的扩展方式及对应的 I/O 地址分配分别如图 2-36 和表 2-20 所示。

表 2-20　I/O 地址分配表

| 类别 | 输入 | 输出 |
| --- | --- | --- |
| 控制单元 | X0～X9F(WX0～WX9) | Y0～Y9F(WY0～WY9) |
| 插卡安装部 1(槽 0) | X100～X19F(WX10～WX19) | Y100～Y19F(WY10～WY19) |

| 类别 | 输入 | 输出 |
|---|---|---|
| 插卡安装部 2(槽 1) | X200～X29F(WX20～WX29) | Y200～Y29F(WY20～WY29) |
| 扩展第 1 台 | X300～X39F(WX30～WX39) | Y300～Y39F(WY30～WY39) |
| 扩展第 2 台 | X400～X49F(WX40～WX49) | Y400～Y49F(WY40～WY49) |
| 扩展第 3 台 | X500～X59F(WX50～WX59) | Y500～Y59F(WY50～WY59) |
| 扩展第 4 台 | X600～X69F(WX60～WX69) | Y600～Y69F(WY60～WY69) |
| 扩展第 5 台 | X700～X79F(WX70～WX79) | Y700～Y79F(WY70～WY79) |
| 扩展第 6 台 | X800～X89F(WX80～WX89) | Y800～Y89F(WY80～WY89) |
| 扩展第 7 台 | X900～X99F(WX90～WX99) | Y900～Y99F(WY90～WY99) |
| 扩展第 8 台 | X1000～X109F(WX100～WX109) | Y1000～Y109F(WY100～WY109) |

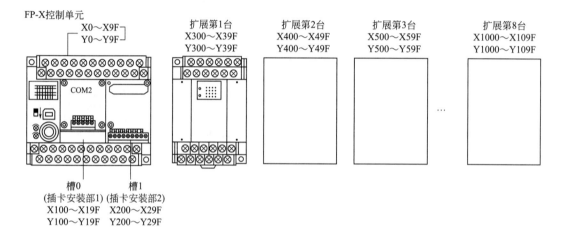

图 2-36　FP-X 型的扩展方式

　　表 2-21 给出了 FP-X 型所有主机模块的 I/O 地址和所有扩展模块安装在第一台 I/O 地址的例子。

表 2-21　I/O 编号

| 单元名称 | 分配点数 | I/O 编号 |
|---|---|---|
| FP-XC14 控制单元 | 输入(8 点) | X0～X7 |
| | 输出(6 点) | Y0～Y5 |
| FP-XC30 控制单元 | 输入(16 点) | X0～XF |
| | 输出(14 点) | Y0～YD |
| FP-XC60 控制单元 | 输入(32 点) | X0～XF, X10～X1F |
| | 输出(28 点) | Y0～YD, Y10～Y1D |
| FP-XE16 扩展单元 | 输入(8 点) | X300～X307 |
| | 输出(8 点) | Y300～Y307 |
| FP-XE30 扩展单元 | 输入(16 点) | X300～X30F |
| | 输出(14 点) | Y300～Y30D |

## 2.3　FP0、FPΣ 系列 PLC 硬件配置及其功能

### 2.3.1　FP0、FPΣ 系列 PLC 的产品构成

FP0、FPΣ 是目前市场上体积最小的 PLC 产品，FP0 有 C10～C32 多种规格，已形成系列化；FPΣ 有 FDG-C32 规格，是在 FP0 基础上发展起来的功能、性能更加完美的新型 PLC，FPΣ 在某些功能上完全可以与大型机相媲美。

FP0 机分主机、扩展、智能单元三种，最多扩展到 128 点。FPΣ 机可共用 FP0 机扩展智能单元。

**（1）FP0、FPΣ 机特点**

① 超小型尺。一个控制单元只有 25mm 宽（FPΣ30mm 宽），其至扩展到 128 点也只有 105mm 宽，控制单元外形尺寸为宽 25mm；高 90mm，长 60mm，是超小型外形设计，世界最小的安装面积，故可以安装在小型机械控制装置上。

② 扩展方便。扩展单元可直接连接到控制单元上。扩展单元可使用单元表面的扩展连接器和锁定单排触头即可形成层叠系统，而无需特殊扩展电缆、底板等。

③ 高速度。执行每个基本指令 FP0 需 $0.9\mu s$，FPΣ 仅需 $0.4\mu F$。脉冲捕捉和中断输入满足了高价的需要。

④ 大容量内存。FP0 最多可存储 1 万步用户程序，FPΣ 可存储 1.2 万步用户程序。FP0 数据寄存器最多有 1.6 万字，而 FPΣ 数据寄存器有高达 3.2 万多字，比许多中型 PLC 还多。

⑤ 控制功能强。具有两路脉冲输出，可单独进行位置控制，互不干扰。具有双向、双通道高速计数功能。高速计数器输入频率 FP0 可达 $10\mu Hz$，FP2 可达 $50\mu Hz$。FP0 输出脉冲 2 路最高可达 $10\mu Hz$，FPΣ 脉冲输出单路可达 100kHz，2 路可达 60kHz。具有脉宽调制输出（PWM）功能，可用单个 FP0 或 FPΣ 单元实现温度控制。FPΣ 可以进行圆弧插补（曲线）控制功能。

⑥ FPΣ 面板上配有 2 个分辨率 1/1000 的模拟量调节旋钮，可作为模拟量定时器等使用（寄存器地址 DT90040、DT90041）。

⑦ FPΣ 在 16 点输出中的 12 点，采用了带短路保护功能的晶体管，使工作更加可靠。

⑧ PID 控制。PID 控制指令化，可以进行自整定，实现简便、高性能的过程控制。

⑨ 具有很强的网络功能。FP0 网络功能同 FP1 相同。FPΣ 提供与触摸屏、计算机等具有 RS-232 口设备的端口，包括编程口在内，最多可达 3 个通信端口，使 FPΣ 的控制范围更加广泛。FPΣ 还可实现 16 站 1024 点连接（继电器、128 字连接）寄存器的 PC-LINK，具有真正的中规模的 PLC 功能，无需编写通信程序可实现信息采集。

**（2）FP0、FPΣ 机的组成**

① 运行监视指示灯　当运行程序时，RUN 的 LED 灯亮；当在编程状态时，PROG 的 LED 灯亮；发生自诊断错误时，ERR 的 LED 灯亮。

② 方式选择开关　方式选择开关有两个工作方式挡位，即 RUN 和 PROG。当开关扳到 RUN 时，PLC 运行程序；开关扳到 PROG 时，PLC 处于编程状态，用户程序可以读出、修改、写入。

③ 电源端子　该端子接直流 24V。

④ 通信口　FP0 有一个编程口和一个 RS-232 口，FPΣ 有 2 个 RS-232 口。编程口可通过编程电缆直接与手持编程器 Ⅱ 或计算机 RS-232 口相连。RS-232 口可连其他外围设备。

⑤ 输入、输出端子　继电器输出型 FP0 的输入、输出端子采用终端插座；晶体管输出型 FP0、FPΣ 的输入、输出端子采用松散布线挤压插座。

⑥ I/O 状态指示灯　输入/输出状态由发光二极管（LED）显示，发光二极管内装在机体内。

## 2.3.2　FP0、FPΣ 存储器分配

了解内部寄存器及 I/O 配置是使用 PLC 的重要条件。

**（1）继电器**

PLC 继电器分内部继电器和外部继电器两大类，内部继电器 R 仅用于 PLC 内部，不提供外部输出。当继电器 R 的线圈被激励时，其接点闭合。外部继电器有输入继电器 X 和输出继电器 Y 两种。继电器 X 是将外设如限位开关、按钮、光电传感器等提供的信号传送到 PLC 中；继电器 Y 是输出 PLC 的执行结果，并使外部设备如电磁阀、电动机等动作。

① 继电器的地址　继电器既可用点 X、Y、R 来表示，也可用 WX、WY、WR 表示。X、Y、R 是按位寻址的，而 WX、WY、WR 只能按字寻址。

如 X0 即寄存器 WX0 中的第 0 号位，X10 即寄存器 WX1 中的第 0 号位，R5F 即寄存器 WR5 中的第 F 号位，由 16 个位继电器组成 1 个字继电器。

字继电器的内容与位继电器的内容相对应，因此，如果某继电器接通，则字继电器的内容响应改变。例如，WR0 的字为 K0，若 R0 和 R1 闭合，则 WR0 的字变为 K3。同样，若 WR0 的字从 K0 变为 K3，意味着 R0 和 R1 闭合。

② 使用 X、Y、R 注意事项

a. 实际不存在的输出不能对 X 使用输出。

b. PLC 的程序不能改变 X 的状态。

c. X、Y、R 的接点使用次数不受限制。

d. Y 和 R 当作 KP 和 OT 指令的输出时，禁止重复使用。

**（2）特殊功能的继电器**

在 FP 小型机的内部有着大量的特殊功能继电器，由于这些继电器的存在，使得 FP 小型机的功能更加强大，编程变得十分灵活。

① 特殊内部继电器　特殊内部继电器是有特殊用途的专用内部继电器。其地址从 R9000 开始，FP0、FP1 有 64 点，FPΣ 有 176 点。它们的主要用途如下：

a. 标志继电器。当自诊断或操作等发生错误时，对应于该编号的继电器接点闭合，以产生标志。此外，也产生一些进位标志、数据比较标志、运行标志、中断标志等。

b. 信号源继电器。它是能自动产生脉冲信号的继电器，此类继电器如 R9018 为 0.01s 时钟脉冲继电器，R9019 为 0.02s 时钟脉冲继电器，R901A～R901E 分别为 0.1s、0.2s、1s、2s、1min 时钟脉冲继电器。以 R901C 为例，它的功能是 R901C 的接点以 1s 为周期重复通断动作（0.5s，OFF 0.5s）。

c. 特殊控制继电器。为了控制方便，PLC 提供了一些不受编程控制的特殊继电器，如常闭继电器 R9010，常闭继电器 R9011，扫描交替开闭继电器 R9012，初始闭合继电器 R9013，初始断开继电器 R9014 等。

② 定时器 T。定时器 T 的接点是定时器指令（TM）的输出。如果定时时间到，则与其

同编号的接点闭合。定时器的编号用十进制表示，FP0、FP1 为 100 个（T0～T99），FP$\Sigma$ 为 1008 个（T0～T1007）。

③ 计数器 C。计数器 C 的触点是计数器 CT 的输出。如果 CT 指令计数完毕时，则与其相同编号的接点闭合。同定时器一样，计数器的编号也用十进制表示，FP0、FP1 有 44 个计数器（C100～C143），FP$\Sigma$ 有 16 个计数器（C1008～C1023）。计数器的编号是接在定时器编号后面。实际上定时器和计数器个数共享，通过系统寄存器可以分配定时器和计数器的数和编号。现在给出的编号是出厂设定值。

**（3）寄存器**

FP 小型机寄存器有数据寄存器、特殊数据寄存器、定时器/计数器设定值寄存器 SV、定时器/计数器经过值寄存器 EV、索引寄存器 IX、IY，连接寄存器 LT 等。寄存器每个字都是由 16 位组成（1 字＝16bit）。寄存器与继电器不同，它是纯粹的寄存器，不带任何接点。寄存器的地址编号用十进制表示。

① 数据寄存器 DT　数据寄存器是用来存储数据的，例如常数。

FP0-C10～C16 有 1660 个数据寄存器，编号为 DT0～DT1659。FP1-C56/C72 有 6144 个数据寄存器，编号为 DT0～DT6143。FP$\Sigma$ 有 32765 个数据寄存器，编号为 DT0～DT32764。数据寄存器处理 32 位（双字）数据时，可使用两个相邻的数据寄存器作为一组。在这种情况下，只要指定某个数据寄存器 D，那么 D 就作为低 16 位区，D＋1 即作为高 16 位区。例如，指定 DT8，DT8 就作为低 16 位区，DT9 自动设定为高 16 位区。数据寄存器有保持和非保持两种设置，设为保持型后，即使 PLC 断电，其数据也不会丢失。

② 特殊数据寄存器 DT　FP 小型机内部有 70 个特殊数据寄存器，FP0、FP1 的编号从 DT9000～DT9069，FP$\Sigma$ 的编号从 DT90000～DT90069。每一个特殊寄存器都有特定的功能。有作为工作状态、错误状态存储的寄存器，有作为时钟/日历寄存器，还有高速计数器、模拟控制板的寄存器。

③ SV 和 EV　SV 是存储定时器/计数器设定值的寄存器；EV 是存储定时器/计数器经过值寄存器。定时器接点为 T，计数器接点为 C。SV、EV 的地址与 TM、CT 指令的编号相对应。当执行 TM 或 CT 指令时，寄存器 EV 的内容随着程序的运行而变化，当它们内容变为 0 时，对应编号的 C 或 T 动作。

**（4）常数**

PLC 指令中的常数分整数、实数和字符常数三种。

① 整数常数　在 PLC 中的整数常数使用十进制和十六进制。如果在数字的前面冠以字母 K，则为十进制；如果数字前面的字母为 H，则为十六进制。K120 表示十进制 120，H200 表示十六进制 200。

a. 常数 K。十进制常数 K 在 PLC 中使用最为频繁，主要用于 PLC 输入数据，如定时器/计数器的预置值等。输入到 PLC 的十进制常数 K 在 PLC 内部被转换为 16 位二进制数。PLC 十进制常数 K 的所用范围为 16 位数据（单字）：K－32768～K32767；32 位数据（双字）：K－2147483648～K2147483647。

b. 常数 H。十六进制常数 H 可用较少的位数表示二进制数。十六进制数用 1 位表示 4 位二进制数。十六进制数 H 主要用来向高级指令或系统寄存器输入控制数据。输入 PLC 的十六进制常数，在 PLC 内部转换为二进制数。PLC 十六进制常数 H 所用的范围为：16 位数据（单字）：H8000～H7FFF；32 位数据（双字）：H80000000～H7FFFFFFF。

② 实数常数　用于 FP0、FP$\Sigma$ 的指令，允许使用实数进行运算。可使用的实数类型为

浮点型实数（f）和 BCD 码型实数（H）。

a. 浮点列实数（f），可用于运算的浮点型实数的范围如下：

负数范围：$-3.402823\times10^{38}\sim-1.175494\times10^{-38}$

正数范围：$1.175494\times10^{-38}\sim3.402823\times10^{38}$

即使实数的运算结果包含多位数字，PLC 也最多处理 7 位有效数字。例如，实际的运算结果为 0.33333333…，则有效的数据为 0.3333333。在使用浮点实数进行运算的指令中，每个被转换为实数的数据以双字（32 位）存储。因此，对实数进行传输及运算时，应使用双字（32 位）单位的指令。

b. BCD 型实数（H）。可用于运算的 BCD 实数范围为：$-9999.9999\sim+9999.9999$。

数据存储是由 3 个单元构成，从低位开始依次为符号部、整数部、小数部。在符号部单字中，H0 表示正数，H1 表示负数。整数部单字 H0～H9999，小数部单字 H0～H9999。因此，在传输或运算时，数据应以 3 字为单位进行操作。

③ 字符常数（M）  字符常数用二进制表示 ASCII 码。在数据前添加前缀 M 表示字符常数。

在 PLC 中有两条指令允许指定字符常数，即 F95（ASC）和 F149（MSC）。在 PLC 的指定存储区中，字符常数是以二进制数据保存的。

### 2.3.3  FP0、FPΣ技术性能

#### （1）FP0 技术性能

FP0 系列机也是日本松下电工公司生产的小型 PLC 产品，该产品系列由于它的超小型尺寸和高度的兼容性，使它得以广泛地应用于各个领域。

① 控制特性  FP0 系列 PLC 的控制特性如表 2-22 所示。

表 2-22  FP0 系列 PLC 的控制特性

| 项目 | C10 | C14 | C16 | C32，T32 | |
|---|---|---|---|---|---|
| I/O 点数 | 6/4 点 | 8/6 点 | 8/8 点 | 16/16 点 | |
| 最大 I/O 点数 | 58 点 | 62 点 | 112 点 | 128 点 | |
| 运行速度 | 0.9μs/步（基本指令） | | | | |
| 程序容量 | 2720 步 | | | 5000 步 | 10000 步 |
| 指令数基本/高级 | 83/114 | | | 83/115 | |
| 内部继电器(R) | 1008 点 | | | | |
| 特殊内部继电器(R) | 64 点 | | | | |
| 定时器/计数器(T/C) | 144 点 | | | | |
| 数据寄存器(DT) | 1660 字 | | | 6144 字 | 16383 字 |
| 特殊数据寄存器 | 70 字 | | | | |
| 索引寄存器(IX、IY) | 2 字 | | | | |
| 主控寄存器 | 32 点 | | | | |
| 标记数(JMP、LOOP) | 64 点 | | | | |
| 步梯级数 | 128 级 | | | 704 级 | |
| 子程序数 | 16 个 | | | 100 个 | |

续表

| 项目 | C10 | C14 | C16 | C32,T32 |
|------|-----|-----|-----|---------|
| 中断数 | 7 个程序 | | | |
| 输入滤波时间 | 1～128ms | | | |
| 自诊断功能 | 如看门狗定时器、程序检测 | | | |

注:C10,C14 系列仅有继电器输出型;C16,C32,T32 系列仅有晶体管输出型。

② 输入特性　表 2-23 所示为 FP0 系列 PLC 的输入特性。

表 2-23　FP0 系列 PLC 的输入特性

| 项目 | 参数 |
|------|------|
| 额定输入电压 | 24V DC |
| 工作电压范围 | 21.6～26.4V DC |
| 接通电压/电流 | ≥19.2V/≥3mA |
| 关断电压/电流 | ≤2.4V/≤1mA |
| 响应时间 ON 至 OFF | 小于 2ms(X6～XF)<br>小于 $50\mu s$(X0～X1)<br>小于 $100\mu s$(X2～X5) |
| 输入阻抗 | 约 5.6kΩ |
| 运行方式指示 | LED |
| 绝缘方式 | 光耦合 |

③ 输出特性　FP0　PLC 的输出主要有两种形式:一种是继电器输出;一种是晶体管输出。这两种形式的输出特性分别如表 2-24 和表 2-25 所示。

表 2-24　FP0 系列 PLC 的输出特性(继电器输出)

| 项目 | | 参数 |
|------|------|------|
| 输出类型 | | 常开 |
| 额定控制能力 | | 2A 250V AC, 2A 30V DC(4.5A/公共端) |
| 响应时间 | OFF 至 ON | 约 10ms |
| | ON 至 OFF | 约 8ms |
| 机械寿命 | | 大于 $2\times10^8$ 次 |
| 电气寿命 | | 大于 $10^5$ 次 |
| 浪涌电流吸收 | | 无 |
| 工作方式指示 | | LED |

表 2-25　FP0 系列 PLC 的输出特性(晶体管输出)

| 项目 | 参数 |
|------|------|
| 绝缘方式 | 光耦合 |
| 输出方式 | 晶体管 PNP 和 NPN 开路集电极 |
| 额定负载电压范围 | 5～24V DC |
| 工作负载电压范围 | 4.75～26.4V DC |
| 最大负载电流 | 0.1A/点 |

续表

| 项目 | | 参数 |
|---|---|---|
| OFF 状态泄漏电流 | | 不大于 100μA |
| ON 状态压降 | | 不大于 1.5V |
| 响应时间 | OFF 至 ON<br>ON 至 OFF | 不大于 1ms<br>不大于 1ms |
| 浪涌电流吸收 | | 齐纳二极管 |
| 工作方式指示 | | LED |

### （2）FP∑ 技术性能

FP∑ 系列是日本松下电工最新产品，依照小型 PLC 的标准在保持机身小巧，使用简便的同时，加载中型 PLC 的功能。在 FP0 基础上大幅度充实通信功能，大幅度提升位置控制性能。

FP∑ 系列 PLC 的性能规格如表 2-26 所示。FP∑ 输入、输出特性与 FP0 指标相同。

表 2-26　FP∑ 系列 PLC 性能规格

| 项目 | | 规格 |
|---|---|---|
| 程序方式/控制方式 | | 梯形图/循环运算方式 |
| 控制 I/O 点数 | 基本单元 | 32 点（输入 16 点/输出 16 点） |
| | 扩展时 | 最大 128 点（最多可扩展 3 个 FP∑ 扩展单元） |
| 程序存储器 | | 内置 Flash-ROM |
| 程序容量 | | 12000 步 |
| 指令条数 | 基本指令 | 89 条 |
| | 高级指令 | 212 条 |
| 运算速度 | | 0.4μs/步（基本指令） |
| 运算用存储器 | 外部输入（X） | 512 点 |
| | 外部输出（Y） | 512 点 |
| | 内部继电器（R） | 1568 点（R0～R97F） |
| | 定时器、计数器<br>（T/C） | 1024 点 * 1 * 2（初始设置定时器 1008 点，T0～T1007，计数器设置为C1008～C1023）定时器量程由指令选择（1ms、10ms、100ms、1s） |
| 微分点数 | | 无限制 |
| 主控继电器点数 | | 256 点 |
| 语句标号数（JMP+LOOP） | | 256 点 |
| 步进梯形图数 | | 1000 工程 |
| 子程序数 | | 100 个子程序 |
| 脉冲捕捉输入 | | 8 点（X0～X7） |
| 中断程序数 | | 9 个程序（外部 8 点，内部 1 点，0.5ms～30s） |
| 自诊断功能 | | 看门狗定时器，程序语法检查等 |

**思考题**

1. 松下电工生产的系列 PLC 产品主要有哪些？其中小型机主要有哪些产品？

2. FP1 系列 PLC 主要有哪些规格？

3. FP1 的主机控制单元、扩展单元、智能单元和连接单元各有哪些硬件配置？性能如何？

4. FP 小型 PLC 的主要编程工具是什么？有何特点？

5. FP1 小型 PLC 有哪些内部寄存器？其 I/O 是如何配置的？

6. FP∑ 系列 PLC 主要有哪些规格？

7. FP∑ 的主机控制单元、扩展单元、智能单元和连接单元各有哪些硬件配置？性能如何？

8. FP∑ 小型 PLC 有哪些内部寄存器？其 I/O 是如何配置的？

9. FP-X 模块的等效电路图是怎样的？性能指标如何？如何进行接线？

10. FP0、FP∑ 系列 PLC 的产品构成如何？各有什么特点？

11. FP0、FP∑ 系列 PLC 的存储器有哪些？其 I/O 是如何配置的？

12. FP0、FP∑ 的技术性能如何？

13. 认真总结归纳，本章内容中有哪些知识点？其重点和难点在哪里？

14. 本章的知识点对完全攻略 PLC 技术有何作用？通过本章的知识点的学习你有哪些收获？

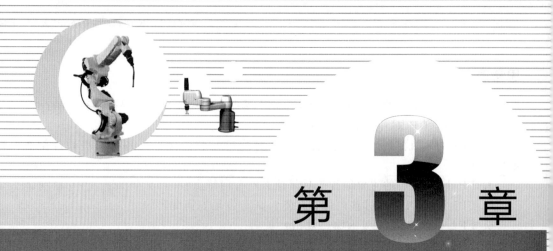

# 第 **3** 章

# 掌握松下小型PLC的主要软件资源

本章将以 FP1 为例介绍松下小型 PLC 的主要软件资源。

FP1 的指令系统分为基本指令和高级指令两大类：基本指令分为基本顺序指令、基本功能指令、基本控制指令、比较指令；高级指令分为数据传输指令、BIN 和 DCD 算术运算指令、数据比较指令、逻辑运算指令、数据转换指令、数据移位指令、位操作指令、特殊指令。

基本指令一般由功能助记符和操作数两部分构成。高级指令一般由高级指令功能号（F0～F165）、功能助记符和操作数三部分构成。功能助记符就是用英文名字的缩写字母来表示 PLC 各种功能的助记符号。操作数一般由标号和参数组成，标号表示操作数的类别，参数表明操作数的地址或设置值。

本章主要介绍一些最常用指令的功能，其余指令可查阅 FP1 的指令手册。

## 3.1 基本顺序指令

基本顺序指令是以位（bit）为单位的逻辑操作，是构成继电器控制电路的基础，见表 3-1。

表 3-1　基本顺序指令

| 名称 | 助记符 | 说明 | 步数 | 可用性 | | |
|---|---|---|---|---|---|---|
| | | | | C14/C16 | C24/C40 | C56/C72 |
| 初始加载 | ST | 以常开触头开始一个逻辑操作 | 1 | A | A | A |
| 初始加载非 | ST/ | 以常闭触头开始一个逻辑操作 | 1 | A | A | A |

| 名称 | 助记符 | 说明 | 步数 | 可用性 | | |
|------|--------|------|------|--------|---|---|
| | | | | C14/C16 | C24/C40 | C56/C72 |
| 输出 | OT | 将操作结果送至规定的位寄存器 | 1 | A | A | A |
| 非 | / | 将该指令处的操作结果取反 | 1 | A | A | A |
| 与 | AN | 串联一个常开触头 | 1 | A | A | A |
| 与非 | AN/ | 串联一个常闭触头 | 1 | A | A | A |
| 或 | OR | 并联一个常开触头 | 1 | A | A | A |
| 或非 | OR/ | 并联一个常闭触头 | 1 | A | A | A |
| 组与 | ANS | 实现指令块的"与"操作 | 1 | A | A | A |
| 组或 | ORS | 实现指令块的"或"操作 | 1 | A | A | A |
| 推入堆栈 | PSHS | 存储该指令处的操作结果 | 1 | A | A | A |
| 读取堆栈 | RDS | 读出由 PSHS 指令存储的操作结果 | 1 | A | A | A |
| 弹出堆栈 | POPS | 读出并清除由 PSHS 指令存储的操作结果 | 1 | A | A | A |
| 上升沿微分 | DF | 当检测到触发信号的上升沿时,触头仅"ON"一个扫描周期 | 1 | A | A | A |
| 下降沿微分 | DF/ | 当检测到触发信号的下降沿时,触头仅"ON"一个扫描周期 | 1 | A | A | A |
| 置位 | SET | 使触头"ON"并保持 | 3 | A | A | A |
| 复位 | RST | 使触头"OFF"并保持 | 3 | A | A | A |
| 保持 | KP | 使输出"ON"并保持 | 1 | A | A | A |
| 空操作 | NOP | 不进行实质性操作 | 1 | | | |

注:A 表示可用。

## 3.1.1　ST、ST/和 OT 指令

### （1）指令功能

ST：常开触头与母线相连接，开始一个逻辑运算。

ST/：常闭触头与母线相连接，开始一个逻辑运算。

——每个逻辑行都必须以 ST 或 ST/指令开始。

OT：线圈驱动指令，将逻辑运算的结果输出。

### （2）程序举例

【例 3-1】　ST、ST/和 OT 指令应用举例的梯形图及指令见表 3-2，操作数见表 3-3。

表 3-2　梯形图及指令

| 梯形图 | 布尔非梯形图 | | 时序图 |
|--------|--------|------|--------|
| | 地址 | 指令 | |
| | 0 | ST　X0 | |
| | 1 | OT　Y0 | |
| | 2 | ST/　X1 | |
| | 3 | OT　Y1 | |

表 3-3　操作数

| 指令 | 继电器 | | | 定时器/计数器 | |
|---|---|---|---|---|---|
| | X | Y | R | T | C |
| ST　ST/ | A | A | A | A | A |
| OT | N/A | A | A | N/A | N/A |

注　A 表示可用；N/A 表示不可用。

例题解释如下：

① 当 X0 接通时，Y0 接通。

② 当 X1 断开时，Y1 接通。

## 3.1.2　"/"非指令

### （1）指令功能

指令"/"的功能：将设指令处的运算结果取反。

### （2）程序举例

【例 3-2】　"/"非指令应用举例的梯形图及指令见表 3-4。

表 3-4　梯形图及指令

| 梯形图 | 布尔非梯形图 | | 时序图 |
|---|---|---|---|
| | 地址 | 指令 | |
| | 0 | ST　　X0 | |
| | 1 | OT　　Y0 | |
| | 2 | / | |
| | 3 | OT　　Y1 | |

例题解释如下：

① 当 X0 接通时，Y0 接通。

② 当 X0 断开时，Y1 接通。

## 3.1.3　AN 和 AN/指令

### （1）指令功能

AN：串联常开触头指令，指令的操作数是单个逻辑变量。

AN/：串联常闭触头指令，指令的操作数是单个逻辑变量。

### （2）程序举例

【例 3-3】　AN 和 AN/指令应用举例的梯形图及指令见表 3-5，操作数见表 3-6。

表 3-5　梯形图及指令

| 梯形图 | 布尔非梯形图 | | 时序图 |
|---|---|---|---|
| | 地址 | 指令 | |
| | 0 | ST　　X0 | |
| | 1 | AN　　X1 | |
| | 2 | AN/　　X2 | |
| | 3 | OT　　Y0 | |

表 3-6　操作数

| 指令 | 继电器 | | | 定时器/计数器 | |
|---|---|---|---|---|---|
| | X | Y | R | T | C |
| AN　AN/ | A | A | A | A | A |

例题解释：当 X0、X1 都接通且 X2 断开时，Y0 接通。

## 3.1.4　OR 和 OR/指令

### （1）指令功能

OR：并联常开触头指令，指令的操作数是单个逻辑变量。

OR/：并联常闭触头指令，指令的操作数是单个逻辑变量。

### （2）程序举例

【例 3-4】　OR 和 OR/指令应用举例的梯形图及指令见表 3-7，操作数见表 3-8。

表 3-7　梯形图及指令

| 梯形图 | 布尔非梯形图 | | 时序图 |
|---|---|---|---|
| | 地址 | 指令 | |
| 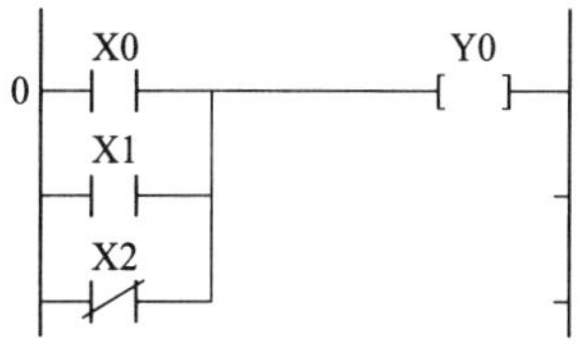 | 0 | ST　X0 | 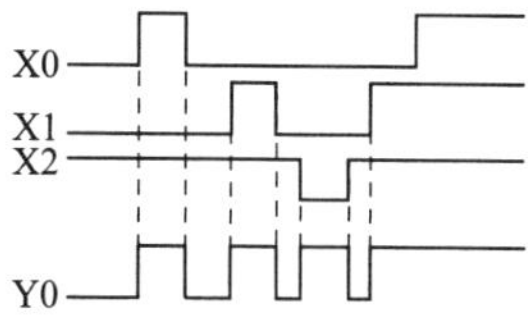 |
| | 1 | OR　X1 | |
| | 2 | OR/　X2 | |
| | 3 | OT　Y0 | |

表 3-8　操作数

| 指令 | 继电器 | | | 定时器/计数器 | |
|---|---|---|---|---|---|
| | X | Y | R | T | C |
| OR　OR/ | A | A | A | A | A |

例题解释：当 X0 或 X1 接通或 X2 断开时，Y0 接通。

## 3.1.5　ANS 指令

### （1）指令功能

指令 ANS 功能：将两个逻辑块相串联，以实现两个逻辑块的"与"运算。该指令助记符后面没有操作数。

### （2）程序举例

【例 3-5】　ANS 指令应用举例的梯形图及指令见表 3-9。

表 3-9　梯形图及指令

| 梯形图 | 布尔非梯形图 | | 时序图 |
|---|---|---|---|
| | 地址 | 指令 | |
| | 0 | ST　X0 | |
| | 1 | OR　X1 | |
| | 2 | ST　X2 | |
| | 3 | OR　X3 | |
| | 4 | ANS | |
| | 5 | OT　Y0 | |

例题解释：当 X0 或 X1 且 X2 或 X3 接通时，Y0 接通。

指令使用说明：每一个指令块以初始加载指令（ST）开始，当两个或多个指令块串联时，编程如图 3-1 所示。

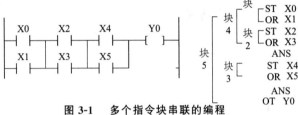

图 3-1　多个指令块串联的编程

### 3.1.6　ORS 指令

指令 ORS 功能：将两个逻辑块相并联，以实现两个逻辑块的"或"运算；该指令助记符后面没有操作数。

【例 3-6】　ORS 指令应用举例的梯形图及指令见表 3-10。

表 3-10　梯形图及指令

| 梯形图 | 布尔非梯形图 | | 时序图 |
|---|---|---|---|
| | 地址 | 指令 | |
| | 0 | ST　X0 | |
| | 1 | AN　X1 | |
| | 2 | ST　X2 | |
| | 3 | AN　X3 | |
| | 4 | ORS | |
| | 5 | OT　Y0 | |

例题解释：当 X0 和 X1 都接通或 X2 和 X3 都接通时，Y0 接通。

指令使用说明：每一个指令块以初始加载指令（ST）开始，当两个或多个指令块并联时，编程如图 3-2 所示。

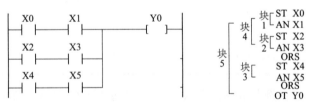

图 3-2　多个指令块并联的编程

【例 3-7】　两台电动机（M1、M2）顺序启动联锁控制电路。PLC 控制的工作过程如下：

按下启动按钮 SB1，输入继电器 X0 常开触头闭合，输出继电器 Y0 线圈接通并自锁，接触器 KM1 得电吸合，电动机 M1 启动运转，同时与 Y1 线圈串联的 Y0 常开触头闭合，为启动电动机 M2 作准备。可见，只有 M1 先启动，M2 才能启动。这时如果按下启动按钮 SB3，X2 常开触头闭合，Y1 线圈接通并自锁，接触器 KM2 得电吸合，电动机 M2 启动运转。按下 M1 停止按钮 SB2，X1 常闭触头断开，或 M1 过载使热继电器 FR1 动作，X4 常闭

触头断开，这两种情况都会使线圈 Y0 失电，M1 停止运行，同时与 Y1 线圈串联的 Y0 常开触头断开，使得 Y1 线圈同时失电，两台电动机都停止运行。若只按下 M2 停止按钮 SB4 时，X3 常闭触头断开，或 M2 过载使热继电器 FR2 动作，X5 常闭触头断开，这两种情况都会使线圈 Y1 失电，M2 停止运行，而 M1 仍运行。例 3-7 的 I/O 分配表、梯形图、指令表如图 3-3 所示。

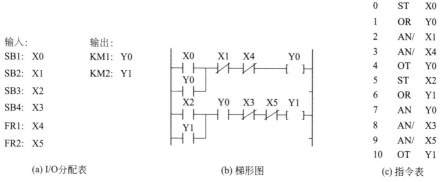

图 3-3　两台电动机顺序启动联锁控制电路

## 3.1.7　PSHS、RDS、POPS 指令

### （1）指令功能

PSHS：将某一操作结果放入堆栈暂存。

RDS：读出由 PSHS 指令存储的结果。

POPS：读出并清除由 PSHS 指令存储的结果。

这三条指令统称为"堆栈"指令，所谓"堆栈"，是指一个有专门用途的存储区域。栈指令的操作数隐含。堆栈指令主要用于对梯形图的分支点进行处理。

### （2）程序举例

【例 3-8】　PSHS、RDS、POPS 指令应用举例的梯形图及指令见表 3-11。

表 3-11　梯形图及指令

| 梯形图 | 布尔非梯形图 | | 时序图 |
|---|---|---|---|
| | 地址 | 指令 | |
| | 0 | ST　X0 | |
| | 1 | PSHS | |
| | 2 | AN　X1 | |
| | 3 | OT　Y0 | |
| | 4 | RDS | |
| | 5 | AN　X2 | |
| | 6 | OT　Y1 | |
| | 7 | POPS | |
| | 8 | AN/　X3 | |
| | 9 | OT　Y2 | |

例题解释：当 X0 接通时，则有：

① 存储 PSHS 指令处的运算结果，当 X1 接通时，Y0 输出。

② 由 RDS 指令读出存储结果，当 X2 接通时，Y1 输出。

③ 由 POPS 指令读出存储结果，当 X3 断开时，Y2 输出。

指令使用说明：RDS 指令可多次使用，当使用完毕时，一定要用 POPS 指令。

## 3.1.8　DF 和 DF / 指令

### （1）指令功能

DF：上升沿微分指令，输入脉冲上升沿使指定继电器接通一个扫描周期，然后复位。

DF/：下降沿微分指令，输入脉冲下降沿使指定继电器接通一个扫描周期，然后复位。

### （2）程序举例

【例 3-9】　DF 和 DF/指令应用举例的梯形图及指令见表 3-12。

例题解释：

① 当检测到 X0 接通时的上升沿时，Y0 仅接通一个扫描周期。

② 当检测到 X1 断开时的下降沿时，Y1 仅接通一个扫描周期。

表 3-12　梯形图及指令

| 梯形图 | 布尔非梯形图 | | 时序图 |
| --- | --- | --- | --- |
| | 地址 | 指令 | |
| <br><br>0 X0 —( DF )— Y0<br><br>3 X1 —( DF/ )— Y1 | 0 | ST　X0 | X0<br>Y0<br>X1<br>Y1<br><br>一个扫描周期 |
| | 1 | DF | |
| | 2 | OT　Y0 | |
| | 3 | ST　X1 | |
| | 4 | DF/ | |
| | 5 | OT　Y1 | |

指令使用说明：微分指令可用于控制那些只需触发一次的动作。在程序中，对微分指令的使用次数没有限制。例 3-10 为有无微分指令的比较。

【例 3-10】　输出由一持续时限较长的输入信号控制时，则自保持电路如图 3-4 所示。

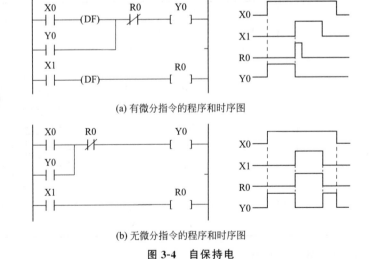

(a) 有微分指令的程序和时序图

(b) 无微分指令的程序和时序图

图 3-4　自保持电

## 3.1.9　SET、RST 指令

### （1）指令功能

SET：置位指令接通。

RST：复位指令断开。

### （2）程序举例

【例 3-11】　SET、RST 指令应用举例的梯形图及指令见表 3-13，操作数见表 3-14。

表 3-13　梯形图及指令

| 梯形图 | 布尔非梯形图 | | 时序图 |
|---|---|---|---|
| | 地址 | 指令 | |
| | 0 | ST　　X0 | |
| | 1 | SET　　Y0 | |
| | 4 | ST　　X1 | |
| | 5 | RST　　Y0 | |

表 3-14　操作数

| 指令 | 继电器 | | | 定时器/计数器 | |
|---|---|---|---|---|---|
| | X | Y | R | T | C |
| SET　RET | N/A | A | A | N/A | N/A |

例题解释：

① 当 X0 接通时，Y0 接通并保持。

② 当 X1 接通时，Y0 断开并保持。

指令使用说明：当触发信号接通时，执行 SET（RET）指令。不管触头信号如何变化，输出接通（断开）并保持。SET（RET）指令的操作数可以重复使用。

## 3.1.10　KP 指令

### （1）指令功能

KP 指令相当于一个锁存继电器，当置位触发信号接通时，使输出接通并保持。当复位触发信号接通时，使输出断开。

### （2）程序举例

【例 3-12】　KP 指令应用举例的梯形图及指令见表 3-15，操作数见表 3-16。

表 3-15　梯形图及指令

| 梯形图 | 布尔非梯形图 | | 时序图 |
|---|---|---|---|
| | 地址 | 指令 | |
| | 0 | ST　　X0 | |
| | 1 | ST　　X1 | |
| | 2 | KP　　Y0 | |

表 3-16　操作数

| 指令 | 继电器 | | | 定时器/计数器 | |
| --- | --- | --- | --- | --- | --- |
| | X | Y | R | T | C |
| KP | N/A | A | A | N/A | N/A |

例题解释：

① 当 X0 接通时，Y0 接通并保持。

② 当 X1 接通时，Y0 断开。

指令使用说明：KP 指令的置位控制端 S 和复位控制端 R 是同一整体的两个控制端，分别由两个输入触头控制（本例中为 X0 和 X1），若 S 端和 R 端同时接通，R 端比 S 端优先权要高。KP 指令的操作数不能重复使用。

### 3.1.11　NOP 指令

**（1）指令功能**

NOP 指令：空操作。

**（2）程序举例**

【例 3-13】　NOP 指令应用举例的梯形图及指令见表 3-17。

表 3-17　梯形图及指令

| 梯形图 | 布尔非梯形图 | |
| --- | --- | --- |
| | 地址 | 指令 |
| 0 ├ X1 ┤ ├──────( Y0 )─┤ | 0 | ST　　　　X1 |
| | 1 | NOP |
| | 2 | OT　　　　Y0 |

例题解释：当 X1 接通时，Y0 接通。

指令使用说明：NOP 指令可用来使程序在检查或修改时易读。当插入 NOP 指令时，程序的容量稍有增加，但对逻辑运算结果无影响。

## 3.2　基本功能指令

基本功能指令有定时器/计数器和移位寄存器指令，见表 3-18。

表 3-18　基本功能指令

| 名称 | 助记符 | 说明 | 步数 | 可用性 | | |
| --- | --- | --- | --- | --- | --- | --- |
| | | | | C14/C16 | C24/C40 | C56/C72 |
| 0.01s 定时器 | TMR | 设置以 0.01s 为单位的延时动作定时器（0～327.67s） | 3 | A | A | A |

续表

| 名称 | 助记符 | 说明 | 步数 | 可用性 | | |
|---|---|---|---|---|---|---|
| | | | | C14/C16 | C24/C40 | C56/C72 |
| 0.1s 定时器 | TMX | 设置以 0.1s 为单位的延时动作定时器(0～3276.7s) | 3 | A | A | A |
| 1s 定时器 | TMY | 设置以 1s 为单位的延时动作定时器(0～32767s) | 4 | A | A | A |
| 辅助定时器 | F137(STMR) | 以 0.01s 为单位的延时动作定时器(参见高级指令"F137") | 5 | N/A | N/A | A |
| 计数器 | CT | 减计数器 | 3 | A | A | A |
| 移位寄存器 | SR | 16 位数据左移位 | 1 | A | A | A |
| 可逆计数器 | F118(CDC) | 加减计数器(参见高级指令"F118") | 5 | A | A | A |
| 左右移位寄存器 | F119(LRSR) | 16 位数据区(带)左移或右移 1 位(参见高级指令"F119") | 5 | A | A | A |

## 3.2.1　TMR、TMX 和 TMY 指令（定时器）

### （1）指令功能

TMH：以 0.01s 为单位设置延时 ON 定时器。

TMX：以 0.1s 为单位设置延时 ON 定时器。

TMY：以 1s 为单位设置延时 ON 定时器。

### （2）程序举例

【例 3-14】　TMR、TMX 和 TMY 指令应用举例的梯形图及指令见表 3-19。

表 3-19　梯形图及指令

| 梯形图 | 布尔非梯形图 | | 时序图 |
|---|---|---|---|
| | 地址 | 指令 | |

例题解释：X0 接通 3s 后，定时器接点 T5 接通，Y0 接通。

指令使用说明：TM 指令是减计数型预置定时器，预置时间为：单位×预置值。如果在定时器工作期间触发信号断开，则其运行中断，定时器复位。

## 3.2.2　CT 计数器指令

### （1）指令功能

CT 指令：为预置计数器，当计数输入端信号由 OFF 变为 ON 时，计数值减 1；当计数值减为 0 时，计数器为 ON，使其接点动作。

### （2）程序举例

【例 3-15】　CT 计数器指令应用举例的梯形图及指令见表 3-20。

表 3-20　梯形图及指令

| 梯形图 | 布尔非梯形图 | | 时序图 |
|---|---|---|---|
| | 地址 | 指令 | |
| | 0 | ST　X0 | |
| | 1 | ST　X1 | |
| | 2 | CT　100 | |
| | | K　6 | |
| | 5 | ST　C100 | |
| | 6 | OT　Y0 | |

例题解释：

① 当 X0 输入信号的上升沿被检测到 6 次时，计数器按点 C100 接通，Y0 接通。

② 当 X1 输入脉冲信号时，计数器复位。

指令使用说明：计数器有两个输入端，计数脉冲输入端 CP 和复位控制端 R，分别由两个输入触点控制（本例中为 X0 和 X1），R 端比 CP 端优先权高。

定时器与计数器指令的相同和不同之处：

① 在 FP1 中，初始定义有 100 个定时器，其余为计数器。同一程序中相同编号的定时器或计数器只能使用一次。

② 定时器和计数器的预置值为十进制数，因此在输入程序时要在前面加一个"K"。每一个定时器和计数器都对应有编号相同的设定值寄存器 SV 和经过值寄存器 EV 各一个，SV 用于记忆设定值，EV 用于存放计时或计数的过程值。定时器和计数器都是减 1 计数器，定时器每经过一个基准时间的脉冲，EV 中的值减 1；而计数器当 CP 端每输入一个脉冲上升沿时，EV 中的值减 1。当 EV 中的值减为 0 时，定时器或计数器动作。

③ PLC 断电或工作方式由"RUN"变为"PROG"时，定时器将被复位，而计数器将保持动作状态。

【例 3-16】　电动机 Y/△启动 PLC 控制的工作过程如下：

按下启动按钮 SB1，输入继电器 X0 常开触点闭合，输出继电器 Y0 和 Y2 线圈接通并自锁，接触器 KM1 和 KMY 得电吸合，电动机按 Y 形接法运转，同时定时器开始定时。当定时 2s 后，定时器的常闭触头 T0 断开，Y0 线圈失电，Y 形运转停止，同时 T0 常开触头闭合，Y1 线圈接通并自锁，接触器 KM△得电吸合，电动机按△形接法运转，此时与 Y0 线圈串联的 Y1 常闭触点已断开，Y0 线圈不会再得电。若按下停止按钮 SB2，X1 常闭触头断开，线圈 Y1 和 Y2 都失电，电动机停转。该例的 I/O 分配表、梯形图、指令表如图 3-5 所示。

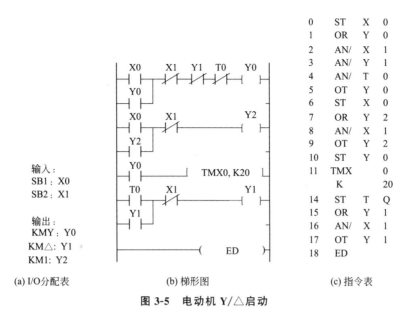

| | 0 | ST | X | 0 |
| | 1 | OR | Y | 0 |
| | 2 | AN/ | X | 1 |
| | 3 | AN/ | Y | 1 |
| | 4 | AN/ | T | 0 |
| | 5 | OT | Y | 0 |
| | 6 | ST | X | 0 |
| | 7 | OR | Y | 2 |
| | 8 | AN/ | X | 1 |
| | 9 | OT | Y | 2 |
| | 10 | ST | Y | 0 |
| | 11 | TMX | | 0 |
| | | K | | 20 |
| | 14 | ST | T | Q |
| | 15 | OR | Y | 1 |
| | 16 | AN/ | X | 1 |
| | 17 | OT | Y | 1 |
| | 18 | ED | | |

输入:
SB1: X0
SB2: X1

输出:
KMY: Y0
KM△: Y1
KM1: Y2

(a) I/O分配表　　　　　　(b) 梯形图　　　　　　(c) 指令表

图 3-5　电动机 Y/△启动

## 3.2.3　F118（UDC）加/减计数器

### （1）指令功能

F118（UDC）：作为加或减计数器使用。

### （2）程序举例

【例 3-17】　F118（UDC）加/减计数器指令应用举例的梯形图及指令见表 3-21。

表 3-21　梯形图及指令

| 梯形图 | 布尔非梯形图 | |
|---|---|---|
| | 地址 | 指令 |
| | 0 | ST　　　　　X0 |
| | 1 | ST　　　　　X1 |
| | 2 | ST　　　　　X2 |
| | 3 | F118(UDC) |
| | | WR0 |
| | | DT0 |

指令使用说明：F118（UDC）计数器指令有三个输入端——加/减计数定义端 UP/DW、脉冲输入端 CP 和复位控制端 R，分别由三个输入触点控制（本例中为 X0、X1、X2）。当 UP/DW 端"ON"时，来一个 CP 脉冲上升沿，作加 1 计数；当 UP/DW 端"OFF"时，来一个 CP 脉冲上升沿作减 1 计数。当 R 端输入脉冲信号时，计数器复位。本例中的"WR0"为预置值区，"DT0"为经过值区。F118（UDC）计数器没有对应的触点，如果要利用计数结果进行控制，可以通过比较指令或其他指令。

## 3.2.4　SR 左移位寄存器指令

### （1）指令功能

SR：指定 WR 中的任一个寄存器作为左移位寄存器使用。

**（2）程序举例**

【例 3-18】　SR 左移位寄存器指令应用举例的梯形图及指令见表 3-22。

表 3-22　梯形图及指令

| 梯形图 | 布尔非梯形图 | | |
| --- | --- | --- | --- |
| | 地址 | 指令 | |
| 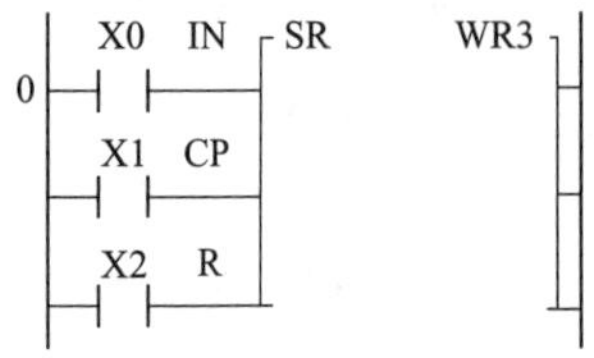 <br>X0 IN ─ SR    WR3<br>0 ─┤├─<br>X1 CP<br>─┤├─<br>X2 R<br>─┤├─ | 0 | ST | X0 |
| | 1 | ST | X1 |
| | 2 | ST | X2 |
| | 3 | SR | WR3 |

例题解释：当 X2 为"OFF"时，X1 输入移位触发信号，内部继电器 WR3 的内容向左移动一位。如果为"ON"，则左移一位后 R30 置为 1；如果 X0 为"OFF"，则左移一位后 R30 置为 0。如果 X2 变为"ON"（上升沿），则 WR3 的所有位置为 0。移位示意如图 3-6 所示。

指令使用说明：SR 左移位寄存器指令必须按数据输入（IN），移位脉冲输入（CP），复位输入（R）和 SR 指令的顺序编程。数据在 CP 的上升沿逐位向高位移位，最高位溢出，R 端输入信号时，寄存器清零；该指令只用于 WR 的 16 位数据左移 1 位。

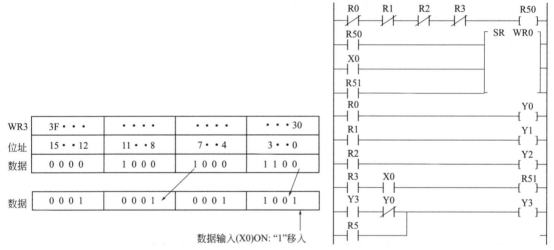

图 3-6　移位示意图

图 3-7　用移位指令实现循环控制

【例 3-19】　用移位指令实现循环控制。如图 3-7 所示的程序使用左移位指令。控制触点 X0 每闭合一次 WR0 就左移一位，依次使 R0 接通 Y0 输出，R1 接通 Y1 输出、R2 接通 Y2 输出，当 R3 接通时将 R51 接通 Y3 输出，同时 WR0 复位。然后又开始新的一轮循环。

## 3.2.5　F119（LRSR）　左/右移位寄存器指令

**（1）指令功能**

LRSR：指定某一个寄存器区内若干个按编号顺序排列的寄存器作为一个整体作数据的左移或右移。指令的操作数分为 D1（首址）和 D2（末址），要求 D2≥D1，且为同类寄存器。

**（2）程序举例**

**【例 3-20】**　　F119（LRSR）左/右移位寄存器指令应用举例的梯形图及指令见表 3-23，操作数见表 3-24。

表 3-23　梯形图及指令

| 梯形图 | 布尔非梯形图 | |
| --- | --- | --- |
| | 地址 | 指令 |
| | 0 | ST　　　　X0 |
| | 1 | ST　　　　X1 |
| | 2 | ST　　　　X2 |
| | 3 | ST　　　　X3 |
| | 4 | LRSR(F119) |
| | | DT0 |
| | | DT9 |

梯形图内容：
```
      X0
    ┤ ├ DIR   F119   LRSR
      X1
 0  ┤ ├  IN          DT0
      X2
    ┤ ├  CP          DT9
      X3
    ┤ ├  R
```

表 3-24　操作数

| 操作数 | 继电器 | | | 定时器/计数器 | | 寄存器 | 索引寄存器 | | 常数 | | 索引修正值 |
| --- | --- | --- | --- | --- | --- | --- | --- | --- | --- | --- | --- |
| | WX | WY | WR | SV | EV | DT | IX | IY | K | H | |
| D1 | N/A | A | A | A | A | A | N/A | N/A | N/A | N/A | N/A |
| D2 | N/A | A | A | A | A | A | N/A | N/A | N/A | N/A | N/A |

例题解释：当检测到移位触发信号 X2 的上升沿时，左/右移触发信号 X0 处于"ON"时，数据区从 D1（本例为 DT0）向 D2（本例为 DT9）左移 1 位；左/右移触发信号 X0 处于"OFF"时，数据区从 DT9 向 DT0 右移 1 位。X1 处于"ON"时，"1"被移入数据区；X1 处于"OFF"时，"0"被移入数据区。当检测到复位触发信号 X3 的上升沿时，DT0～DT9 的数据区所有位全变为"0"。

## 3.3　基本控制指令

基本控制指令主要包括主控、跳转、循环跳转、步进等指令，用这些指令可决定程序执行的顺序和流程，见表 3-25。

表 3-25　基本功能指令

| 名称 | 助记符 | 说明 | 步数 | 可用性 | | |
| --- | --- | --- | --- | --- | --- | --- |
| | | | | C14/C16 | C24/C40 | C56/C72 |
| 主控继电器开始 | MC | 当其触发条件 ON 时，执行 MC 到 MCE 间的指令 | 2 | A | A | A |
| 主控继电器结束 | MCE | | 2 | A | A | A |
| 跳转 | JP | 当其触发条件 ON 时，跳转到指定标记处 | 2 | A | A | A |
| 跳转标记 | LBL | 执行 JP 和 LOOP 指令时所用标号 | 1 | A | A | A |

续表

| 名称 | 助记符 | 说明 | 步数 | 可用性 | | |
|---|---|---|---|---|---|---|
| | | | | C14/C16 | C24/C40 | C56/C72 |
| 循环跳转 | LOOP | 当触发条件 ON 时，跳转到同一标记处并重复执行标记后程序，直到指定的操作数变为 0 | 4 | A | A | A |
| 结束 | ED | 该次主程序扫描结束 | 1 | A | A | A |
| 条件结束 | CNDE | 当其触发条件 ON 时，结束该次程序扫描 | 1 | A | A | A |
| 步进开始 | SSTP | 表示步进过程开始 | 3 | A | A | A |
| 步进结束 | STPE | 步进程序区域结束 | 3 | A | A | A |
| 步进消除 | CSTP | 清楚指定的步进过程 | 3 | A | A | A |
| 步进转移(脉冲式) | NSTP | 当检测到触发信号的上升沿时，将当前过程复位，并激活指定过程 | 3 | A | A | A |
| 步进转移(扫描式) | NSTL | 当触发信号为 ON 时，将当前过程复位，并激活指定过程 | 3 | A | A | A |
| 调用子程序 | CALL | 跳转执行指定的子程序 | 2 | A | A | A |
| 子程序入口 | SUB | 开试子程序 | 1 | A | A | A |
| 子程序返回 | RET | 结束子程序并返回到主程序 | 1 | A | A | A |
| 中断控制 | ICTL | 设定中断方式 | 5 | N/A | A | A |
| 中断入口 | INT | 开始一个中断程序 | 1 | N/A | A | A |
| 中断返回 | IRET | 结束中断程序并返回到程序断点处 | 1 | N/A | A | A |

## 3.3.1　MC（主控继电器）和 MCE（主控继电器结束）指令

### （1）指令功能

MC/MCE：当预置触发信号接通时，执行 MC 至 MCE 之间的指令。

### （2）程序举例

【例 3-21】　MC 和 MCE 指令应用举例的梯形图及指令见表 3-26。

表 3-26　梯形图及指令

| 梯形图 | 布尔非梯形图 | | 时序图 |
|---|---|---|---|
| | 地址 | 指令 | |

例题解释：

① 当预置触发信号 X0 接通时，执行 MC 指令到 MCE 指令之间的指令。

② 当 X0 断开时，执行 MC 至 MCE 以外的程序。

**（3）指令使用说明**

① MC、MCE 指令总是成对出现且编号相同。FP1 的 C14 和 C16 系列 MC（0～15），FP1 其他系列 MC 指令个数有 32 个（0～31）。

② 在一对主控指令（MC、MCE）之间可以有另一对主控指令，这种结构称为"嵌套"。

③ MC 指令不能直接从母线开始，必须要有控制触点。

④ 当预置触发信号断开时，在 MC 和 MCE 之间的程序只是处于停控状态，此时 CPU 仍然扫描这段程序，包含在 MC、MCE 间的指令状态见表 3-27。

表 3-27    MC 和 MCE 之间的指令状态

| 指令 | 状态 |
|---|---|
| OT | 全 OFF |
| KP | 保持触发信号断开之前的状态 |
| SET | |
| RST | |
| TM 和 F137(STMR) | 复位 |
| CT 和 F118(UDC) | 保持触发信号断开之前的经过值 |
| SR 和 F119(LRSR) | |
| 其他指令 | 不执行 |

⑤ 在下列条件下程序不能执行：MC 指令无触发信号；有两个或多个同编号的主控指令对；MC 和 MCE 的指令顺序颠倒。

## 3.3.2　JP（跳转）和 LBL（标号）指令

**（1）指令功能**

JP/LBL：当预置触发信号接通时，跳转到与 JP 指令编号相同的 LBL 指令，执行 LBL 以下的程序。

**（2）程序举例**

【例 3-22】　JP 和 LBL 指令应用举例的梯形图及指令见表 3-28。

表 3-28　梯形图及指令

| 梯形图 | 布尔非梯形图 | | |
|---|---|---|---|
| | 地址 | 指令 | |
| <br>10 ─┤X1├─( JP1 )─<br><br>20 ─────( LBL1 )─ | 10 | ST | X1 |
| | 11 | JP | 1 |
| | ⋮ | ⋮ | |
| | 20 | LBL | 1 |

例题解释：当触发信号 X1 接通时，程序由 JP1 跳转到 LBL1，执行 LBL1 以下程序。

**（3）指令使用说明**

① JP 指令不能直接从母线开始，必须要有控制触点。

② 程序中只要出现 JP 指令，就必须要有编号相同的 LBL 指令，编号的取值范围：C16 及以下系列为 0～31，C24 及以上系列为 0～63。可使用多个相同编号的 JP 指令，但不能出现编号相同的 LBL 指令。JP 指令可以嵌套，如图 3-8 所示。

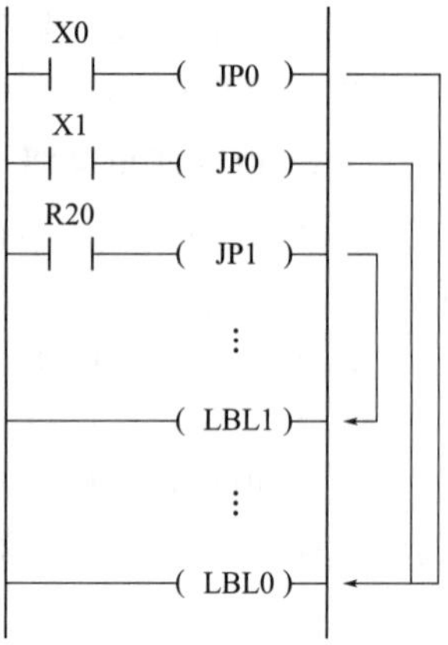

③ 在执行 JP 指令期间，TM、CT 和 SR 指令的状态说明如下（见图 3-9）：

a. LBL 指令位于 JP 指令之后：

TM 指令：不执行定时器指令，定时器复位。

CT 指令：即使计数器输入接通，也不计数，经过值不变。

SR 指令：即使移位输入接通，也不执行移位操作。特殊寄存器的内容保持不变。

b. LBL 指令位于 JP 指令之前：

TM 指令：由于定时器指令每次扫描都执行多次，故不能保证准确的时间。

CT 指令：在扫描期间，如果计数器输入状态不改变，则计数操作照常运行。

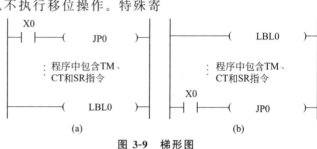

图 3-8　梯形图

图 3-9　梯形图

SR 指令：在扫描期间，如果移位输入的状态没有变化，则移位操作照常进行。

应注意的问题：若 LBL 指令地址放在 JP 指令地址之前，扫描不会终止，会发生运行瓶颈错误。

④ 另外以下几种情况，程序也不能执行：

a. 从主程序区跳转到 ED 指令以后的程序中去。

b. 从步进程序区之外跳转到步进程序区。

c. 从子程序区或中断程序区跳转到子程序区或中断程序区之外。

# 3.3.3　LOOP（循环）和 LBL（标号）指令

**（1）指令功能**

LOOP/LBL：当 LOOP 指令的控制触点闭合时，反复循环执行 LOOP 与 LBL 之间的程序，循环次数由预置在寄存器中的操作数决定。

**（2）程序举例**

【例 3-23】　LOOP 和 LBL 指令应用举例。如图 3-10 所示。

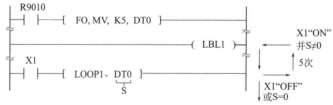

图 3-10　梯形图

例题解释：因为数据寄存器 DT0 中预置的操作数为 5，所以当控制触点 X1 接通时，循环执行 LBL1 与 LOOP1 指令之间的程序 5 次。在 5 次之后，即使 X1 仍然接通，循环指令也不再执行。

**（3）指令使用说明**

① LDL 与 LOOP 指令必须成对使用，且编号应相同；编号的取值范围与 JP 指令相同。

② LBL 指令专门用作 JP 和 LOOP 指令的目标指令。如果在程序中同时使用 JP 和 LOOP 指令，则应注意区分各自的 LBL 指令编号，避免编号相同。

③ 可用作预置操作数的寄存器"S"包括 WY、WR、SV、EV、DT、IB 和 IY。

④ 循环指令也可嵌套使用。

## 3.3.4　ED（结束）和 CNDE（条件结束）

**（1）指令功能**

ED：无条件结束指令。

CNDE：有条件结束指令。

**（2）举例说明**

【例 3-24】　ED 和 CEND 指令的应用举例如图 3-11 所示。

例题解释：

① 当控制条件 X0 断开时，CPU 执行完程序Ⅰ后并不结束，继续执行程序Ⅱ，直至遇到 ED 指令。因为 ED 指令是无条件结束指令，所以 ED 标志着程序全部结束。此时 CNDE 指令没起作用。

② 当 X0 接通时，CPU 执行完程序Ⅰ后遇到 CNDE 指令不再执行程序Ⅱ，而是返回起始地址重新执行程序Ⅰ。

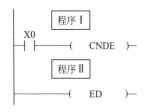

图 3-11　梯形图

**（3）指令使用说明**

CNDE 指令仅适用于主程序区，在主程序中，可以使用多个 CNDE 指令。

## 3.3.5　步进控制指令

**（1）指令功能**

SSTP：步进程序开始指令。表示进入步进程序。

NSTP：激发步进过程指令（脉冲式）。当检测到该指令触发信号的上升沿时，执行 NSTP 指令，即开始执行步进过程，并将包括该指令本身在内的整个步进过程复位。

NSTL：激发步进过程指令（扫描式）。若该指令的触发信号接通，则每次扫描均执行 NSTL 指令。即开始执行步进过程，并将包括该指令本身在内的整个步进过程复位。

CSTP：清除步进过程指令。复位指定的步进过程。

STPE：步进程序区结束指令。关闭步进程序区，并返回一般梯形图程序。

**（2）程序举例**

【例 3-25】　步进控制指令应用举例的梯形图及指令见表 3-29。

表 3-29　梯形图及指令

| 梯形图 | 布尔非梯形图 | | |
|---|---|---|---|
| | 地址 | 指令 | |
| X0 ── 8 ┤├── ( NSTP1 ) | 8 | ST | X0 |
| | 9 | NSTP | 1 |
| 12 ──── ( SSTP1 ) | 12 | SSTP | 1 |
| Y0 ── ( )── | 15 | OT | Y0 |
| X1 ── 16 ┤├── ( NSTL2 ) 过程1 | 16 | ST | X1 |
| | 17 | SNTL | 2 |
| 20 ──── ( SSTP2 ) | 20 | SSTP | 2 |
| X3 ── 123 ┤├── ( CSTP50 ) 过程2 | 123 | ST | X3 |
| | 124 | CSTP | 50 |
| 127 ──── ( STPE ) | 127 | STPE | |

例题解释：

① 当检测到 X0 的上升沿时，执行过程 1（从 SSTP1 到 SSTP2），Y0 接通。

② 当过程 1 中的 X1 接通时，消除过程 1，并执行过程 2（由 SSTP2 开始）。

③ 当 X3 接通时，清除过程 50，步进程序结束。

**（3）指令使用说明**

① 用步进控制指令实现控制，就是按照工艺流程规定的控制顺序，将控制程序划分成各个相互独立的程序段，并按照一定的次序分段执行。

② 在步进程序中，识别一个过程是从一个 SSTP 指令开始到下一个 SSTP 指令。在最后一段步进程序结束时，由一条 CSTP 指令表示步进清除，最后由一条 STPE 指令表示整个步进程序结束（在结束指令 ED 之前一定要有 STPE 指令，否则将视为错误）。

③ FP1 的步进程序可用个数：C14 和 C16 系列为 64 个（过程 0～63）；C24、C40、C56 和 C72 系列为 128 个（过程 0～127）。

④ 在各段步进程序中，允许 OT 指令直接与起始母线相连。虽然各段步进程序彼此独立，但在各段程序中使用的输出继电器、内部继电器、定时器、计数器等都不能出现重复的编号。

⑤ 步进程序中不能使用下列指令：JP、LBL；LOOP、LBL；MC、MCE；SUB、RET；ED、CNDE。

**（4）应用举例**

使用步进控制指令可以实现顺序控制、选择分支过程控制和并行分支合并控制等。选择分支过程控制是根据特定过程的运行结果和动作选择并切换到下一个过程，每个过程循环执行直到工作任务完成。

**【例 3-26】**　选择分支过程控制的举例梯形图如图 3-12 所示，流程图如图 3-13 所示。

例题解释：

① 当 X0 接通（上升沿）时，执行过程 0，Y1 接通。

② 在过程 0 中，当 X1 接通时，执行过程 1，Y2 接通。

③ 在过程 0 中，当 X2 接通时，执行过程 2，Y3 接通。

④ 在过程 1 中，当 X3 接通时，执行过程 3，Y4 接通。

⑤ 在过程 2 中，当 X4 接通时，执行过程 3，Y4 接通。

⑥ 在过程 3 中，书 X5 接通时，步进过程结束。

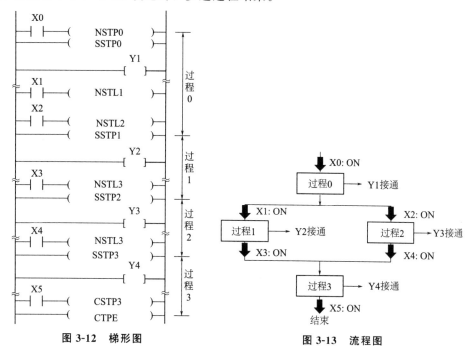

图 3-12　梯形图　　　　　　　　　图 3-13　流程图

## 3.3.6　子程序调用指令

**（1）指令功能**

CALL：执行指定的程序。

SUB：表示子程序开始。

RET：子程序结束并返回到主程序。

**（2）程序举例**

【例 3-27】　子程序调用指令应用。举例的梯形图及指令见表 3-30。

表 3-30　梯形图及指令

| 梯形图 | 布尔非梯形图 | | |
|---|---|---|---|
| | 地址 | 指令 | |
| 20 ⊢X1⊢（ CALL2 ） | 20 | ST | X1 |
| | 21 | CALL | 2 |
| 30 （ ED ） | ⋮ | ⋮ | |
| 31 （ SUB2 ） | 30 | ED | |
| 40 （ RET ） | 31 | SUB | 2 |
| | ⋮ | ⋮ | |
| | 40 | RET | |

例题解释：当预置触发信号 X1 接通时，执行 CALL2 指令，转到执行 SUB2-RET 指令间的子程序，执行完子程序后，返回执行 CALL2 指令后面的程序。

**（3）指令使用说明**

① 子程序必须写在 ED 指令的后面，由 SUB 指令开始，到 RET 指令结束。SUB 与 RET 必须成对出现。

② FP1 的子程序可用个数：C14 和 C16 系列为 8 个（0～7），C24、C40、C56 和 C72 系列为 16 个（0～15）。

③ 在同一程序中，CALL 指令标号可以相同，SUB 指令标号不可以相同。

④ 在一个子程序中，最多可以调用 4 个子程序。

# 3.4 比较指令

比较指令共有 36 条，用来进行数据比较，见表 3-31。

表 3-31　梯形图及指令

| 名称 | 助记符 | 说明 | 步数 | 可用性 | | |
| --- | --- | --- | --- | --- | --- | --- |
| | | | | C14/C16 | C24/C40 | C56/C72 |
| 单字比较：相等时加载 | ST= | 比较两个单字的数据,按下列条件执行 Start、AND、OR 操作：当 S1=S2:ON 当 S1≠S2:OFF | 5 | N/A | A | A |
| 单字比较：相等时与 | AN= | | 5 | N/A | A | A |
| 单字比较：相等时或 | OR= | | 5 | N/A | A | A |
| 单字比较：不相等时加载 | ST<> | 比较两个单字的数据,按下列条件执行 Start、AND、OR 操作：当 S1=S2:ON 当 S1≠S2:OFF | 5 | N/A | A | A |
| 单字比较：不相等时与 | AN<> | | 5 | N/A | A | A |
| 单字比较：不相等时或 | OR<> | | 5 | N/A | A | A |
| 单字比较：大于时加载 | ST> | 比较两个单字的数据,按下列条件执行 Start、AND、OR 操作：当 S1>S2:ON 当 S1≤S2:OFF | 5 | N/A | A | A |
| 单字比较：大于时与 | AN> | | 5 | N/A | A | A |
| 单字比较：大于时或 | OR> | | 5 | N/A | A | A |
| 单字比较：不小于时加载 | ST>= | 比较两个单字的数据,按下列条件执行 Start、AND、OR 操作：当 S1≥S2:ON 当 S1<S2:OFF | 5 | N/A | A | A |
| 单字比较：不小于时与 | AN>= | | 5 | N/A | A | A |
| 单字比较：不小于时或 | OR>= | | 5 | N/A | A | A |

续表

| 名称 | 助记符 | 说明 | 步数 | 可用性 | | |
|---|---|---|---|---|---|---|
| | | | | C14/C16 | C24/C40 | C56/C72 |
| 单字比较：小于时加载 | ST< | 比较两个单字的数据，按下列条件执行 Start、AND、OR 操作：当 S1<S2：ON 当 S1≥S2：OFF | 5 | N/A | A | A |
| 单字比较：小于时或 | AN< | | 5 | N/A | A | A |
| 单字比较：小于时与 | OR< | | 5 | N/A | A | A |
| 单字比较：不大于时加载 | ST<= | 比较两个单字的数据，按下列条件执行 Start、AND、OR 操作：当 S1≤S2：ON 当 S1>S2：OFF | 5 | N/A | A | A |
| 单字比较：不大于时与 | AN<= | | 5 | N/A | A | A |
| 单字比较：不大于时或 | OR<= | | 5 | N/A | A | A |
| 双字比较：相等时加载 | STD= | 比较两个双字的数据，按下列条件执行 Start、AND、OR 操作：当（S1＋1，S1）=（S2＋1，S2）：ON 当（S1＋1，S1）≠（S2＋1，S2）：OFF | 9 | N/A | A | A |
| 双字比较：相等时与 | AND= | | 9 | N/A | A | A |
| 双字比较：相等时或 | ORD= | | 9 | N/A | A | A |
| 双字比较：不相等时加载 | STD<> | 比较两个双字的数据，按下列条件执行 Start、AND、OR 操作：当（S1＋1，S1）≠（S2＋1，S2）：ON 当（S1＋1，S1）=（S2＋1，S2）：OFF | 9 | N/A | A | A |
| 双字比较：不相等时与 | AND<> | | 9 | N/A | A | A |
| 双字比较：不相等时或 | ORD<> | | 9 | N/A | A | A |
| 双字比较：大于时加载 | STD> | 比较两个双字的数据，按下列条件执行 Start、AND、OR 操作：当（S1＋1，S1）>（S2＋1，S2）：ON 当（S1＋1，S1）≤（S2＋1，S2）：OFF | 9 | N/A | A | A |
| 双字比较：大于时与 | AND> | | 9 | N/A | A | A |
| 双字比较：大于时或 | ORD> | | 9 | N/A | A | A |
| 双字比较：不小于时加载 | STD>= | 比较两个双字的数据，按下列条件执行 Start、AND、OR 操作：当（S1＋1，S1）≥（S2＋1，S2）：ON 当（S1＋1，S1）<（S2＋1，S2）：OFF | 9 | N/A | A | A |
| 双字比较：不小于时与 | AND>= | | 9 | N/A | A | A |
| 双字比较：不小于时或 | ORD>= | | 9 | N/A | A | A |
| 双字比较：小于时加载 | STD< | 比较两个双字的数据，按下列条件执行 Start、AND、OR 操作：当（S1＋1，S1）<（S2＋1，S2）：ON 当（S1＋1，S1）≥（S2＋1，S2）：OFF | 9 | N/A | A | A |
| 双字比较：小于时与 | AND< | | 9 | N/A | A | A |
| 双字比较：小于时或 | ORD< | | 9 | N/A | A | A |

续表

| 名称 | 助记符 | 说明 | 步数 | 可用性 | | |
|---|---|---|---|---|---|---|
| | | | | C14/C16 | C24/C40 | C56/C72 |
| 双字比较：不大于时加载 | STD<= | 比较两个双字的数据,按下列条件执行 Start、AND、OR 操作：当（S1＋1，S1）≤（S2＋1，S2）：ON 当（S1＋1，S1）＞（S2＋1，S2）：OFF | 9 | N/A | A | A |
| 双字比较：不大于时与 | AND<= | | 9 | N/A | A | A |
| 双字比较：不大于时或 | ORD<= | | 9 | N/A | A | A |

## 3.4.1　ST＝、ST＜＞、ST＞＝、ST＞、ST＜、ST＜＝ 字比较指令（加载）

### （1）指令功能

在比较条件下，通过比较两个单字数据来决定是否执行初始加载操作。

ST＝：相等时加载。

ST＜＞：不等时加载。

ST＞：大于时加载。

ST＞＝：不小于时加载。

ST＜：小于时加载。

ST＜＝：不大于时加载。

### （2）程序举例

【例 3-28】　指令应用举例的梯形图及指令见表 3-32。

表 3-32　梯形图及指令

| 梯形图 | 布尔非梯形图 | |
|---|---|---|
| | 地址 | 指令 |
| 0　┤┌ ─ DT 0　K 50 ├─ Y0 ─[ ]─ <br> 　　　　S1　S2 | 0 <br><br><br> 5 | ST＝ <br> 　　　　　　DT0 <br> K　　　　　50 <br> OT　　　　Y0 |

例题解释：将数据寄疗器 DT0 的内容与常数 K50 比较，如果 DT0＝K50，Y0 接通，否则 Y0 断开。

### （3）指令使用说明

① 上述字比较指令从母线开始编程。

② 该指令中的操作数 S1、S2 可以是所有的内部寄存器或常数。

③ 根据比较条件，将 S1 的单字数据与 S2 的单字数据进行比较，接点的状态见表 3-33。

表 3-33　比较运算结果

| 比较指令 | 比较条件 | 接点状态 |
|---|---|---|
| ST＝ | S1＝S2 | ON |
| | S1≠S2 | OFF |

续表

| 比较指令 | 比较条件 | 接点状态 |
|---|---|---|
| ST<> | S1≠S2 | ON |
| | S1=S2 | OFF |
| ST> | S1>S2 | ON |
| | S1≤S2 | OFF |
| ST>= | S1≥S2 | ON |
| | S1<S2 | OFF |
| ST< | S1<S2 | ON |
| | S1≥S2 | OFF |
| ST<= | S1≤S2 | ON |
| | S1>S2 | OFF |

## 3.4.2　AN=、AN<>、AN>=、AN>、AN<、AN<= 字比较指令（与）

### （1）指令功能

在比较条件下，通过比较两个单字数据来决定是否执行与操作。

ST=：相等时执行与操作。

ST<>：不等时执行与操作。

ST>：大于时执行与操作。

ST>=：不小于时执行与操作。

ST<：小于时执行与操作。

ST<=：不大于时执行与操作。

### （2）程序举例

【例 3-29】　指令应用举例的梯形图及指令见表 3-34。

表 3-34　梯形图及指令

| 梯形图 | 布尔非梯形图 | | |
|---|---|---|---|
| | 地址 | 指令 | |
| | 0 | ST | X0 |
| | 1 | AN= | |
| | | | DT0 |
| | | K | 10 |
| | 6 | ST | X1 |
| | 7 | AN<> | |
| | | | DT1 |
| | | K | 100 |
| | 12 | ORS | |
| | 13 | OT | Y0 |

梯形图内容：

```
    X0 —[ = DT0 , K10 ]—     Y0
0                          —( )—
    X1 —[ > DT1 , K100 ]—
         S1       S2
```

例题解释：当 X0 接通，且 DT0＝K10 或 X1 接通，且 DT1≠K100 时，Y0 接通，否则 Y0 断开。

**（3）指令使用说明**

① 程序中可连续使用多个 AN 比较指令，该指令中接点为串联。

② 指令中的 S1 和 S2 为操作数，可以是所有的内部寄存器或常数。

③ 根据比较条件，将 S1 的单字数据与 S2 的单字数据进行比较，接点的状态见表 3-35。

表 3-35    比较运算结果

| 比较指令 | 比较条件 | 接点状态 |
|---|---|---|
| AN＝ | S1＝S2 | ON |
| | S1≠S2 | OFF |
| AN<> | S1≠S2 | ON |
| | S1＝S2 | OFF |
| AN> | S1>S2 | ON |
| | S1≤S2 | OFF |
| AN>＝ | S1≥S2 | ON |
| | S1<S2 | OFF |
| AN< | S1<S2 | ON |
| | S1≥S2 | OFF |
| AN<＝ | S1≤S2 | ON |
| | S1>S2 | OFF |

## 3.4.3  OR＝、OR<>、OR>＝、OR>、OR<、OR<＝ 字比较指令（或）

**（1）指令功能**

在比较条件下，通过比较两个单字数据来决定是否执行或操作。

ST＝：相等时执行或操作。

ST<>：不等时执行或操作。

ST>：大于时执行或操作。

ST>＝：不小于时执行或操作。

ST<：小于时执行或操作。

ST<＝：不大于时执行或操作。

**（2）程序举例**

【例 3-30】    指令应用举例的梯形图及指令见表 3-36。

表 3-36　梯形图及指令

| 梯形图 | 布尔非梯形图 | | |
|---|---|---|---|
| | 地址 | 指令 | |
| | 0 | ST= | |
| | | | DT0 |
| | | K | 50 |
| | 5 | OR> | |
| | | | DT1 |
| | | K | 40 |
| | 10 | OT | Y0 |

梯形图部分：
```
    ┌─┤=  DT0  ,  K50  ├─────────┤ Y0 ├─
  0 │ ┤>  DT1  ,  K40  ├
    │     S1        S2
```

例题解释：将数据寄存器 DT0 的内容与 K50 比较，数据寄存器 DT1 的内容与 K40 比较。如果 DT0＝K50 或 DT1＞K40，Y0 接通。

**（3）指令使用说明**

① OR 比较指令从母线开始编程，在一个程序中可连续使用多个 OR 比较指令，该指令中接点为并联。

② 指令中的 S1 和 S2 为操作数，可以是所有的内部寄存器或常数。

③ 根据比较条件，将 S1 的单字数据与 S2 的单字数据进行比较，接点的状态见表 3-37。

表 3-37　比较运算结果

| 比较指令 | 比较条件 | 接点状态 |
|---|---|---|
| OR＝ | S1＝S2 | ON |
| | S1≠S2 | OFF |
| OR<> | S1≠S2 | ON |
| | S1＝S2 | OFF |
| OR> | S1＞S2 | ON |
| | S1≤S2 | OFF |
| OR>＝ | S1≥S2 | ON |
| | S1＜S2 | OFF |
| OR< | S1＜S2 | ON |
| | S1≥S2 | OFF |
| OR<＝ | S1≤S2 | ON |
| | S1＞S2 | OFF |

**【例 3-31】**　用基本比较指令实现顺序循环控制。

在如图 3-14 所示程序中，X0 每接通一次，Y0、Y1、Y2、Y3、Y0、…依次接通。

**（1）指令功能**

在比较条件下，通过比较两个双字数据来决定是否执行相关运算。双字比较指令共 18 条。

**（2）程序举例**

**【例 3-32】**　指令应用举例的梯形图及指令见表 3-38。

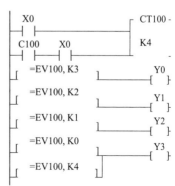

图 3-14　顺序循环控制

表 3-38　梯形图及指令

| 梯形图 | 布尔非梯形图 | | |
|---|---|---|---|
| | 地址 | 指令 | |
| | 11 | STD< | |
| | | | DT0 |
| | | K | 50 |
| | 20 | AND<> | |
| | | | DT20 |
| | | K | 40 |
| | 29 | OT | Y0 |

梯形图（左侧）：
11 ├ [ D<DT0, K50 ] [ D<>DT20, K40 ] ( Y0 ) ┤
　　　　　　　　　　　　　　S1　　S2

例题解释：将数据寄存器（DT1，DT0）的内容与 K50 比较，数据寄存器（DT21，DT20）的内容与 K40 比较。如果（DT1，DT0）<K50 且（DT21，DT20）≠K40，则 Y0 接通。

**（3）指令使用说明**

① 该指令在处理 32 位数据时，如果已指定低 16 位区（S1，S2），则高 16 位区自动指定为（S1+1，S2+2）。

② 在程序中可连续使用多个 AND 或 ORD 比较指令。

③ 根据比较条件，将（S1+1，S1）的双字数据与（S2+1，S2）的双字数据进行比较，接点的状态见表 3-39。

表 3-39　比较运算结果

| 比较指令 | 比较条件 | 接点状态 |
|---|---|---|
| STD=<br>AND=<br>ORD= | （S1+1，S1）=（S2+1，S2） | ON |
| | （S1+1，S1）≠（S2+1，S2） | OFF |
| STD<><br>AND<><br>ORD<> | （S1+1，S1）≠（S2+1，S2） | ON |
| | （S1+1，S1）=（S2+1，S2） | OFF |
| STD><br>AND><br>ORD> | （S1+1，S1）>（S2+1，S2） | ON |
| | （S1+1，S1）≤（S2+1，S2） | OFF |
| STD>=<br>AND>=<br>ORD>= | （S1+1，S1）≥（S2+1，S2） | ON |
| | （S1+1，S1）<（S2+1，S2） | OFF |
| STD<<br>AND<<br>ORD< | （S1+1，S1）<（S2+1，S2） | ON |
| | （S1+1，S1）≥（S2+1，S2） | OFF |
| STD<=<br>AND<=<br>ORD<= | （S1+1，S1）≤（S2+1，S2） | ON |
| | （S1+1，S1）>（S2+1，S2） | OFF |

# 3.5 高级指令

FP 系列 PLC 的指令系统非常丰富，除了 80 多条基本指令以外，还有 100～200 多条高级指令，如 FP1C24 以上机型 100 条，FP∑212 条。将基本指令和高级指令结合在一起编程，从而使控制变得更加灵活、方便，使 PLC 的功能变得更加强大。

在 FP 系列的指令系统中，由于高级指令功能号前冠以大写字母"F"或"P"，故一般把高级指令又称为 F 指令或 P 指令。

## 3.5.1 高级指令的类型及其构成

### （1）高级指令的构成

高级指令由高级指令功能号（F0～F374）、助记符和操作数三部分构成。

高级指令有 F 和 P 两种类型。F 型是当触发信号闭合时，则每个扫描周期都执行的指令，而 P 型是当检测到触发信号闭合的上升沿时执行一次，实际等效于触发信号 DF 指令和 F 型指令相串联，因此 P 型指令很少应用。

高级指令的功能号用于输入高级指令。编程时，高级指令前应加触发信号，如图 3-15 所示。高级指令中规定的功能号和操作数〔源操作数（S）和目的操作数（D）〕取决于所用的指令。

在编程的，如果多个高级指令连续使用同一触发信号，则不必每次使用时都写出该触发信号。如图 3-16 所示的梯形图中，第二、第三个指令的 X0 可以省略。

图 3-15　高级指令中规定的功能号和操作数　　图 3-16　多个高级指令使用一个触发信号的梯形图

如果指令只在触发信号的上升沿执行一次，可使用微分指令（DF），如图 3-17 所示。

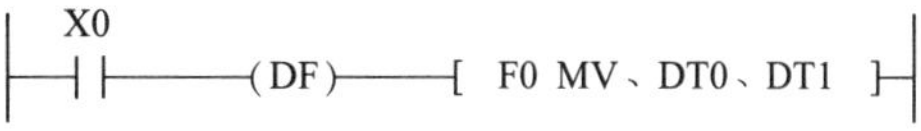

### （2）高级指令的类型

图 3-17　上升沿执行指令的梯形图

高级指令的类型如下：

①数据传输指令；②算术运算指令；③数据比较指令；④特殊指令；⑤高速计数器特殊指令。

## 3.5.2 数据传输指令

### （1）F0（MV）指令

F0：16 位数据传输指令，将 16 位数据从一个 16 位区传送到另一个 16 位区。

F0 指令应用的梯形图及指令如表 3-40 所示。

表 3-40　梯形图及指令

| 梯形图 | 助记符 | | |
| --- | --- | --- | --- |
| | 地址 | ·指令 | |
| 0 ⊢⊣[F0 MV、WX0、WR0]⊢ <br> 触发信号 R10 <br> S D | 0 <br> 1 | ST <br> F0 <br> WX0 <br> WR0 | R10 <br> (MV) |
| S | 16 位常数或存放常数的 16 位区（源区） | | |
| D | 16 位区（目的区） | | |

执行结果：当触发信号 R10 闭合后，外部输入字继电器 WX0 的内容传送到内部字继电器 WR0 中，如图 3-18 所示。

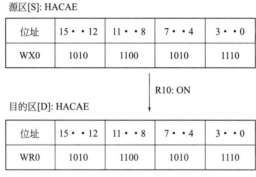

源区[S]: HACAE

| 位址 | 15··12 | 11··8 | 7··4 | 3··0 |
| --- | --- | --- | --- | --- |
| WX0 | 1010 | 1100 | 1010 | 1110 |

R10: ON

目的区[D]: HACAE

| 位址 | 15··12 | 11··8 | 7··4 | 3··0 |
| --- | --- | --- | --- | --- |
| WR0 | 1010 | 1100 | 1010 | 1110 |

图 3-18　数据传送

### （2）F1（DMV）指令

F1：32 位数据传输指令，将 32 位数据从一个 32 位区传送到另一个 32 位区。

F1 指令应用的梯形图及指令如表 3-41 所示。

表 3-41　梯形图及指令

| 梯形图 | 助记符 | | |
| --- | --- | --- | --- |
| | 地址 | 指令 | |
| X0 <br> 0 ⊢⊣[F1 DMV、WR0、DT0]⊢ <br> 触发信号 S D | 0 <br> 1 | ST <br> F1(DWV) <br> WR0 <br> DT0 | X0 |
| S | 32 位常数或存放常数的低 16 位区（源区） | | |
| D | 32 位数据的低 16 位区（目的区） | | |

执行结果：当触发信号 X0 闭合时，内部字继电器 WR1、WR0 的内容传送到数据寄存器 DT1、DT0 中。

如图 3-19 所示，在处理 32 位数据时，如果低 16 位区已指定为 S 或 D，则高位自动指定为 S+1 或 D+1。

源区[S+1、S]：HACAEE486

| 位址 | 15··12 | 11··8 | 7··4 | 3··0 |
|---|---|---|---|---|
| WR1 | 1010 | 1100 | 1010 | 1110 |

高16位区

| 位址 | 15··12 | 11··8 | 7··4 | 3··0 |
|---|---|---|---|---|
| WR0 | 1110 | 0100 | 1000 | 0110 |

低16位区

↓ X0：ON

目的区[D+1、D]：HACAEE486

| 位址 | 15··12 | 11··8 | 7··4 | 3··0 |
|---|---|---|---|---|
| DT1 | 1010 | 1100 | 1010 | 1110 |

高16位区

| 位址 | 15··12 | 11··8 | 7··4 | 3··0 |
|---|---|---|---|---|
| DT0 | 1110 | 0100 | 1000 | 0110 |

低16位区

图 3-19　32 位数据传送

从 F0 和 F1 指令可以看出，32 位指令与 16 位指令使用方法相同。

**（3）F2（MY／）指令**

F2：16 位数据求反传输指令，16 位数据求反后将它们传输到指定的 16 位区。

F2 指令应用梯形图及指令如表 3-42 所示。

表 3-42　梯形图及指令

| 梯形图 | 助记符 | | |
|---|---|---|---|
| | 地址 | 指令 | |
| 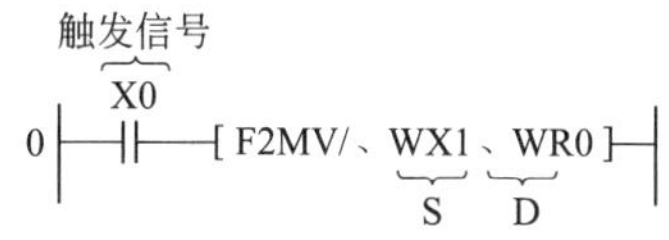 触发信号 X0<br>0─┤├─[F2MV/、WX1、WR0]─ S D | 0<br>1 | ST<br>F2<br>WX1<br>WR0 | X0<br>（MV/） |
| S | 16 位常数或将被求反的 16 位区（源区） | | |
| D | 16 位区（目的区） | | |

执行结果：当触发信号 X0 闭合时，外部字输入继电器 WX1 的内容求反并传输到内部字继电器 WR0 中，如图 3-20 所示。

源区[S]：H5555

| 位址 | 15··12 | 11··8 | 7··4 | 3··0 |
|---|---|---|---|---|
| WX1 | 0101 | 0101 | 0101 | 0101 |

↓ X0：ON

目的区：[D]：HAAAA

| 位址 | 15··12 | 11··8 | 7··4 | 3··0 |
|---|---|---|---|---|
| WR0 | 1010 | 1010 | 1010 | 1010 |

图 3-20　16 位数据求反输出

**（4）F5（BTM）指令**

F5：位传输指令，将指定的 16 位数据中的一位传输到另一个 16 位数据的某一位上。

F5 指令应用梯形图及指令如表 3-43 所示。

表 3-43　梯形图及指令

| 梯形图 | 助记符 | | |
|---|---|---|---|
| | 地址 | 指令 | |
| 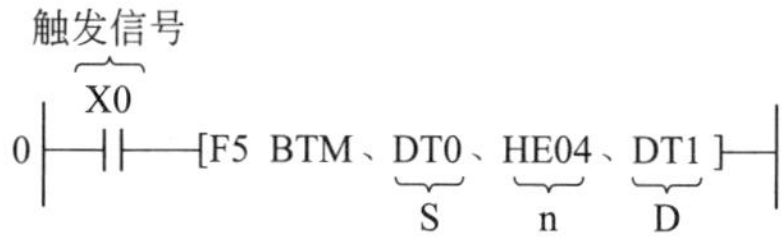 触发信号 X0<br>0─┤├─[F5 BTM、DT0、HE04、DT1]─ S n D | 0<br>1 | ST<br>F5<br>DT0<br>HE04<br>DT1 | X0<br>（BTM） |
| S | 16 位常数或 16 位区（源区） | | |
| n | 16 位常数或 16 位区（指定源区和目的区的位址） | | |
| D | 16 位区（目的区） | | |

执行结果：当触发信号 X0 闭合时，数据寄存器 DT0 中第 4 位数据被传输到数据寄存器 DT1 的第 14 位上。

用 n 来指定源区 S 和目的区 D 的地址和要传输的 16 位 digit 数，如图 3-21 所示，设定 n 的格式如图 3-22 所示。如果 n 设定为 H0000，可缩写为 H0。

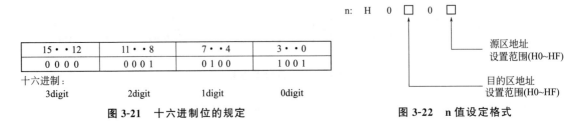

| 15··12 | 11··8 | 7··4 | 3··0 |
|---|---|---|---|
| 0000 | 0001 | 0100 | 1001 |

十六进制：

3digit　　　　2digit　　　　1digit　　　　0digit

**图 3-21　十六进制位的规定**

**图 3-22　n 值设定格式**

### （5）F6（DGT）指令

F6：十六进制数据传输指令，将一个 16 位区的十六进制的若干位，传输到另一个 16 位区。

F6 指令应用梯形图及指令如表 3-44 所示。

**表 3-44　梯形图及指令**

| 梯形图 | 助记符 | |
|---|---|---|
| | 地址 | 指令 |
| 触发信号<br>X0<br>0 ├┤├──[F6 DGT、DT100、H0、WY0]──┤<br>　　　　　　　　S　　n　　D | 0<br>1 | ST　　　　　X0<br>F6　　　　（DGT）<br>DT100<br>H0<br>WY0 |
| S | 16 位常数或 16 位区（源区） | |
| n | 16 位常数或 16 位区（指定源区和目的区的位址） | |
| D | 16 位区（目的区） | |

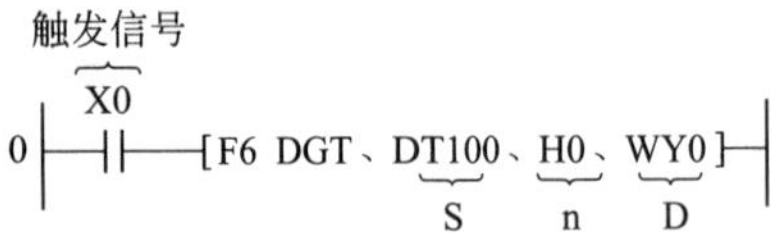

执行结果：当触发信号 X0 闭合时，数据寄存器 DT100 的十六进制第 0 位的内容被传送到 WY0 的十六进制第 0 位。

n 的格式如图 3-23 所示。

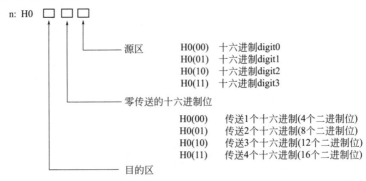

n: H0 □ □ □

源区　　　H0(00)　十六进制digit0
　　　　　H0(01)　十六进制digit1
　　　　　H0(10)　十六进制digit2
　　　　　H0(11)　十六进制digit3

零传送的十六进制位

　　　　　H0(00)　传送1个十六进制(4个二进制位)
　　　　　H0(01)　传送2个十六进制(8个二进制位)
　　　　　H0(10)　传送3个十六进制(12个二进制位)
　　　　　H0(11)　传送4个十六进制(16个二进制位)

目的区

**图 3-23　n 值设定格式**

【**例 3-33**】　把源区的十六进制 digit1 传送到目的区的十六进制 digit1，求 n 值。

解：如图 3-24 所示。

【**例 3-34**】　源区的 16 进制位 digit0～digit3 传送到目的区十六进制位 digit1～digit3、digit0，求 n 值。

解：如图 3-25 所示。

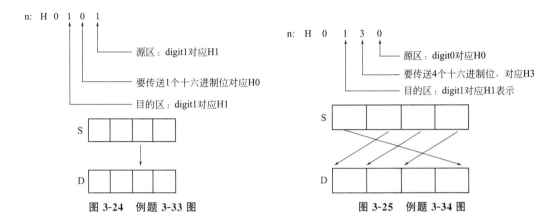

图 3-24　例题 3-33 图　　　　　　　　　图 3-25　例题 3-34 图

### （6）F10（BKMV）指令

F10：区块传输指令，将指定的区块数据（从源区的首地址到末地址的数据）传输到另一个指定的区域上（起始于目的区的 16 位区）。

F10 指令应用的梯形图及指令如表 3-45 所示。

表 3-45　梯形图及指令

| 梯形图 | 助记符 | | |
|---|---|---|---|
| | 地址 | 指令 | |
| 触发信号<br>　X0<br>0 ┤├─[F10 BK MV、 WR0、 WR3、 DT1 ]─<br>　　　　　　　　S1　　S2　　D | 0<br>1 | ST<br>F10<br>WR0<br>WR3<br>DT1 | X0<br>（BKMV） |
| S1 | 首地址 16 位区（源区） | | |
| S2 | 末地址 16 位区（源区） | | |
| D | 起始于 16 位区（目的区） | | |

执行结果：当触发信号 X0 接通时，数据区块中从内部字继电器 WR0 到 WR3 的数据传输到从数据寄存器 DT1 起始的数据区中。

### （7）F11（COPY）指令

F11：块拷贝指令，由源区 S 指定的 16 位常数或 16 位数据区拷贝到由目的区首地址 D1 和末地址 D2 指定的所有 16 位数据区块中，且 D1≤D2，并具有相同类型的操作数。

F11 指令应用的梯形图及指令如表 3-46 所示。

表 3-46　梯形图及指令

| 梯形图 | 助记符 | | |
|---|---|---|---|
| | 地址 | 指令 | |
| 触发信号<br>X0<br>0 —┤├—[F11 COPY、DT1、WR0、WR4]—<br>　　　　　　　　S　　D1　　D2 | 0<br>1 | ST<br>F11<br><br>DT1<br>WR0<br>WR4 | X0<br>(COPY) |
| S | 16 位常数或 16 位区（源区） | | |
| D1 | 起始于 16 位区（目的区） | | |
| D2 | 结束于 16 位区（源区） | | |

执行结果：当触发信号 X0 闭合时，数据寄存器 DT1 的内容拷贝到 WR0 为首地址的区块 WR0～WR4 中。

**（8）F15（XCH）指令**

F15：数据交换指令，由 D1 和 D2 指定的 16 位数据区域中的内容相互交换。

F15 指令应用的梯形图及指令如表 3-47 所示。

表 3-47　梯形图及指令

| 梯形图 | 助记符 | | |
|---|---|---|---|
| | 地址 | 指令 | |
| 触发信号<br>R0<br>10 —┤├—[F15 XCH、WR0、DT2]—<br>　　　　　　　　D1　　D2 | 10<br>11 | ST<br>F15<br><br>WR0<br>DT2 | R0<br>(XCH) |
| D1 | 将被互换的 16 位数据区 | | |
| D2 | 将被互换的 16 位数据区 | | |

执行结果：当触发信号 R0 闭合时，内部字继电器 WR0 和数据寄存器 DT2 中的内容相互交换。

**（9）F17（SWAP）指令**

F17：16 位数据中高/低字节互换指令，由 D 指定的 16 位数据区的一个高字节（高 8 位）和低字节（低 8 位）互换。

F17 指令应用的梯形图及指令如表 3-48 所示。

表 3-48　梯形图及指令

| 梯形图 | 助记符 | | |
|---|---|---|---|
| | 地址 | 指令 | |
| 触发信号<br>R0<br>10 —┤├—[F17 SWAP, WY1]—<br>　　　　　　　　　D | 10<br>11 | ST<br>F17<br><br>WY1 | R0<br>(SWAP) |

执行结果：当触发信号 R0 闭合时，外部输入字继电器 WY1 高字节（高 8 位）与其低字节（低 8 位）互换。

**（10）F 309（FMV）指令**

F309：浮点数据传输指令，将 32 位实数传输到指定的 32 位区。

F309 指令应用的梯形图及指令如表 3-49 所示。

表 3-49　梯形图及指令

| 梯形图 | 助记符 | | |
| --- | --- | --- | --- |
| | 地址 | 指令 | |
| 触发信号<br>X0<br>10 ├─┤├─[F309 FMV. f1.234, DT10]─┤<br>　　　　　　　　　S　　D | 10<br>11 | ST<br>F309<br>1.234<br>DT10 | X0<br>（FMV） |
| S | 32 位实数或存放 32 位数据的低 16 位区（源区） | | |
| D | 32 位数据的低 16 位区（目的区） | | |

执行结果：当触发信号 X0 闭合时，实数 1.234 传输到 DT10、DT11 中。

### 3.5.3　算术运算指令

算术运算指令包括 BIN（二进制）、BCD、浮点三大类运算指令，FP0、FP∑有浮点运算指令。

**（1）BIN（二进制）算术运算指令**

① F20（＋）指令　F20：16 位数据累加指令，当触发信号闭合时，将由 S 指定的 16 位常数或 16 位数据区与由 D 指定的 16 位数据区内容累加，结果存在 D 数据区中，如式（3-1）所示。

$$D（被加数）＋S（加数）\xrightarrow{\text{触发信号闭合}}D（结果）\qquad(3\text{-}1)$$

F20 指令应用的梯形图及指令如表 3-50 所示。

表 3-50　梯形图及指令

| 梯形图 | 助记符 | | |
| --- | --- | --- | --- |
| | 地址 | 指令 | |
| 触发信号<br>X0<br>10 ├─┤├─[F20 +, DT1, WR0]─┤<br>　　　　　　　S　　D | 10<br>11 | ST<br>F20<br>DT1<br>WR0 | X0<br>（＋） |
| S | 16 位常数或 16 位数据区（加数） | | |
| D | 16 位区（放被加数和结果） | | |

执行结果：当触发信号 X0 闭合时，内部字继电器 WR0 和数据寄存器 DT1 的内容累加，

结果存入内部字继电器 WR0 中，如图 3-26 所示。

使用 F20 指令注意的问题如下。

a. 被加数据区被累加结果所覆盖。

b. 一个扫描周期累加一次，累加次数与触发信号闭合时间的长短有关。要想使累加次数和触发信号闭合次数相同，在触发信号接点后面串联 DF 指令即可。

② F22（＋）指令　F22：16 位数据加法指令，当触发信号接通时，将由 S1、S2 指定的 16 位常数或如式（3-2）所示 16 位区的内容相加，相加的结果存储在指定的 D 数据区中。

源区[D]:K8

| 位址 | 15··12 | 11··8 | 7··4 | 3··0 |
|---|---|---|---|---|
| WR0 | 0000 | 0000 | 0000 | 1000 |

加数[S]:K4

| 位址 | 15··12 | 11··8 | 7··4 | 3··0 |
|---|---|---|---|---|
| DT1 | 0000 | 0000 | 0000 | 0100 |

X0:ON

结果[D]:K12

| 位址 | 15··12 | 11··8 | 7··4 | 3··0 |
|---|---|---|---|---|
| WR0 | 0000 | 0000 | 0000 | 1100 |

图 3-26　16 位数累加结果

$$S1（被加数）＋S2（加数）\xrightarrow{触发信号闭合}D（结果）\qquad(3\text{-}2)$$

F22（＋）指令应用的梯形图及指令如表 3-51 所示。

表 3-51　梯形图及指令

| 梯形图 | 助记符 | |
|---|---|---|
| | 地址 | 指令 |
| 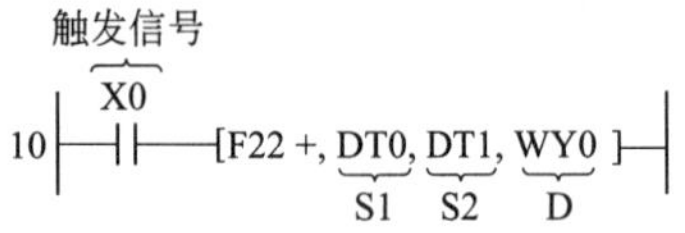 触发信号 X0 10 ├┤├──[F22 +, DT0, DT1, WY0]── S1 S2 D | 10 | ST X0 |
| | 11 | F22 （＋） |
| | | DT0 |
| | | DT1 |
| | | WY0 |
| S1 | 16 位常数或存放数据的 16 位数据区（被加数） | |
| S2 | 16 位常数或存放数据的 16 位区（加数） | |
| D | 16 位区（存放运算结果） | |

执行结果：当触发信号 X0 闭合时，数据寄存器 DT0 和 DT1 的内容相加，相加结果存放在外部输出字继电器 WY0 中。

③ F25（一）指令　F25：16 位数据累减指令，从由 D 指定的 16 位数据区中减去由 S 指定的 16 位常数或 16 位数据，结果存放在 D 的 16 位数据区中，如式（3-3）所示。

$$D（被减数）－S（减数）\xrightarrow{触发信号闭合}D（结果）\qquad(3\text{-}3)$$

F25 指令应用的梯形图及指令如表 3-52 所示。

表 3-52　梯形图及指令

| 梯形图 | 助记符 | |
|---|---|---|
| | 地址 | 指令 |
| 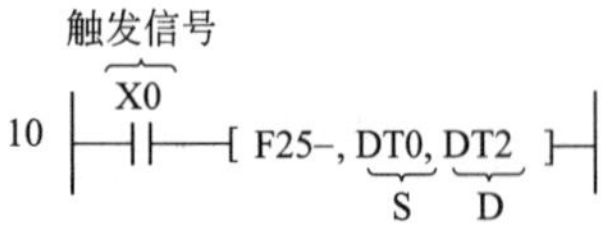 触发信号 X0 10 ├┤├──[F25-, DT0, DT2]── S D | 10 | ST X0 |
| | 11 | F25 （一） |
| | | DT0 |
| | | DT2 |
| S | 16 位常数或 16 位数据区（减数） | |
| D | 16 位数据区（放被减数和结果） | |

执行结果：当触发信号 X0 闭合时，把数据寄存器 DT2 中的内容数次减去数据寄存器 DT0 的内容，累减的结果存储在数据寄存器 DT2 中。

④ F27（—）指令　F27：16 位数据减法指令，当触发信号接通时，将由 S1 指定的 16 位数据减去 S2 指定的 16 位数据，相减的结果存储在指定的 D 的 16 位数据区中，如式（3-4）所示。

$$S1（被减数）-S2（减数）\xrightarrow{触发信号闭合}D（结果） \tag{3-4}$$

F27 指令应用的梯形图及指令如表 3-53 所示。

表 3-53　梯形图及指令

| 梯形图 | 助记符 | |
|---|---|---|
| | 地址 | 指令 |
| 触发信号 X0 10 ├┤ [ F27–, DT0, DT2, WY1 ]─┤ S1 S2 D | 10 11 | ST　　　　X0 F27　　　　（—） DT0 DT2 WY1 |
| S1 | 16 位常数或存放数据的 16 位区（被减数） | |
| S2 | 16 位常数或存放数据的 16 位区（减数） | |
| D | 16 位区（存放结果） | |

执行结果：当触发信号 X0 闭合时，数据寄存器 DT0 的内容减去 DT2 的内容，计算结果存放在外部输出字继电器 WY1 中。

⑤ F30（＊）指令　F30：16 位数据乘法指令。当触发信号闭合后，将由 S1 指定的 16 位数据与 S2 指定的 16 位数据相乘，相乘的结果存储在（D+1，D）的 32 位数据区中，如式（3-5）所示。

$$S1（被乘数）\times S2（乘数）\xrightarrow{触发信号闭合}（D+1，D） \tag{3-5}$$

指定低 16 位区（D）后，则高 16 位区自动定为（D+1）。

F30 指令应用的梯形图及指令如表 3-54 所示。

表 3-54　梯形图及指令

| 梯形图 | 助记符 | |
|---|---|---|
| | 地址 | 指令 |
| 触发信号 X0 20 ├┤ [F30＊, WX0, K100, DT0 ]─┤ S1 S2 D | 20 21 | ST　　　　X0 F30　　　　（＊） WX0 K100 DT0 |
| S1 | 16 位常数或存放数据的 16 位区（被乘数） | |
| S2 | 16 位常数或存放数据的 16 位区（乘数） | |
| D | 32 位数据的低 16 位区（存放结果） | |

执行结果：当触发信号 X0 闭合时，将外部输入字继电器 WX0 的内容与 K100 相乘，相乘后的结果存放在数据寄存器（DT1，DT0）中。

⑥ F32（％）指令　F32：16 位数据除法指令。当触发信号闭合时，S1 指定的 16 位数据被 S2 指定的 16 位数据除，商存放在 D 数据区中，余数存入在特殊数据寄存器 DT9015 中，如式（3-6）所示。

$$S1（被除数）\div S2（除数）\xrightarrow{触发信号闭合}（DT9015）\tag{3-6}$$

F32 指令应用的梯形图及指令如表 3-55 所示。

表 3-55　梯形图及指令

| 梯形图 | 助记符 | | |
|---|---|---|---|
| | 地址 | 指令 | |
| 触发信号<br>X0<br>20 ├┤├─[F32%, DT100, K10, DT0]─┤<br>　　　　　S1　S2　D | 20<br>21 | ST<br>F31<br>DT100<br>K10<br>DT0 | X0<br>（％） |
| S1 | 16 位常数或存放数据的 16 位区（被除数） | | |
| S2 | 16 位常数或存放数据的 16 位区（除数） | | |
| D | 16 位区（存放商）（余数存放在特殊数据寄存器 DT9015 中） | | |

执行结果：当触发信号 X0 闭合时，数据寄存器 DT100 的内容除以 K10，商存放在数据寄存器 DT0 中，余数存放特殊数据寄存器 DT9015 中。

⑦ F35（+1）指令　F35：16 位数据自增加指令。当触发信号接通时，由 D 指定的 16 位数据加 1，结果存储在 D 中，如式（3-7）所示。

$$D（原始数据）+1\xrightarrow{触发信号闭合}D（结果）\tag{3-7}$$

F35 指令应用的梯形图及指令如表 3-56 所示。

表 3-56　梯形图及指令

| 梯形图 | 助记符 | | |
|---|---|---|---|
| | 地址 | 指令 | |
| 触发信号<br>X0<br>10 ├┤├─[F35 +1, DT0]─┤<br>　　　　　　　D | 10<br>11 | ST<br>F35<br>DT0 | X0<br>（-1） |
| D | 16 位数据递加 1 | | |

执行结果：当触发信号 X0 闭合时，数据寄存器 DT0 中的内容增加 1，结果存储在数据寄存器 DT0 中。

⑧ F37（-1）指令　F37：16 位数据自减少指令。当触发信号闭合时，由 D 指定的 16 位数据减 1，结果存储在数据寄存器 DT0 中，如式（3-8）所示。

$$D（原始数据）-1\xrightarrow{触发信号闭合}D（结果）\tag{3-8}$$

F37 指令应用的梯形图及指令如表 3-57 所示。

表 3-57　梯形图及指令

| 梯形图 | 助记符 | | |
|---|---|---|---|
| | 地址 | 指令 | |
| 触发信号<br>X0<br>10 ├─┤ ├─[F37 −1, DT0]─┤<br>　　　　　　　D | 10<br><br>11 | ST<br><br>F37<br><br>DT0 | X0<br><br>(−1) |
| D | 16 位数据递减 1 | | |

执行结果：触发信号 X0 闭合时，数据寄存器 DT0 中的内容减 1，结果存储在数据寄存器 DT0 中。

**（2）BCD 码算术运算指令**

① F40（B+）指令　F40：4 位 BCD 数据累加指令，当触发信号闭合时，由 S 指定的 4 位 BCD 常数或 16 位二进制数与由 D 指定的 4 位 BCD 数据累加，相加的结果存放在 D 中，如式（3-9）所示。

$$D（被加数）＋S（加数）\xrightarrow{\text{触发信号闭合}}D（结果） \tag{3-9}$$

F40 指令应用的梯形图及指令如表 3-58 所示。

表 3-58　梯形图及指令

| 梯形图 | 助记符 | | |
|---|---|---|---|
| | 地址 | 指令 | |
| 触发信号<br>X0<br>10 ├─┤ ├─[F40 B+, DT1, WR0]─┤<br>　　　　　　　　S　　D | 10<br>11 | ST<br>F40<br>DT1<br>WR0 | X0<br>(B+) |
| S | 4 位 BCD 常数或 4 位 BCD 数据的 16 位区（加数） | | |
| D | 4 位 BCD 数据的 16 位区（被加数和结果） | | |

执行结果：当触发信号 X0 闭合时，内部字继电器 WR0 和数据寄存器 DT1 中的内容累加，累加的结果存放在内部字继电器 WR0 中。

② F45（B−）指令　F45：4 位 BCD 数据累减指令。当触发信号接通时，由 D 指定的 4 位 BCD 数据的 16 位区内容减去由 S 指定的 4 位 BCD 数据或常数，累减的结果存储在 D 中，如式（3-10）所示。

$$D（被减数）−S（减数）\xrightarrow{\text{触发信号闭合}}D（结果） \tag{3-10}$$

F45 指令应用的梯形图及指令如表 3-59 所示。

表 3-59　梯形图及指令

| 梯形图 | 助记符 | | |
|---|---|---|---|
| | 地址 | 指令 | |
| 触发信号<br>X0<br>10 ├─┤ ├─[F45 B−, DT0, DT2]─┤<br>　　　　　　　　S　　D | 10<br>11 | ST<br>F45<br>DT0<br>DT2 | X0<br>(B−) |

| 梯形图 | 助记符 | |
|---|---|---|
| | 地址 | 指令 |
| S | 4 位 BCD 常数或 4 位 BCD 数据的 16 位区(减数) | |
| D | 4 位 BCD 数据的 16 位区(存被减数和结果) | |

执行结果:当触发信号 X0 闭合时,从数据寄存器 DT2 中减去数据寄存器 DT0 的内容,结果存放在 DT2 中(被减数的区域被所减的结果所覆盖)。

③ F50 (B*) 指令 F50:4 位 ECD 数据乘法指令。当触发信号接通时,由 S1 和 S2 指定的 4 位 BCD 常数或 4 位 BCD 数据的 16 位区相乘,相乘的结果存储在指定的 D+1 和 D 中,如式(3-11)所示。

$$S1(被乘数) \times S2(乘数) \xrightarrow{触发信号闭合} (D+1, D) \qquad (3-11)$$

F50 指令应用的梯形图及指令如表 3-60 所示。

表 3-60　梯形图及指令

| 梯形图 | 助记符 | |
|---|---|---|
| | 地址 | 指令 |
| 触发信号 X0<br>10 ├┤├─[F50 B*, DT0, DT2, WR6 ]┤<br>　　　　　　S1　S2　D | 10<br>11 | ST　　　X0<br>F50　　(B*)<br>DT0<br>DT2<br>WR6 |
| S1 | 4 位 BCD 常数或 4 位 BCD 数据的 16 位区(存放被乘数) | |
| S2 | 4 位 BCD 常数或 4 位 BCD 数据的 16 位区(存放乘数) | |
| D | 8 位 BCD 数据的低 16 位区(存放运算结果) | |

执行结果:当触发信号 X0 接通时,数据寄存器 DT0 和 DT2 中的内容相乘,乘得的结果存储在内部字继电器 WR7 和 WR6 中。

④ F52 (B%) 指令 F52:4 位 BCD 数据除法指令。当触发信号接通时,S1 指定的 4 位 BCD 常数或 4 位 BCD 数据的 16 位区内容除以由 S2 指定的 4 位 BCD 常数或 4 位 BCD 数据的 16 位区内容,商存在由 D 指定的区域中,余数存在特殊数据寄存器 DT9015 中,如式(3-12)所示。

$$S1(被除数) \div S2(除数) \xrightarrow{触发信号闭合} D(商) \cdots (DT9015) \qquad (3-12)$$

F52 指令应用的梯形图及指令如表 3-61 所示。

表 3-61　梯形图及指令

| 梯形图 | 助记符 | |
|---|---|---|
| | 地址 | 指令 |
| 触发信号 X0<br>10 ├┤├─[F52 B%, DT0, DT2, WR1 ]┤<br>　　　　　　S1　S2　D | 10<br>11 | ST　　　X0<br>F52　　(B%)<br>DT0<br>DT2<br>WR1 |

续表

| 梯形图 | | 助记符 | |
| --- | --- | --- | --- |
| | | 地址 | 指令 |
| S1 | 4 位 BCD 常数或 4 位 BCD 数据的 16 位区（存放被除数） | | |
| S2 | 4 位 BCD 常数或 4 位 BCD 数据的 16 位区（存放除数） | | |
| D | BCD 数据的 16 位区（存储商）（余数存储在特殊数据寄存器 DT9015 中） | | |

执行结果：当触发信号闭合时，将数据寄存器 DT0 的内容除以数据寄存器 DT2 的内容，商存储在内部字继电器 WR1 中，余数存在特殊数据寄存器 DT9016 和 DT9015 中。

⑤ F55（B+1）指令　F55：4 位 BCD 数据自加指令，当触发信号闭合时，由 D 指定的 4 位 DCD 数据加 1，结果存储在 D 中，如式（3-13）所示。

$$D（原始数据）+1 \xrightarrow{\text{触发信号闭合}} D（结果） \qquad (3-13)$$

F55 指令应用的梯形图及指令如表 3-62 所示。

**表 3-62　梯形图及指令**

| 梯形图 | | 助记符 | |
| --- | --- | --- | --- |
| | | 地址 | 指令 |
| 触发信号<br>X0<br>10 ─┤├─[F55 B+1, DT0]─<br>　　　　　D | | 10<br>11 | ST　　　X0<br>F55　　　（B−1）<br>DT0 |
| D | 4 位数字的 BCD 数据的 16 位区加 1 | | |

执行结果：当触发信号 X0 闭合时，数据寄存器 DT0 的内存加 1，结果存储在数据寄存器 DT0 中。

**（3）浮点运算指令**

浮点运算也称实数运算，是 FP0、FP∑ 所特有的功能。这个功能是一般小型 PLC 所不具备的。

① F310（F+）指令　F310：实数加法指令。当触发信号闭合时，将由 S1、S2 指定的实数或 32 位区的内容相加，相加的结果存储在指定的 D、D+1 数据区中。

F310（F+）指令应用的梯形图及指令如表 3-63 所示。

**表 3-63　梯形图及指令**

| 梯形图 | | 助记符 | |
| --- | --- | --- | --- |
| | | 地址 | 指令 |
| 触发信号<br>X10<br>10 ─┤├─[F310 F+, DT10, DT20, DT30]─<br>　　　　　　　　S1　　S2　　D | | 10<br>11 | ST　　　X10<br>F310　　（F+）<br>DT10<br>DT20<br>DT30 |
| S1 | 实数（2 字）或存放 32 位数据的低 16 位（被加数） | | |
| S2 | 实数（2 字）或存放 32 位数据的低 16 位（加数） | | |
| D | 32 位数据的低 16 位区（存放结果） | | |

执行结果：当触发信号 X10 闭合时，数据寄存器 DT10、DT11 和 DT20、DT21 的内容相加，结果存储在数据寄存器 DT30、DT31 中。

【例 3-35】　画出 1.453＋1.236 的梯形图。

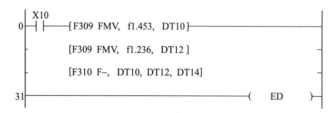

图 3-27　例题 3-35 图

解：梯形图如图 3-27 所示。当 X10 闭合时，1.453 传输到 DT10、DT11，1.236 传输到 DT12、DT13，相加后结果 2.689 储存在 DT14、DT15 中

② F311（F－）指令　F311：实数减法指令。

F311（F－）指令应用的梯形图及指令如表 3-64 所示。

表 3-64　梯形图及指令

| 梯形图 | 助记符 | | |
|---|---|---|---|
| | 地址 | 指令 | |
| 触发信号<br>X10<br>10 ┤├──[F311 F－, DT10, DT20, DT30]<br>S1　　S2　　D | 10 | ST | X10 |
| | 11 | F311 | （F－） |
| | | DT10 | |
| | | DT20 | |
| | | DT30 | |
| S1 | 实数（2 字）或存放 32 位数据的低 16 位（被减数） | | |
| S2 | 实数（2 字）或存放 32 位数据的低 16 位（减数） | | |
| D | 32 位数据的低 16 位区（存放结果） | | |

执行结果：当触发信号 X10 闭合时，数据寄存器 DT10、DT11 的内容减去 DT20、DT21 的内容，结果存储在数据寄存器 DT30、DT31 中。

③ F312（F＊）指令　F312：实数乘法指令。

F312（F＊）指令应用的梯形图及指令如表 3-65 所示。

表 3-65　梯形图及指令

| 梯形图 | 助记符 | | |
|---|---|---|---|
| | 地址 | 指令 | |
| 触发信号<br>X10<br>10 ┤├──[F312 F＊, DT10, DT20, DT30]<br>S1　　S2　　D | 10 | ST | X10 |
| | 11 | F312 | （F＊） |
| | | DT10 | |
| | | DT20 | |
| | | DT30 | |
| S1 | 实数（2 字）或存放 32 位数据的低 16 位（被乘数） | | |
| S2 | 实数（2 字）或存放 32 位数据的低 16 位（乘数） | | |
| D | 32 位数据的低 16 位区（存放结果） | | |

执行结果：当触发信号 X10 闭合时，数据寄存器 DT10、DT11 和 DT20、DT21 的内容相乘，结果存储在数据寄存器 DT30、DT31 中。

④ F313（F%）指令　F313：实数除法指令。

F313（F%）指令应用的梯形图及指令如表 3-66 所示。

表 3-66　梯形图及指令

| 梯形图 | 助记符 | |
| --- | --- | --- |
| | 地址 | 指令 |
| 触发信号<br>X10<br>10 ┤├──[F313 F%, DT10, DT20, DT30]─┤<br>　　　　　　S1　　S2　　D | 10<br>11 | ST　　　　　X10<br>F313　　　（F%）<br>DT10<br><br>DT20<br><br>DT30 |
| S1 | 实数(2 字)或存放 32 位数据的低 16 位(被除数) | |
| S2 | 实数(2 字)或存放 32 位数据的低 16 位(除数) | |
| D | 32 位数据的低 16 位区(存放结果) | |

执行结果：当触发信号 X10 闭合时，数据寄存器 DT10、DT11 的内容除以 DT20、DT21 的内容，结果存储在数据寄存器 DT30、DT31 中。

## 3.5.4　数据比较指令

数据比较指令有 16 位数据或 32 位数据之间的比较，还有 16 位数据段或 32 位数据段之间的比较以及数据块比较。

### （1）F60（CMP）指令

F60：16 位数据比较指令，当触发信号闭合时，将 S1 指定的 16 位数据与 S2 指定的 16 位数据进行比较，比较的结果存储在特殊继电器 R9009、R900A～R900C 中，表 3-67 列出了由比较 S1 和 S2 的大小决定的 R9009～R900C 的输出。如果使用特殊继电器 R9010（常 ON）作 F60（CMP）指令的触发信号，则比较结果标志（R9009～R900C）前的触发信号 R9010 可省略。

F60 指令应用的梯形图及指令如表 3-68 所示。

表 3-67　比较指令执行后 R9009～R900C 状态

| 比较 S1 和 S2 | 标志 | | | |
| --- | --- | --- | --- | --- |
| | R900A | R900B | R900C | R9009 |
| | ＞标志 | ＝标志 | ＜标志 | 进位标志 |
| S1＜S2 | OFF | OFF | ON | √ |
| S1＝S2 | OFF | ON | OFF | OFF |
| S1＞S2 | ON | OFF | OFF | √ |

注："√"表示根据条件通或断。

表 3-68　梯形图及指令

| 梯形图 | 助记符 | | |
|---|---|---|---|
| | 地址 | 指令 | |
| | 20 | ST | X0 |
| | 21 | F60 | (CMP) |
| | | DT0 | |
| | | K100 | |
| | 26 | ST | X0 |
| | 27 | AN | R900A |
| | 28 | OT | R0 |
| | 29 | ST | X0 |
| | 30 | AN | R900B |
| | 31 | OT | R1 |
| | 32 | ST | X0 |
| | 33 | AN | R900C |
| | 34 | OT | R2 |

触发信号
X0
20 ├─┤├──[F60 CMP , DT0, K100]
S1  S2
26  X0  R900A          R0
29  X0  R900B          R1
32  X0  R900C          R2
触保使用与F60的触发信号相同的触发信号

| S1 | 被比较的 16 位常数或存放数据的 16 位区 |
|---|---|
| S2 | 被比较的 16 位常数或存放数据的 16 位区 |

执行结果：当触发信号 X0 闭合时，将数据寄存器 DT0 的内容与十进制常数（K100）进行比较，当 DT0＞K100 时，R900A 为 ON，内部继电器 R0 接通；当 DT0＝K100 时，R900B 为 ON，R1 接通；当 DT0＜K100 时，R900C 为 ON，R2 接通。

当比较特殊数据时，如 BCD 或无符号的二进制数，特殊继电器 R9009～R900C 状态变化如表 3-69 所示。

表 3-69　比较特殊数据时 R9009～R900C 的状态

| 比较 S1 和 S2 | 标志 | | | |
|---|---|---|---|---|
| | R900A | R900B | R900C | R9009 |
| | ＞标志 | ＝标志 | ＜标志 | 进位标志 |
| S1＜S2 | √ | OFF | √ | ON |
| S1＝S2 | OFF | ON | OFF | OFF |
| S1＞S2 | √ | OFF | √ | ON |

比较特殊数据时，可采用图 3-28 所示梯形图来进行编程。比较 DT0 与 DT1 中的两个 BCD 数据，当 DT0＜DT1 时，R0 为 ON；当 DT0＝DT1 时，R1 为 ON；当 DT0＞DT1 时，R2 为 ON。

**（2）F62（WIN）指令**

F62：16 位数据比较指令，当触发信号接通时，将 S1 指定的 16 位常数或 16 位数据与 S2 和 S3 指定的数据区段相比较。该指令的功

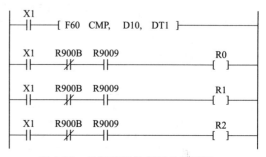

图 3-28　比较特殊数据时的梯形图

能就是检查 S1 是否在数据区段 S2（下限）和 S3（上限）之间，或大于 S3，或小于 S2，比较的结果存储在特殊内部继电器 R900A、R900B、R900C 中。表 3-70 示出了标志的状态。

**表 3-70　F62 数据比较指令执行后 R9009～R900C 的状态**

| 比较 S1 和 S2 | 标志 | | | |
|---|---|---|---|---|
| | R900A | R900B | R900C | R9009 |
| | ＞标志 | ＝标志 | ＜标志 | 进位标志 |
| S1＜S2 | √ | OFF | √ | ON |
| S1＝S2 | OFF | ON | OFF | OFF |
| S1＞S2 | √ | OFF | √ | ON |

编程时，对于该指令应该使用同样的触发信号，若采用 R9010 来作为该指令的触发信号，R9010 可省略，比较特殊数据不能使用该指令。

F62 指令应用的梯形图及指令如表 3-71 所示。

**表 3-71　梯形图及指令**

| 梯形图 | 助记符 | | |
|---|---|---|---|
| | 地址 | 指令 | |
| 触发信号<br>X0<br>20 ├┤ ─[F62 WIN, DT0, DT2, DT4]<br>　　　　　S1　S2　S3<br>X0　R900A　　　　　Y0<br>28 ├┤ ─├┤ ─────────( )<br>X0　R900B　　　　　Y1<br>32 ├┤ ─├┤ ─────────( )<br>X0　R900C　　　　　Y2<br>36 ├┤ ─├┤ ─────────( ) | 20 | ST | X0 |
| | 21 | F62 | (WIN) |
| | | DT0 | |
| | | DT2 | |
| | | DT4 | |
| | 28 | ST | X0 |
| | 29 | AN | R900A |
| | 31 | OT | Y0 |
| | 32 | ST | X0 |
| | 33 | AN | R900B |
| | 35 | OT | Y1 |
| | 36 | ST | X0 |
| | 37 | AN | R900C |
| | 39 | OT | Y2 |
| S1 | 要比较的 16 位常数或 16 位区 | | |
| S2 | 下限的 16 位常数或 16 位数据区 | | |
| S3 | 上限的 16 位常数或 16 位数据区 | | |

执行结果：当触发信号接通时，将数据寄存器 DT0 的内容与数据寄存器 DT2 中的内容（数据区的下限）和 DT4 中的内容（数据区的上限）相比较。比较的结果存储在特殊内部继电器 R900A～R900C 中。

当 DT0＞DT4 时，R900A 接通，并且外继电器 Y0 保持接通；当 DT2＜＝DT0＜＝

DT4 时，R900B 接通，并且外部继电器 Y1 保持接通；当 DT0＜DT2 时，R900C 接通，并且外部继电器 Y2 保持接通。

**（3）F64（BCMP）**

F64：数据块比较指令。当触发信号接通时，根据 S1 设定的内容，由 S2 指定的数据块中的内容与由 S3 指定的数据块中的内容进行比较，当 S2＝S3 时，特殊内部继电器 R900B 接通。S1 的设定如图 3-29 所示，S1 用来指定 S2 和 S3 的起始字节位置和将要比较的字节数。

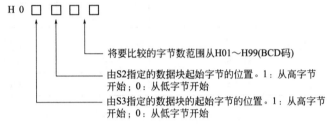

图 3-29　F64 指令中的 n 值确定

在编程时，当使用 R9009、R900A、R900B 和 R900C 作为指令的标志时，标志一定要紧跟在指令之后，该指令还要使用相同的触发信号，R9010 作为触发信号时，R9010 可省略。

F64 指令应用的梯形图及指令如表 3-72 所示。

表 3-72　梯形图及指令

| 梯形图 | 助记符 | | |
|---|---|---|---|
| | 地址 | 指令 | |
| 触发信号<br>　X0<br>20 ├┤─[F64 BCMP, DT0, DT10, DT20]─<br>　　S1　S2　S3<br>　X0 R900B　　　　　R0<br>28 ├┤─├┤─────────( )─ | 20 | ST | X0 |
| | 21 | F64 | （BCMP） |
| | | DT0 | |
| | | DT10 | |
| | | DT20 | |
| | 28 | ST | X0 |
| | 29 | AN | R900B |
| | 31 | OT | R0 |
| S1 | 16 位常数或 16 位区（指定起始字节位置和要比较的字节数） | | |
| S2 | 要比较的起始的 16 位区 | | |
| S3 | 要比较的起始的 16 位区 | | |

执行结果：当触发信号接通时，根据数据寄存器 DT0 的设定，比较数据寄存器 DT0 与数据寄存器 DT20 的数据块。当两个数据块内容相同时，内部继电器 R0 接通。

### 3.5.5　逻辑运算指令

可完成与、或、异或、异或非等运算。

**（1）F65（WAN）指令**

F65：16 位数据与运算指令。当触发信号闭合时，将 S1 和 S2 指定的 16 位数据进行与（AND）运算。运算结果存储在由 D 指定的 16 位区中。当 S1 和 S2 指定的是 16 位常数时，与（AND）运算将它转换成为 16 位二进制形式。

F65 指令应用的梯形图及指令如表 3-73 所示。

**表 3-73　梯形图及指令**

| 梯形图 | 助记符 | | |
|---|---|---|---|
| | 地址 | 指令 | |
| 触发信号 X0<br>10 ┤├──[F65 WAN, DT0, DT2, WR1]─<br>　　　　　　　　S1　S2　D | 10 | ST | X0 |
| | 11 | F65 | （WAN） |
| | | DT0 | |
| | | DT2 | |
| | | WR1 | |
| S1 | 16 位常数或 16 位区 | | |
| S2 | 16 位常数或 16 位区 | | |
| D | 存储与（AND）操作结果的 16 位区 | | |

执行结果：当触发信号 X0 接通时，数据寄存器 DT0 和 DT2 的每一位进行逻辑与，与运算的结果存储在内部字继电器 WR1 中。

**（2）F66（WOR）指令**

F66：16 位数据或运算指令。当触发信号闭合时，将 S1 和 S2 指定的 16 位常数或 16 位数据进行或运算，运算的结果存储在由 D 指定的 16 位区中。当 S1 和 S2 指定的是 16 位常数时，或运算将它转换为 16 位二进制形式。

F66 指令应用的梯形图及指令如表 3-74 所示。

**表 3-74　梯形图及指令**

| 梯形图 | 助记符 | | |
|---|---|---|---|
| | 地址 | 指令 | |
| 触发信号 X0<br>10 ┤├──[F66 WOR, DT0, DT2, WR1]─<br>　　　　　　　　S1　S2　D | 10 | ST | X0 |
| | 11 | F66 | （WOR） |
| | | DT0 | |
| | | DT2 | |
| | | WR1 | |
| S1 | 16 位常数或 16 位区 | | |
| S2 | 16 位常数或 16 位区 | | |
| D | 存储或（OR）操作结果的 16 位区 | | |

执行结果：当触发信号 X0 闭合时，数据寄存器 DT0 和 DT2 中的每一位进行逻辑或，或运算结果存储在内部字继电器 WR1 中。

**（3）F67（XOR）指令**

**表 3-75　异或运算**

| S1 | S2 | D |
|---|---|---|
| 0 | 0 | 0 |
| 0 | 1 | 1 |
| 1 | 0 | 1 |
| 1 | 1 | 0 |

F67：16 位数据异或运算指令。当触发信号闭合时，将 S1 和 S2 指定的 16 位常数或 16 位数据进行异或运算，运算的结果存储在由 D 确定的 16 位区中。当 S1 和 S2 指定的是 16 位常数时，异或运算将它转换成 16 位二进制形式。异或运算如表 3-75 所示。

F67 指令应用的梯形图及指令如表 3-76 所示。

表 3-76　梯形图及指令

| 梯形图 | 助记符 | |
|---|---|---|
| | 地址 | 指令 |
| 触发信号<br>X0<br>10 ┤├─[F67 XOR, DT0, DT2, WR1]─<br>　　　　　　S1　S2　D | 10 | ST　　　X0 |
| | 11 | F67　　（XOR） |
| | | DT0 |
| | | DT2 |
| | | WR1 |
| S1 | 16 位常数或 16 位区 | |
| S2 | 16 位常数或 16 位区 | |
| D | 存储异或（XOR）操作结果的 16 位区 | |

执行结果：当触发信号 X0 闭合时，数据寄存器 DT0 和 DT2 中的每一位进行异或运算，异或运算结果存储在内部字继电器 WR1 中。

### （4）F68（XNR）指令

F68：16 位数据异或非运算指令。当触发信号闭合时，将 S1 和 S2 指定的 16 位常数或 16 位数据进行异或非（XNR）运算，运算结果存储在由 D 指定的 16 位区中。当 S1 和 S2 指定的是 16 位常数时，异或非运算将它转换为 16 位二进制形式。异或非的运算如表 3-77 所示。

F68 指令应用的梯形图及指令如表 3-78 所示。

表 3-77　异或非运算

| S1 | S2 | D |
|---|---|---|
| 0 | 0 | 0 |
| 0 | 1 | 1 |
| 1 | 0 | 1 |
| 1 | 1 | 0 |

表 3-78　梯形图及指令

| 梯形图 | 助记符 | |
|---|---|---|
| | 地址 | 指令 |
| 触发信号<br>X0<br>10 ┤├─[F68 XNR, DT0, DT2, WR1]─<br>　　　　　　S1　S2　D | 10 | ST　　　X0 |
| | 11 | F68　　（XNR） |
| | | DT0 |
| | | DT2 |
| | | WR1 |
| S1 | 16 位常数或 16 位区 | |
| S2 | 16 位常数或 16 位区 | |
| D | 存储异或非（XNR）操作结果的 16 位区 | |

执行结果：当触发信号 X0 闭合时，X0 数据寄存器 DT0 和 DT2 中的每一位进行异或非

运算，运算结果存储在内部字继电器 WR1 中。

# 3.6 特殊指令

## 3.6.1 并行打印输出指令

F147（PR）：该指令功能是将 ASCII 码输出到打印机。当触发信号接通时，从 D 规定的外部字输出继电器输出存储在 S 规定的 6 字区域内的 12 字符 ASCII 码。

如果打印机连接到 D 所规定的输出，则打印对应输出 ASCII 码的字符。在实际打印输出时，D 所规定的外部字输出继电器只有第 0～8 位有用，如表 3-79 所示。

表 3-79 目的区 D 位址分配表

| 位址 | 条件 |
|---|---|
| 0 | 打印机的数据信号（第 0～7 位对应打印机的 DATA1～DATA8） |
| 1 | |
| 2 | |
| 3 | |
| 4 | |
| 5 | |
| 6 | |
| 7 | |
| 8 | 打印机的选通信号 |
| 9～15 | 无用 |

打印机的控制代码（LF 和 CR）必须设置为补充打印数据的最后一个字。ASCII 码从首区的低字节开始顺序输出，输出一个字符常数需要 3 个扫描周期，因此输出所有的字符常数共需 37 个扫描周期。

应用该指令时，一定要注意在一个扫描周期内不能同时执行几个 F147（PR）指令，为保证不同时执行，可使用打印输出标志 R9033。如果要将字符常数转换成 ASCII 码，建议使用 F95（ASC）指令。

F147 指令应用的梯形图及指令如表 3-80 所示。

表 3-80 梯形图及指令

| 梯形图 | | 助记符 | |
|---|---|---|---|
| | | 地址 | 指令 |
| 触发信号<br>X0<br>10 ├┤ (DF) >1<br>R9033<br>├┤<br>─1>─[F147 PR, DT0, WY0]<br>　　　　　S　D | | 10 | ST X0 |
| | | 11 | DF |
| | | | OR R9033 |
| | | | F147 (PR) |
| | | | DT0 |
| | | | WY0 |
| S | 存储 ASCII 码的 12 个字节（6 个字）的首址（源区） | | |
| D | 用于输出 ASCII 码的字输出外部继电器（目的区） | | |

执行结果：当触发信号 X0 接通时，存储在数据寄存器 DT0~DT5 中的 8 个字符 A、D、E、F、G、H、I 和 J 的 ASCII 码通过字输出外部继电器 WY0 输出。

### 3.6.2　高速计数器指令

#### （1）F0（MV）高速计数器控制指令

① 指令功能　该指令的功能是向高速控制寄存器 DT9052 传送控制数据，控制高速计数器的运行。当触发信号闭合时，改变高速计数器的运行方式。一旦选定运行方式，则在用该指令进行新的设置之前，高速计数器一直工作在该方式下，只有用 F0（MV）指令才能改变高速计数器的运行方式。

a. S 的设置。S 用位址 0~3 规定高速计数器运行，S 的设置范围为：F0~HF，如图 3-30 所示。

| 位址 | 15‥12 | 11‥8 | 7‥4 | 3 2 1 0 |
|------|-------|------|-----|---------|
| S | — | — | — | |

1: 与高速计数器指令有关的控制位(该位的权为8)
0: 继续执行F162(HCOS), F163(HCOR), F164 (SPDO)和F165(CAMO)指令
1: 清除 F162(HCOS), F163(HCOR), F164 (SPDO)和F165(CAMO)指令

3: 选择"复位输入端"X2的可用性控制位(该位的权为4)
0: 复位输入X2使能
1: 复位输入X2禁止

2: 计数输入控制位(该位的权为2)
0: 接受计数输入
1: 计数输入无效

1: 软件复位控制(该位的权为1)
0: 不执行 软件复位
1: 高速计数器的经过值复位

**图 3-30　S 的设置**

b. DT9052 的规定。特殊数据寄存器 DT9052 中存储高速计数器的方式，它由系统寄存器 400 和 S 规定的高速计数器的方式来决定，如图 3-31 所示。

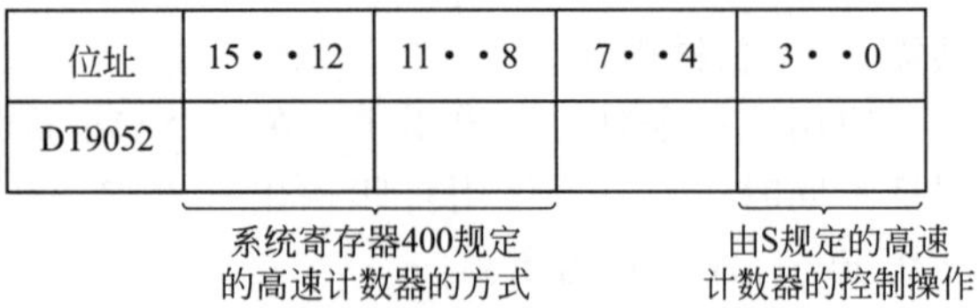

当 PLC 从 PROG 变为 RUN 方式时，高速计数器设置为 H0，表示不执行软件复位，接收计数输入，复位输入 X2 使能，继续执行 F162（HCOS）、F163（HCOR）、F164（SPDO）和 F165（CAMO）指令。

| 位址 | 15‥12 | 11‥8 | 7‥4 | 3‥0 |
|------|-------|------|-----|-----|
| DT9052 | | | | |

系统寄存器400规定的高速计数器的方式　　由S规定的高速计数器的控制操作

**图 3-31　DT9052 的设定**

高速计数控制应用的梯形图及指令如表 3-81 所示。

**表 3-81　高速计数控制应用的梯形图及指令**

| 梯形图 | 助记符 | | |
|--------|--------|---|---|
| | 地址 | 指令 | |
| 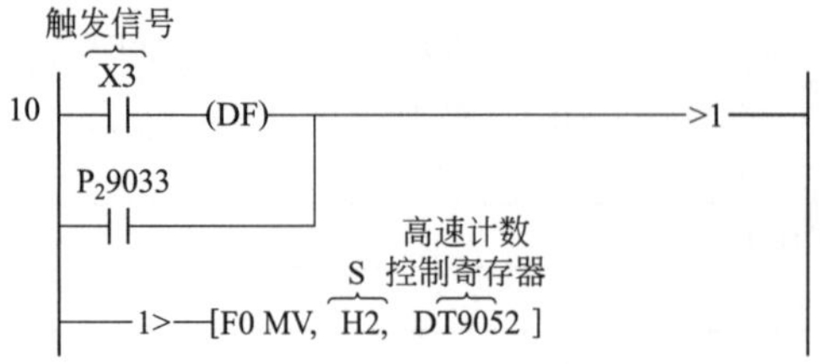 触发信号 X3<br>10 ├┤├─(DF)──────>1─<br>P₂9033<br>├┤├<br>高速计数<br>S 控制寄存器<br>──1>─[F0 MV, H2, DT9052 ] | 10 | ST | X3 |
| | 11 | DF | |
| | | F0 | （MV） |
| | | H2 | |
| | | DT9052 | |

续表

| 梯形图 | 助记符 | |
| --- | --- | --- |
| | 地址 | 指令 |
| S | 规定高速计数器运行的 16 位等值常数或 16 位区设置范围：H0～HF | |
| 高速计数控制寄存器 DT9052 | 高速计数器的运算模式通过设置 DT9052 的第 0～3 位来设置 | |

执行结果：当触发信号 X3 闭合时，高速计数器设置为输入禁止模式，在该模式下计数输入无效。

c.S 设置方法。S 的位置 0～3 规定高速计数器运行状况，如图 3-32 所示。

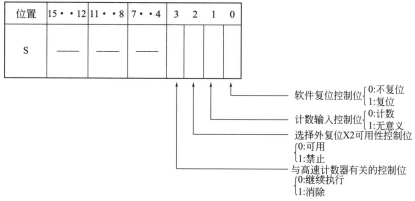

图 3-32 S 的地址

② DT9052 位址规定

• DT9052 的位址 0。DT9052 的位址 0 是软件复位控制位，当 DT9052 的 0 位址设置为 0 时，则经过值继续计数；当 DT9052 的 0 位址设置为 1 时，则经过值变为 0 并保持，如图 3-33 所示。

• DT9052 的位址 1。DT9052 的位址 1 是计数输入控制位，当 DT9052 的位址 1 设置为 0 时，接收计数输入（计数）。当 DT9052 的位

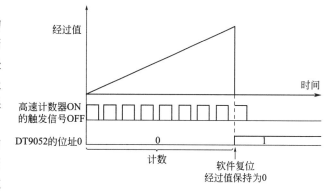

图 3-33 高速计数器的软件复位

址 1 设置为 1 时，计数输入无效（不计数），如图 3-34 所示。

• DT9052 的位址 2。DT9052 的位址 2 是对 X2（复位输入端）可用性的控制位，当 DT9052 的位址 2 设置为 1 时，即使复位输入 X2 为 ON，也不执行复位操作，如图 3-35 所示，必须注意，只有当系统寄存器 400 设置为用 X2 作为复位输入时，才可用该控制（设置值：H2，H4，H6 或 H8）。

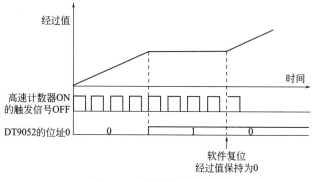

图 3-34 计数器的输入控制

• DT9052 的位址 3。DT9052 的位址 3 是对高速计数器指令有关控制位，当 DT9052 的位址 3 设置为 0 时，继续执行 F162（HCOS）、F163（HCOR）、F164（SPDO）和 F165（CAMO）指令的控制操作。当 DT9052 的位址 3 设置为 1 时，停止执行上述指令，任其输出断开，但经过位值并不复位，同时 R903A（高速计数器控制标志）和 R903B（凸轮控制标志）断开。

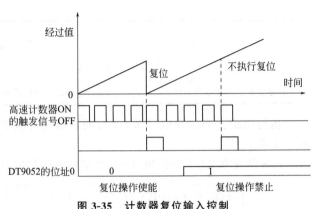

图 3-35　计数器复位输入控制

R903A：当采用 F162～F165 指令执行高速计数器时接通。

K903B：当执行 F165（CAMO）指令时接通。

**（2）F1（DMV）读出或修改高速计数器的经过值指令**

当触发信号闭合时，将存储在特殊寄存器 DT9045 和 DT9044 中的高速计数器的经过值修改为源区 S 规定的值。

当触发信号闭合时，将存储在 DT9045 和 DT9044 中的高速计数器的经过值传输到目的区 D 指定的 32 位数据区。只有用该指令才能修改读出 DT9045 和 DT9044 中的值。

F1（DMV）指令应用的梯形图及指令如表 3-82 所示。

表 3-82　F1（DMV）指令应用的梯形图及指令

| 梯形图 | 助记符 | | |
|---|---|---|---|
| | 地址 | 指令 | |
| | 10 | ST | X4 |
| <修改> 触发信号 X4　　　　　　　　　 | 11 | F1 | （DMV） |
| 10 ├┤─[F1 DMV, DT4, DT9044] | | DT4 | |
| 　　　　　　　S 高速计数器的经过值 | | DT9044 | |
| <读出> 触发信号 R10 | 20 | ST | R10 |
| 20 ├┤─[F1 DMV, DT9044, DT6] | 21 | F1 | （DMV） |
| 　　　高速计数器 S 的经过值 | | DT9044 | |
| | | DT6 | |
| S | 32 位等值常数或用于存放待修改的高速计数器的新经过值的 32 位数据的低 16 位数据区（源区） | | |
| DT9044 | 存放高速计数器的经过值的 32 位数据区的低 16 位区 | | |
| D | 32 位数据区的低 16 位数据区（目的区） | | |

执行结果：当触发信号 X4 闭合时，将存储 DT9045 和 DT944 中的高速计数器的经过值修改成存储在 DT5 和 DT4 中的值，如图 3-36 所示。

当 R10 闭合时，将存储在特殊数据寄存器 DT9045 和 DT9044 中的高速计数器的经过值传输到 DT7 和 DT6 中，如图 3-37 所示。

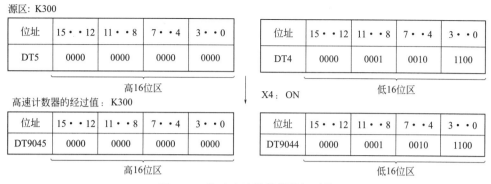

图 3-36　修改高速计数器的经过值

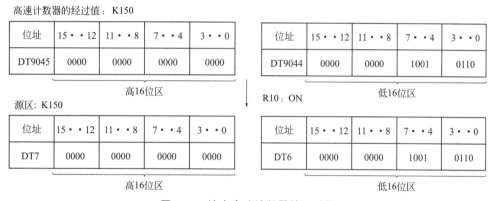

图 3-37　读出高速计数器的经过值

### （3）F162（HCOS）高速计数器的输出置位指令

F162：高速计数器的输出置位指令，该指令的功能是将一个外部输出继电器规定为高速计数器的输出。当高速计数器的经过值与规定的目标值一致时，则规定的外部输出继电器接通并保持。当触发信号接通时，将高速计数器的目标值设置为 S 规定的值。当高速计数器的经过值与目标值一致时，由 D 规定的外部输出继电器接通并保持。

在使用该指令时，还应该注意，在执行该指令后，即使执行高速计数器的复位操作，也不能清除目标值的设置，只有当高速计数器经过值与目标位相等时，才能清除其设置。

F162 指令应用的梯形图及指令如表 3-83 所示。

表 3-83　F162 指令应用的梯形图及指令

| 梯形图 | 助记符 | | |
|---|---|---|---|
| | 地址 | 指令 | |
| 触发信号<br>　　X3<br>10 ─┤├─(DF)─────────>1─<br>　　└─1>─[F162 HCOS, K1000, Y5 ] | 10<br><br>11 | ST<br><br>DF<br><br>F162<br><br>K1000<br><br>Y5 | X3<br><br><br><br>（HCOS） |

| 梯形图 | 助记符 | |
|---|---|---|
| | 地址 | 指令 |
| S | 32 位等值常数或用于存放高速计数器目标值的 32 位数据区的低 16 位数据区<br>设置范围：K－8388608～K8399607 | |
| D | 可用的外部输出继电器：Y0～Y7 | |

执行结果：当触发信号 X3 闭合时，将高速计数器的目标值设置为 K1000。当高速计数器的经过值等于 K1000 时，外部输出继电器 Y5 接通并保持。

**（4）F163（HCOR）指令**

F163：高速计数器的输出复位指令，其功能是规定一个外部输出继电器作为高速计数器的输出。当高速计数器的经过值与目标值一致时，则规定的外部输出继电器断开。

当触发信号闭合时，将高速计数器的目标值设置为 S 规定的值。当高速计数器的经过值与目标值一致时，则 D 规定的外部输出继电器断开。

当执行该指令时，目标值存储于 DT9047 和 DT9046 中，R903A 闭合并保持，当高速计数器的经过值与目标值一致时，目标值被清除，R903A 复位。

在使用该指令时还应注意，在该指令执行后，即使有高速计数器的复位操作，也不能清除目标值的设置，只有当高速计数器的经过值与目标位相等时，才能清除设置。

在另一段程序中，可以用该指令规定同一个外部输出继电器。当 R903A 为 ON 状态时，任何其他与高速计数器有关的指令（F162～F165）均不执行。

F163 指令应用的梯形图及指令如表 3-84 所示。

**表 3-84　F163 指令应用的梯形图及指令**

| 梯形图 | 助记符 | |
|---|---|---|
| | 地址 | 指令 |
| 触发信号<br>X3<br>10 ├┤─(DF)──────────>1│<br>　　　　　S　D<br>├1>─[F163 HCOR, K500, Y0 ] | 10<br>11 | ST　　X3<br>DF<br>F163　　（HCOR）<br>K500<br>Y0 |
| S | 32 位等值常数或用于存放高速计数器目标值的 32 位数据区的低 16 位数据区<br>设置范围：K－8388608～K8388607 | |
| D | 可用的外部输出继电器：Y0～Y7 | |

执行结果：当触发信号 X3 闭合时，将高速计数器的目标值设置为 K500。当高速计数器的经过值等于 K500 时，Y0 断开。

## 3.6.3　F355（PID）指令

F355：PID 指令，主要用于反馈控制，当过程参数或过程变量与所需的设定值之间存在偏差，通过 PLC 的 PID 运算可计算出控制器的输出值，使控制对象达到最佳控制效果。F355 指令应用的梯形图及指令如表 3-85 所示。

表 3-85　F355 指令应用的梯形图及指令

| 梯形图 | 过程说明 | | |
|---|---|---|---|
| | 源数据区 | 名称 | 设定范围 |
| R0<br>0 ─┤├─ [ F0 MV, H8000, DT1250 ] | S | 控制方式 | H0～H3<br>H800～H8003 |
| [ F0 MV, K0, DT1254 ] | S+4 | 输出下限 | K0～K9999<br>（＜上限） |
| [ F0 MV, K4000, DT1255 ] | S+5 | 输出上限 | K0～K10000<br>（＞下限） |
| [ F0 MV, K5, DT1256 ] | S+6 | 比例系数（$K_p$） | 0.1×选择值<br>K1～K9999 |
| [ F0 MV, K2, DT1257 ] | S+7 | 积分时间常数（$T_i$） | 0.1×选择值<br>K1～K30000 |
| [ F0 MV, K0, DT1258 ] | S+8 | 微分时间常数（$T_d$） | 0.1×选择值<br>K1～K1000 |
| [ F0 MV, K1, DT1259 ] | S+9 | 控制系数（$T_N$） | 0.01×选择值<br>K1～K6000 |
| [ F0 MV, K5, DT1260 ] | S+10 | 自动优化次数 | K1～K5 |
| R1<br>1 ─┤├─ [ F355 PID, DT1250 ] | S | | |
| [ F0 MV, DT1242 DT1251] | S+1 | 设定值（SP） | K0～K10000 |
| [ F0 MV, DT1253, WY2 ] | S+2 | 反馈值（PV） | K0～K10000 |
| | S+3 | 输出值（MV） | K0～K10000 |
| [ F0 MV, DT1215, DT1252] | S+1～S+29 | PID 处理工作区 | |
| S | 16 位工作区的首址，PID 占用 30 个 DT 数据区 | | |

执行结果：当控制出发信号 R0 闭合时，预先设定的数值传送到 S、（S＋4）～（S＋10），使输出上下限，微分系数、积分系数等值赋值。运行信号 R1 闭合时，PLC 运行 PID 程序，通过过程反馈变量 PV，设定值 SP，偏差 $E$，控制输出 MV 进行 PID 调节。

调节公式为：

$$E_i = PV_i - SP_i$$

$$MV_i = K_P E_i + K_i \sum_{i=1}^{n} E_i \Delta t + K_d (E_i - E_{i-1})$$

式中，输出值 $MV_i$ 由三个输出项组成。第一项是比例作用输出，它的输出与偏差成正比。PID 输出影响大小与所设置的比例增益 $K_P$ 有关。第二项积分作用的输出，与偏差的积累效应有关。积分项作用增长得快慢与偏差的大小、所设置的积分常数 $K_i$ 有关，$K_i = K_P / T_i$，$T_i$ 称为积分时间，$T_i$ 越大，$K_i$ 就越小，积分作用增长就越弱，消除偏差的时间也就越长。第三项是微分作用的输出，它的输出与偏差的变化率有关。微分作用的大小是与偏差变化率及微分常数 $K_d$ 有关，$K_d = K_P T_d$，$T_d$ 为微分时间，$T_d$ 越小，微分作用就越弱，对偏差变化就越不敏感。

F355 指令在使用中注意问题如下：

① PID 指令占用 30 个数据寄存器，一旦设定后不得用于其他用途。

② 反馈信号 PV 不得超过设定值 SP 的 2 倍。

# 3.7 松下小型 PLC 的主要软件资源概述

① 松下小型 PLC 的指令分基本指令和高级指令两大类。

② 基本指令由基本顺序指令、基本功能指令、控制指令和比较指令等组成。

③ 以 ST、OT、AN、OR 等构成的基本顺序指令，是继电器控制电路的基础。它用来执行以位（bit）为单位的逻辑操作。

④ 以定时器 TM、计数器 CT 和移位寄存器 SR 为主的基本功能指令，实现了延时、计算等功能。

⑤ 以主控指令 MC 和 MCE、跳转指令 JP 和 LBL、循环指令 LOOP 和 LBL、结束指令 ED 等构成的控制指令，决定它用来程序执行的顺序和流程。

⑥ FP 系列 PLC 有 36 条比较指令。16 位数据比较 ST、AND 和 OR 各 6 条，32 位数据比较 ST、AND 和 OR 各 6 条。ST 为单个比较指令，AND 为两个比较指令串联，OR 为两个比较指令并联。

⑦ FP 系列小型 PLC 有 100～200 多条高级指令，将基本指令和高级指令结合在一起编程，使控制变得更加灵活、方便，使 PLC 的功能更加强大。

⑧ 高级指令由高级指令功能号（F0～F374）、助记符和操作数三部分组成。操作数分为源操作数 S 和目的操作数 D。

⑨ 高级指令有数据传输指令、算术运算指令、数据比较指令、逻辑运算指令、特殊指令等。高级指令越多，PLC 的功能越强大。

**思考题**

1. 哪些指令是基本指令？
2. 使用 OT 指令应注意哪些问题？
3. 指出图 3-38 中的错误。
4. ED 和 CEND 的相同点和不同点是什么？
5. F 指令和 P 指令的区别是什么？
6. 把源区 S 的十六进制 digit1 传送到目的区十六进制 digit3，求 n 值。
7. 高级指令在梯形图中采用什么样的结构表达形式？有什么优点？
8. 高级指令有哪些使用要素？叙述它们的使用意义。
9. 在图 3-39 所示的高级指令中，X0、DF、F11、DT10、DT20、DT30 分别表示什么？该指令功能是什么？

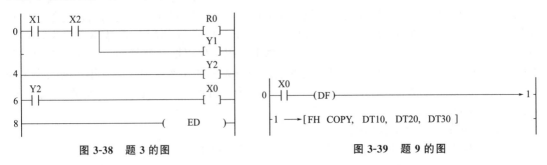

图 3-38　题 3 的图　　　　　　图 3-39　题 9 的图

10. 试指出图 3-40 所示两段程序的区别。

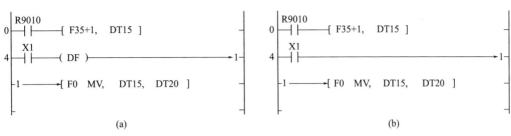

图 3-40　题 10 的图

11. 试分别指出图 3-41 所示两段程序的区别。

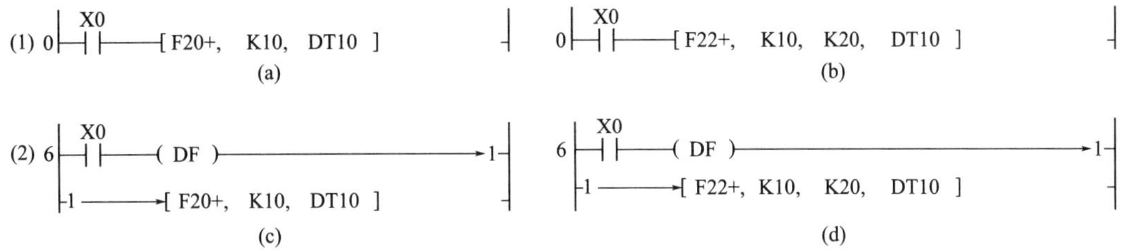

(1) 0 ├ X0 ┤├─[ F20+, K10, DT10 ]
(a)

0 ├ X0 ┤├──[ F22+, K10, K20, DT10 ]
(b)

(2) 6 ├ X0 ┤├──( DF )───────1
├1 ────[ F20+, K10, DT10 ]
(c)

6 ├ X0 ┤├──( DF )───────1
├1 ────[ F22+, K10, K20, DT10 ]
(d)

图 3-41　题 11 的图

12. 认真总结归纳，本章内容中有哪些知识点？其重点和难点在哪里？

13. 本章的知识点对完全攻略 PLC 技术有何作用？通过本章的知识点的学习你有哪些收获？

第 **4** 章

# 掌握松下FR系列PLC的编程工具软件

FP 系列 PLC 程序梯形图的结构图如图 4-1 所示。要把该控制用的用户程序送入 PLC，并使正常工作运行，必须使用编程工具。常用的编程工具通常有手提式专用编程器和带有 PLC 编程工具软件的计算机。在台式计算机和笔记本电脑普及应用的今天，PLC 的手提式专用编程器已逐渐失宠，取而代之的是使用方便、功能强大的 PLC 编程工具软件。松下 FP 系列 PLC FPWIN GR 编程软件的界面如图 4-2 所示。

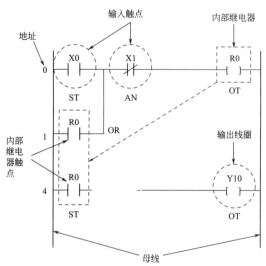

图 4-1　FP 系列 PLC 程序梯形图的结构图

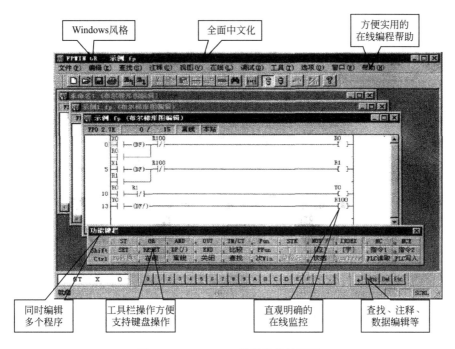

图 4-2　FPWIN GR 编程软件的界面

# 4.1 FPWIN GR 编程工具软件

## 4.1.1 FPWIN GR 编程工具软件简介

### （1）概述

　　FPWIN GR 是基于 Windows 平台的松下电工 FP 系列 PLC 的编程软件，它可以完成程序输入、程序编辑、程序注释、程序检查、PLC 运行时的数据和状态的监控及测试、参数设置、程序和监控结果的打印以及文件管理等功能。利用 FPWIN GR 设计程序的流程如图 4-3 所示。

　　① 启动 FPWIN GR　进入 FPWIN GR 工作界面，见图 4-2。

　　② 参数设置　设置新建程序的各种参数，包括设置 PLC 类型、FPWIN GR 与外设的通信参数、系统寄存器参数等。

　　③ 设置编程方式　FPWIN GR 提供了三种编程方式：符号梯形图、布尔梯形图和布尔非梯形图。所有方式均支持松下电工各种型号的 PLC。

　　④ 从 PLC 或磁盘调入程序　从 PLC 中上传程序或从磁盘中读入所要编辑的程序，再进行编辑。

　　⑤ 编辑程序　FPWIN GR 提供了大量的编辑功能，包括输入、插入、删除、查找等，利用这些功能即可编辑程序。

　　⑥ 转换程序　编辑程序后，必须对程序进行转换，转换为 PLC 可处理的机器码程序，否则一旦退出编辑状态，没有转换的程序将会丢失。

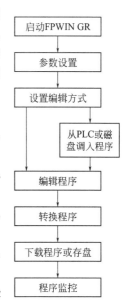

图 4-3　设计程序流程

⑦ 下载程序或存盘　如果要执行 PLC 所编辑的程序，首先必须将程序下载到 PLC 中。在编辑程序的过程中，应随时保存程序，以免因停电等原因使程序丢失。

⑧ 程序监控　监控寄存器的数值及继电器的通断状态，并显示在屏幕上，观察程序是否符合设计要求，以便即时对程序进行修改、调整。

**（2）使用方式**

① 离线方式与在线方式　在离线方式下，FPWIN GR 不与 PLC 进行通信。在在线方式下，FPWIN GR 与 PLC 通信。使用时选用何种方式要根据所需的功能决定，如要输入注释，必须在离线方式下进行；而要监控程序运行时，则应在在线方式下进行。若处于在线方式下编辑，程序将同时传入 PLC。

如果选用在线方式，必须首先将 PLC 与计算机联机，否则会出现"通信错误"的提示，甚至会死机。

② PLC 的工作模式　PLC 有三种工作模式：运行模式（RUN）、编程模式（PROG）和遥控模式（REMOTE）。工作模式的设置由 PLC 主机上的工作模式开关确定。

当模式开关设置为遥控模式时，可通过 FPWIN GR 间接改变 PLC 处于遥控运行模式还是遥控编程模式。

在线方式下进行操作时，必须根据功能要求设置 PLC 的工作模式，如把计算机上编辑的程序传给 PLC 时，应设为编程模式，而监控则需在运行模式下进行。

③ 编程方式　编程时可根据实际需要更换编程方式，采用不同的编程方式，编程屏幕上的程序显示形式和功能键提示有所不同。

a. 符号梯形图　通过输入一些表示逻辑关系的元素图形符号来建立程序，程序在屏幕上用梯形图形式显示。

b. 布尔梯形图　通过输入指令的助记符（布尔符号）来建立程序，而程序在屏幕上仍以梯形图形式显示。

c. 布尔非梯形图　通过输入助记符建立程序，程序将按布尔符号输入的地址顺序显示。

**（3）工作窗口**

① 启动 FPWIN GR　选择"开始/程序/Nais Contro/FPWIN GR"，打开如图 4-4 所示的 FPWIN GR 的启动窗口。选择"New"，打开如图 4-5 所示的"PLC 型号设置"对话框，在对话框中选择合适的 PLC 型号；或选择"Open"，打开已编辑的程序；或选择"Upload from PLC"，从 PLC 中调入程序后，均可进入 4-6 所示的工作界面。

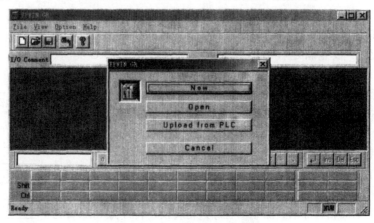

**图 4-4　FPWIN GR 启动窗口**

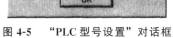

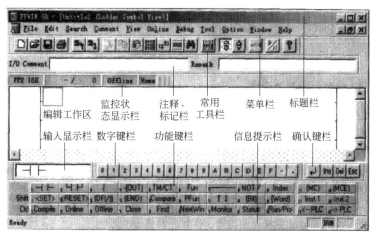

图 4-5　"PLC 型号设置"对话框　　　图 4-6　FPWIN GR 工作界面

② 工作界面

a. 标题栏　标题栏用来指明当前所编辑文件的名称及编程方式。

b. 菜单栏　菜单栏中的各菜单项分别完成如下功能。

File：新建、打开、关闭、保存、另存、下载、上传、打印、打印形式设置、打印预览、最近打开的 5 个文件列表、退出。

Edit：清除编辑、剪切、复制、粘贴、全选、插入行、删除行、输入线、删除线、输入接续符、删除所有空指令、清除程序、修改寄存器/继电器、转换程序。

Search：查找，查找下一个，查找下一个输出、跳转、可用继电器，查找继电器的地址。

Comment：输入 I/O 注释、输入说明、输入块注释、编辑 I/O 注释、输入和输出块注释（文本文件 .txt 形式）。

View：符号梯形图编程方式、布尔梯形图编程方式、布尔非梯形图编程方式、显示/消隐注释、缩放显示、监控数据类型、字号设置、颜色设置、工具栏、常用编辑工具。

Online：设置站号、在线编辑模式、离线编辑模式、监控开始/停止、PLC 运行方式、监控寄存器、监控继电器、动态时序监控、监控设置、系统状态显示、PLC 信息显示、PLC 共享存储器中的内容、强制 I/O。

Debug：当前程序与 PLC 程序比较、全部程序校验、运行测试设置、执行运行测试。

Tool：改变 PLC 型号、ROM 写入器读/写、RAM 与 ROM 程序拷贝、设置 PLC 口令、设置 PLC 时钟、屏幕捕捉。

Option：系统寄存器设置、I/O 分配、遥控 I/O 分配、通信参数设置、FPWIN GR 参数设置、热键功能设置。

Window：新建窗口、层叠窗口、水平排列窗口、垂直排列窗口、排列图标和当前打开的文件。

Help：FPWIN GR 帮助说明。

c. 常用工具栏　常用工具栏由一些图标式快捷按钮组成，分别对应于菜单中的常用命令或工具。从左至右分别为新建、打开、保存、打印、上传、下载、剪切、复制、粘贴、插入空行、设置接续符、转换程序、查找、显示/消隐注释、离线模式、在线模式、运行模式、监控开始/停止、FPWIN GR 的程序信息、版本、版权。

　　d. 注释、说明显示栏　显示被选中的寄存器或继电器的注释或说明。

　　e. PLC 型号及监控状态显示栏　展示 PLC 的型号、寄存器或继电器地址、所处的监控状态。

　　f. 编辑工作区　在此区域进行程序编辑的工作。

　　g. 常用编辑工具　常用编辑工具主要包括输入显示栏、数字键栏、确认栏、功能键栏。

　　h. 信息提示栏　显示正在执行的功能以及所出现的错误信息。

## 4.1.2　参数设置

### （1）PLC 型号及其他设置

　　① PLC 型号设置　设置 PLC 型号既可以在启动 FPWIN GR 时进行，也可以在编辑程序的过程中进行。选择"File/New"，也会打开如图 4-5 所示的"PLC 型号设置"对话框，在对话框中选择合适的 PLC 型号后，单击"OK"按钮，进入如图 4-6 所示的工作窗口。选择"Tool/Change PLC Type"可以在不改变所编辑程序的情况下更改 PLC 的型号。

　　② 其他设置

　　a. 选择"View/Color"设置梯形图符号、注释、背景等的颜色。

　　b. 选择"View/Font Size"设置梯形图符号及注释的大小。

　　c. 选择"Option/Keyboard Customize"设置热键功能。

### （2）系统寄存器设置

　　在应用 FPWIN GR 创建程序之前，必须首先设置系统寄存器以确定程序运行环境。选择"Option/PLC Configuration"，打开如图 4-7 所示的"系统寄存器设置"对话框。此对话框的左侧共有 11 个可设置标签页，其功能如下。

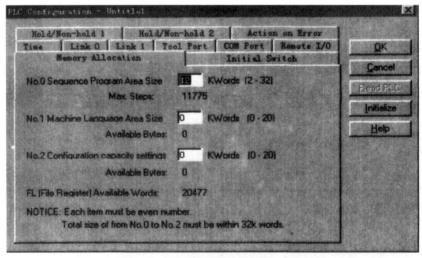

图 4-7　"系统寄存器设置"对话框

　　① Memory Allocation　设置 No. 0～No. 2。用以分配程序、注释及文件寄存器的存储空间大小。输入的数必须是偶数，而且此 3 个寄存器总占有空间不应超过 32K 字。

　　② Initial Switch　设置 No. 4。用以设置无备份电池时的操作状态。

　　③ Tool Port　设置 No. 410，No. 411，No. 414。设置编程口站号、通信格式和串口波特率。

④ COM Port 设置 No.412～No.418。设置串口 232 的通信参数。

⑤ Remote I/O 设置 No.25，No.35，No.36。设置 MEWNET-F 系统连接参数。

⑥ Action On Error 设置 No.20～No.23，No.26～No.28。设置在出错情况下，程序是否继续运行。

⑦ Time 设置 No.29～No.34。设置系统的各种通信和扫描时间。

⑧ Hold/Non-hold1/2 设置 No.5～No.14。设置计数器/定时器、内部继电器、数据寄存器和文件寄存器的保持区首地址、Link0 和 Link1 单元的继电器区和数据区的保持区首地址。

⑨ Link0、Link1 设置 No.40～No.46，No.50～No.55。设置 Link0 和 Link1 区的分配参数包括：继电器区、数据区、发送继电器区和发送数据区的大小，发送继电器区和发送数据区首地址。

设置完成后，按"OK"按钮即可设置系统寄存器参数；也可按"Read PLC"按钮从 PLC 中读取设置值；也可按"Initialize"按钮使用系统的缺省值。

**（3）通信参数设置**

选择"Option/Commuication Settings"，并在"Network Typ"（编程口设置）选择"C-NET (RS232C)"时，打开如图 4-8 所示的"通信参数设置"对话框，各选项设置内容如下。

① COM Port 设置串口。

② Baud Rate 设置波持率。

③ Data Length 设置数据长度。

④ Stop Bit 设置停止位。

⑤ Parity 设置校验类型。

⑥ Timeout 设置与 PLC 通信的等待时间。

⑦ Parameter for automatic setting 通信参数自动设置。

当改变 PLC 的类型时，通信参数将被自动保持，不随 PLC 类型的改变而改变。

当在"Network Typ"中选择"Ethernet"时，打开如图 4-9 所示的"以太网通信参数设置"对话框，各选项设置内容如下。

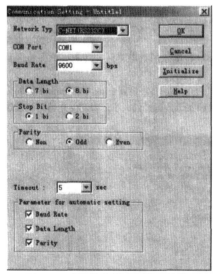

图 4-8 "通信参数设置"对话框

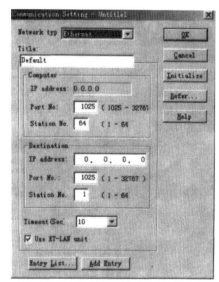

图 4-9 "以太网通信参数设置"对话框

① IP address　设置 IP 地址。
② Port No.　设置端口号。
③ Station No.　设置站号。

**（4）FPWIN GR 参数设置**

选择"Option/FPWIN GR Configuration"，打开如图 4-10 所示的"FPWIN GR 参数设置"对话框，各选项设置内容如下。

① Default Editing View　设置编程方式。Ladder Symbol（LDS）为符号梯形图方式。Boolean Ladder（BLD）为布尔梯形图方式；Boolean Non-ladder（BNL）为布尔非梯形图方式。

② Program Access Mode　设置程序存取模式。Program Only 为只存取程序模式；Program and Comment 为只存取程序和注释模式。

③ Ladder Display Settings　设置梯形图显示形式。Symbol Witdth 设置符号宽度，S 方向减小，L 方向增加；Comment Lines 设置注释的字符数。

④ Warrant Monitor 1 Scan　设置报警监控扫描。

⑤ Initial Monitor radix　设置监控数据类型。

⑥ Enter the function instruction from the list　设置是否从功能指令表对话框中输入指令。

⑦ Check the PLC Type of High-level Instruction　设置是否禁止 PLC 的高级指令。

⑧ Always Display Data Monitor and Relay Monitor on Top　设置是否总是显示监控的数据和继电器状态。

**（5）I/O 分配及遥控 I/O 分配设置**

I/O 分配是指为主机和扩展板上每个槽分配 I/O 数目。选择"Option/Allocate I/O Map"，打开如图 4-11 所示的"I/O 分配设置"对话框，各选项设置内容如下。

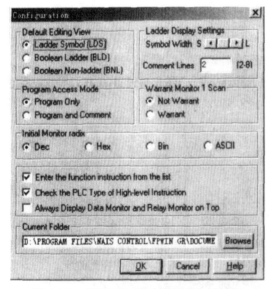

图 4-10　"FPWIN GR 参数设置"对话框

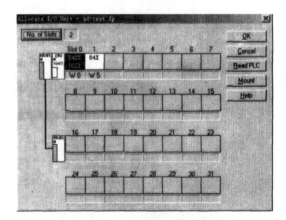

图 4-11　"I/O 分配设置"对话框

① No of Slot　设置槽号。

② Read PLC　从 PLC 的系统寄存器中读取 I/O 分配状态（必须在在线状态下）。

③ Mount   把当前的 I/O 分配状态输入到 PLC 的系统寄存器，并从系统寄存器中读取 I/O 分配状态（必须在在线状态下）。

中间部分就是 I/O 分配状态表，双击需要设置的 I/O 的槽号，打开如图 4-12 所示的 "I/O 分配输入表"对话框，按下拉按钮选择所需要的 I/O 配置即可。

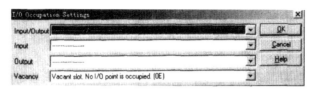

图 4-12   "I/O 分配输入表"对话框

遥控 I/O 分配是指在联网状态下，设置从属站的遥控 I/O 区中每个槽分配数目，它的设置与 I/O 分配设置相似，这里不再叙述。

### 4.1.3  程序编辑

#### （1）输入新程序

下面以图 4-13 为例介绍程序的输入方法。

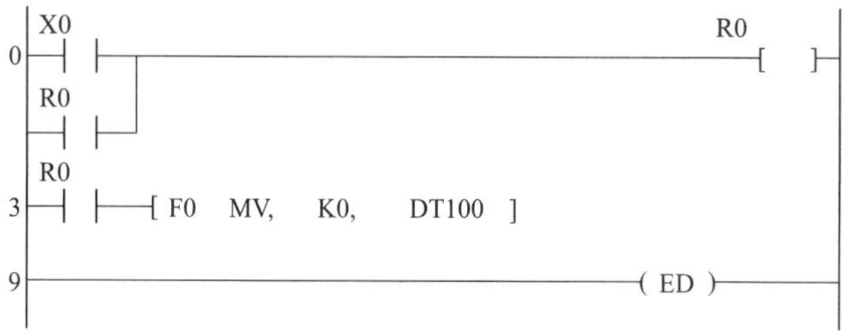

```
        X0                                           R0
  0 ├──┤ ├──┬──                                   ──( )──┤
        R0    │
     ├──┤ ├──┘
        R0
  3 ├──┤ ├──[ F0  MV,   K0,    DT100 ]
  9 ─────────────────────────────────( ED )──
```

图 4-13   用于输入举例的梯形图

① 确定编程方式为符号梯形图方式，可以在设置 FPWIN GR 参数时设置，也可以通过 View 菜单设置。

② 通过 View 菜单，打开各种工具栏，以供编程或监控时使用。

③ 把光标移至编辑处，单击功能键栏的 ┤├ 按钮，并单击数字键栏的 0 按钮，此时常用工具栏的状态如图 4-14 所示。最后按确认栏的 ↵ 按钮即可输入。按照此方法输入其他的梯形图符号。

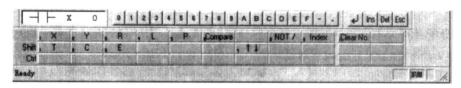

图 4-14   输入梯形图符号后工具栏的状态

④ 输入功能指令 F0（MV）。首先按功能键栏 Fun 按钮，打开如图 4-15 所示的 "功能指令表"对话框，选择 F0 指令后，按 "OK"按钮，编辑区和功能键栏的变化如图 4-16 所示，然后在常用工具栏中选择相应的常数和寄存器后，按 ↵ 按钮确认即可。

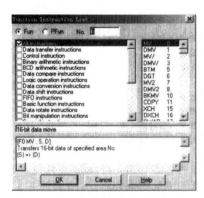

图 4-15　"功能指令表"对话框

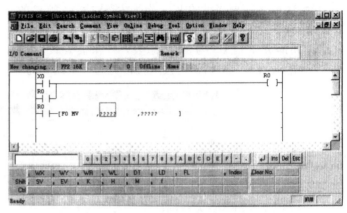

图 4-16　输入功能指令后的工作界面

图 4-17　"添加指令"对话框

在图 4-16 工作界面的功能键栏中没有列出所有指令，如果使用其他指令，可以按"Inst1"或"Inst2"按钮，打开如图 4-17 所示的"添加指令"对话框，选择需要的指令后，按"OK"按钮即可把此指令添加到功能键栏中。

（2）常用编辑方法

① 删除梯形图符号　将光标移到一个梯形图符号或指令号上，选择功能键栏上 Del 按钮或单击鼠标右键选择 Delete 即可。删除后，光标处的位置变为空白，可以填入其他指令。

② 修改梯形图符号　把光标移到需要修改的梯形图符号上重新输入指令即可。

③ 插入梯形图符号　当需要在一个梯形图符号之前插入另一个梯形图符号时，将光标移到此梯形图符号上，输入插入的梯形图符号，然后按 Ins 按钮即可；如果需要在一个梯形图符号之后插入另一个梯形图符号，将光标移到此梯形图符号上，输入插入的梯形图符号然后按 Shift ＋ Ins 按钮即可。

④ 插入空行　选择"Edit/Insert a Rung"，或单击鼠标右键后选择"Insed a Rung"或按工具栏上按钮即可。

⑤ 删除空行　选择"Edit/Delete a Rung"或单击鼠标右键选择"Delete Rung"即可。

⑥ 画/删除线　首先按鼠标左键把光标置于要画线的起始位置，然后选择"Edit/Enter Line"，再按鼠标左键把光标移到要画线的终止位置即可画线，此命令既可以画竖线，也可以画横线；删除线时，选择"Edit/Delete Line"命令，其操作方法与画线相似；还可以利用功能键栏的"—"按钮画横线或删除横线，可以利用功能键栏的"｜"按钮画竖线或删除竖线。

⑦ 输入接续符　把光标置于要输入的起始位置（某行的右端点），选择"Edit/Enter the Continuing Pair"或按工具栏上 按钮，打开如图 4-18 所示的接续号输入框，输入接续号，按"OK"按钮后，再按鼠标把光标移到某行的左端点即可输入接续号。

图 4-18　接续号输入框

⑧ 块编辑 把光标置于所定义块的最上一行，然后按住鼠标左键拖动鼠标到定义块的最下面的一行，松开鼠标左键，此时被选的块将以彩色高亮显示。被选中的块可以进行拷贝、移动和删除操作。

⑨ 编辑继电器状态

a. 选择"Edit/Toggle a/b Contacts"，打开如图 4-19 所示的"继电器状态取反"对话框，在"Device Type"处选择继电器，"No"处输入继电器范围后，按"Execute"按钮即可将所选范围的继电器的状态取反。适用范围为 X、Y、R、C、T、L、P 继电器。

b. 选择"Edit/Change Device"，打开如图 4-20 所示的"修改继电器"对话框，在"Source"处选择源继电器及输入其范围，"Destination"处选择目标继电器及其范围后，按"Execute"按钮即可将源继电器改为目标继电器。源继电器和目标继电器可以是同一型的，也可以不是。适用范围为 X、Y、R、C、T、L、P 继电器。

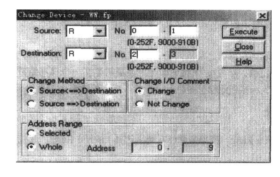

图 4-20 "修改继电器"对话框

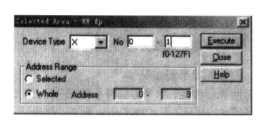

图 4-19 "继电器状态取反"对话框

c. 选择"Edit/Shift X and Y by Word"，打开如图 4-21 所示的"修改寄存器"对话框，在"Area to Shift"处输入要修改的寄存器范围（必须是整个字），"No. After Shift"处输入修改后的寄存器范围（必须是整个字）后，按"Execute"按钮即可整个字地修改寄存器。适用范围为 WX、WY、X、Y 寄存器。

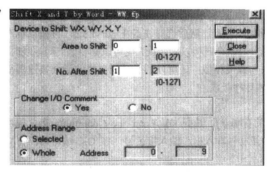

图 4-21 "修改寄存器"对话框

⑩ 编程方式转换 选择"View/Boolean Ladder（BLD）"将程序转换为布尔梯形图方式，选择"Boolean Non-1adder（BNL）"将程序转换为布尔非梯形图方式。以下即是由图 4-13 程序转换的布尔非梯形图程序。

```
0    ST    X0
1    OR    R0
2    OT    R0
3    ST    R0
4    F0    (MV)
     K0    DT100
9    ED
```

注意编程方式转换时，功能键栏也将随之变化。

⑪ 清除程序　选择"Edit/Clear Program"，即可清除程序。但注意在离线状态下，只清除屏幕上显示的程序；而在在线状态下既清除屏幕上显示的程序，同时也清除 PLC 中存储的程序。

⑫ 转换程序　转换程序是指把编辑的程序转换为 PLC 能够处理的机器码。无论使用何种编程方式，编辑完成的程序均需要转换程序，而且在每次修改程序后，都要进行转换程序，否则一旦退出编辑状态，没有转换的程序将会丢失。转换程序每次最多可转换 33 行。其菜单命令为"Edit/Convert Program"，或者单击常用工具栏的 ⬛ 按钮。

在在线状态下，转换程序时程序会直接传送到 PLC。如果不想重写 PLC 中的程序，可以在离线状态使用。

⑬ 程序检查

a. 全部程序检查　选择"Debug/Totally Check Program"，打开如图 4-22 所示的"全部程序检查"对话框，按"Execute"按钮后，将检查屏幕上和 PLC（在线状态下）的程序内容是否有语法错误，并将错误信息显示在中间区域，选择"Jump"或"Jump&Close"按钮，可使光标跳到指定的错误位置。

b. 程序比较　选择"Debug/Verify Program"，打开如图 4-23 所示的"当前程序与PLC 程序比较"对话框，按"Execute"按钮后，将比较 PLC 中的程序与屏幕上程序的差别。如果要了解比较的详细情况，按"Detail"即可。

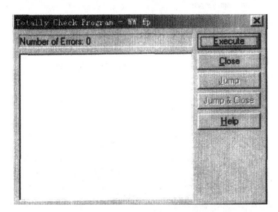

图 4-22　"全部程序检查"对话框

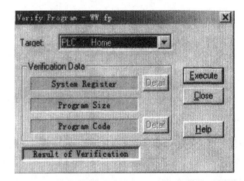

图 4-23　"当前程序与 PLC 程序比较"对话框

⑭ 在线方式与离线方式选择　选择在线方式的菜单命令为"Online/Online Edit Mode"，还可单击常用工具栏的 Online 按钮，或单击功能键栏的按钮；选择离线方式的菜单命令为"Online/Offline Edit Mode"。还可单击常用工具栏的 ⬛ 按钮，或单击功能键栏的 Offline 按钮。

**（3）注释编辑**

① 显示/消隐注释　通常编辑中的梯形图程序是密集排列的，若进入注释显示状态，梯形图程序将会拉大行距，用来显示或继续输入 I/O 注释，在某些程序块间还会显示已输入的块注释。选择"View/Display Comment"，或按常用工具栏的 ⬛ 按钮，均可实现注释的显示和消隐状态的转换。

② 输入 I/O 注释　输入 I/O 注释的方法有两种，即"I/O 注释输入"和"编辑 I/O 注释"。

a. I/O 注释输入　直接给继电器、寄存器、特殊指令加入注释。这种方法较为直观，

注释的编辑功能较少，使用起来不太方便。其具体操作方法如下。

将光标移到需增加注释的继电器或寄存器上，选择"Comment/Enter I/O Comment"，打开如图 4-24 所示的"I/O注释输入"对话框，在中间输入注释内容（中、英文均可），按"Entry"按钮后，在继电器或寄存器的下方出现以上输入的注释，其他相同的继电器或寄存器的地方也将出现相同的注释内容，同时，在注释显示栏也会显示注释内容。

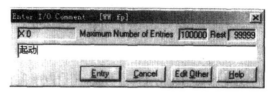

图 4-24　"I/O 注释输入"对话框

b. 编辑 I/O 注释　以列表的形式对所有的继电器、寄存器、特殊指令加入注释，并可以对注释的内容进行拷贝、移动和删除。当返回编辑屏幕时，表中所列的注释内容将自动地显示在相应的 I/O 点上，故使用起来更加方便。其具体操作方法如下。

选择"Comment/Edit I/O Comment"或按图 4-24 的"Edit Other"按钮，打开如图 4-25 所示的"编辑 I/O 注释"对话框。选择相应的继电器、寄存器或特殊指令，输入注释内容后，按"Close"按钮即可。一条注释的字符数为 40 个，字符的行数由"FPWIN GR 系统设置"而定。

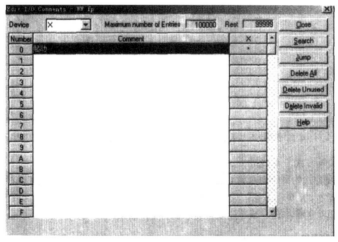

图 4-25　"编辑 I/O 注释"对话框

③ 说明输入　用来给输出指令添加说明。菜单命令为 Comment/Enter RemMks，其操作方法与 I/O 注释输入相似，这里不再赘述。

④ 块注释输入　主要用来给一段程序填加注释。选择"Comment/Enter Block Comment"，打开如图 4-26 所示的"块注释输入"对话框，在其中间位置输入块注释的内容，按"Ctrl＋Enter"键可换行，块注释的每行可以输入 80 个字符，一条块注释可有 130 行，输入完成后，按"Entry"按钮即可，图 4-27 就是输入块注释后的程序。

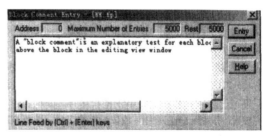

图 4-26　"块注释输入"对话框

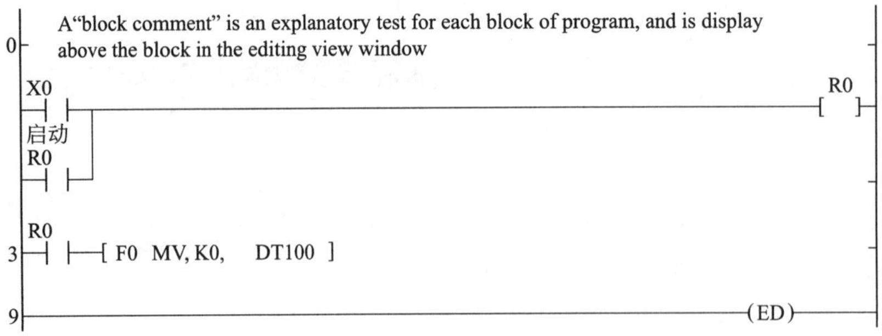

```
0 ┤ A"block comment" is an explanatory test for each block of program, and is display
  │ above the block in the editing view window
     X0                                                                    R0
   ├──┤ ├─────────────────────────────────────────────────────────────────( )─┤
     启动
     R0
   ├──┤ ├─
   │
3    R0
   ├──┤ ├──[ F0  MV, K0,    DT100 ]
   │
9                                                                         (ED)
```

图 4-27    输入块注释后的程序

**（4）程序管理**

① 程序存盘及调出    为了尽可能避免掉电所造成程序丢失，应该养成随时存盘的习惯。选择"File/Save"即可保存当前编辑的程序；选择"File/Save As"，则调出一个对话框，要求指定程序的名称，这时表示将当前程序生成一个新的程序。

选择"File/Open"，打开一个已经编辑的程序。

② 计算机与PLC之间的程序传送    在在线状态下，FPWIN GR 允许将屏幕上的程序装入PLC（下载），或从PLC中将程序装入计算机并显示在屏幕上（上传）。

若将编辑好的程序下载到PLC，需把PLC的模式开头置于PROG状态，选择"File/Download to PLC"，或按工具栏的按钮"图标"，或按功能键栏的 **➡PLC** 按钮后，出现"是否下载程序"对话框，进行确认即可。

若将PLC中的程序上传到FPWIN GR，选择"File/Upload to PLC"，或按工具栏的 按钮，或按功能键栏的 **⬅PLC** 按钮后，出现"是否上传程序"对话框，进行确认即可。

③ 程序打印    FPWIN GR 提供了丰富的打印功能，可以根据需要选择打印内容。选择"File/Print Style Setup"，打开如图4-28所示的"打印参数设置"对话框，设置打印的内容，分别为程序信息（Cover）、梯形图程序（Ladder）、布尔程序（Boolean）、I/O清单（I/O List）、系统寄存器（System Register），除了系统寄存器外，其他四项的内容可以更加详细地设置，按对应的"Detail"按钮，打开其设置对话框进行设置即可。

打印参数设置完成后，按"Printer［E］"按钮，或按"OK"按钮后，选择"File/Printer Setup"，打开如图4-29所示"打印机设置"对话框，设置打印机型号、纸张大小等参数，按"确定"按钮，然后选择"File/Print"，打印上述设置的打印内容。

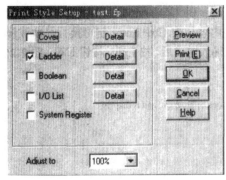

图 4-28    "打印参数设置"对话框

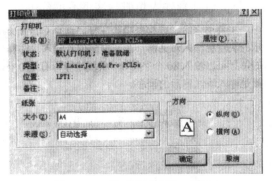

图 4-29    "打印机设置"对话框

**（5）程序监控**

监控是将与计算机通信的 PLC 的寄存器的数值及继电器的通断状态显示在屏幕上。FPWIN GR 可监控 PLC 程序中所使用的参数如下：

继电器：X、Y、R、C、T、L、P。

寄存器：WX、WY、WR、WL、DT、EV、SV、FL、LD、INDEX。

监控数据的类型可由菜单"View/Monitoring Type"设置，包括十进制数（Decimal）、十六进制数（Hexadecimal）、二进制数（Binary）、ASCII 码。

① 启动/停止监控  要进行程序的监控，首先要把被监控的程序存在于当前计算机的屏幕上，而且 FOWIN GR 必须处于在线状态。

选择"Online/Start Monitoring"，或单击常用工具栏的 按钮，在其菜单前面有 ✔ 标志时，则启动了监控命令，此时监控状态显示栏显示处于监控状态。然后选择"Online/PLC Mode［Run］"，或单击常用工具栏的按钮"图标"，使 PLC 处于运行模式。此时继电器的状态和寄存器的数值将实时地显示在屏幕上。图 4-30 的程序即处于监控运行状态。

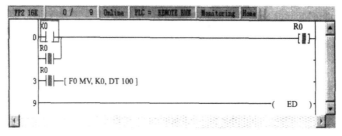

**图 4-30  程序的监控运行状态**

再一次选择"Online/PLC Mode［Run］"，或单击常用工具栏的 ◀■ 按钮，即可停止 PLC 的运行状态。

再一次选择"Online/Start Monibtorng"，或单击常用工具栏的 按钮，即可停止对 PLC 的监控状态。

② 监控列表继电器  利用此功能可以在屏幕上将继电器列表，以便对其监视。当在系统处于运行监控时，选择"Online/Monitoring Relays"，FPWIN GR 的工作界面如图 4-31 所示，中间左侧依次是序号栏、继电器名称栏、继电器状态栏、注释栏。

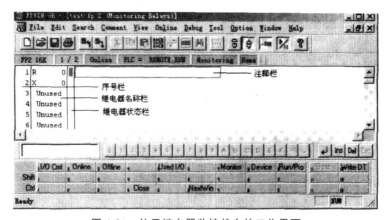

**图 4-31  处于继电器监控状态的工作界面**

选择 "Online/Monitor Setup/Monitor Device Setting"，或单击  按钮，或双击继电器名称栏，打开如图 4-32 所示的 "设置继电器" 对话框。在 "Device Type" 处选择相应的继电器。

继电器的状态既可以进行监控，也可以人为设置。把光标移到要设置的继电器状态栏上，选择 "Online/Monitor Setup/Enter Value"，或单击 Write DT 按钮，或双击继电器状态栏，打开如图 4-33 所示的 "设置继电器状态" 对话框，可进行继电器通断状态的设置。

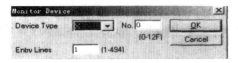

图 4-32    "设置继电器" 对话框            图 4-33    "设置继电器状态" 对话框

③ 监控列表寄存器    选择 "Online/Monitoring Registers"，FPWIN GR 的工作界面如图 4-34 所示，中间左侧依次是序号栏、寄存器名称栏、数据栏、数据类型和长度栏。

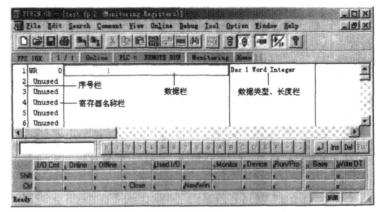

图 4-34    处于寄存器监控状态的工作界面

选择 "Online/Monitor Setup/Monitor Device Setting"，或单击 Device 按钮，或双击寄存器名称栏，打开如图 4-35 所示的 "设置寄存器" 对话框。在 "Device Type" 处选择相应的寄存器。

寄存器的数据既可以进行监控，也可以人为设置。把光标移到要设置的寄存器的数据栏上，选择 "Online/Monitor Setup/Enter Value"，或单击 Write DT 按钮，或双击数据栏，打开如图 4-36 所示的 "设置寄存器数据" 对话框，即可设置寄存器数据。

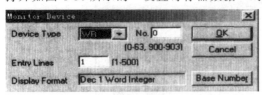

图 4-35    "设置寄存器" 对话框            图 4-36    "设置寄存器数据" 对话框

数据类型和长度也可以进行设置，选择 "Online/Monitor Setup/Base Number Settings"，或单击 Number 按钮，或双击数据类型、长度栏，打开如图 4-37 所示的 "设置数据类型及长度" 对话框，即可设置数据的类型及长度。

④ 强制 I/O 状态 PLC 在运行方式下，X、Y、R、T、C 等继电器均可以不顾程序的执行而强制接通或断开。编程方式下，可以转换继电器 Y、R 的通/断状态。选择"Online/Force Input/Output"，打开如图 4-38 所示的"强制 I/O 状态设置"对话框。

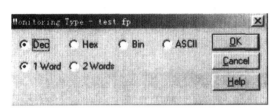

图 4-37 "设置数据类型及长度"对话框

图 4-38 "强制 I/O 状态设置"对话框

按图 4-38 的 Enter Device 按钮，打开如图 4-39 所示的"选择继电器设置"对话框，选择所要强制 I/O 状态的继电器。被选择的继电器的名称及状态显示在图 4-38 的左侧，此时，在监控状态栏，显示强制 I/O 状态的个数。按右侧的 DN〔1〕，可接通所选的继电器；按 DFF〔2〕按钮可断开所选择的继电器；按 FAEE〔3〕按钮时，如果 PLC 在 RUN 模式下，I/O 状态由源程序控制，如果在 PROG 模式下，I/O 状态由最后一次所处的状态决定；按 Release 按钮清除强制 I/O 状态。

注意当 PLC 的输出与外设相连时，在此操作中接通/断开继电器必须谨慎。

⑤ 运行程序测试 为了调试方便，FPWIN GR 还提供了一种运行测试功能，既可以在断点处暂停程序，也可单步执行程序，并且禁止 PLC 输出实际的输出信号，此功能 FP0、FP1 不适用。

如果要使用本功能，首先使 PLC 处于运行监控状态，并将 PLC 的"INITLAL/TEST"开关打到"TEST"位置，工作模式打到"PROG"位置。选择"Debug/Test-run"，打开如图 4-40 所示的"运行测试设置"对话框。

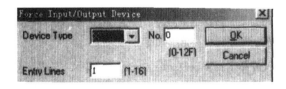

图 4-39 "选择继电器设置"对话框

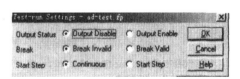

图 4-40 "运行测试设置"对话框

a. 输出使能设置（Output Status）：输出禁止（Output Disable）、输出使能（0utPut Enable）。

b. 断点设置（Break）：断点不可用（Break Invalid），断点可用（Break Valid）。

c. 程序执行式设置（Start Step）：连续（Continuous），单步（Start Step）。

完成设置后，按"OK"按钮，选择"Debug/Performing-Test-run"，打开如图 4-41 所示的"执行运行测试"对话框。

a. 输出状态（Output Status）和断点（Break）：显示在 Test-run 窗口中的设置。

b. 单步执行（Start Step）：单击此按钮，可使 PLC 单步执行，忽略在 Test-run 窗口中的设置。

c. 连续执行（Continuous）：单击此按钮，可使 PLC 连续执行，忽略在 Test-run 窗口中的设置。

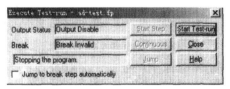

图 4-41 "执行运行测试"对话框

d. 跳转 (Jump)：单击此按钮将跳转到当前 PLC 停止的地址。

e. 自动跳转到中断 (Jump to break step automatically)：选择此项，允许 PLC 自动跳到每次暂停的地址。

如果要退出测试运行状态，单击"Stop Test-run"按钮即可。

⑥ 动态时序图监控 动态的序图监控是以时序图的形式对继电器和寄存器进行监控。时序图描述的是继电器状态或寄存器值随时间变化的情况，时序图的横轴表示时间，纵轴表示继电器的状态或寄行器值的大小，以下以图 4-42 为例介绍其使用方法。

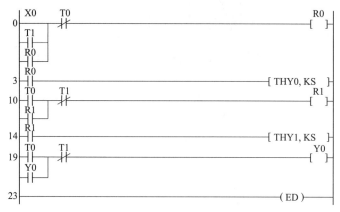

图 4-42　动态时序图监控程序

a. 选择"Online/Time Chart Monitor"，使 FPWIN GR 进入动态时序监控。

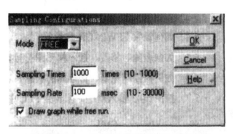

图 4-43　"采样时间设置"对话框

b. 选择"Online/Settings/Entry Device/Entry Delay"，单击左侧的设置继电器栏，或者打开图4-32所示的"设置继电器"对话框，设置相应的继电器，也可设置选择"Online/Settings/Entry Dcvice/Entry Data"，打开图 4-35 所示"设置寄存器"对话框。

c. 选择"Online/Settings/Sampling Configurations"，或单击 Setting 按钮，打开如图 4-43 所示的"采样时间设置"对话框，设置采样时间。

d. 完成以上设置后，按监控按钮，使 PLC 处于运行监控状态，由图 4-42 产生的动态时序监控如图 4-44 所示。

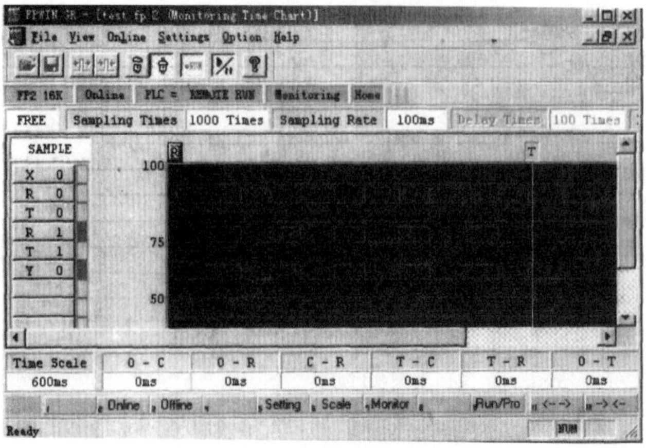

图 4-44　动态时序监控状态

### 4.1.4　本节内容概述

① FPWIN GR 设计 PLC 程序包括启动 FPWIN GR、参数设置、设置编程方式、编辑程序、转换程序、下载程序等几步。

② FPWIN GR 工作界面包括标题栏、菜单栏、常用工具栏、注释说明显示栏、编辑工作区、常用编辑工具、信息提示栏等。

③ 参数设置包括 PLC 型号设置、系统寄存器设置、通信参数设置、FPWIN GR 设置以及 I/O 分配和遥控 I/O 分配设置。

④ 程序编辑可以完成程序的输入、编辑、注释及管理等功能。

⑤ 通过 FPWIN GR 软件可监控 PLC 寄存器的数值及继电器的通断状态。

## 4.2　NPST-GR 编程软件

### 4.2.1　NPST-GR 简介与安装

#### （1）NPST-GR V30C 用途简介

NPST-GR 是松下电工株式会社为松下电工的 FP 系列 PLC 而设计的编程支持工具软件，利用 V3.0C 中文版的 NPST-GR 编程软件，可以在计算机上方便地输入程序指令。为使程序易读易懂，在程序中可加入中/英文注释，它能够监控 PLC 运行时的动作状态和数据变化情况，而且还具有程序和监控结果的打印功能。总之，NPST-GR 软件为用户提供了程序录入、编辑和监控手段，是功能十分强大的 PLC 上位编程软件。NPST-GR 基本使用流程图如图 4-45 所示。

#### （2）NPST-GR 软件安装

① 系统要求　IBM 80386 以上兼容机；DOS5.0 以上版本的操作系统；4MB 以上RAM；至少 10MB 可利用的硬盘空间；EGA、VGA 或 SVGA 彩色显示器；RS-232C COM1 或 COM2 接口。

② PLC 与计算机的连接　将计算机与PLC 连接起来，需要一个 RS-422/232C 适配器，在计算机与适配器之间连接一条 PP1 外设电缆（连接主控单元的 RS-422 口和 RS-422/RS-232C 适配器的 RS-422 口所需的电缆），以及在适配器与 PLC 之间连接一条 RS-232C 电缆（连接 RS-422/RS-232C 适配器的 RS-232C 口和计算机的 RS-232C 口所需的电缆），如图 4-46 所示。

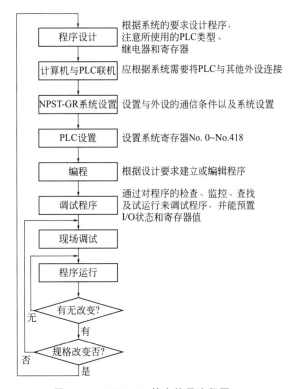

**图 4-45　NPST-GR 基本使用流程图**

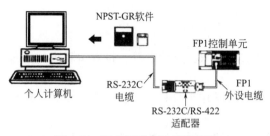

图 4-46　PLC 与计算机的连接图

NPST. SYS

NPST. EXE

NPST. OVL

NPST. HLP

c. 如在系统配置文件 CONFIG. SYS 中未包含

DEVICE＝C：\ DOS \ HIMEM. SYS

DEVICE＝C：\ DOS \ ENMM386. KXE RAM 2048

命令，则修改 CONFIG. SYS 文件，然后重新启动计算机以使修改生效。

d. 在 CNPST 目录下，键入 NPST✓，启动 NPRST-GR，即进入 NPST，即进入 NPST-GR 软件环境，软件中全部采用中文提示及菜单。

④ 在线 "HELP" 功能　NPST-GR 为用户提供了在线 "HELP" 系统，用户可以在编程屏或菜单窗下使用。在编程屏下，"HELP" 系统可用来查寻键盘分配、基本操作、高级指令以及键操作；在菜单窗口下，"HELP" 系统可用来查寻字菜单选项的详细情况。

若使用 "HELP" 系统，将光标移到所需选项下按 "End" 键即可。

③ NPST-GR 安装过程　NPST-GR 压缩在一张 3.5in 软盘上，用户可按以下步骤安装：

a. 在硬盘上建立目录 PM CNPST✓，并进入目录 CD \ CNPST。

b. 将 NPST-GR 系统盘插入 3.5in A 盘驱动器，把当前驱动器改变为 A：✓在 A：提示符下键入 INSTALL C：✓后软件开始安装，并在 CNST 目录下建立如下文件：

## 4. 2. 2　NPST-GR 编程软件

### （1）菜单窗概观

启动后，菜单窗口自动弹出在屏幕上，如图 4-47 所示。此窗口主要用于选择功能项，用户可通过它选择 NPST-GR 所提供的多种功能，由菜单窗口后提供的功能称为菜单功能。

在 NPST-GR 主菜单上，用↑、↓光标键选择所需的菜单名，按→光标键或回车键后光标移到相应子菜单，子菜单上列有各功能名称用↑、↓光标键选择功能项后，按回车键，即可执行所选功能。

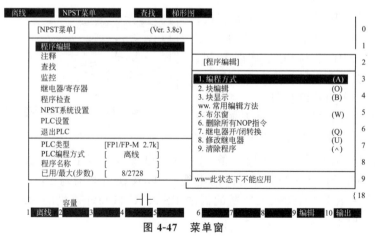

图 4-47　菜单窗

在菜单窗的 PLC 信息区显示以下内容：

PLC 类型：表示当前设置的 PLC 型号。它有：

| PP1 | 0.9K |
| FP1/FP-M | 2.7K |
| FP1/FP-M | 5K |
| FP3 | 10K |
| FP3/FP-C | 16K |
| FP5 | 16K |

① PLC 模式　表示当前 PLC 的工作方式。在离线状态下，此处显示"离线"：在在线状态下，根据 PLC 上的状态此处有不同的显示。

② 程序名称　表示当前屏幕显示的程序名称。当编制新程序时，此处不显示，当从 PLC 或磁盘装载程序时，此处显示被装载的程序名称。

③ 已用/最大（步数）　表示程序的大小。显示当前建立或编辑的程序所用的步数和最大可使用的步数。

当菜单窗（在默认方式下）弹出时，只有两个功能键提示如下：

① F6（编辑）　只在符号梯形图方式下显示，按此键可实现编辑/查找方式转换。

② P10（退出）　按此键可退出 NPST-GR 系统。

**（2）编程屏介绍**

编程屏是建立和编辑程序的屏幕。当 NPST-GR 启动后，先弹出菜单显示，然后按"Esc"键，即可显示出符号梯形图方式下的编程屏，如图 4-48 所示。

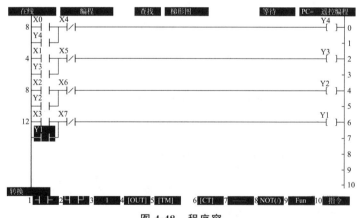

**图 4-48　程序窗**

编程屏基本由菜单区、编程区、功能键提示区、信息显示区等组成。

① 菜单区　屏幕的最上面一行为"菜单区"，菜单区用于提示当前的在线/离线工作状态、编程方式和功能，在"在线"状态时还显示 PLC 上的工作模式。

在"离线"状态下菜单区显示如下：

① ② ③ ④

a. "①"提示当前为离线方式。

b. "②"表示当前所使用的功能。当输入程序时将显示"编程"。

c. "③"在符号梯形图方式下，该显示表示是在查找方式还是在编辑方式。

d. "④"表示当前的编程方式。显示"梯形图"或"布尔指令"。

在"在线"状态下菜单区显示如下：

a. "①"提示当前为在线方式。

b. "②"～"④"同上。

c. "⑤"提示是否在监控方式下。若当前正在监控程序执行，显示"监控"；否则显示"等待"。

d. "⑥"提示与计算机相连的 PLC 工作模式。它有"PC＝编程""PC＝遥控编程""PC＝遥控运行""PC＝运行"几种模式。

② 编程区 "编程区"在屏幕的中间部分，显示内容的变化取决于所选择的编程方式。左边的数字表示指令的地址号，右边的数字表示指令的行数。

③ 功能键提示区 屏幕的最下面一行为"功能键提示区"，用于提示当前窗口下对应键盘上的功能键。图 4-49 列出了梯形图方式下的功能键提示转换图。

④ 信息显示区和输入区 屏幕的倒数第二行分为"信息提示区"和"输入区"，"信息提示区"用于显示 NPST-GR 正在执行的功能以及所出现的错误信息；而"输入区"用于显示当前要输入的程序或光标所在位置的程序。

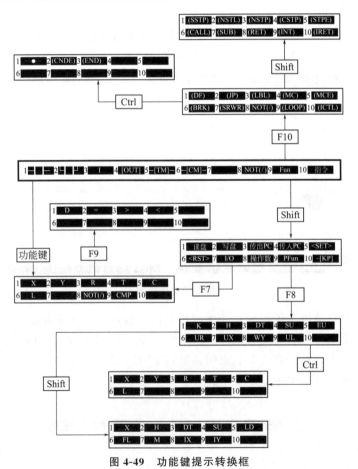

图 4-49 功能键提示转换框

**（3）基本使用方式**

① 在线/离线状态　在离线状态下，NPST-GR 不能与 PLC 进行通信；在在线状态下，NPST-GR 可与 PLC 进行通信。若要改换在线/离线状态，可在编程屏或菜单窗下通过按"Ctrl＋Esc"键进行切换。而选用何种状态要根据所需使用的功能决定。譬如，需要输入注释时，则必须在离线状态下；而要监控程序运行时，则应在在线状态下。值得注意的是，当未与 PLC 连接却进入在线状态时，NPST-GR 在菜单区显示"PC＝通信错误"的信息，提醒用户将 PLC 与计算机相连。

② PLC 的工作模式　PLC 有三种工作模式：编程模式（PROG.）、遥控模式（REMOTE）、运行模式（RUN）。工作模式的设置由 PLC 主机上的模式选择开关来完成。当设置为遥控模式时，利用 NPST-GR 可令 PLC 是处于"遥控运行"还是"遥控编程"。在进行在线状态下的功能操作时，要根据功能要求来选择 PLC 的工作模式，如把计算机上的程序传入 PLC 时，PLC 要设置为编程模式或遥控编程模式，而要进行监控前必须把 PLC 设置为运行模式或遥控运行模式。

③ 编程方式　NPST-GR 提供三种编程方式：符号梯形图方式、布尔梯形图方式和布尔方式。NPST-GR 默认设置为符号梯形图方式。

a. 符号梯形图方式　在符号梯形图方式下，用户可通过输入梯形图符号来建立程序。梯形图是一些表示逻辑器件的图形符号，在屏幕上梯形图程序是用逻辑图符方式进行显示的。

在符号梯形图方式下，用户应根据使用需要来选择查找方式或编辑方式（在编程屏下按"Ctrl＋F9"键可进行切换）。

b. 布尔梯形图方式　在布尔梯形图方式下，用户可通过输入指令的助记符来建立程序，但程序以梯形图方式显示。

c. 布尔方式　在布尔方式下，用户可通过输入指令的助记符来建立程序，而且程序以助记符形式并按地址顺序进行显示。

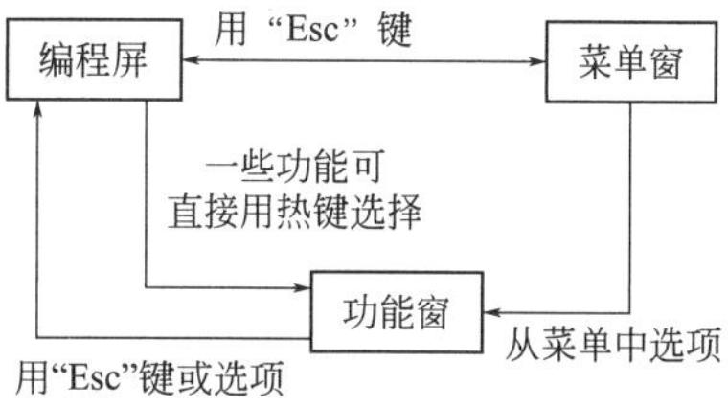

**（4）NPST-GR 的功能调用格式**

NPST-GR 编程屏、菜单窗、功能窗之间的调用格式如图 4-50 所示。

图 4-50　NPST-GR 窗口调用关系图

## 4.2.3 NPST-GR 功能总览

**（1）菜单功能总览**

表 4-1 所列为 NPST-GR 的菜单功能，用户从中可以对 NPST 的菜单功能有一个概括的了解。

表 4-1　NPST-GR 菜单功能表

| 主菜单 | 子菜单 | 解释与说明 |
| --- | --- | --- |
| 程序编辑 | 1. 编程方式 | 修改编程方式 |
| | 2. 块编辑 | 对由光标定义的梯形图进行编辑 |
| | 3. 块显示 | 只显示光标所在的程序行(包括分支) |
| | 4. 常用编辑方法 | 一些在符号梯形图方式下有效的编辑功能 |

续表

| 主菜单 | 子菜单 | 解释与说明 |
|---|---|---|
| 程序编辑 | 5. 布尔窗 | 将光标所在的程序行(包括分支)转换为布尔形式,以窗口方式显示 |
| | 6. 删除所有 NOP 指令 | 删除程序中所有空指令 |
| | 7. 继电器开/闭转换 | 部分或全部改变 I/O 点原设计的开/闭状态 |
| | 8. 修改继电器 | 修改继电器/寄存器的名称或序号 |
| | 9. 清除程序 | 删除当前屏幕上的程序或 PLC 内所存的程序 |
| 注释 | 1. I/O 注释输入 | 加入 I/O 注释 |
| | 2. 说明输入 | 为输出点加入程序说明 |
| | 3. 块注释输入 | 加入块注释 |
| | 4. 编辑 I/O 注释 | 以表格形式输入或编辑 I/O 注释 |
| | 5. 注释的显示/消隐 | 在屏幕上显示或消隐注释及说明 |
| | 6. 查找注释 | 寻找程序中已知注释的继电器及寄存器 |
| 查找 | 1. 继电器输出指令查找 | 查找程序中的输出指令 |
| | 2. 输出指令关联指令查找 | 查找由输出指令操作的继电器或查找指定的继电器的地址 |
| | 3. 查找错误 | 查找程序中出错地址 |
| | 4. 可用继电器 | 以表格形式列出程序中所用的继电器、寄存器及部分控制指令的使用情况 |
| 监控 | 1. 修改 PLC 模式 | 修改 PLC 的工作方式 |
| | 2. 启动/停止监控 | 启动/停止监控 |
| | 3. 监控列表继电器 | 屏幕列表监控继电器或寄存器的状态 |
| | 4. 监控标记块 | 对指定程序块的运行情况进行监控 |
| | 5. 监控和测试运行 | 对继电器/寄存器及步进指令的运行情况进行监控,并可人为修改 I/O 点状态 |
| | 6. 动态时序图 | 以时序图的形式对继电器/寄存器的工作状态进行监控,对监控结果可存盘和打印 |
| | 7. 系统状态显示 | 显示 NPST 系统设置或 PLC 及网络系统的各参数状态 |
| | 8. PLC 信息显示 | 在在线状态下显示"信息显示指令"所给出的有关内容 |
| | 9. PLC 共享存储器显示 | 检查 PLC 所配智能单元内共享存储器中的内容 |
| 继电器/寄存器 | 1. 强制 I/O | 强制修改输出继电器的开/关的状态 |
| | 2. 寄存器值预置 | 预置、传输寄存器中的数据内容 |
| 程序检查 | 1. 全部程序校验 | 检查屏幕上和 PLC 内(在线状态下)的程序内容是否有语法错误及各种参数等,并可将错误信息打印出来 |
| | 2. 程序比较 | 对存于 PLC、编程屏、磁盘等中的任意两个程序进行比较,找出其差别,列在屏幕上 |
| | 3. 当前程序与 PLC 程序比较 | 比较 PLC 中程序与屏幕上程序的差别 |
| NPST 系统设置 | NPST 系统设置 | 设置参数包括以下内容:确定 PLC 类型,确定 PLC 与外设间的通信条件,设置 NPST　GR 参数 |

续表

| 主菜单 | 子菜单 | 解释与说明 |
|---|---|---|
| PLC 设置 | 1. 系统寄存器 | 设置 No.0～No.418 系统寄存器内容 |
| | 2. 分配 I/O 映射 | 为主机和扩展板上每个槽分配 I/O 数目 |
| | 3. 分配遥控 I/O 映射 | 在联网状态下,对从属站的遥控 I/O 区中每个槽分配 I/O 数目 |
| | 4. 选择通信站号 | 在联网状态下,指定 NPST 与哪一个 PLC 进行通信 |
| | 5. 设置 PLC 口令 | 设置/取消为保护 PLC 中的程序所规定的口令 |
| 程序管理 | 1. 调入磁盘程序 | 从磁盘中装载程序或 I/O 注释 |
| | 2. 保存程序 | 将程序和 I/O 注释存盘 |
| | 3. 从 PLC 调出程序 | 从 PLC 中装载程序和 I/O 注释 |
| | 4. 将程序传入 PLC | 将程序送入 PLC |
| | 5. 块存盘 | 将定义的部分程序块存盘 |
| | 6. 块插入 | 在程序中插入梯形图块 |
| | 7. RAM↔ROM 程序拷贝 | 在 PLC 的 RAM 和 ROM 之间传送程序 |
| | 8. ROM 写入器读/写 | 从 ROM 写入器装载程序或将程序送入 ROM 写入器 |
| | 9. 文件管理 | 文件列表、拷贝、删除和改名。建立或删除子目录 |
| | 10. 打印输出 | 程序打印 |
| 退出 NPST-GR | 1. 退出 NPST-GR | 退出 NPST-GR,返回 MS-DOS |
| | 2. 状态保存并退出 | 保存 NPST-GR 当前状态,退出 NPST-GR |

### （2）NPST-GR 操作功能适用条件

NPST-GR 操作功能适用条件如表 4-2 所示。

**表 4-2　NPST-GR 操作功能适用条件参考表**

| 主菜单 | 子菜单 | 热键 | 符号梯形图方式 | | | | 布尔梯形方式 | | 布尔方式 | |
|---|---|---|---|---|---|---|---|---|---|---|
| | | | 查找 | | 编辑 | | | | | |
| | | | 离线 | 在线 | 离线 | 在线 | 离线 | 在线 | 离线 | 在线 |
| 程序编辑 | 1. 编程方式 | Ctrl+A | * | * | * | * | * | * | * | * |
| | 2. 块编辑 | | * | | | | * | | | |
| | 3. 块显示 | Ctrl+F8 | * | * | | | | | | |
| | 4. 常用编辑方法 | Ctrl+F3 | | | * | * | | | | |
| | 5. 布尔窗 | Ctrl+W | * | * | * | * | | | | |
| | 6. 删除所有 NOP 指令 | Ctrl+- | * | * | | | * | * | * | * |
| | 7. 继电器开/闭转换 | Ctrl+Q | * | | | | * | | * | |
| | 8. 修改继电器 | Ctrl+U | * | | | | * | | * | |
| | 9. 清除程序 | Ctrl+- | * | * | | | * | * | * | * |

续表

| 主菜单 | 子 菜 单 | 热　　键 | 符号梯形图方式 查找 离线 | 符号梯形图方式 查找 在线 | 符号梯形图方式 编辑 离线 | 符号梯形图方式 编辑 在线 | 布尔梯形方式 离线 | 布尔梯形方式 在线 | 布尔方式 离线 | 布尔方式 在线 |
|---|---|---|---|---|---|---|---|---|---|---|
| 注释 | 1. I/O 注释输入 | Ctrl+M | * | | | | * | | * | |
| | 2. 说明输入 | Ctrl+O<br>Ctrl+F7 | * | | | | * | | * | |
| | 3. 块注释输入 | Ctrl+N<br>Ctrl+F4 | | | * | | | | | |
| | 4. 编辑 I/O 注释 | Ctrl+F6 | * | * | | | * | * | * | * |
| | 5. 注释的显示/消隐 | Ctrl+L<br>Ctrl+F5 | * | * | * | * | * | * | | |
| | 6. 查找注释 | Ctrl+H | * | * | | | * | * | * | * |
| 查找 | 1. 继电器输出指令查找 | Ctrl+K<br>Ctrl+F2 | * | * | | | * | * | * | * |
| | 2. 输出指令关联指令查找 | Ctrl+T | * | * | | | * | * | * | * |
| | 3. 查找错误 | Ctrl+V | * | * | | | * | * | * | * |
| | 4. 可用继电器 | Ctrl+R | * | * | * | * | * | * | * | * |
| 监控 | 1. 修改 PLC 模式 | Ctrl+[<br>Ctrl+F4 | | * | | * | | * | | * |
| | 2. 启动/停止监控 | Ctrl+Z<br>Ctrl+F5 | | * | | | | * | | |
| | 3. 监控列表继电器 | Ctrl+I | | * | | | | * | | * |
| | 4. 监控标记块 | Ctrl+Y<br>Ctrl+F7 | | * | | | | | | |
| | 5. 监控和测试运行 | Ctrl+X<br>Ctrl+F6 | | * | | | | | * | * |
| | 6. 动态时序图 | | | * | | | | | * | * |
| | 7. 系统状态显示 | Ctrl+P | * | * | * | * | * | * | * | * |
| | 8. PLC 信息显示 | Ctrl+] | | | | | | * | | * |
| | 9. PLC 共享存储器显示 | | | * | | | | * | | * |
| 继电器/寄存器 | 1. 强制 I/O | Ctrl+D<br>Ctrl+F3 | | * | | | | * | | * |
| | 2. 寄存器值预置 | | * | * | | | * | * | * | * |
| 程序检查 | 1. 全部程序校验 | | * | * | | | * | * | * | * |
| | 2. 程序比较 | | * | * | | | * | * | * | * |
| | 3. 当前程序与 PLC 程序比较 | Ctrl+\ | | * | | * | | * | | * |
| NPST 系统设置 | NPST 系统设置 | | * | * | | | * | * | * | * |

续表

| 主菜单 | 子菜单 | 热　键 | 符号梯形图方式 | | | | 布尔梯形方式 | | 布尔方式 | |
|---|---|---|---|---|---|---|---|---|---|---|
| | | | 查找 | | 编辑 | | | | | |
| | | | 离线 | 在线 | 离线 | 在线 | 离线 | 在线 | 离线 | 在线 |
| PLC 设置 | 1. 系统寄存器 | | * | * | | | * | * | * | * |
| | 2. 分配 I/O 映射 | | * | * | | | * | * | * | * |
| | 3. 分配遥控 I/O 映射 | | * | * | | | * | * | * | * |
| | 4. 选择通信站号 | Ctrl＋_ | | * | | * | | * | | * |
| | 5. 设置 PLC 口令 | | | * | | | | | | |
| 程序管理 | 1. 调入磁盘程序 | Shift＋F1 | * | * | | | * | * | * | * |
| | 2. 保存程序 | Shift＋F2 | * | * | * | * | * | * | * | * |
| | 3. 从 PLC 调出程序 | Shift＋F3 | | * | | | | * | | * |
| | 4. 将程序传入 PLC | Shift＋F4 | | * | | * | | * | | * |
| | 5. 块存盘 | Ctrl＋E | * | * | | | * | * | | |
| | 6. 块插入 | Ctrl＋F | | | | | * | | | |
| | 7. RAM↔ROM 程序拷贝 | | | * | | | | * | | * |
| | 8. ROM 写入器读/写 | | | * | | | * | * | * | * |
| | 9. 文件管理 | | * | * | | | * | * | * | * |
| | 10. 打印输出 | | * | * | | | * | * | * | * |
| 退出 NPST-GR | 1. 退出 NPST-GR | | * | * | * | * | * | * | * | * |
| | 2. 状态保存并退出 | | * | * | * | * | * | * | * | * |

注："＊"表示有效,空格表示无效。

## 4.2.4　编程和监控运行

### （1）建立程序的步骤

图 4-51 为在符号梯形图方式下建立程序的基本步骤。

### （2）NPST-GR 系统设置

NPST-GR 系统设置只有一个子菜单,在这个子菜单中,用户可以根据需要进行以下几方面的工作:①按一定的规范修改 NPST-GR;②指定 PLC 类型;③设置与 PLC 进行通信的通信参数;④设置与外设进行通信的通信参数。

NPST-GR 的所有系统参数都是预先默认设置的,在使用本系统进行编程之前先确认这些设置是否符合自己的要求,并进行必要的修改。

① 设置 NPST-GR 系统的基本参数　NPST-GR 为用户提供了两个屏幕窗口(屏幕 1 和屏幕 2)以进行基本参数设置。

在屏幕 1 中可以设置:屏幕显示模式(单色/彩色)、PLC 类型、与 PLC 的通信参数、文件路径、提示信息及编程方式等,其屏幕窗口如图 4-52 所示。

在屏幕 2 中可以设置:I/O 注释与备注的条款数目、NPST-GR 菜单风格、C-NET 的选择以及通信站的连接单元号、PLC 与计算机相连的接口形式等。

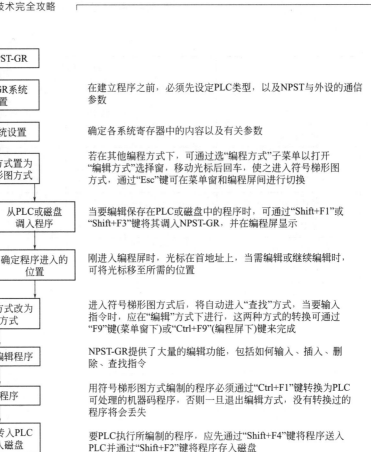

| 启动NPST-GR | |
|---|---|
| NPST-GR系统设置 | 在建立程序之前,必须先设定PLC类型,以及NPST与外设的通信参数 |
| PLC系统设置 | 确定各系统寄存器中的内容以及有关参数 |
| 将编程方式置为符号梯形图方式 | 若在其他编程方式下,可通过选"编程方式"子菜单以打开"编辑方式"选择窗,移动光标后回车,使之进入符号梯形图方式,通过"Esc"键可在菜单窗和编程屏间进行切换 |
| 从PLC或磁盘调入程序 | 当要编辑保存在PLC或磁盘中的程序时,可通过"Shift+F1"或"Shift+F3"键将其调入NPST-GR,并在编程屏显示 |
| 确定程序进入的位置 | 刚进入编程屏时,光标在首地址上,当需编辑或继续编辑时,可将光标移至所需的位置 |
| 将查找方式改为编辑方式 | 进入符号梯形图方式后,将自动进入"查找"方式,当要输入指令时,应在"编辑"方式下进行,这两种方式的转换可通过"F9"键(菜单窗下)或"Ctrl+F9"(编程屏下)键来完成 |
| 建立并编辑程序 | NPST-GR提供了大量的编辑功能,包括如何输入、插入、删除、查找指令 |
| 转换程序 | 用符号梯形图方式编制的程序必须通过"Ctrl+F1"键转换为PLC可处理的机器码程序,否则一旦退出编辑方式,没有转换过的程序将会丢失 |
| 将程序传入PLC或存入磁盘 | 要PLC执行所编制的程序,应先通过"Shift+F4"键将程序送入PLC并通过"Shift+F2"键将程序存入磁盘 |
| 进入监控状态或退出NPST-GR | 根据需要对执行的程序进行监控,还可随时退出NPST-GR系统 |

图 4-51 建立程序的流程图

图 4-52 NPST-GR 系统设置窗口

在这里,屏幕1与屏幕2的显示可按"F5""F6"键切换,其参数可通过光标进行选择。

② 参数的登录和存储 用户所设定的参数可以临时在 NPST-GR 中登录,也可以永久性保存在磁盘上。如果不登录参数而进入编程屏幕或使用其他功能操作,所设置的参数将被

废除。所以，在每一个参数设置窗口内，都有一个功能键提示为"存盘"（"F1"键），如果用户在多个窗口内设置参数，可以在所有设置完成之后一次性存储。如果需要，在每个窗口登录参数时，也可随时将其存起来。在磁盘上所保存的设置参数，NPST-GR 在下一次开机时则自动视为默认值。值得注意的是，当从 PLC 或磁盘装入程序时，NPST-GR 的 PLC 类型参数将被程序中的类型参数所覆盖。

　　不管 NPST-GR 处于在线状态还是离线状态，也不管是处于哪一种编程方式下，用户都可以进行系统设置。但是，如果处于梯形图符号状态下，必须先选择为查找方式（在菜单窗口下按"F9"键），然后进行系统设置。NPST-GR 为用户进行系统设置提供了许多窗口，要进入某一个窗口，可以按相应的功能键或"Shift＋功能键"来实现，功能键的说明如表 4-3 所示。

**表 4-3　NPST-GR 系统设置功能键对照表**

| 功能键 | 提示 | 对应窗口 | 功能说明 |
|---|---|---|---|
| F1 | 存盘 | 存储 | 将本窗口内的系统参数设置存入磁盘及存入 NPST 的内存 |
| F2 | 初始化 | 初始化 | 将本窗口内各参数恢复为初始化（默认设置）值 |
| F3 | 装载 | 装入设置 | 将存于磁盘中的参数调入 NPST |
| F5 | 屏幕 1 | 屏幕 1 | 调出屏幕 1 参数设置窗口 |
| F6 | 屏幕 2 | 屏幕 2 | 调出屏幕 2 参数设置窗口 |
| F7 | 通信 | | 设置与调制解调器有关的通信参数 |
| F8 | 指令键 | 指令分配 | 将 PLC 各指令名称赋给键盘 |
| F9 | 继电器 | 继电器分配 | 将各继电器/寄存器名称赋给键盘 |
| F10 | 功能 1 | 功能分配 1 | 将菜单功能选项赋给键盘 |
| Shift＋F1 | 功能 2 | 功能分配 2 | 将菜单功能选项赋给键盘 |
| Shift＋F2 | 功能 3 | 功能分配 3 | 将菜单功能选项赋给键盘 |
| Shift＋F3 | 字符码 | 打印字符表 | 设置打印机字符代码 |
| Shift＋F4 | 控制码 | 打印控制表 | 设置打印机控制代码 |
| Shift＋F6 | ROM | ROM 写入器 | 设置与 ROM 写入器有关的通信参数 |
| Shift＋F7～Shift＋F10 | | | FP1 不适用 |

### （3）PLC 系统寄存器设置

　　在应用 NPST-GR 创建程序时，必须首先设置系统寄存器 No. 0～No. 418，以设定程序运行环境。对于任何一个需要设置的系统寄存器，系统都给定了一个赋值范围和默认设置。但在编程之前，应确认系统寄存器是否与连接的 PLC 相符，以保证编辑的程序适用于所选定的 PLC。

　　选择"系统寄存器"选项后，先进入如图 4-53 所示的寄存器容量窗口，按表 4-4 所列的功能键即可进入相应的系统寄存器设置的其他窗口。如对某窗口中的各项参数有新的设置，可使用光标键选择或使用数字键输入参数。在每一个系统寄存器设置窗口内，都有一个功能键提示为"存盘"（"F1"键），当然，也可以在所有设置完成之后一次性存储。

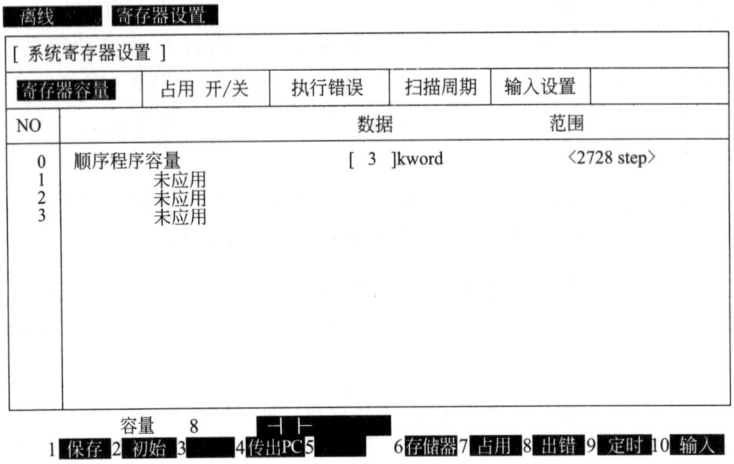

图 4-53　PLC 系统寄存器设置窗口

表 4-4　PLC 系统寄存器设置功能键对照表

| 功能键 | 提示 | 对应窗口 | 功能说明 |
|---|---|---|---|
| F1 | 保存 | | 将本窗口内的系统寄存器的设置存入内存或磁盘，在"在线"状态下还可直接传入 PLC |
| F2 | 初始 | | 将本窗口内各参数恢复为默认值(初始化设置) |
| F4 | 传出 PC | | 从 PLC 调回系统寄存器(No.0～No.418)的设置 |
| F6 | 存储器 | 存储器容量 | 设置 No.0～No.3。用以分配程序、注释及文件寄存器的存储空间大小 |
| F7 | 占用/ | 占用/非占用 | 设置 No.5～No.17。各类继电器和寄存器设置占用区的起始值 |
| F8 | 出错 | 出错响应 | 设置 No.4、No.20～No.28。设定在出错情况下，程序是否继续运行 |
| F9 | 定时 | 等待时间 | 设置 No.29～No.34。设定系统的各种通信和扫描时间 |
| F10 | 输入 | 输入设置 | 设置 No.400～No.403。设定高速计数器、脉冲捕捉及中断的输入 |
| Shift+F6 | 扫描 | 时间常数 | 设置 No.404～No.407。设定各输入端的延时时间常数 |
| Shift+F7 | 计算机 | 计算机连接 | 设置 No.415。设定计算机在 C-NET 网络中的单元号 |
| Shift+F8 | RS-232C | 设置 RS-232 | 设置 No.412～No.416。指定 RS-232C 端口的单元号并设定通信条件 |
| Shift+F9 | RS-422 | 设置 RS-422 | 设置 No.410～No.411。指定 RS-422 端口的单元号并设定通信条件 |
| Shift+F10 | 通用 | 通用连接端口 | 设置 No.417～No.418。指定接收缓冲区 |
| Ctrl+F6 | 模式 | | 在遥控状态下，间接改变 PLC 的工作模式 |
| 外输入 | 输入设置 | | 用于设置系统寄存器 No.400～No.403，设定高速计数器、脉冲捕捉输入及中断输入 |

　　处于在线状态时，可以将 PLC 中的设置装入 NPST-GR 系统或初始化系统参数（遥控编程状态），相反，也可以将系统寄存器的设置参数传给 PLC。另外，如将程序传给 PLC，系统寄存器的设置将随程序一起自动地传给 PLC。值得说明的是，在进入系统寄存器设置窗口后，无法切换在线/离线状态，因此，必须在系统寄存器窗口打开之前，切换到所需

状态。

**（4）程序编辑**

① 输入新程序

a. 关于布尔梯形图输入程序 将"程序编辑"子菜单中的"编程方式"改为布尔梯形图方式后，进入布尔梯形图编程屏。若编辑如图 4-54 所示符号梯形图，则布尔梯形图输入程序的基本键盘操作顺序如表4-5 所示。

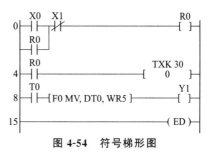

图 4-54 符号梯形图

表 4-5 布尔梯形图输入程序的基本键盘操作顺序

| 地址 | 指令 | 键盘操作 |
| :---: | :---: | :---: |
| 0 | ST X 0 | F1 F1 0 ✓ |
| 1 | OR R 0 | F2 F3 0 ✓ |
| 2 | AN/ X 1 | F3 F8 F1 1 ✓ |
| 3 | OT R 0 | F4 F3 0 ✓ |
| 4 | ST R 0 | F1 F3 0 ✓ |
| 5 | TM X 0 | F5 F1 0 Tab |
| 6～7 | K 30 | F1 3 0 ✓ |
| 8 | ST T 0 | F1 F4 0 ✓ |
| 9 | F 0 MV | F9 0 Tab |
| 10～13 | DT 0 | F3 0 Tab |
| | WR 5 | F7 5 ✓ |
| 14 | OT Y 1 | F4 F2 1 ✓ |
| 15 | ED | F10 Ctrl+F3 ✓ |

b. 关于符号梯形图输入程序

• 输入程序 NPST-GR 的默认设置为符号梯形图方式，如果当前为其他方式，可通过"程序编辑"中的"编程方式"选项窗口来修改。打开编程屏后，光标在第一行最左边的位置上（地址 0），所以，当新建一个程序时，将从此位置开始。要输入程序，按查找/编辑方式的切换键（Ctrl+F9）将方式改变成"编辑"，只有在编辑方式下才能建立程序。若输入指令后再转换成"编辑"，那么输入区内的内容将被清除，输入无效。

用户可用功能键选择元素，也可用相应的字母键或相应的"Shift/Ctrl"+字母或数字键来选择元素，当元素符号显示在输入区光标位置后，功能键指示区将自动地切换至下一步参数选择指示，按顺序输入参数后，按回车键，一个完整的梯形图符号指令便出现在屏幕上。如在其他地方输入程序，可移动光标到希望的位置后再按上述的步骤完成。

• 转换程序 在符号梯形图方式下，每输入一条指令，在屏幕的左下角将出现"转换"字样，转换此指令为 PLC 能够处理的机器码。用户可以在完成 33 行输入后一次转换程序，再进入编续编程。

按"Ctrl+F1"（PG 转换）键，转换将从程序显示区的第一个地址开始。在转换程序过

程中，将检查输入的梯形图是否正确，若在程序中有非法的部分，NPST-GR 将显示相应的错误信息，并停止转换程序，光标所指的位置即为有错误的位置，用户需修改错误，然后重新转换。转换之后，将进入查找方式。当继续编程时，应先在查找方式下确定编程处的位置，再进入编辑方式，这样，新的 33 行将从屏幕上所示最上一行开始计算。

在在线状态的编程模式下，转换程序时程序会直接传送至 PLC。如果不想重写 PLC 中的程序存储区，请使用离线状态。在进入查找方式和改变编程模式前，应需转换程序，若无此步骤，NPST-GR 将会显示"不转换，确认？（Y/N）"，若键入"Y"，则未经转换的那些程序就会被全部清除。

② 编辑程序

a. 简单编辑

• 插入梯形图符号：当需要在一个梯形图符号之前插入另一个梯形图符号时，将光标移至梯形图符号上，按"Insert"键；如需要在一个梯形图符号之后插入另一个梯形图符号，将光标移至这个梯形图符号上，按"Shift+Insert"键。然后便可在所产生的空白位置插入新的梯形图符号。

插入的符号有⊢⊦、−/−、−·−、（BRK）、（DF）。

• 删除梯形图符号：将光标移到一个梯形图符号或指令号上，用"Delete"键删除。删除后光标处的位置变为空白，那么，应在空白处填补其他指令。

• 修改梯形图符号：用输入新的指令取代光标所在位置的指令。

• 查找继电器、寄存器以及指令和地址：在查找方式下，按"Home"键，清除输入区中的内容，此时，在输入区中显示"＊＊"，按功能键"Shift+F7"后出现输入继电器名的功能键提示，或按功能键"Shift+F8"出现输入寄存器名的功能键提示，然后，用功能键和数字键输入一个继电器或寄存器名，按"\"键则进行查找；如查找指令，可按"Home"键，再按"F9"键，插入指令号后，按"\"键则进行查找；如查找一个地址，在按"Home"键之后，输入要查找的地址号，再按光标键来执行，之后，程序就会从指定的地址处开始显示。

b. 常用编辑方法　在"编辑"方式下，从"程序编辑"子菜单中选择"常用编辑方法"，可进行以下操作：

• 插入空行：把光标置于将要插入空行的地方，按"Shift+1"键。

• 删除空行：把光标置于将要删除空行的位置，按"Shift+2"键。

• 拷贝、移动或删除行：按"Shift+3"键，把光标置于所选定程序的最上面，按回车键，接着，把光标移至所选范围的最下面一行，按回车键，即确定了范围，把光标移至目标地址上后，按"Insert"键，进行行拷贝；按回车，进行行移动；而对于删除行操作，只是在选定范围后按"Delete"即可。

• 输入接续符：把光标置于要输入原点的位置（某行右端点），按"Shift+4"键，接续号将被自动输入，如果想改变接续号，就用数字键输入一个新的两位数（范围为01～99），按回车后，光标置于下一行左端点，重新按"Shift+4"键，输入终点的接续号后回车。终点的接续号必须与原点的接续号一致。

• 画/删线：按"Shift+5"键，把光标置于要画/删线的起始位置，按回车键，即确定线的一个端点；然后，光标置于要画/删线的终止位置，按回车键，即确定线的另一个端点；按回车/"Delete"键，即可在设定的两点间画/删线。

c. 块编辑　在离线状态查找方式下，利用"块编辑"选择，可以在屏幕上拷贝、移动和删除梯形图块。

• 功能选择：当从菜单中选择了 "块编辑" 选项后，NRST-GR 在菜单区中显示 "拷贝"，说明现在可以拷贝梯形图块，若想移动或删除块，按 "F1" 键打开功能窗口，选择所需选项后按回车键即可。

• 确定块编辑范围：把光标置于定义块的最上面一行，按回车键，块的首地址号就显示在菜单区的 "起始＝" 处，接着，把光标置于定义块的最下面一行，按回车键，块的末地址就在菜单区的 "结束＝" 处显示。这样，即确定了程序块的范围，同时，定义块将被翻转显示。若要取消所设定的范围，可按 "Esc" 键。

• 选定目标地址：对于块拷贝、块移动，要把光标置于目标地址处，可按光标键、"Page Up" 和 "Page Down" 键或用地址查找法来寻找目标地址，确定后按回车键，目标地址就显示在菜单区的 "目标＝" 处。

• 完成块编辑：按回车键，其定义的块将按所选功能进行拷贝或移动，而对于块删除操作，只是在选定范围后按回车键即可。

③ 编辑注释　为了使用户更容易地读懂程序，更加方便地分析和调试程序，NPST-GR 可以用多种形式为程序加入注释说明。

a. 汉字输入方法　反复按 "Alt＋F10" 键，则在屏幕的最下方依次切换显示 "西文" "简拼" "全拼" 字样，输入汉字时，如想查找每组中更多的汉字，用 "＞" 或 "＜" 键来实现。一个汉字占用两个英文字符的位置。如在某些操作中需要键入英文字符，则应切换输入方式为 "西文"。

b. 输入 I/O 注释　在离线状态查找方式下以及程序显示在屏幕上时，I/O 注释可被直接输入到继电器、寄存器和控制指令的梯形图符号的下方位置。

• 从注释的子菜单中选择 "I/O 注释输入" 选项，屏幕将显示梯形图的五行，每行下面留出空间用于输入注释，同时，在屏幕底部出现 "I/O 注释" 区和 "说明" 区。

• 用 "Shift＋光标" 键移动棕色光标到要加入注释的继电器、寄存器或控制指令的梯形区符号下。如要移动光标到前（后）屏幕的某处，可按 "Page Up" 键向前（按 "Page Down" 键向后）翻页。

• 用字母或数字键输入注释，输入的内容将在屏幕底部的 "I/O 注释" 区中出现，而 I/O 注释区中所能容纳的字符数是由 "NPST 系统设置" 菜单中所设定的参数决定的（默认值是 12 个字符）。

• 按回车键后，在棕色光标的地方出现以上输入的 I/O 注释，同时，其他的名字相同的继电器、寄存器和控制指令的地方也将出现相同的注释内容。

• 如要输入另一条 I/O 注释，可重复第 2～4 步骤，要想结束输入，按 "Esc" 键即可。

c. 输入说明

• 在离线状态查找方式下，从注释的子菜单中选择了 "I/O 注释输入" 选项，屏幕将显示梯形图的五行，屏幕底部出现 "I/O 注释" 和 "说明" 区，同时，小蓝色光标出现在 "说明" 区。

• 用 "Shift＋光标" 键把绿色光标移至要输入说明的输出指令处，如要移动光标到前（后）面屏幕的某处，可按 "Page Up" 键向前（按 "Page Down" 键向后）翻页。

• 用键盘输入说明内容，输入的字符将在屏幕底部的 "说明" 区中显示。

• 按回车，说明即被注册，但在屏幕上的程序中并不显示说明内容，光标所指处的输出指令的注释说明只在屏幕底部的 "说明" 区中显示。

• 按 "Esc" 键退出说明输入。

d. 块注释输入　在离线状态编辑方式下，"块注释输入" 选项可以为屏幕上显示的梯形

图程序块加入块注释。

- 将光标置于某一程序块的最上面一行。
- 从注释的子菜单中选择"块注释输入"选项，屏幕上会出现"块注释"的窗口。
- 在窗口内输入块注释内容，每个窗口内可输入 44 行注释，每行容纳 60 个字符，在输入过程中可用"Shift＋Insert"键插入一个空行，用"Shift＋Delete"键删除一行。
- 按回车键关闭块注释输入窗口后，块注释内容将出现在梯形图块上方，并且在注释两边出现"＊"号。
- 按"Ctrl＋F1"键转换程序。

e. 编辑 I/O 注释

- 功能选择：从注释的子菜单中选择"编辑 I/O 注释"选项，即打开继电器 X 的"I/O 注释"窗口，其中左侧是序号区，中间是注释输入区，右侧标志区中对程序中已使用的继电器、寄存器或控制指令有"X"号显示。
- 改变继电器、寄存器或指令窗口：按"F2"（继电器）键则在屏幕左下角打开一个"继电器"继口，用光标键选择其中一个继电器、寄存器或指令名回车即可。
- 指定窗口中继电器、寄存器或指令序号：用上、下光标或"Page Up"和"Page Down"键卷动窗口来改变序号，也可按"F3"（序号）键打开"序号"窗口，输入指定的序号后按回车即可。
- 输入注释：把光标置于要输入的 I/O 注释的序号右侧，输入注释内容，按回车即把注释存入程序中。
- 拷贝 I/O 注释：按"F5"（拷贝）键，根据提示把光标置于注释的首端按回车，之后把光标置于注释的末端再按回车，则确定了要拷贝 I/O 注释的范围，然后选定要拷贝的目标位置（可改变窗口，即把注释拷贝到其他窗口的继电器、寄存器或控制指令上），回车即可。若将某一注释内容多次进行拷贝，可把光标置于 I/O 注释处再按"F6"（缓冲区）键，则此注释存入窗口底部的拷贝缓冲器内，利用"F7"（剪贴）键可反复进行拷贝。
- 移动 I/O 注释：按"F8"（搬移）键，根据提示确定要移动 I/O 注释的范围，选定要移入的目标位置后回车即可。
- 删除 I/O 注释：按"F10"（删除）键可删除光标所在处的一条注释内容，按"F9"（全删）键出现提示信息，确认（按"Y"键）后，删除当前窗口内的所有注释内容。

f. 显示/消隐注释　从注释的子菜单中选择"注释的显示/消隐"选项，可转换显示和消隐的状态。

注：对于以上编辑注释的操作，均要在结束后将它们存盘，否则，当退出 NPST-GR 系统时，注释将会丢失。

④ 清除程序　清除程序和（或）I/O 注释务必谨慎，它们一旦被清除将不能再恢复。

在离线状态查找方式下，可清除屏幕上显示的程序和（或）I/O 注释；在在线状态查找方式下，可清除 PLC 中存储的程序，同时屏幕上的程序和（或）I/O 注释也被清除。

a. 从"程序编辑"菜单中选择"清除程序"项，即打开"删除程序"窗口。

b. 对 PLC 机内的程序进行删除前，若 PLC 模式选择开关在"RUN"位置，需改为"PROG."位置，若 PLC 处于"PC＝遥控运行"状态，可通过按"Ctrl＋F4"（PC 模式），把它改为"PC＝遥控编程"状态。

c. 设定要清除的内容。选择"程序和 I/O 注释"则清除程序和 I/O 注释，选择"程序"

则清除程序,选择"I/O 注释"则清除 I/O 注释。

d. 按"F1"(执行)键,NPST-GR 将询问用户是否确认。按"Y"则清除程序和(或) I/O 注释,按"N"则取消该操作。

**(5)程序管理**

① 文件的存盘及调出　若将编辑好的程序存盘,在"程序管理"子菜单中选择"保存文件选项",或在编程屏幕直接按"Shift+F2"(写盘)键,屏幕上显示"程序存盘"窗口,用户在"文件名"中输入要存储的文件名后按回车键。

若从磁盘装入文件,在"程序管理"子菜单中选择"调入磁盘文件"选项,或在编程屏上直接按"Shift+F1"(读盘)键,屏幕上显示"读取文件"窗口,用光标键在文件名列表区中选择所需的文件名,该文件名则显示在文件名区域内,按回车键,光标移到"文件名"区域,若发现选择有错,可通过按"↑"键将光标移回到文件名列表区重新进行选择,最后按回车键开始装入文件。

在以上的两个选项中,如要进行其他的操作(选驱动器、选路径等),可按照功能键提示来完成。

② 在计算机与 PLC 之间传送程序　在"在线"状态下,NPST-GR 允许用户将屏幕上的程序装入 PLC,或从 PLC 中将程序装入计算机并显示在屏幕上。

若将编辑好的程序传入 PLC,需把 PLC 的模式开关置于"PROG."状态。选择"程序管理"子菜单中的"程序调入 PLC"选项,或在编程屏上直接按"Shift+F4"(传入 PC)键出现"存入"选项窗口,最后回车确认即可。

若将 PLC 中的程序调入 NPST-GR,选择"程序管理"子菜单中的"从 PLC 中调出程序"选项,或直接按"Shift+F3"(传出 PC)键,出现"装入"选项窗口后按回车即可。

注:功能键提示中的"PC"是指 PLC。

③ 文件管理　此选项允许用户对使用 NPST-GR 所建立的文件进行管理操作,这些文件包括程序、梯形图块、动态时序图、寄存器值等。

选择"程序管理"子菜单中"文件管理"选项,"文件管理"窗口即被打开。在此窗口内,用户可根据需要进行表 4-6 所列的各项操作。

表 4-6　"文件管理"的功能键列表

| 功能键 | 提示 | 说明 |
| --- | --- | --- |
| F2 | 排序 | 将文件进行排序 |
| F3 | 类型 | 选择在窗口内的列表的文件类型 |
| F6 | 驱动器 | 选择驱动器 |
| F8 | 选路径 | 选择目录 |
| F10 | 菜单 | 打开"菜单"窗口,可进行文件的拷贝与删除、子目录的建立与删除、改文件名、软盘的格式化等 |

④ 程序打印　NPST-GR 提供了丰富的打印功能,使用户可以根据需要任选打印内容,其中包括:以梯形图或布尔形式的程序清单,所有登录的文件信息,继电器、寄存器或控制指令列表,NPST-GR 及系统寄存器设置的参数等。有关程序打印的具体操作就不一一介绍了,用户可按照功能键和窗口中的提示进行操作,在这里仅提供 LQ1600K 型打印机打印字符表(见表 4-7)给用户。

表 4-7　LQ1600K 型打印机字符打印码列表

| 字符 | 字符值 | 字符 | 字符值 | 字符 | 字符值 |
|---|---|---|---|---|---|
|  | 20 | ∟ | C0 | , | 2C |
| . | 81 | ⊥ | C1 | ] | 5D |
| ∣ | 83 | ⊣ | B4 | = | 3D |
| ⌐ | D9 | ⊤ | C2 | ) | 3E |
| ⌐ | BF | ⊢ | C3 | / | 2F |
| ┌ | DA | ＋ | C5 | • | 2A |
| ［ | 5B |  |  |  |  |

### （6）程序监控

监控是将与计算机通信的 PLC 的寄存器的数值及继电器的通断状态显示在屏幕上。NPST-GR 可监控 PLC 程序中所使用的参数如下：

继电器：X、Y、R、C、T、L。

寄存器：WX、WY、WR、WL、DT、EV、SV、FL、LD、IX、IY。

① 启动/停止监控　欲进行程序的监控，被监控的程序必须同时存在于 PLC 及当前计算机屏幕上。若当前屏幕上没有，首先将程序从 PLC 装入以便 NPST-GR 对其进行监控，并且，NPST-GR 必须处于在线状态查找方式。

若启动监控，可在"监控"子菜单内选择"启动/停止监控"选项或按"Ctrl＋P5"键，监控开始后，继电器的状态和寄存器的数值将实时显示在屏幕上，同时菜单区显示"监控"。监控时，可以利用光标键将程序的其他部分移到屏幕上以供观察。

若停止监控，再一次选择"启动/停止监控"选项或按"Ctrl＋P5"键，即可停止监控，同时菜单区显示"等待"。

② 监控列表继电器　利用本操作可以在屏幕上将继电器列成表格以便对其监视。当第一次进行本操作时，窗口内所列继电器为 X0～X7F，显示的是"多继电器窗"，即在同一窗口内可列表显示多种类型的继电器。若把光标移到继电器名上，按照功能键提示，可以改变继电器名。如按"F10"键，可以在"多继电器窗"与"单继电器窗"之间切换。

继电器的状态显示在表中继电器名的右侧位置，若继电器接通，相应位置被加亮，若断开，相应位置不被加亮。在本选项内，可以利用"F1"键随时启动或停止监控。

③ 监控继电器/寄存器　选中"监控和测试运行"或直接按"Ctrl＋F6"（跟踪）键后出现"数据和状态监控"窗口（见图 4-11），在该窗口内可以监控 8 个继电器和 16 个寄存器。

按"F6"（输入寄存器或继电器名）键，功能键提示区变存为寄存器或继电器插入键。如把光标移到显示 7 个星号（＊＊＊＊＊＊＊）的地方，此时功能键变为寄存器输入键；把光标移到显示 5 个星号（＊＊＊＊＊）的地方，此时功能键变为继电器输入键。按照功能键提示输入寄存或继电器名，并且输入寄存器或继电器序号之后，按回车键，输入的寄存器或继电器即可被监控。若 NPST-GR 处于监控状态，寄存器值将显示在所输入寄存器名的右侧，继电器的状态将显示在继电器名右侧的方括号内。

如果要改变窗口内选定的各寄存器值，在 PLC 工作在编程方式下按"F4"键，光标将移到寄存器的右侧，利用"F9"键或"F10"键可将当前寄存器值减 1 或加 1，或者按"F7"键直接输入新的寄存器值后回车。

如要移动光标到梯形图编程屏，按"F2"键，这样，用户便可以滚动屏幕上的程序，

也可以在程序内进行继电器、寄存器、指令和地址的查找，再按"Esc"键，光标又回到"数据和状态监控"窗口。

利用"F1"键可随时启动或停止监控，按"Esc"键结束操作。

以上功能均是在数据监控方式下运行，为方便用户使用，表 4-8 列出了功能键的作用。

表 4-8　数据监控方式下功能键对照表

| 功能键 | 提示 | 功能说明 |
|---|---|---|
| F1 | 启动/停止 | 启动或停止监控 |
| F2 | 梯形图 | 将光标移到编程屏，以便滚动屏幕上的程序，查找要监控的对象 |
| F3 | 步进位/继/寄 | 将数据监控窗口改为监控步进指令运行窗口或改回监控继电器/寄存器状态的窗口 |
| F4 | 写入/禁止 | 允许或禁止用户修改继电器和寄存器值 |
| F5 | 输入 | 将功能键改为继电器/寄存器的选择键，用户可用此输入要监控的对象名称 |
| F7 | 清除 | 清除光标处的继电器或寄存器名 |
| F8 | 增 S | 以递增的方式自动向下输入寄存器名 |
| F9 | 减 R | 将已输入的寄存器名改小 |
| F10 | 增 R | 将已输入的寄存器名改大 |
| Shift+F1～Shift+F3 | | 只在测试状态下有效，FP1 不适用 |
| Shift+F5 | 全清 | 清除窗口内全部寄存器名或全部继电器名 |
| Shift+F6 | 32 位/16 位 | 将寄存器作为 32 位或 16 位数据进行监控 |
| Shift+F6～Shift+F10 | | 选择不同的寄存器值显示形式 |
| Ctrl+F6 | PC 模式 | 在遥控状态下修改 PLC 的工作模式 |

注：数据监控还有测试功能，但 FP1 不支持此项功能。

④ 动态时序图监控　"监控动态时序图"选项使用户以时序图的形式对继电器和寄存器进行监控。时序图描述的是继电器状态或寄存器值随时间变化的情况，时序图的横轴表示时间，纵轴表示继电器的状态或寄存器值的大小。利用这种方式，用户可以检查继电器状态在一定时间内是否发生变化以及是否同步地发生变化，而且可观察寄存器的值如何随时间发生变化。利用时序图，一次可以监控 16 个继电器，同时可以监控 3 个寄存器。在进行监控时，可以选择只显示继电器时序图或寄存器时序图，或将两者同时显示，如图 4-55 所示。

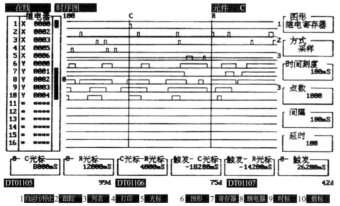

图 4-55　动态时序图监控

a. 指定继电器或寄存器　按"F8"（继电器）键，光标出现在屏幕左侧的继电器窗口内，参照功能键提示，利用功能键、数字键和光标键，输入继电器类型和编号后按回车键确认，如输入完毕，按"Esc"键。

按"F7"（寄存器）键，NPST-GR 打开指定寄存器窗口，参照功能键提示，利用功能键、数字键和光标键输入寄存器名和寄存器号后回车确认，如结束寄存器输入，按"Esc"键，此刻"寄存器"窗口被关闭，所输入的寄存器显示在屏幕底部。

b. 选择要显示的时序图　按"F6"键，NPST-GR 打开"图形"窗口，用光标键在窗口内选择显示类型（可以选择只显示继电器时序图或寄存器时序图，或将两者同时显示）后，按回车确认选择。要显示寄存器时序图，必须先指定寄存器。

c. 在自由运行方式下采样　按"F1"键，时序图将随着采样的进行而实时显示。若进行采样次数和采样率的修改，可按"Shift＋F1"键，对应"采样点"项输入采样次数，对应"间隔"项输入新的采样间隔，确认键回车即可。

利用"F1"键可随时启动或停止监控。

另外，在跟踪（"F2"键）采样状态下可以捕捉到 100ms 以内的微小变化，但 FP1 型 PLC 不支持跟踪采样方式。

d. 测量运行时间　利用 R 光标和 C 光标，可以测量时序图上任何两点间的时间长度。每按一次"F5"，R 光标和 C 光标之间的可移动性便切换一次，可利用"←""→"键移动 R 或 C 光标，用"Shift＋←"或"Shift＋→"键可快速移动光标。当用户移动 R 或 C 光标时，显示在"0-C 光标""0-R 光标""C 光标-R 光标""触发-C 光标"以及"触发-R 光标"区域内的相应值将发生变化。其中"0"表示起始位置，"触发"表示 T 光标位置。

e. 调整时标及寄存器值标　时标是指时序图横轴（时间轴）判度的大小，其单位是 ms，默认值为 100ms，在时序图中，继电器状态或寄存器值的变化是以时标为单位进行显示的。寄存器值标是指时序图中可以显示的寄存器值的最大标尺值，其默认设置为 100。

在察看时序图时，如感觉到图形不够细致，可对时标或寄存器值标进行调整：按"F6"键，用户可在"时间刻度"窗口内输入所需的时标值，回车确认；按"F10"键，用户可在"寄存器值标"窗口内输入所需的寄存器值的标尺，回车确认。

总之，程序监控还可进行列表显示寄存器值、进制转换、时序图存盘、读盘以及打印编出等操作。如需要，用户可对照表 4-9 进行操作，这里就不一一叙述了。

表 4-9　时序图监控方式下功能键对照表

| 功能键 | 提示 | 功能说明 |
| --- | --- | --- |
| F1 | 自运行/停止 | 在自运行方式下启动采样监控或中止监控显示,使之屏幕上出现变化时序图或冻结时序图 |
| F2 | 跟踪 | 在采样跟踪方式下启动采样监控(FP1 不适用) |
| F3 | 列表 | 将寄存器的值的变化情况列表显示 |
| F4 | 打印 | 全部或部分打印输出时序图或寄存器列表 |
| F5 | 光标 | 在 R 光标与 C 光标之间进行切换,使其中之一可以移动 |
| F6 | 图形 | 出现选择显示时序图类型的窗口,以便选择是显示继电器时序图,还是寄存器时序图,还是二者同时显示 |
| F7 | 寄存器 | 出现设置被监控寄存器名的输入窗口,由用户输入被监控寄存器名 |
| F8 | 继电器 | 光标移至左侧继电器名设置区后,用户输入被监控继电器名 |
| F9 | 时标 | 设置时间标尺 |

续表

| 功能键 | 提示 | 功能说明 |
|---|---|---|
| F10 | 值标 | 设置寄存器值的标尺 |
| Shift＋F1 | 自运 S | 设置自由运行状态下的采样参数,如采样点数、采样间隔等 |
| Shift＋F2 | 跟踪 S | 设置采样跟踪方式下的参数(FP1 不适用) |
| Shift＋F3 | 方式 | 设置采样跟踪方式下的参数(FP1 不适用) |
| Shift＋F4 | 读盘 | 从磁盘中调出时序图 |
| Shift＋F5 | 存盘 | 将时序图或寄存器值表存盘 |
| Shift＋F6～Shift＋F10 | | 选择不同的寄存器值显示进制形式 |

**（7）强制 I/O 状态及寄存器值预量**

① 强制继电器通/断　运行方式下，所有类型的继电器（X、Y、R、T、C、L）均可以不顾程序的执行而被接通或断开。编程方式下，用户可以转换继电器 Y、R 和 L 的通断状态，尽管在编程方式下程序不运行，但可强制转换通断任意多的已设定的继电器。

选择"强制 I/O"或按"Ctrl＋F3"（强制）键，屏幕上出现继电器名、开关状态的输入表格和强制 I/O 的功能键提示，输入一个或多个继电器后，按"F9"（开）［或"F10"（关）］键可对某单个继电器进行通（断）操作，按"Shift＋F3"（全开）［或"Shift＋F10"（全闭）］键可在窗口内转换所有输入的继电器通（断）状态。

除非取消被强制转换通/断的继电器状态，否则，即使关闭"强制 I/O"窗口或退出 NPST-GR，继电器的状态仍保存在 PLC 中。按"Shift＋F3 "（取消）键可取消强制状态，或先按"Shift＋F10"键，再按"Shift＋F3"键。

只有 NPST-GR 处于在线状态及查找方式（符号梯形图方式下）时方可进行强制通/断继电器操作。值得注意的是：接通/断开继电器必须谨慎，当 PLC 的输出状态正输给外设时，此操作是很危险的。

② 预置寄存器值　选择"寄存器值预置"项，屏幕上打开"设置寄存器"和"值"窗口，如图 4-56 所示。在"设置寄存器"窗口选择一个要预置的寄存器名后，在开始区输入起始寄存器序号，用"→"键移动光标至结束区，登记最终寄存器序号，按回车键，光标移至"值"窗口，在"值"窗口内输入寄存器值，若输入有误，按"Delete"键删除此数值（按"Shift＋Delete"键可删除所有已输入的数值）。然后，按"F1"（登录）键存储寄存器值，完成输入之后，按"Esc"键则回到"设置寄存器"窗口。

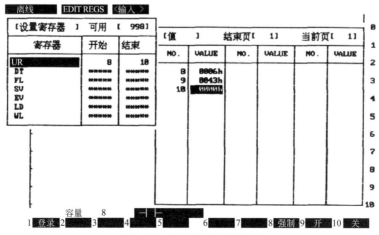

图 4-56　寄存器值预置窗口

另外，寄存器值装入 PLC 及从 PLC 调出、寄存器值存入磁盘及从磁盘调出等操作可按功能键提示完成。

## 思考题

1. FPWIN GR 软件有哪几种工作模式及编程方式？

2. 如何上传及下载程序？

3. 如何设置 FPWIN GR 软件与 PLC 的通信参数？

4. 如何设置 FPWIN OR 参数？

5. 如何删除、修改、插入梯形图符号？

6. 如何监控继电器、寄存器的状态？

7. 按图 4-57 输入程序，下传到 PLC 中并监控程序运行状态。

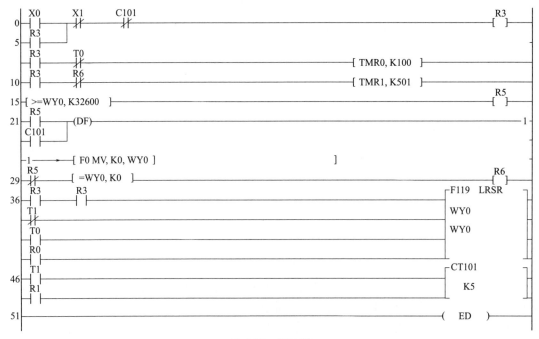

**图 4-57　题 7 图**

8. NPST-GR 软件有哪些功能？其基本使用流程如何？

9. 如何安装 NPST-GR 软件？

10. 编程屏基本由哪些区组成？各区各有什么作用？

11. NPST-GR 的菜单功能有哪些？

12. NPST-GR 的操作功能适用哪些条件？

13. 在符号梯形图方式下建立程序的基本步骤有哪些？

14. NPST-GR 系统设置根据需要要进行哪几方面的工作？

15. NPST-GR 系统设置功能键有哪些？

16. PLC 系统寄存器设置功能键有哪些？

17. 如何进行程序编辑？

18. 如何进行程序管理？

19. 如何进行程序监控？

20. 如何强制 I/O 状态及寄存器值预量?

21. 认真总结归纳,本章内容中有哪些知识点?其重点和难点在哪里?

22. 本章的知识点对完全攻略 PLC 技术有何作用?通过本章的知识点的学习你有哪些收获?

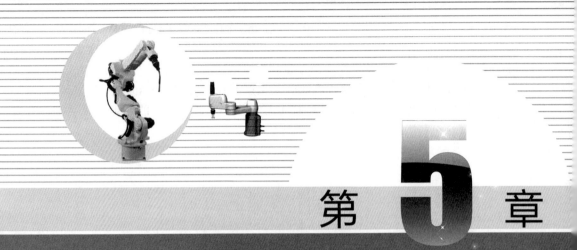

第 **5** 章

# 探索PLC控制系统设计方法

## 5.1 PLC 控制系统设计概述

### 5.1.1 PLC 控制系统设计步骤

PLC 一般应用于加工制造业或生产过程中设备的逻辑控制和顺序控制，其输入/输出虽多为逻辑量的场合，但随着 PLC 过程控制能力的增强，PLC 系统也开始在工艺流程和生产过程控制中得到较为广泛的应用。尽管应用领域不尽相同，但由于 PLC 大多基于同样的工作原则，因此其设计步骤大体相同。一般来说，其设计过程一般可以分为需求分析、方案设计、元器件选型设计、电气系统设计、PLC 程序设计、现场调试、工程验收、技术归档等环节，其设计流程如图 5-1 所示。

**（1）需求分析**

需求分析是要明确所设计的 PLC 控制系统"做什么"和"做的结果怎样"。需求分析阶段的结果是形成可操作的设计需求任务书。任务书应包含 PLC 控制系统所应具有的功能、性能指标、成本预算、完成期限等主要内容。如果是自主开发的工程控制系统或设备配套 PLC 系统，还应附有市场调研和可行性论证等内容。如果是委托设计，则应该与委托方讨论拟定的需求任务书是否满足对方的需求。

**（2）总体方案设计**

总体方案设计是要从宏观上解决"怎么做"的问题，其主要内容应包括技术路线或设计途径、关键技术、系统的体系结构、系统的 I/O 点数及其类型、主要低压电器的选型、PLC 软件环境、测试条件和测试方法、验收标准等。如果是委托开发，设计需求任务书和总体方

案设计的主要内容往往以技术文件的形式附于合同之后。

### （3）选型设计

选型设计的主要内容是基于总体方案设计、选择和采购 PLC 系统控制系统所需的各类元器件，包括 PLC 和低压电器两大部分。低压电器包括开关、接触器、热继电器、中间继电器、按钮、选择开关、指示灯、蜂鸣器、直流电源、隔离变压器等。PLC 是选型设计阶段的重点，工艺流程的特点和应用要求是设计造型的主要依据。

### （4）电气系统设计与电控柜安装

电气系统设计的主要任务是根据选定 PLC、低压电器和现场设备的布局，设计相应的电气图和安装图。需要设计的图纸一般包括主电路图、系统电源图、输入回路图、输出回路图、端子接线图、元件安装图、面板元件布局图、操作台或控制柜简图等。最后是根据电气图，委托专业电控柜生产厂家，完成控制柜或控制操作台的安装和检验。

### （5）控制程序设计

控制程序设计的主要任务是确定控制程序的总体设计方案和实现思路，将整个控制程序划分出主要的程序模块或子程序。最后以梯形图或语句表等形式编写控制程序，并根据控制要求对控制程序的功能进行调试和测试。

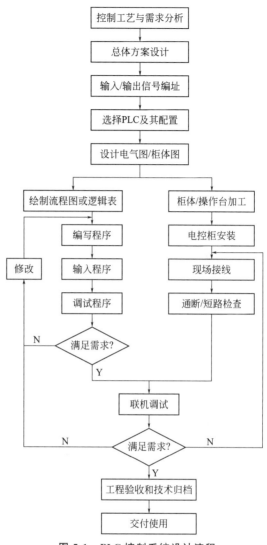

图 5-1　PLC 控制系统设计流程

### （6）现场调试与测试

现场调试与测试的主要任务是基于系统的设计需求，拟定调试方案，并根据调试方案进行系统功能调试和性能指标的测试，形成测试报告，核对用户需求或设计需求与系统现有功能、指标的一致性程度。如果系统存在局部错误或不能满足某些设计需求，则应提出局部修改意见，并对电气系统和 PLC 控制程序进行修改，直至满足设计需求。原则上，应尽可能通过修改控制程序来满足设计需求。当然，若是方案性的错误或按既定的方案无法满足设计需求，也必须考虑修改设计方案。

### （7）工程验收和技术归档

工程结束后，必须经过现场投运、试用和用户的验收。属于国家或部委的科研项目，还应通过有关部门的鉴定。按照国家的有关规定，工程一旦移交给用户后，维护工作就开始了，这项工作一直要持续到该产品退出市场。为了便于维护和工程资源的重用性需求，必须编制相应的技术文档。提供给用户的安装手册、操作手册和维护手册等是技术文档的重要组

成部分。技术文档必须按国家标准对其进行标准化，经相关人员审核后存入技术档案室进行统一管理。

## 5.1.2　总体方案设计

总体方案设计要从宏观上解决"怎样做"的问题。按照由简到繁的原则，一般先进行总体设计。系统的总体设计方案要解决的问题是：系统采用何种方法，以怎样的结构组成，硬件和软件的界面划分，软件功能模块的具体划分，彼此间的关系，以及指标的分解等。总体方案设计包括的主要内容如下：

**（1）确定技术途径**

PLC 控制系统有大小之分，不同层次的应用系统可以采用委托设计、自行设计或二者结合等设计途径。尤其是面向行业领域的 PLC 系统，有必要采取合作开发或有偿使用第三方现有技术的开发形式。

**（2）确定技术方法**

技术方法是指为实现 PLC 控制系统功能目标而准备采用的可行的技术手段，包括高性能器件、合适的开发平台、开发语言、软件算法等。在技术方法分析中，应确定控制系统是否可以采用 PLC 实现。如果控制对象多为逻辑控制或顺序控制或只有小部分过程控制，一般可以采用 PLC 来实现。

**（3）划分子系统和主要功能块**

确定了系统的技术途径和主要技术方法后，应针对系统的需求，逐步确立系统的体系结构进行主要功能的划分，确定完成各主要功能的子系统，确定各子系统的相应功能技术指标和各子系统之间的接口关系。子系统既可以是工业控制网络中的一个节点或一个控制站，也可以是一个单机系统中的某个局部。对于每个子系统，又可以进一步划分其硬件功能和软件功能。

**（4）确定系统组成框图**

用结构框图表示系统（硬件、软件）的体系结构，图中要标明系统各部分的组成结构、各部分之间的接口方式、系统与外界的接口等。如果是网络系统，还应图示其拓扑结构和使用的网络协议。

**（5）系统的综合与检查**

当系统的指标逐项得到分解、各子系统的功能指标均已落实、系统体系已经建立之后，设计者则应从系统总体的角度出发，对各子系统进行综合性分析，检查各模块的功能合成后能否达到系统的功能需求。

系统的总体方案反映了整个系统的综合情况，要从正确性、可行性、先进性、可靠性和经济性等角度来评价系统的总体方案。只有当拟定的总体方案能满足上述基本要求后，设计好的目标系统才有可能符合这样的基本要求。总体方案通过之后，才能为各子系统的设计与开发提供一个指导件的文件。

## 5.1.3　PLC 选型设计

在确定设计方案后，接下来的工作就是 PLC 的选型设计。工艺流程的特点和应用要求是 PLC 设计选型的主要依据。选择 PLC 系统时，首先确保 PLC 系统的硬件、软件及其功能满足控制要求；其次是考虑 PLC 系统的整体性和扩充性，兼顾 PLC 系统的可维护性、应

用的广泛性、技术上的通用性、硬件的重配性、软件环境的易用性等。目前大部分 PLC 都提供了 IEC61131 中的 PLC，更适合不同的设计者协同设计一个大型的 PLC 工程项目，有利于缩短编程时间。

**（1）I/O 点数的估算**

估算 I/O 点数时应考虑适当的裕量，通常保留 10％～20％ 的扩展裕量。实际订货时，还应结合各大公司 PLC 或输入/输出模块的特点及配置点数，最终确定该系统的 I/O 点数。

**（2）存储器容量的估算**

存储器容量是 PLC 提供的硬件存储器容量，包括程序存储器和数据存储器。程序容量是存储器中用户程序占用的存储器容量，因此，程序容量小于存储器容量。有的 PLC 只能扩展程序存储器，而不能扩展数据存储器。程序容量在设计阶段往往是未知的，需在程序调试之后才可以准确知道。存储器的容量估算没有原则上的规定，因为程序的复杂程度对程序容量的影响比较大。设数字量 I/O 点数为 $D_n$，模拟量 I/O 点数为 $A_n$，工程中一般按下式确定存储器的容量 $M_n$。

$$M_n = [D_n \times (10\sim15) + A_n \times (50\sim100)] \times 1.25 \tag{5-1}$$

式中，$M_n$ 的单位为字，即 16 位。多数小型 PLC 的数据单元都以字为基本单位，其容量一般是固定的，但程序存储器则可以使用相应的存储器卡进行扩展。

**（3）功能的选择**

PLC 的功能包括运算功能、控制功能、通信功能、编程功能和诊断功能等。

① 运算功能　简单 PLC 的运算功能包括逻辑运算、计时和计数功能；普通 PLC 的运算功能还包括数据移位、比较等运算功能；较复杂运算功能有代数运算、数据传送等；大中型 PLC 还有模拟量的 PID 运算和其他高级运算功能。选型时应从实际应用的要求出发，合理选用所需的运算功能。大多数应用场合，只需要逻辑运算和计时/计数功能，有些应用需要数据传送和比较，当用于模拟量检测和控制时，才使用代数运算，数值转换和 PID 运算等。要显示数据时，可能还需要译码和编码等运算。

② 控制功能　控制功能包括 PID 控制运算、前馈补偿控制运算、比值控制运算等，应根据控制要求确定。PLC 主要用于顺序逻辑控制，因此，大多数场合采用单回路或多回路控制器解决模拟量的控制，有时也采用智能输入/输出专用单元完成所需的控制功能，以提高 PLC 的处理速度和节省存储器容量，如采用 PID 控制单元、高速计数器等。

③ 通信功能　小型 PLC 至少应提供 RS-485 通信接口，大中型 PLC 系统应支持多种现场总线和标准通信接口和协议（如 PROFIBUS、工业以太网等）。需要时可与工厂管理网（TCP/IP）互联，通信协议符合 ISO/IEEE 相关标准，是开放的通信网络。为减轻 CPU 的通信任务，根据网络组成的实际需要，可选择具有不同通信功能的通信处理器。

④ 编程功能　IEC 61131 规定了 5 种标准化编程语言，即顺序功能图（SFC）、梯形图（LD）、功能模块图（FBD）3 种图形化语言和语句表（IL）、结构文本（ST）两种文本语言。选用的编程语言应遵守 IEC 61131 标准。大中型 PLC 还应支持多种语言编程形式，如 C、Basic 等，以满足特殊控制场合的控制要求。

⑤ 诊断功能　PLC 的诊断功能包括硬件和软件的诊断。硬件诊断通过硬件的逻辑判断确定硬件的故障位置。软件诊断则分内诊断和外诊断，内诊断是指对 PLC 内部的性能和功能进行诊断；外诊断是指对 PLC 的 CPU 与外部输入/输出等部件的信息交换功能进行诊断。PLC 诊断功能的强弱，直接影响其可维护性，并影响平均维修时间（MTTR）。

⑥ 处理速度　PLC 采用扫描方式工作。从实时性要求来看，处理速度应越快越好，如

果信号持续时间小于扫描时间，则 PLC 将扫描不到该信号，将造成信号数据的丢失。处理速度与用户程序的长度、CPU 处理速度、软件质量等因素有关。目前，PLC 指令的响应时间为 $0.2\sim0.4\mu s$ 或更快，能适应控制要求高、实时性要求高的应用场合。在工程中，考虑到用户程序的容量及其复杂性，一般要求小型 PLC 的扫描时间不大于 $0.5ms/K$，大中型 PLC 的扫描时间不大于 $0.2ms/K$。

**（4）机型的选择**

① PLC 的类型　PLC 按结构可分为整体型和模块型两大类；按应用环境可分为现场安装和控制室安装两类；按 CPU 字长为 1 位、4 位、8 位、16 位、32 位和 64 位等。从应用角度出发，通常可按控制功能或输入输出点数选型。小型 PLC 一般为整体型，其 I/O 点数一般在 256 点以内用于小型控制系统；模块型 PLC 提供多种 I/O 卡件或插卡，用户可合理地选择和配置控制系统的 I/O 点数，功能扩展方便灵活，一般用于大中型控制系统。目前，在我国用量较大的 PLC 分别是西门子、三菱和欧姆龙的产品，其次是罗克韦尔和松下的 PLC 产品，选型时应尽可能优先考虑主流产品，以获得更多的技术支持和更好的售后服务。

② I/O 模块的选择　I/O 模块的选择应考虑与应用系统要求的统一。例如，对输入模块，应考虑信号电平、信号传输距离、信号隔离及信号供电方式等应用要求。对输出模块，应考虑选用的输出模块类型。PLC 的开关量类型一般有继电器、晶闸管和晶体管等形式。继电器输出模块具有价格低、使用电压范围宽，但寿命短、响应时间较长等特点；晶闸管输出模块适用于开关频繁、电感性低功率因数负荷场合，但价格较贵，过载能力较差；晶体管输出一般采用集电极开路输出方式或电平输出方式，集电极开路输出一般具有相对较高的响应频率，适用于驱动数字显示等。模拟量输入模块具有 mA、V、mV，常用热偶、热阻输入等类型，且具有各种不同的输入量程。一般模拟量输出模块具有 $0\sim20mA$、$4\sim20mA$、$-5\sim+5V$、$-10\sim+10V$、$0\sim10V$ 等多种输出范围。对于要求较高的 I/O 控制，可合理地选用智能型 I/O 模块，以便提高控制水平，有时还要考虑是否需要扩展机架或远程 I/O 机架等。

③ 电源的选择　一般 PLC 系统的电源应选用 220V AC 电源，与国内电网电压一致。重要的应用场合，应采用不间断电源或稳压电源供电。对于没有零线的控制现场，应通过隔离变压器将 380V AC 转换为 220V AC。对于有模拟量的 PLC 系统，可选用直流供电的 PLC，配备相应的线性电源，这样可提高数据采集的精度，减小开关电源高频噪声对模拟量的影响。PLC 系统的输入和输出最好采用不同的电源供电，既可避免输入回路和输出回路之间的交叉影响，又可以防止外部高压电源因误操作而引入 PLC。

④ 存储器的选择　为保证应用系统的正常运行和必要的扩充裕量，一般要求 PLC 的存储器容量按 256 个 I/O 点至少对应 8K 存储器进行选择。需要复杂控制功能时，应选择容量更大、档次更高的存储器。

⑤ 冗余功能的选择　对于高可靠性的系统，一般要求冗余设计。PLC 的冗余包括控制单元的冗余和 I/O 接口单元的冗余两部分。对于重要的过程单元、CPU 及电源等应该首先 $1:1$ 冗余，也可将两套完全相同的 PLC 系统构成主从式、热备式或双工方式的冗余系统。对于可靠性要求相对较高的系统，其 I/O 接口单元可以采取 $n:1$ 的冗余方案，即 $n$ 块工作的 I/O 模块备份 1 块 I/O 模块。

⑥ 经济性考虑　在规定的时间内，利用规定的成本实现规定性能的 PLC 系统，才是最优秀的方案，即要求系统的总体性价比最优。考虑经济性时，应同时考虑系统的可扩展性、可操作性、可维护性、投入产出比等因素。I/O 点数对价格有直接影响，每增加一块 I/O 模块就将增加一定的费用，当点数增加到某一数值后，相应的存储器容量、机架、母板等也要

相应增加，因此，点数的增加对 CPU 选用、存储器容量、控制功能范围等选择都有影响，最终导致性价比的变化。因此，在估算和选用时应充分考虑，确保整个控制系统具有合理的性价比。

## 5.2　电气系统及电气图的设计

电气图设计的主要任务是根据电气系统的控制要求，理清其逻辑关系，选择合适的元件，采用合适的设计软件和电气图标准符号，设计出完整的电气图。

### 5.2.1　电气图设计基础

#### （1）电气图的分类

PLC 控制系统的电气图一般包括主电路图、PLC 系统电源图、PLC 输入回路图、PLC 输出回路图、端子接线图、元件安装图、面板元件布局图、操作台或控制柜简图等。在电气图中，一般采用图号对电气图进行分类。每张电气图都有一个图号，一般由字母串和数字串组成，字母中表示某个系统，整个系统的所有图纸或某一类图纸的这部分一般是相同的，数字串则表示该系统的第几类图纸。例如，可以使用图号"LDzz-01""LDzz-02""LDzz-03""LDzz-4"……分别表示铝锭铸造系统的主电路、PLC 及直流电源、PLC 输入回路、PLC 输出回路等的电气图。

#### （2）电气图设计软件

电气图设计软件主要有通用 CAD 软件和专用电气设计软件两大类。目前，使用最多的 CAD 软件是 AutocCAD，许多从事电气设计和控制系统设计的公司都不同程度地使用 AutoCAD 来设计电气图。但是 AutoCAD 主要是服务于机械设计，既无电气元件库，也不提供电气资源、元件统计等电气图设计所必需的功能。因此，大中型控制系统公司一般不使用 AutoCAD 来设计电气图，国外的公司尤其如此。专用电气设计软件主要有 ePLAN、PCSchematic、AutoCAD Electrical、Engineering Base 等，其中 AutoCAD Electrical 是和 AutoCAD 兼容的 CAD 软件，非常适合于熟悉 AutoCAD 的设计人员。AutoCAD Eiectrical 具有 AutoCAD 的所有功能，并在其基础上扩展了用于设计电气控制系统的诸多功能。除了扩展功能之外，用户界面也根据电气设计过程的需要进行了专门设计。在 AutoCAD Electrical 中，所有 AutoCAD 命令仍可使用。AutoCAD Electrical 提供了真实的电气控制系统设计环境，可使设计人员将注意力集中在设计和工程任务上，而不是重复的绘图功能上，从而帮助创建更好的设计、减少错误并节约时间。明细表、导线列表和端子表等项目报表可以从原理图设计中自动生成，仅此功能便可显著地提高效率、减少错误。AutoCAD Electrical 还可自动完成图形的创建，从而缩短设计时间，对设计进行更改时也比使用标准的 AutoCAD 更快、更精确。

#### （3）电气图设计标准

为了便于交流、技术管理和资源共享，电气图的图形符号、文字符号和电气技术文件的编制等都必须遵循相应的国家最新标准。电气图用图形符号的国家最新标准为 GB/T 4728 系列，总共包括 13 个部分。该系列标准始于 1984 年，分别于 1985 年、1996 年、1997 年、1999 年、2000 年和 2005 年等进行了多次修订和重新发布，1996 年以前颁布的相应标准已经停止使用，目前仍然有效的最新标准号如表 5-1 所示。电气技术用文件编制的国家最新标

准为 GB/T 6988 系列，最初的名称是电气制图标准，现在的名称是电气技术用文件编制标准。GB/T 6988 系列标准始于 1986 年，分别于 1987 年、1993 年、1997 年和 2002 年等进行了多次修订。1997 年以前的标准已经废除，目前的最新标准号如表 5-2 所示。

表 5-1　关于电气图用图形符号的系列标准

| 国家标准号 | 标准名称 |
| --- | --- |
| GB/T 4728.1—2005 | 第 1 部分：一般要求 |
| GB/T 4728.2—2005 | 第 2 部分：符号要素、限定符号和其他常用符号 |
| GB/T 4728.3—2005 | 第 3 部分：导体和连接件 |
| GB/T 4728.4—2005 | 第 4 部分：基本无源元件 |
| GB/T 4728.5—2005 | 第 5 部分：半导体管和电子管 |
| GB/T 4728.6—2008 | 第 6 部分：电能的发生与转换 |
| GB/T 4728.7—2008 | 第 7 部分：开关、控制和保护器件 |
| GB/T 4728.8—2008 | 第 8 部分：测量仪表、灯和信号器件 |
| GB/T 4728.9—2008 | 第 9 部分：电信：交换和外围设备 |
| GB/T 4728.10—2008 | 第 10 部分：电信　传输 |
| GB/T 4728.11—2008 | 第 11 部分：建筑安装平面布置图 |
| GB/T 4728.12—2008 | 第 12 部分：二进制逻辑元件 |
| GB/T 4728.13—2008 | 第 13 部分：模拟件 |

表 5-2　关于电气技术用文件编制的系列标准

| 标准号 | 标准名称 |
| --- | --- |
| GB/T 6988.1—2008 | 电气技术用文件的编制　第 1 部分：规则 |
| IEC 61082—4 | 电气技术用文件的编制位置文件与安装文件 |
| GB/T 21654—2008 | 顺序功能表图用 GRAFCET 规范语言 |
| GB/T 6988.6 | 控制系统功能表图的绘制 |
| IEC 62027 | 零件表的编制 |
| GB/T 18135—2008 | 电气工程 CAD 制图规则 |
| IEC 61346-1 | 工业系统、成套装置与设备以及工业产品——结构原则与检索代号基本规则 |
| IEC 61346-2 | 工业系统、成套装置与设备以及工业产品——结构原则与检索代号物体的分类与分类码 |
| IEC 61346-4 | 工业系统、成套装置与设备以及工业产品——结构原则与检索代号对一些概念的讨论 |
| GB/T 16679—2009 | 工业系统、装置与设备以及工业产品　信号代号 |
| IEC 61666 | 工业系统、成套装置与设备以及工业产品——系统内端子的标识 |
| IEC 61355 | 成套设备、系统和设备文件的分类和代号 |
| GB/T 19529—2004 | 技术信息与文件的构成 |

## 5.2.2　电气图设计原则和方法

### （1）输入/输出编址表

设计编址表的任务是给 PLC 系统的输入信号、输出信号分配一个 I/O 地址。设计编址表时，首先按照系统或设备的工艺将其分解为相对独立的子系统，每个子系统采用连续编址，每段编址之间保留一定的裕量，便于临时增加输入/输出信号；其次是考虑信号的类型，对相同类型的信号进行归类和汇总，同类信号采取相对连续的 I/O 编址方法。为了便于设计和安装，有时也将不同子系统的同类输入信号进行汇总并采用连续编址。一般是按系统信号、操作信号和设备信号，触点信号和电平信号，交流和直流，24V 和非 24V 进行输入信号归类；按接触器驱动控制、电磁阀控制和指示灯输出进行输出信号归类。

### （2）主电路图

PLC 控制系统的主电路是指各类泵站电机、传动电机、风机、加热器等大型用电设备的单相或多相供电回路，其中关于电机启/停控制的主电路图最为常见。主电路设计的一般原则和方法如下：

① 进入系统的三相电源首先经过主电路向其他各电路或回路供电，因此，在主电路的三线电源进线处必须配置一个总电源开关。

② 一张主电路图可能包括多台电机的主回路，每台电机的主回路一般应包括空气开关、接触器、热继电器和电机等电气符号。

③ 如果要实现电机的正、反转，则需要使用两个接触器，但只需一个热继电器。两个接触器由两个中间继电器驱动，必须利用两个接触器的常闭触点互锁其控制线圈。

④ 导线截面积的标注。对于小功率电机，可将电机电缆视为控制电缆统一考虑，这种情况下，可不在主电路图中标注电缆的截面积，而代之以文字说明。对功率互不相同且功率较大的电机，由于电机电缆的成本相对较高，此时应该针对电机的实际功率选择并标出相应的柜内安装导线或柜外电机电缆的截面积。

### （3）PLC 系统电源图

PLC 电源图一般包括 PLC 的供电电源、直流电源等部分，设计 PLC 系统的电源图时可参考以下原则和方法：

① 对采用 220V AC 供电的 PLC，为了提高抗干扰能力，一般需要配置一台隔离变压路，以隔离 PLC 系统电源和主电路的电气关系。

② 在工厂不提供零线的情况下，必须配置一台隔离变压器，以便将 380V 的线电压转为 PLC 系统所需要的 AC 220V 电压。

③ 为了便于控制 PLC 系统的电源，一般须在隔离变压器输入侧配置一个空气开关。

④ 直流电源用于为 PLC 的输出回路、中间继电器线圈或电磁阀供电，电磁阀的电流一般为 0.5～2A，具体设计时应查阅相关手册。对于电磁阀较多的系统，直流电源的容量主要取决于电磁阀的个数。

⑤ 为了便于控制或维修，直流电源的输入侧和输出侧都应该配置相应的空气开关。

⑥ 当采用直流供电的 PLC 时，也需要配置相应的直流电源，此时，一般不再配置隔离变压器。因为直流本身是隔离的，为了隔离 PLC 系统的输入回路和输出回路，应该单独配置输入回路和输出回路的直流电源。对于有模拟量输入的 PLC 系统，应选择线性直流电源，有利于提高数据采集的精度和抗干扰能力。

### （4）PLC 输入回路图

PLC 系统的开关量输入信号一般包括系统信号、操作信号、设备状态信号 3 大类。系统信号来自其他 PLC 控制系统、DCS 系统、计算机测控系统等的控制信号。操作信号是操作人员给出的控制信号，一般来自电控柜、操作台、现场操作手柄等。设备状态信号来自生产现场的控制逻辑和设备的状态，例如设备允许信号、故障信号、压力继电器、温度继电器、液位继电器及行程开关等，按照不同的分类方式，开关量输入信号可分为触点信号和电平信号、交流信号和直流信号，24V 和非 24V 等多种类型。由此可见，PLC 输入回路是输入信号进入 PLC 的通路。设计输入回路可参考以下原则和方法：

① 规划每张输入回路的输入点数。大多数 PLC 采用八进制编址、8 位字节或 16 位字进行 I/O 地址，因此，在 A4 规格的图纸中设计 8 点输入回路比较合适。

② 按照输入编址表的顺序依次设计输入回路图。在设计过程中，考虑到系统信号、操作信号和设备状态信号的隶属关系和相互关系，可能需要调整输入编址表。有时将交叉进行编址表的调整和输入回路图的设计。

③ 从外部输入到电控柜的信号，必须分配接线端子，属于柜内的输入信号，如按钮、选择开关等，则不经过端子。

④ 为了清楚地表达输入回路的逻辑关系，有时需要设计不属于本系统而属于其他系统的电气元件和连接关系，此时应将这些元件放在虚线框内。

⑤ 对于 24V 电平信号或低频脉冲信号，其信号的负端或低端和 PLC 的 COM 端连接，正端或高端和 PLC 的输入端连接。

⑥ 对于 NPN 型接近开关，如果采用三线制，则电源接 PLC 的 24V DC，接近开关的公共端和 PLC 的 COM 端连接，信号输出端接 PLC 的输入端。如果是 PNP 型接近开关，则需增加相应的转换回路。

⑦ 对于非 24V 的电平信号或交流信号，增加相应的中间继电器进行转换。使用外部信号驱动中间继电器的线圈，将中间继电器的触点连接到 PLC 的输入和 COM 端。

⑧ 矩阵式输入回路的设计。当 PLC 系统的输入点数不够用时，可以采用矩阵式输入，其原理如图 5-2 所示。PLC 的输出公共端 COM1 和 PLC 的输入公共端 COM 必须连接，以形成回路，地址 PLC 的 Y0～Y3 依次输出矩阵的列信号，依次通过 PLC 的 X0～X3 读入矩阵的行信号，结合输出的列信号状态和读入的行信号状态即可获悉每个按钮的状态。例如，Y1=ON，如果 X0=ON 则说明 SB5 已接通；如果 X1=ON，则说明 SB6 被接通；依此类推。为了节省扫描时间，可先将 Y0～Y3 置为全 1（全为 ON，Y0～Y3 的输出晶体管导通），读入 X0～X3，如果不全为 0，则说明至少有一个按钮接通，此时可通过依次扫描获取已接通的按钮，否则不进行依次扫描。

⑨ 模拟量输入回路。一般系统的模拟量输入模块可直接实现 0～5V、0～10V、−10～+10V 等电压信号或 0～20mA、4～20mA 或 −20～+20mA 等电流信号。有的 PLC 系统的模拟量模块还能直接处理热偶信号和热阻信号。对于低电平模拟量信号或小信号，在设计输入电路图时应采用差动输入方式，大信号或高电平信号既可采用单端输入方式，也可采用差动输入方式。对于小信号输入，应采用屏蔽双绞线，并设计屏蔽接地。对于同一种规格的模拟量信号应分配到同一个模块，以便设置统一的分辨率来提高系统的精度。PLC 系统的周围一般都有大功率电机等设备，因此，PLC 系统和传感器或变送器之间以电流信号进行传输。

### （5）PLC 输出回路图

PLC 系统的开关量输出信号一般包括系统信号、指示信号和设备控制信号 3 大类。系

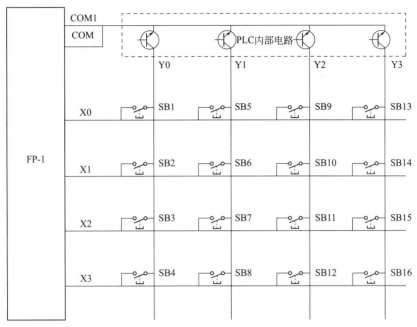

**图 5-2 矩阵式输入回路的设计**

统信号直接输出到其他 PLC 控制系统、DCS 系统和计算机测控系统等，用于联络其他系统实现协调、握手或控制作用。指示信号一般包括设备状态、生产状态、运行状态和控制方式等，一般使用指示灯进行显示。设备控制信号包括电机接触器、电磁阀、比例阀和调节阀等各类阀体的控制。接触器和电磁阀一般使用开关量进行控制，比例阀和调节阀使用4～20mA电流信号进行控制。由此可见，PLC 输出回路是 PLC 输出控制信号的通路，设计输出回路时可参考以下原则和方法：

① 规划每张输出回路图的输出点数。与输入回路图类似，大多数 PLC 采用八进制编址、8 位字节或 16 位字进行 I/O 编址，因此，在 A4 规格的图纸中设计 8 点输出回路比较合适。

② 按照输出编址表的顺序依次设计输出回路图。在设计过程中，考虑到系统信号、显示信号和设备控制信号的隶属关系和相互关系，可能需要调整输出编址表。有时将交叉进行编址表的调整和输出回路图的设计。

③ 输出到外部的控制信号，必须分配接线端子，属于柜内的输出信号，如指示灯，则不经过端子。

④ 为了清楚地表达输出回路的逻辑关系，有时需要设计不属于本系统而属于其他系统的电气元件和连接关系，此时应将这些元件放在虚线框内。

⑤ 对于指示灯输出回路，无论是继电器输出型 PLC 还是晶体管输出型 PLC，都可直接驱动指示灯，不必设计中间继电器。

⑥ 无论是 AC 220V 的电磁阀，还是 DC 24V 的电磁阀，为了提高系统的可靠性，一般在输出回路的设计中都增加一级中间继电器。如果驱动 DC 24V 的电磁阀，应在电磁阀的线圈两端反向并联 1 支二极管，为线圈断开过程产生的反电势提供续流回路，保护触点并防止触点在断开时刻产生火花。如果驱动 AC 220V 电磁阀，电磁阀的线圈两端并联相应的阻容吸收电路。

⑦ 接触器的线圈电压一般为 AC 220V 或 AC 380V，因此，在输出回路的设计中必须增

加一级中间继电器，使用中间继电器的触点为接触器施加 AC 220V 或 AC 380V 的线圈电压。

⑧矩阵式输出回路的设计。当 PLC 系统的输出点数不够用时，可采用矩阵式输出，其原理如图 5-3 所示。用于输出矩阵行信号和列信号所对应的 PLC 的输出公共端必须连在一起，并和 DC 24V 的负端连接，才能形成回路。图 5-3 使用 Y10～Y13 输出行信号，使用 Y14～Y17 输出列信号。例如，要点亮指示灯 HL5，则 Y10＝OFF，Y15＝ON，此时的 DC 24V 正端经过限流电阻、指示灯 HL5，Y15 的内部晶体管流回 DC 24V 的负端，由此形成一个电流通路，因此指示灯亮。为了稳定地点亮所有指示灯，必须动态地输出行信号和列信号，刷新 4 行或 4 列信号的周期应小于或等于 20ms，否则会出现闪烁。

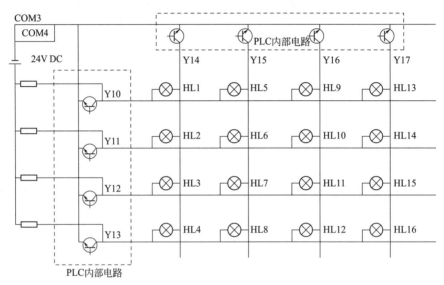

图 5-3　矩阵式输出回路的设计原理

⑨ 模拟量输出回路。一般 PLC 系统的模拟量输出模块可直接输出 0～10V、－10～＋10V 等电压信号或 0～20mA、4～20mA 或－20～＋20mA 等电流信号。在 PLC 系统中，一般采用电流信号，以提高模拟量输出信号的抗干扰能力。对于存在大功率电机、变频器等设备的场合，模拟量输出回路也应使用屏蔽线，并设计屏蔽接地。

**（6）端子图的设计**

端子图一般以表格的形式汇总电源图、输入回路和输出回路中使用的端子、信号名称及其线号。端子号一般每隔 5 节按 1，5，10，…进行编号，便于查找。线号和信号名称应与输入、输出回路图中的标准一致。

**（7）面板布局图**

操作人员通过操作面板进行操作，因此，对面板上的元件进行合理布局是非常重要的。一般遵循以下原则和方法：

① 简洁、完整、对称、协调，便于操作。

② 按钮、选择开关和指示灯的横向间距、纵向间距一般取 80mm 为宜，避免太密而发生误操作。

③ 相对动作的按钮应该相邻排列，例如，左移和右移按钮应横向左右排列，上升和下降按钮可按上下垂直排列。

④ 相应的动作指示灯应位于其动作按钮的上方，使其动作显示直观明了。

⑤ 多级液位指示灯应垂直排列，便于直观显示液位情况，多个行程开关的指示可依据行程开关的实际动作方向进行垂直排列或横向排列。

**（8）底版元件安装图**

一般以简图的形式大致绘出元件在底版上的安装位置。

**（9）柜体结构图**

一般以简图的形式向柜体生产厂家表明柜体的基本尺寸、结构形式和工艺要求。

# 5.3　控制程序设计

PLC 控制系统仍然可以视为由硬件和软件两部分组成，软件即 PLC 的控制程序，是 PLC 控制系统的核心，是满足控制需求、实现控制功能的关键。

## 5.3.1　控制程序的模块化设计

大部分 PLC 都可按模块化思想来组织控制程序，诸如 PLC 完全可基于功能、功能块来组织整个控制程序。对于不采用块组织的 PLC，一般都具有子程序和子程序调用指令，基于子程序的设计思想可将一个大型的控制程序划分为若干个功能相对独立的程序模块。PLC 的程序模块一般由多行语句或多步语句或多行梯形图组成，模块的划分应尽量满足如下条件：

① 模块的内部结构对外界而言如同一个"黑匣子"，其内部结构的变化不影响模块的外部接口条件，一般只需要了解调用的输入输出参数和实现的功能，而不必关心其内部的实现过程。

② 将模块间的耦合度减至最小，一般只传递必要的数据（正如子程序的入口参数和出口参数）而不传递状态参数，以减少相互依存的程度。

③ 每个模块只实现 1～2 个基本功能，每个模块的语句步数不要过多，以便调试和查错。

采用模块化程序设计，可降低系统设计和系统实施的复杂程度。借助于模块化程序设计方法，可将复杂的控制程序分解成若干个子程序模块，再将一个个子程序逐层分解成一系列的层次型的子程序模块，直至分解到最基本的子程序模块为止。为便于管理和在多个工程中重用，每一层次的模块都应有相应的模块设计说明。

## 5.3.2　程序设计方法

PLC 采用计算机控制技术，其本质仍然是计算机，因此，用于计算机软件设计的部分方法也可应用于 PLC 程序设计。但是，PLC 按扫描原理工作，且主要侧重于逻辑控制和顺序控制，因此，PLC 的程序设计又有许多独有的方法。常用的 PLC 程序设计方法主要有继电器线路替代设计法、经验设计法、逻辑代数法、状态图和顺序控制法及 Petri 网等。

**（1）继电器线路替代法**

替代设计法是用 PLC 的梯形图程序替代原有的继电器逻辑控制线路。如果利用 PLC 改造传统的继电器控制系统，可直接采用此法设计 PLC 系统或其某个局部的控制程序。例如，某摇臂钻床控制程序的设计即可采用此方法。一般来说，替代法的基本步骤如下。

① 将原有电气控制系统输入信号及输出信号作为 PLC 的 I/O 点，设计相应的 I/O 编址表。

② 用 PLC 的 M 触点取代原有电气线路的中间继电器的触点，用 PLC 的 M 线圈取代原有中间继电器的线圈，用 PLC 的梯形图完成原有控制线路的逻辑控制功能。

**（2）经验设计法**

经验设计法也称为凑试法，是工程技术人员经常选用的一种设计方法。该方法要求设计者掌握和积累大量的典型梯形图，在掌握这些典型梯形图的基础上，充分理解实际的控制问题，将实际的控制问题分解为典型的梯形图，然后进行组合，结合实际的控制需求，修改成实际需求的梯形图程序。通过不断学习和实际工作，读者可不断积累典型的梯形图资源，诸如，电机的启/停控制程序、电机正/反转控制程序、电机 Y/△ 启动控制程序、多级传送带的启/停控制程序、输入触点滤波程序、模拟量输入程序、模拟量输出程序、PID 调节程序及通信口初始化程序等。本书的各类梯形图均可作为典型梯形图资源使用，此外，读者还可从各种 PLC 教材或专著中收集更多的典型梯形图。

**（3）逻辑代数设计方法**

逻辑代数设计方法仿照数字电子技术中的逻辑设计方法进行 PLC 梯形图程序设计，其基本思路是使用逻辑表达式描述实际问题，从而获得逻辑表达式，根据逻辑表达式设计梯形图。以走廊灯两地控制程序为例，灯的控制输出可表示为：

$$YO=\overline{XO} \cdot X1+XO \cdot \overline{X1} \tag{5-2}$$

基于该表达式，很容易编写出梯形图。在实际工程中，单纯的条件控制系统相当于组合逻辑电路，表达式书写简单，对开关量的控制过程可用逻辑代数式表示、分析和设计。由此可见，逻辑代数设计法在各种开关量控制系统中非常实用。逻辑代数设计法的一般步骤如下：

① 根据控制要求列出逻辑代数表达式。

② 对逻辑代数式进行化简。

③ 设计 I/O 编址表，并根据化简后的逻辑表达式设计梯形图程序。

**（4）流程图设计法**

PLC 采用计算机控制技术，其程序设计同样可遵循软件工程设计方法，即 PLC 控制程序及其运行过程可以流程图来表示。但是，由于 PLC 基于扫描工作原理，PLC 程序的流程图设计法与计算机程序流程图设计法略有不同，从整体上看，PLC 程序始终是一个循环结构，即不断地进行输入刷新、程序扫描和输出刷新。流程图设计法的一般步骤如下：

① 画出控制系统流程图。

② 设计 I/O 编址表。

③ 根据流程图，设计梯形图。

**（5）顺序功能图设计法**

如果系统的动作或工序存在明显的先后关系或顺序关系，一般可采用顺序功能图设计法，简称 SFC 设计法。其基本步骤如下：

① 根据工作任务设计控制系统的动作顺序图或状态图或节拍表，找出状态发生转换的条件。

② 设计 I/O 编址表。

③ 将状态流程图翻译成梯形图。

如果有 SFC 编程环境，可以直接使用 SFC 进行编程，设计系统的 SRC 程序，此时不必转换成相应的梯形图控制程序。

### （6）Petri 网设计法

1962 年，德国的 C. A. Petri 博士提出了 Petri 网理论，主要用于并发、离散系统的建模。经过多年的发展，该理论已在复杂 PLC 程序设计中获得了广泛应用。Petri 网包括的两种要素称为位置（S 元素）和变迁（T 元素），它们分别表示系统的状态和变化。每个位置所包含的令牌（Token）数可表示出系统状态，通过 Token 的流动来演变控制触发的规则。基于 Petri 网设计 PLC 控制系统时，Petri 网理论主要用来构建控制器的逻辑关系，借助于 Petri 网导出逻辑表达式、从而设计出 PLC 控制程序。

下面以自动导向小车运输系统为例，介绍基于 Petri 网设计 PLC 控制程序的基本步骤和方法。小车的行走路线如图 5-4 所示，本系统有 2 个下料工作站 O1 和 O2，3 个上料工作站 I1、I2和 I3。图中圆圈表示的触点用来检测小车在一段路程结束时的状况，小车每到

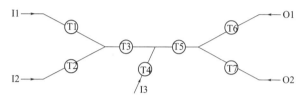

图 5-4　自动导向小车运输系统行走路线

达 1 个触点，控制系统必须决定是停下等待还是继续行驶。为避免撞车，将传送网络划分为若干段，在任意给定时刻，每 1 段上不能多于 1 辆小车。在本系统中，假设上料站 I1 向下料站 O1 供料；上料站 I2 向下料站 O2 供料；上料站 I3 既可向下料站 O1 供料，又可向下

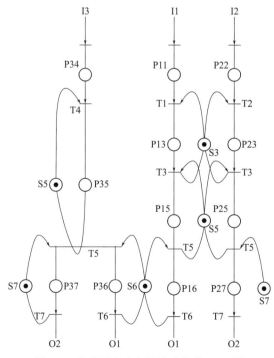

图 5-5　自动导向小车运输系统的 Petri 网

料站 O2 供料。由此可见，从 3 个上料站发出的小车对同一段路的使用具有竞争性，当 2 辆小车同时请求使用时，就产生了竞争。为了避免小车相撞，必须使用并发型设计思想。即在每个触点处，哪辆小车先到达触点，就将下一段路的使用权交给这辆小车，而只有当这辆小车离开这段路后，这段路的使用权才能交给其他的小车。通过在每辆小车上装备转向控制装置，可控制每辆小车在岔路口的转向。

基于上述思想，构建的自动导向小车运输系统的 Petri 网如图 5-5 所示。具有竞争性质的资源，即每一段路备用 1 个位置元素 S 来表示，当没有小车在路上行驶时，其 S 元素内部包含 1 个 Token。图 5-5 中，$Ii$ 为第 $i$ 个上料站上料标志（输入信号）；$Pji$ 为小车 $i$ 在 $j$ 路段上的行驶状况；$Sj$ 为路段 $j$ 空着的标志；T 为小车 $i$ 离开 $j$ 路段时的触发标志（输入信号）。图 5-5 的 Petri 网模型给出了 4 种可能的行车顺序：

H1→O1，I2→O2，I3→O1，I3→O2。系统中不同的小车在不同的路段上可以同时运行。通过分析所构造的 Petri 网，可以写出该自动导向系统的逻辑方程：

$$P11=（I1+P11）\times \overline{T1} \qquad P13=（T1\times S3+P13）\times \overline{T3}$$

$$P15=（T3\times S5+P15）\times \overline{T5} \qquad P16=（T5\times S6+P16）\times \overline{T6}$$

$$P22=（I3+P22）\times \overline{T2} \qquad P23=（T2\times S3+P23）\times \overline{T3}$$

$$P25=（T3\times S5+P25）\times \overline{T5} \qquad P27=（T5\times S7+P27）\times \overline{T7}$$

$$P34=（I3+P14）\times \overline{T4} \qquad P35=（T4\times S5+P35）\times \overline{T5}$$

$$P36=（T5\times S6+P36）\times \overline{T6} \qquad P37=（T5\times S7+P37）\times \overline{T7}$$

$$S3=（T3+S3）\times \overline{（P13+P23）} \qquad S5=（T5\times S5）\times \overline{（P15+P25+P35）}$$

$$S6=（T6+S6）\times \overline{（P16+P36）} \qquad S7=（T7+S7）\times \overline{P27}$$

由此可得小车的行车输出逻辑为：

小车 1 的行车控制输出：OUT11＝P11＋P13＋P15＋P16

小车 2 的行车控制输出：OUT12＝P22＋P23＋P25＋P27

小车 3 的行车控制输出：OUT13＝P34＋P35＋P36＋P37

转向输出逻辑为：

小车 1 转向控制输出：OUT21＝P16

小车 2 转向控制输出：OUT22＝P26

小车 3 转向控制输出：OUT23＝P36＋$\overline{P37}$

针对具体的 PLC 编写梯形图时，只需使用具体的软元件替换表达式中的各变量即可写出梯形图。例如，可将上料触点信号 I1～I3 分配为 X0～X2，路段位置触点信号 T1～T7 分配为 X3～X11，行车控制输出 OUT11～OUT13 分配为 Y0～Y2，转向控制输出 OUT11～OUT13 分配为 Y3～Y5；S$i$ 和 P$ij$ 用 M 取代。根据上述逻辑关系，即可写出自动导向小车运输系统的梯形图控制程序。

## 5.4　PLC 控制系统的抗干扰设计

PLC 自身具有较强的环境适应能力和抗干扰能力，但并不保证基于 PLC 设计的控制系统具有同样的环境适应能力和抗干扰能力，这就需要设计者对具体的控制需求、干扰源特点和传播途径进行抗干扰设计。

### 5.4.1　干扰源及其传播途径

#### （1）干扰源及分类

干扰源又称为噪声。按产生噪声的根源可将噪声分为放电噪声、高频振荡噪声和浪涌噪声；按传导方式可将噪声分为串模噪声和共模噪声。按噪声信号的波形及性质可将噪声分为持续正弦波噪声、偶发脉冲波噪声和脉冲序列噪声 3 种。

#### （2）干扰源的传播

干扰源的传播又称为耦合，主要有以下 6 种耦合方式：

① 直接耦合方式，即干扰信号直接经过线路传导到工作电路中。例如，干扰信号经过电源线进入 PLC 控制系统是最常见的直接耦合现象。

② 公共阻抗耦合方式，即是噪声源与信号源具有公共阻抗时的传导耦合。

③ 电容耦合方式，则是电位变化在干扰源与干扰对象之间引起的静电感应，如组件之

间、导线之间、导线与组件之间存在的分布电容所引起的噪声传导通路。

④ 电磁感应耦合方式，即交变电流在载流导体周围产生磁场，会对周围的闭合电路产生感应电动势。

⑤ 辐射耦合方式，即当高频电流流过导体时，在该导体周围便产生高频交变的电力线或磁力线，从而形成电磁波。

⑥ 漏电耦合方式，即当相邻的组件或导线之间的绝缘阻抗降低时，有些信号便经过绝缘电阻耦合到逻辑组件的输入端形成干扰。

无论何种干扰源，一般是通过传导和直接辐射两种途径进入 PLC 控制系统中的。例如，通过容性耦合或感性耦合把电磁场干扰直接辐射到 PLC 控制系统中，通过输入/输出信号线、电源线和地线，再把干扰传导到 PLC 控制系统中。

## 5.4.2　抗干扰措施

### （1）串模干扰的抑制措施

若串模干扰频率比被测信号频率高，则采用低通滤波器来抑制高频串模干扰。如果串模干扰频率比被测频率低，则采用高通滤波器来抑制低频率串模干扰。如果干扰频率处于被测信号频谱的两侧，则使用带通滤波器较为适宜。当尖峰型串模干扰成为主要干扰源，系统对采样速率要求不高时，使用双斜率积分式模/数转换器可削弱串模干扰的影响。在电磁感应成为串模干扰的主要干扰源的情况下，对被测信号应尽可能早地进行前置放大，或尽可能早地完成模/数转换，或采用隔离和屏蔽等措施。如果串模干扰的变化速度与被测信号相当，则应消除产生串模干扰的根源，并在软件中使用复合数字滤波技术。

### （2）共模干扰的抑制措施

共模干扰的抑制可采用变压器或光电耦合器把各种模拟信号与数字信号隔离开来，也就是把"模拟地"与"数字地"断开。也可采用浮空输入和屏蔽放大器来抑制共模干扰。使用差分输入前置放大器、仪表放大器、精密线性稳压电源等也有利于提高共模抑制比。对于 PLC 系统处理模拟量时，选用隔离型模拟量输入模块和差动输入方式，一般可以抑制共模干扰。

### （3）电源回路的抗干扰措施

如果 PLC 有模拟量信号，可选用高稳定性、低纹波的线性电源为模拟量模块供电。配置隔离变压器、电源滤波器也可降低电源回路的干扰。大多数 PLC 系统和电机设备并存，将电机电缆和信号线分开敷设和穿管，可减小动力电源回路对信号回路的干扰。

### （4）信号的长距离传送

对于开关量信号，如果触点信号距离 PLC 系统较远，应使用有源传送，并用 AC 220V 或 DC 48V 驱动输入从动继电器。对于模拟量信号，应使用双绞屏蔽线传送 4～20mA 电流信号或以现场总线方式进行传送。

### （5）软件措施

对于开关量信号，使用定时器进行延时滤波，确保输入信号的有效性和跳变的有效性；对于模拟量信号，可加长模块提供的滤波时间常数或设计相应的数字滤波程序。

# 5.5　PLC 控制系统的接地技术

良好的接地处理有利于抑制干扰信号和稳定 PLC 控制系统的工作状态，接地处理不当则可能导致系统工作异常，甚至根本不能工作。有的 PLC 系统对接地要求极为严格。系统的接地按其性质可分为安全接地、工作接地和屏蔽接地 3 种。

## 5.5.1　安全接地

### （1）保护接地

将电气设备的金属外壳与大地之间用良好的金属连接，接地电阻越小越好。

### （2）保护接零

在低压三相四线制中，如果变压器二次侧的中性点接地，则称为零点，这时，由中性点引出的线不叫中性线而叫作零线。此时，如果将电气设备直接接地，则要求接地电阻小于 $1\Omega$，但小于 $1\Omega$ 的接地电阻在实际中很难实现，因此，一般将电气设备直接接到零线，以达到接地保护的目的。

## 5.5.2　工作接地

### （1）浮地方式

PLC 控制系统及其电气装置的整个地线与大地之间无导体连接则称为浮地方式。在浮地方式中，如果系统对地的电阻很大，对地的分布电容很小，则系统由外界共模干扰引起的干扰电流则很小。但是，系统一般对地存在较大的分布电容，很难实现真正的对地悬浮，当系统的基准电位受到干扰导致不稳定时，将通过对地分布电容产生电流，从而导致设备不能正常工作。

### （2）直接接地方式

这种接地方式的优缺点与浮地方式正好相反。当控制设备对地存在很大的分布电容时，只要选择合理的接地点，就可抑制分布电容对系统的影响。

### （3）电容接地方式

经过电容器将工作地与大地相连。这种接地方式对高频干扰分量提供对地通道，抑制分布电容的影响，对低频信号或直流信号则近似于浮地方式。

## 5.5.3　屏蔽接地

### （1）信号电缆屏蔽层接地

如果信号源侧存在较大的共模噪声，则应该在信号源侧将屏蔽层接地，这是常用的屏蔽层接地方式；如果信号源侧的共模噪声信号不大，信号源侧又不便于接地，则可考虑在信号接收侧将屏蔽层接地；如果信号源侧的共模噪声信号不大，且地线电流可忽略不计时，仅用屏蔽层抑制外界干扰，则可考虑在信号线两端将屏蔽层接地。

### （2）双绞线接地

当双绞线的一根用作信号线，另一根用作屏蔽线（地线）时，则干扰电压在两根导线上产生的感应电流的方向相反，感应磁通引起的噪声电流互相抵消，故应采用两端接地方式。

### （3）变压器屏蔽层的接地

电源变压器的静电屏蔽层应接保护地。具有双重屏蔽的电源变压器的一次绕组的屏蔽层接保护地，二次绕组的屏蔽层接屏蔽地线。

## 5.5.4　接地方法

① 安全接地均采用一点接地方式。工作接地有一点接地和多点接地两种。
② 接地线尽可能粗，最好用接地网或接地铜板，确保接地电阻很小。
③ 将模拟地和数字地分别通过各自的接地点接入大地。模拟信号的各接地点应通过同一个铜板接入大地。

# 5.6　PLC 控制系统设计实例

本实例选择几种典型 PLC 控制系统的设计为例，实践 PLC 控制系统的设计方法和设计过程。该控制系统所选项目并非太复杂，只是给出的 PLC 控制系统设计过程相对典型和完整，以期达到抛砖引玉之成效。限于篇幅，在这些实例中也仅重点介绍有关 PLC 控制核心部分的设计，而对于通用电气控制部分的设计，资料繁多，这里不再赘述。

## 5.6.1　四工步注液机的 PLC 控制

### （1）控制要求

注液机由带密封门的外罩、两个气缸和安置工件的托盘组成，图 5-6 所示的托盘、工件和气缸被安装在图 5-7 所示带密封门的外罩里。注液工作过程分 3 个部分。

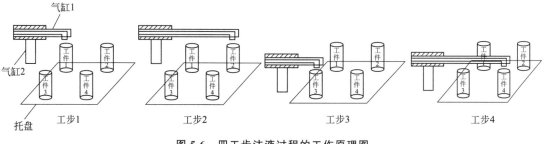

图 5-6　四工步注液过程的工作原理图

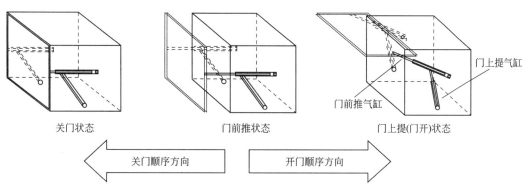

图 5-7　开/关门过程工作原理

① 将需要注液工件放置在托盘固定位置，通过按钮控制把密封门关闭。按钮采用自锁型，按下时按钮自锁是开门，再按一下自锁断开是关门。图 5-7 是开关门过程的示意图。

② 通过按钮启动真空泵进行抽真空，经过 5s 后注入干燥剂。其中真空泵启/停由压力传感器设定的上限和下限控制。

③ 按按钮启动注液，通过两个气缸的动作，按四步分别给工件注液，其工作原理如图 5-6 所示。

**（2）设计步骤**

① 工艺要求分析　系统控制要求如上所述。具体实现的程序要求为：

a. 系统上电后，初始状态密封门是关闭的，操作人员按下开门/关门按钮，程序输出门前推信号，气缸动作，经过延时（定时由现场调试确定）输出门上提信号，气缸动作，开门过程完成。如图 5-7 中从左向右的次序是开门过程。开门后操作人员将工件放入托盘，再按按钮进入关门过程，这个过程与开门过程次序相反，如图 5-7 中从右向左的次序是关门过程。

b. 关门过程完成后，操作人员按下启动抽真空按钮，程序输出真空泵运转信号，当压力传感器到上限真空泵运转停止，同时延时 5s 后启动干燥泵注入干燥剂；当压力传感器到下限真空泵重新运转。

c. 当抽真空到上限注入干燥剂后，操作人员就可以启动注液过程。图 5-6 所示为注液过程的步骤，气缸和注液的动作时间由现场调试确定，在本例的时间是 5s。注液过程重复 3 次。

d. 所有的输出都是采用 24V 直流电源。

② 控制系统硬件设计　根据工艺要求归纳出系统的输入输出的 I/O 点数：

a. 输入：外关门按钮（带自锁）、抽真空按钮（带自锁）、气压上限、气压下限、注液启动。

b. 输出：门前推、门上提、真空泵、干燥泵、注液泵、气缸 1、气缸 2、结束指示。

通过统计即输入 5 点、输出 8 点。主机可选用松下 AFPX-C30R 型 PLC，它的输入 16 点，输出 14 点，完全能满足系统的控制要求。系统的外部接线图如图 5-8 所示。图中还对输入输出分配了 I/O 地址。

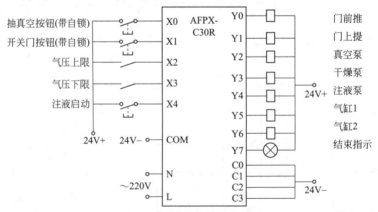

**图 5-8　四工步注液机控制系统外部接线图**

③ 系统软件设计　根据工艺要求和控制系统外部接线图设计出如图 5-9 所示的控制梯形图。梯形中可以有元件的注释，也有块的注释。如图中的开关门注释块。

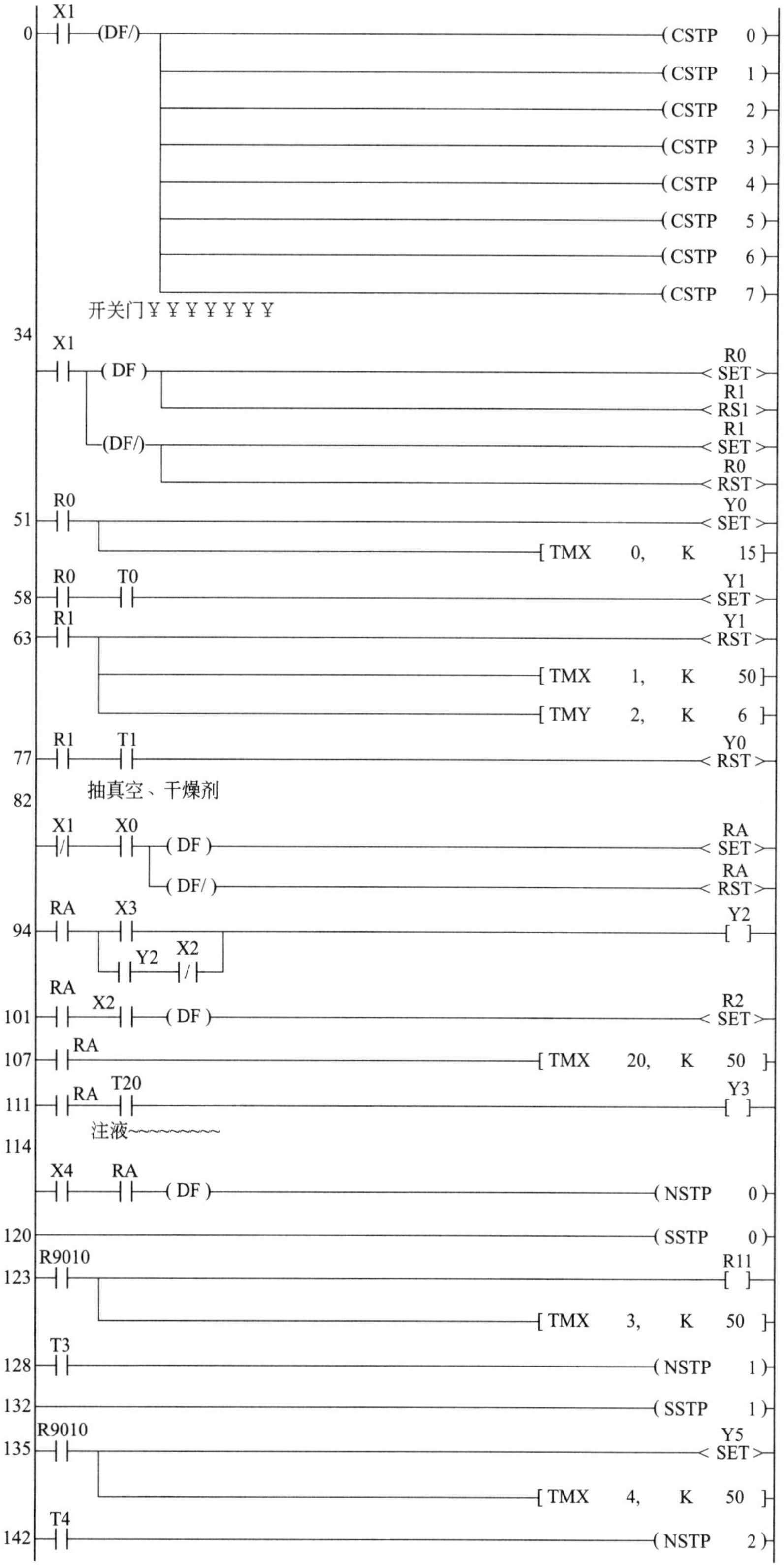

```
        X1
0  ──┤├──(DF/)──────────────────────────────────(CSTP    0)─
                  ├──────────────────────────────(CSTP    1)─
                  ├──────────────────────────────(CSTP    2)─
                  ├──────────────────────────────(CSTP    3)─
                  ├──────────────────────────────(CSTP    4)─
                  ├──────────────────────────────(CSTP    5)─
                  ├──────────────────────────────(CSTP    6)─
                  └──────────────────────────────(CSTP    7)─
        开关门 Y Y Y Y Y Y Y Y
```

说明：
　X1下降沿是开门
信号，停止所有
的工作。

```
        X1
34 ──┤├──(DF )──────────────────────────────── R0
                │                              < SET >
                │                                R1
                │                              < RS1 >
           └──(DF/)─────────────────────────── R1
                                              < SET >
                                                R0
                                              < RST >
        R0                                      Y0
51 ──┤├───────────────────────────────────── < SET >
        │
        └──────────────────────────[ TMX    0,   K    15 ]
        R0    T0                                Y1
58 ──┤├──┤├────────────────────────────────── < SET >
        R1                                      Y1
63 ──┤├───────────────────────────────────── < RST >
        │
        ├──────────────────────────[ TMX    1,   K    50 ]
        │
        └──────────────────────────[ TMY    2,   K     6 ]
        R1    T1                                Y0
77 ──┤├──┤├────────────────────────────────── < RST >
82      抽真空、干燥剂
        X1    X0                                RA
   ──┤/├──┤├──(DF )──────────────────────────── < SET >
                │                                RA
                └──(DF/)──────────────────────── < RST >
        RA    X3                                Y2
94 ──┤├──┤├──────────────────────────────────── [  ]
        │  ┌─Y2──X2─┐
        │  └─┤├──┤/├┘
        RA    X2                                R2
101 ──┤├──┤├──(DF )──────────────────────────── < SET >
        RA
107 ──┤├───────────────────────────[ TMX   20,   K    50 ]
        RA   T20                               Y3
111 ──┤├──┤├──────────────────────────────────── [  ]
114     注液〜〜〜〜〜
        X4    RA
   ──┤├──┤├──(DF )───────────────────────────── (NSTP    0)─
120 ──────────────────────────────────────────── (SSTP    0)─
        R9010                                   R11
123 ──┤├──────────────────────────────────────── [  ]
        │
        └──────────────────────────[ TMX    3,   K    50 ]
        T3
128 ──┤├────────────────────────────────────── (NSTP    1)─
132 ──────────────────────────────────────────── (SSTP    1)─
        R9010                                   Y5
135 ──┤├──────────────────────────────────────── < SET >
        │
        └──────────────────────────[ TMX    4,   K    50 ]
        T4
142 ──┤├────────────────────────────────────── (NSTP    2)─
```

R0开门标志，
R1关门标志。

注液过程使用
步进指令极为方
便。

图 5-9

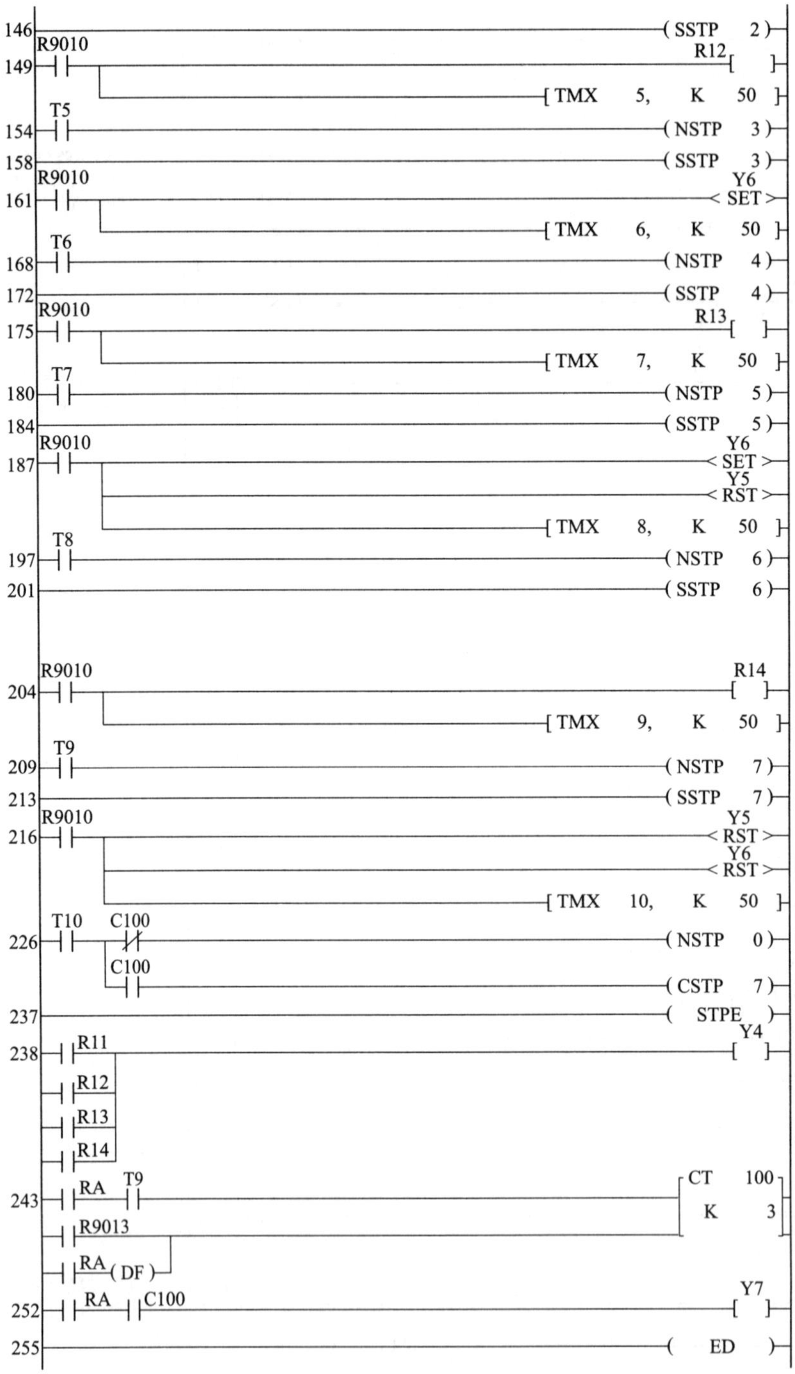

```
146                                                              ( SSTP   2 )
    R9010                                                              R12
149 ─┤├─┬─                                                           ─[  ]─
     │  └─────────────────────────────[ TMX    5,  K   50 ]
     T5
154 ─┤├─                                                      ( NSTP   3 )
158                                                              ( SSTP   3 )
    R9010                                                              Y6
161 ─┤├─┬─                                                      < SET >
     │  └─────────────────────────────[ TMX    6,  K   50 ]
     T6
168 ─┤├─                                                      ( NSTP   4 )
172                                                              ( SSTP   4 )
    R9010                                                              R13
175 ─┤├─┬─                                                           ─[  ]─
     │  └─────────────────────────────[ TMX    7,  K   50 ]
     T7
180 ─┤├─                                                      ( NSTP   5 )
184                                                              ( SSTP   5 )
    R9010                                                              Y6
187 ─┤├─┬─                                                      < SET >
     │                                                               Y5
     │                                                          < RST >
     │  └─────────────────────────────[ TMX    8,  K   50 ]
     T8
197 ─┤├─                                                      ( NSTP   6 )
201                                                              ( SSTP   6 )

    R9010                                                              R14
204 ─┤├─┬─                                                           ─[  ]─
     │  └─────────────────────────────[ TMX    9,  K   50 ]
     T9
209 ─┤├─                                                      ( NSTP   7 )
213                                                              ( SSTP   7 )
    R9010                                                              Y5
216 ─┤├─┬─                                                      < RST >
     │                                                               Y6
     │                                                          < RST >
     │  └─────────────────────────────[ TMX   10,  K   50 ]
     T10  C100
226 ─┤├──┤/├─                                                 ( NSTP   0 )
     C100
     ─┤├─                                                     ( CSTP   7 )
237                                                              (   STPE  )
    R11                                                              Y4
238 ─┤├─┬─                                                           ─[  ]─
     R12│
    ─┤├─┤
     R13│
    ─┤├─┤
     R14│
    ─┤├─┘
     RA  T9                                                     ┌CT    100┐
243 ─┤├──┤├─                                                    │         │
     R9013                                                      │K      3 │
    ─┤├─┤                                                       └─────────┘
     RA (DF)
    ─┤├─┤
     RA  C100                                                        Y7
252 ─┤├──┤├─                                                         ─[  ]─
255                                                              (   ED   )
```

注意注液输出
用中间继电器转
换一下，避免双
重输出。

图 5-9　四工步注液机的控制梯形图程序

## 5.6.2　温度报警系统

### （1）控制要求

温度报警系统的控制要求是由 BCD 拨码盘做温度设定值，其范围是 0～99℃，温度测量采用 Pt100 传感器。Pt100 传感器通过转换电路变换成 0～10V，表示为 0～100℃。当测量温度大

于设定值时温度报警指示灯亮，当测量温度小于等于设定值时，温度正常指示灯亮。

**（2）硬件设计**

根据控制要求，可选用主机松下 AFPX-C14R 型 PLC 和模拟量插卡 AFPX-AD2。BCD 拨码盘占 8 位输入，2 个温度状态指示灯和 1 个码盘出错指示灯共占 3 个输出。设计的硬件接线如图 5-10 所示。

X0 X1 X2 X3 X4 X5 X6 X7 COM
1 2 4 8 1 2 4 8
24V+
AFPX-
C14R
24V−
BCD拨码盘个位
BCD拨码盘十位
AFPX-
AD2
CH0
V I SEL COM
Y0 Y1 Y2 Y3 Y4 Y5 C3 L N
24V−
24V+
~220V
转换电路
Pt100
温度正常
温度报警
码盘出错

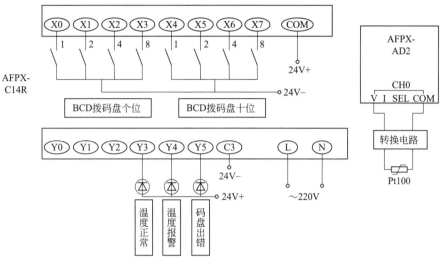

**图 5-10 温度报警系统接线图**

**（3）软件设计**

根据控制要求和硬件接线图设计的软件梯形图如图 5-11 所示。

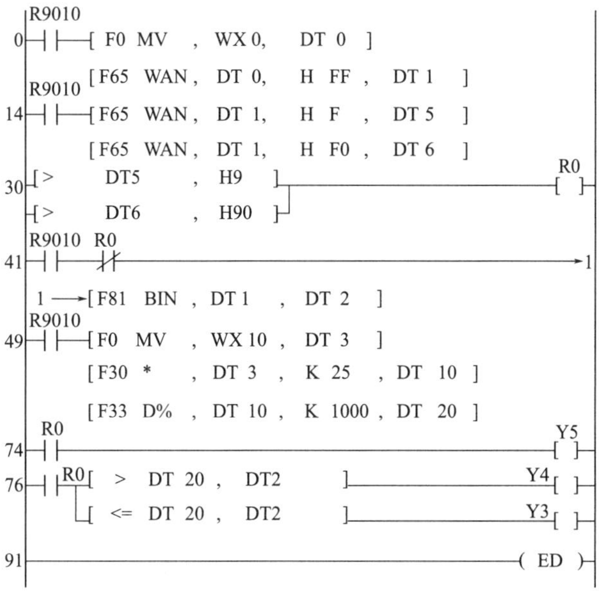

R9010
0 [F0 MV , WX 0, DT 0 ]
[F65 WAN , DT 0, H FF , DT 1 ]
R9010
14 [F65 WAN , DT 1, H F , DT 5 ]
[F65 WAN , DT 1, H F0 , DT 6 ]
30 [> DT5 , H9 ]
[> DT6 , H90 ]
R0
R9010 R0
41 1
1 [F81 BIN , DT 1 , DT 2 ]
R9010
49 [F0 MV , WX 10 , DT 3 ]
[F30 * , DT 3 , K 25 , DT 10 ]
[F33 D% , DT 10 , K 1000 , DT 20 ]
R0
74
Y5
76 R0 [ > DT 20 , DT2 ]
Y4
[ <= DT 20 , DT2 ]
Y3
91 ( ED )

**图 5-11 软件梯形图**

软件程序说明如下：

① BCD 码数据是由外部输入，接线错误和硬件损坏有可能造成数据不是 BCD 码，而

F81 指令是处理 BCD 码的，当数据不是 BCD 码时，主机就会报错，因此程序设计一段指令判断数据是否为 BCD 码，不是就输出码盘错误指示灯亮。

② 0～100℃温度的模拟量转变数字量后对应 0～4000，即 1bit 表示 0.025℃，因为是小数，所以在程序计算温度时采用先扩大 1000 倍做乘法，然后做除法还原。

### 5.6.3　铣床的 PLC 控制

铣床的种类很多，有立铣、卧铣、龙门铣和仿形铣等，它们的加工性能及使用范围各不相同，但梯形图程序的设计方法基本一致。下面以 X62W 万能升降台铣床为例进行示范设计。

**（1）控制要求**

X62W 万能升降台铣床的结构外形图如图 5-12 所示。其电气原理图如图 5-13 所示。它采用三相笼形异步电动机拖动，并且主轴的主运动和工作台的进给运动分别由单独的电动机拖动。铣床主轴的主运动为刀具的切削运动，有顺铣和逆铣两种加工方式。工作台的进给运动有水平工作台前、后、左、右、上、下六个方向的进给运动，以及圆工作台的回转运动。其控制要求简述如下。

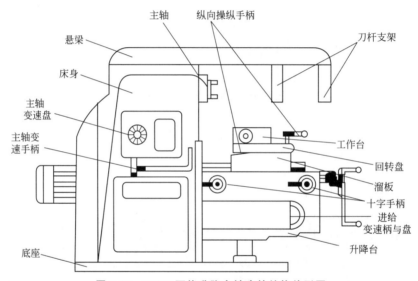

**图 5-12　X62W 万能升降台铣床的结构外形图**

① 主轴电动机 M1（7.5kW、1450r/min）空载时直接启动，为实现顺铣和逆铣两种加工方式，要求能够正反转。为提高生产率，要求采用电磁制动器 YB 进行停车制动。同时从安全和操作方便的角度考虑，换刀时主轴应处于制动状态，且主轴电动机 M1 可在两处实行启/停等控制操作。

② 工作台进给电动机 M2 直接启动，而且要求能够正反转。为提高生产率，要求空行程时可快速移动。工作台的各进给运动之间必须联锁，并由手柄操作机械离合器选择进给运动的方向。

③ 电动机 M3 拖动冷却泵，在铣削加工时提供切削液。

④ 主轴运动和进给运动采用变速孔盘来进行速度选择。为保证变速齿轮进入良好的啮合状态，要求电动机在变速后能够瞬时点动。

⑤ 加工工件时，为保证设备安全，要求主轴电动机 M1 启动后，工作台进给电动机 M2 才能启动。

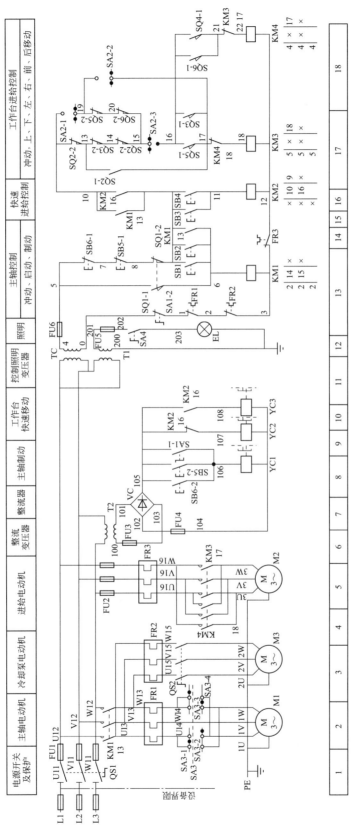

图 5-13　X62W 万能升降台铣床的电气原理图

**（2）动作分析**

① 主轴电动机 M1 的启动。主轴换向开关选定电动机的转向后，闭合主轴上刀制动开关 SA2-1，然后按下启动按钮 SB3 或 SB4，主交流接触器 KM1 的线圈得电，其主触点闭合，主轴电动机 M1 按给定方向启动运转。

② 主轴电动机 M1 的制动。按下停止按钮 SB1 或 SB2，其常闭触点使主交流接触器 KM1 的线圈失电，主轴电动机 M1 脱离电源，同时其常开触点闭合，使电磁制动器 YB 的线圈得电，对 M1 进行制动停车。当进行换刀和上刀操作时，闭合主轴上刀制动开关 SA2-2，在 KM1 线圈失电的同时 YB 线圈得电，使 M1 处于制动状态不能转动，保证了换刀和上刀操作的顺利进行。

③ 主轴变速时的瞬时点动。合上主轴上刀制动开关 SA2-1，通过变速手柄的复位压动瞬时点动行程开关 SQ7，使交流接触器 KM1 的线圈得电，主轴电动机 M1 启动运转。变速手柄复位后，松开行程开关 SQ7，M1 停车，完成一次瞬时点动。

④ 水平工作台的纵向进给运动。合上工作台转换开关 SA1-1 和 SA1-3，将纵向操作手柄扳到右（左）方，带动机械离合器接通纵向进给运动的机械传动链，同时压动行程开关 SQ1（SQ2），使交流接触器 KM2（KM3）的线圈得电，其主触点闭合，进给电动机 M2 正（反）转，水平工作台右（左）移。

⑤ 水平工作台的横向及升降进给运动。水平工作台的横向及升降进给运动由十字复合手柄和行程开关 SQ3、SQ4 组合控制。合上工作台转换开关 SA1-1 和 SA1-3，十字复合手柄扳到上（下）方，带动机械离合器接通垂直进给运动的机械传动链，同时压动行程开关 SQ3（SQ4），使交流接触器 KM2（KM3）的线圈得电，其主触点闭合，进给电动机 M2 正（反）转，水平工作台上（下）移。

若十字复合手柄扳到前（后）方，则水平工作台前（后）移。其工作过程与横向进给运动的工作过程类似，请读者自行分析。

⑥ 水平工作台的快速移动。按下快速移动按钮 SB5 或 SB6，交流接触器 KM4 的线圈得电，使正常进给电磁离合器 YC2 的线圈失电，同时快速进给电磁离合器 YC1 的线圈得电，接通快速移动传动链，水平工作台沿给定方向快速移动。松开按钮 SB5 或 SB6，则恢复水平工作台的正常进给运动。

⑦ 水平工作台变速时的瞬时点动。合上工作台转换开关 SA1-1 和 SA1-3，通过变速手柄的复位压动瞬时点动行程开关 SQ6，使交流接触器 KM2 的线圈得电，进给电动机 M2 启动运转。变速手柄复位后，松开行程开关 SQ6，M2 停车，完成一次瞬时点动。

⑧ 圆工作台的运动。把水平工作台的操作手柄扳到中间不工作位，合上工作台转换开关 SA1-2，交流接触器 KM2 的线圈得电，其主触点闭合，使进给电动机 M2 正转，拖动圆工作台转动。

⑨ 根据加工需要，冷却泵电动机 M3 通过转换开关手动直接控制切削液。

**（3）机型选择**

根据控制要求，选择松下 FP1 系列 C40 小型 PLC 控制。

**（4）PLC 的 I/O 点分配**

PLC 的 I/O 点分配见表 5-3。

表 5-3   PLC 的 I/O 点分配

| 输入设备名称 | PLC 输入点 | 输出设备名称 | PLC 输出点 |
|---|---|---|---|
| 照明开关 SA4 | X0 | 照明灯 EL | Y0 |
| 主轴停止按钮 SB1 | X1 | 主交流接触器 KM1 | Y1 |
| 主轴停止按钮 SB2 | X2 | 正转交流接触器 KM2 | Y2 |
| 主轴启动按钮 SB3 | X3 | 反转交流接触器 KM3 | Y3 |
| 主轴启动按钮 SB4 | X4 | 快速交流接触器 KM4 | Y4 |
| 快速移动按钮 SB5 | X5 | 电磁制动器 YB | Y5 |
| 快速移动按钮 SB6 | X6 | 快速进给电磁离合器 YC1 | Y6 |
| 瞬时点动行程开关 SQ7 | X7 | 正常进给电磁离合器 YC2 | Y7 |
| 瞬时点动行程开关 SQ6 | X8 | | |
| 向后、向下进给行程开关 SQ4 | X9 | | |
| 向前、向上进给行程开关 SQ3 | XA | | |
| 向左进给行程开关 SQ2 | XB | | |
| 向右进给行程开关 SQ1 | XC | | |
| 主轴上刀制动开关 SA2-1 | XD | | |
| 主轴上刀制动开关 SA2-2 | XE | | |
| 工作台转换开关 SA1-1 | XF | | |
| 工作台转换开关 SA1-2 | X10 | | |
| 工作台转换开关 SA1-3 | X11 | | |

### （5）PLC 的硬件接线图

PLC 的硬件接线图如图 5-14 所示。

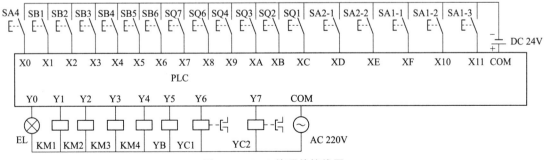

图 5-14   PLC 的硬件接线图

### （6）梯形图程序

实现 X62W 万能升降台铣床 PLC 控制的梯形图程序如图 5-15 所示。

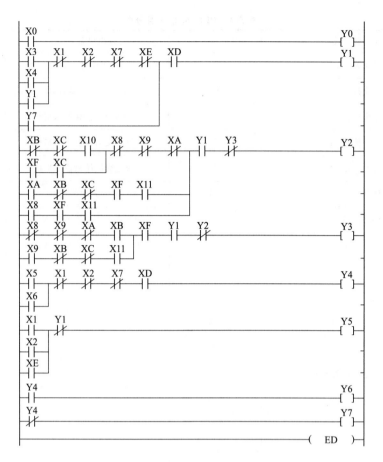

图 5-15　实现 X62W 万能升降台铣床 PLC 控制的梯形图程序

## 5.6.4　广告牌彩灯闪烁 PLC 控制

### （1）控制要求

① 第一状态要求输出：全亮→全灭→全亮……循环三次。

② 第二状态要求输出：在全部输出为 ON 的情况下，从最低位到最高位顺次 OFF 两次。

③ 第三状态要求输出：在全部输出为 ON 的情况下，从最高位到最低位顺次 OFF 两次。

④ 第四状态要求输出：在全部输出为 OFF 的情况下，从最低位到最高位顺次 ON 三次。

⑤ 第五状态要求输出：在全部输出为 OFF 的情况下，从最高位到最低位顺次 ON 三次。

⑥ 第六状态要求输出：在全部输出为 ON 的情况下，从最低位到最高位顺序 OFF 一位，OFF 两位，OFF 三位，OFF 两位，OFF 一位。

### （2）机型选择

根据控制要求，选择松下 FP1 系列 C40 小型 PLC 控制。

### （3）PLC 的 I/O 点分配

PLC 的 I/O 点分配见表 5-4。

表 5-4　PLC 的 I/O 点分配

| 输入设备名称 | PLC 输入点 | 输出设备名称 | PLC 输出点 |
|---|---|---|---|
| 启动按键 | X0 | L1 | Y0 |
| 停止按键 | X1 | L2 | Y1 |
|  |  | L3 | Y2 |
|  |  | L4 | Y3 |
|  |  | L5 | Y4 |
|  |  | L6 | Y5 |
|  |  | L7 | Y6 |
|  |  | L8 | Y7 |
|  |  | L9 | Y8 |

## （4）广告牌彩灯闪烁 PLC 控制的梯形图参考程序

广告牌彩灯闪烁控制梯形图程序如图 5-16 所示。

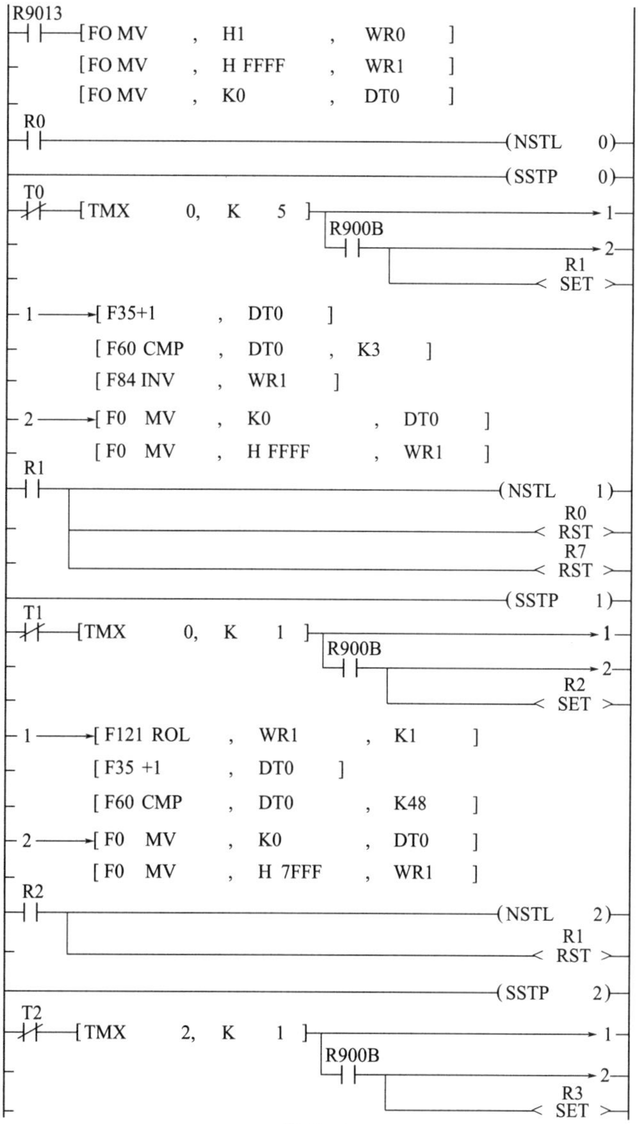

图 5-16

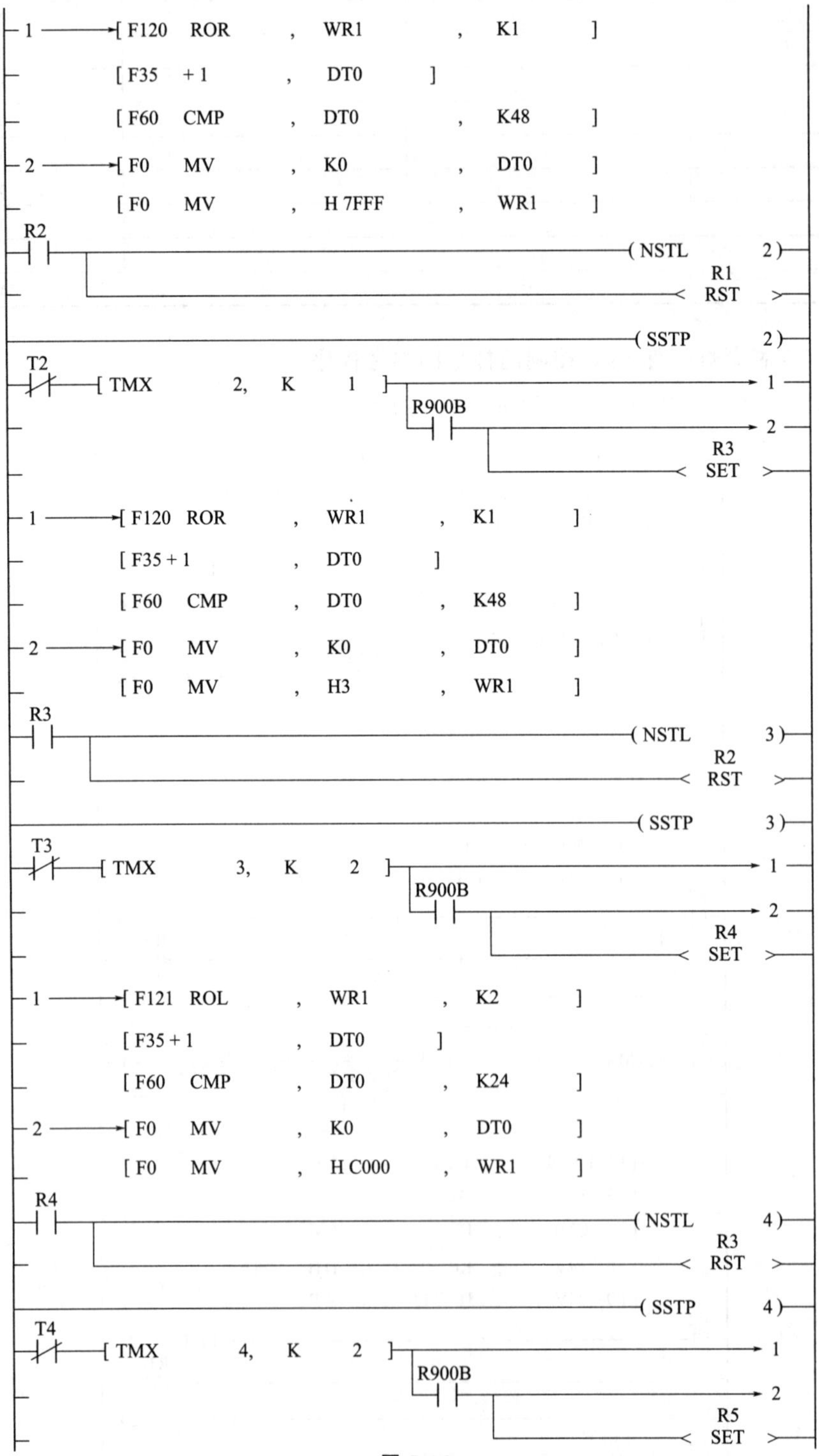

```
─1 ──────►[ F120  ROR      ,      WR1      ,      K1        ]

      [ F35  + 1      ,      DT0      ]

      [ F60  CMP      ,      DT0      ,      K48      ]

─2 ──────►[ F0   MV       ,      K0       ,      DT0      ]

      [ F0   MV       ,      H 7FFF   ,      WR1      ]

 R2
─┤├───────────────────────────────────────────( NSTL      2 )─
       │                                                  R1
       └──────────────────────────────────────────<   RST   >─

──────────────────────────────────────────────( SSTP      2 )─

 T2
─┤/├───[ TMX         2,   K    1  ]──────────────────► 1
                              │ R900B
                              └─┤├──────────────────► 2
                                       │               R3
                                       └──────────<   SET   >─

─1 ──────►[ F120  ROR      ,      WR1      ,      K1        ]

      [ F35 + 1       ,      DT0      ]

      [ F60  CMP      ,      DT0      ,      K48      ]

─2 ──────►[ F0   MV       ,      K0       ,      DT0      ]

      [ F0   MV       ,      H3       ,      WR1      ]

 R3
─┤├───────────────────────────────────────────( NSTL      3 )─
       │                                                  R2
       └──────────────────────────────────────────<   RST   >─

──────────────────────────────────────────────( SSTP      3 )─

 T3
─┤/├───[ TMX         3,   K    2  ]──────────────────► 1
                              │ R900B
                              └─┤├──────────────────► 2
                                       │               R4
                                       └──────────<   SET   >─

─1 ──────►[ F121  ROL      ,      WR1      ,      K2        ]

      [ F35 + 1       ,      DT0      ]

      [ F60  CMP      ,      DT0      ,      K24      ]

─2 ──────►[ F0   MV       ,      K0       ,      DT0      ]

      [ F0   MV       ,      H C000   ,      WR1      ]

 R4
─┤├───────────────────────────────────────────( NSTL      4 )─
       │                                                  R3
       └──────────────────────────────────────────<   RST   >─

──────────────────────────────────────────────( SSTP      4 )─

 T4
─┤/├───[ TMX         4,   K    2  ]──────────────────► 1
                              │ R900B
                              └─┤├──────────────────► 2
                                       │               R5
                                       └──────────<   SET   >─
```

图 5-16

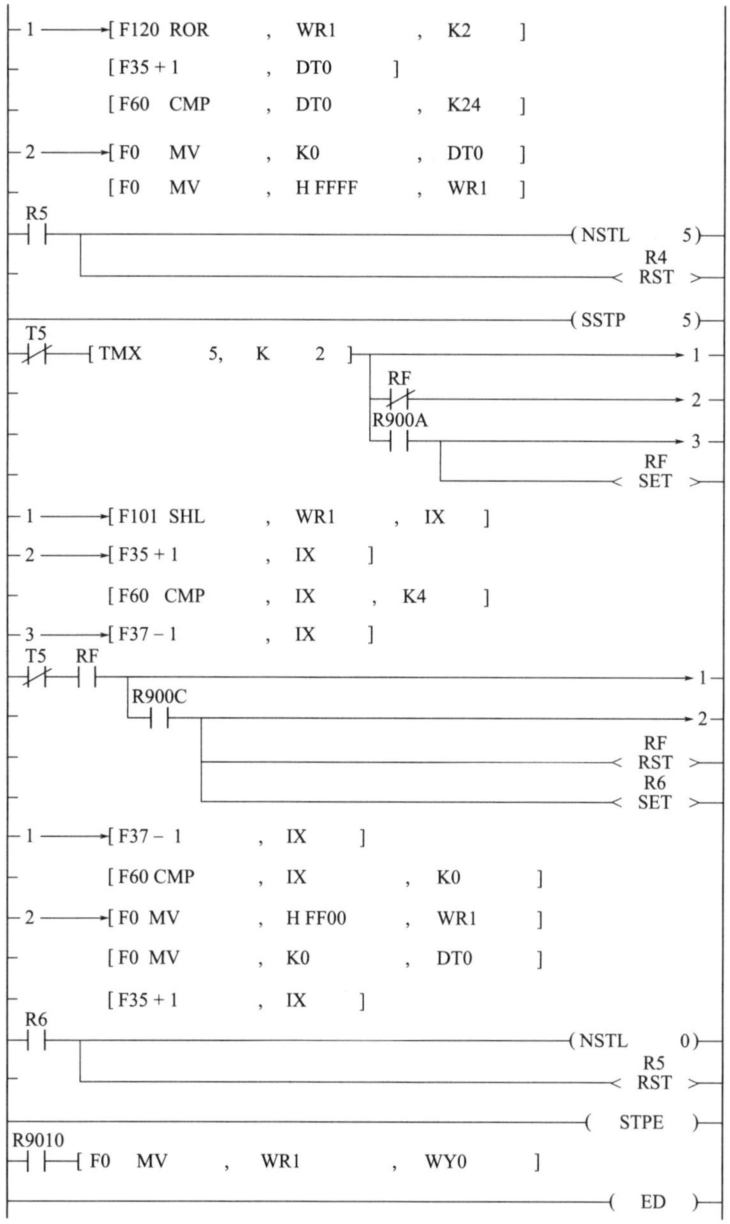

```
─1 ───────►[F120 ROR      ,   WR1       ,   K2      ]
     ├─────  [F35 + 1       ,   DT0       ]
     ├─────  [F60  CMP      ,   DT0       ,   K24     ]
─2 ───────►[F0    MV       ,   K0        ,   DT0     ]
     ├─────  [F0    MV       ,   H FFFF    ,   WR1     ]
    R5
     ├──┤├──────────────────────────────────────( NSTL    5 )
     │  └──────────────────────────────────────<  RST  R4  >
     │
     └─────────────────────────────────────────( SSTP    5 )
    T5
     ├──┤/├──[TMX         5,  K    2 ]─────────────► 1
     │                              ├──RF
     │                              ├──┤/├───────────► 2
     │                              ├──R900A
     │                              └──┤├────────────► 3
     │                                        └─────<  SET  RF  >
     │
─1 ───────►[F101 SHL      ,   WR1       ,   IX      ]
─2 ───────►[F35 + 1       ,   IX        ]
     ├─────  [F60  CMP      ,   IX        ,   K4      ]
─3 ───────►[F37 − 1       ,   IX        ]
    T5   RF
     ├──┤/├──┤├──────────────────────────────────► 1
     │       ├──R900C
     │       └──┤├──────────────────────────────► 2
     │          ├─────────────────────────────<  RST  RF  >
     │          └─────────────────────────────<  SET  R6  >
     │
─1 ───────►[F37 − 1       ,   IX        ]
     ├─────  [F60 CMP       ,   IX        ,   K0      ]
─2 ───────►[F0 MV         ,   H FF00     ,   WR1     ]
     ├─────  [F0 MV         ,   K0        ,   DT0     ]
     ├─────  [F35 + 1       ,   IX        ]
    R6
     ├──┤├──────────────────────────────────────( NSTL    0 )
     │  └──────────────────────────────────────<  RST  R5  >
     │
     └─────────────────────────────────────────(  STPE  )
  R9010
     ├──┤├──[F0    MV      ,   WR1       ,   WY0     ]
     │
     └─────────────────────────────────────────(  ED  )
```

图 5-16　实现广告牌彩灯闪烁 PLC 控制的梯形图程序

## 思考题

1. PLC 控制系统的设计步骤有哪些？其设计流程是怎样的？
2. PLC 控制系统的总体方案设计包括的主要内容是什么？
3. 如何进行 PLC 的选型设计？
4. 如何进行电气系统及电气图的设计？电气图设计原则和方法是什么？
5. PLC 控制程序设计的方法有哪些？
6. 如何进行 PLC 控制系统的抗干扰设计？
7. 如何进行 PLC 控制系统的接地设计？

8. 如何进行四工步注液机的 PLC 控制设计？

9. 如何进行温度 PLC 报警系统设计？

10. 如何进行铣床的 PLC 控制设计？

11. 如何进行广告牌彩灯闪烁 PLC 控制设计？

12. 认真总结归纳，本章内容中有哪些知识点？其重点和难点在哪里？

13. 本章的知识点对完全攻略 PLC 技术有何作用？通过本章的知识点的学习你有哪些收获？

# 第 6 章

# PLC基本的编程规则与最常用的编程环节

## 6.1 PLC 梯形图的特点

梯形图是一种图形语言，它在形式上沿袭了传统控制图，但简化了符号，还加进了许多功能强而又使用灵活的指令，将微机的特点结合进去，使得编程容易，而实现的功能却大大超过传统继电器控制图，深受用户欢迎。梯形图比较形象、直观，世界上各生产厂家的 PLC 都把梯形图作为第一用户编程语言，也是目前用得最多的 PLC 语言。图 6-1 所示是一个最简单的梯形图程序。

图中符号的含义如下：$X0$ 和 $X1$ 分别是常开和常闭输入接点；$Y10$ 表示输出，它可以表示各种形式的输出，既可以表示继电器，也可表示晶闸管、晶体管，总之是一个通用的符号，但在梯形图中一般均看作是一个继电器；$Y10$ 表示的是 $Y10$ 这个输出继电器的线圈。$Y10$ 作为一个输出继电

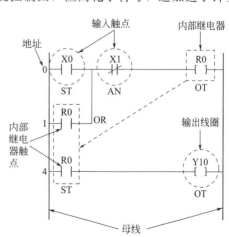

**图 6-1 简单的梯形图程序**

器，除了有线圈，它也有自己的触点，用符号 ┤Y010├ 表示它的常开触点。作为 Y10 的触点，在梯形图中就是输入量了。所以使用中可以看到同样的字符 Y10，用符号 ┤Y10├ 表示的是输出变量，而用 ┤Y010├ 表示的则是输入变量。同理，内部继电器 R0 也是如此。

图 6-1 这个梯形图的意义是一目了然的，它就是传统控制图中的"启-保-停"控制。用两个输入触点 X0、X1 控制一台电动机。当 X0 闭合时则 R0 接通并自保，即使 R0 断开 Y10 仍能保持接通。要使 Y10 断开，只能按压 X1。梯形图的书写应按一定规则，各厂家的符号和规则虽不尽相同，但基本上大同小异。

## 6.1.1  PLC 梯形图的基本规则

① 梯形图中的开关状态只有两种，一种是常开，即"┤├"，另一种是常闭，即"┤╱├"。它们既可以表示外部开关，也可以表示内部开关或触点（即内部继电器触点）。与传统的控制图一样，每一开关的状态都有自己的特殊标记，以示区别。同一标记的开关可以反复使用，次数不限，因为每一开关的状态均存入 PLC 内的行储单元中，可以反复使用。这和传统控制不同，传统控制图中每一开关对应一个物理实体，故使用次数有限。这也是 PLC 区别于传统控制的一大优点。

② 梯形图中输出用 ┤XX├ 表示，括号上面的"XX"是输出变量的代号。同一输出变量只能使用一次。

③ 梯形图最左边是起始母线，每一逻辑行必须从起始母线开始画起。最右边还有结束母线（即右母线，右母线可省略）。

④ 梯形图按从左到右，自上而下的顺序书写，CPU 也是按此顺序执行程序。

⑤ 梯形图中的开关（触点）可以任意串或并，输出可以并联，但不能串联。

⑥ 程序结束时应有结束符号，一般用"ED"表示。

## 6.1.2  PLC 梯形图的特点

① 与电气操作原理图相对应，具有直观性和对应性。

② 与原有的继电器逻辑控制技术相一致，便于掌握和学习。

③ 与原有的继电器逻辑控制技术的不同点是，梯形图中的能流不是实际意义的电流，内部继电器也不是实际存在的继电器，因此，要与原有继电器逻辑控制技术的有关概念区别对待。

④ 对较为复杂的控制系统，与功能表图等程序语言比较，描述不够清晰。

⑤ 与布尔助记符程序设计语言有一一对应关系，便于互相转换和对程序的核查。

## 6.1.3  PLC 的助记符语言程序

助记符语言是用布尔助记符来描述程序的一种程序设计语言。布尔助记符积序设计与计算机的汇编语言非常相似，采用助记符来表示操作功能。例如，用助记符 ST 表示 START，它在英语中表示开始，在梯形图中表示连接在梯级母线的第一个元件。因此，语句 ST X1 表示常开接点 X1 接件母线的第一个位置。此外，用 OT 表示输出。

下图说明如何将梯形图转换为助记符。

【例 6-1】    设 X0、X1、X2 均为常开开关（指外部实际开关），则梯形图如图 6-2（a）所示。可用助记符表示，如图 6-2（b）所示。

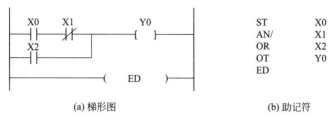

(a) 梯形图　　　　　　　　　　　　(b) 助记符

图 6-2　例 6-1 梯形图的助记符

梯形图中的开关（触点）对应的是 PLC 中的一个存储单元，而并不是简单对应开关本身的物理实体，所以使用者不要把梯形图中的开关符号和实际的开关等同起来。在梯形图中这些符号只是一个逻辑变量，常开开关断开时为逻辑"0"，接通时为逻辑"1"。

X0、X1、X2 作为三个输入端子分别接在开关上，这些开关本身是常开开关。而梯形图中若要求 X1 作为常闭开关用时，则需将 X1 状态求反后再存入 PLC 中，所以应加 NOT。

【例 6-2】　梯形图如图 6-3（a）所示。可用助记符表示如图 6-3（b）所示。

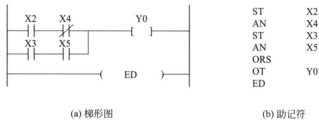

(a) 梯形图　　　　　　　　　　　　(b) 助记符

图 6-3　例 6-2 梯形图的助记符

图 6-3 中 ORS 是 Or Stack 的英文缩写，表示将两组串联的开关并接在一起，相当于"组或"。

布尔助记符程序设计语言的特点如下。

① 采用助记符表示操作功能，具有容易记忆、便于掌握的特点。

② 在编程器的键盘上采用助记符表示，具有便于操作的特点。

③ 与梯形图具有对应关系，因此在应用时，人们常采用梯形图编程，而在将程序输入至 PLC 时，把梯形图转换为助记符，再键入，便于对程序的理解和检查。

④ 输入的元素数量不受显示屏的限制。

⑤ 对于复杂的控制系统描述不够清楚。

# 6.2　PLC 梯形图编程方法

## 6.2.1　PLC 编程前的准备

### （1）编程准备三要素

① 应对输入/输出信号进行地址或内存单元的分配，在分配地址或内存单元时，应从运行可靠性出发，合理进行分配。

② 列出输入/输出信号单元或地址的分配表，同时根据工艺过程的要求，列出定时器、计数器、内部继电器、数据寄存器等内部信号单元或地址的分配表。

③ 根据工艺的控制要求，绘制流程表、功能表图等编程资料，并根据这些资料进行编程。可划分若干个基本环节，然后进行组合。

**（2）地址分配原则**

① 根据时间发生的时序来分配地址的先后。

② 对多输入多输出单元组成的系统，尽可能把一个系统、设备或部件的信号集中在一个输入/输出模块上，便于检测和维护。

③ 合理分配高级计数器和位置控制的地址。

④ 了解 PLC 输入/输出公共端对被控信号的影响。如两个或两个以上从不同电源来的触点信号能否共用一个公共端，两个或两个以上继电器输出信号点的公共端能否连接不同的控制电路等。

## 6.2.2　PLC 程序的结构形式

程序的结构形式有简单结构、分支结构、并列结构等，应根据控制要求来选择合适的程序结构形式。

**（1）简单程序结构**

简单程序结构是由单一的、不分叉的程序组成，如图 6-4 所示，适用于顺序控制系统。

**（2）分支程序结构**

由两个或两个以上的分支程序组成的程序结构如图 6-5 所示，适用于要求不同条件执行不同程序的系统。

**（3）并列程序结构**

有两个或两个以上相互独立的分支程序，分别执行各自程序，其中，某些程序受到另一些程序的影响，如图 6-6 所示，适用于具有两个或两个以上相互独立的分支系统。

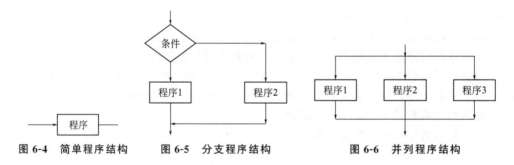

图 6-4　简单程序结构　　图 6-5　分支程序结构　　图 6-6　并列程序结构

**（4）循环程序结构**

在整个控制程序中，有一段需要重复执行，这种程序段称为循环程序，含有循环程序的程序结构如图 6-7 所示。循环程序是否执行是根据循环程序执行的判别条件来确定的。

**（5）子程序结构**

在整个控制程序中，既有主程序段，又有子程序段，如图 6-8 所示。程序执行时，在主程序的某位置，有子程序的语句时，程序转入子程序执行，子程序执行完之后，程序返回到主程序原来的断点，并继续执行下去。子程序的执行也可以是重复的，但是和循环程序结构不同，循环程序是连续重复的，而子程序是断续重复，而且两者的编程方法也不同。

### （6）集中控制程序结构

在一个大的被控系统中，可由若干个 PLC 联网工作，由一个 PLC 负责主系统，其他 PLC 负责分系统。主系统执行主程序，分系统负责分程序，由主系统指挥和协调各分系统的工作，整个程序是主程序协调分程序的集中控制程序，如图 6-9 所示。

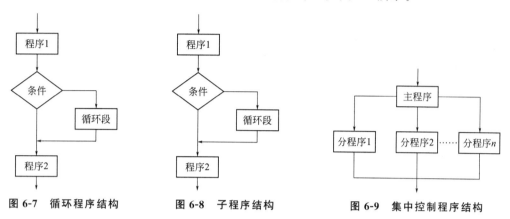

图 6-7　循环程序结构　　　图 6-8　子程序结构　　　图 6-9　集中控制程序结构

## 6.2.3　PLC 程序设计方法

PLC 的程序设计主要包括梯形图、流程表、程序说明等。

### （1）绘制梯形图的方法

① 绘制原则

a. 按时间次序自上而下，从左到右排列。

b. 串联接点多的电路要安排在上面。

c. 并联接点多的电路应安排在靠近左控制母线处。

d. 输出线圈要安排在最右边。

e. 在同一程序中不允许输出线圈重复输出，但是，输出线圈的接点可无限重复使用。

f. 为了减少程序长度，允许同一控制信号可连接多个不同的输出线圈。

g. 主程序最后梯级必须有一个终止的指令，表示程序扫描结束。如用 ED 指令来表示梯形图的结束。

② 绘制梯形图应该注意的问题

a. 一个梯形图网络是由多个梯级组成的，每个输出线圈组成一个梯级。

b. 只有上一个梯级绘制完成后才能继续下一个梯级的绘制。

c. 梯形图中的能流不是实际存在的电流。

d. 梯形图上的元素所采用的激励、失电、闭合、断开等电路中的术语，仅用于表述这些元素的逻辑状态。

e. 梯形图中，为了分析各组成元件的状态，常采用能流的概念，它的状态用于说明该梯级所处的状态。能流的流向规定为从左到右。

f. 梯形图中的接点画在水平线上，不画在垂直线上。

### （2）绘制流程表图的方法

流程表用来描述控制系统，作为梯形图设计的依据。流程表法以生产过程的流程为主线，将流程分为若干子过程，每个子过程中有一些控制阀或电动机等运行设备进行开闭或运行操作，各

个子过程间的转换既可以是时间的关系，也可以是子过程运行结果，在各个子过程中，可以有模拟量控制等操作。采用流程表法可清楚了解生产过程中各设备的开关顺序和控制要求。

绘制流程表时应注意的问题如下。

① 要以生产过程的流程作为主线，通常以时间、某些工艺参数的限制或一些开关信号作为子过程的切入和切出点。

② 在每个子过程中，应根据工艺过程的要求，列出相应的控制阀和设备的状态信息。

③ 以子程序为列，以设备和控制阀为行，绘制流程表，对各子程序间的切换条件可以写在子程序最后一行。

④ 对切换条件可用文字说明或逻辑表达式来描述，也可采用图形符号方法描述。

### （3）绘制程序框图的方法

PLC 的程序框图绘制与计算机的程序框图绘制相同，它采用几何图形符号、流线和文字来说明生产过程的运行关系。

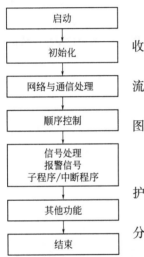

图 6-10　典型控制系统的程序框图

绘制程序框图时应注意的问题如下。

① 要细化转换条件。例如，要绘制某泵开启的反馈信号接收到后，再开控制阀，即需要说明时序的先后次序。

② 对于有选择的流线，要根据被选择条件是否满足来确定流程的去向。因此应尽可能先进行简化。

③ 可以根据生产过程的次序，分别绘制各子过程的程序框图，再组合在一起。典型控制系统的程序框图如图 6-10 所示。

### （4）绘制程序说明方法

程序说明是对程序执行过程中进行描述的文字，是操作维护人员极重要的资料。程序说明主要包括以下内容。

① 程序思路的说明，包括程序结构，主程序和子程序的划分，各程序的功能等。

② 工艺生产过程的控制要求。

③ 说明主程序和各子程序的执行过程。

④ 说明信号报警和联锁系统的功能。

⑤ 其他说明问题，如定义和不足之处等。

## 6.3　PLC 编程技巧

编程技巧是在实践中不断总结出来的，其涉及面较广，本书仅列出部分典型编程技巧。

### 6.3.1　程序编制的一般技巧

#### （1）电路变换

用电路变换既可简化程序设计，如图 6-11 所示，又可将无法编程的梯形图变为可编程的梯形图，如图 6-12 所示。

#### （2）理顺逻辑关系

为便于检查、修改应使梯形图的逻辑关系尽量清楚，如图 6-13 所示。

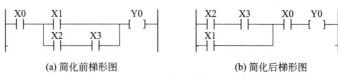

(a) 简化前梯形图　　　　　　　　　(b) 简化后梯形图

**图 6-11　电路变换可简化程序设计**

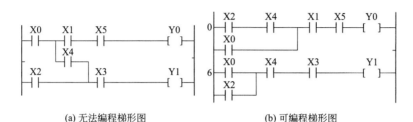

(a) 无法编程梯形图　　　　　　　　(b) 可编程梯形图

**图 6-12　电路变换使无法编程的梯形图变为可编程的梯形图**

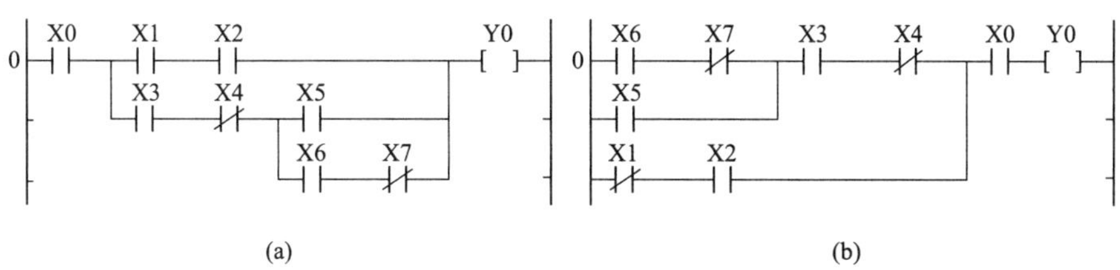

(a)　　　　　　　　　　　　　　(b)

**图 6-13　（b）图比（a）图程序简化**

### （3）减少输入点数

在满足技术指标的前提下，能减少所需的输入点数，会使系统的硬件费用降低，提高响应速度。

① 分组输入　利用各自对应程序不可能同时执行的特点，可将两种或两种以上工作方式分别使用的输入信号分成多组，然后合并输入到 PLC 的输入模块，如图 6-14 所示。

② 编码输入　对于一些互斥的输入信号，可采用硬件编码方式，将 3 个输入信号编码成 2 个输入点，在 PLC 内部用程序译码，使之还原为 3 个信号，如图 6-15 所示。

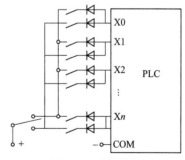

**图 6-14　分组输入**

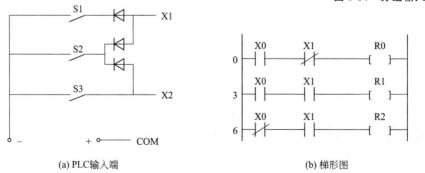

(a) PLC输入端　　　　　　　　　(b) 梯形图

**图 6-15　编码输入**

③ 矩阵输入　矩阵输入是编码输入的复杂形式。输入矩阵的行数和列数越多，这种方式所节约的输入点效果越明显。使用这种方法时，选定输出脉冲的周期应大于 PLC 的扫描周期，设计程序应考虑到原连续的输入信号已变成一系列断续的脉冲信号。

④ 合并输入　将功能相同的常闭接点串联起来或将常开接点并联在一起，这将减少 PLC 输入点。像一些保护和警报电路常采用这种合并输入方式。

⑤ 复用输入　一般的启动保持和停止电路，需要 2 个按钮，梯形图如图 6-16（a）所示。可采用复用输入，仅用 X0 就可以实现启动和停止的目的。按一下启动，再按一下停止，如此反复。

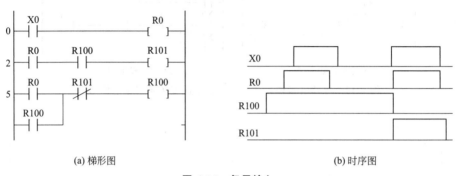

(a) 梯形图　　　　　　　　　　　　(b) 时序图

**图 6-16　复用输入**

**（4）缩短周期扫描时间**

PLC 的扫描时间长短直接影响着 PLC 系统对信号的响应速度。PLC 的扫描过程包括系统过程扫描和用户程序扫描两部分。系统扫描时间不能改变，只有减少用户程序的扫描时间，才能缩短 PLC 的扫描时间。

缩短用户程序扫描时间的方法如下。

① 分时处理　对时间要求不是很严格的功能部分可进行分时处理，即在 $n$ 个扫描周期内对被分时处理的任务进行间隔处理，使每一扫描周期所处理的功能减少，从而缩短 PLC 的扫描周期时间。

② 分区 I/O 服务　是否对输入/输出进行服务是可以利用系统的扫描时间通过用户程序来间接控制的。在用户程序中合理使用禁止输入/输出服务指令和立即输入/输出服务指令，使系统对暂时没有使用的输入/输出地址不扫描，而只对有用的输入/输出地址进行服务，这就缩短了 PLC 的扫描时间。

③ 使用跳转指令　在用户程序设计中，对某些不经常进行的程序段，不要连续地使用条件判断来实现，而应使用跳转指令，在运行条件不满足或不需要执行时就跳过这一段程序。

④ 避免重复操作　在程序设计时尽量利用前面已有的逻辑操作结果和运算结果，尽量避免重复的逻辑操作和数据运算。

⑤ 减少判断工作量　在多逻辑条件综合判断时，应先判断重要的、现成的条件。对于并联的逻辑条件，应先判断是否有效；而对于串联的逻辑条件，应先判断是否无效。

## 6.3.2　逻辑程序设计技巧

逻辑程序是指由逻辑运算和定时、计数功能等基本逻辑指令实现的控制程序。

**（1）步进指令的程序设计**

有一上悬机械手，要完成搬运一物件的任务，那么该机械手需执行下降、夹紧、上升移动、再下降、放松、再上升、移回原处等一系列动作，则相应的自动操作流程如图 6-17 所示。

I/O 点的分配如下。

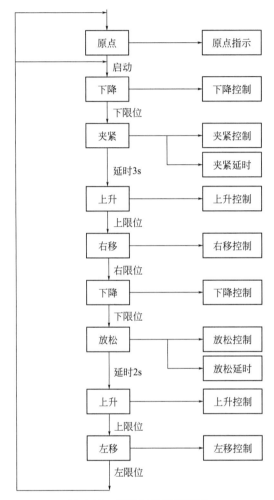

**图 6-17　机械手的操作流程**

X0：启动信号　　　Y0：下降输出

X1：上限位　　　　Y1：夹紧输出

X2：下限位　　　　Y2：上升输出

X3：右限位　　　　Y3：右移输出

X4：下限位　　　　Y4：左移输出

X5：夹紧工作信号　Y5：原点指示

X6：连续信号

X7：原点开关

机械手梯形图及助记符语言程序如表 6-1 所示。

**表 6-1　机械手梯形图及助记符语言程序**

| 梯形图 | 助记符 | | |
|---|---|---|---|
| | 地址 | 指令 | |

| 地址 | 指令 | |
|---|---|---|
| 0 | ST | |
| 1 | NSTL0 | X0 |
| 4 | SSTP0 | |
| 7 | OT | R10 |
| 8 | ST | X1 |
| 9 | NSTL1 | |
| 12 | SSTP1 | |
| 15 | SET | Y1 |
| 18 | ST | Y1 |
| 19 | TMY0 | |
| | K3 | |
| 23 | ST | T0 |
| 24 | NSTL2 | |
| 27 | SSTP2 | |
| 30 | OT | R12 |
| 31 | ST | X2 |
| 32 | NSTL3 | |
| 35 | SSTP4 | |
| 38 | OT | Y3 |
| 39 | ST | X3 |
| 40 | NSTL4 | |
| 43 | SSTP4 | |
| 46 | ST | X5 |
| 47 | OT | R11 |
| 48 | ST | X1 |
| 49 | NSTL5 | |
| 52 | SSTP5 | |
| 55 | RST | Y1 |
| 58 | ST/ | Y1 |
| 59 | TMY1 | |
| | K2 | |
| 63 | ST | T1 |
| 64 | NSTL6 | |
| 67 | SSTP6 | |
| 70 | OT | R13 |
| 71 | ST | X2 |
| 72 | NSTL7 | |
| 75 | SSTP7 | |
| 78 | OT | Y4 |
| 79 | STPE | |
| 80 | ST | R10 |
| 81 | OR | R11 |
| 82 | OT | Y0 |
| 83 | ST | R12 |
| 84 | OR | R13 |
| 85 | OT | Y2 |
| 86 | ED | |

**（2）报警控制**

报警电路的控制要求是当报警开关 S1 闭合时，要求报警。警灯闪烁，警铃响。开关 S2 接通时，报警灯从闪烁变为常亮，同时报警铃关闭。开关 S3 为警灯测试开关，S3 接通，则警灯亮。

I/O 点分配如下。

输入点　　　　　　　　　输出点

X0：S1 报警开关　　　　Y0：报警灯

X1：S2 报警响应开关　　Y1：警铃

X2：S3 报警测试开关

根据要求画出的报警电路梯形图及助记符语言程序如表 6-2 所示。

**表 6-2　报警电路梯形图及助记符语言程序**

| 梯形图 | 助记符 | | |
|---|---|---|---|
| | 地址 | 指令 | |
| | 0 | ST | X0 |
| | 1 | AN/ | T1 |
| | 2 | TMX0 | |
| | | K5 | |
| | 5 | ST | T0 |
| | 6 | TMX1 | |
| | | K5 | |
| | 9 | ST | T0 |
| | 10 | OR | R0 |
| | 11 | AN | X0 |
| | 12 | OR | X2 |
| | 13 | OT | Y0 |
| | 14 | ST | X1 |
| | 15 | OR | R0 |
| | 16 | AN | X0 |
| | 17 | OT | R0 |
| | 18 | ST | X0 |
| | 19 | AN/ | R0 |
| | 20 | OT | Y1 |
| | 21 | ED | |

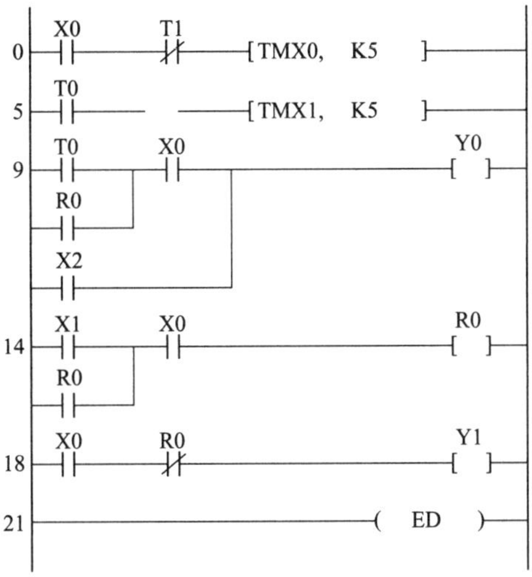

在这个线路中，定时器 T0 和 T1 构成警灯的闪烁控制，每隔 0.5s 亮一次，亮一次的时间也是 0.5s。当报警响应开关闭合时，X1＝ON，R0 接通。R0 的接通一方面使警灯由闪烁变成常亮，另一方面切断警铃。

**（3）三地控制一盏灯**

控制要求是用三个开关分别在三个不同地方控制一盏灯。在三个地方的任何一地，利用开关都能独立操作灯的亮和灭。

I/O 点分配如下。

X0：S1 为 A 地开关　　　　X1：S2 为 B 地开关

X2：S3 为 C 地开关　　　　Y0：电灯

根据控制要求所设计的三地控制一盏灯的梯形图及助记符语言程序如表 6-3 所示。

**表 6-3　三地控制一盏灯梯形图及助记符语言程序**

| 梯形图 | 助记符 | | |
|---|---|---|---|
| | 地址 | 指令 | |
| 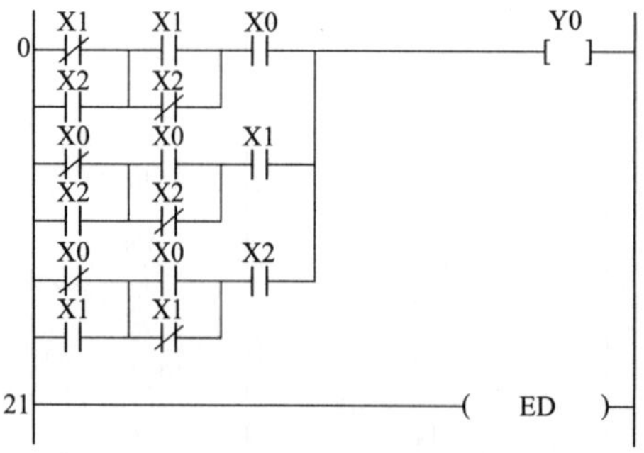 | 0 | ST/ | X1 |
| | 1 | OR | X2 |
| | 2 | ST | X1 |
| | 3 | OR/ | X2 |
| | 4 | ANS | |
| | 5 | AN | X0 |
| | 6 | ST/ | X0 |
| | 7 | OR | X2 |
| | 8 | ST | X0 |
| | 9 | OR/ | X2 |
| | 10 | ANS | |
| | 11 | AN | X1 |
| | 12 | ORS | |
| | 13 | ST/ | X0 |
| | 14 | OR | X1 |
| | 15 | ST | X0 |
| | 16 | OR/ | X1 |
| | 17 | ANS | |
| | 18 | AN | X2 |
| | 19 | ORS | |
| | 20 | OT | Y0 |
| | 21 | ED | |

从表 6-3 梯形图中可以看出，这个控制线路非常有规律。由输出继电器 Y0 连接的常开触点 X0、X1、X2 分别构成的三个电路结构完全相同，只是输入接点的编号有所不同。表 6-4 是用求反指令构成的三地控制一盏灯梯形图及助记符语言程序。

**表 6-4　用求反指令构成的三地控制一盏灯梯形图及助记符语言程序**

| 梯形图 | 助记符 | | |
|---|---|---|---|
| | 地址 | 指令 | |
| | 0 | ST | X0 |
| | 1 | DF | |
| | 2 | ST | X0 |
| | 3 | DF/ | |
| | 4 | ORS | |
| | 5 | ST | X1 |
| | 6 | DF | |
| | 7 | ORS | |
| | 8 | ST | X1 |
| | 9 | DF/ | |
| | 10 | ORS | |
| | 11 | ST | X2 |
| | 12 | DF | |
| | 13 | ORS | |
| | 14 | ST | X2 |
| | 15 | DF/ | |
| | 16 | ORS | |
| | 17 | F132 | (BTI) |
| | | WY0 | |
| | | K0 | |
| | 22 | ED | |

梯形图内容:
```
X0
├┤├──(DF)──[ F132   BTI,  WY0, K0 ]
X0
├┤├──(DF/)──
X1
├┤├──(DF)──
X1
├┤├──(DF/)──
X2
├┤├──(DF)──
X2
├┤├──(DF/)──
├──────────────────( ED )─┤
```

三个开关中的任一个开关不论闭合还是断开，只要扳动开关，都能将 WY0 中的 Y0 位求反，从而达到控制一盏灯的目的。

表 6-5 是表 6-4 的简化程序。程序中使用单字比较指令使编程更加简单。

**表 6-5　用比较指令构成的三地控制一盏灯梯形图及助记符语言程序**

| 梯形图 | 助记符 | | |
|---|---|---|---|
| | 地址 | 指令 | |
| | 0 | ST | <> |
| | | WX0 | |
| | | WR0 | |
| | 5 | F132 | (BTI) |
| | | WY0 | |
| | | K0 | |
| | 10 | F0 | (MV) |
| | | WX0 | |
| | | WR0 | |
| | 15 | ED | |

梯形图内容:
```
0├[ <>  WX0,  WR0 ]───────────1
 ├1 →─[F132  BTI, WY0, K0 ]
 │    [F0  MV, WX0, WR0 ]
15├────────────────( ED )─┤
```

在表 6-5 程序中，使用单字比较指令，只要 WX0 同 WR0 中的内容不同，就执行对 Y0 的求反。然后把 WX0 的内容送到 WR0 中去。因此，这时 WX0 与 WR0 中的内容又一样了。然后改变 WX0 内容，Y0 状态就发生变化。

**（4）流水灯控制**

流水灯控制是一串灯按一定的规律像流水一样连续闪亮。流水灯控制可以用多种方法实现，而利用移位寄存器实现流水灯控制最为简单。

① 流水灯控制 I　有 4 个灯，每间隔 1s，流水灯依次亮 1s。流水灯控制 I 的梯形图及助记符语言程序如表 6-6 所示。

表 6-6　流水灯控制 I 梯形图及助记符语言程序

| 梯形图 | 助记符 | |
| --- | --- | --- |
| | 地址 | 指令 |
| | 0 | ST　－ |
| | | K0 |
| | | WY0 |
| | 5 | ST　R901C |
| | 6 | ST　Y4 |
| | 7 | OR/　R0 |
| | 8 | SR　WR1 |
| | 9 | ST　R0 |
| | 10 | F0　（MV） |
| | | WR1 |
| | | WY0 |
| | 15 | ST　X0 |
| | 16 | OR　R0 |
| | 17 | AN/　X1 |
| | 18 | OT　R0 |
| | 19 | ED |

时序图

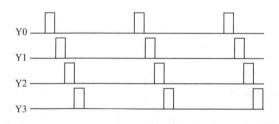

程序中使用了左移寄存器，左移寄存器移位对 WY0 无效，故先对 WR1 进行移位，再利用 F0 将 WR1 的内容送到 WY0。移位寄存器的复位端同输出继电器接点 Y4 接在一起，当 Y4 闭合时，移位寄存器复位，一切从头开始。

X0 是流水灯的操作开关，当 X0 闭合时，移位寄存器开始工作，流水灯依次点亮 1s。SR 数据输入端的比较指令的作用是保证只有程序开始时输入一个 "1"。特殊内部继电器 R901C 是秒脉冲发生器。

② 流水灯控制Ⅱ　这个流水灯工作过程是从 Y0 到 Y7 依次点亮，Y7 亮 1s 后全灭，1s 后又重新开始。流水灯控制Ⅱ的梯形图及助记符语言程序如表 6-7 所示。

表 6-7　流水灯控制Ⅱ梯形图及助记符语言程序

| 梯形图 | 助记符 | |
| --- | --- | --- |
| | 地址 | 指令 |
|  | 0 | ST　R0 |
| | 1 | ST　R901C |
| | 2 | ST　Y8 |
| | 3 | OR/　R0 |
| | 4 | SR　WR1 |
| | 5 | ST　R0 |
| | 6 | F0　（MV） |
| | | WR1 |
| | | WY0 |
| | 11 | ST　X0 |
| | 12 | OR　R0 |
| | 13 | AN/　X1 |
| | 14 | OT　R0 |
| | 15 | ED |

时序图

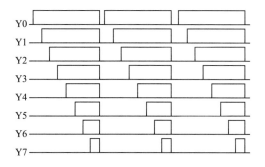

③ 流水灯控制Ⅲ　其流水灯控制过程是从 Y0 到 Y8 依次点亮，然后按原顺序依次熄灭。流水灯控制Ⅲ的梯形图及助记符语言程序如表 6-8 所示。

表 6-8  流水灯控制Ⅲ梯形图及助记符语言程序

| 梯形图 | 助记符 | | |
|---|---|---|---|
| | 地址 | 指令 | |
| | 0 | ST/ | Y7 |
| | 1 | ST | R901C |
| | 2 | ST/ | R0 |
| | 3 | SR | WR1 |
| | 4 | ST | R0 |
| | 5 | F0 | (MV) |
| | | WR1 | |
| | | WY0 | |
| | 10 | ST | X0 |
| | 11 | OR | R0 |
| | 12 | AN/ | X1 |
| | 13 | OT | R0 |
| | 14 | ED | |

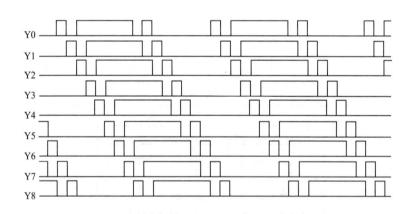

时序图

④ 流水灯控制Ⅳ  其流水灯控制过程是从 Y0 到 Y8 依次点亮，Y8 亮 1s 后，从 Y8 开始依次熄灭。这属于双向控制的流水灯，其梯形图及助记符语言程序如表 6-9 所示。

**表 6-9　流水灯控制 Ⅳ 梯形图及助记符语言程序**

| 梯形图 | 助记符 | | |
|---|---|---|---|
| | 地址 | 指令 | |
| | 0 | ST/ | R1 |
| | 1 | ST | R3 |
| | 2 | ST | R901C |
| | 3 | ST/ | R0 |
| | 4 | F119 | (LRSR) |
| | | WY0 | |
| | | WY1 | |
| | 9 | ST | X0 |
| | 10 | OR | R0 |
| | 11 | AN | X1 |
| | 12 | OT | R0 |
| | 13 | ST | >= |
| | | WY0 | |
| | | K256 | |
| | 18 | ST | R1 |
| | 19 | AN/ | R3 |
| | 20 | ORS | |
| | 21 | OT | R1 |
| | 22 | ST | = |
| | | K0 | |
| | | WY0 | |
| | 27 | ST | R3 |
| | 28 | AN/ | R1 |
| | 29 | ORS | |
| | 30 | OT | R3 |
| | 31 | ED | |

梯形图内容：

```
      R1                    ┌ F119 LRSR ┐
0  ──┤/├──────────────      │           │
      R3                    │   WY0     │
   ──┤ ├──────────────      │           │
    R901C                   │   WY1     │
   ──┤ ├──────────────      └           ┘
      R0
   ──┤/├──────────────
      X0     X1                     R0
9  ──┤ ├───┤ ├──────────────────( )──
      R0
   ──┤ ├──
                                    R1
13 ─┤>=WY0、K256├───────────────( )──
      R1     R3
   ──┤ ├───┤/├──┐
                                    R3
22 ─┤=K0、WY0├──┴───────────────( )──
      R3     R1
   ──┤ ├───┤/├──
31 ─────────────────────(   ED   )──
```

时序图

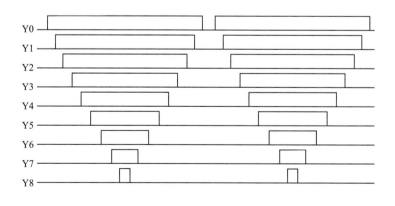

在这个控制程序中，关键在于数据移位方向的控制。程序开始，数据向左移，当输出继电器 Y8 动作后，数据又向右移，当 Y0 断电后，数据又开始左移，如此反复。当数据向左移时，数据输入端应为 1，当数据向右移时，数据输入端应为 0。

移位方向控制端和数据输入端使用同一个控制接点 R1。这样向左移时，数据输入为 1，数据向右移时，数据输入为 0。

转换方向的两个转折点分别为当 WY0 的内容为 K0 和 K255 时（8 位），利用这两个数分别同 WY0 比较来实现换向。X0 为启动开关，X0 闭合，流水灯启动。

⑤ 流水灯控制 V　这个流水灯控制时序的前半部分是从 Y0 到 Y7 依次点亮，前面灯一亮，后面的灯又熄灭了。同数字电路中的脉冲分配器的波形一样。时序后半部分灯亮的顺序同前半部分正好相反。这也属于双向的移位控制，其梯形图及助记符语言程序如表 6-10 所示。

表 6-10　流水灯控制 V 梯形图及助记符语言程序

| 梯形图 | 助记符 | | |
|---|---|---|---|
| | 地址 | 指令 | |
| | 0 | ST | R2 |
| | 1 | ST | R3 |
| | 2 | ST | R901C |
| | 3 | ST/ | R0 |
| | 4 | F119 | (LRSR) |
| | | WY0 | |
| | | WY1 | |
| | 9 | ST | X0 |
| | 10 | OR | R0 |
| | 11 | AN/ | X1 |
| | 12 | OT | R0 |
| | 13 | ST | R1 |
| | 14 | AN/ | R3 |
| | 15 | OR | Y7 |
| | 16 | OT | R1 |
| | 17 | ST | - |
| | | K0 | |
| | | WY0 | |
| | 22 | OT | R3 |
| | 23 | ST | R3 |
| | 24 | OR/ | R1 |
| | 25 | OT | R2 |
| | 26 | ED | |

续表

| 梯形图 | 助记符 | |
|---|---|---|
| | 地址 | 指令 |
| 时序图 | | |

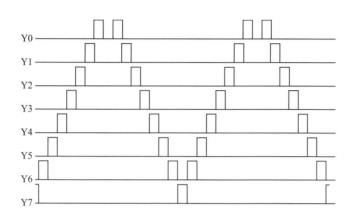

开始运行程序时，数据输入端为 1，只要 Y0 开始为 1，数据输入端的信号马上就变为 0，所以在整个数据区里只有一个 1 左移或右移，从而保证了在移动过程中只有一个灯是亮的。

### 6.3.3　运算程序设计技巧

随着 PLC 性能的不断提高，其运算指令不断丰富和发展。运算程序设计方法比较灵活，技巧比较多。运算控制程序设计的总原则是：在保证工程控制精度的前提下，力求算法简单易行。

**（1）程序设计要求**

① 需注意除法的余数处理，以保证系统的精确度。

② 单字、双字及浮点数，在二进制数与 BCD 数之间转化的，需要考虑转换误差。

③ 充分地、合理地利用运算过程中系统自动产生的各种标志位，以简化程序。

④ 当运算比较复杂时，要作算法的优化，以减少程序量和运算时间，使扫描周期的时间不致太长。

**（2）数据区的初始化**

数据区初始化一般是指在控制运算之前，对控制中所用的常数存储区和某些数据存储单元置入预置数值或清零。为了减少周期扫描时间，在程序启动之后，只执行一次初始化过程来完成全部初始化工作，以后便不再执行。这种方法用于被初始化的数据区较小的系统，而需要大量初始化工作的系统一般都用子程序块来实现，只在主程序中调用一次初始子程序，程序结构比较清晰。实现数据区初始指令有 F0、F1、F10、F11 等。

循环操作也可以用来编制初始化程序，如要对 DT10～DT99 全部清零，其梯形图及助记符语言程序如表 6-11 所示。

表 6-11　循环语句初始化程序

| 梯形图 | 助记符 | | |
| --- | --- | --- | --- |
| | 地址 | 指令 | |
| 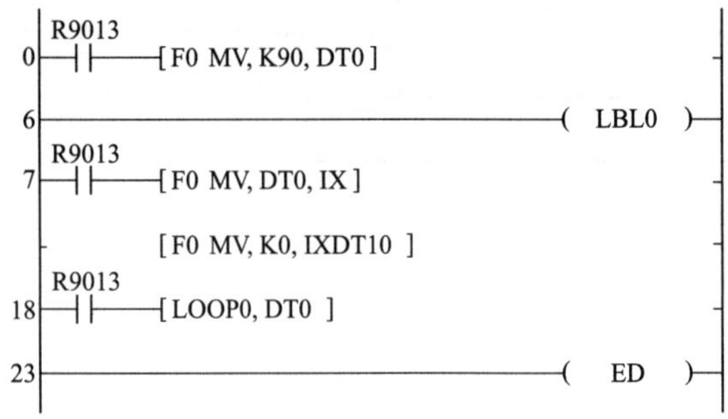 | 0 | ST | R9013 |
| | 1 | F0 | (MV) |
| | | K90 | |
| | | DT0 | |
| | 6 | LBL0 | |
| R9013 0 ├┤ [F0 MV, K90, DT0] | 7 | ST | R9013 |
| 6 ( LBL0 ) | 8 | F0 | (MV) |
| R9013 7 ├┤ [F0 MV, DT0, IX] | | DT0 | |
| [F0 MV, K0, IXDT10] | | IX | |
| R9013 18 ├┤ [LOOP0, DT0] | 13 | F0 | (MV) |
| 23 ( ED ) | | K0 | |
| | | IXDT10 | |
| | 18 | ST | R9013 |
| | 19 | LOOP0 | |
| | | DT0 | |
| | 23 | ED | |

用 F11 指令编写比用循环指令编写要简单得多，如表 6-12 所示。

表 6-12　用 F11 指令的初始化程序

| 梯形图 | 助记符 | | |
| --- | --- | --- | --- |
| | 地址 | 指令 | |
|  | 0 | ST | R9013 |
| R9013 0 ├┤ [F11 COPY,K0,DT0,DT99] | 1 | F11 | COPY |
| | | K0 | |
| | | DT0 | |
| | | DT99 | |
| | 8 | ED | |

**（3）数表操作**

数表是一个由有限个存储单元所组成的能任意读写的存储单元序列。PLC 对数表的操作主要有查表和填表，如按曲线控制，存储标准函数、表达式等函数关系。利用索引寄存器作为表指针能很方便地实现查表和填表的操作，如图 6-18 所示。

**（4）算术运算**

完成 $\dfrac{(1234+4321)\times 123-4565}{1234}$ 的运算，X1 闭合时计算，X0 闭合时清零，运算结果存

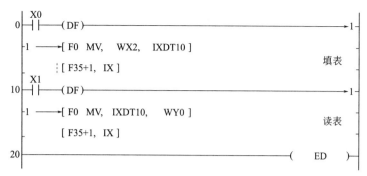

图 6-18　查表和填表程序

入 DT0~DT6 中，其梯形图及助记符语言程序如表 6-13 所示。

表 6-13　算术运算程序

| 梯形图 | 助记符 | | |
|---|---|---|---|
| | 地址 | 指令 | |
| | 0 | ST | X0 |
| | 1 | DF | |
| | 2 | F11 | (COPY) |
| | | K0 | |
| | | DT0 | |
| | | DT7 | |
| | 9 | ST | X1 |
| | 10 | F22 | (＋) |
| | | K1234 | |
| | | K4321 | |
| | | DT0 | |
| | 17 | F30 | (＊) |
| | | DT0 | |
| | | K123 | |
| | 24 | FDT2 | (D－) |
| | | DT2 | |
| | | K4565 | |
| | | DT4 | |
| | 35 | F33 | (D%) |
| | | DT4 | |
| | | K1234 | |
| | | DT6 | |
| | 46 | ED | |

梯形图部分：
```
   X0
0 ─┤├─(DF)─────────────1
 -1──┤F11 COPY,K0,DT0,DT7 ┤
   X1
9 ─┤├──┤F22 +,K1234,K4321,DT0 ┤
      ┤F30 *,DT0,K123,DT2 ┤
      ┤F28 D-,DT2,K4565,DT4 ┤
      ┤F33 D%,DT4,K1234,DT6 ┤
46 ───────────────────( ED )
```

### （5）浮点运算

完成 $\dfrac{(1.235+4.576)\times10.84-3.67}{0.879}$ 的运算，X1 闭合时计算，X0 闭合时清零，运算结果存入 DT0~DT6 中。其梯形图及助记符语言程序如表 6-14 所示。

表 6-14　浮点运算程序

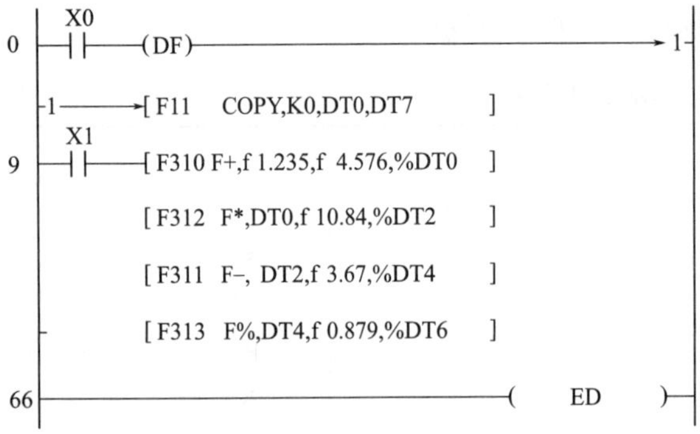

| 梯形图 | 助记符 | | |
|---|---|---|---|
| | 地址 | 指令 | |
| | 0 | ST | X0 |
| | 1 | DF | |
| | 2 | F11 | (COPY) |
| | | K0 | |
| | | DT0 | |
| | | DT7 | |
| | 9 | ST | X1 |
| | 10 | F310 | (F+) |
| | | f1.235 | |
| | | f4.576 | |
| | | %DT0 | |
| | 24 | F312 | (F＊) |
| | | DT0 | |
| | | f10.84 | |
| | | %DT2 | |
| | 38 | F311 | (F−) |
| | | DT2 | |
| | | f3.67 | |
| | | %DT4 | |
| | 52 | F313 | (F%) |
| | | DT4 | |
| | | f0.879 | |
| | | %DT6 | |
| | 66 | ED | |

梯形图部分：

```
   X0
0 ─┤├──(DF)──────────────────────────1
  1───→[F11  COPY,K0,DT0,DT7       ]
   X1
9 ─┤├──→[F310 F+,f 1.235,f 4.576,%DT0 ]
        [F312  F*,DT0,f 10.84,%DT2     ]
        [F311  F−, DT2,f 3.67,%DT4     ]
        [F313  F%,DT4,f 0.879,%DT6     ]
66 ─────────────────────(    ED    )
```

**（6）浮点实数的运算处理**

① 指定整数寄存器处理　利用指令将数据存放到指定的寄存器。通过分别在 S 或 D 前加符号％或♯，自动将数据转换为实数进行运算并输出。对于 16 位整数使用％指定；对于 32 位整数使用♯指定。

【例 6-3】　指定 S 为整数寄存器，将 DT10 和 DT20 中的数据转换为实数并进行运算，结果放在 DT30 和 DT31 中的数据为实数。其解如图 6-19 所示。

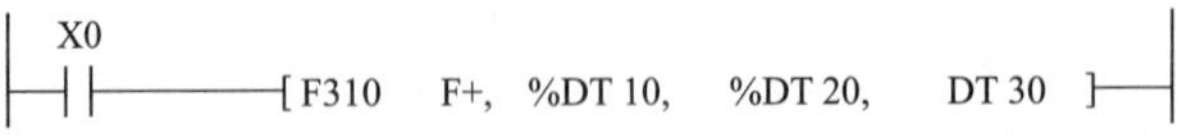

```
   X0
──┤├────[F310   F+, %DT 10,   %DT 20,   DT 30 ]──
```
图 6-19　例 6-3 图

【例 6-4】　指定 D 为整数寄存器，将 DT40、DT41 和 DT50、DT51 中的数据进行运算，运算结果为实数并存放在 DT60 中。其解如图 6-20 所示。

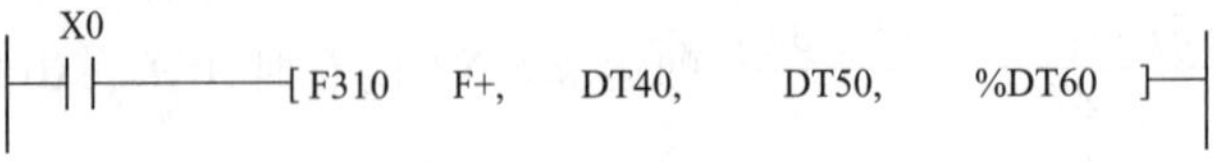

```
   X0
──┤├────[F310   F+,   DT40,   DT50,   %DT60 ]──
```
图 6-20　例 6-4 图

【**例 6-5**】　指定 S 为 32 位整数寄存器，将 DT70、DT71 和 DT80、DT81 中的数据自动转换为实数并进行运算，运算结果为实数并存放到 DT90、DT91 中。其解如图 6-21 所示。

图 6-21　例 6-5 图

在处理指定整数寄存器并且将实数转化为整数时，处理方法与 F327(INT) 指令相同。即如果实数为正数，则数据被取整，小数点后数字被舍去；如果实数为负数，则实数减去 0.499…后取整，小数点后的数字被舍去。

【**例 6-6**】　运算结果为 f1.234，则数值存储为整数 K1。

【**例 6-7**】　运算结果为 f−1.234，则数值存储为整数 K−2。

② 利用指令进行数值转换　当数据为 16 位整数时，使用 F325(FLT)；数据为 32 位整数时，使用 F326(DFLT)。使用 F327(INT) ～F332(DROFF) 指令将经过实数运算的实数转换为整数。

【**例 6-8**】　数据为整数时，舍去小数点后的部分，数据为负数时，结果减去 0.499…后再舍去小数点后的部分。其解如图 6-22 所示。

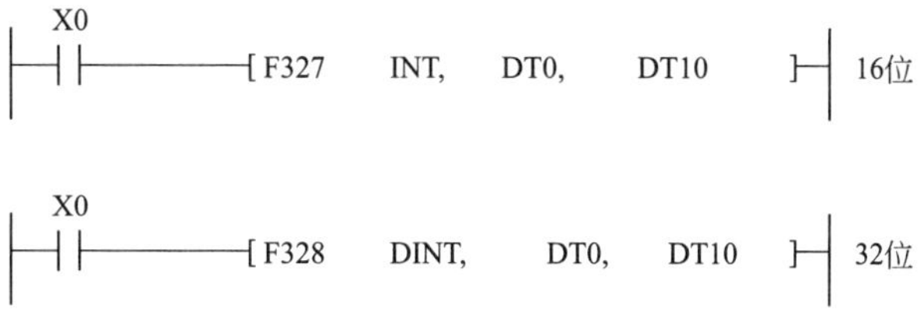

图 6-22　例 6-8 图

小数点处理方法与上述相同，即实数为 f1.5，转换的整数为 K1、实数为 f-1.5，转换的整数为 K-2。

【**例 6-9**】　转换时舍去小数点后的数字，其解如图 6-23 所示。

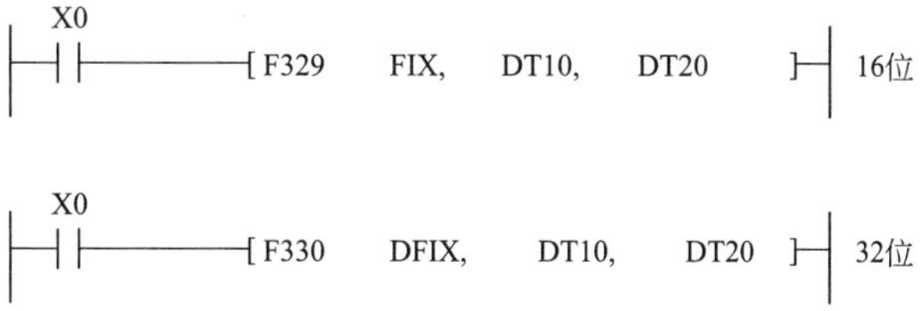

图 6-23　例 6-9 图

如果实数为 f1.5，则转换整数为 K1，实数为 f−1.5 转换的整数为 K−1。

【**例 6-10**】　转换时小数点后的数字四舍五入，其解如图 6-24 所示。

如果实数为 f1.5，则转换整数为 K2，实数为 f−1.5，转换后整数为 K−2。

③ 实数 f　可以直接用实数 f 化为 S 或 D。输入的实数 f 范围为 0.0000001～9999999（有效数值为 7 位）。

【**例 6-11**】　将 S 指定为实数 f，其解如图 6-25 所示。

将存放在 DT10、DT11 中的实数与实数 f0.5 相乘，结果为实数，存放在 DT20、DT21 中。

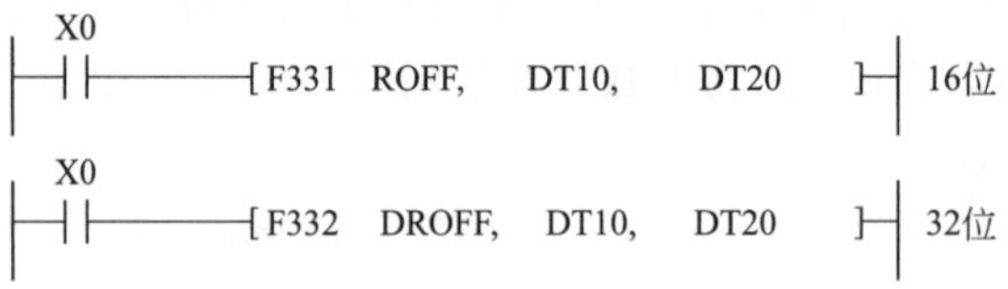

图 6-24　例 6-10 图

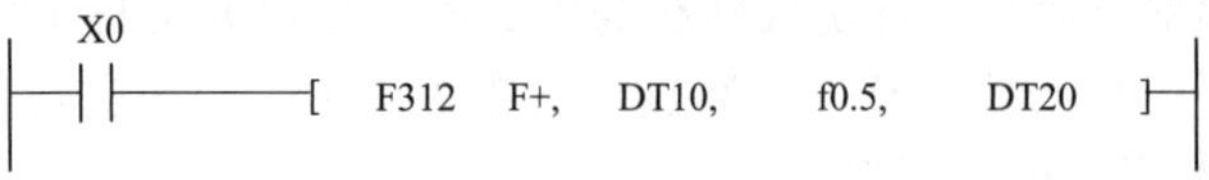

图 6-25　例 6-11 图

④ 常数 K 转换　32 位 K 常数可以被自动转换为实数并进行计算。

【例 6-12】　指定 K 常数转换。K 常数（32 位）是整型数据，因此被自动转换为实数并进行运算。其解如图 6-26 所示。

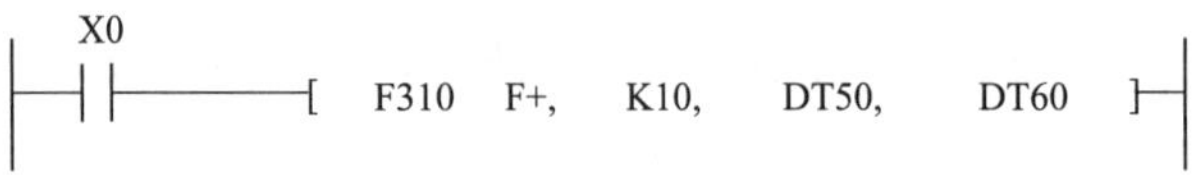

图 6-26　例 6-12 图

⑤ 常数 H 转换　对于 32 位常数 H，运算时将其转化为浮点数。

⑥ 存储实数的区域　在浮点实数运算的指令中，每个被转换为实数的数据都以 32 位（双字）存储，因此，对实数进行传输和运算时，应使用 32 位（双字）单位的指令。

【例 6-13】　DT 存放浮点实数，则数据将写入到 DT10、DT11 中去。其解如图 6-27 所示。

X0 接点闭合，DT20 除以 DT30，结果存放在 DT10、DT11 中。

【例 6-14】　将存放在 DT10、DT11 中的浮点实数传输到 DT100，则应用 F1（DMV）指令，其解如图 6-28 所示。

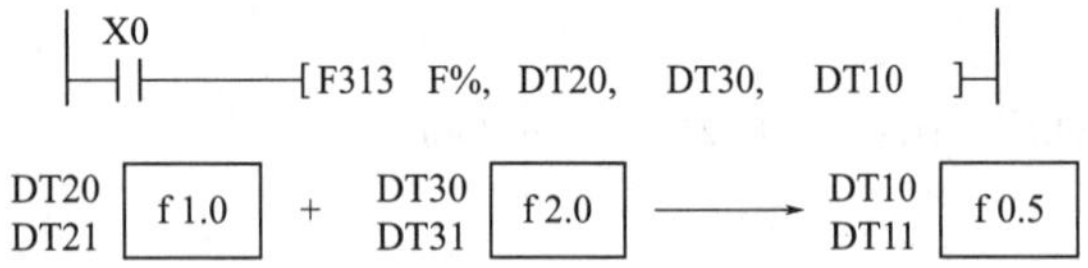

图 6-27　例 6-13 图

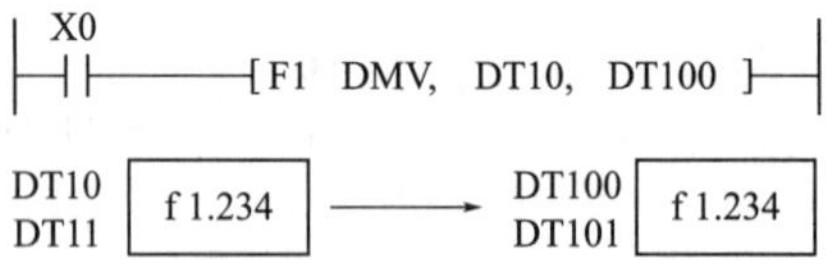

图 6-28　例 6-14 图

## 6.4　PLC 程序设计最常用的编程环节

许多在工程中应用的程序都是由一些简单、典型的基本程序组成的，因此，如果能够掌握这些基本程序的设计原理和编程技巧，对于编写一些大型的、复杂的应用程序是十分有利的。另外，这些基本程序也可作为一个编程时的基本"程序库"，在编制较大型的程序时，可以调用这些程序，缩短编程时间；也可以参考这些程序，以启发自己的编程思路。

### 6.4.1　按钮操作控制

**（1）自锁、联锁、互锁控制**

自锁和联锁控制是 PLC 控制电路的最基本的环节，常用于内部继电器、输出继电器的控制电路。

① 自锁控制（自保持控制）　自锁控制梯形图如图 6-29 所示。闭合触点 X1、输出继电器 Y0 通电，它所带的触点 Y0（同继电器 Y0 表示相同）闭合，这时即使将 X1 断开，继电器 Y0 仍保持通电状态。闭合 X0，继电器 Y0 断电，触点 Y0 释放。再想启动继电器 Y0，只有重新闭合 X1。

| | |
|---|---|
| ST | X1 |
| OR | Y0 |
| AN/ | X0 |
| OT | Y0 |

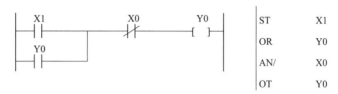

图 6-29　自锁控制梯形图

② 联锁控制　以一方的动作与否为条件的联锁控制如图 6-30 所示。继电器 Y1 能否通电是以继电器 Y0 是否接通为条件的。将 Y0 作为联锁信号串在继电器 Y1 的控制线路中，只有继电器 Y0 通电后，才允许继电器 Y1 动作。继电器 Y0 断电后，继电器 Y1 也随之断电。在 Y0 闭合的条件下，继电器 Y1 可以自行启动和停止。

| | | | |
|---|---|---|---|
| ST | X1 | OR | Y1 |
| OR | Y0 | AN | Y0 |
| AN/ | X0 | AN/ | X7 |
| OT | Y0 | OT | Y1 |
| ST | X2 | | |

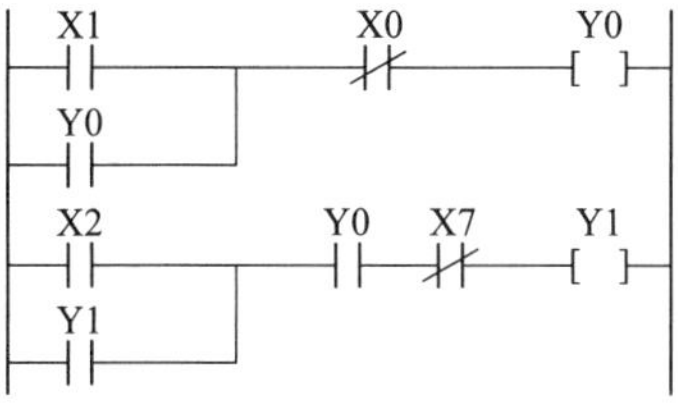

图 6-30　联锁控制梯形图

③ 互锁控制　不能同时动作的互锁控制如图 6-31 所示。在这个控制线路中，无论先接通哪一个继电器后，另外一个继电器都不能通电。也就是说两者之中任何一个启动之后都把另一个启动控制回路断开，从而保证任何时候两者都不能同时启动。

| | | | |
|---|---|---|---|
| ST | X1 | ST | X2 |
| OR | Y0 | OR | Y1 |
| AN/ | Y1 | AN/ | Y0 |
| AN/ | X0 | AN/ | X0 |
| OT | Y0 | OT | Y1 |

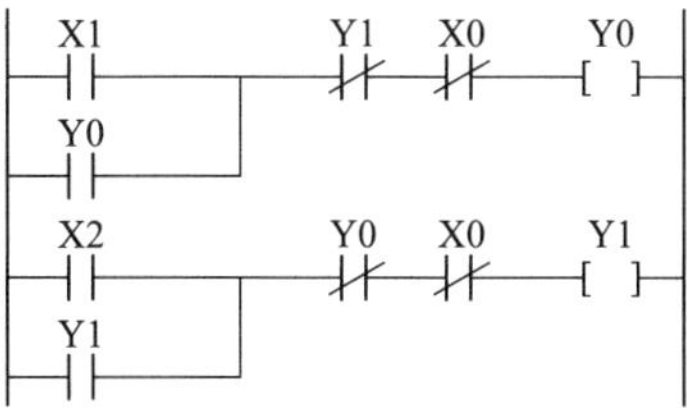

图 6-31　互锁控制梯形图

④ 总操作和分别操作控制　在 PLC 的应用编程中，自锁、联锁、互锁控制都得到了广泛的应用。尤其是联锁/互锁控制在应用编程中起到连接程序的作用。它能够将若干段程序通过控制触点相连起来。下面给出的是总操作和分别操作控制程序。

在一些生产线上常常要求提供生产线的设备是既能单机启/停，又能所有设备总启/停的

控制。这种总操作和分别操作控制的梯形图如图 6-32 所示。

| | | | |
|---|---|---|---|
| ST | X0 | AN | X5 |
| OT | R0 | OR | R1 |
| ST/ | X1 | OR | Y1 |
| AN | X2 | AN/ | X6 |
| OT | R1 | AN/ | R0 |
| ST | X1 | OT | Y1 |
| AN | X3 | | |
| OR | R1 | | |
| OR | Y0 | | |
| AN/ | X4 | | |
| AN/ | R0 | | |
| OT | Y0 | | |
| ST | X1 | | |

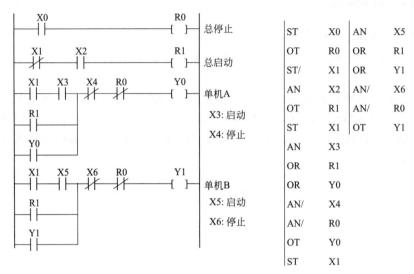

图 6-32 总操作和分别操作控制的梯形图

在梯形图中，X1 为选择开关，当 X1=1 时，为单机启动控制；当 X1=0 时，为集中启动控制。在这两种情况下，单机和总控制都能发出停止命令。

⑤ 用两个开关实现独立控制四输出的控制 下面给出的是只用两个开关就能实现独立控制四输出的控制程序，控制梯形图如图 6-33 所示。

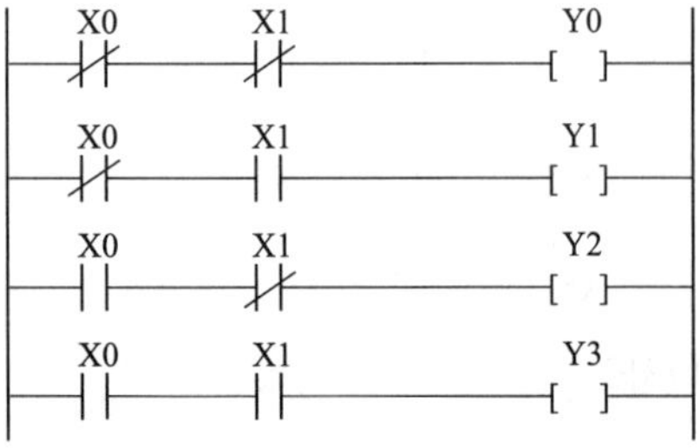

| X0 | X1 | 输出 |
|---|---|---|
| 0 | 0 | Y0 |
| 0 | 1 | Y1 |
| 1 | 0 | Y2 |
| 1 | 1 | Y3 |

| | | | |
|---|---|---|---|
| ST/ | X0 | ST | X0 |
| AN/ | X1 | AN/ | X1 |
| OT | Y0 | OT | Y2 |
| ST/ | X0 | ST | X0 |
| AN | X1 | AN | X1 |
| OT | Y1 | OT | Y0 |

图 6-33 用两个开关实现独立控制四输出的控制

只要改变输入触点 X0、X1 的状态，就可以独立控制四个输出继电器 Y0、Y1、Y2 和 Y3 的通断。

**（2）单按钮控制电动机的启/停**

单按钮控制的要求是只用一个按钮就能控制一台电动机的启动和停止。控制过程是按一次按钮启动，并保持运转。再按一次按钮，电动机就停止。

这个控制程序非常有实用价值，因为大家都知道，编程控制器的输入触点虽然有限，但往往在一些复杂的控制中，需要很多的输入触点，利用这个程序就可以将一个触点当成两个触点用。

I/O 的分配：

输入点 X0：SB（按钮）

输出点 Y0：KM（接触器）

① 利用中间继电器实现单按钮控制电动机启/停。控制梯形图如表 6-15 所示。

表 6-15　利用中间继电器实现单按钮的控制

| 梯形图 | 指令 | | | |
|---|---|---|---|---|
| X0 R0 ——Y0；X0 Y0；X0 Y0——R0；X0 R0；（ED） | ST | X0 | AN | Y0 |
| | AN/ | R0 | ST | X0 |
| | ST/ | X0 | AN | R0 |
| | AN | Y0 | ORS | |
| | ORS | | OT | R0 |
| | OT | Y0 | ED | |
| | ST/ | X0 | | |

用一个按钮在两种状态之间切换，类似数字电路中的触发器的计数控制，因此也需要记忆元件。这里利用内部继电器即作为一个记忆元件。

② 利用计数器实现单按钮控制电动机启/停。利用计数器指令实现的单按钮控制电动机启/停的控制如表 6-16 所示。

表 6-16　利用计数器实现单按钮的控制

| 梯形图 | 指令 | |
|---|---|---|
| X0——[CT 2]；C100——100；X0（DF）C100——Y0；Y0；（ED） | ST | X0 |
| | ST | C100 |
| | CT100 | |
| | K | 2 |
| | ST | X0 |
| | DF | |
| | OR | Y0 |
| | AN/ | C100 |
| | OT | Y0 |
| | ED | |

触点 X0 为计数触发信号，触点 C100 为复位触发信号。当 X0 第一次闭合时，接通 Y0，保持下去，经过值区 EV100 的内容由 2 减为 1。当 X0 第二次闭合时，经过值区 EV100 的内容由 1 减为 0，常闭触点 C100 断开，断开 Y0，与此同时常开触点 C100 闭合，计数器复位，为下一次 X0 的闭合做准备。

③ 利用置位、复位实现指令实现单按钮控制电动机启/停。利用置位、复位实现指令实现单按钮控制电动机启/停的控制如表 6-17 所示。

表 6-17　利用置位、复位实现指令实现单按钮控制电动机启/停的控制

| 梯形图 | 指令 | | | |
|---|---|---|---|---|
| X0（DF）Y0 R0[R]；Y0 R0[S]；R0——Y0；（ED） | ST | X0 | AN/ | Y0 |
| | DF | | SET | R0 |
| | PSHS | | ST | R0 |
| | AN | Y0 | OT | Y0 |
| | RST | R0 | ED | |
| | RDS | | | |

④ 利用高级指令实现单按钮控制。用高级指令实现则更简单。利用高级指令实现的单按钮控制电动机启/停的控制如表 6-18 所示。

表 6-18　利用高级指令实现的单按钮控制电动机启/停的控制

| 梯形图 | 指令 | |
| --- | --- | --- |
| X0<br>├┤├─( DF )─ F132 BIT , WY0, K0 ─<br>─────────( ED )─ | ST<br>DF<br>F132(BIT)<br>WY0<br>K0<br>ED | X0 |

在该线路中，使用了位操作指令 F132（BIT）。这个高级指令的功能是当检测到控制信号的上升沿时，将指定的寄存器（本例 WY0）中的某一位求反（本例中是 Y0 位）。

从上面的梯形图可以看出，虽然控制功能都是相同的，但编程思路却是不一样的。因此它给了人们两点启示：第一，功能相同，编出的程序却多种多样，在这些程序当中一定有比较优秀的程序，如果要想编出一个质量较高的程序，就要求人们平时在工作中要多看多练，见多识广，积累丰富的经验，编出比较优秀的程序就不是什么难事了；第二，虽然 PLC 的控制思想来源于继电器控制系统，但它使用了计算机技术，其控制功能更加强大，切不可一味用继电器控制原理思考问题，编写程序，尽量利用 PLC 本身所具有的技术优势，尤其利用好高级指令，这样才能编出比较优秀的程序，这一点可以从单按钮控制的最后一个程序得到充分验证。

## 6.4.2　时间控制

在 PLC 的工程应用编程中，时间控制是非常重要的一个方面。

### （1）延时断开控制

在 PLC 中提供的定时器都是延时闭合定时器，如表 6-19 和表 6-20 所示的是两个延时断开的定时器控制线路。

表 6-19　延时断开控制器(1)

| 梯形图 | 指令 | |
| --- | --- | --- |
| X0　　T0　　Y0<br>├┤├─( DF )─┤/├──[ ]─<br>X0<br>├/├──────[TMX 30]0<br>X0 ─────┐<br>Y0 ──3s── | ST<br>DF<br>OR<br>AN/<br>OT<br>TMX<br>K | X0<br><br>Y0<br>T0<br>Y0<br>0<br>30 |

表 6-20 延时断开控制器(2)

| 梯形图 | 指令 | |
|---|---|---|
| 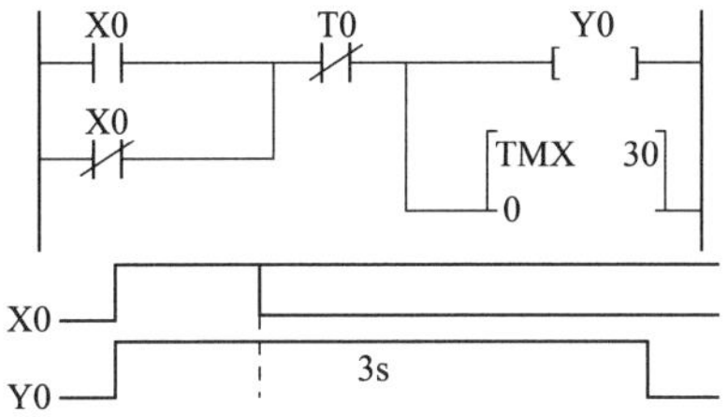 | ST | X0 |
| | OR | Y0 |
| | AN/ | T0 |
| | PSHS | |
| | OT | Y0 |
| | RDS | |
| | AN/ | X0 |
| | TMX | 0 |
| | K | 30 |

以上表 6-19 和表 6-20 中两个梯形图表示的时间控制线路虽然都是延时断开控制，但还是有些不同的。对于表 6-19 中梯形图，当 X0 闭合后，立即启动定时器，接通输出继电器 Y0。延时 3s 以后，不管 X0 是否断开，输出继电器 Y0 都断电。

对于表 6-20 中梯形图，当 X0 闭合后，输出继电器立即接通，但定时器不能启动，只有将 X0 断开，才能启动定时器。从 X0 断开后算起，延时 3s 后，输出继电器 Y0 断电。

**（2）长延时控制**

在许多场合要用到长延时控制，但一个定时器的定时时间究竟是有限的，因此将定时器和计数器结合起来，就能实现长延时控制。长延时控制的梯形图如表 6-21 所示。

## 6.4.3 闪烁控制（振荡电路）

如表 6-21 中梯形图所示是闪烁控制线路。其功能是输出继电器 Y0 周期性接通和断开，因此此电路又称振荡电路。

表 6-21 闪烁控制

| 梯形图 | 指令 | |
|---|---|---|
| 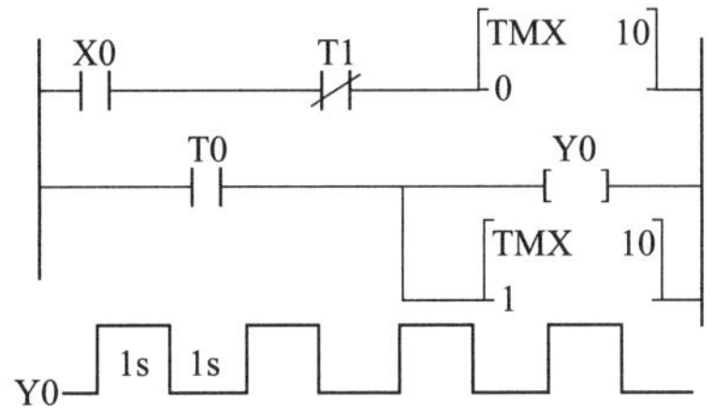 | ST | X1 |
| | AN/ | T1 |
| | TMX | 0 |
| | K | 10 |
| | ST | T0 |
| | OT | Y0 |
| | TMX | 1 |
| | K | 10 |

当 X0 闭合后，输出继电器 Y0 闪烁，接通和断开交替进行，接通时间 1s 由定时器 T1 决定，断开时间 1s 由定时器 T0 决定。

## 6.4.4 顺序循环执行控制

顺序控制器是工业控制领域中最常见的一种控制装置。用 PLC 来实现顺序控制，可以说是物尽其用。用 PLC 实现顺序控制，有多种方法能够实现，在实际编程中具体应用哪一种方法，要视具体情况而定。

**（1）联锁式顺序步进控制**

联锁式顺序步进的控制如表 6-22 所示。从梯形图中可以看出，动作的发生是按顺序控制方式进行的。将前一个动作的常开触点串联在后一个动作的启动线路中，作为后一个动作发生的必要条件。同时将后一个动作的常闭触点串入前一个动作的关断线路里。这样，只有前一个动作发生了，才允许后一个动作发生，而一旦后一个动作发生了，就立即迫使前一个动作停止。因此，可以实现各动作严格地依预定的顺序逐步发生和转换，保证不会发生顺序的错乱。

表 6-22　联锁式顺序步进的控制

| 梯形图 | 指令 | | | |
|---|---|---|---|---|
| | ST | X0 | OR | Y2 |
| | DF | | AN/ | Y3 |
| | AN | Y3 | OT | Y2 |
| | OR | R9013 | ST | X3 |
| | OR | Y0 | DF | |
| | AN/ | Y1 | AN | Y2 |
| | OT | Y0 | OR | Y3 |
| | ST | X1 | AN/ | Y0 |
| | DF | | OT | Y3 |
| | AN | Y0 | ED | |
| | OR | Y1 | | |
| | AN/ | Y2 | | |
| | OT | Y1 | | |
| | ST | X2 | | |
| | DF | | | |
| | AN | Y1 | | |

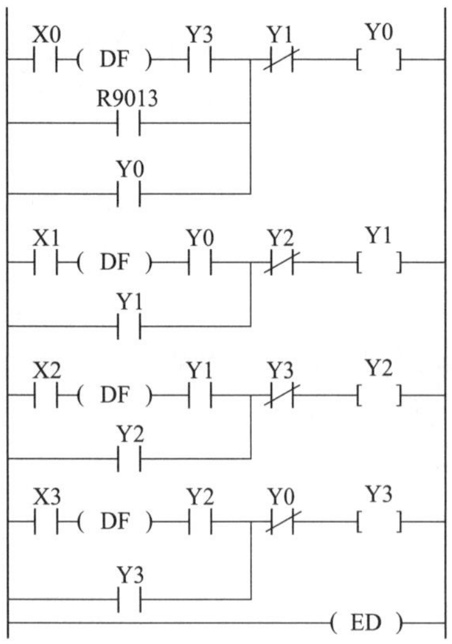

梯形图中使用了特殊内部继电器 R9013。这是一个初始闭合继电器，只在运行第一次扫描时闭合，从第二次扫描开始断开并保持断开状态。在这里使用 R9013 是程序初始化的需要。一进入程序，输出继电器 Y0 就通电。从这以后 R9013 就不再起作用了。

在程序中使用微分指令是使 X0、X1、X2 和 X3 具有按钮的功能。若 X0、X1、X2 和 X3 就是按钮的话，微分指令可以去掉。

**（2）定时器式顺序控制**

定时器式顺序控制的应用如表 6-23 所示。从梯形图中可以看出，动作的发生是在定时器的控制下自动按顺序一步步进行的。这种控制方式在工程中常能见到。下一个动作发生时，自动把上一个动作关断。这样，一个动作接着一个动作发生。在实际工程应用中，常用于设备顺序启动的控制。

四个动作分别由 Y0、Y1、Y2 和 Y3 代表，当闭合启动控制触点 X0 后，输出继电器 Y0 接通，延时 5s 后，Y1 接通，再延时 5s 后，Y2 接通，又延时 5s，最后 Y3 接通。Y3 接通并保持 5s 后，Y0 又接通，以后就周而复始，按顺序循环下去。其中 X1 是停止控制触点。

表 6-23　定时器式顺序的控制

| 梯形图 | 指令 | | | |
| --- | --- | --- | --- | --- |
| | ST | X0 | K | 50 |
| | DF | | ST | T1 |
| | OR | T3 | OR | Y2 |
| | OR | Y0 | AN/ | X1 |
| | AN/ | X1 | AN/ | Y3 |
| | AN/ | Y1 | OT | Y2 |
| | OT | Y0 | TMX | 2 |
| | TMX | 0 | K | 50 |
| | K | 50 | ST | T2 |
| | ST | T0 | OR | Y3 |
| | OR | Y1 | AN/ | X1 |
| | AN/ | X1 | AN/ | Y0 |
| | AN/ | Y2 | OT | Y3 |
| | OT | Y1 | TMX | 3 |
| | TMX | 1 | K | 50 |
| | | | ED | |

### （3）计数器式顺序控制

计数器式顺序控制的应用如表 6-24 所示。此线路只需操作控制触点 X0 就能达到顺序步进控制功能。X0 为计数控制触点，C100 与 X0 的串联触点为计数复位触点。进入程序后，四个动作分别由 Y0、Y1、Y2 和 Y3 代表。当闭合计数控制触点 X0 后，输出继电器 Y0 接通，闭合 X0，并且 Y1、Y2 和 Y3 依次接通。因为使用了条件比较指令，所以每当一个动作发生时，都将前一个动作关断。计数器为一预置型减计数器。当预置值减至 0 时，C100 触点闭合，此时 X0 也是闭合的，计数器复位。当 X0 断开时，经过值区 EV100 复位为 4。再闭合 X0，接通 Y0，以后又顺序循环下去。

表 6-24　计数器式顺序的控制

| 梯形图 | 指令 | | | |
| --- | --- | --- | --- | --- |
| | ST | X0 | ST＝ | |
| | ST | C100 | EV100 | |
| | AN | X0 | K1 | |
| | CT100 | | OT | Y2 |
| | K4 | | ST＝ | |
| | ST＝ | | EV100 | |
| | EV100 | | K0 | |
| | K3 | | OR＝ | |
| | OT | Y0 | EV100 | |
| | ST＝ | | K4 | |
| | EV100 | | OT | Y3 |
| | K2 | | ED | |
| | OT | Y1 | | |

### （4）移位寄存器式顺序控制

移位寄存器式顺序的控制如表 6-25 所示。梯形图中内部寄存器的常开触点为移位寄存器的数据输入端，X0 为移位触发信号，R51 触点为复位触发信号。移位寄存器设定为 4 位（R0～R3），内部继电器 R51 的触点为复位信号。

表 6-25　移位寄存器式顺序的控制

| 梯形图 | 指令 | | | |
|---|---|---|---|---|
| | ST/ | R0 | ST | Y3 |
| | AN/ | R1 | AN/ | Y0 |
| | AN/ | R2 | OR | R51 |
| | AN/ | R3 | OT | Y3 |
| | OT | R50 | ED | |
| | ST | R50 | | |
| | ST | X0 | | |
| | ST | R51 | | |
| | SR | WR0 | | |
| | ST | R0 | | |
| | OT | Y0 | | |
| | ST | R1 | | |
| | OT | Y1 | | |
| | ST | R2 | | |
| | OT | Y2 | | |
| | ST | R3 | | |
| | AN | X0 | | |
| | OT | R51 | | |

当 X0 第一次闭合前，接在数据输入端的内部继电器 R50 的触点闭合，相当于数据输入端的信号为 1。X0 闭合后，对 R0 置 1，输出继电器 Y0 通电。与此同时，内部继电器 R50 断电，触点 R50 释放，数据输入端为 0。X0 第二次闭合时，断开 Y0，接通 Y1。依次进行下去，第四次闭合 X0，接通 Y3，同时使移位寄存器复位。这个控制线路也是只用一个开关进行顺序步进控制。

### （5）顺序启动，逆序停止控制

在工业控制领域里，常常有一些特殊的装置需要按顺序启动、逆序停止的控制。当启动这些装置时，每隔一段时间，依次启动一台装置，直到所有装置全都启动完毕。在启动的过程中，要严格按着规定的间隔和顺序进行。当这些装置停止运行时，要按着与启动顺序相反的顺序逐个停止。下面将介绍这类程序的设计方法。

有四台电动机，当闭合控制开关后，每隔 10s 启动一台电动机，直到电动机全部启动为止。当将开关断开后，电动机逆序逐个停止。控制时序图见图 6-34。

I/O 的分配：

输入点　X0：S（启动和停止开关）

输出点　Y0：KM1（接触器）

　　　　Y1：KM2（接触器）

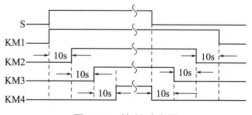

图 6-34　控制时序图

　　Y3：KM3（接触器）

　　Y4：KM4（接触器）

　　对于顺序启动的程序，一般采用定时器、计数器、移位寄存器来进行程序设计。根据这个程序的特点，在这里采用步进指令结合定时器设计程序。利用两级步进指令分别设计启动程序和停止程序。这样两个程序在设计时，彼此独立，互不干扰，编程思路清晰，程序调整容易。

　　四台电动机顺序启动、逆序停止的控制梯形图及助记符语言程序见图 6-35。

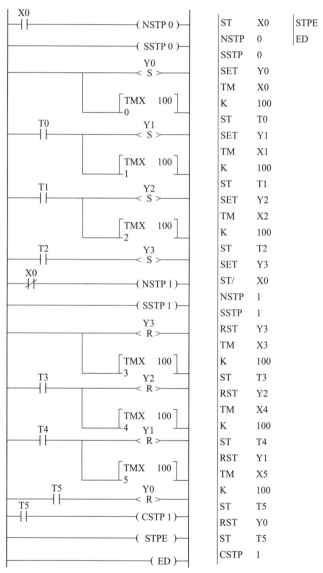

**图 6-35　四台电动机顺启逆停控制程序**

　　在程序中使用了置位（SET）指令而没使用输出指令（OT），这是因为尽管两段步进指令相对是独立的，但是，在启动程序和停止程序中使用编号相同的输出继电器是不允许的（双重输出），而使用置位指令就不受此限制。在启动程序中使用置位指令启动电动机，在停止程序中使用复位指令（RST）停止电动机。

细心的读者还会发现，在启动程序中使用的定时器和在停止程序中使用的定时器的编号是不同的，其原因同上。

在两段程序的开始巧妙地使用了步进指令的微分功能，这样只用一个开关就能控制启动和停止。当开关闭合时，执行启动程序，四台电动机顺序启动。当开关断开时，执行停止程序，电动机逆序停止。

使用定时器的好处是每一个电动机启动的间隔时间可以各不相同，如果使用计数器和移位寄存器实现顺序控制要做到这样就比较麻烦了。

## 6.4.5　报警控制

报警电路的控制要求是当报警开关 S1 闭合时，要求报警，警灯闪烁，警铃响。开关 S2 为报警响应开关，当 S2 接通后，报警灯从闪烁变为常亮，同时报警铃关闭。开关 S3 为警灯测试开关，S3 接通，则警灯亮。

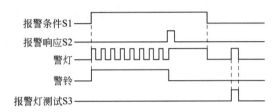

图 6-36　控制时序图

根据控制要求画出的时序图如图 6-36 所示。

I/O 的分配：

输入点　X0：S1（报警开关）

　　　　X1：S2（报警响应开关）

　　　　X2：S3（报警测试开关）

输出点　Y0：报警灯

　　　　Y1：警铃

根据时序图所设计的报警控制如表 6-26 所示。

表 6-26　报警控制

| 梯形图 | 指令 | | | |
|---|---|---|---|---|
| | ST | X0 | AN | X0 |
| | AN/ | T1 | OT | R0 |
| | TMX | 0 | ST | X0 |
| | K | 5 | AN/ | R0 |
| | ST | T0 | OT | Y1 |
| | TMX | 1 | ED | |
| | K | 5 | | |
| | ST | T0 | | |
| | OR | R0 | | |
| | AN | X0 | | |
| | ST | X2 | | |
| | ORS | | | |
| | OT | Y0 | | |
| | ST | X1 | | |
| | OR | R0 | | |

梯形图内容：

```
  X0      T1        ┌ TMX 35 ┐
──┤├──────┤/├───────┤    0   ├── 振荡电路
  T0                ┌ TMX 35 ┐
──┤├────────────────┤    1   ├──
  T0    X0          ──( Y0 )── 报警灯
──┤├────┤├──
  R0
──┤├──
  X2         报警测试
──┤├──
  X1    X0          ──( R0 )── 报警响应
──┤├────┤├──
  R0
──┤├──
  X0    R0          ──( Y1 )── 警铃
──┤├────┤/├──
                    ──( ED )──
```

在这个线路中，定时器 T0 和 T1 构成警灯的闪烁控制，每隔 0.5s 亮一次，亮一次的时间也为 0.5s。这里的内部继电器 R0 的使用起了重要的作用，这个程序设计的成功之处也在

于此。当报警响应开关闭合后，X1"ON"，内部继电器 R0 接通。R0 的接通导致了报警灯支路中的常开触点 R0 闭合，将定时器 T0 的触点短路，使警灯由闪烁变成常亮。与此同时，串在警铃支路中的常闭触点闭断开，切断警铃。如果将报警开关断开，X0"OFF"，警灯熄灭。

## 6.4.6　多点控制程序

### （1）三地控制电动机的启/停

三地控制的要求是在三个不同的地方控制电动机的启动和停止。每个地方有一个启动按钮、一个停止按钮。控制过程是按下启动按钮，电动机启动旋转，按钮弹起，电动机保持旋转，按下停止按钮，电动机停止旋转。

I/O 的分配：

输入点　X0：SB0（A 地启动按钮）　　　　输出点　　Y0：（KM 接触器）

　　　　X1：SB1（B 地启动按钮）

　　　　X2：SB2（C 地启动按钮）

　　　　X3：SB3（A 地停止按钮）

　　　　X4：SB4（B 地停止按钮）

　　　　X5：SB5（C 地停止按钮）

三地控制电动机启/停控制程序的梯形图及助记符语言程序如图 6-37 所示。

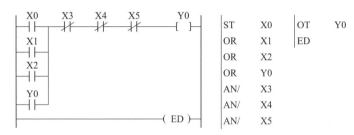

图 6-37　三地控制电动机启/停控制程序的梯形图及助记符语言程序（1）

另一种三地控制电动机启/停控制程序的梯形图及助记符语言程序如图 6-38 所示。

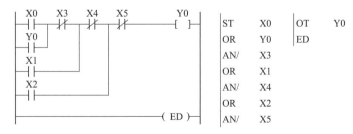

图 6-38　三地控制电动机启/停控制程序的梯形图及助记符语言程序（2）

上面两个梯形图的控制功能都是在三个不同的地方控制同一台电动机的启/停。无论是哪一个梯形图，停止按钮都串在一起，启动按钮都并在一起。

### （2）三地控制一盏灯

这个电路的控制要求是用三个开关分别在三个不同的位置（每个地方只有一个开关）控制一盏灯。在三个地方的任何一地，利用开关都能独立地开灯和关灯。

设计这个程序的要点是注意每个开关无论闭合或断开，都有可能将灯点亮或熄灭。也就是说开关闭合并不一定是将灯点亮，开关断开也并不一定是将灯熄灭。

I/O 的分配：

输入点　X0：S1（A 地开关）　　　　　　输出点　Y0：电灯
　　　　　X1：S2（B 地开关）
　　　　　X2：S3（C 地开关）

根据控制要求所设计的三地控制一盏灯的程序及助记符语言程序如图 6-39 所示。

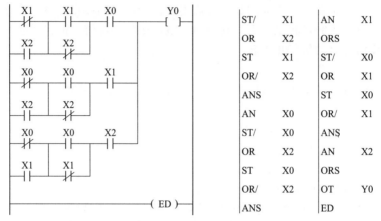

图 6-39　三地控制一盏灯的程序及助记符语言程序

从图 6-39 可以看出，这个控制线路非常有规律。由和输出继电器 Y0 连接的常开触点 X0、X1 和 X2 分别构成的三个电路结构完全相同。只是每个电路结构中的输入触点的编号有所不同。但每个电路结构中的输入触点的编号的规律读者不难看出。根据这个规律，就可以毫不费力地设计出四地控制一盏灯、五地控制一盏灯、N 地控制一盏灯。

虽然该程序设计满足了三地控制一盏灯的控制要求，但这个程序的设计构思也是比较复杂的，若没有足够的设计经验，设计出这样的程序也是有一定困难的。那么有没有一种设计方法能够直接简便地设计出这样的程序呢？下面就介绍如何将数字电路中设计组合逻辑电路的方法应用于设计 PLC 的应用程序中去。

PLC 处理的信号大都是开关量，开关量用数字量表示是非常方便的。而且数字电路中的三种基本逻辑运算——"与""或""非"也能够同触点的连接形式一一对应起来。一般规定：输入信号为逻辑变量，输出信号为逻辑函数；常开触点为原变量，常闭触点为反变量。在编程中输出继电器和控制触点的关系就变成了逻辑函数和逻辑变量的关系了。

两个（或几个）触点的串联相当于逻辑"与"，两个（或几个）触点的并联相当于逻辑"或"，如果常开触点为原变量的话，那么常闭触点就是原变量的"非"——反变量了。

根据这个原则，就可以列出三地控制一盏灯的逻辑函数的真值表（见表 6-27）。

表 6-27　三地控制一盏灯的逻辑函数的真值表

| X0 | X1 | X2 | Y0 |
|----|----|----|----|
| 0 | 0 | 0 | 0 |
| 0 | 0 | 1 | 1 |
| 0 | 1 | 1 | 0 |
| 0 | 1 | 0 | 1 |

续表

| X0 | X1 | X2 | Y0 |
|----|----|----|----|
| 1 | 1 | 0 | 0 |
| 1 | 1 | 1 | 1 |
| 1 | 0 | 1 | 0 |
| 1 | 0 | 0 | 1 |

真值表中的 X0、X1 和 X2 分别代表输入触点，Y0 代表输出继电器。它们下面的 0 或者 1 分别代表它们的状态。

从真值表可以看出，三个开关中的任意一个开关状态的变化，都会引起输出 Y0 的变化，由"1"变到"0"，或由"0"变到"1"。真值表中逻辑状态的排列是按循环码的规律排列的。这样排列的结果才能符合控制要求。

根据真值表，就可以写出三地控制一盏灯的逻辑表达式：

$$Y0 = \overline{X0}\,\overline{X1}\,X2 + \overline{X0}\,X1\,\overline{X2} + X0\,X1\,X2 + X0\,\overline{X1}\,\overline{X2}$$

根据逻辑表达式，画出三地控制一盏灯的梯形图及助记符语言程序如图 6-40 所示。

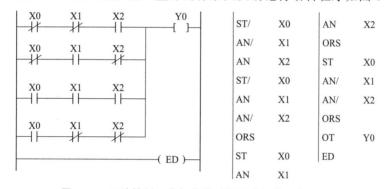

图 6-40　三地控制一盏灯的梯形图及助记符语言程序

从上面的设计过程和梯形图来看，程序设计的过程由捉摸不定、完全靠经验设计的方式而变得有章可循了。从梯形图来看，比之前一种设计变得简化了。而且根据这种方法设计多处控制一盏灯非难事。更重要的是这种程序设计方法为 PLC 的应用编程又增添了一条简便的途径。

那么这是不是三地控制一盏灯最简便的控制形式了呢？下面给出应用高级指令编写的三地控制一盏灯的控制梯形图及助记符语言程序，如图 6-41 所示。

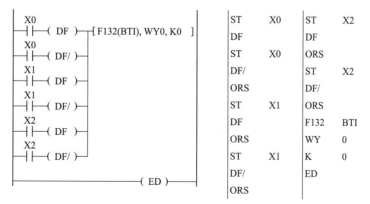

图 6-41　三地控制一盏灯的梯形图及助记符语言程序

在这里又使用了位求反指令，三个开关中的任意一个开关不论闭合还是断开，只要是扳动开关都能将字 WY0 中的 Y0 位求反，从而达到控制一盏灯的目的。对于这种编程方式，无论多少个地方，只是在梯形图中多加几个输入触点和几条微分指令罢了。

图 6-42 绘出的三地控制一盏灯的编程则更加简单。在这个程序中使用了比较指令和已经都非常熟悉了的两条高级指令，由于使用了不同于一般继电器控制原理的高级指令，使程序的编写达到了一个新的境界。

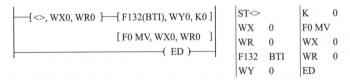

图 6-42　使用高级指令编写的三地控制一盏灯的梯形图及助记符语言程序

在此程序中，使用了字比较指令，只要 WX0 中的内容同 WR0 中的内容不同，就执行 Y0 的求反。程序的最后又执行了把 WX0 的内容送 WR0 的操作，因此这时 WX0 中的内容同 WX0 中的内容完全一样。以后只要 WX0 中内容改变，Y0 的状态立刻就发生变化。这个程序的奥妙之处是不止三地控制一盏灯，而是 16 个地方控制一盏灯（因为 WX0 有 16 位），奇妙的是只用了三条指令。

总结前面控制功能完全相同但编程方法不同的四个程序，可以看出单纯的应用传统的继电器控制理论编写的程序大都长而复杂。而应用高级指令和一些特殊指令编写的程序往往精练而简单。

应当指出，在这里花费气力编写这个程序，并不是真的要用 PLC 去控制一盏灯，而是通过对这个程序的设计和对编程思想的理解，掌握多种编程方法和技巧，对指令系统和 PLC 的特殊技术性能有更深一层的认识，从而进一步提高解决实际问题的能力。

## 6.4.7　二分频控制程序

图 6-43 所示为采用 DF 指令编写的二分频控制梯形图。

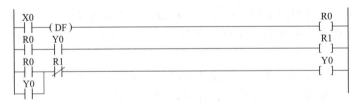

图 6-43　二分频控制梯形图

当检测到输入点 X0 的上升沿时，内部继电器线圈 R0 接通一个扫描周期，使输出继电器线圈 Y0 接通，其动合触点 Y0 闭合。当输入点 X0 的第二个脉冲到来时，内部继电器线圈 R0 接通，其动断触点 R0 打开，使输出 Y0 断开。显然，输出 Y0 的频率为输入 X0 频率的一半。

## 6.4.8　交流电动机的正反转可逆控制

### （1）电动机正反转控制

① 控制要求　按下按钮 SB1，电动机正转运行；按下按钮 SB2，电动机反转运行；按下按钮 SB3，电动机停止运行。电动机正转时，按钮 SB2 无效；电动机反转时，按钮 SB1

无效。

② 机型选择 选择松下 FP1 系列 C24 小型 PLC 控制。

③ I/O 点分配 见表 6-28。

表 6-28 I/O 点分配

| 输入设备名称 | PLC 输入点 | 输出设备名称 | PLC 输出点 |
| --- | --- | --- | --- |
| 停止按钮 SB3 | X0 | | |
| 正转按钮 SB1 | X1 | 正转交流接触器 KM1 | Y1 |
| 反转按钮 SB2 | X2 | 反转交流接触器 KM2 | Y2 |

④ 参考程序 电动机正反转控制的参考程序如图 6-44 所示。

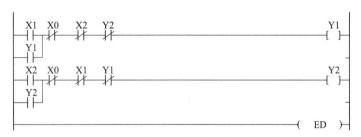

图 6-44 电动机正反转控制的参考程序

**（2）行程控制**

有一运料小车如图 6-45 所示，动作过程如下。

小车可在 A、B 两地分别启动。A 地启动后，小车先返回限位开关 ST1 处，停车 30s 装料；然后自动驶向 B 地，到达限位开头 ST2 处停车，底门电磁铁动作，卸料 30s；然后退回 A 地，停车 30s 装料；如此往复。

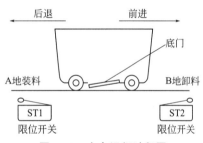

图 6-45 小车运行过程图

① 控制要求

a. 手动操作：能手动控制小车向前运行、向后运行、并能打开小车底门。

b. 连续往返自动控制：当小车启动后，能够自动往返运行。

c. 停车控制：小车在自动往返运行过程中，均可用手动开关令其停车。再次启动后，小车重复步骤 b 中内容。

② I/O 的分配

输入点　X0：SBP（停止按钮）　　输出点　Y0：KM1（电动机正转接触器）

　　　　X1：SB1（A 地启动按钮）　　　　　Y1：KM2（电动机反转接触器）

　　　　X2：SB2（B 地启动按钮）　　　　　Y3：YV（底门控制电磁铁）

　　　　X3：S（手动/自动转换开关）

　　　　X4：ST1（A 地行程开关）

　　　　X5：ST2（B 地行程开关）

③ 程序设计

a. 根据控制要求，画出操作流程图，如图 6-46 所示。程序应由手动控制和自动控制两

部分组成。

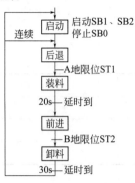

b. 手动控制时，将手动/自动转换开关置于手动位置。程序执行手动操作时，小车前进和后退设有联锁。并设置前进和后退的限位保护。

c. 按前进按钮时，小车前进，碰到前进限位保护时，小车停下，底门电磁铁动作。按后退按钮，小车后退，底门电磁铁释放，碰到后退限位保护时，小车停车。

d. 当选择自动控制工作方式时，将手动/自动转换开关置于自动位置。PLC 执行自动工作程序。小车行程控制的编程梯形图见图 6-47。

**图 6-46　小车行程控制的操作流程图**

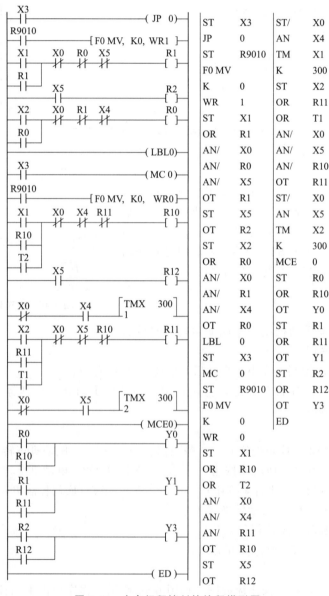

| | | | |
|---|---|---|---|
| ST | X3 | ST/ | X0 |
| JP | 0 | AN | X4 |
| ST | R9010 | TM | X1 |
| F0 MV | | K | 300 |
| K | 0 | ST | X2 |
| WR | 1 | OR | R11 |
| ST | X1 | OR | T1 |
| OR | R1 | AN/ | X0 |
| AN/ | X0 | AN/ | X5 |
| AN/ | R0 | AN/ | R10 |
| AN/ | X5 | OT | R11 |
| OT | R1 | ST/ | X0 |
| ST | X5 | AN | X5 |
| OT | R2 | TM | X2 |
| ST | X2 | K | 300 |
| OR | R0 | MCE | 0 |
| AN/ | X0 | ST | R0 |
| AN/ | R1 | OR | R10 |
| AN/ | X4 | OT | Y0 |
| OT | R0 | ST | R1 |
| LBL | 0 | OR | R11 |
| ST | X3 | OT | Y1 |
| MC | 0 | ST | R2 |
| ST | R9010 | OR | R12 |
| F0 MV | | OT | Y3 |
| K | 0 | ED | |
| WR | 0 | | |
| ST | X1 | | |
| OR | R10 | | |
| OR | T2 | | |
| AN/ | X0 | | |
| AN/ | X4 | | |
| AN/ | R11 | | |
| OT | R10 | | |
| ST | X5 | | |
| OT | R12 | | |

**图 6-47　小车行程控制的编程梯形图**

该程序由三部分组成：从跳转指令 JP0 到标签指令 LBL0 之间的程序是手动控制程序；从主控继电器指令 MC0 到主控继电器结束指令 MCE0 之间的程序是自动控制程序；MC0 至 ED 之间是输出程序。下面就对这几段程序做一简要说明。

输出程序：这段程序是专门为跳转指令和主控继电器指令而服务的。在整个程序中，手动控制程序和自动控制程序虽然是两段相对独立的程序，也就是说执行手动控制程序就不执行自动控制程序，执行自动控制程序就不执行手动控制程序。但是无论执行哪一个程序都要控制输出继电器动作。因此就必须在这两段程序中写入相同的输出继电器（Y0、Y1 和 Y3）。但是 PLC 在执行程序时不允许同一个输出量在程序中出现两次（双重使用），否则按出错处理。为了避免这种情况发生，专门设计了输出程序，无论前面执行了哪一段程序，在最后都要执行游离在前两段程序之后的这段输出程序。在前面的手动控制程序和自动控制程序中分别使用内部继电器 WR0 和 WR1 作为中间继电器间接代表输出继电器。应当注意，就是内部继电器也不可以双重使用（像 TM 和 CT 等也是如此），所以就分别使用了 WR0 和 WR1 内部继电器。在前两段程序中使用高级指令 F0 目的是在执行本段程序之前，将执行另一段程序的输出结果清掉。以避免输出发生混乱。

手动控制程序：当触点 X3＝OFF 时，执行手动控制程序。按下按钮 SB1（X1），小车向前驶向 B 地，碰触到限位开关 ST2（X5）小车停下。底门电磁铁动作。按下按钮 SB2（X2），小车向后驶向 A 地，底门电磁铁释放。当碰触到限位开关 ST1（X4）时，小车停下。当小车在一个方向上行驶时，按反方向按钮无效（有互锁）。

自动控制程序：当触点 X3＝ON 时，执行自动控制程序。按下按钮 SB1（X1），小车驶回 A 地，碰触到限位开关 ST1（X4）小车停下，等待 30s 后启动驶向 B 地，当碰触到限位开关 ST2（X5）对，小车停下，底门电磁铁动作。等待 30s 后启动驶回 A 地，底门电磁铁释放。碰触到限位开关 ST1（X4）小车停下，等待 30s 后又启动驶向 B 地，如此往复。当小车在一个方向上行驶时，按反方向按钮无效（有互锁）。当小车行进时，按下按钮 SBP（X0），小车停止。

PLC 同控制开关和外部输出的接线如图 6-48 所示。

该控制程序给出了区分手动控制和自动控制的编程方法。在本程序中是用跳转指令和主控继电器指令实现的。读者要注意这种编程方式。

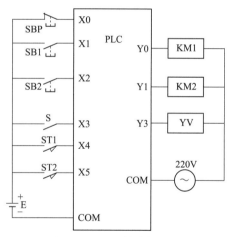

图 6-48　PLC 的外部接线

## 6.4.9　电动机星/三角（ Y/△ ） 启动控制程序

### （1）Y/△减压启动继电器接触器控制系统图

Y/△减压启动继电器接触器控制系统图如图 6-49 所示。

### （2）控制要求

如图 6-49 所示为笼型异步电动机 Y/△减压启动继电器接触器控制系统图，现拟用 PLC 进行改造，试设计相应的硬件接线原理图和控制程序。

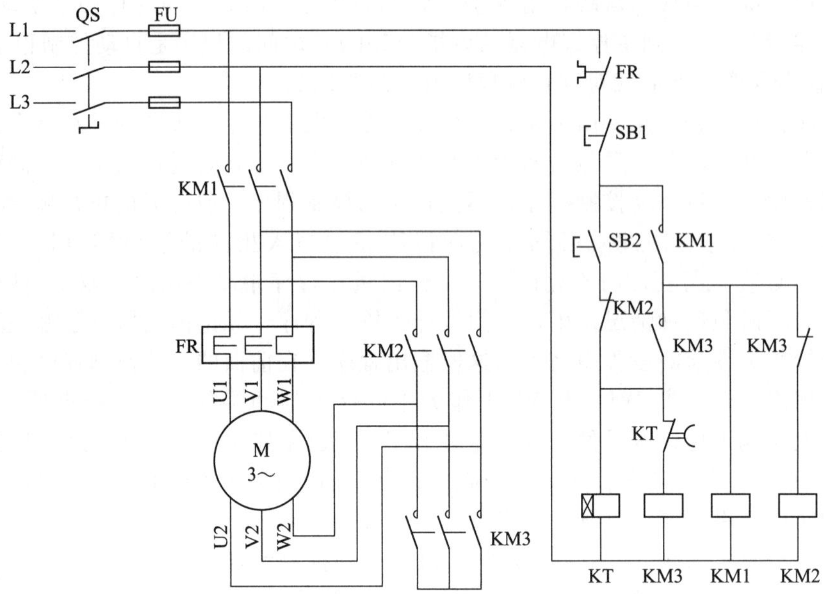

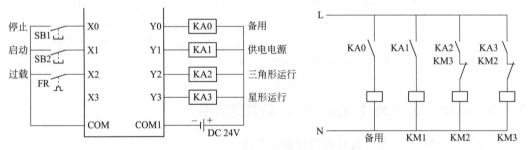

图 6-49　Y/△减压启动继电器接触器控制系统图

### （3）PLC系统接线及程序设计

① 根据控制要求编制输入/输出编址表，如表 6-29 所示。

表 6-29　电动机 Y/△启动控制系统输入/输出编址表

| 输入编址 | | 输出编址 | |
| --- | --- | --- | --- |
| X0 | 停止信号按钮 | Y0 | 备用 |
| X1 | 启动信号按钮 | Y1 | 供电电源 |
| X2 | 电动机过载保护信号 | Y2 | 三角形运行 |
| X3 | 备用 | Y3 | 星形运行 |

② 接线原理图：如图 6-50 所示为相应的硬件接线原理图。

图 6-50　电动机 Y/△启动控制硬件接线图

③ 参考程序：采用松下 FP1 系列 PLC 编制的梯形图如图 6-51 所示。

④ 程序分析

a. 在停止按钮 X0、过载继电器 X2 断开的情况下，按下启动按钮 X1，则 Y1 接通，Y1 的触点又使得 Y3 接通，启动时间继电器 T0 开始延时。此时接触器 KM1 和 KM3 接通，电

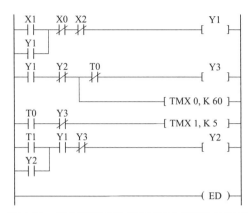

图 6-51　采用松下 FP1 系列 PLC 编制的梯形图

动机以 Y 形接法启动。

b. T0 延时到，其常闭触点断开，将 Y3 断开，并启动切换延时继电器 T1。T1 延时到，Y2 接通并自锁，此时 KM1 和 KM2 接通，电动机以△接法运行。

## 6.4.10　流水灯控制

所谓的流水灯是一串灯按一定的规律像流水一样连续闪亮。流水灯控制是 PLC 应用的一个重要的方面。它不只是在灯饰控制方面得到广泛应用，它的控制思想在工业控制技术领域也同样适用。

流水灯控制可用多种方法实现，但对现代 PLC 而言，利用移位寄存器实现流水灯控制最为便利。通常用左移寄存器实现灯的单方向的移动；用双向移位寄存器实现灯的双向移动。

这里将介绍几种典型的流水灯的程序设计方法。在下面的程序设计中，将全部采用移位寄存器来实现控制。

### （1）流水灯的程序设计方法 1

一种流水灯的控制时序图如图 6-52 所示。

移位脉冲的周期为 1s，该流水灯的控制梯形图如图 6-53 所示。

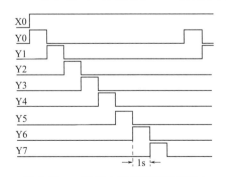

图 6-52　一种流水灯的控制时序图 1

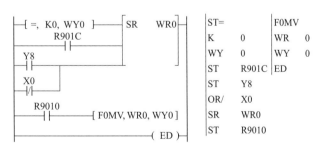

图 6-53　流水灯控制梯形图 1

这是一个脉冲分配器式的流水灯控制程序。由于 FP1-24 型 PLC 只有八个输出点（Y0～Y7），因此灯只点亮到 Y7，接着又从 Y0 开始循环。

程序中使用了左移寄存器，左移寄存器移位对 WY0 无效，故先对 WR0 进行移位，再

利用高级指令 F0WV 将 WR0 的内容送至 WY0。移位寄存器的复位端同输出继电器触点 Y8 接在一起，当 Y8 闭合时，移位寄存器复位，一切又从头开始。

X0 是流水灯的操作开关，当 X0 闭合时，移位寄存器开始工作，流水灯依次点亮。数据输入端的条件比较触点的作用是保证只是程序开始时输入一个"1"。特殊内部继电器 R901C 是秒脉冲发生器；R9010 是常闭内部继电器。

**（2）流水灯的程序设计方法 2**

另一种形式的流水灯的时序图如图 6-54 所示。

该流水灯的控制梯形图如图 6-55 所示。

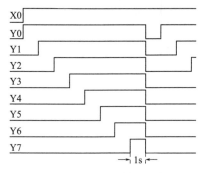

图 6-54　一种流水灯的控制时序图 2

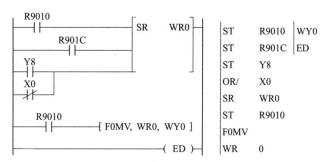

图 6-55　流水灯控制梯形图 2

这个流水灯工作过程是从 Y0～Y7 依次点亮，全灭后又重新开始。常闭内部继电器 R9010 接在移位寄存器的输入端是为了保持输入数据总为"1"。

**（3）流水灯的程序设计方法 3**

第 3 种流水灯的控制过程是流水灯从 Y0～Y7 依次点亮，再按原顺序依次熄灭。该流水灯的控制时序图如图 6-56 所示。

该流水灯的控制梯形图如图 6-57 所示。

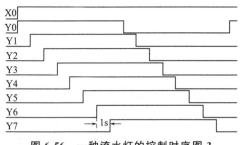

图 6-56　一种流水灯的控制时序图 3

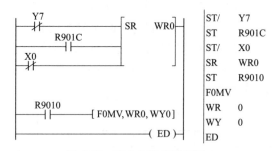

图 6-57　流水灯控制梯形图 3

在这个程序里的控制触点 X0 是启动开关，它接在移位寄存器的复位端上，当 X0 闭合时，寄存器复位，WR0 的内容清零，故 WY0 清零，所有灯都熄灭。当 X0 断开时，移位寄存器启动工作。

由于 FP1-C24 型 PLC 只有 8 位输出显示，为了不使移位结果超出显示区域（Y0～Y7），因此在数据输入端连接输出继电器常闭触点 Y7。当移位寄存器刚开始工作时，输出继电器 Y7 断电，常闭触点 Y7 接通，输入数据为 1，这样，Y0～Y7 就在移位脉冲的作用下依次点亮。当轮到输出继电器 Y7 通电时，Y7 触点动作，常闭触点打开，数据输入为 0。这样，

Y0～Y7 就在移位脉冲的作用下依次熄灭，并如此反复。

上面的几个流水灯的控制都属单方向控制，使用左移寄存器就可容易地实现。如果流水灯的点亮顺序是双向的，则使用双向移位寄存器进行控制是非常合适的。

**（4）流水灯的程序设计方法 4**

同左移寄存器相比，双向移位寄存器多了个方向控制端，就是利用这个方向控制端进行双向移位控制。所以在程序设计中不但要考虑数据移动范围的控制，同时还要考虑数据移动方向的控制。双向控制的流水灯时序图如图 6-58 所示。

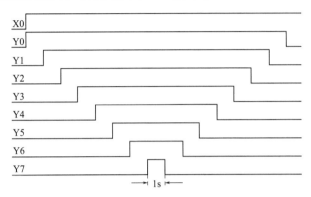

图 6-58　一种流水灯的控制时序图 4

该流水灯的控制梯形图如图 6-59 所示。

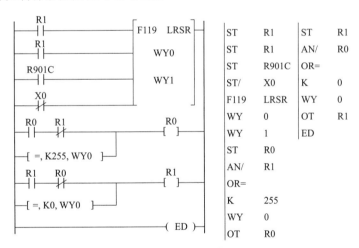

图 6-59　流水灯控制梯形图 4

在这个控制程序中、关键在于数据移位方向的控制。程序开始，数据向左移，当输出继电器 Y7 动作后、数据又向右移，当 Y0 断电后，数据又开始左移，如此往复。当数据向左移时，数据输入端应当为 1；当数据向右移时，数据输入端应当为 0。

根据以上的分析，移位方向控制端和数据输入端使用同一个控制触点。这样数据向左移时，数据输入为 1；当数据向右移时，数据输入为 0。

转换方向的两个转折点分别为当 WY0 的内容为 K0 和 K255 时（8 位），利用这两个数据使用条件比较指令实现换向。

X0 为启动开关，X0 闭合，流水灯点亮。

这个控制程序以字（WY0）为控制操作数，如果以位（Y0～Y7）为控制操作数，程序还要简单一些。以位为控制操作数设计的流水灯控制程序如图 6-60 所示。

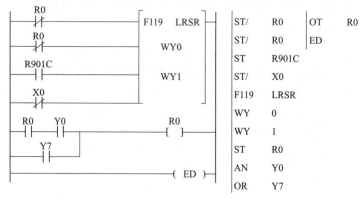

图 6-60　以位为控制操作数设计的流水灯控制程序

### （5）流水灯的程序设计方法 5

另一种双向流水灯的控制时序图如图 6-61 所示。

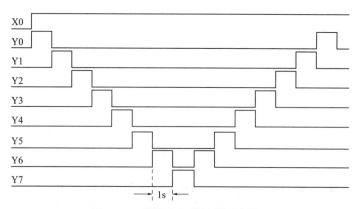

图 6-61　一种流水灯的控制时序图 5

这个流水灯控制时序的前半部分是一个灯跟着一个灯亮，前面的灯一亮，后面的灯又熄灭了，同数字电路中的脉冲分配器的波形一样。时序的后半部分灯亮的顺序同前半部分正好相反。所以这也属于双向的移位控制。该流水灯的控制梯形图见图 6-59。

这个控制程序的设计思路同上一个程序类似，不同的是一开始运行程序时数据输入端为 1，只要 Y0 开始为 1，数据输入端的信号马上就变为 0，所以在整个数据区里只有一个 1 左移或者右移。从而保证了在移位过程中只有一个灯是亮的。

该流水灯的控制梯形图如图 6-62 所示。

## 6.4.11　混合液体设备的控制

### （1）控制要求

两种液体混合装置的示意图如图 6-63 所示。图中的 SL1、SL2 和 SL3 为液面传感器，液体淹没传感器时，传感器的控制接点接通，否则断开。A 种液体的流入由电磁阀门 A 控制；B 种液体的流入由电磁阀门 B 控制。混合搅拌后的液体通过混合液体阀门流出。M 为搅拌电动机。控制要求如下：

```
ST/   R0       ST=
OR    R1       K     0
ST    R1       WY    0
ST    R901C    OT    R1
ST/   X0       ED
F119  LRSR
WY    0
WY    1
ST    R0
AN/   R1
OR    Y7
OT    R0
```

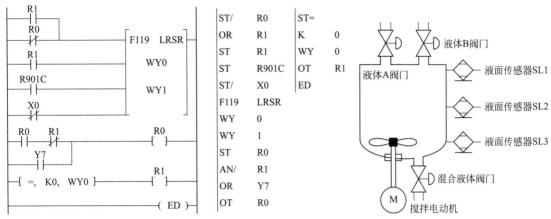

图 6-62 流水灯梯形图

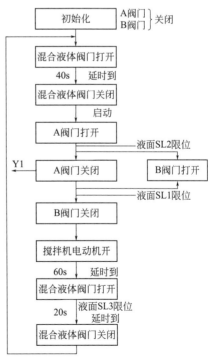

图 6-63 液体混合装置示意图

① 当装置刚投入运行时，液体阀门 A、B 关闭，混合液体阀门打开 40s 将容器放空后关闭。

② 当过程①结束后，按下启动按钮 SB2 后（在过程①结束前，按钮 SB2 不起作用），装置就开始按下列规定动作：

a. 液体 A 阀门打开，A 种液体流入罐中。

b. 当液面达到 SL2 时，SL2 的触点闭合，液体 A 阀门关闭，液体 B 阀门打开，B 种液体流入罐中。

c. 当液面达到 SL1 时，液体 B 阀门关闭，搅拌电动机开始转动。

d. 搅拌电动机工作 1min 后停止搅拌，混合液体阀门打开，放出搅拌均匀后的混合液体。

e. 当液面下降到 SL3 时，SL3 由闭合变为断开，再经过 20s 后，容器放空，混合液体阀门关闭，又开始下一周期的操作。

③ 要想停止设备的运行，按下停止按钮 SB1，在将当前的混合处理过程全部完成之后，装置才停止运行。

**（2）流程图**

根据控制要求编制的液体混合装置流程图如图 6-64 所示。

图 6-64 液体混合装置流程图

**（3）I/O 的分配**

输入点 X4：SB1（停止按钮）
X3：SB2（启动按钮）
X2：SL1
X1：SL2
X0：SL3

输出点 Y0：混合液体电磁阀门
Y1：液体 A 电磁阀门
Y2：液体 B 电磁阀门
Y3：搅拌电动机

其接线如图 6-65 所示

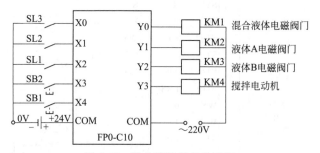

**图 6-65　混合液体设备的接线**

### （4）程序设计

根据控制要求编写的控制梯形图如表 6-30 所示。

**表 6-30　混合液体装置程序**

| 梯形图 | 指令 | | | |
|---|---|---|---|---|
| | ST | R9013 | AN/ | T2 |
| R9013 T0 R1 初始化 | OR | R1 | OR | R1 |
| | AN/ | T0 | OT | Y0 |
| R1 | OT | R1 | ST/ | X0 |
| TMX0 K400 混合阀门打开延时 | TMX0 | | TMX2 | |
| | K400 | | K200 | |
| T0 X4 R2 启动闭锁 | ST | T0 | ED | |
| | OR | R2 | | |
| | AN/ | X4 | | |
| R2 | OT | R2 | | |
| | ST | X3 | | |
| X3 X4 R2 R0 启动回路 | OR | R0 | | |
| R0 | AN/ | X4 | | |
| | AN | R2 | | |
| | OT | R0 | | |
| R0 Y0 Y2 Y3 Y1 A阀门 | ST | R0 | | |
| Y1 | OR | Y1 | | |
| | AN/ | Y0 | | |
| | AN/ | Y2 | | |
| X1 Y0 Y3 Y2 B阀门 | AN/ | Y3 | | |
| | OT | Y1 | | |
| X2 Y0 Y3 搅拌电动机 | ST | X1 | | |
| | AN/ | Y0 | | |
| TMX1 K600 搅拌电动机工作时间 | AN/ | Y3 | | |
| | OT | Y2 | | |
| T1 T2 Y0 混合阀门 | ST | X2 | | |
| Y0 R1 | AN/ | Y0 | | |
| | OT | Y3 | | |
| | TMX1 | | | |
| X0 TMX2 K200 液体放空时间 | K600 | | | |
| （ED） | ST | T1 | | |
| | OR | Y0 | | |

**（5）程序分析**

由于这个装置的控制过程较为复杂，下面将详细地按环节、分步骤解释程序。

装置的工作过程如下：

① 程序初始化过程　梯形图最上面的虚线框部分为程序初始化环节。当进入程序后，特殊内部继电器 R9013 闭合了一个扫描脉冲宽度的时间，提供了一个启动信号后就总是处于断开状态。

接到启动信号后，内部继电器 R1 通电，它的触点 R1 闭合（注意 R1 的触点有两个，一个在梯形图的上半部，一个在梯形图的下半部），输出继电器 Y0 通电，混合液体阀门打开。纵使 R9013 断开，由于触点 R1 的自锁作用，继电器 R1 仍处于通电状态，这样就保证了进入程序时由 R9010 触发的定时器 T0 处于工作状态。T0 是为了满足初始运行时，使混合液体阀门打开 40s 而设置的定时器。

进入程序 40s 以后，串在继电器 R1 前面的常闭触点 T0 断开，R1 断电，Y0 断电，混合液体阀门关闭。由于常闭触点 T0 断开，定时器 T0 复位，为下一次进入程序做准备。

常闭触点 T0 断开的同时，常开触点 T0 闭合，但由于定时器 T0 的复位，常开触点 T0 只闭合一下，又马上断开了。T0 闭合的一瞬间，内部继电器 R2 通电，靠触点 R2 的自锁作用，即使 T0 断开，R2 继续保持通电。这里 R2 的作用是保证在进入程序后的前 40s 内，启动按钮 SB2 不起作用。因为继电器 R2 的常开触点串在启动电路中，只有 R2 动作，触点闭合后，SB2 才能够起作用。如果不按停止按钮 SB1，继电器 R2 就一直保持通电的状态。

② 启动主工作程序过程　梯形图中部的虚线框部分为主工作程序启动和总停止环节。在初始化程序结束前，启动按钮 SB2 无效。初始化程序过后，按下启动按钮 SB2，这时串在启动线路中的控制触点 R2 已经闭合，所以内部继电器 R0 通电，自锁触点 R0 闭合，如果停止按钮 SB2 不被按下，R0 就一直保持接通状态。与此同时，在主工作程序段首行中的控制触点则闭合，主工作程序启动，并周期性地执行主工作程序。

③ 主工作程序执行过程　当 R0 闭合后，输出继电器 Y1 通电，液体 A 阀门打开，A 种液体流入罐内。在继电器 Y1 的前面中接了继电器 Y0、Y2 和 Y3 的常闭触点，无论这些继电器中的哪一个动作，都会将继电器 Y1 关断。

此时液面高度不断上升，先淹没液面传感器 SL3，触点 X0 闭合。当淹没液面传感器 SL2 时，控制触点 X1 闭合。X1 的闭合，使输出继电器 Y2 通电，继电器 Y2 通电导致了两个动作发生：串接在继电器 Y1 支路中的常闭触点 Y2 动作，将继电器 Y1 断电，液体 B 阀门关闭；继电器 Y2 通电使得液体 B 阀门打开，B 种液体流入关闭。

当液面上升至液面传感器 SL1 处时，控制触点 X2 闭合，输出继电器 Y3 通电，搅拌电动机启动旋转，并将定时器 T1 触发。在电动机启动的同时，串接在继电器 Y2 支路中的常闭触点 Y3 动作，将继电器 Y2 切断，液体 B 阀门关闭。

定时器 T1 延时 1min 后动作，控制触点 T1 闭合，输出继电器 Y0 通电，串接在 Y3 支路中的常闭触点 Y0 动作，将继电器 Y3 切断，电动机停转，混合液体阀门打开。

虽然当继电器 Y0 动作时，也同时将定时器 T1 复位，则控制触点 T1 断开，但由于 Y0 触点的自锁作用，即使 T1 只接通了一瞬间，输出继电器 Y0 仍能保持通电状态。混合液体阀门一直打开。

混合液体阀门开通后，罐中的混合液体源源不断地流出容器，液面不断下降导致了液面传感器 SL1 和 SL2 的触点由闭合状态变为断开状态。当液面下降至液面传感器 SL3 以下时，常闭控制触点 X0 动作，触发定时器 T2。此时继电器 Y0 仍保持通电状态。

20s 后，罐中液体放空，定时器 T2 动作，串接在继电器 Y0 前面的定时器 T2 常闭触点

T2 动作，将继电器 Y0 断开，混合液体阀门关闭。

这时继电器 Y0、Y2 和 Y3 都处于断开状态，串接在继电器 Y1 前面的三个常闭触点又都闭合，则 Y1 通电，液体 A 阀门打开，A 种液体流入罐中，又开始新一轮的操作。并周而复始地工作下去。

④ 停止运行过程　当按下停止按钮 SB1 后，工作过程并不能马上终止，根据工艺要求，一定要等全过程结束，即将容器中的液体全部放光后，才能停止运行。

从梯形图可以看出，当常闭控制触点 X4 断开后，初始化程序部分的内部继电器 R2 断电，导致了启动线路部分中的控制触点 R2 释放。R2 的释放切断了内部继电器 R0，梯形图中的所有 R0 触点释放。但程序并不能马上终止。这是因为只要 Y1 接通，它的自锁触点就开始起作用，即使这时将 R0 断开，Y1 仍能保持通电状态。所以程序能够继续执行下去。但当程序进行到 Y2 通电时，就将继电器 Y1 断电，自锁触点 Y1 释放，这时才将 Y1 支路彻底切断。

以下过程能够继续进行是由于下面一段程序的控制只和液面传感器的触点闭合有关，而和 R0 和 Y1 的断开与否无关。当程序执行到最后，将罐中的液体全部放光，继电器 Y0 断电，混合液体阀门关闭后，程序再次运行到主工作程序段的首行时，控制触点 R0 和 Y1 全都断开，这才使得循环过程终止。若要再次启动设备，须重新启动程序，只按下启动按钮是不起作用的。

从梯形图可以看出，整个程序是由三部分组成的，每一部分都用虚线框了起来。在设计程序时，根据工艺要求，将程序按功能分成几部分，分别进行设计，每部分的程序都成为一个相对独立的模块。当每一个模块设计完成之后、再用一些相关的触点将它们连接起来，成为一个连贯的程序。这就是程序的模块化设计，这也是当前 PLC 程序设计的主流和方向。

## 6.4.12　自动送料装车控制

### （1）控制要求

自动送料装车控制系统如图 6-66 所示。

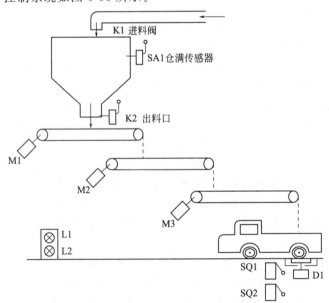

图 6-66　自动送料装车控制系统示意图

① 初始状态　红灯 L1 灭，绿灯 L2 亮，允许汽车开进装料。料斗出料口 K2 关闭，电动机 M1～M3 停止。

② 进料控制　如料斗中料不满，仓满传感器 S1 断开，5s 后进料阀 K1 开启进料。当料满时，S1 动作，终止进料。

③ 装车　当汽车开进到装车位置时，位置开关 SQ 闭合，红灯 L1 亮，绿灯 L2 灭；同时启动 M1，2s 后打开料斗出料口 K2 出料，经 2s 后启动 M2，再经 2s 启动 M3。车装满后，SQ2 断开，K2 关闭，2s 后 M1 停止，再经 2s 后 M2 停止，以此类推，同时红灯灭，绿灯亮，汽车开走。

④ 停车控制　按下停止按钮 SB2，整个系统终止运行。

**（2）流程图**

自动送料装车系统流程图如图 6-67 所示。

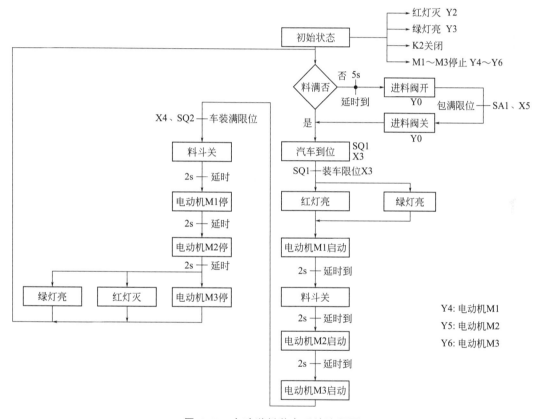

**图 6-67　自动送料装车系统流程图**

**（3）I/O 点的分配**

① 输入点

| X0：SB1 启动按钮 | X3：SQ1 车到位 |
| X1：SB2 停止按钮 | X4：SQ2 车装满 |
| X2：SA2 料位监测 | X5：SA1 仓装满 |

② 输出点

Y0：K1 进料阀　　　Y4：M1 电动机

Y1：K2 出料　　　　Y5：M2 电动机

Y2：L1 红灯　　　　Y6：M3 电动机

Y3：L2 绿灯

### （4）程序设计

自动送料装车过程实际上是一个按一定顺序动作的控制过程，因此采用步进指令编程更为方便，其程序如表 6-31 所示。

**表 6-31　自动送料装车系统程序**

| 梯形图 | 指令 | |
| --- | --- | --- |
| | ST | R10 |
| | OR | R9013 |
| | PSHS | |
| 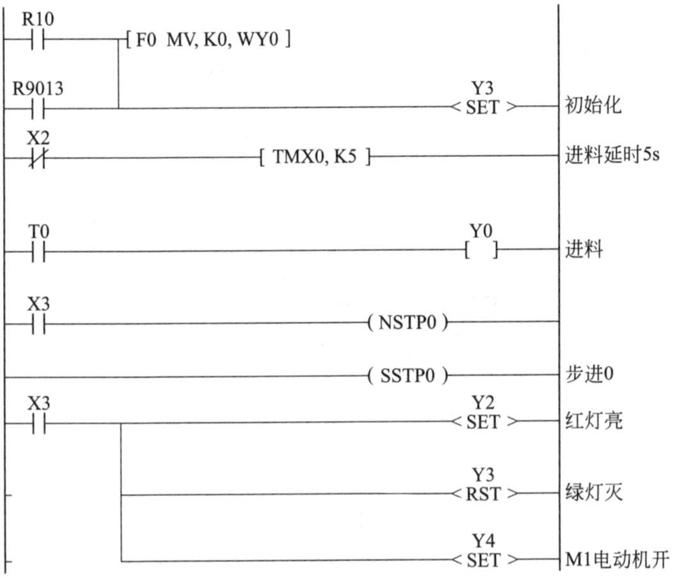 R10 ──[F0 MV, K0, WY0] | F0 | (MV) |
| R9013 ──Y3 <SET> 初始化 | K0 | |
| | WY0 | |
| X2 ──[TMX0, K5] 进料延时5s | POPS | |
| | SET | Y3 |
| T0 ──Y0 [ ] 进料 | ST/ | X2 |
| | TMX0 | |
| X3 ──(NSTP0) | K50 | |
| | ST | T0 |
| ──(SSTP0) 步进0 | OT | Y0 |
| X3 ──Y2 <SET> 红灯亮 | ST | X3 |
| | NSTPO | |
| Y3 <RST> 绿灯灭 | SSTPO | |
| | ST | X3 |
| Y4 <SET> M1电动机开 | SET | Y2 |
| | RST | Y3 |
| | SET | Y4 |

## 6.4.13　智能控制

### （1）控制要求

下面设计一个特别有趣的程序。当程序运行时，PLC 好像有智能一样，如果操作一个开关控制一台电动机的启停，它能够记忆下刚才所做的一切，并马上能够重复刚才电动机运行的全过程。

电路的控制部件如下：

示教开关 S1；操作开关 S0；重复运行开关 S2；单次运行开关 S3；交流接触器 KM；指示灯 LAMP。

程序运行时，将示教开关 S1 闭合，闭合和断开操作开关 S0 启动和停止电动机数次（开关闭合、断开的时间和次数不限），然后断开示教开关 S1，如果闭合单次运行开关 S3，PLC 将刚才示教的全过程重复执行一遍并将指示灯点亮后停止运行。若闭合重复运行开关 S2，PLC 将重复运行示教过程，直到将开关 S2 断开为止。

**（2）I/O 的分配**

① 输入点　X0：S0（操作开关）　　② 输出点　Y0：KM（交流接触器）

　　　　　　X1：S1（示教开关）　　　　　　　　　Y1：LAMP（指示灯）

　　　　　　X2：S2（重复演示运行开关）

　　　　　　X3：S3（单次演示运行开关）

分析控制要求可知，在示教过程中，开关 S0 每次闭合和断开的时间（即电动机启动旋转和停止旋转的时间）能够分别被记忆下来。同时也要将开关闭合和断开的次数记忆下来。而且这些数据应有序地存放在特定的存储区域里。

当示教过程结束后，程序应能将存储的数据按着顺序取出来，分别把前面的示教过程准确无误地重新演示出来。

**（3）程序设计**

根据控制要求，将按四个过程、两个模块来设计控制程序。这四个过程是：

① 程序的初始化过程；

② 示教记忆过程；

③ 重复运行和单次运行过程；

④ 退出运行过程。

两个模块是：

① 示教记忆模块；

② 重复演示模块。

为了分析方便，分别画出了两个模块的控制梯形图，并在图中标出了指令的地址号，以便识别两段程序的连接。示教模块的梯形图见图 6-68 所示。

为了能够记忆时间，在程序中使用了两个可逆计数器 F118，一个专门记忆电动机旋转运行的时间，另一个用来记忆电动机停止运行的时间。可逆计数器的加/减计数控制端同内部特殊常闭继电器 R9010 接在一起。这样保持计数器总处于加计数状态。计数器的计数脉冲输入端连接内部特殊 0.1s 时间脉冲继电器，向计数器提供时间周期固定的脉冲信号，计数器记录下的脉冲个数实际上也就是记忆下了时间。两个计数器按互锁的方式连接，当一个计数器工作时，迫使另一个计数器停止工作。

该程序中，位于地址 48 处的计数器是用来记忆电动机停转时间的；位于地址 64 处的计数器是用来记忆电动机启动旋转过程时间的。当控制触点 X0 闭合时，电动机处于旋转状态，当 X0 断开时，电动机处于停转状态。

另一个要解决的问题是如何将每次电动机的启动旋转过程时间和停转时间按操作的顺序储存起来。在程序中使用的索引寄存器 IX 或 IY 可以解决这个问题。在高级指令和一些基本指令中，索引寄存器可用作其他操作数（WX、WY、WR、SV、EV、DT 和常数 K 和 H）的修正值。有了该功能，可用一条指令代替多条指令来实现控制。

在程序中使用索引寄存器可以在数据区进行变址寻址，这样存放和读取数据的方式就变得非常灵活。例如当执行 [F0MV，DT11，IXDT100] 这条指令时，若索引寄存器 IX 的内容为 X5 的话，指令执行过后，就把数据寄存器 DT11 的内容传送到数据寄存器 DT105 中去了。也就是说索引寄存器具有地址值修正的功能。在程序运行过程中可以改变索引寄存器的数据值，这样就可以将需要处理的时间数据按操作的顺序排放在数据区内。

在程序中使用数据存储单元 DT5 来存放电动机启动和停止的次数。

数据存储单元 DT10 和 DT11 分别为电动机停止运行时间计数器和旋转运行时间计数器

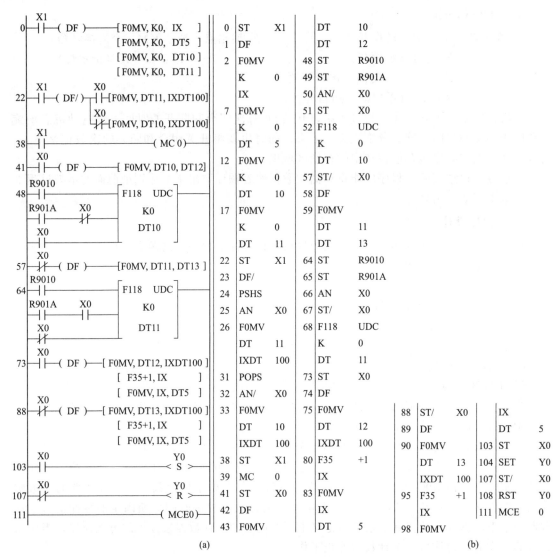

图 6-68　示教模块梯形图

的计数数据单元。

下面来看一下示教模块程序运行的过程。

首先将示教触点 X1 闭合，程序进入初始化过程。当 X1 闭合的一瞬间，索引寄存器 IX 清零；数据寄存器 DT5 清零；计数器计数单元 DT10、DT11 清零。

接着执行在主控继电器指令对 ME0 和 MCE0 之间的示教过程程序。若此时操作开关 X0 为断开状态，记忆电动机旋转过程时间的计数器停止工作，计数器计数单元 DT11 中的内容为 0。位于地址 48 的计数器开始工作，每隔 0.1s，DT10 中的数据加 1。将电动机停止转动时间过程记忆下来。输出继电器 Y0 置 0，电动机停转。

当 X0 闭合时，在 X0 闭合的一瞬间，先将刚才电动机停止运行的时间数据存放在暂存数据单元 DT12 中，然后将 DT10 清零。位于地址 64 处的计数器开始工作，每隔 0.1s，DT11 中的数据加 10 将电动机启动旋转过程的时间记忆下来。接着将暂存数据单元 DT12 中的停止运行时间数据送入数据区存放起来。由于此时 IX 的内容为 0，所以第一个时间数据

被存放在数据寄存器 DT100 中。在这之后，IX 的内容加 1，DT5 的内容加 1，记录下第一操作。X0 的闭合，使输出继电器 Y0 置 1，电动机处于旋转状态。需要指出的是，上述过程几乎是在同一扫描周期内完成的。

当将 X0 断开时。在 X0 断开的一瞬间，先将位于地址 48 的计数器启动，再将开关断开前的电动机旋转运行时间数据送至暂存数据单元 DT13，关掉位于地址 64 的计数器，并将 DT11 清零。再将暂存数据单元 DT13 中的电动机旋转运行时间数据送至 DT101 单元存放起来（因为此时 IX 的内容为 1），接着 IX 的内容加 1，次数寄存器 DT5 的内容加 1。输出继电器 Y0 置 0，电动机停止旋转。

如果多次闭合和断开 X0，电动机的停止运行时间和旋转运行时间数据就按操作的顺序从 DT100 开始依次存放在数据区内。DT5 则记录下了触点 X0 闭合和断开的次数。

要想结束示教过程，将触点 X1 断开。当 X1 断开的一瞬间，将最后一次运行的时间数据送到数据区去。至于是电动机停止运行的时间数据还是电动机旋转运行的时间数据要视在断开 X1 之前分别处于什么状态而定。

以上是示教模块程序运行的过程。

图 6-69 给出了重复演示模块的梯形图程序。

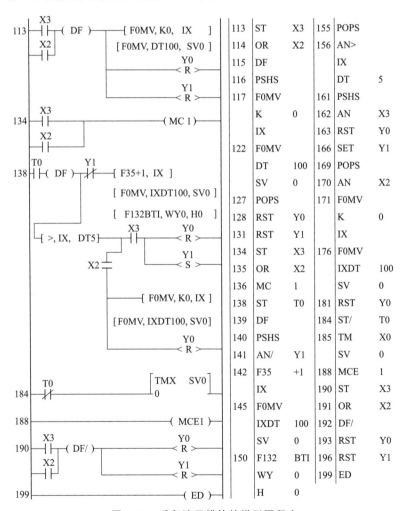

图 6-69 重复演示模块的梯形图程序

重复演示模块程序的功能是将示教过程对电动机的操作重新演示出来。下面就来分析重复演示模块程序执行的过程。

将触点 X1 断开以后，PLC 退出示教模块程序。这时无论闭合 X2 还是 X3，程序都将进入重复演示模块。下面将就 X3 闭合后的情况进行分析，至于 X2 闭合后程序运行的情况，在理解了 X3 闭合时的控制过程之后，读者不难自行分析。

当 X3 闭合后的一瞬间，程序先将索引寄存器清零，再将数据寄存器 DT100 中的第一个时间数据送入定时器 T0 的预置值寄存器 SV0 中去。输出继电器 Y0、Y1 断电，使电动机停转。这段程序是做进入重复演示模块程序之前的初始化工作。

X3 闭合后，PLC 开始执行主控继电器指令对 MC1 和 MCE1 之间的程序。由于定时器接在常闭触点 T0 的后面，故一进入 MC1 和 MCE1 之间的程序后，定时器就启动并开始工作。应当注意，在示教模块程序中使用的特殊内部继电器 R901A 的时间单位和定时器 TMX 的时间单位是一致的。所以，定时器的延时时间与示教操作经历的时间是相同的。

当延时结束时，定时器控制触点 T0 动作（地址 138 处），T0 的闭合触发执行了三条指令：索引寄存器 IX 内容加 1，将 DT101 中新时间数据送至预置值寄存器 SV0 中去。由于在地址 184 处的常闭触点 T0 也同时动作，将触点断开，使定时器复位。定时器刚复位，常闭触点又闭合，由于这时新的时间数据已经装入，所以定时器又开始了新一轮的工作，对输出继电器 Y0 求反。由于一进入重复演示模块程序后，Y0 的状态是断电，通过求反，Y0 通电，电动机旋转。下一次又求反，输出继电器 Y0 又为 0，这样保证电动机按示教时操作的顺序有规律地启停。

接下来是比较电动机动和停止的次数是否已经超过了示教时电动机启动和停止的次数，由于定时器每动作一次，索引寄存器的内容就加 1，如果索引寄存器 IX 的内容比次数寄存器 DT5 的内容少，以上过程继续进行。如果索引寄存器 IX 的内容比次数寄存器 DT5 的内容多，就说明整个重复演示过程应当结束。程序立即将输出继电器 Y0 置 0，电动机停转，输出继电器 Y1 置 1，指示灯点亮，单次程序执行过程结束。

断开触点 X3，程序退出重复演示模块，并将指示灯熄灭。

以上是重复演示模块单次演示程序执行的全过程，至于循环演示过程与此类似。

在这里，举例说明了 PLC 的程序设计基本原则和思想。这些例子程序短小易读，希望读者加深理解，举一反三。但同时也应当指出，由于编者的水平有限，提供给读者的程序未必尽善尽美，对读者只是一个参考或启发，也可以说是一块引玉之砖。编者希望读者在参考这些例子的基础上，能够编写出更简洁、功能更完善的 PLC 的应用程序来。

# 6.5　PLC 教学实践中常用的几种典型编程环节

## 6.5.1　TVT-90A 箱式 PLC 学习机

TVT-90A 学习机由 PLC 主机、编程器、主机板构成的主机箱和 10 块模拟控制对象的实验板组成。用实验连接导线将主机板上的有关部分连接可完成指令系统训练，用实验连接导线将主机板与模拟实验板有关部分连接可完成程序设计训练。用连接导线将主机与实际系统的部件连接可作为开发机使用，进行现场调试。

**（1）TVT-90A 学习机的基本配置及其结构**

主机箱：

① 主　机：1 个。

② 编程器：1 台。

③ 主机板：1 台。

④ 模拟实验板：10 块。

⑤ 实验板箱：1 个。

⑥ 实验连接导线：1 套。

TVT-90A 学习机基本结构如图 6-70 所示。

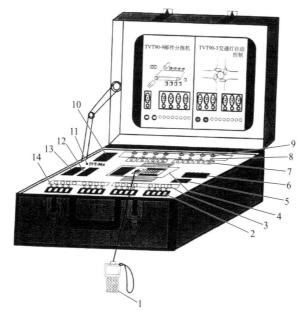

**图 6-70　TVT-90A 学习机基本结构**

1—编程器；2—输入开关；3—输入开关插孔；4—PLC；5—拨码器；6—输入变换开关；7—PLC 输出插口；
8—输出显示 LED 插孔；9—输入显示 LED；10—蜂鸣器；11—DC24V 电源；12—电源开关；
13—保险；14—PLC 输入插孔

**（2）工作原理及主要技术参数**

① 主机及编程器　主机采用日本松下 FP1-C24（AFP12217CB），其主要技术数据如下：

输入点数：16。

输入信号类型：开关量。

输出点数：8。

输出继电器允许电流：2A（250V，AC）。

指令条数：191。

基本指令执行时间：1.6$\mu$s。

编程方式：梯形图。

编程容量：2720 步。

定时器/计数器：144 个。

内辅断电器：1008 个。

特殊继电器：64 个。

数据寄存器：1660 个。

系统寄存器：70 个。

索引寄存器：2 个字。

主机电源：220V，AC。

编程器采用与上述主机配套的 FP Programmer（AFP1114），可完成程序输入、编辑、检查及监控等功能。它有一个两行 LCD 显示屏，一个 35 键的键盘。

② 主机板　图 6-71 所示为主机板及其主机接口的电路原理图。它由输入、输出和电源三个单元组成。

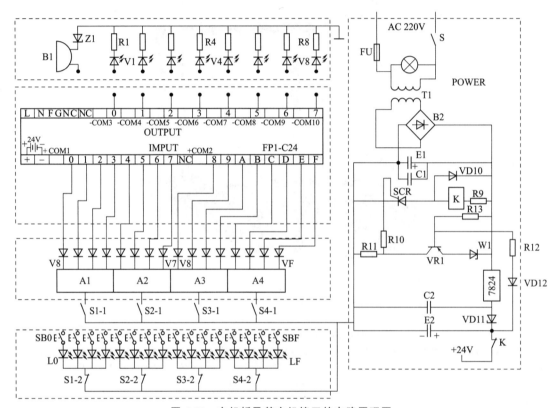

**图 6-71　主机板及其主机接口的电路原理图**

a. 输入单元　输入单元由 16 个带发光指示的按钮（SB0～SB15）和 4 个拨码器（A1～A4）组成。SB0～SB3、SB8～SB11 不带自锁，SB4～SB7、SB12～SB15 带自锁。如果将按钮的某一个或几个与主机输入点（X0～XF）相接，改变这些开关的通断状态，即可对主机输入所需要的开关量。或者将开关 S1-1、S2-1、S3-1、S4-1 闭合（同时 S1-2、S2-2、S3-2、S4-2 断开，切除按钮），利用拨码器对主机输入开关量，A1、A2、A3、A4 分别对应十进制数的个、十、百、千位。拨码开关作用是将十进制数码转换为 BCD 码。

b. 输出单元　输出单元由一个蜂鸣器 B 和 8 个发光二极管（V1～V8）组成。将蜂鸣器或发光二极管与主机输出点（Y0～Y7）连接，蜂鸣器是否发出响声或发光二极管是否发光，即可表示输出点的状态，使用者便可得到主机的输出信息。

c. 电源单元　主机板上装有 24V 直流稳压电源，供输入输出单元及模拟实验板使用。电源具有短路保护功能，对于可能出现的误操作，均能确保主机的安全。主机上的 24V 直

流电源不必使用。

③ 模拟实验板　TVT-90A 学习机共配置模拟实验板 10 块：

UNIT-1：电动机控制；　　　　　　UNIT-2：八段码显示和天塔之光；

UNIT-3：交通信号灯自控和手控；　　UNIT-4：水塔水位自动控制；

UNIT-5：自控成型机；　　　　　　　UNIT-6：自控轧钢机；

UNIT-7：多种液体自动混合；　　　　UNIT-8：自动送料装车系统；

UNIT-9：邮件分拣机；　　　　　　　UNIT-10：电梯自控模型。

　　模拟实验板一般的开关量输入电路是由开关量输入单元电路构成的。直接输入单元电路如图 6-72 所示。输入电路由多少个单元电路构成，依图形化的控制系统要求决定。单元电路由开关 S［图 6-72(a)］或者开关 S 与发光二极管 V［图 6-72(b)］串联构成，电路一端接插孔 X1，一般 X1 接 PLC 的输入端口，另一端 X2 接直流电源的负极。

　　模拟实验板开关量输出电路由开关量输出单元组成，单元电路数依模拟实验板上图形化的控制系统要求而定。电路一端接插孔 X3，X4 接直流电源负极，X3 接 PLC 的输出端口，如图 6-73 所示。应当注意，为了构成闭合的输入输出电路，需用导线将所使用的输入输出端口对应的 COM 端与电源正极对应，在主机板上是指用黑框圈在一起的部分。

图 6-72　输入单元电路　　　　　　图 6-73　输出单元电路

　　从 10 块实验板的名称可以看出，每块板可模拟实验一种典型的控制对象。利用主机箱和这 10 块模拟实验板可进行程序设计训练。其训练框图如图 6-74 所示。

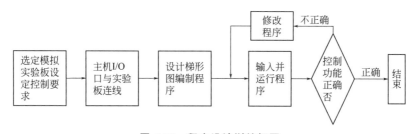

图 6-74　程序设计训练框图

## 6.5.2　电动机控制

### （1）实验目的

用 PLC 控制电动机正反转和 Y/△启动。

### （2）实验设备

① TVT-90A 学习机主机箱。

② UNIT-1 电动机控制实验板，如图 6-75 所示。

③ 连接导线一套。

### （3）实验内容

① 控制要求：按下启动按钮 SB1，电动机运行，且 KMY 接通。2s 后 KMY 断开，

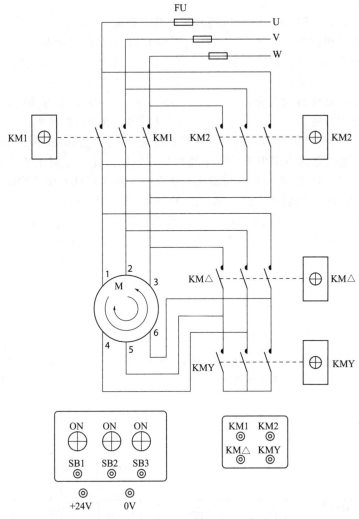

图 6-75　UNIT-1 电动机控制实验板

⊕ 发光二极管；⊖ 按键；◎ 连载插孔

KM△接通，即完成 Y/△启动。按下停止按钮 SB2，电动机停止运行。

② I/O（输入/输出口）分配：

输入：　　　　　　输出：

SB1　X0　　　　　KMY　Y0

SB2　X1　　　　　KM△　Y1

③ 按图 6-76 所示梯形图输入程序。

④ 调试并运行程序。

### 6.5.3　八段码显示

**（1）方案 1**

① 实验目的　用 PLC 构成抢答器系统并编制控制程序。

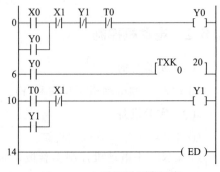

图 6-76　电动机控制梯形图

② 实验设备

a. TVT-90A 学习机主机箱。

b. UNIT-2 八段码显示实验板，如图 6-77 所示。

c. 连接导线一套。

③ 实验内容

a. 控制要求：一个四组抢答器，任一组抢先按下按键后，显示器能及时显示该组的编号并使蜂鸣器发出响声，同时锁住抢答器，使其他组按下按键无效。抢答器有复位开关，复位后可重新抢答。

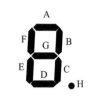

图 6-77　UNIT-2 八段码显示实验板

b. I/O 分配：

| 输入： | | 输出： | | | |
|---|---|---|---|---|---|
| 按键 1 | X0 | 铃 | Y0 | a | Y1 |
| 按键 2 | X1 | b | Y2 | c | Y3 |
| 按键 3 | X2 | d | Y4 | e | Y5 |
| 按键 4 | X3 | f | Y6 | | |
| 复位开关 | X5 | g | Y7 | | |

c. 按图 6-78 所示的梯形图输入程序。

d. 调试并运行程序。

④ 编程练习

a. 完成五组的抢答器程序设计，I/O 分配后输入并运行程序（控制要求同四组抢答器）。

b. 完成满足以下控制要求的程序设计，调试并运行程序。

显示在一段时间 $t$ 内已按过的按键的最大号数，即在时间 $t$ 内键按下后，PLC 自动判断其键号大于还是小于前面按下的键号。若大于，则显示此时按下的键号；若小于，则原键号不变。如果键按下的时间与复位的时间相差超过时间 $t$，则不管键号为多少，皆无效。复位键按下后，重新开始，显示器显示无效。

**（2）方案 2**

① 控制要求。

a. 用 PLC 构成三组抢答器控制系统。SB1～SB3 用作 3 名选手的抢答按钮，HL1～HL3 用于显示 3 名选手获得抢答权。

b. SB0 为主持人按钮，只有主持人按钮按下之后，抢答者按下抢答按钮才有效，每次抢答时限为 5s。要求每位选手能获得均等的抢答机会。

c. 深入理解 PLC 的扫描技术，掌握用定时器产生多个循环脉冲的编程方法和技巧。

② 机型选择。选择松下 FP1 系列 C24 小型 PLC 控制。

③ I/O 点分配。I/O 点分配见表 6-32。

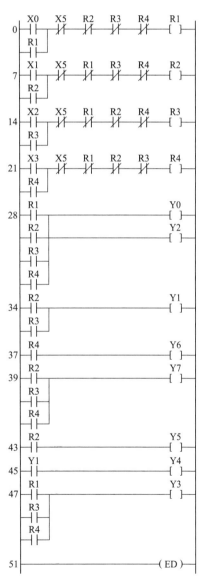

图 6-78　八段码显示实验梯形图

表 6-32　I/O 点分配表

| 输入编址 | | 输出编址 | |
| --- | --- | --- | --- |
| X0 | 主持人按钮 SB0 | Y0 | HL1;1 号选手获得抢答权 |
| X1 | 1 号选手抢答按钮 SB1 | Y1 | HL2;2 号选手获得抢答权 |
| X2 | 2 号选手抢答按钮 SB2 | Y2 | HL3;3 号选手获得抢答权 |
| X3 | 3 号选手抢答按钮 SB3 | | |

④ 按图 6-79 所示的梯形图输入程序。

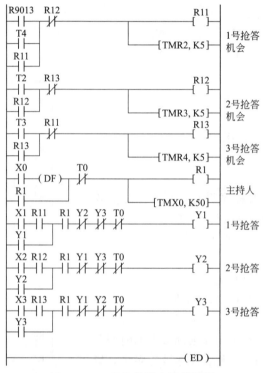

图 6-79　三组抢答器实验梯形图

⑤ 调试并运行程序。

## 6.5.4　数值运算

### （1）实验目的

用 PLC 进行数值运算。

### （2）实验设备

① TVT-90A 学习机主机箱。

② UNIT-2 八段码显示实验板，如图 6-77 所示。

③ 连接导线一套。

### （3）实验内容

① 控制要求：从拨码器 A1、A2 分别输入 1 位 BCD 码，将这两位 BCD 码相加，显示其结果，有进位则显示器的小数点亮。

② I/O 分配：

输入：　　　　　　输出：

A1-X0～X3　　　a-Y0　b-Y1　c-Y2　d-Y3

A2-X4～X7　　　e-Y4　f-Y5　g-Y6　h-Y7

③ 按图 6-80 所示的梯形图输入程序。

④ 调试并运行程序。

**（4）编程练习**

① 完成一位 BCD 码减一位 BCD 码的运算，显示运算结果，有借位则小数点亮。编制并调试运行程序。

② 完成一位 BCD 码乘以一位 BCD 码的运算，循环显示运算结果，小数点亮的表示个位，无小数点的表示十位。编制并调试运行程序。

③ 完成一位 BCD 码除以一位 BCD 码的运算，循环显示运算结果，小数点亮的表示商，小数点不亮的表示余数。编制并调试运行程序。

注：以上三项内容的 I/O 分配与加法的分配相同。

## 6.5.5　天塔之光

**（1）实验目的**

用 PLC 构成天塔之光闪光灯控制系统。

**（2）实验设备**

① TV-90A 学习机主机箱。

② UNIT-2 天塔之光实验板，如图 6-81 所示。

③ 连接导线一套。

**（3）实验内容**

① 控制要求。

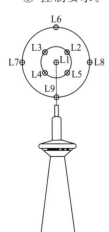

**图 6-81　天塔之光实验板**

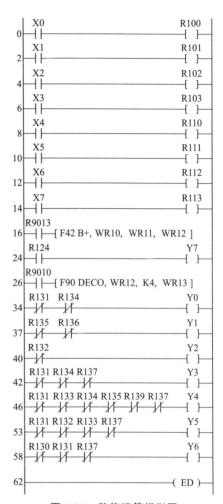

**图 6-80　数值运算梯形图**

隔灯闪烁：L3、L5、L7、L9 亮 1s 后灭，接着 L2、L4、L6、L8 亮 1s 后灭；再接着 L3、L5、L7、L9 亮 1s 后灭，如此循环下去。

② I/O 分配。

输入：　　　　　　输出：

启动按键-X0　　　L2-Y0　L4-Y2　L6-Y4　L8-Y6

停止按键-X1　　　L3-Y1　L5-Y3　L7-Y5　L9-Y7

③ 根据控制要求编写的梯形图如图 6-82 所示，并输入至 PLC 中。

④ 调试并运行程序。

**（4）编程练习**

① 隔两灯闪烁：L1、L4、L7 亮，1s 后灭；接着 L2、L5、L8 亮，1s 后灭；接着 L3、L6 亮，1s 后灭；接着 L1、L4、L7 亮，1s 后灭；……如此循环。编制程序，并上机调试运行。

② 发射型闪烁：L1 亮，2s 后灭；接着 L2、L3、L4 亮，2s 后灭，接着 L6、L7、L8 亮，2s 后灭；接着 L1 亮，2s 后灭；……如此循环。编制程序，并上机调试运行。

## 6.5.6 水塔水位自动控制

**（1）实验目的**

用 PLC 构成水塔水位自动控制系统。

**（2）实验设备**

① TV-90A 学习机主机箱。

② UNIT-4 水塔水位自动控制实验板，如图 6-83 所示。

③ 连接导线一套。

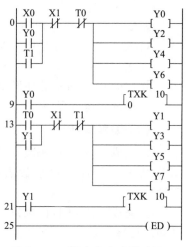

图 6-82　天塔之光实验梯形图

**（3）实验内容**

① 控制要求：当水塔水位低于低水位界（S4 为 ON 表示）时，电磁阀 Y 打开，于是进水（S4 为 OFF 表示水位高于水池低水位界），当水位高于水池高水位界（S3 为 ON 表示）时，电磁阀 Y 关闭。

② I/O 分配：

输入：　　　　输出：

S4　X2　　　电磁阀 Y　Y1

S3　X3

③ 按图 6-84 所示梯形图输入程序。

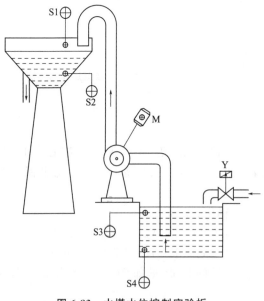

图 6-83　水塔水位控制实验板

图 6-84　水塔水位控制梯形图

④ 调试并运行程序。

**（4）编程练习**

① 当水池水位低于水池低水位界（S4 为 ON）时，电磁阀 Y 打开进水（S4 为 OFF 表

示高于水池低水位界）。当水位高于水池高水位界（S3 为 ON 表示）时，阀 Y 关闭。当 S4 为 OFF 时，且水塔水位低于水塔低位界时，S2 为 ON，电动机 M 运转，开始抽水。当水塔水位高于水塔高水位界时，电动机 M 停止。

根据上述控制要求编制水塔水位自动控制程序，并上机调试运行。

② 当水池水位低于水池低水位界（S4 为 ON 表示）时，阀 Y 打开进水（Y 为 ON）定时器开始定时，2s 以后，如果 S4 还不为 OFF，那么阀 Y 指示灯闪烁，表示阀 Y 没有进水、出现故障，S3 为 ON 后，阀 Y 关闭（Y 为 OFF）。当 S4 为 OFF 时，且水塔水位低于水塔低水位界时 S2 为 ON，电动机 M 运转抽水。当水塔水位高于水塔高水位界时电动机 M 停止。

根据上述控制要求编制带自诊断的水塔水位自动控制程序，并上机调试运行。

### 6.5.7　自控成型机

**（1）实验目的**

用 PLC 构成自控成型机。

**（2）实验设备**

① TV-90A 学习机主机箱。

② UNIT-5 自控成型机实验板，如图 6-85 所示。

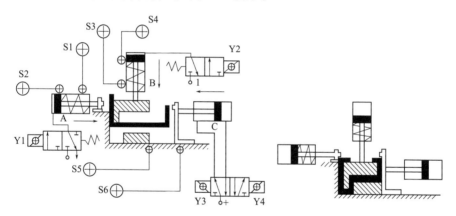

图 6-85　自控成型机实验板

③ 连接导线一套。

**（3）实验内容**

① 控制要求：

a. 初始状态。当原料放入成型机时，各液压缸为初始状态：Y1＝Y2＝Y4＝OFF，Y3＝ON，S1＝S3＝S5＝OFF，S2＝S4＝S6＝ON。

b. 启动运行。当按下启动键，系统动作要求如下：

Y2＝ON 上面油缸的话塞向下运动，使 S4＝OFF。

当该液压缸活塞下降到终点时，S3＝ON，此时，启动左液压缸，A 的活塞向右运动，右液压缸 C 的活塞向左运动。Y1＝Y4＝ON 时，Y3＝OFF，使 S2＝S6＝OFF。

当 A 缸活塞运动到终点 S1＝ON，并且 C 缸活塞也到终点 S5＝ON 时，原料已成型，各液压缸开始退回原位。首先，A、C 液压缸返回，Y1＝Y4＝OFF，Y3＝ON 使 S1＝S5＝OFF。

当 A、C 液压缸返回到初始位置，S2＝S6＝ON 时，B 液压缸返回，Y2＝OFF，使

S3＝OFF。

当液压缸返回初始状态，S4＝ON 时，系统回到初始状态取出成品，放入原料后，按动启动按键，重新启动，开始下一工件的加工。

② I/O 分配：

| 输入： | | 输出： | |
|---|---|---|---|
| 启动开关（QA） | X0 | 电磁阀 Y1 | Y1 |
| S1 | X1 | 电磁阀 Y2 | Y2 |
| S2 | X2 | 电磁阀 Y3 | Y3 |
| S3 | X3 | 电磁阀 Y4 | Y4 |
| S4 | X4 | | |
| S5 | X5 | | |
| S6 | X6 | | |

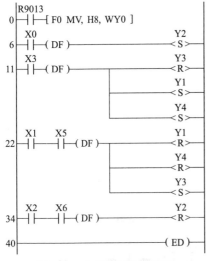

图 6-86 自控成型机梯形图

③ 按图 6-86 所示的梯形图输入程序。

④ 调试和运行程序。

**（4）编程练习**

① 控制要求（全自动控制）

a. 初始状态　当原料放入成型机时，各液压缸为初始状态：Y1＝Y2＝Y4＝OFF，Y3＝ON，S1＝S3＝S5＝OFF，S2＝S4＝S6＝ON。

b. 启动运行　当按下启动键，系统动作要求如下：Y2＝ON，上面液压缸的活塞 B 向下运动，便使 S4＝OFF。

当该液压缸活塞下降到终点时，S3＝ON，此时，启动左液压缸，A 的活塞向右运动，右液压缸 C 的活塞向右运行，Y1＝Y4＝ON，Y3＝OFF，使 S2＝S6＝OFF。

当 A 缸活塞运行到终点时，S1＝ON，并且 C 缸活塞也到终点，S5＝ON 时，原料已成型，各液压缸开始退回原位；首先，A、C 液压缸返回，Y1＝Y4＝OFF，Y3＝ON，使 S1＝S5＝OFF。

当 A、C 液压缸回到初始位置，S2＝S6＝ON 时，B 液压缸返回，Y2＝OFF，使 S3＝OFF。

当 B 液压缸返回到初始状态，S4＝ON 时，系统回到初始状态，延时 10s，取出成品放入原料后，开始下一工件的加工。

② 控制要求（带计数的全自动控制）

a. 初始状态　当将原料放入成型机时，各液压缸为初始状态 Y1＝Y2＝Y4＝OFF，Y3＝ON。

b. 启动运行　按动启动按键 QA，系统动作要求如下：

Y2＝ON 上面液压缸的活塞 B 向下运动，便使 S4＝OFF。

当液压缸活塞下降到终点时，S3＝ON，此时，启动左液压缸，A 的活塞向右运动，右液压缸 C 的活塞向左运行，Y1＝Y4＝ON，Y3＝OFF，使 S2＝S6＝OFF。

当 A 缸活塞运行到终点 S1＝ON，并且 C 缸活塞也到终点，S5＝ON 时，原料已成型，各液压缸开始返回到原位。首先，A、C 液压缸返回，Y1＝Y4＝OFF。Y3＝ON，使 S1＝

S5＝OFF。

当 A、C 液压缸回到初始位置，S2＝S6＝ON 时，A 液压缸返回，Y2＝OFF，使 S3＝OFF。

当液压缸返回到初始状态，S4＝ON，系统回到初始状态，延时 10s，取出成品。

此时，计一个成品数，然后，放入原料后，开始下一个工件的加工。

③ 停止操作　按一下停止按键后，在当前的工件加工完毕后，回到初始状态，并停止运行。

## 6.5.8　自控轧钢机

**（1）实验目的**

用 PLC 构成自控轧钢机系统。

**（2）实验设备**

① TV-90A 学习机主机箱。

② UNIT-6 自控轧钢机实验板，如图 6-87 所示。

③ 连接导线一套。

**（3）实验内容**

① 控制要求。当启动按钮按下，电动机 M1、M2 运行，传送钢板，检测传送带上有无钢板的传感器 S1 有信号（为 ON），表征有钢板，则电动机 M3 正转。S1 的信号消失（为 OFF），检测传送带上钢板是否到位的传感器 S2 有信号（为 ON），表征钢板到位，电磁阀 Y1 动作，电动机 M3 反转。如此循环下去，按下停车按钮则停机，需重新启动。

② I/O 分配。

| 输入： | | 输出： | |
| --- | --- | --- | --- |
| 启动开关 | X0 | M1 | Y0 |
| S1 | X1 | M2 | Y1 |
| S2 | X2 | M3F | Y2 |
| 停车开关 | X3 | M3R | Y3 |
| | | Y1 | Y4 |

③ 根据控制要求编写的梯形图如图 6-88 所示，并输入至 PLC 中。

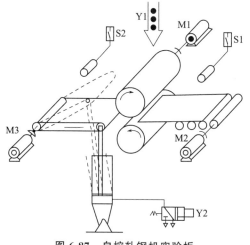

图 6-87　自控轧钢机实验板

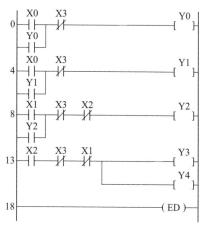

图 6-88　自控轧钢机梯形图

④ 调试并运行程序。

**（4）编程练习**

① 当启动按键按下，电动机 M1、M2 运行，S1 有信号，电动机 M3 正转；S1 的信号消失，S2 有信号后，电磁阀 Y1 动作，电动机 M3 反转；S2 信号消失，S1 有信号，电动机 M3 正转……重复经过三次反复循环，S2 有信号后，则停机一段时间（10s），取出成品后，继续运行。

② 基本要求同①内容，只是加上成品件数的计数功能，即停一次机计一次成品数后继续运行。

## 6.5.9　多种液体自动混合

**（1）实验目的**

用 PLC 构成多种液体自动混合系统。

**（2）实验设备**

① TV-90A 学习机主机箱。

② UNIT-7 多种液体自动混合实验板，如图 6-89 所示。

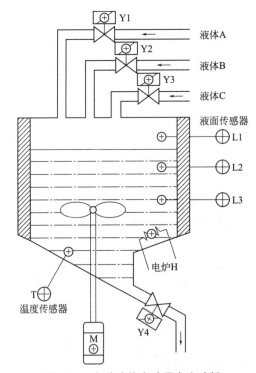

图 6-89　多种液体自动混合实验板

③ 连接导线一套。

**（3）实验内容**

① 控制要求。

a. 初始状态。容器是空的，Y1、Y2、Y3、Y4 电磁阀和搅拌机构为 OFF，液面传感器 L1、L2、L3 均为 OFF。

b. 启动操作。按下启动按钮，开始下列操作：

电磁阀 Y1 闭合（Y1 为 ON），开始注入液体 A，至液面高度为 L1（此时 L2 和 L3 为 ON）时，停止注入（Y1 为 OFF）同时开启液体 B 电磁阀 Y2（Y2 为 ON）注入液体 B，当液面升至 L1（L1 为 ON）时，停止注入（Y2 为 OFF）。

停止液体 B 注入时，开启搅拌机，搅拌混合时间为 10s。

停止搅拌后放出混合液体（Y4 为 ON），至液体高度降为 L3 后，再经 5s 停止放出（Y4 为 OFF）。

c. 停止操作。按下停止键后，在当前操作完毕后，停止操作，回到初始状态。

② I/O 口分配。

输入：　　　　　输出：

启动按钮　X0　电磁阀 Y1　Y0

停止按钮　X1　电磁阀 Y2　Y2

　　　L1　X2　电磁阀 Y4　Y3

　　　L2　X3　电动机 M　Y4

　　　L3　X4

③ 按图 6-90 所示的梯形图输入程序。

④ 调试并运行程序。

**（4）编程练习**

根据下述两种控制要求，编制三种液体自动混合以及三种液体自动混合加热的控制程序，上机调试并运行程序。

① 三种液体自动混合控制要求

a. 初始状态。容器是空的，Y1、Y2、Y3、Y4 均为 OFF，L1、L2、L3 为 OFF，搅拌机为 OFF。

b. 启动操作。按一下启动按钮，开始下列操作：

Y1＝Y2＝ON，液体 A 和 B 同进入容器，当达到 L2 时，L2＝ON，使 Y1＝Y2＝OFF，Y3＝ON，即关闭 Y1、Y2 阀门，打开液体 C 的阀门 Y3。

当液体达到 L1 时，Y3＝OFF，M＝ON。即关闭阀门 Y3，电动机 M 启动开始搅拌。

经 10s 搅拌均匀后，M＝OFF，停止搅动。

停止搅拌后放出混合液体，Y4＝ON，当液面降到 L3 后，再经 5s 停止放出，Y4＝OFF。

c. 停止操作。按下停止键，在当前混合操作处理完毕后，才停止操作。

② 三种液体自动混合加热的控制要求

a. 初始状态。容器是空的，各个阀门皆关闭，Y1、Y2、Y3、Y4 均为 OFF，传感器 L1、L2、L3 均为 OFF，电动机 M 为 OFF，加热器 H 为 OFF。

b. 启动操作。按一下启动按钮，开始下列操作：

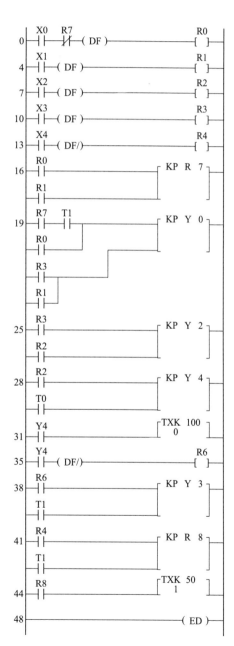

图 6-90　多种液体自动混合控制梯形图

Y1＝Y2＝ON，液体 A 和 B 同时注入容器液面达到 L2 时，L2＝ON，使 Y1＝Y2＝OFF，Y3＝ON，即关闭 Y1 和 Y2 阀门，打开液体 C 的阀门 Y3。

当液面达到 L1 时，Y3＝OFF，M＝ON，即关闭掉阀门 Y3，电动机 M 启动开始搅拌。经 10s 搅匀后，M＝OFF，停止搅动，H＝ON，加热器开始加热。

当混合液温度达到某一指定值时，T＝ON，H＝OFF，停止加热，使电磁阀 Y4＝ON，开始放出混合液体。

当液面下降到 L3 时，L3 从 ON 到 OFF，再经过 5s，容器放空，使 Y4＝OFF 开始下一周期。

③ 停止操作。按下停止键，在当前的混合操作处理完毕后，才停止操作（停在初始状态上）。

### 6.5.10　自动送料装车系统

**（1）实验目的**

用 PLC 构成系统自动送料装车系统。

**（2）实验设备**

① TV-90A 学习机主机箱。

② UNIT-8 自动送料装车系统实验板，如图 6-91 所示。

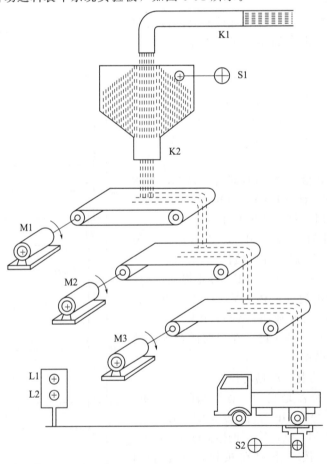

图 6-91　自动送料装车系统实验板

③ 连接导线一套。

**（3）实验内容**

① 控制要求。

初始状态：红灯 L1 灭，绿灯 L2 亮，表示允许汽车开进装料，料斗 K2，电动机 M1、M2、M3 皆为 OFF。当汽车到来时（用 S2 接通表示），L1 亮，L2 灭，M3 运行，电动机 M2 在 M3 通 2s 后运行，M1 在 M2 通 2s 后运行，K2 在 M1 通 2s 后打开出料。当料装满后（用 S2 断开表示），料斗 K2 关闭，电动机 M1 延时 2s 后关断，M2 在 M1 停 2s 后停止，M3 在 M2 停 2s 后停止，L2 亮，L1 灭，表示汽车可以开走。

② I/O 口分配。

| 输入： | 输出： |
|-------|-------|
| S2  X1 | K2    Y0 |
|       | L1    Y2 |
|       | L2    Y3 |
|       | M1    Y4 |
|       | M2    Y5 |
|       | M3    Y6 |

③ 按图 6-92 所示的梯形图输入程序。

④ 调试并运行程序。

**（4）编程练习**

根据下述的两种控制要求分别编制不带车辆计数和带车辆计数的自动送料装车系统的控制程序，并上机调试运行。

① 初始状态与前面实验相同。当料不满（S1 为 OFF），灯灭，料斗开关 K2 关闭（OFF）灯灭，不出料，进料开关 K1 打开（K1 为 ON）进料，否则不进料。当汽车到来时 M3 运行，电动机 M2 在 M3 运行 2s 后运行，M1 在 M2 运行 2s 后运行，K2 在 M1 运行 2s 后打开出料。当料装满后（用 S2 断开表示），电动机 M1 延时 2s 后关断，M2 在 M1 停 2s 后停止，M3 在 M2 停 2s 后停止。

② 控制要求同①，但增加每日装车数的统计功能。

## 6.5.11 邮件分拣机

**（1）实验目的**

用 PLC 构成邮件分拣控制系统。

**（2）实验设备**

① TV-90A 学习机主机箱。

② UNIT-9 邮件分拣机实验板，如图 6-93 所示。

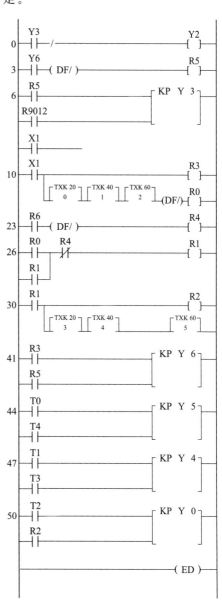

图 6-92 自动送料装车系统梯形图

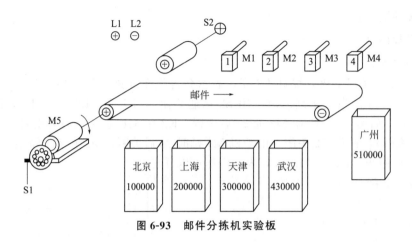

图 6-93　邮件分拣机实验板

③ 连接导线一套。

注：UNIT-9 邮件分拣机实验板的输入端子为一特殊设计的端子，其端子原理图如图 6-94所示，它的功能是：当输出端 M5 为 ON 时，S1 自动产生脉冲信号模拟测量电动机转速的光码盘信号。

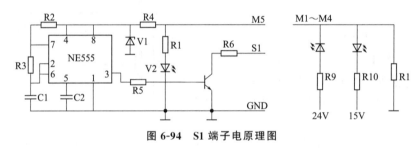

图 6-94　S1 端子电原理图

**（3）实验内容**

① 控制要求。启动后绿灯 L2 亮表示可以进邮件，S2 为 ON 表示检测到了邮件，拨码器（XC~XF）模拟邮件的邮码，从拨码器读到邮码的正常值为 1、2、3、4、5，若非此 5 个数，则红灯 L1 闪烁，表示出错，电动机 M1 停止，重新启动后，能重新运行。若为此 5 个数中的任一个，则红灯 L1 亮，电动机 M5 运行，将邮件分拣至箱内完后 L1 灭，L2 亮，表示可继续分拣邮件。

② I/O 口分配：

| 输入： | 输出： | |
| --- | --- | --- |
| S1-X0 | L2-Y0 | M2-Y4 |
| 复位-X2 | L1-Y1 | M3-Y5 |
| 启动-X3 | M5-Y2 | M4-Y6 |
| S2-X4 | M1-Y3 | |

③ 按图 6-95 所示的梯形图输入程序。

④ 调试并运行程序。

**（4）编程练习**

根据下述两种控制要求，编制多邮件分拣控制程序，调试并运行程序。

① 开机绿灯亮，电动机 M5 运行，当检测到邮件的邮码不是 1、2、3、4、5 任何一个

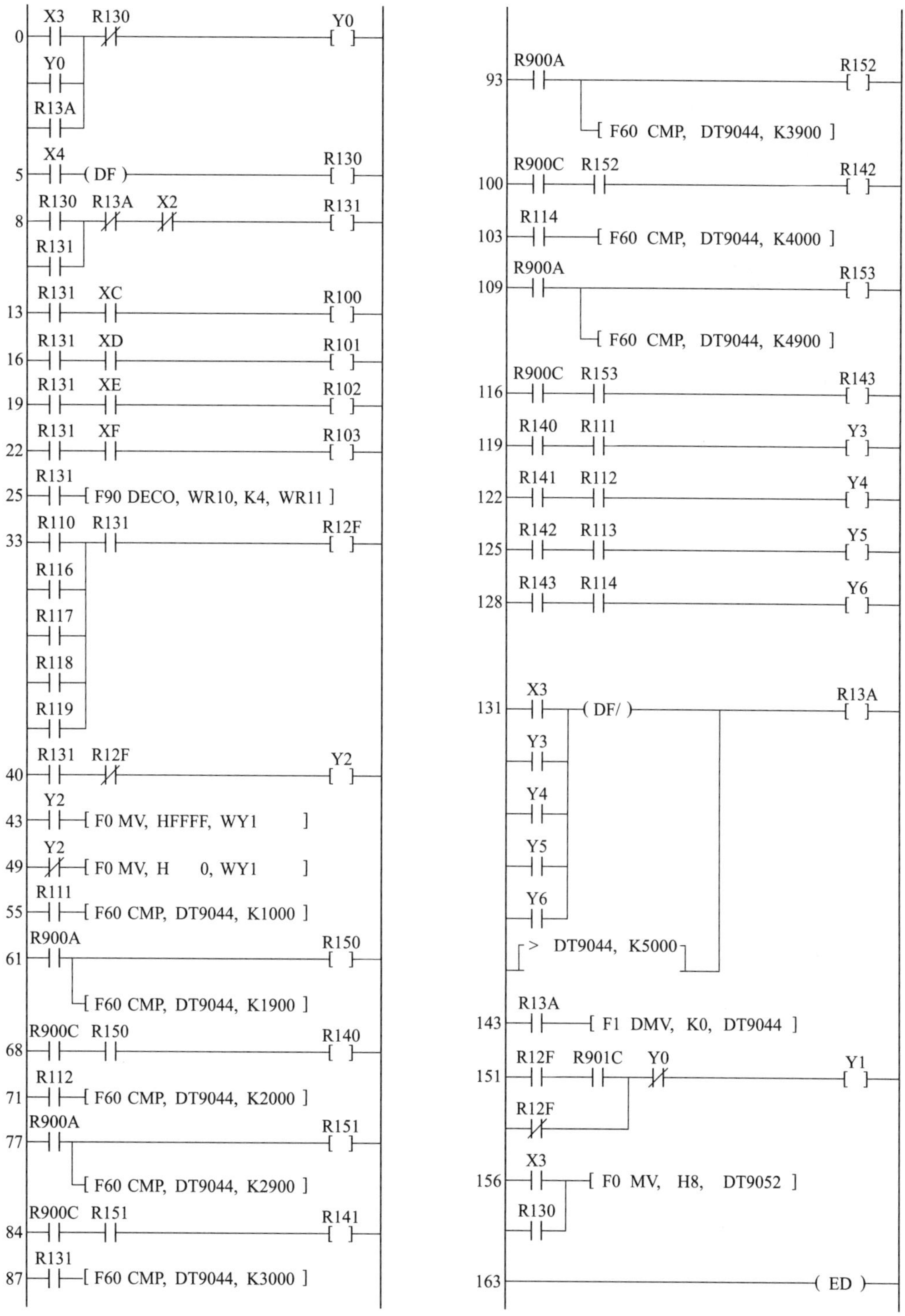

```
        X3    R130                          Y0
  0  ┤├──┤/├─────────────────────────────( )

        Y0
     ┤├

        R13A
     ┤├

        X4                                 R130
  5  ┤├──( DF )────────────────────────────( )

        R130  R13A  X2                      R131
  8  ┤├──┤/├──┤/├──────────────────────────( )

        R131
     ┤├

        R131  XC                            R100
 13  ┤├──┤├──────────────────────────────( )

        R131  XD                            R101
 16  ┤├──┤├──────────────────────────────( )

        R131  XE                            R102
 19  ┤├──┤├──────────────────────────────( )

        R131  XF                            R103
 22  ┤├──┤├──────────────────────────────( )

        R131
 25  ┤├──[ F90 DECO, WR10, K4, WR11 ]

        R110  R131                          R12F
 33  ┤├──┤├──────────────────────────────( )

        R116
     ┤├

        R117
     ┤├

        R118
     ┤├

        R119
     ┤├

        R131  R12F                          Y2
 40  ┤├──┤├──────────────────────────────( )

        Y2
 43  ┤├──[ F0 MV, HFFFF, WY1      ]

        Y2
 49  ┤/├──[ F0 MV, H    0, WY1    ]

        R111
 55  ┤├──[ F60 CMP, DT9044, K1000 ]

        R900A                               R150
 61  ┤├──────────────────────────────────( )

        └──[ F60 CMP, DT9044, K1900 ]

        R900C R150                          R140
 68  ┤├──┤├──────────────────────────────( )

        R112
 71  ┤├──[ F60 CMP, DT9044, K2000 ]

        R900A                               R151
 77  ┤├──────────────────────────────────( )

        └──[ F60 CMP, DT9044, K2900 ]

        R900C R151                          R141
 84  ┤├──┤├──────────────────────────────( )

        R131
 87  ┤├──[ F60 CMP, DT9044, K3000 ]
```

```
        R900A                               R152
 93  ┤├──────────────────────────────────( )

        └──[ F60 CMP, DT9044, K3900 ]

        R900C R152                          R142
100  ┤├──┤├──────────────────────────────( )

        R114
103  ┤├──[ F60 CMP, DT9044, K4000 ]

        R900A                               R153
109  ┤├──────────────────────────────────( )

        └──[ F60 CMP, DT9044, K4900 ]

        R900C R153                          R143
116  ┤├──┤├──────────────────────────────( )

        R140  R111                          Y3
119  ┤├──┤├──────────────────────────────( )

        R141  R112                          Y4
122  ┤├──┤├──────────────────────────────( )

        R142  R113                          Y5
125  ┤├──┤├──────────────────────────────( )

        R143  R114                          Y6
128  ┤├──┤├──────────────────────────────( )

        X3                                  R13A
131  ┤├──( DF/ )───────────────┬──────────( )

        Y3                      │
     ┤├                         │

        Y4                      │
     ┤├                         │

        Y5                      │
     ┤├                         │

        Y6                      │
     ┤├                         │

        [ >  DT9044, K5000 ]────┘

        R13A
143  ┤├──[ F1 DMV, K0, DT9044 ]

        R12F  R901C  Y0                     Y1
151  ┤├──┤├──┤/├──────────────────────────( )

        R12F
     ┤/├

        X3
156  ┤├──[ F0 MV, H8, DT9052 ]

        R130
     ┤├

163  ─────────────────────────────────────( ED )
```

图 6-95　邮件分拣控制梯形图

时，则红灯 L1 闪烁，M5 停止，重新启动。

可同时分拣到多个邮件。邮件一件接一件地被检测到它的到来和它的邮码，机器将每个邮件分拣到其对应的信箱中。例如，在 $n_2$ 时刻，S2 检测到邮码为 2 的邮件时，如果高速计

数器的计数值为 $m_2$，则 M2 在 $m_2+n_2$ 时刻动作，若高速计数器的计数值为 $m_3$，当在 $n_3$ 时刻检测到一个邮码为 3 的邮件时，M3 在 $m_3+n_3$ 时刻动作。

② 开机绿灯亮，电动机 M5 运行。当检测到邮件的邮码不是 1、2、3、4、5 任何一个时，则红灯 L1 闪烁，M5 停止。当检测到邮件欠资或未贴邮票时，则蜂鸣器发出响声，M5 停止，按动启动按钮，表示故障清除，重新运行。

可同时分拣多个邮件，其他要求同上。

梯形图如图 6-95 所示。

## 6.5.12 交通信号灯控制

如图 6-96 所示为十字路口交通信号灯示意图。

**（1）方案 1**

① 控制要求　开关合上后，东西绿灯亮 4s 后闪 2s 灭，黄灯亮 2s 灭，红灯亮 8s 灭；东西绿灯亮 4s……循环。对应东西绿灯亮时，南北红灯 8s，然后熄灭，绿灯亮 4s 后闪 2s 灭黄灯亮 2s 灭；南北红灯 8s……循环。

② 机型选择　选择松下 FPl 系列 C24 小型 PLC 控制。

③ I/O 点分配　I/O 点分配见表 6-33。

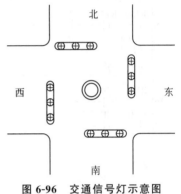

图 6-96　交通信号灯示意图

表 6-33　I/O 点分配表

| 输入设备名称 | PLC 输入点 | 输出设备名称 | PLC 输出点 |
|---|---|---|---|
| 自控开关 | X0 | 南北红灯 | Y0 |
|  |  | 南北黄灯 | Y1 |
|  |  | 南北绿灯 | Y2 |
|  |  | 东西红灯 | Y3 |
|  |  | 东西黄灯 | Y4 |
|  |  | 东西绿灯 | Y5 |

④ 参考梯形图程序　交通信号灯控制的梯形图程序如图 6-97 所示。

**（2）方案 2**

① 控制要求　十字路口车行灯和人行灯动作流程如下所述，其中车行灯分为红、黄、绿三种颜色，人行灯分为红、绿两种颜色。开始车行绿灯亮，人行红灯亮，30s 后车行黄灯亮，15s 后车行红灯亮，延时 5s，人行绿灯亮，过 15s，人行绿灯闪光 5s（每次亮 0.5s）后人行红灯亮，延时 5s 后车行绿灯亮，人行红灯亮（其中闪光计数用 CT 来表示）。

② 有关指令索引和 I/O 分配

a. 有关指令索引。

R901C：1s 时钟脉冲继电器，以 1s 为周期重复通/断动作（ON：F＝0.5s：0.5s）。

TMY：定时器。

CT：计数器。

b. I/O 分配。

输入：X0—启动。

输出：Y0—车行道红灯；Y1—车行道黄灯；Y2—车行道绿灯；Y3—人行道红灯；

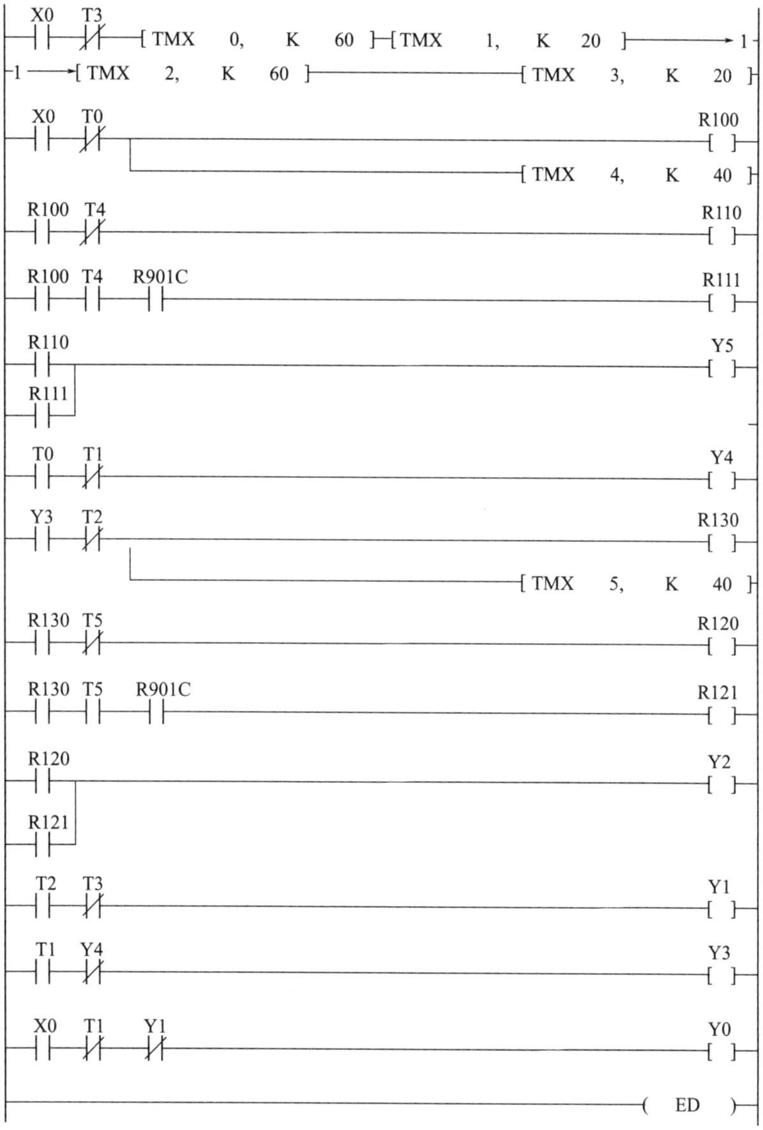

**图 6-97　交通信号灯控制的梯形图程序 1**

Y4—人行道绿灯。

③ 梯形图设计　根据控制要求编写的梯形图如图 6-98 所示，并输入至 PLC 中。调试并运行程序。

④ 程序分析　当按下 X0 启动按钮后，利用内部继电器常开触点 R0 使车行绿灯 Y2 亮，然后利用定时器 T0、T1 的延时分别转换车行灯的状态，同时对应于车行道的人行道红灯亮，直到车行道自开始亮 30＋15＋5＝50（s）后人行绿灯亮（此处利用 T2 触发 Y4）。此段程序巧妙利用 T3 的常开常闭点、R901C DF/CT 等指令来实现绿灯的闪烁和计数，还利用 CT100 及 T4 的常开触点来实现循环。

**（3）方案 3**

① 控制要求。

a. 信号灯控制的具体要求如表 6-34 所示。

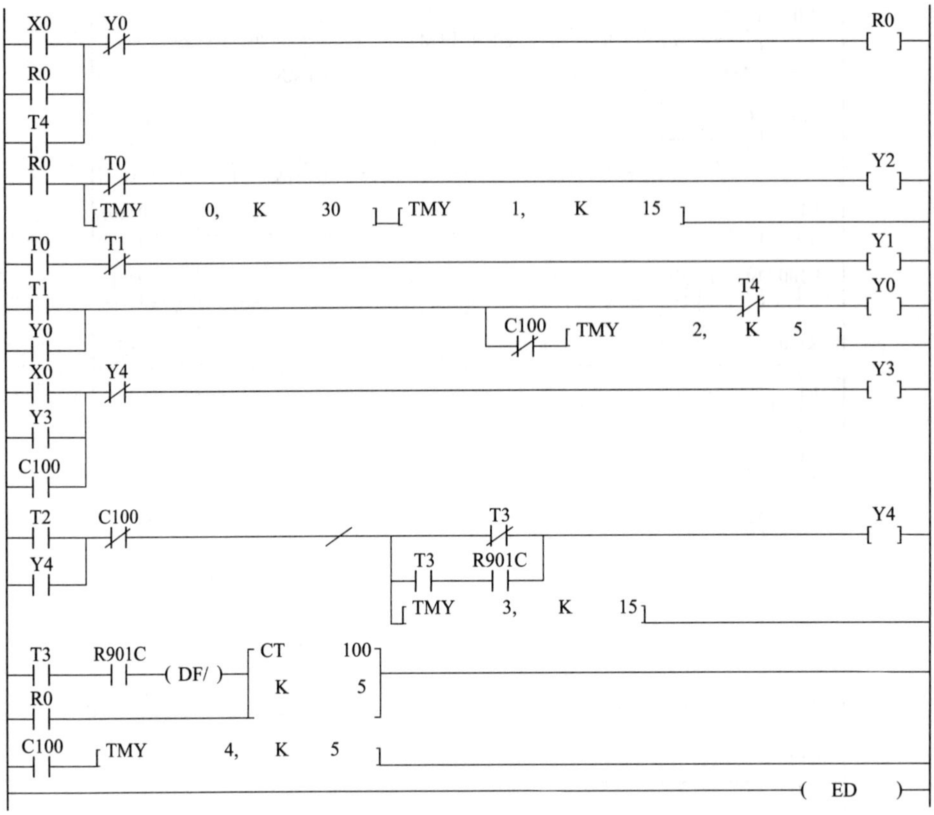

图 6-98　交通信号灯控制的梯形图程序 2

b. 按一下启动按钮 SB0，信号灯系统开始工作并周而复始地循环动作。

c. 按一下停止按钮 SB1，所有信号灯都熄灭。

表 6-34　十字路口交通信号灯控制要求

| 东西方向 | 动作 | 绿灯亮 | 绿灯闪亮 | 黄灯亮 | 红灯亮 |
|---|---|---|---|---|---|
| | 时间 | 4s | 2s | 2s | 8s |
| 南北方向 | 动作 | 红灯亮 | 绿灯亮 | 绿灯闪亮 | 黄灯亮 |
| | 时间 | 8s | 4s | 2s | 2s |

② 根据控制要求编制输入/输出编址表，如表 6-35 所示。

表 6-35　十字路口交通信号灯控制系统输入/输出编址表

| 输入编址 | | 输出编址 | |
|---|---|---|---|
| X0 | 启动按钮 SB0 | Y0 | 东西绿灯 |
| X1 | 停止按钮 SB1 | Y1 | 东西黄灯 |
| | | Y2 | 东西红灯 |
| | | Y3 | 南北绿灯 |
| | | Y4 | 南北黄灯 |
| | | Y5 | 南北红灯 |

③ 程序设计。根据控制要求编写的梯形图如图 6-99 所示，并输入至 PLC 中。调试并运行程序。

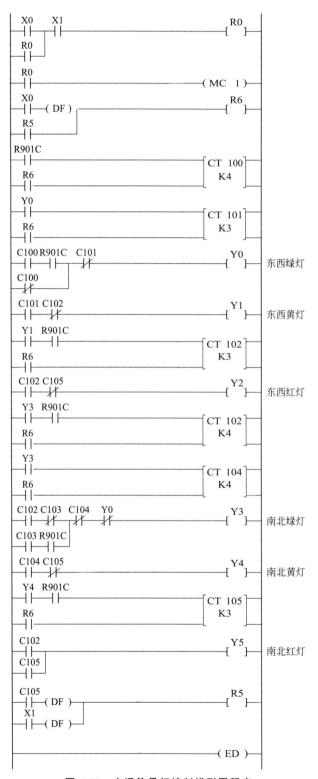

**图 6-99　交通信号灯控制梯形图程序**

**（4）方案 4**

① 控制要求。按下启动按钮，信号灯系统以一定的时序循环往复工作，其时序图如图 6-100 所示，按下停止按钮所有信号灯都熄灭。规定东西向为 1，南北向为 2。

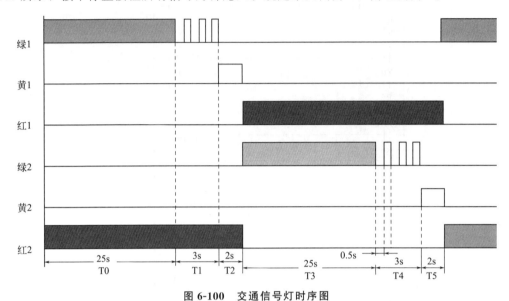

图 6-100　交通信号灯时序图

② 机型选择。选择松下 FP0 系列 C16 小型 PLC 控制。

③ I/O 分配。

输入：　　　　　　输出：

X0-启动按钮　　　Y1-绿 1　Y3-红 1　Y5-黄 2

X1-停止按钮　　　Y2-黄 1　Y4-绿 2　Y6-红 2

④ 逻辑流程图。根据交通信号灯时序图可以把交通信号灯工作过程分解为表 6-36 所示的状态。根据表 6-36 可以画出交通信号灯逻辑流程图，如图 6-101 所示。

表 6-36　十字路口交通信号灯工作状态

| 状态<br>输出 | Y1 | Y2 | Y3 | Y4 | Y5 | Y6 |
|---|---|---|---|---|---|---|
| 第一状态 25s | 1 | 0 | 0 | 0 | 0 | 1 |
| 第二状态 3s | 闪烁 | 0 | 0 | 0 | 0 | 1 |
| 第三状态 2s | 0 | 1 | 0 | 0 | 0 | 1 |
| 第四状态 25s | 0 | 0 | 1 | 1 | 0 | 0 |
| 第五状态 3s | 0 | 0 | 1 | 闪烁 | 0 | 0 |
| 第六状态 2s | 0 | 0 | 1 | 0 | 1 | 0 |

⑤ 对照逻辑流程图编绘梯形图。

a. 程序结构。为实现启/停控制，在程序结构上使用主控指令（MC、MCE），程序结构如图 6-102 所示。

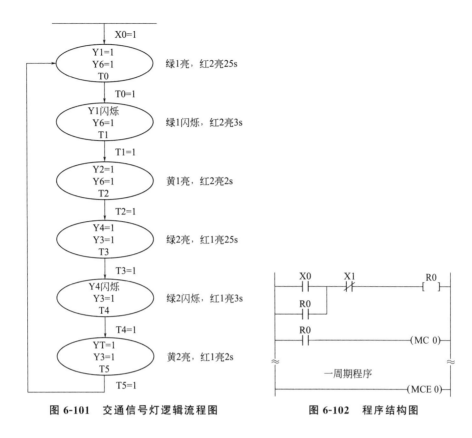

图 6-101　交通信号灯逻辑流程图

图 6-102　程序结构图

由于在启动前，MC 前面的 R0 断开，主控指令对（MC0、MCE0）之间的 OUT、TM 都处于复位状态，故不需要专门的初始化程序设计。

b. 定时器部分的梯形图编绘。从宏观上观察交通灯逻辑流程图可以发现，在启动按钮按下后，T0～T5 是以一定时间顺序依次工作的，其复位可以在一周期运行完毕，最后一个定时器 T5 定时时间到时一次性复位。在这里利用了定时器的串联实现依次工作，利用 T5 的常闭触点使 MC 前面的输入条件断开的办法使 T0～T5 复位，T5 复位后又进入第二扫描周期，从而实现了周期性的工作，梯形图如图 6-103 所示。

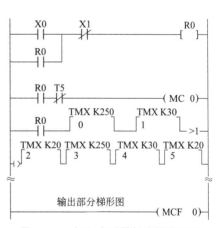

图 6-103　加入定时器部分的梯形图

c. 输出部分梯形图编绘。根据逻辑流程图转化为梯形图的方法，可依次绘出 Y1、Y6、Y2、Y4、Y3、Y5 的梯形图。考虑到 Y1 和 Y4 要求闪烁控制，在这里巧妙利用了特殊内部继电器 R901C，该继电器以 1s 为周期重复通断动作（ON：OFF＝0.5s：0.5s）。加入输出后完整的梯形图如图 6-104 所示。

**（5）方案 5**

① 控制要求　信号灯的控制要求如表 6-37 所示。信号灯的动作受开关总体控制，按下启动按钮，信号灯系统开始工作，并周而复始地循环动作；按下停止按钮，所有信号灯都熄灭。

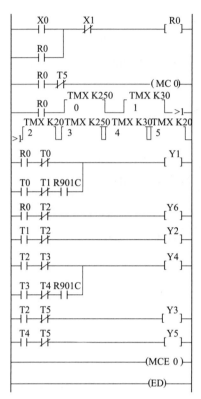

图 6-104　加入输出后完整的梯形图

表 6-37　交通信号灯控制要求

| 东西 | 信号 | 绿灯亮 | 绿灯闪亮 | 黄灯亮 | 红灯亮 | | |
|---|---|---|---|---|---|---|---|
| | 时间 | 25s | 3s | 2s | 30s | | |
| 南北 | 信号 | 红灯亮 | | | 绿灯亮 | 绿灯闪 | 黄灯亮 |
| | 时间 | 30s | | | 25s | 3s | 2s |

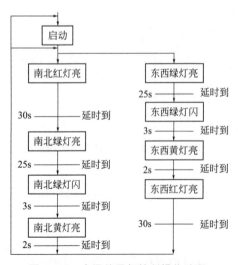

图 6-105　交通信号灯控制操作流程

② I/O 的分配

a. 输入点。

X0：SB1-启动按钮

X1：SB2-停止按钮

b. 输出点。一个输出点驱动两个信号灯。

Y0：东西绿灯　　Y3：南北绿灯

Y1：东西黄灯　　Y4：南北黄灯

Y2：东西红灯　　Y5：南北红灯

③ 设计过程　根据控制要求画出操作流程图，如图 6-105 所示。如果把东西和南北方向信号灯的动作视为一个顺序动作过程，其中每一个时序同时有两个输出，一个输出控制东西方向的信号灯，另一个输出控制南北方向的信号灯。

④ 应用程序　采用步进指令编程的交通信号灯应用程序如表 6-38 所示。

表 6-38　交通信号灯应用程序

| 梯形图 | 指令 |
|---|---|
| R2 ┤├ ─(DF)─ ( NSTP0 ) 步进0启动<br>X0 ┤├ | ST　　　R2<br>DF<br>OR　　　X0<br>NSTP0<br>SSTP0 |
| ( SSTP0 ) | SET　　　Y5 |
| Y5 <SET> 南北红灯亮 | RST　　　Y4 |
| Y4 <RST> 南北黄灯灭 | RST　　　Y2 |
| Y2 <RST> 东西红灯灭 | SET　　　Y0 |
| Y0 <SET> 东西绿灯亮 | ST　　　Y5 |
| Y5 ┤├ ┌TMX0,K250┐ 延时25s | TMX0 |
| T0 ┤├ ( NSTP1 ) 步进1 | K250 |
|  | ST　　　T0 |
|  | NSTP1 |
| ( SSTP1 ) | SSTP1 |
| Y0 <RST> 东西绿灯灭 | RST　　　Y0 |
| R901B ┤├ Y0 ( ) 东西绿灯闪 | ST　　　R901B |
| Y5 ┤├ ┌TMX1,K30┐ 延时3s | OT　　　Y0 |
| T1 ┤├ ( NSTP2 ) | ST　　　Y5 |
|  | TMX1 |
|  | K30 |
|  | ST　　　T1 |
|  | NSTP2 |
| ( SSTP2 ) 步进2 | SSTP2 |
| T1 ┤├ Y1 <SET> 东西黄灯亮 | ST　　　T1 |
| Y5 ┤├ ┌TMX2, K20┐ 延时2s | SET　　　Y1 |
| T2 ┤├ ( NSTP3 ) 步进3 | ST　　　Y5 |
|  | TMX2 |
|  | K20 |
|  | ST　　　T2 |
| ( SSTP3 ) | NSTP3 |
| Y2 <SET> 东西红灯亮 | SSTP3 |
| Y1 <RST> 东西黄灯灭 | SET　　　Y2 |
| Y5 <RST> 南北红灯灭 | RST　　　Y1 |
| T2 ┤├ Y3 <SET> 南北绿灯亮 | RST　　　Y5 |
| Y3 ┤├ ┌TMX3, K250┐ 延时25s | ST　　　T2 |
|  | SET　　　Y3 |
|  | ST　　　Y3 |
|  | TMX3 |
|  | K250 |

| 梯形图 | 指令 | |
|---|---|---|
| | ST | T3 |
| | NSTP4 | |
| | SSTP4 | |
| | RST | Y3 |
| | ST | R901B |
| T3 ─┤├─────────( NSTP4 )  步进4 | OT | Y3 |
| ─────────( SSTP4 )  | ST | Y2 |
| Y3 ────────< RST >  南北绿灯灭 | TMX4 | |
| R901B ──────── Y3 ─( )  南北绿灯闪 | K30 | |
| Y2 ─┤├───── TMX4, K30 ─  延时3s | ST | T4 |
| T4 ─┤├─────────( NSTP5 )  步进5 | NSTP5 | |
| ─────────( SSTP5 )  | SSTP5 | |
| T4 ────────── Y4 < SET >  南北黄灯亮 | ST | T4 |
| | SET | Y4 |
| Y4 ─┤├───── TMX5, K20 ─  延时2s | ST | Y4 |
| T5 ─┤├─────────( NSTP6 )  步进6 | TMX5 | |
| ─────────( SSTP6 )  | K20 | |
| ──────────── R2 ─( )  循环 | ST | T5 |
| ─────────( STPE )  步进停止 | NSTP6 | |
| X1 ──┤├── X0 ──┤├──── R3 ─( )  停止回路 | SSTP6 | |
| R3 ─┤├─ | OT | R2 |
| R3 ─┤├─[ F0 MV, K0, WY0 ]  清零 | STPE | |
| ─────────( ED )  结束 | ST | X1 |
| | OR | R3 |
| | AN | X0 |
| | OT | R3 |
| | ST | R3 |
| | FO | MV |
| | K0 | |
| | WY0 | |
| | ED | |

a. 步进启动 按启动按钮 SB1，执行步进 0 段程序，Y0、Y5 置位使南北红灯亮、东西绿灯亮。Y4、Y2 复位使南北黄灯灭、东西红灯灭。同时，定时器 T0 延时 25s。

b. 步进 1 启动 T0 接点闭合，程序进入步进 1，Y0 复位使东西绿灯灭。R901B 是 0.02s 脉冲继电器，R901B 使东西绿灯以 0.02s 为周期闪烁。定时器 T1 延时 3s。

c. 步进 2 启动 T1 接点闭合，程序进入步进 2，Y1 置位使东西黄灯亮，定时器 T2 延时 2s。

d. 步进 3 启动 T2 接点闭合，程序进入步进 3，Y2、Y3 置位使东西红灯亮、南北绿灯亮，Y1、Y5 复位使东西黄灯灭、南北绿灯灭。定时器 T3 延时 25s。

e. 步进 4 启动 T3 接点闭合，程序进入步进 4，Y3 复位使南北绿灯灭，R901B 使南北

绿灯闪，定时器 T4 延时 3s。

f. 步进 5 启动　T4 接点闭合，程序进入步进 5，Y4 复位使南北黄灯亮，定时器 T5 延时 2s。

g. 步进 6 启动　T5 接点闭合，程序进入步进 6，循环继电器 R2 闭合，同时步进结束，完成一个循环过程。R2 闭合又依次启动步进 0、步进 1……PLC 在一个时间段内执行一个步进程序。R3 为停止继电器，R3 动作，Y0～Y5 均复位。

⑤ 接线　交通信号灯控制接线如图 6-106 所示。

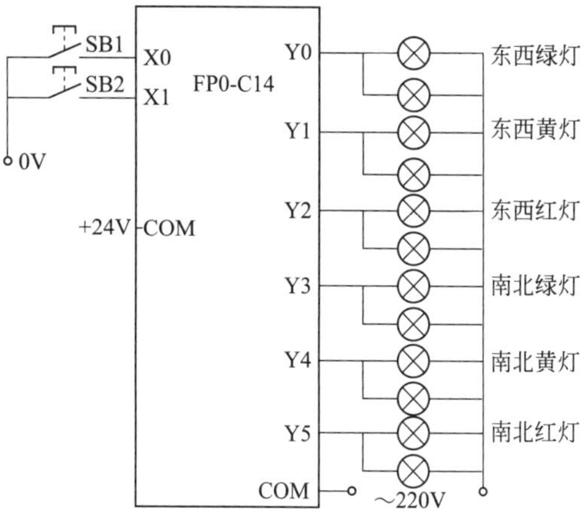

图 6-106　交通信号灯控制接线

## 6.5.13　电梯控制

**（1）实验目的**

用 PLC 构成电梯自控系统。

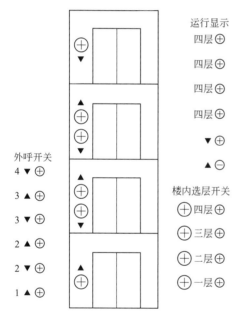

图 6-107　电梯控制模型示意图

**（2）实验设备**

① TV-90A 学习机主机箱。

② UNIT-10 电梯自控模型实验板，如图 6-107 所示。

③ 连接导线一套。

**（3）实验内容**

① 控制要求。

a. 当轿厢停于 1 层或 2 层，或者 3 层时，按 PB4 按钮呼梯，则轿厢上升至 LS4 停。

b. 当轿厢停于 4 层或 3 层，或者 2 层时，按 PB1 按钮呼梯，则轿厢下降至 LS1 停。

c. 当轿厢停于 1 层，若按 PB2 按钮呼梯，则轿厢上升至 LS2 停，若按 PB3 按钮呼梯，则轿厢上升至 LS3 停。

d. 当轿厢停于 4 层，若按 PB3 按钮呼梯，则轿厢下降至 LS3 停，若按 PB2 按钮呼梯，则轿厢下降至 LS2 停。

e. 当轿厢停于 1 层，而 PB2、PB3、PB4 按钮均有人呼梯时，轿厢上升至 LS2，暂停后，继续上升至 LS3，暂停后，继续上升至 LS4 停止。

f. 当轿厢停于 4 层，而 PB1、PB2、PB3 按钮均有人呼梯时，轿厢下降至 LS3，暂停后继续下降至 LS2，暂停后，继续下降至 LS1 停止。

g. 轿厢在楼梯间运行时间超过 12s，电梯停止运行。

h. 当轿厢上升（或下降）途中，任何反方向下降（或上升）的按钮呼梯均无效。

楼层显示灯亮表征有该楼层信号请求，灯灭表征该楼层请求信号消除。

△亮表示电梯上升；▽亮表示电梯下降。

②I/O 分配。

输入：　　　　　　　　输出：

呼梯按钮　PB4-X0　　　上升△-Y5

呼梯按钮　PB3-X1　　　下降▽-Y0

呼梯按钮　PB2-X2　　　1 层指示-Y1

平层信号　LS4-X4　　　2 层指示-Y2

平层信号　LS3-X5　　　3 层指示-Y3

平层信号　LS2-X6　　　4 层指示-Y4

平层信号　LS1-X7

③ 按图 6-108 所示的梯形图输入程序。

④ 调试并运行程序。

**（4）编程练习**

① 按下述控制要求编制四层楼电梯控制程序，上机调试并运行。电梯启动后，首先在一层，有呼叫则电梯上升，上升过程只响应大于等于当前楼层的内呼信号和上升外呼信号，且记忆其他信号，并到达内呼楼层和上升的外呼楼层停止，且消除该楼层的内呼信号和上升外呼信号。此后若无其他楼层内外呼信号（含记忆信号），则停于此楼层，若有则继续远行。到达四楼后，有其他楼层内外呼信号则电梯下降，下降过程只响应小于等于当前楼层的内呼和下降的外呼信号，记忆其他信号并在内呼楼层和下降外呼楼层停止。此后若无内外呼信号（含记忆信号）则停于此楼层，若有则继续运行。到达一楼后，又至新开始上述循环。设定电梯匀速上升或下降，上升或下降一层楼需 3s，而且保证电梯的停留时间不少于 2s。

楼层显示灯表示对应楼层的电梯门打开。△亮表示电梯上升，▽亮表示电梯下降。

② 按下述控制要求编制四层楼电梯控制程序，上机调试程序并运行。

a. 电梯启动后，轿厢在一楼，若有一层呼梯信号，则开门。

b. 运行过程中可记忆并响应其他信号，内选优先。当呼梯信号大于当前楼层时上升，呼梯信号小于当前楼层时下降。

c. 到达呼叫楼层，平层后，开门，消除该记忆。当前楼层呼梯时可延时关门。

d. 开门期间，可进行多层呼楼选择，若呼叫信号来自当前楼层两侧，且距离相等，则记忆并保持原运动方向，到达呼楼层后再反向运行，响应呼梯。

e. 若呼叫信号来自当前楼层两侧，且距离不等，则记忆并选择距离短的楼层先响应。

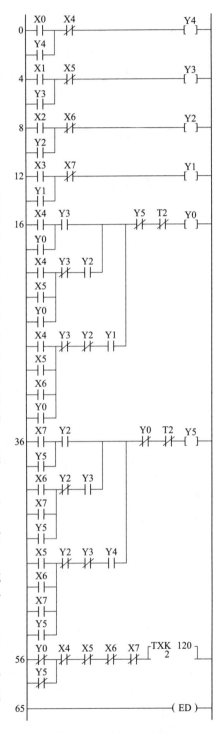

图 6-108　电梯控制梯形图

f. 若无呼梯信号，则轿厢停在当前楼层。

g. 电梯不用时，回到一层，开门后断电，再使用时重新启动。

h. 从电梯启动开始，用七段码显示所在楼层直到结束。

## 6.5.14　TVT-90C 台式 PLC 学习机

TVT-90C 台式学习机采用开放台式结构，由实验屏和实验板箱组成。实验屏由主机（PLC）、A/D 模块、D/A 模块、数字量调试单元板、模拟量指示调节单元板及铝铁结构的框架组成，采用的是铝型材滑道结构，实验板放在滑道上移动方便，互换性强，根据实验内容的需要可方便地组合成不同实验线路，是当今世界最流行的既实用美观又结构紧凑的教学实验装置。实验板箱中装有 13 块实验板和实验连接导线。用实验连接导线连接数字量调试单元板上的有关部分可完成指令系统训练，用实验连接导线将数字量调试单元或模拟量指示调节单元与实验板有关部分连接，可完成程序设计训练。该机增加了模拟量指示调节单元板和模拟量输入输出实验板，还能实现模拟量输入和输出的 PLC 控制，使功能更加齐全。该机的主要特点是可以选用任何一种型号 PLC 作为主机，通用性和灵活性很强。

**（1）TVT-90C 台式学习机的基本配置和基本结构**

① 基本配置

a. 主机及其接口电路

·主机（含 I/O、A/D、D/A 模块）1 套。

·数字量调试单元板 1 块。

·模拟量指示调节单元板 1 块。

b. 实验板箱及实验板

·实验板箱 1 个。

·模拟实验板 13 块。

·实验连接导线 1 套。

② 基本结构　TVT-90C 台式学习机采用开放台式结构，其基本结构示意图如图 6-109 所示。

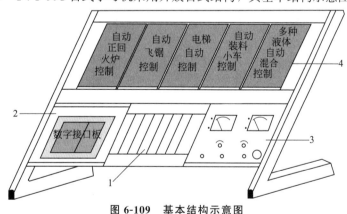

**图 6-109　基本结构示意图**

1—主机；2—数字量接口板；3—模拟量接口板；4—实验板

**（2）基本工作原理及主要技术参数**

① 主机　TVT-90C 学习机现选 FP1-C40 PLC。

② 主机接口电路　由数字量调试单元和模拟量指示调节单元构成主机接口电路，其电路原理图如图 6-110 所示。

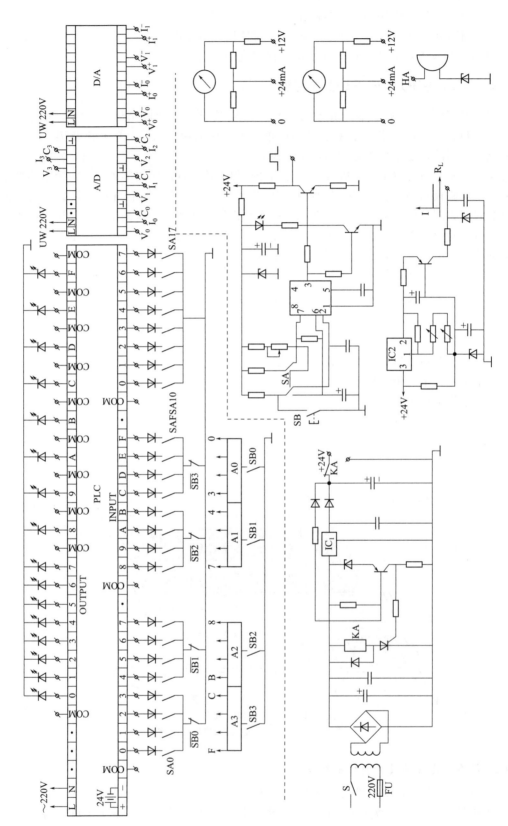

图 6-110　主机接口电路原理图

a. 数字量调试单元板电路　数字量调试单元板电路由输入电路和输出电路两部分组成。

· 输入量部分。数字量调试单元由 24 个开关（S0～S23）和 4 个拨码器（A0～A3）组成。其中开关 K0～K15 通过开关 SB0、SB1、SB2、SB3 与 4 组拨码器相互切换，用以完成对 16 个输入点的不同输入方式。为简化电路，其余输入点采用开关单一输入方式。改变这些开关的通断状态，即可对主机提供所需要输入的开关信号，当开关 SB0～SB3 拨向上方时（$\overline{SB0}$～$\overline{SB3}$ 同时断开，切除开关 S0～S15 的输入），利用拨码器对主机输入开关信号。拨码器 A0～A3 分别对应十进制数的个、十、百、千位，其作用是将十进制数码转换为 BCD 码。

· 输出量部分。输出量部分由 16 个发光二极管 V0～V15 及安装在模拟量指示调节单元板上的一个蜂鸣器 HA 组成。主机工作时，发光二极管是否发光，即表示输出各点的状态，使用者便可得到主机输出信息。若强调某输出点的状态，可用导线将该点与蜂鸣器连接，以蜂鸣器是否发声来表示该点的输出状态。

b. 模拟量指示调节单元板电路　模拟量指示调节单元板由电流指示电路、模拟量输入/输出端子、信号源电路和整机电源电路 4 部分组成。

· 电流指示。在模拟量指示调节单元板上安置 0～24mA 电流表 2 块，将电流表串接在模拟量输入或是输出回路中可指示该回路电流的大小，另外也可实现电压 0～12V 的指示。

· 模拟量输入/输出端子。

· 信号源。信号源含脉冲信号源与电流源。脉冲信号源是专为数字量需重复或高速输入时设计的，其频率调节范围为 0.2～100Hz，重复频率需要更低或脉冲信号为随机方式时，可经开关 KZ 转换成单次状态，用手动控制脉冲有无，脉冲幅值为 24V。

电流源是专为模拟量输入口输入模拟信号设计的，其电流值 0～20mA 连续可调。为提高调节精度，增设细调电位器，细调电位器调整量约 1mA。

模拟量输入电流从 0～20mA 变化时，对应的 A/D 转换值为 000H～3E8H。

电流源电路中加有保护措施，当电流源负载为 250Ω 时，最大输出电压不超过 6V，最大输出电流为 24mA。

· 整机电源。电源为 24V 直流稳压电源，供数字量调试单元、模拟量指示调节单元以及实验板等电路使用。电源具有短路保护功能，对于可能出现的误操作，均能确保主机以及本电源的安全。

③ 模拟实验板　TVT-90C 学习机共配置 13 块模拟实验板来模拟实际控制系统。实验板 TVT90-1～TVT90-10 与 TVT90A 学习机所使用 10 种实验板相同，新增加的实验板有：

TVT90B-1：自控飞锯。

TVT90B-2：自控正、回火炉。

TVT90B-3：指示显示单元。

TVT90B-1～TVT90B-3 三块实验板的电路原理和实验原理将分别在实验中介绍。

**（3）程序设计训练**

采用 TVT-90C 学习机除可完成上述 TVT-90A 学习机的各种 PLC 控制实验，还可完成模拟量输入和模拟量输出的程序设计实验，下面就以 FP1-C40 型 PLC 作为主机的 TVT-90C 学习机来完成模拟量输入和模拟量输出的 PLC 控制的程序设计训练。

## 6.5.15　正火炉和回火炉的自动控制

**（1）实验目的**

用 PLC 控制正火炉和回火炉，完成模拟量输入和模拟量输出的 PLC 控制。

**（2）实验设备**

① TVT-90C 学习机主机及接口电路单元板。

② TVT90B-2 自控正、回火炉实验板。

③ 连接导线一套。

注：TVT90B-2 自控正、回火炉实验板输入 ST 和输出 VT 端子是特殊设计的端子，其电路原理图如图 6-111 所示。

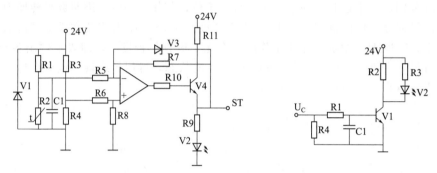

**图 6-111    特殊设计的输入/输出端子**

该电路的功能是，炉温的温度信号通过温度传感器变成模拟的电压信号作为 PLC 的模拟量输入（反馈输入）、PLC 的模拟量输出来控制电炉丝的两端电压，即可达到控制炉温的作用。

**（3）实验内容**

① 控制要求。

a. 初始状态。电动机 M1＝M2＝OFF，小车停在 SQ3 发光管亮，SQ4 发光管灭，电炉丝关断即 OFF 状态。

b. 启动操作。按下启动按钮，开始下列操作：

· 电动机 M2 正转，炉门打开，SQ2 灭。

· 当炉门全部打开时，SQ1 亮，M2 停车。

· 当 M2 停车时，M1 正转，SQ3 灭，运送工作的小车进入炉膛。

· 当小车到达 SQ4 位置时，SQ4 亮，M1 停车，同时 M2 反转，SQ1 灭，当炉门关闭时 SQ2 亮。

· 处于室温的炉膛通过温度传感器将温度转换成电压信号，由 ST 接口将模拟的电压信号输入给 PLC，在 PLC 内部与温度设定值进行比较和计算，PLC 的模拟量输出口 UC 的输出电压接通炉丝，小车上的工件开始加热，工件需要加热的温度可根据工艺要求来设定，例如 1000℃，其设定值由 PLC 的另一个模拟量的输入口输入给 PLC。

· 当炉温达到设定值 1000℃时，保温一段时间。按下停止键后电炉丝关断停止加热，同时电动机 M2 正转，SQ2 灭，炉门打开，SQ1 亮，同时 M2 停车。

· 当 M2 停车时 M1 开始反转，SQ4 灭，小车退出炉膛，到达 SQ3 位置时，SQ3 亮。M1 停转，工件开始自然冷却。与此同时 M2 反转，SQ1 灭，炉门关闭，SQ2 亮，M2 停转回到初始状态。经过一段时间后工件温度下降到室温，完成了工件的正火。

② I/O 分配。

输入：                                              输出：

启动按钮 X0                        SQ1   X2        M1 正      Y0

停止按钮 X1　　　　　　　　　SQ2　X3　　　　M1 反　　　Y1
模拟量反馈输入（ST）WX10　　SQ3　X4　　　　M2 正　　　Y2
模拟量给定输入（设定值）WX9　SQ4　X5　　　　M2 反　　　Y3
　　　　　　　　　　　　　　　　　　　　模拟量输出（UC）WY9

③ 按程序清单输入程序。按图 6-112 所示的梯形图输入程序。

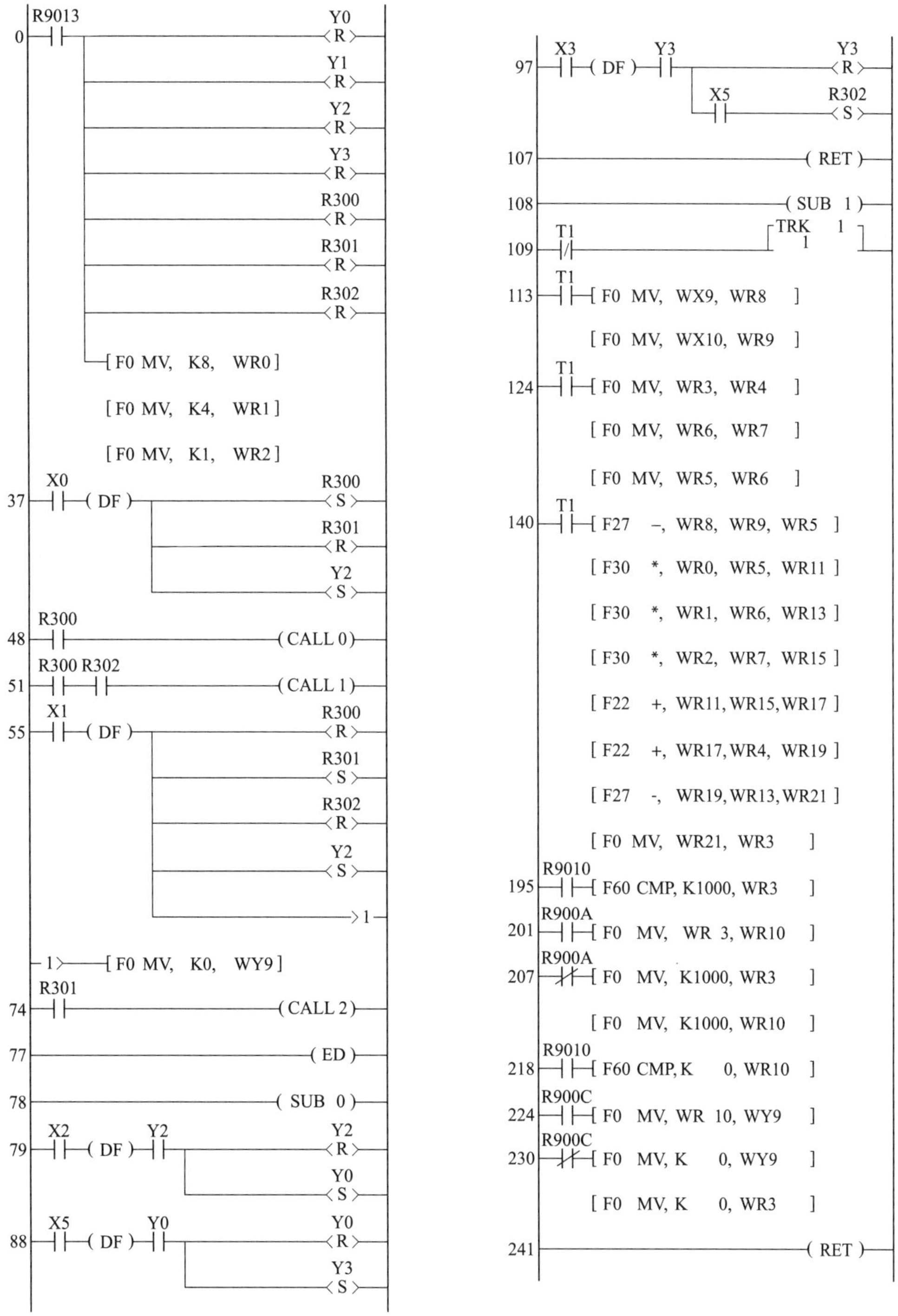

图 6-112

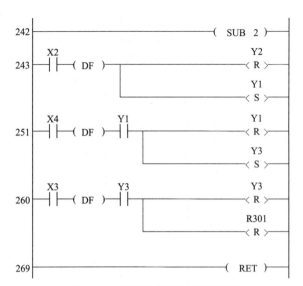

图 6-112　正火炉自动控制梯形图

附：温度控制推荐算法。

PID 算法：$U_{(k)}=U_{(k-1)}+K_p\left[a_0e_{(k)}-a_1e_{(k-1)}+a_2e_{(k-2)}\right]$

其中，$U_{(k)}$ 为 PID 算法的输出量，可直接用来输出控制。

$$a_0=I+\frac{T}{T_1}+\frac{T_D}{T},a_1=1+\frac{2T_D}{T},a_2=\frac{T_D}{T}$$

$T$ 为采样周期；$T_1$ 为积分时间常数；$T_D$ 为微分时间常数；$e_{(k)}$ 为给定量与反馈量的差值。

④ 调试并运行程序。

**（4）编程练习**

① 工件正火的控制要求同（3）中①，但要求采用拨码器输入作为工件所需要加热温度的外设定。

② 自行设计工件回火的控制要求，完成程序设计。

根据上面的两种控制要求，分别编制工件正火和回火的 PLC 控制程序，并上机调试运行。

## 6.5.16　自控飞锯

**（1）实验目的**

用 PLC 构成飞锯自控系统。

**（2）实验设备**

① TVT-90C 学习机主机及接口电路单元板。

② TVT90B-1 自控飞锯实验板。

③ 连接线一套。

TVT90B-1 自控飞锯实验板的输入输出端子为特殊设计的端子，其电路原理图如图6-113所示。其功能为，当输出端 M1 为 ON 时，BV 自动产生脉冲信号，模拟测量电动机转速的光码盘信号。当 SQ1 给出信号（发光管亮）表示允许飞锯切割钢管，SQ5 发光管亮表

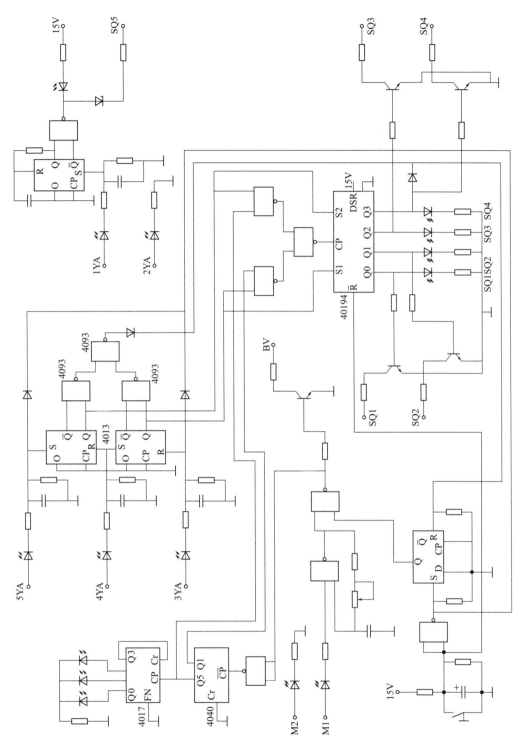

图 6-113　自控飞锯实验板电气原理图

示飞锯完成了钢管的切割，飞锯抬起。SQ2 发光管亮表示钢管的夹具可松夹，SQ3 发光管亮表示小车可返回，液压阀 5YA 作用（发光管亮）使小车返回。SQ4 亮表示小车没有返回，系统出现故障给出报警信号，即对应的报警发光管亮，整个系统出现停止状态。故障排

除后，重新启动系统时，必须先按复位按钮，使电路从锁住状态恢复正常状态。电磁阀4YA发光管亮表示夹具夹紧钢管，3YA发光管亮表示夹具松夹，电磁阀1YA发光管亮表示下锯，2YA发光管亮表示飞锯抬起。电动机M1发光管亮表示送入钢管，电动机M2发光管亮表示飞锯旋转运行。

**（3）实验内容**

① 控制要求

a.初始状态。电动机M1和M2为OFF，电磁阀3YA和4YA为OFF，夹具处于松开状态，1YA和2YA为OFF，飞锯处于抬起状态，液压阀5YA为OFF，小车处于原始位置。

b.启动操作。按下启动按钮，开始下列操作：

· 电动机M2运转后M1运转，即飞锯旋转后再送入钢管。

· 当钢管长度达到预定要求时（例如6m），电磁阀4YA为ON，夹具夹紧钢管，带动小车飞锯一起向前运行。

· 当小车运行到SQ1位置时，SQ1为ON，电磁阀1YA为ON，下锯切割钢管，完成钢管切割时，SQ5为ON。

· 当小车到达SQ2位置时，SQ2为ON，同时1YA为OFF、2YA为ON飞锯抬起，随后2YA为OFF。

· 当小车到达SQ3的位置时，SQ3为ON，同时电磁阀4YA为OFF，3YA为ON夹具松开。同时液压阀5YA为ON使小车返回到原来位置，随后3YA、5YA又恢复为OFF。

· 如果小车没有返回继续向前运行，当到达SQ4位置时，SQ4为ON，表示系统出现故障发出报警信号，同时整个系统停止在当前状态下。

· 如果不是按着上述控制要求运行，都要发出报警信号停止运行。例如3YA、4YA同时为ON，4YA、5YA同时为ON，SQ4为ON等。

c.停止操作。按下停止键后，所有的输出均为OFF，停止操作。

② I/O分配

输入：                                  输出：

启动按钮  X3   SQ1  X5      电动机M1  Y0   3YA    Y4
停止按钮  X4   SQ2  X6      电动机M2  Y1   4YA    Y5
复位输入  X2   SQ3  X7      1YA     Y2   5YA    Y6
BV      X1   SQ4  X8      2YA     Y3   故障报警  Y7
             SQ5  X9

③ 输入程序。按图6-114所示的梯形图输入程序。

④ 调试并运行程序。

**（4）编程练习**

根据下面的两种控制要求分别编制自控飞锯系统的控制程序。

① 控制要求同（3）中①，但增加每口切割钢管数的统计功能。

② 采用2位拨码器输入，作为由外部设定钢管长度和数量进行切割。

③ 根据钢管传送的速度修正电磁阀4YA为0N的动作时刻，确保切割钢管长度的精度，编制程序。

提示：在钢管切割的过程中，切割钢管的长度会产生误差，这是由于电磁阀的动作速度是一定的，而电动机M1的运转速度是可变的，即钢管的传送速度是不定的，当M1运转得

快就必须保证电磁阀 4YA 为 ON 有一个提前量，而 M1 运转得慢，4YA 为 ON 就应有一个延迟量，这样才能确保切割钢管长度的精度，减少误差。在编程时必须考虑这一因素。

### 6.5.17 广告牌彩灯闪烁控制

#### （1）实验目的

了解和掌握步进指令（包括 NSTP、NSTL、SSTP、DSTP、STPE）。注意：

① NSTP 指令和 NSTL 指令之间的区别。

② 步进指令的执行时序。

③ 索引寄存器的基本使用方法。

④ 一些高级指令的使用方法。

#### （2）实验设备

① TVT-90C 学习机主机及接口电路单元板。

② TVT90B-3 指示显示单元实验板。

③ 连接导线一套。

#### （3）实验内容

彩灯循环以七种状态循环执行。

① 控制要求

a. 第一状态要求输出：全亮→全灭→全亮→全灭→……2~3 次。

b. 第二状态要求输出：在全部输出 ON 的情况下，从最低位到最高位顺次 OFF 2~3 次。

c. 第三状态要求输出：在全部输出 ON 的情况下，从最高位到最低位顺次 OFF 2~3 次。

d. 第四状态要求输出：在全部输出 OFF 的情况下，从最低位到最高位以两位为一单元顺次 ON 2~3 次。

e. 第五状态要求输出：在全部输出 OFF 的情况下，从最高位到最低位以两位为一单元顺次 ON 2~3 次。

f. 第六状态要求输出：在全部输出 ON 的情况下，从最低位到最高位顺次 OFF 1 位，OFF 2 位，OFF 3 位，OFF 4 位，OFF 3 位，OFF 2 位，……直到全 OFF。

g. 第七状态要求输出：全部输出的高 8 位与低 8 位分别以 ON、OFF→OFF、ON→ON、OFF 2~3 次。

开机运行，彩灯开始以七种状态循环执行，状态七完成后自动从状态一重新循环。

② 输入程序　梯形图程序如图 6-115 所示。

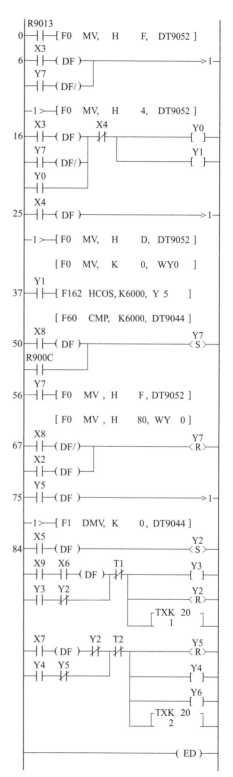

图 6-114　自控飞锯梯形图

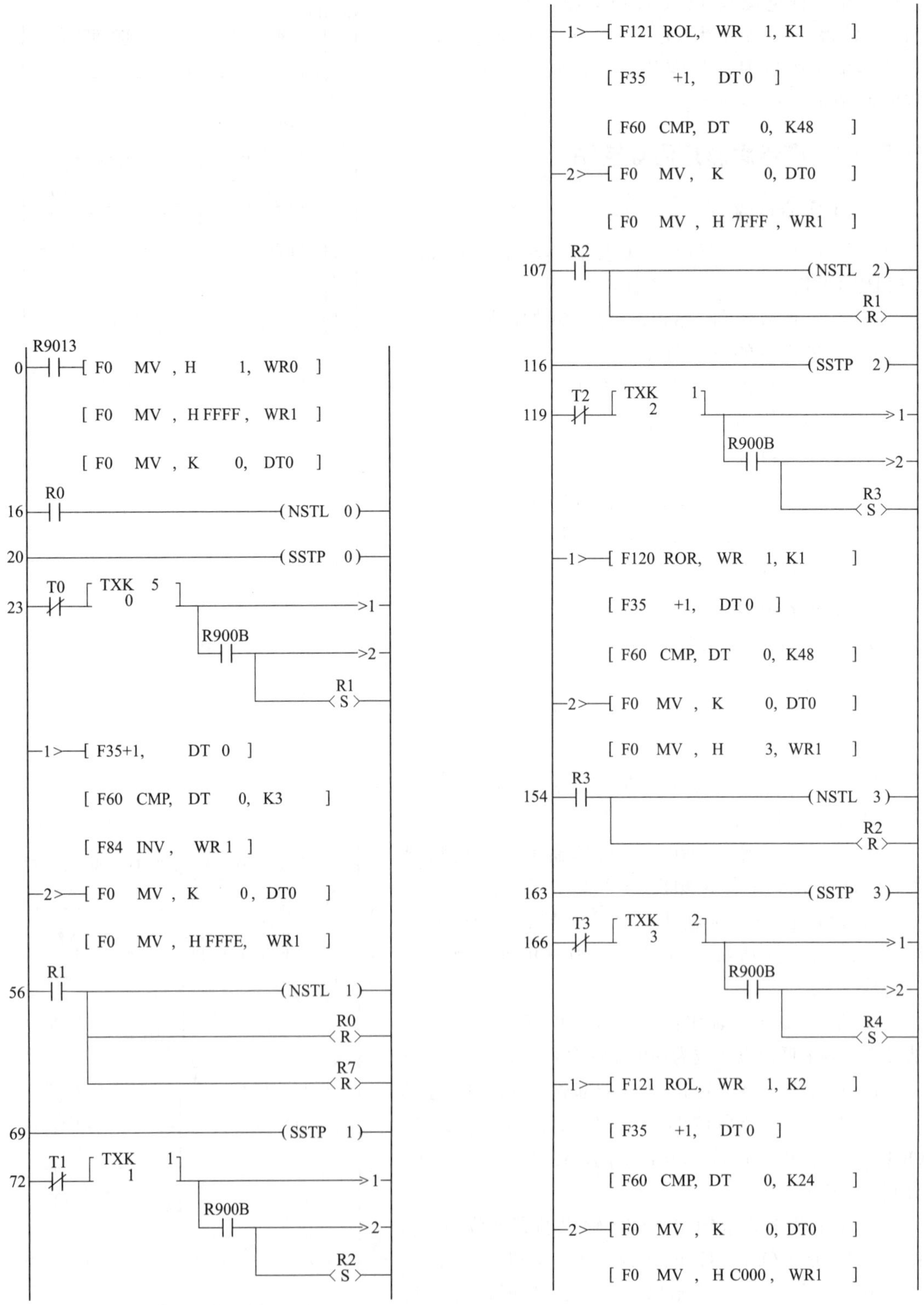
R9013
0 [ F0 MV , H 1, WR0 ]
[ F0 MV , H FFFF , WR1 ]
[ F0 MV , K 0, DT0 ]
R0
16 (NSTL 0)
20 (SSTP 0)
T0 TXK 5 0
23 >1
R900B
>2
R1 S
1> [ F35+1, DT 0 ]
[ F60 CMP, DT 0, K3 ]
[ F84 INV , WR 1 ]
2> [ F0 MV , K 0 , DT0 ]
[ F0 MV , H FFFE, WR1 ]
R1
56 (NSTL 1)
R0 R
R7 R
69 (SSTP 1)
T1 TXK 1 1
72 >1
R900B
>2
R2 S
1> [ F121 ROL, WR 1, K1 ]
[ F35 +1, DT 0 ]
[ F60 CMP, DT 0, K48 ]
2> [ F0 MV , K 0, DT0 ]
[ F0 MV , H 7FFF , WR1 ]
R2
107 (NSTL 2)
R1 R
116 (SSTP 2)
T2 TXK 1 2
119 >1
R900B
>2
R3 S
1> [ F120 ROR, WR 1, K1 ]
[ F35 +1, DT 0 ]
[ F60 CMP, DT 0, K48 ]
2> [ F0 MV , K 0, DT0 ]
[ F0 MV , H 3, WR1 ]
R3
154 (NSTL 3)
R2 R
163 (SSTP 3)
T3 TXK 2 3
166 >1
R900B
>2
R4 S
1> [ F121 ROL, WR 1, K2 ]
[ F35 +1, DT 0 ]
[ F60 CMP, DT 0, K24 ]
2> [ F0 MV , K 0, DT0 ]
[ F0 MV , H C000 , WR1 ]

**图 6-115**

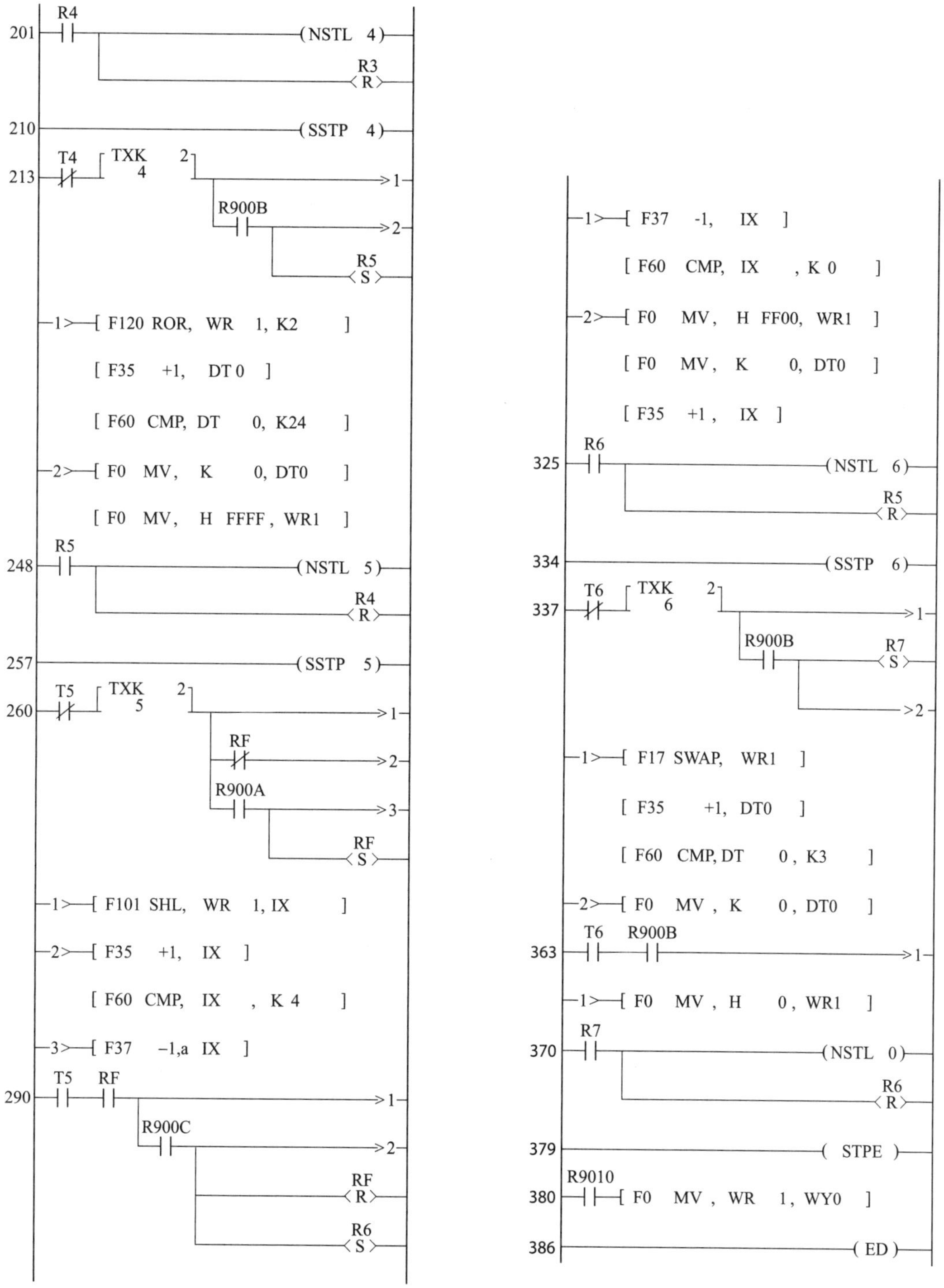

图 6-115　彩灯闪烁梯形图

**（4）编程练习**

自行设计广告牌彩灯闪烁的控制要求，编制程序，并上机调试运行。

**（5）TVT-90C 学习机检验**

① 实验屏检验

a. 电源。电源开关合上后，DC 24V 指示灯亮，电压值大于 22V。

b. 数字量调试单元板。将所有的 COM 端与 DC 24V 电源正极相连，将调试开关拨向 ON。

• 输入开关单元检验。

ⅰ 将拨码器的开关拨向 OFF。

ⅱ 将输入单元的所有开关依次拨向 ON，观察主机输入模块上的指示灯，如全亮为合格。

• 输入拨码器单元检验。将拨码器拨向 ON，其检验方法与 TVT-90A 学习机相同。

• 输出单元检验。

ⅰ 将导线一端插入 DC 24V 电源正极，另一端依次插入输出发光管插孔，观察每次插入时发光二极管是否都亮，是则合格。

ⅱ 把输入 X3 对应的开关拨向 ON，运行检验程序（出厂时已装入主机），观察输出单元指示灯是否依顺序都亮，是则合格。

c. 模拟量指示调节单元板。

• 电流源及检测仪表的检验。

ⅰ 将电流表的负端接电源（24V）的负端，将电流源的输出加到电流表的正端。

ⅱ 调节电流源的变流旋钮，观察电流表度数，如果在 0～20mA 内变化则合格。

• 脉冲信号源检验。

ⅰ 把单次连续开关拨向连续调节频率调节旋钮，观察信号源指示灯应闪动，频率变化为合格。

ⅱ 把单次连续开关拨向单次，按下工作按钮，信号源指示灯由灭变亮为合格。

• 模拟量输入输出模块检验。

ⅰ 将所有输入开关均置为 OFF 状态。

ⅱ 将所有 A/D 单元的 V、I 两端子短接，所有的 C 端子均接电源负极。

ⅲ 从 A/D 单元的 $I_0$ 端子引线至表头的 0 端子，从电流源输出端子引线至表头 +25mA 端子，D/A 单元的 $I_0^+$ 端子引线至另一表头的 +25mA 端子，$I_0^-$ 端子引线至表头的 0 端子。

ⅳ 合上电源开关及 X1 对应的开关，调节电流源输出，两表头指示值应相同。

ⅴ 将 A/D 单元的 0 组端子换到相应的 1 组端子，D/A 单元的 0 组端子也换到相应的 1 组端子，重复ⅳ过程。

ⅵ 把 X2 对应开关拨向 ON，将 A/D 单元的 1 组端子换到相应的 2 组端子，D/A 单元的 1 组端子换到相应的 0 组端子，重复ⅳ过程。

ⅶ 将 A/D 单元的 2 组端子连线换到相应的 3 组端子，D/A 单元的 0 组端子换到相应的 1 组端子，重复ⅳ过程。

② 实验板检验　待主机内所有 COM 端与 DC 24V 电源正极相连并将 DC 24V 电源与要检验的实验板的电源插孔相接。

a. TVT90-1～TVT90-10 实验板检验。TVT90-1～TVT90-10 实验板的检验与 TVT-90A 学习机相同。

b. TVT90B-1 检验。

• 接通电源，光电码盘有一灯亮，M1 接电源正端（一直保持），这时光电码盘灯逆时针旋转。

• 4YA 接电源正极，SQ1～SQ4 依次亮为正确。

• 其他输出口检验与普通口相同。

c. TVT90B-2 检验。

·ST 是温度传感器输出端子，接通电源后，用万用表直流电压挡测量，ST 端子对电源负端电压，常温下电压值为 1～1.5V。

·用导线把电流源输出端子与 UC 相接，调节电流，调节旋钮顺时针调到最大，这时 ST 端子电压应增加。其他端子同普通端子的检验。

d. TVT90B-3 检验。端子 V1～V16 与普通输出口检查相同。

e. 检验程序。检验程序如图 6-116 所示。其程序清单如表 6-39 所示。

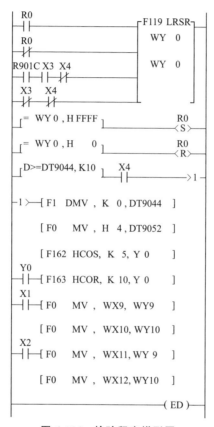

图 6-116　检验程序梯形图

表 6-39　程序清单

| 地址 | 命令 | | | 地址 | 命令 | | |
|---|---|---|---|---|---|---|---|
| 0 | ST | R | 0 | 45 | F | 0 | (MV) |
| 1 | ST/ | R | 0 | | | H | 4 |
| 2 | ST | R | 901C | | | DT | 9052 |
| 3 | AN | X | 3 | 50 | F | 162(HOOS) | |
| 4 | AN/ | X | 4 | | | K | 5 |
| 5 | ST/ | X | 3 | | | Y | 0 |
| 6 | AN/ | X | 4 | 57 | ST | Y | 0 |
| 7 | F | 119(LRSR) | | 58 | F | 163(HCOR) | |
| | WY | 0 | | | | K | 10 |
| | WY | 0 | | | | Y | 0 |

| 地址 | 命令 | 地址 | 命令 |
|---|---|---|---|
| 12 | ST ＝ | 65 | ST X 1 |
|  | WY 0 | 66 | F 0(MV) |
|  | H FFFF |  | WX 9 |
| 17 | SET R 0 |  | WX 9 |
| 20 | ST ＝ | 71 | F 0(MV) |
|  | WY 0 |  | WX 10 |
|  | H 0 |  | WY 10 |
| 25 | RST R 0 | 76 | ST X 2 |
| 28 | STD＞＝ | 77 | F 0(MV) |
|  | DT 9044 |  | WX 11 |
|  | K 10 |  | WX 9 |
| 37 | AN X 4 | 82 | F 0(MV) |
| 38 | F 1(DMV) |  | WX 12 |
|  | K 0 |  | WY 10 |
|  | DT 9044 | 87 | ED |

## 6.5.18 FP1型 PLC 特殊功能的应用

### （1）子程序功能

所有的 FP1 系列 PLC 都具有子程序功能，其中，FP1-C14 和 PP1-C16 两种机型最多可使用 8 个子程序（SUB0～SUB7），而 FP1 系列的其他机型则可以使用 16 个子程序（SUB0～SUB15）。

一般地，使用子程序功能必须用到以下几条指令：

① 子程序调用指令 CALL 该指令用于调用指定的子程序，它可以出现在主程序区、中断服务程序区、子程序区。在同一个程序中，允许同时存在多个相同标号的 CALL 指令，而且在子程序中还可以出现 CALL 指令，这种结构叫作"嵌套"。但是应注意，在一个子程序中，最多只可以有四层嵌套。

② 子程序进入指令 SUB 一旦 CALL 指令被触发，程序就会跳转到对应标号的子程序去执行，SUB 指令就是表示由子程序开始。由它和后面介绍的 RET 指令包括的部分就是子程序区。在一个程序中，不允许出现两个或两个以上相同标号的 SUB 指令。另外，在 SUB 指令与 RET 指令间，不允许出现和 SUB 指令标号相同的 CALL 指令。

③ 子程序返回指令 ERT 在 SUB 指令和 ERT 指令间的程序为子程序，当机器执行 RET 指令时，表示子程序结束，程序返回到 CALL 指令地址后面的下一条指令去执行。

当触发信号闭合时，CALL 指令被激活，程序将跳转到与该 CALL 指令标号相同的 SUB 指令去执行，直至遇到一条 RET 指令，然后程序返回执行 CALL 指令地址的下一条指令。一般规定，子程序放置在主程序之外，即"ED"指令之后。

### （2）高速计数应用

在 FP1-PLC 内部有高速计数器，它最高可接收频率为 10kHz 的单相脉冲或频率为 5kHz、相位差为 90°的两相正交脉冲。脉冲输入时最好保持 50% 的占空比。高速计数器的计数范围为 K-8388608～K8388608，计数方式有四种，它可与外部复位是否被允许配合，

组成 8 种工作方式。具体使用哪一种工作方式，由系统寄存器 No.400 控制。

高速计数器的经过值存放在特殊数据寄存器 DT9045 和 DT9044 中，目标值存放在特殊数据寄存器 DT9047 和 DT9046 中，如果需要向这四个特殊数据寄存器操作，应当使用 32 位数据操作指令。

在用 FP 编程器Ⅱ或 NFST-GR 软件设定了系统寄存器 No.400 后，还必须使用 "F0 (MV)" 指令向特殊数据寄存器 DT9052 中送入正确的软件控制字，否则不能保证高速计数器正确运行。向 DT9052 中送入的软件控制字意义如下：

BIT0：送入 "0" 允许高速计数器计数，送入 "1" 高速计数器复位。

BIT1：送入 "0" 高速计数器接收脉冲，送入 "1" 高速计数器不接收脉冲。

BIT2：送入 "0" 允许 X2 复位，送入 "1" 禁止 X2 复位。

BIT3：送入 "0" 继续控制，送入 "1" 清除控制。

高速计数器应用有两条专用指令，分别为 "F162 (HCOS)" 和 "F163 (HCOR)"，它们的意义分别为 "符合目标值时闭合" 和 "符合目标值时断开"。下边就一个具体程序来说明高速计数器的使用方法。

假设有以下控制要求：对光电盘产生的高速脉冲进行计数，当脉冲数达到 1000 个时 Y0 闭合，脉冲数达到 1500 个时 Y0 断开，然后高速计数器从 0 重新开始计数，重复以上过程。在系统运行过程中，允许用外部开关 X2 复位高速计数器的经过值。

要实现上述控制，应进行以下操作：

① 用 FP 编程器Ⅱ或 NPST-GR 软件设定系统寄存器 No.400。

② 编制程序并输入 PLC。

③ 运行并调试程序。

应该注意的是，高速计数器的值在不进行复位时将一直增加，故在一定时间必须对高速数器进行复位，使特殊数据寄存器 DT9045 和 DT9044 的值清零。在任何时刻，高速计数器都以最近设置的模式运行，直到模式被重新修改。

**（3）输入扫描**

输入扫描是 FP1 系列 PLC 的一个在现场调试时比较有用的功能，它包括两方面的内容，即输入延时滤波功能和脉冲捕捉功能。下面就这两个功能分别作一下介绍。

① 输入延时滤波功能　在实际的工业现场，常常因机械开关的抖动会给系统带来误操作。为了消除机械开关抖动给系统带来的不可靠影响，可以利用 FP1 系列 PLC 的延时滤波功能。它的实质是在检查到外部输入的上升沿后在内部并不立即响应，而是延迟一定的时间后再响应。延迟时间的设定由软件实现，时间常数存放在 No.404～No.407 中，它们的表示意义如下：

0～1ms　1～2ms　2～4ms　3～8ms　4～16ms　5～32ms　6～64ms　7～128ms

各字寄存器输入端的对应关系为：

No.404：设定 X0～X1F 的时间常数。

No.405：设定 X20～X3F 的时间常数。

No.406：设定 X40～X5F 的时间常数。

No.407：设定 X60～X7F 的时间常数。

② 脉冲捕捉功能　由于 PLC 采用循环扫描工作方式，因此其对输入的监测受扫描周期的影响，例如在 PLC 的执行指令阶段，如果输入端有一个瞬间的窄脉冲，那么这个窄脉冲往往被遗漏而不会被响应。为了防止出现这种情况，可以利用 FP1 系列 PLC 的脉冲捕捉功能。它可以记忆脉冲宽度小至 0.5ms 的脉冲，且不受扫描周期影响。PLC 的内部电路会将

此脉冲记忆下来并在一定的时间响应它。要实现此功能，必须在系统寄存器 No.402 中设定正确的控制字，其意义如下：

No.402 的高 8 位不用，低 8 位由低到高对应外部输入端子 X0～X7，该位设为"1"，则表示该位具有脉冲捕捉功能，设为"0"表示该位不具有脉冲捕捉功能。例如要设定 X3、X5、X7 具有脉冲捕捉功能，就需要将十六进制常数 H0A8 送入系统寄存器 No.402 中。

**（4）中断功能**

FP1 系列的 PLC 中，C24、C40、C56、C76 具有中断功能。其中断类型有两种：外部硬中断和内部定时中断。其外部硬中断共有 8 个（INT0～INT7），INT0 的中断优先权最高，INT7 的中断优先权最低。它们的中断触发信号如下：

X0-INT0　X1-INT1　X2-INT2　X3-INT3　X4-INT4　X5-INT5　X6-INT6
X7-INT7

在 FP1 系列的 PLC 指令中，有一个系统寄存器 No.403 和三条指令是专门为中断功能而设置的。No.403 号系统寄存器可以用 FP 编程器Ⅱ或 NPST-GR 软件来改变，它用来设定 X0～X7 中哪一个作为中断源，其位址低 8 位由低到高分别对应 X0～X7，当该位为"1"时，表示该位为中断源，为"0"则表示该位不是中断源，No.403 高 8 位不使用。下边就这三条指令做一个具体介绍。

① ICTL 指令　ICTL 指令是中断控制指令，它必须由一个触发信号来触发。它的使用格式如下：

```
      X10
├──┤ ├──(DF)───[ ICTL, S1,S2 ]
```

其中，X10 是触发信号，在触发信号后必须有（DF）指令。当 X0 接通时，ICTL 指令根据 S1 和 S2 的值来设定系统的中断方式，具体如下：

a. 当 S1 为 H0 时，表示系统接收外部中断为屏蔽/非屏蔽状态，S2 的值控制 X0～X7 是否被屏蔽。同样地，它的高 8 位不用，低 8 位由低到高依次对应着 X0～X7，为"1"表示该位为中断源，为"0"表示该位不是中断源。

b. 当 S1 为 H00 时，表示可以清除某些中断源，S2 的值控制 X0～X7 是否被清除。它的高 8 位不用，低 8 位由低到高依次对应着 X0～X7，为"1"表示该位可以继续引发中断，为"0"表示该位被复位，不再引发中断。

c. 当 S1 为 H02 时，表示系统为定时启动中断状态，S2 的值控制中断时间间隔，具体为 S2 的值乘 10，单位为 ms，此时引发的中断序号规定为 INT24。特殊地，当 S2 的值为 0 时，不执行定时启动中断。

② INT 指令和 IRET 指令　INT 指令和 IRET 指令总是成对出现的，它们必须放在主程序（ED）指令之后，最多可以放 9 个，它们之间的程序便是中断服务程序。中断服务程序中不允许出现（TM）、（CT）等带延时功能的指令。INT 指令所指定的中断号不能出现重复，并且 INT 指令的地址应比与之对应的 IRET 指令的地址要小。

系统在响应中断时，会根据申请中断的中断源的多少、优先级别的高低等因素来响应中断。如果只有一个中断源被使能，那么在实际的程序执行过程中，一旦发现该中断源申请中断，正在执行的程序立即停止，转而执行该中断源对应的中断服务程序。中断服务程序执行完毕后，返回到 ICTL 指令处，按顺序执行 ICTL 指令下面的程序。

在多个中断源被使能的情况下，如果有若干个中断源同时申请中断，则按中断源的优先级别来响应中断。当所有的中断响应完毕后，返回到 ICTL 指令处，按顺序执行 ICTL 指令

下面的程序。如果是 PLC 正在执行一个中断服务程序，此时又有若干中断源申请中断，则在当前的中断服务程序执行完毕后，再将未响应的中断按优先级别响应。当所有的中断响应完毕后，返回到 ICTL 指令处，按顺序执行 ICTL 指令下面的程序。

在实际应用中，还需要注意以下几点：

a. 中断源在执行对应的中断程序期间是不能复位的。

b. 当 PLC 的工作方式由"PROG"转到"RUN"时，所有的中断源均不使能。

c. 与普通微机的中断方式不同，FP1 的中断在执行低级中断时如果有高级中断被触发，高级中断也必须等到该低级中断的服务程序执行完毕后才能响应。

d. 一个中断源被屏蔽期间即使中断源闭合也不会引发系统中断，但如果此中断源稍后又被设置为非屏蔽状态，它将会因为被屏蔽期间的中断源闭合而引发系统中断。

中断控制功能在处理一些突发情况时是特别有效的。例如可以利用它来监视系统电源，一旦系统电源出现故障，应该使整个系统在存储一些必要数据后停止运行。但在另外一些情况下，应该在完成一定的操作后再处理紧急情况。此时需要暂时屏蔽中断，操作过后再允许中断。具体的程序如图 6-117 所示。

该程序的作用是检查电源异常检测开关 X0 的状态。一旦发现电源异常（用开关 X0 闭合表示），如果当前正在执行一个不能中止的操作（用 Y0 闭合来表

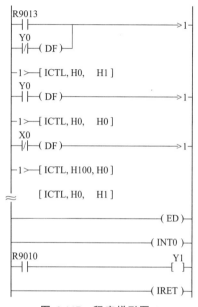

图 6-117　程序梯形图 1

示），则在完成此操作后使系统断开主电源，否则使系统马上断开主电源。系统断电用 Y1 来实现。要实现此功能，PLC 需要单独供电。

**（5）可调输入的应用**

在 FP1 系列的 PLC 主机面板上，设有 1～4 个手动拨盘，其实质是电位器。在 PLC 的内部，有几个特殊数据寄存器专门用来存储这几个电位器的值。它们的对应状态如下：

$$V0\text{-}DT9040 \qquad V1\text{-}DT9041$$
$$V2\text{-}DT9042 \qquad V3\text{-}DT9043$$

当调节这几个电位器的旋转量时，对应的特殊数据寄存器中的值将在 0～255 内变化。这个数值可以作为一个很方便的调试工具。一般地，可以利用它作为某一个定时器的预置值，以用在某些不常需要改变延迟时间的系统中。例如在普通的三相电动机 Y/△ 启动过程中，大容量的电动机和中等容量的电动机需要的延迟时间并不相同，这时候便可以利用可调输入。程序举例的梯形图如图 6-118 所示。

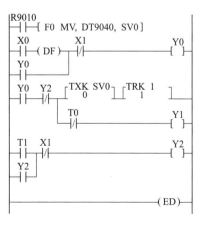

图 6-118　程序梯形图 2

该程序的作用是当启动开关 X0 闭合后，主接触器 Y0 闭合，同时 Y 接接触器 Y1 闭合，延时继电器 T0 开始延时，其延时时间由可调输入 V0 来控制（V0 的值被读入特殊数据寄存器 DT9040 后，由传送指令送入 SV0 作为 T0 的预置值）。延时时间到，Y 接接触器 Y1 释放，

再延时 10ms 后△接接触器 Y2 闭合，完成启动过程。任何时刻停止开关 X1 闭合，所有继电器全部释放。

**（6）A/D、D/A 模块应用及编程**

日本松下电工株式会社生产的 FP1 A/D 转换单元、FP1 D/A 转换单元是专门为 FP1 系列 PLC 生产的模拟量输入、输出模块。其中 FP1 A/D 转换单元是作为输入序列使用的，FP1D/A 转换单元是作为输出序列使用的。它们的模拟量使用范围可根据外部的量程选择短接端子及输入端子短接情况的变化。在 0～5V、0～10 V、0～20mA 三种方式中选择，数字量的变化范围在十进制数中为 0～1000。

在现代的生产过程中，模拟量的控制显得愈来愈重要，许多控制对象的控制要求都期望实现模拟量的输入输出控制。下边对 A/D、D/A 模块的地址分配做一个简要的说明。

① A/D 转换单元　每个 FP1 A/D 转换单元有四个模拟量输入通道，在与 FP1 系统连接时，每一个通道占用的地址如下：

CH0-WX9（X90～X9F）　　　　　CH1-WX10（X100～X10F）
CH2-WX11（X110～X11F）　　　　CH3-WY12（X120～X12F）

② D/A 转换单元　每个 FP1 D/A 转换单元有两个模拟量输出通道，在与 FP1 系统连接时，每一个通道占用的地址如下：

CH0-WY9（Y90～Y9F）　　　CH1-WY10（Y100～Y10F）

在实际应用中，常需要使用两个 D/A 转换单元，以便使模拟量输出通道也达到四个。这时候，必须使用 D/A 转换单元的站号开关来设定站号，这个站号设定开关在 D/A 转换单元左边端盖下边，当此开关置于左边时，表示该模块为 No.0，当此开关置于右边时，表示该模块为 No.1。从 No.0 模块占用的地址仍旧是 WY9、WYl0。No.1 模块占用的地址如下：

CH0-WY11（Y110～Y11F）　　　CH1-WY12（Y120～Y12F）

由以上程序可以看出，在对 A/D 转换单元和 D/A 转换单元编程时，完全可以将它们作为输入继电器和输出继电器使用，只是它们在一般情况下都是以寄存器的形式来操作。例如在 A/D 转换单元的输入端子加上了一个模拟信号，那么在监控程序时所看到的对应的寄存器中的值其实就是输入的模拟量转换后的数值，对这个数值也可以进行其他一些操作，程序举例的梯形图如图6-119所示。

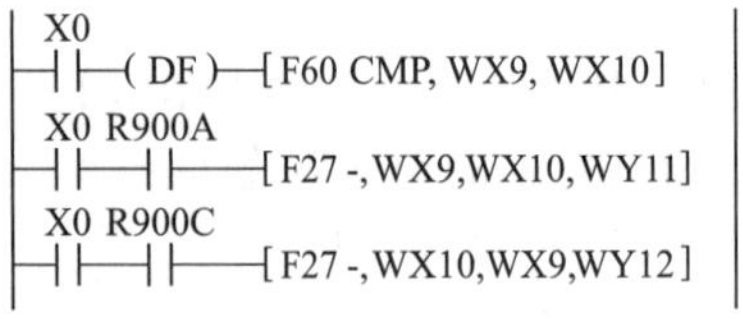

**图6-119　程序梯形图 3**

该程序的作用是当开关 X0 闭合时，将 FP1 A/D 转换单元的 CH0 通道输入的模拟量与 CH1 通道输入的模拟量比较，如果 CH0 的模拟量值大于 CH 1 的模拟量值，将两者的差值从 No.1 号 FP1 D/A 转换单元的 CH0 通道输出；反之，则将两者的差值从 CH1 通道输出。

在 FP1 模拟量转换单元的实际使用中，还要注意输入的模拟量是电流信号还是电压信号，需要的模拟量输出是电流信号还是电压信号，它们的模拟量摆幅多大，这都需要在模块外部接线来解决。

**（7）时钟日历功能**

FP1 系列 PLC 中，C24C、C40C、C56C、C72C 均带有日历及实时时钟功能，它可以表示年、月、日、时、分、秒，并且具有日历校准功能。所有的设定均存储在它们的特殊数据寄存器 DT9054～DT9058 中，即使系统掉电也不会丢失；具体的各特殊数据寄存器的表示

意义如表 6-40 所示。

表 6-40　程序清单

| DT9054 | 分钟（BCD）<br>H00～H59 | 秒（BCD）<br>H00～H59 |
|---|---|---|
| DT9055 | 日期（BCD）<br>H01～H31 | 小时（BCD）<br>H00～H23 |
| DT9056 | 年（BCD）<br>H00～H99 | 月（BCD）<br>H01～H12 |
| DT9057 | — | 星期（BCD）<br>H01～H07 |

当系统第一次使用时，可以利用"F0（MV）"指令将当时的年、月、日、时、分、秒等数值送入对应的特殊数据寄存器中，然后，将特殊数据寄存器 DT9058 的最高有效位置"1"，系统将按照用户的设定值自动运行。特殊数据寄存器 DT9053 的作用是用来监控时钟/日历的时和分数据，不能被改写。如果要使用校准功能，只需将特殊数据寄存器 DT9058 的最低有效位置"1"，秒数据如果小于 30 则变为 0；秒数据如果大于或等于 30 则分数据加 1，秒数据变为 0。

【例 6-15】　设定当前时钟/日历为 1998 年 1 月 1 日 12 点 30 分 47 秒，并且在运行过程中可以用外部开关 X0 校准。程序梯形图如图 6-120 所示。

FP1 系列 PLC 的时钟/日历功能在某些场合需要按照实际时间进行操作，例如可以利用它和高级指令并行输出"F147（PR）"配合，定时打印一些关心的数据。但"F147（PR）"指令只能用于晶体管输出的 PLC，这一点大家要注意。程序举例的梯形图如图 6-121 所示。

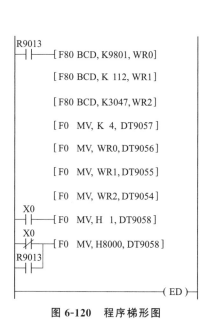

图 6-120　程序梯形图　　　　图 6-121　程序举例的梯形图

该程序的作用是监视时钟，在每天的中午 12 点准时将存储在 DT0～DT3 里的数据输出到打印机。

**（8）应用技巧**

　　虽然 FP1　PLC 的指令很多，用户可以利用不同的指令来实现同样的功能，但是，从程序的易读性、易修改性、可移植性出发，可能许多用户仍希望掌握一些小技巧以便使程序编起来比较轻松。另外，为了节约 PLC 有限的输入输出口，用户还希望用较少的输入输出点数来达到较复杂的控制。下边介绍一些小的编程及应用技巧，希望对用户有些启发。

　　① 灵活使用"SET""RST""OT"指令　在 FP1 系列 PLC 的指令使用中，一般规定对同一输出接点不能重复使用"OT"指令。虽然用户可以利用修改系统寄存器 No.20 的值来设置重复输出使能，但对不太熟悉 PLC 的用户来说仍很不方便，这时可以利用"SET""RST"指令来达到用户的需要，因为在 FP1 系列的 PLC 中，"SET"指令对同一个接点的多次操作是合法的。用户可以利用这一点，在必须使用"OT"指令的情况下用"SFT""RST"指令来替代"OT"指令，如图 6-122 所示。

　　修改后的梯形图如图 6-123 所示。

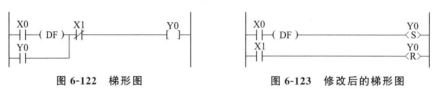

图 6-122　梯形图　　　　　　　　图 6-123　修改后的梯形图

　　② 善于利用高级指令和字节操作　FP1 系列的 PLC 具有丰富的高级指令集，在某些情况下，充分利用高级指令的功能，可使程序变得更加简单明了。例如要使 PLC 的输出为固定值，使 Y0、Y3、Y5、Y7 闭合，其他位断开，就可以使用一条传送指令将十六进制数 A9 直接送入 WY0。

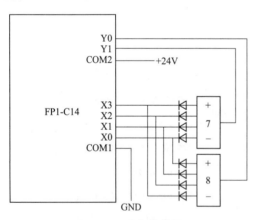

图 6-124　外部接线图

　　在特殊情况下，会出现输入输出点不够的情况，而一些输入点仅仅是为了在一些特定的时刻接收外部信号。这时可以从输出端引出两个启动信号来选择两组输入。只要能够在需要的时候使选择信号接通，就可以达到输入点分时使用的目的。例如需要在系统初始上电的时候将两组 4 位数据送入一个寄存器，如果输入点不分时使用，就需要占用 8 个宝贵的输入点，而如果使用输入点分时使用的方法，则只需要两个输出点，节约 4 个输入点。具体外部接线图如图 6-124 所示。

　　由拨码器输入的 4 位 BCD 码在系统未启动 Y0 和 Y1 时是不会将数据读入 PLC 内部的，用户只要编制一段程序，能够将 Y0 和 Y1 在初始上电时先闭合其中一个（如 Y0），读入数据后释放，再闭合另一个（如 Y1），读入另一个 BCD 码，在 PLC 内部用程序进行数据的重新组合，正确处理，就可完全达到用户的目的。不过为了防止两组数据在释放第一个接点而吸合第二个接点时使数据串位，应该在闭合第二个接点前延迟一小段时间。另外也可以使用另一种方法，即在输入端借用其中一位作为启动信号。每改变一次 BCD 码的值，按一下启动按钮，BCD 将读入的数据顺次存入固定的寄存器，然后用程序对数据进行重组，也可以达到节约输入输出点的效果。

**思考题**

1. PLC 梯形图的基本规则有哪些？有什么特点？

2. PLC 梯形图编程准备三要素是什么？其地址分配原则是什么？

3. PLC 程序的结构形式有哪些？

4. 梯形图的绘制原则有哪些？绘制梯形图应该注意哪些问题？

5. 如何绘制流程表图？绘制流程表应该注意哪些问题？

6. 如何绘制程序框图？绘制程序框图应该注意哪些问题？

7. PLC 程序编制的一般技巧有哪些？逻辑程序设计和运算程序设计有哪些技巧？

8. 按钮控制包含哪些类型？如何进行编程？

9. 时间控制包含哪些类型？如何进行编程？

10. 脉冲发生器包含哪些类型？如何进行编程？

11. 顺序循环执行控制包含哪些类型？如何进行编程？

12. 如何进行二分频控制编程？

13. 如何进行报警功能控制编程？

14. 如何进行多点控制编程？

15. 交流电动机可逆包含哪些类型？如何进行编程？

16. 如何进行电动机星/三角启动控制程序的编程？

17. 如何进行流水灯控制程序的编程？

18. 如何进行混合液体设备的控制程序的编程？

19. 如何进行自动送料装车控制程序的编程？

20. 如何进行智能控制程序的编程？

21. 在 PLC 教学实践中常用的典型编程环节有哪些种？如何进行编程？

22. 认真总结归纳，本章内容中有哪些知识点？其重点和难点在哪里？

23. 本章的知识点对完全攻略 PLC 技术有何作用？通过本章的知识点的学习你有哪些收获？

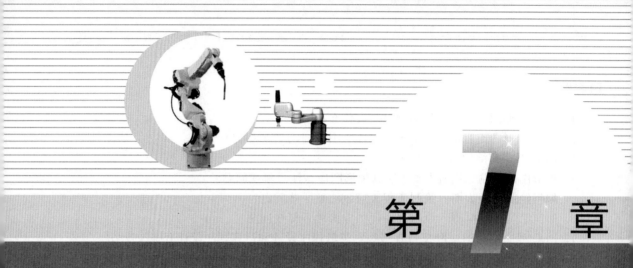

第 **7** 章

# 探索松下PLC通信功能的开发应用

## 7.1 松下 PLC 的通信功能

　　松下电工生产的 PLC 产品有 FP-e、FP0、FP-X、FPΣ、FP2、FP3、FP10 等系列。其中 FP-e、FP0、FP-X、FPΣ 是小型 PLC，FP2、FP3、FP10 是中大型 PLC。所有系列产品都使用相同的编程工具软件 FPWIN GR。

　　许多 PLC 产品，诸如 FP-X 还具有丰富的通信功能。利用主机上的标准编程口（RS-232C）可以与显示面板或计算机通信。另外，还备有 RS-232C、RS-485 及 Ethernet 端口的通信插卡选件。在 FP-X 上安装 RS-232C 2 通道型通信插卡后，可以连接 2 台 RS-232C 设备。另外还配备了 1：N 通信（最多 99 台）、PC（PLC）之间连接（最多 16 台）等丰富的通信功能。

　　① 1 台 FP-X 使用 RS-232C 2 通道型时控制台 RS-232C 设备，见图 7-1。

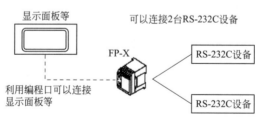

图 7-1　FP-X 的通信功能（1）

② 使用 RS-485/RS-422 1 通道型或使用 RS-485 1 通道、RS-232C 1 通道混合型时最多可进行 99 站的 1∶N 通信，见图 7-2。

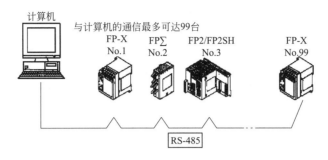

**图 7-2　FP-X 的通信功能（2）**

③ 对于小型、中型 PLC，只需简单的 1 个网络便可实现数据共享。在 FP-X 中，与 MEWNET-WO 相对应，可与 FP2 或 FP∑ 进行无程序的 PLC 数据间连接，见图 7-3。

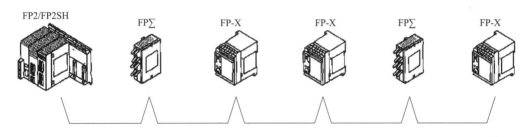

站数：16站　传送速率：115.2kbit/s，传送距离：1200m

**图 7-3　FP-X 的通信功能（3）**

④ 应用 Modbus RTU 协议，用专用（F145，NF146 指令）可作为主/从站使用。也可方便地与温控器、变频器、FP-e、其他公司的 PLC 等进行通信。最多可与 99 站进行通信，见图 7-4。

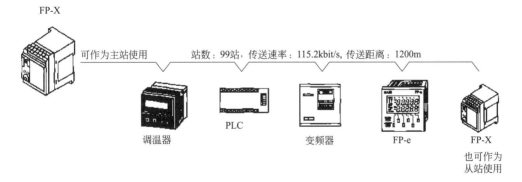

**图 7-4　FP-X 的通信功能（4）**

⑤ MEWTOCOL 通信协议，用专用（F145，F146 指令）可作为主/从站使用。也可方便地与 PLC、图像处理装置、温控器、小型简易显示器、环保型功率表等进行通信。最多可与 99 站进行通信，见图 7-5。

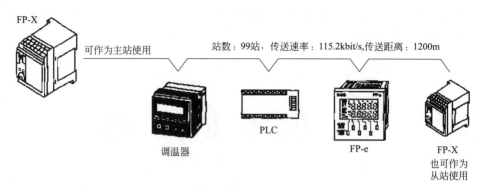

图 7-5　FP-X 的通信功能（5）

# 7.2　通信功能的实现

## 7.2.1　通信的基本知识

计算机 CPU 与外部的信息交换称为通信。基本的数据通信方式有两种：并行通信方式和串行通信方式。在并行通信方式中，并行传输的数据的每一位同时传送；在串行通信方式中，数据一位接一位顺序传送。

尽管并行通信的传递速度快，但是，并行传输的数据有多少位，传输线就得有多少根，所以不适宜远距离通信；而串行通信的数据的各不同位可以分时使用同一传输通道，故能节省传送线，特别当传送数据的位数很多或长距离传送时这个优点就更为突出。

### （1）串行通信的数据传送方式

串行通信中，数据在两个站之间是双向传送的，A 站可作为发送端，B 站作为接收端，也可以 A 站作为接收端而 B 站作为发送端，如图 7-6 所示。

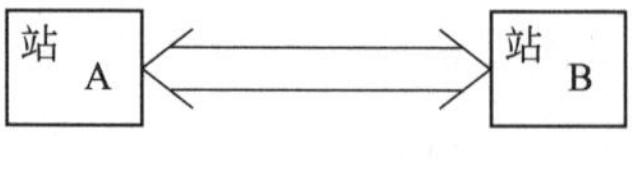

串行通信可根据要求分为单工、半双工和全双工三种传送方式。

① 单工：数据只按一个固定的方向传送。

图 7-6　通信示意图

② 半双工：每次只能有一个站发送，即只能是由 A 发送到 B，或是由 B 发送到 A，不能 A 和 B 同时发送。

③ 全双工：两个站同时都能发送。

在串行通信中经常采用非同步通信方式，即异步通信方式。所谓异步是指相邻两个字符数据之间的停顿时间是长短不一的，在异步串行通信中，收发的每一个字符数据是由四个部分按顺序组成的，如图 7-7 所示。

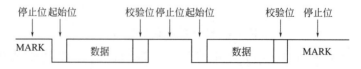

图 7-7　异步串行通信方式的信息格式

① 起始位：标志着一个新字节的开始。当发送设备要发送数据时，首先发送一个低电平信号，起始位通过通信线传向接收设备，接收设备检测到这个逻辑低电平后就开始准备接

收数据位信号。

② 数据位：起始位之后就是 5、6、7 或 8 位数据位，IBM PC 机中经常采用 7 位或 8 位数据传送。当数据位为 0 时，收发线为低电平；反之为高电平。

③ 奇偶校验位：用于检查在传送过程中是否发生错误。若选择偶校验，则各位数据位加上校验位使字符数据中为 "1" 的位为偶数；若选择奇校验，其和将是奇数。奇偶校验位可有可无，可奇可偶。

④ 停止位：停止位是低电平，表示一个字符数据传送的结束。停止位可以是一位、一位半或两位。

在异步数据传送中，CPU 与外设之间必须有两项规定：

① 字符数据格式：即前述的字符信息编码形式。例如起始位占用 1 位，数据位为 7 位，1 个奇偶校验位，加上 1 个停止位，于是一个字符数据就由 10 个位构成；也可以采用数据位为 8 位，无奇偶校验位等格式。

② 波特率：即在异步数据传送中单位时间内传送二进制数的位数。假如数据传送的格式是 7 位字符，加上 1 个奇校验位、1 个起始位以及 1 个停止位，共 10 个数据位，而数据传送的速率是 960 字符/s，则传送的波特率为：

$$10 \times 960 = 9600 \ （位/s）= 9600 \ （bps）$$

每一位的传送时间即为波特率的倒数：

$$T_d = 1/9600 \text{bps} \approx 0.104 \text{ms}$$

所以，要想通信双方能够正常收发数据，则必须有一致的数据收发规定。

**（2）异步串行通信接口**

在分布式控制系统中普遍采用串行数据通信，即用来自微机串行的命令对控制对象进行控制操作。下面介绍松下 FP 系列 PLC 与 PC 机之间进行数据传送时所采用的几种串行通信接口。

① RS-232C 通信接口　RS-232C 是电子工业协会 EIA（Electronice Industries Association）公布的一种标准化接口。它采用按位串行的方式，传递的波特率规定为 19200、9600、4800、2400、1200、600、300 等。IBM PC 及其兼容机通常均配有 RS-232C 接口。在通信距离较近、波特率要求不高的场合可以直接采用，既简单又方便。但是，由于 RS-232C 接口采用单端发送、单端接收，所以在使用中有数据通信速率低、通信距离近（15m）、抗共模干扰能力差等缺点。

计算机通常配有 RS-232C 接口，PLC 与计算机系统的连接器有 9 针、25 针等形式，其电缆连接图如图 7-8 所示。

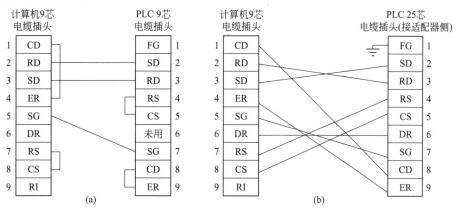

**图 7-8　RS-232C 接口连接图**

② RS-422 通信接口　RS-422 接口采用差动发送、差动接收的工作方式，发送器、接收器仅使用＋5V 电源，因此，在通信速率、通信距离、抗共模干扰能力等方面，较 RS-232C接口都有了很大提高。使用 RS-422 接口，最大数据通信速率可达 10Mbps（对应通信距离为 12m），最大通信距离 1200m（对应通信速率为 10kbps）。

③ RS-485 通信接口　RS-485 通信接口的信号传送是用两根导线之间的电位差来表示逻辑 1 和逻辑 0 的，这样，RS-485 接口仅需两根传输线就可完成信号的接收和发送任务。由于传输线也采用差动接收、差动发送的工作方式，而且输出阻抗低、无接地回路问题，因此它的干扰抑制性很好，传输距离可达 1200m，传输速率达 10Mbps。

图 7-9 为三种串行通信电路的原理图，其中图 7-9（a）为单端驱动非差分接收电路；图 7-9（b）为单端驱动差分接收电路；图 7-9（c）为平衡差分接收电路。

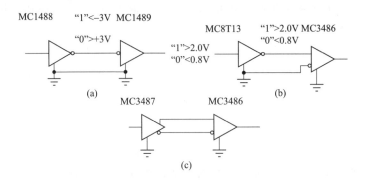

图 7-9　串行通信电路原理图

由图 7-9 可见，由于 RS-232C 采用单端驱动非差分接收电路，在收、发端必须有公共地线。这样当地线上有干扰信号时，则会当作有用信号接收起来，因此不适于在长距离、强干扰的条件下使用。而 RS-422/485 则采用图 7-9（c）所示的接收电路。这种电路其驱动电路相当于两个单端驱动器，当输入同一信号时其输出是反相的，如有共模信号干扰时，接收器只接收差分输入电压，从而大大提高抗共模干扰能力，因此可以进行长距离传输。

如上所述，通信接口是专用于数据通信的一种智能模块，在 PLC 中使用普遍，因此单列为一种接口。它主要用于实现人机对话（例如在通信接口可连接专用键盘、打印机或显示器等），在一个具有多台 PLC 的复杂系统中，也可利用通信接口互连起来，以构成多机局部网络控制系统，或在计算机与 PLC 之间使用通信接口，实现多级分布式控制系统。

通信接口常有串行接口和并行接口两种，它们都是在专用系统软件的控制下，遵循国际上多种规范的协议来进行工作的，因此用户应根据不同的设备要求，分别选择相应通信方式和配置合适的通信接口模板。

## 7.2.2　局部网络和网络协议

### （1）局部网络

互连和通信是网络的核心，而网络拓扑、传输控制、通道利用方式和传输介质是局部网络的四大要素。

① 网络拓扑　如何从物理结构上把各个站点连接起来形成网络，就是网络的拓扑。基本的网络拓扑结构如图 7-10 所示，有星形、总线形和环形三种形式。

a. 星形结构　这种结构有中心站点，网络上各站点都分别与中心站点连接。通信由中心站点管理，并都通过中心站点，其结构如图 7-10（a）所示。其缺点是当中央控制站点有

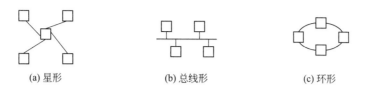

(a) 星形　　　　　　　　(b) 总线形　　　　　　　(c) 环形

**图 7-10　网络的拓扑结构**

故障时，整个系统就会瘫痪。

　　b. 总线结构　　这种结构靠公共传送介质（总线）实现各站点的连接，其结构如图 7-10 (b) 所示。所有站点通过硬件接口与总线相连。任何站点都可在总线上发送数据，并可随时在总线上接收数据。其缺点是有时会出现争用总线控制权，从而降低传输速率的问题。

　　c. 环形结构　　这种结构网络上的所有站点都通过点对点连接起来，并构成封闭环，其结构如图 7-10 (c) 所示。线路上的信息传送是按点至点的方式传送，即一个站只能把信息传到下一站，下一站如不是信息发送的目的站，则再向下传送，直到被目的站接收。其缺点是某个站点故障会阻塞信息通路，可靠性差。

　　② 介质访问控制　　介质访问控制是指对网络通道占有权的管理和控制。介质访问控制主要有以下两种方法。

　　a. 令牌法（Toke）　　它是一种控制权分散的网络访问方法。所谓令牌，实质是一个二进制代码，它依次在站间传送。一个站只有拥有令牌，才能控制总线，才有权发送数据，并待发送数据完成后，才把令牌向下传。若一个站拥有令牌，而又无数据可发送，则直接把令牌向下传。令牌的传送是循环的，到了最下游站后，又返回到开始站。

　　用令牌传送方式，不存在控制站，不存在主从关系，结构简单，重载时效率较高，便于在任何一种拓扑结构上实现。

　　b. 争用法（CSMA/CD，Carrier Sense Multiple Access/Collision Detect）　　它是争抢使用总线的协议。当一个站点要发送数据前，先监测总线是否空（没有别的站在发送数据）。若总线空，则发送数据，并在发过程中继续监测是否有冲突。若有冲突，则停止发送，且已发送的数据全部作废。

　　争用方式轻载时优点较突出，控制分散，效率高。

　　③ 通道利用方式　　常用的方式有两种：基带和宽带。基带方式即利用传输介质的整个带宽进行信号传送；宽带方式即把通信通道以不同的载频划分成若干通道，在同一传输介质上同时传送多路信号。前者优点是价格低、设备简单、可靠性高。缺点是通道利用率低，长距离衰减大。后者优点是通道利用率高，缺点是需加调制解调器，其成本较高。

　　④ 传输介质　　局部网络的传输介质要求铺设安全简便、容易维护、强度好。目前普遍使用的有同轴电缆、双绞线和光缆。双绞线成本低，安装简单，但抗干扰能力相对差些。光缆则抗干扰能力极强，但成本高，维修复杂。因此应根据实际情况合理选用。

**（2）网络协议**

　　为了保证通信的正常进行，除需具备良好、可靠的通信通道外，还需要通信各方遵守共同的协议，才能保证高效、可靠的通信。通信协议一般采用分层设计的方法。各层相互独立，通过接口发生联系。对某层协议的修改不会影响其他层。

　　国际标准化组织（ISO）提出了开放系统互连参考模型 OSI（Open System Interconnection/Reference Model）。该模型规定了七个功能层，每层都使用自己的协议，其结构如图 7-11 所示。

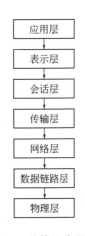

图 7-11　网络协议分层结构图

① 物理层（Physical）　它是网络的最低层，规定了使用各种互连电路、电路功能、电气特性及连接器的配置等。EIA 的 RS-232C、RS-422/485 口均同于物理层协议。

② 数据链路层（Data Link）　数据链路层的任务是将可能有差错的物理链路改造成对于网络层来说无差错的传输线路。它把输入的数据组成数据帧，并在接收端检验传输的正确性。若正确，则发送确认信息；若不正确，则抛弃该帧，等待发送超时重发。

③ 网络层（Network）　网络层也称分组层，它的任务是在网络中传输分组。它规定了在网络中如何传输分组。网络层控制网络上信息的切换和路径的选择，因此本层要为数据从源点到终点建立物理和逻辑的连接。

④ 传输层（Transport）　传输层的基本功能是从会话层接收数据，把它们传到网络层，并保证这些数据正确地到达目的地。该层控制端到端数据的完整性，确保高质量的网络服务，起到网络层和会话层之间的接口作用。

⑤ 会话层（Session）　它控制一个通信会话进程的建立或结束。该层检查并确定一个正常的通信是否正在发生。如果没有发生，该层必须在不丢失数据的情况下恢复会话，或根据规定，在会话不能正常发生的情况下终止会话。

用户之间的连接称为会话。为了建立会话，用户必须提供其希望连接的远程地址（会话地址）。会话双方须彼此确认，然后双方按照共同约定的方式（如半双工或全双工）开始数据传输。

⑥ 表示层（Presentation）　表示层实现不同信息格式和编码之间的转换。常用的转换方式：正文压缩，如将常用的词用缩写字母或特殊数字编码，消去重复的字符和空白等；提供加密、解密；不同计算机之间文件格式的转换；不相容终端输入、输出格式的转换等。

⑦ 应用层（Application）　应用层的内容，要根据对系统的不同要求而定。它规定了在不同应用情况下所允许的报文集合和对每个报文所应采取的动作。这一层负责与其他高级功能的通信，如分布数据库和文件传输。

**（3）PLC 网络的概述**

FP 系列各种 PLC 中都配置通信功能，其应用层遵守同一通信协议 MEWTOCOL，为网络用户开发应用软件提供了方便。但不同子网其低层协议是不相同的。图 7-12 表示了 FR 系列的复合 PLC 网络，它包括以太网、P-LINK、H-LINK、W-LINK、F-LINK、C-NET 等六种子网。

在图 7-12 中 PLC 及 IBM-PC 微型机都必须经过相应的通信单元才能接入某级子网，这些通信单元在图中没有画出，它们主要有：

P-LINK 单元：PLC 连入 P-LINK 网所用的通信单元；

H-LINK 单元：PLC 连入 H-LINK 网所用的通信单元；

W-LINK 单元：PLC 连入 W-LINK 网所用的通信单元；

C-NW 适配器：PLC 及 IBM-PC 机连入 C-ND 网的通信适配器单元；

远程 I/O 主单元：在组成远程 I/O 系统（F-LINK）时，在主 PLC 机架上使用的通信单元；

远程 I/O 主单元：在组成远程 I/O 系统（F-LINK）时，在从 PLC 机架上使用的通信单元；

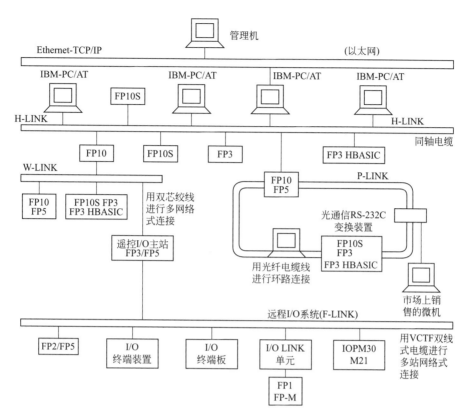

图 7-12 FP 系列的复合型 PLC 网络

FP1 I/O 连接单元：把 FP1 连入远程 I/O 系统时使用的通信单元；

以太网单元：把 PLC 连入 ET-LAN 网所使用的通信单元；

IBM-PC 微型机的各种网卡：把 IBM-PC 微型机连入各级子网的通信卡。

## 7.2.3 MEWTOCOL-COM 通信协议

通信协议是通信双方就如何交换信息所建立的一些规定和过程。

FP 系列 PLC 通信系统的基本协议是松下电工的专用通信协议——MEWTOCOL，关于 PLC 与计算机的通信协议是 MEWTOCOL-COM，下面就来介绍计算机与 PLC 之间所采用的异步半双工通信协议。

**（1）MEWTOCOL-COM 的基本帧格式**

① 发送命令帧格式 通信开始先由计算机发出呼叫，它包括一些特殊标志码、PLC 站号和呼叫字符等，其格式如图 7-13 所示。

② 响应帧格式 PLC 接收到计算机的呼叫后，首先判断是不是一个完整的信息，然后检查呼叫站号是不是自己的站号，若是呼叫自己，则发送响应信息，否则不予理睬。

a. 正确响应 如果正常，PLC 发送如图 7-14 所示信息。

b. 错误响应 在数据传送期间如有错误，将由 FLC 发送如图 7-15 所示信息。

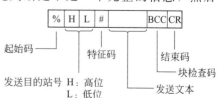

图 7-13 发送命令帧格式

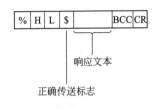

图 7-14　发送正确时的响应

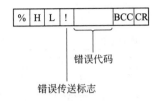

图 7-15　发送错误时的响应

## （2）通信标志代码表

表 7-1 列出通信标志代码所对应的 ASCII 码表。

表 7-1　通信标志代码表

| 说明 | 代码 | ASCII 码 |
|---|---|---|
| 起始码 | % | 25H |
| 命令码特征 | # | 23H |
| 正确响应码特征 | $ | 24H |
| 错误响应码特征 | ! | 21H |
| 结束码 | CR | 0DH |

## （3）通信命令代码表

计算机通过 MEWTOCOL-COM 协议中的专用命令，可对 PLC 进行读、写和监控等。各个命令代码基本上由特定的两个大写字母组成，而读、写接点命令代码中多了一个字母，其中，S 表示读/写单接点，P 表示读/写多接点（不超过 8 个接点），C 表示读/写一个字长的接点。在响应信息中，响应代码均由命令代码中的前两个字母组成。表 7-2 列出了这些命令代码。

表 7-2 MEWTOCOL-COM 命令代码表

| 命令代码 | 说明 | 命令代码 | 说明 |
|---|---|---|---|
| RCS | 读单个接点 | RK | 读定时/计数经过值区 |
| WCS | 写单个接点 | WK | 写定时/计数经过值区 |
| RCP | 读多个接点 | MC | 监视器接点记录和复位 |
| WCP | 写多个接点 | MD | 监视器数据记录和复位 |
| RCC | 以字为单位读接点信息 | MG | 监视器执行 |
| WCC | 以字为单位写接点信息 | RR | 读系统监视器 |
| SC | 在接点区以字为单位预置数 | WR | 写系统监视器 |
| RD | 读数据区 | RT | 读 PLC 状态 |
| WD | 写数据区 | RP | 读程序 |
| SD | 数据区预置 | WP | 写程序 |
| RS | 读定时/计数预置值区 | RM | 遥控（RUN/PROG 方式切换） |
| WS | 写定时/计数预置值区 | AB | 发送无效 |

**（4）通信错误代码表**

在响应信息中，错误代码由两位十六进制数字组成。表 7-3 列出了 MEWTOCOL-COM 通信错误代码的含义。

表 7-3　MEWTOCOL-COM 通信错误代码表

| 错误类型 | 代码 | 说明 |
| --- | --- | --- |
| 连接系统错误 | 21 | NACK 错误：遥控单元识别错误或数据错误 |
| | 22 | WACK 错误：遥控单元的接收缓冲器满 |
| | 23 | 串行口重复错误：遥控单元号设置重复 |
| | 24 | 传输格式错误：发送数据格式不匹配，或帧溢出，或数据错误 |
| | 25 | 硬件错误 |
| | 26 | 单元号错误：遥控单元号不在 01～63 范围内 |
| | 27 | 不支持错误：接收方帧溢出 |
| | 28 | 未响应错误：遥控单元不存在 |
| | 29 | 缓冲器关闭错误 |
| | 30 | 超时错误 |
| 基本步骤错误 | 40 | BCC 错误 |
| | 41 | 格式错误 |
| | 42 | 不支持错误：发送了不支持错误 |
| | 43 | 步骤错误：在发送请求等待期间，发送了另一条命令 |
| 处理系统错误 | 50 | LINK 单元设定错误 |
| | 51 | 同时操作错误：当缓冲区已满时，另一单元又发命令 |
| | 52 | 传输不使能 |
| | 53 | 忙 |
| PLC 应用错误 | 60 | 参数错误：使用了不正确参数 |
| | 61 | 数据错误：使用了不正确数据 |
| | 62 | 寄存器错误 |
| | 63 | PLC 工作方式错误 |
| | 65 | 保护错误：在保护状态下写存储器 |
| | 66 | 地址错误 |
| | 67 | 丢失数据错误：要读的数据不存在 |

**（5）FP1 与计算机通信的实现**

① 系统设置　要使计算机与一台 FP1 PLC 通信，可用手持编程器或 NPST-GR 对 FP1 系统寄存器进行设定。在 FP1 中与通信有关的系统寄存器为 No. 410～No. 418（见表 7-4）。

表 7-4　FP1 系统寄存器 No. 410～No. 418 的设定

| 地址 | 系统寄存器名称 | 默认值 | 说明 |
|---|---|---|---|
| 410 | 编程口（RS-422 口）站号设定 | K1 | 当通过编程口（RS-422 口）执行计算机连接通信时,此寄存器可指定站号<br>设定范围:K1～K32 |
| 411 | 编程口（RS-422 口）通信格式和调制解调器设定 | H0 | 当使用编程口（RS-422 口）时,该寄存器可设定通信格式和调制解调器兼容性<br>设定:<br><br>位址 \| MSB 15··12 \| 11··8 \| 7··4 \| 3··0 LSB \|<br><br>调制/解调器通信<br>0:不允许<br>1:允许<br><br>通信格式(字符位)<br>0:8位<br>1:7位<br><br>设定值 / 设定（调制解调器 / 字符位）:<br>H0　不允许　8位<br>H1　不允许　7位<br>H8000　允许　8位<br>H8001　允许　7位 |
| 412 | RS-232C 串口通信方式设定 | K0 | 选择 RS-232C 串口功能<br>设定:K0:RS-232C 串口不使用<br>　　　K1:RS-232C 串口用于计算机连接通信<br>　　　K2:RS-232C 串口用于一般通信 |
| 413 | RS-232C 串口通信格式设定 | H3 | 此系统寄存器可指定 RS-232C 串口通信设定<br>设定:<br><br>位址 \| 15··12 \| 11··8 \| 7··4 \| 3··0 \|<br><br>头码(第6位)<br>0:没有STX码<br>1:带STX码<br><br>结束符(第5和4位)<br>00:CR<br>01:CR+LF<br>10:CR<br>11:EXT<br><br>停止位(第3位)<br>0:1位<br>1:2位<br><br>奇偶校验(第2和1位)<br>00:无<br>01:奇<br>10:无<br>11:偶<br><br>字符位(第0位)<br>0:7位<br>0:8位<br><br>例:如果想如下设置 RS-232C 串口,则输入 H2 到系统寄存器 No. 413<br>头码:　　　无 STX<br>结束符:　　CR<br>停止位:　　1 位<br>奇偶校验:　奇<br>字符位:　　7 位 |

续表

| 地址 | 系统寄存器名称 | 默认值 | 说明 |
|---|---|---|---|
| 413 | RS-232C 串口通信格式设定 | H3 | 系统寄存器 No.413<br><br>表格：<br>位址：15··12 / 11··8 / 7··4 / 3··0<br>数据输入：0000 / 0000 / 0000 / 0010<br>H　0　2 |
| 414 | RS-232C 串口波特率设定 | K1 | 此寄存器可指定 RS-232C 串口波特率<br>设定：<br><br>\| 设定值 \| 波特率 \|<br>\| K0 \| 19200bps \|<br>\| K1 \| 9600bps \|<br>\| K2 \| 4800bps \|<br>\| K3 \| 2400bps \|<br>\| K4 \| 1200bps \|<br>\| K5 \| 600bps \|<br>\| K6 \| 300bps \| |
| 415 | RS-232C 串口站号设定 | K1 | 当 RS-232C 串口用于计算机连接通信方式时,此寄存器可指定站号<br>设定范围:K1～K32 |
| 416 | RS-232C 串口调制解调通信设定 | H0 | 当使用 RS-232C 串口时,该寄存器可设定调制解调器通信的兼容性:<br>设定:H0:调制解调器通信不允许<br>　　　H8000:调制解调器通信允许<br>调制解调器通信允许时,可参见 FP1 硬件技术手册"8－8.FP1 调制解调器通信"设定系统寄存器 No.412、No.413 和 No.415 |
| 417 | 从 RS-232C 串口接收数据的首地址设定 | K0 | 当执行一般通信时,此寄存器可指定作为从 RS-232C 串口接收数据的缓冲器使用的数据寄存器的首地址。<br>设定范围:<br>C 版本的 FP－M2,7k 型和 FP1C24C/C40C 型:K0～K1660<br>C 版本的 FP－M5k 型和 FP1C56C/C72C 型:K0～K6144<br>例:如果在系统寄存器 No.417 中输入 K0,则 RS-232C 串口接收数据的字节数存于 DT0 中,而接收的数据从 DT1 开始存放 |
| 418 | 从 RS-232C 串口接收数据的缓冲器容量设定 | K1660 | 此寄存器可指定缓冲器的字数<br>设定范围:<br>C 版本的 FP－M2.7k 型和 FP1C24C/C40C 型:K0～K1660<br>C 版本的 FP－M5k 型和 FP1C56C/C72C 型:K0～K6144<br>例:如果在系统寄存器 417 中输入 K0,在系统寄存器 No.418 中输入 K100,则接收数据的个数存于 DT0,接收的数据从 DT1 开始存到 DT99 |

当一台计算机通过 RS-232C 口与一台 FP1 的 RS-232C 口通信时,要对系统寄存器 No.412～No.418 进行设定,其中系统寄存器 No.413（传输格式设定寄存器）中控制字各位的含义如图 7-16 所示。

PLC 与计算机通信的 RS-232C 电缆接线图如图 7-17 所示。

下面举例说明控制字的设定格式。其设定参数格式与系统寄存器内容的关系举例如表 7-5 所示。

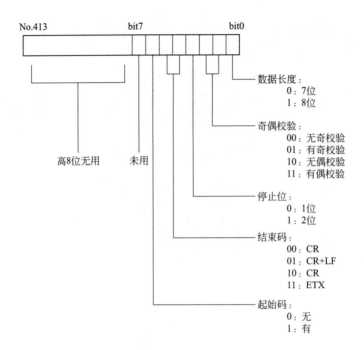

图 7-16　No. 413 中控制字各位含义

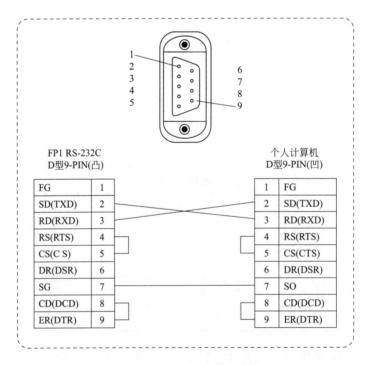

图 7-17　RS-232C 电缆接线图

表 7-5　设定格式与系统寄存器内容的关系举例

| 设定参数 | 系统寄存器号 | 内容 |
|---|---|---|
| 串口选择:COM1 | 412 | H01 |
| 波特率:9600bps | 414 | H01 |

续表

| 设定参数 | 系统寄存器号 | 内容 |
|---|---|---|
| 数据长度:7 位 | 413 | H00 |
| 停止位:1 位 | 413 | H00 |
| 奇偶校验:奇校验 | 413 | H02 |
| 结束码:有 | 413 | H00 |
| 起始码:无 | 413 | H00 |
| 单元号码:1♯ | 415 | H01 |

当一台计算机由 RS-232C 口通过一个 RS-422/RS-232C 适配器与一台 FP1 的 RS-422 口通信时，要对系统寄存器 No.410 和 No.411 进行设定，PLC 的波特率由波特开关选择（见图 7-18）。

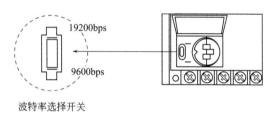

**图 7-18　FP1 波特率设定**

若采用 RS-422 口进行通信，其通信协议一般采用 19200bps 或 9600bps、奇校验、7 或 8 位数据长度的格式。

② 通信程序

a. 代码说明。命令码文本代码的意义如图 7-19 所示。

b. 块检查码（BCC）程序（Basic 语言编写）。

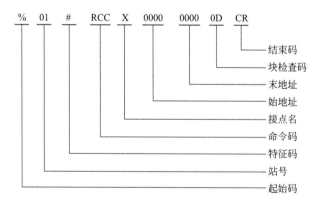

**图 7-19 通信协议代码说明**

OPEN"COM1：9600，0，7，1"As ♯1　'设置传输方式（串口 1，9600bps，奇校验，'7

　　　　　　　　　　　　　　　　位数据位，1 位停止位）

D$ ="%01♯RCCX00000000"　　　'命令信息

For I=1 To Len（D$）

B=B Xor Asc（Mid$（D，I，1））

Next I

B＝Right ＄　（″0″＋Hex ＄　（B），2）
A ＄＝A＄＋B＋Chr ＄（&HD）
90：PRINT ♯1，A ＄　　　　　　　　'发送命令
LINE INPUT♯1，R ＄　　　　　　'接收命令
LOCATE10，10　　　　　　　　'显示接收内容
PRINT R ＄
GO TO 90

③ 命令传送举例

a. 单接点读命令（RCS）

• 读发送帧格式如图 7-20 所示。

• 读响应帧格式如图 7-21 所示。

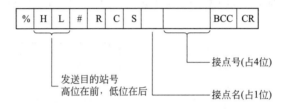

图 7-20　读发送帧格式

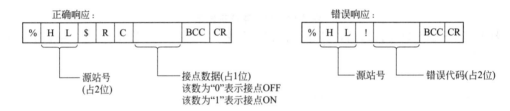

图 7-21　读响应帧格式

【例 7-1】　现读取继电器 X0000 的状态，设当前输入的状态为"1"。则其发送帧格式为：

其响应帧格式为：

b. 单接点写命令（WCS）

• 写发送帧格式如图 7-22 所示。

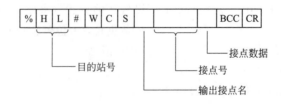

图 7-22　写发送帧格式

• 写响应帧格式如图 7-23 所示。

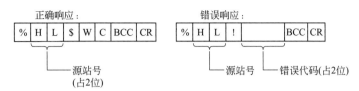

**图 7-23　写响应帧格式**

c. 多接点读命令（RCP）

• 读发送帧格式如图 7-24 所示。

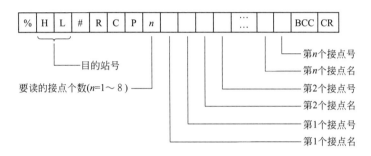

**图 7-24　读发送帧格式**

• 读响应帧格式如图 7-25 所示。

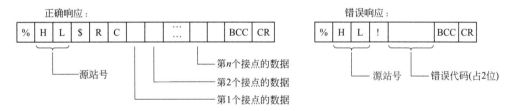

**图 7-25　读响应帧格式**

d. 多接点写命令（WCP）

• 写发送帧格式如图 7-26 所示。

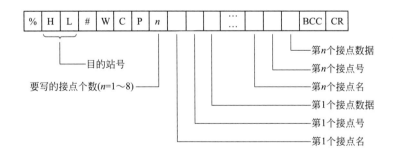

**图 7-26　写发送帧格式**

• 写响应帧格式，内容完全同单接点写响应帧格式（见图 7-23）。

【例 7-2】　现在要使 Y0000、Y0004、Y0005 三个继电器接通，设输出的接通状态为"1"，则其发送帧格式为：

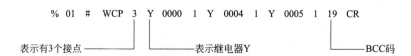

e. 读数据命令（RD）

• 读发送帧格式如图 7-27 所示。

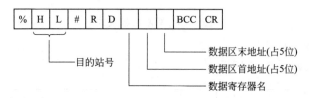

图 7-27　读发送帧格式

• 读响应帧格式如图 7-28 所示。

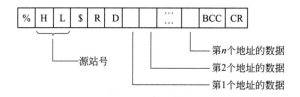

图 7-28　读响应帧格式

【例 7-3】　现读取 DT1105～DT1107 中的数据，该数据区中存放的数据为：DT1105＝0063H，DT1106＝1E44H，DT1107＝101AH。则其发送帧格式为：

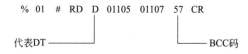

其响应帧格式为：

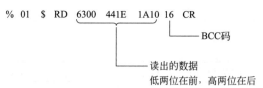

f. 写数据命令（WD）

• 写发送帧格式如图 7-29 所示。

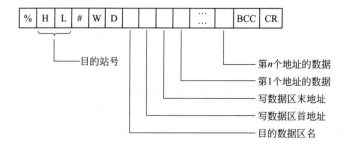

图 7-29　写发送帧格式

- 写响应帧格式同前述写响应帧格式。

【例 7-4】　向 DT1～DT3 中写入数据，数据分别为：DT1＝0500H，DT2＝0715H，DH3＝0010H。则其发送帧格式为：

g. 读 PLC 程序（RT）

- 读发送帧格式如图 7-30 所示。
- 读响应帧格式如图 7-31 所示。

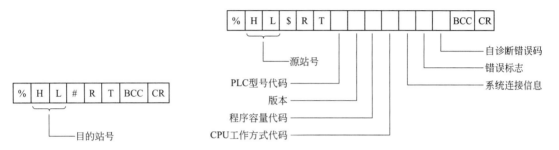

图 7-30　读发送帧格式　　　　　　　　　图 7-31　读响应帧格式

除自诊断错误占 4 个字符外，其余均占两个字符。

- PLC 状态信息中代码的含义及规定如下：

型号代码：FP3 为 03，FP5 为 05，依次类推。

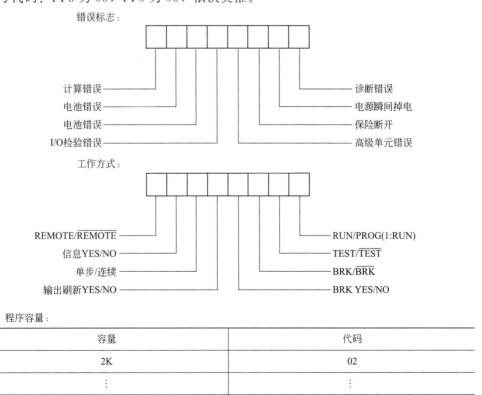

程序容量：

| 容量 | 代码 |
| --- | --- |
| 2K | 02 |
| ⋮ | ⋮ |
| 16K | 16 |

h. 读 PLC 程序（RP）

• 读发送帧格式如图 7-32 所示。

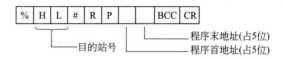

**图 7-32　读发送帧格式**

• 读响应帧格式如图 7-33 所示。

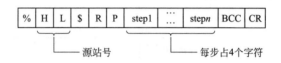

**图 7-33　读响应帧格式**

i. 写 PLC 程序（WP）

• 写发送帧格式如图 7-34 所示。

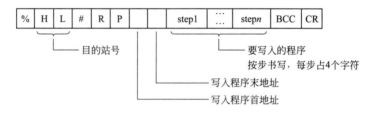

**图 7-34　写发送帧格式**

• 写响应帧格式，内容同前。

## 7.2.4　MEWTOCOL-DATA 数据传输协议

数据传输协议 MEWTOCOL-DATA 用于 PLC 与 PLC 之间或 PLC 与计算机之间进行数据传送的通信协议。

### （1）基本帧格式

① 命令发送帧（见图 7-35）　该格式中"?"是 MEWTOCOL-DATA 命令帧与响应帧开始标志。MEWTOCOL-DATA 的命令代码用两位十六进制数表示。命令帧与响应帧均使用命令代码，某一命令帧的命令代码与其响应帧的命令代码有对应关系，但不相同。寄存器区代码如表 7-6 所示。

**图 7-35　命令发送帧**

**表 7-6　寄存器区代码表**

| 代码 | 寄存器名 | 说明 |
| --- | --- | --- |
| 00 | WL | 连接继电器 |

| 代码 | 寄存器名 | 说明 |
|------|----------|------|
| 01 | WR | 内部继电器 |
| 02 | WY | 输出继电器 |
| 03 | WX | 输入继电器 |
| 04 | SV | 预置值寄存器 |
| 05 | EV | 当前值寄存器 |
| 06 | LD | 连接数据寄存器 |
| 07 | SWR | 特殊继电器 |
| 08 | SDT | 特殊数据寄存器 |
| 09 | DT | 数据寄存器 |
| 0A | FL | 文件寄存器 |

② 响应帧格式

a. 正确响应（见图 7-36）。

图 7-36　正确响应时的响应帧格式

b. 错误响应（见图 7-37）。

图 7-37　错误响应时的响应帧格式

**（2）数据传送举例**

【例 7-5】　将源站 PLC 的 R3 的状态写到带 LINK 单元的 2 号站的 PLC 的 Y24 中去（先把 R3 状态置于命令帧中）。

源站 PLC 发出的命令帧如图 7-38 所示。

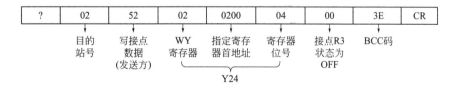

图 7-38　源站 PLC 发出的命令帧

2 号站 PLC 的正确响应帧如图 7-39 所示。

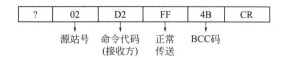

图 7-39　2 号站 PLC 的正确响应帧

**【例 7-6】** 　源站 PLC 把 2 号站 PLC 的 X35 状态读入 R46 中。

源站 PLC 的命令帧如图 7-40 所示。

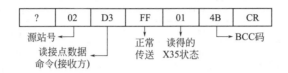

**图 7-40　源站 PLC 发出的命令帧**

2 号站 PLC 的正确响应帧同图 7-39。

把响应帧解读后，取出 X35 状态放于 R46 中。

# 7.3　P-LINK 通信系统

## 7.3.1　通信系统的配置

P-LINK 与 W-LINK 及 H-LINK 通信系统是 FP 系列 PLC 网络的不同子网。P-LINK 为环形局域网，采用光缆通信。H-LINK 与 W-LINK 均为令牌总线形局域网，但两者采用的通信介质不同。W-LINK 采用同轴电缆，H-LINK 则采用双绞线。尽管从本质上看它们是不同的工业局域网，然而从用户使用的角度看，这三种局域网却是相同的，因此这里只介绍 P-LINK 系统。

### （1）P-LINK 的结构

用 P-LINK 构成的通信配置图如图 7-41 所示。

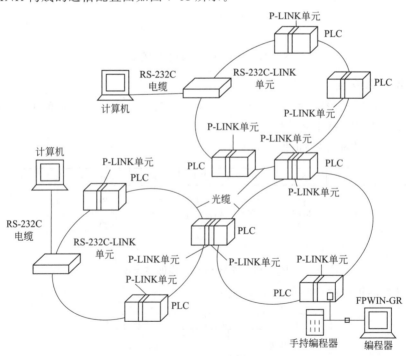

**图 7-41　用 P-LINK 构成的通信系统配置图**

由图 7-41 可见，用 P-LINK 可以构成下面几种通信系统：

① PLC 与 PLC 之间的通信 在此方式下，同一环路内的每一个 PLC 上都有一个 P-LINK 单元。每个 PLC 可利用各自 LINK 区的继电器和寄存器进行数据传送、相互传递信息或进行遥控编程。同一环路内的 PLC 的 LINK 区可共享。

② PLC 与 PC 机之间的通信 在此方式下，PLC 上插一个 P-LINK 单元，PC 机必须使用 RS-232C-LINK 单元才能与 PLC 连接在同一环路内。同一环路中的 PC 机，可对 PLC 发出各种监控命令，进行数据传递。

③ PC 机与 PC 机之间的通信 使用 RS-232C-LINK 单元可实现 PC 机与 PC 机之间的通信。

### （2）P-LINK 的主要技术性能

① 拓扑结构：TOKEEN RING；

② 传输方式：基带传输；

③ 传输速率：375kbit/s；

④ 通信介质：光缆；

⑤ 传送距离：总长 10 000m，站间最远 800 m；

⑥ 环中最多站数：64 站（站号 0～63）。

## 7.3.2 P-LINK 通信方式

LINK 区共享的 P-LINK 通信方式适用于 PLC 与 PLC 之间的通信。该方式通信速度快，使用方便，但在一个环中的站数最多为 16 个站，能够交换的数据受 LINK 区的限制。

### （1）LINK 区的划分

在 P-LINK 环网中的每台 PLC 都带有一个 P-LINK 单元。原则上每台 PLC 最多可以带两个 P-LINK 单元，但只有在多环结构中，充当桥的 PLC 才带两个 P-LINK 单元。若带两个 P-LINK 单元时，其中紧靠 CPU 单元的那个 P-LINK 单元为 P-LINK0 单元，接下去那个为 P-LINK1 单元。在 P-LINK 网中，若采用 LINK 区共享方式，首先应为每台 PLC 设定一个站号，同时必须对每台 PLC 的 LINK 区进行划分，形成信箱结构。

① 首先用 P-LINK 单元前面板上的两个拨盘开关为 PLC 设定站号。对共享通信方式站号取值范围为 1～16，并且用 P-LINK 单元前面板上的 4 位 DIP 开关设定工作方式为共享通信方式。

② 每台 PLC 均可分配两个 LINK 区，称为 LINK0 和 LINK1。但若 PLC 上只装有一个 P-LINK 单元，则只能占一个 LINK 区。每个 LINK 区分成 LR 区（LINK 继电器）与 LD 区（LINK 数据区），如图 7-42 所示。

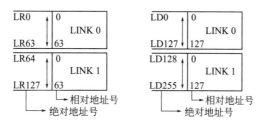

**图 7-42 LINK 区分配图**

由图 7-42 可见，每一个 LINK 单元最多可以分配 64 个 LINK 继电器和 128 个数据单

元，即 LINK 0 可分配 LR0～LR63，而 LINK1 则为 LR64～LRl27。同时 LINK 0 可分配 LD0～LD127，而 LINK1 为 M128～LD255。

③ LINK 区的划分通过对 PLC 系统寄存器的设置来实现。在设置时只要设定此 PLC 的发送区就可以了，其他 PLC 的同样地址区将自动分配为 PLC 的接收区。

如一个环路中有四个站点，站号为 01、02、03、04，每个站均只带一个 P-LINK 单元，即 LINK 0。

01 号站设发送区为 0～15，即 LR 和 LD 各 16 个；

02 号站设发送区为 16～31，即 LR 和 LD 各 16 个；

03 号站设发送区为 32～47，即 LR 和 LD 各 16 个；

04 号站未分配发送区。

各站点的 LINK 区自动分配如图 7-43 所示。

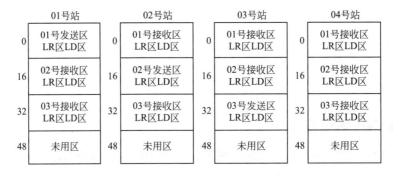

图 7-43    LINK 区分配图例

由图 7-43 可见，在同一环路内 LINK 区的地址是统一分配的，即各站点地址不能重复。如 01 号站占用了地址 0～15，则各站点的 0～15 全部分配给 01 站，其他站不能再用。此外，只要设定了各站点的发送区地址，则各站点接收区地址也随之确定。而未设发送区的站点，其地址不予分配。例如，只要设定 01 号站发送区为 0～15，则其他各站的 0～15 均为 01 站的接收区，而 01 号站的其余区则均为接收区。至于接收区如何分配，则取决于环内其他站点发送区如何设定，其他依此类推。

**（2）多环 LINK 区的划分**

图 7-44 表示一种多环结构。从图中环 2 可知，它不像单环结构，都占据 LINK0，而环 2 一个站占据 LINK1，另一个站占据 LINK 0。因此多环 LINK 区划分将与单环有所不同，这主要表现在以两个方面。

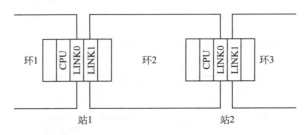

图 7-44    多环结构

① 在多环结构中，对环网各站应当分配环号与站号。

② 在单环结构中某站发送区与其接收区的相对地址、绝对地址均相同，而在多环结构

中某站发送区的绝对地址已不再相同，只有相对地址仍保持一致。图 7-45 表示了对图 7-44 环 2 的 LINK 区的划分。从图中可以看到 02 号发送区与 02 号接收区的相对地址都是 0～9，而绝对地址一个是 LR0～LR9，一个是 LR64～LR73，它们是不相同的。

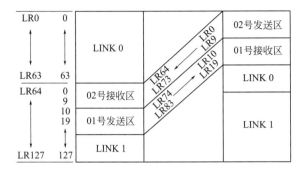

**图 7-45　多环 LINK 区的划分**

**（3）与 LINK 区设定有关的系统寄存器及特殊寄存器**

① 系统寄存器　表 7-7 为与 LINK 区设定有关的系统寄存器分配表。

**表 7-7　与 LINK 区设定有关的系统寄存器分配表**

| 项目 | 寄存器号 | 说明 | 设置范围 | 默认值 |
|---|---|---|---|---|
| 设定 LINK 0 单元 | 40 | 设定 LR 区的大小 | 0～64 个字（LR0 开始） | 0 |
| | 41 | 设定 LD 区的大小 | 0～128 个字（LD0 开始） | 0 |
| | 42 | 设定 LR 发送区首地址 | 0～63 | 0 |
| | 43 | 设定 LR 发送区的大小 | 0～64 个字 | 0 |
| | 44 | 设定 LD 发送区首地址 | 0～127 | 0 |
| | 45 | 设定 LD 发送区的大小 | 0～127 个字 | 0 |
| 设定 LINK 1 单元 | 50 | 设定 LR 区的大小 | 0～64 个字（LR64 开始） | 0 |
| | 51 | 设定 LD 区的大小 | 0～128 个字（LD128 开始） | 0 |
| | 52 | 设定 LR 发送区首地址 | 64～127 | 64 |
| | 53 | 设定 LR 发送区的大小 | 0～64 个字 | 0 |
| | 54 | 设定 LD 发送区首地址 | 128～255 | 128 |
| | 55 | 设定 LD 发送区的大小 | 0～127 个字 | 0 |

② 特殊寄存器　表 7-8 为存放通信方式检查信息的特殊寄存器表。当在 LINK 单元中，某站设为共享 LINK 区方式时，其相应的寄存器为 0N。

**表 7-8　P-LINK 特殊寄存器表（1）**

| 内部特殊寄存器 | | 单元号（站号） |
|---|---|---|
| P-LINK 0 | P-LINK 1 | |
| R9060 | R9080 | 01 |
| R9061 | R9081 | 02 |
| R9062 | R9082 | 03 |

| 内部特殊寄存器 | | 单元号（站号） |
| --- | --- | --- |
| P-LINK 0 | P-LINK 1 | |
| R9063 | R9083 | 04 |
| R9064 | R9084 | 05 |
| R9065 | R9085 | 06 |
| R9066 | R9086 | 07 |
| R9067 | R9087 | 08 |
| R9068 | R9088 | 09 |
| R9069 | R9089 | 10 |
| R906A | R908A | 11 |
| R906B | R908B | 12 |
| R906C | R908C | 13 |
| R906D | R908D | 14 |
| R906E | R908E | 15 |
| R906F | R908F | 16 |

表 7-9 为存放各站点 CPU 工作方式检查信息的特殊寄存器表。当 CPU 工作于 RUN 方式时，其相应的寄存器为 ON。

### 表 7-9　P-LINK 特殊寄存器表（2）

| 内部特殊寄存器 | | 单元号（站号） |
| --- | --- | --- |
| P-LINK 0 | P-LINK 1 | |
| R9070 | R9090 | 01 |
| R9071 | R9091 | 02 |
| R9072 | R9092 | 03 |
| R9073 | R9093 | 04 |
| R9074 | R9094 | 05 |
| R9075 | R9095 | 06 |
| R9076 | R9096 | 07 |
| R9077 | R9097 | 08 |
| R9078 | R9098 | 09 |
| R9079 | R9099 | 10 |
| R907A | R909A | 11 |
| R907B | R909B | 12 |
| R907C | R909C | 13 |
| R907D | R909D | 14 |
| R907E | R909E | 15 |

续表

| 内部特殊寄存器 | | 单元号（站号） |
| --- | --- | --- |
| P-LINK 0 | P-LINK 1 | |
| R907F | R909F | 16 |

存放环路出错信息的特殊寄存器：

DT9170：存放环路 1 各站点的出错信息；

DT9200：存放环路 2 各站点的出错信息；

DT9230：存放环路 3 各站点的出错信息。

DT9170、DT9200、DT9230 均为 16 位，每位对应环中一个站，其对应关系：位 0 对应 01 站，位 15 对应 16 站，按顺序对应。

**（4）LINK 区的设定**

LINK 区设定是通过系统寄存器实现的。系统寄存器参数设置可用手持编程器或 FPWIN-GR 软件完成。

① 用手持编程器设置系统寄存器参数　在 PROG 方式下用 OP50 监控并改变寄存器的参数，操作步骤如下：

a. 显示系统寄存器内容，如图 7-46 所示。

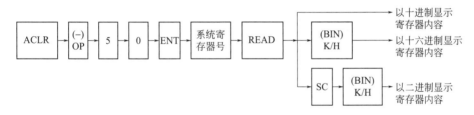

**图 7-46　显示系统寄存器内容操作图**

b. 按 READ▼ 或 SRC▲ ，则系统寄存器号 +1 或 -1。

c. 改变系统寄存器的内容，如图 7-47 所示。

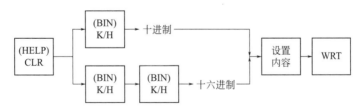

**图 7-47　改变系统寄存器内容操作图**

d. 若采用系统寄存器的默认值，则用 OP51，如图 7-48 所示。

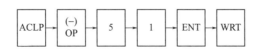

**图 7-48　系统寄存器采用默认值的操作图**

② 用 FPIN-GR 设置系统寄存器参数

a. 把 FPWIN-GR 装入编程终端或计算机中。

b. 启动 FPWIN-GR，设定 PLC 类型、通信口、传送速率等。

c. 把 CPU 单元设置为 PROG 方式，把 FPWIN-GR 设置为在线方式。

d. 在 FPWIN-GR 的主菜单上选择 "Option/PLC Configuration"，进入系统寄存器设置窗口。

e. 按 LINK0 或 LINK1 翻页标签即可设置 LINK0 或 LINK1 区参数。

**（5）LINK 区共享通信方式编程举例**

该例如图 7-49 所示，当 02 号站的 X20＝1 时，则 LR0＝1，其对应接点 LR0＝1，经共享方式使 01 号站的 Y0 接通。

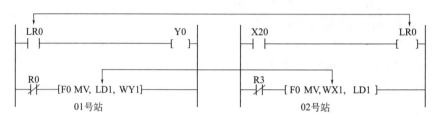

**图 7-49　LINK 区共享通信方式编程举例梯形图**

在 02 号站中，梯形图程序使 WX1 传送到 LD1 中，经共享方式，使 01 号站 LD1 内容也为 WX1。01 号站梯形图程序把 LD1 传给 WY1，因此经共享方式通信，使 01 号站的输出 WY1 随着 02 号站的输入 WX1 的变化而变化。

## 7.3.3　数据传送通信方式

该方式可实现 PLC 与 PLC 之间或 PLC 与计算机之间的数据传送。其发送命令是通过专用指令 F145（SEND）发出的，接收命令是通过专用指令 F46（RECV）接收的。这些命令可以由 PLC 发出，也可以由 PC 机发出。若由 PC 机发出命令，则须在 PLC 机上按 MEWTOCOL 通信协议规定的数据格式，将命令和文本及各种特征码用高级语言编程，然后执行程序来实现。具体编程及格式，可见前面有关 MEWTOCOL 的介绍。若采用 PLC 发出指令，则须编写梯形图程序。下面介绍其梯形图编程方法。

**（1）数据发送指令**　├┤　├─[F145 SEND, S1, S2, D, N]─┤

其中 S1 为存放发送控制字的寄存器区首地址（占两个字），S2 为源数据区首地址，D 为目的数据区类型，N 为目的数据区起始号。S1 与 S1＋1 存放着两个字的控制字，其各位含义如下：

S1 :

| 0 | 0 | 0 | 0 | b11 | b10 | b9 | b8 | b7 | b6 | b5 | b4 | b3 | b2 | b1 | b0 |
|---|---|---|---|-----|-----|----|----|----|----|----|----|----|----|----|----|
|   |   |   |   |   |   | n2 |   |   |   |   |   | n1 |   |   |   |

当 b15＝0 时，按字发送，当 b15＝1 时，按位发送。

当按位发送时，n2＝位号。当按字发送时，n2＝0。

当按字发送时，n1 中为待发送数据的字数。

S1+1 :

| 0 | 0 | 0 | 0 | b11 | b10 | b9 | b8 | b7 | b6 | b5 | b4 | b3 | b2 | b1 | b0 |
|---|---|---|---|-----|-----|----|----|----|----|----|----|----|----|----|----|
|   |   |   |   | 目的站的LINK号 |   |   |   | 目的站号 |   |   |   |   |   |   |   |

例如，把数据 5523H、6689H 共两个字发送到 02 号站 LINK1 连接的 PLC 的 WR 寄存器中去，存放的首地址为 WR5。其程序：

```
   R9013
───┤├───[F145 SEND, DT0, DT2, WR0, K5]─
```

R9013 为运行初期 ON。

控制字：DT0 中为 0002H，DT1 中为 0102H。

发送的数据：DT2 中为 5523H，DT3 中为 6689H。

**（2）数据接收指令**　┤├　┤├─[F146 RECV, S1, S2, N, D ]─┤

其中 S1 为存放接收控制字的寄存器首地址（占两个字），其含义与发送控制字基本相同，只是在 S1＋1 设定的不再是目的站号及 LINK 号，而是源站号及 LINK 号。S2 为源寄存器区的类型。N 为源寄存器区的起始号。D 为目的寄存器区的首地址。

例如，接收站以字为单位从 02 号站的 LINK1 的 WR5 源寄存器发送来的两个字，并把它们存入 DT10、DT11 中。其程序：

┤├ R0 ─[F146 RECV, DT0, WR0, K5, DT10 ]─┤

其中 DT0＝0002 表示以字为单位接收，字数为 2，DT1＝0102 表示要求由 02 号站 LINK 1 单元发送，WR0 与 K5 共同表示源寄存器为 WR5，DT10 与 DT11 中存放着接收到的两个字的数据。

### 7.3.4　远程通信方式

该通信方式可使用户用一套编程工具（手持编程器或 FPWIN-GR），便可对同一环路内任何一个站点上的 PLC 进行编程、设置、监控等操作。

**（1）手持编程器的远程编程**

① 把手持编程器接于 P-LINK 网上某台可编程序控制器 PLC CPU 单元的编程器接口上。

② 把 PLC 的 CPU 单元置于 PROG 方式。

③ 在手持编程器上用 OP21 功能选择 LINK 单元号。

④ 在手持编程器上用 OP20 功能选择站号。选择了站号及 LINK 单元就等于指定了 PLC，即建立起手持编程器与指定的这台 PLC 之间的通信联系。这时，可以用手持编程器对这台 PLC 进行远程编程、设置及监控，从而实现了在手持编程器与这台 PLC 间利用 P-LINK 网的远程编程通信。

**（2）FPWIN-GR 软件编程工具的远程编程**

① 把一台计算机接入 P-LINK 网中某台 PLC 的 CPU 单元的编程器接口上。

② 把 FPWIN-GR 软件安装在计算机上并启动起来，设为在线方式。

③ 在 FPWIN-GR 的主菜单上选择 "Online/ Specify Station NO"，设置准备对其远程编程的 PLC 的站号及 LINK 单元号。

选择了站号及 LINK 单元号就等于指定了 PLC，即建立了计算机（带 FPWIN-GR）与这台 PLC 的通信联系。把 CPU 单元设置为 PROG 方式，这时，可在计算机上对这台 PLC 进行远程编程、设置及监控，从而实现了计算机与这台 PLC 之间通过 P-LINK 网的远程编程通信。

## 7.4　FP 系列机的以太网

### 7.4.1　PLC 的以太网协议

FP 系列 PLC 的以太网简称为 ET-LAN。以太网不是一种局域网，而是一类局域网，以

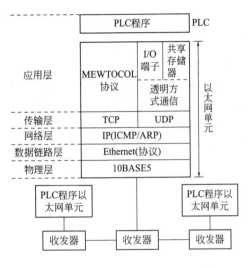

图 7-50　ET-LAN 的网络体系结构

太网协议只对数据链路层及物理层作了规定。这两层只要符合以太网协议，尽管高层协议不同，但也都属于以太网这一类型。

图 7-50 表示 ET-LAN 的网络体系结构。它采用五层结构，分别为物理层、数据链路层、网络层、传输层及应用层。

### （1）物理层和数据链路层

以太网被认为是 IEEE 802.3 标准局域网协议的一种实现。以太网协议定义了物理层与数据链路层，IEEE 802.3 与 IEEE 802.2 也定义了物理层与数据链路层，两者并不完全一样，核心却是相同的。在物理层上的差别表现在：IEEE 802.3 定义了 10BASE5、10BASE2、1BASE、10BROAD36 共 4 种规范，而以太网协议只定义了 10BASE5 一种规范，它采用基带传输，传送速率为 10 Mbit/s，段间最远距离为 500 m，采用粗缆连接。在数据链路层两者的差别更明显，这表现在：IEEE 802.2 定义了不连接无应答服务、不连接有应答服务及有连接服务，而以太网只定义了不连接无应答服务。IEEE 802.3 定义的帧格式与以太网协议定义的帧格式也不完全相同。尽管如此，这两种协议的基本部分还是相同的，特别是它们采用的 CSMA/CD 存取控制方式这一核心是相同的。它们采用随机方式由总线上所有站点共同管理通信——先听后讲，边讲边听。先侦听，信道空闲再上网，这就是先听后讲。上网通信后要一边发送，一边侦听，发现冲突，立即停止，再用退避算法对冲突双方进行裁决，这就是边讲边听。这样一种存取控制方法简单易行，在站点较少、通信量不是很大时，通信效率相当高。

### （2）网络和传输层

采用 TCP、IP、UDP 三种协议。它们分别是：

① TCP（Transmission Control Protocol）：发送控制协议；

② IP（Internet Protocol）：网间互联协议；

③ UDP（User Datagram Protocol）：用户数据协议。

采用这些协议可以迅速可靠地进行通信。如在网络层用户传送的信息被打包，并按一定格式组织后发出。在传输层则进行可靠性检测，确认收、发双方，确认收方是否确实收到发方信息等。所有这些工作就是靠这些协议来实现的。

### （3）应用层

ET-LAN 网的应用层提供两种通信方式。一种是基于 MEWTOCOL 专用协议的通信，这时 MEWTOCOL 协议作为应用层协议，在 ET-LAN 网上各站采用此协议就可以相互通信；另一种方式为透明方式通信，这时不必使用任何协议，只要利用握手信号，实现发送接收应答，就可以实现通信。而需要的握手信号可以由 ET-LAN 单元（以太网单元）占用的 I/O 端子提供，也可以由 ET-LAN 单元内部的共享存储器提供。

## 7.4.2　ET-LAN 的配置

### （1）ET-LAN 结构

ET-LAN 结构如图 7-51 所示，它由下列装置组成：

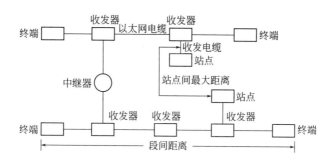

图 7-51 ET-LAN 的结构

① 站点：ET-LAN 网上的站可以是 FP 系列的大中型 PLC，也可以是计算机。

② ET-LAN 通信单元：它是 FP 系列 PLC 及计算机连入 ET-LAN 网的通信单元。

③ 收发器：它是由驱动电路组成的接收、发送电路。

④ 中继器：物理层相同的中间放大器，用于增加传送距离。

⑤ 终端：在总线两端加上的阻抗。

⑥ 以太网电缆与收发电缆。

**（2）P-LINK 网的主要技术性能**

① 传输速率：10 Mbit/s。

② 传输方式：基带传输。

③ 存取控制方式：CSMA/CD。

④ 站点间距离：总长 2500m。

⑤ 段间距离：总长 500m。

⑥ 站点个数：100 个/段。

## 7.4.3 ET-LAN 的 I/O 分配与共享存储器分配

**（1）ET-LAN 的 I/O 分配**

ET-LAN 通信单元有 32 个输入端子、32 个输出端子、这里的输入是指由 ET-LAN 单元输出到 PLC 的 CPU 单元，对 CPU 单元是输入。这里的输出是指从 PLC 的 CPU 单元输出到 ET-LAN 单元，对 CPU 单元是输出。其 I/O 分配如表 7-10 所示。表中的连接是指收/发双方是否建立了通信联系，只有建立了连接，双方才可开始通信，通信完成，打开连接。ET-LAN 允许建立 8 个连接，各连接之间相互独立。输入点 XE 未用，输出点 Y23、Y25、Y27、Y29、Y2B、Y2D、Y31、Y33、Y35、Y37、Y39、Y3B、Y3D、Y3F 均未用。

表 7-10  ET-LAN 通信单元 I/O 端子的分配表

| 输入点号 | 说明 | 输入点号 | 说明 |
| --- | --- | --- | --- |
| X0 | 连接 1 等待接收信号(透明方式用) | X10 | 连接 1 完成打开信号 |
| X1 | 连接 1 完成接收信号(透明方式用) | X11 | 连接 1 打开错误信号 |
| X2 | 连接 1 完成发送信号(透明方式用) | X12 | 连接 2 完成打开信号 |
| X3 | 连接 1 发送错误信号(透明方式用) | X13 | 连接 2 打开错误信号 |
| X4 | 连接 2 等待接收信号(透明方式用) | X14 | 连接 3 完成打开信号 |
| X5 | 连接 2 完成接收信号(透明方式用) | X15 | 连接 3 打开错误信号 |

| 输入点号 | 说明 | 输入点号 | 说明 |
|---|---|---|---|
| X6 | 连接 2 完成发送信号（透明方式用） | X16 | 连接 4 完成打开信号 |
| X7 | 连接 2 发送错误信号（透明方式用） | X17 | 连接 4 打开错误信号 |
| X8 | 连接 3 等待接收信号（透明方式用） | X18 | 连接 5 完成打开信号 |
| X9 | 连接 3 完成接收信号（透明方式用） | X19 | 连接 5 打开错误信号 |
| XA | 连接 3 完成发送信号（透明方式用） | X1A | 连接 6 完成打开信号 |
| XB | 连接 3 发送错误信号（透明方式用） | X1B | 连接 6 打开错误信号 |
| XC | 完成初始化信号 | X1C | 连接 7 完成打开信号 |
| XD | 初始化错误信号 | X1D | 连接 7 打开错误信号 |
| XE | 未用 | X1E | 连接 8 完成打开信号 |
| XF | 完成记录信号（错误） | X1F | 连接 8 打开错误信号 |
| 输出点号 | 说明 | 输出点号 | 说明 |
| Y20 | 连接 1 请求接收信号（透明方式用） | Y30 | 连接 1 请求打开信号 |
| Y21 | 连接 1 请求发送信号（透明方式用） | Y32 | 连接 2 请求打开信号 |
| Y22 | 连接 2 请求接收信号（透明方式用） | Y34 | 连接 3 请求打开信号 |
| Y26 | 连接 2 请求发送信号（透明方式用） | Y36 | 连接 4 请求打开信号 |
| Y28 | 连接 3 请求接收信号（透明方式用） | Y38 | 连接 5 请求打开信号 |
| Y2A | 连接 3 请求发送信号（透明方式用） | Y3A | 连接 6 请求打开信号 |
| Y2C | 请求初始化信号 | Y3C | 连接 7 请求打开信号 |
| Y2E | 错误指示灯不闪动信号 | Y3E | 连接 8 请求打开信号 |
| Y2F | 错误记录请求信号 | | |

**（2）ET-LAN 的共享存储器分配**

ET-LAN 的共享存储器由用户系统区与透明通信方式缓冲区构成，其分配如表 7-11 所示。

表 7-11　共享存储区分配表

| 共享存储器分区 | | 槽号 | | 地址 | |
|---|---|---|---|---|---|
| 用户系统区（512 字） | 初始化信息设置区（48 字） | H00 | H00 | H0200 | H022F |
| | 路径信息设置区（32 字） | H00 | H00 | H0230 | H024F |
| | 连接信息设置区（128 字） | H00 | H00 | H0250 | H02CF |
| | 初始化信息报告区（16 字） | H00 | H00 | H02D0 | H02DF |
| | 连接信息报告区（128 字） | H00 | H00 | H02E0 | H035F |
| | 存储器握手区（32 字） | H00 | H00 | H0360 | H037F |
| | 错误记录区（128 字） | H00 | H00 | H0380 | H03FF |

续表

| 共享存储器分区 | | 槽号 | | 地址 | |
|---|---|---|---|---|---|
| 透明通信方式缓冲区（6K 字） | 连接 1 接收缓冲区（1K 字） | H0A | H0A | H0000 | H03FF |
| | 连接 1 发送缓冲区（1K 字） | H0B | H0B | H0000 | H03FF |
| | 连接 2 接收缓冲区（1K 字） | H0C | H0C | H0000 | H03FF |
| | 连接 2 发送缓冲区（1K 字） | H0D | H0D | H0000 | H03FF |
| | 连接 3 接收缓冲区（1K 字） | H0E | H0E | H0000 | H03FF |
| | 连接 3 发送缓冲区（1K 字） | H0F | H0F | H0000 | H03FF |

① 初始化信息设置区　该区用来设置有关 ET-LAN 网工作方式的参数，如 TCP 超时的时间值、重发定时器的值、路由器功能等。这些参数可以用高级单元读写指令 F151（WRT）写入。当请求初始化信号（Y2C）使完成初始化信号（XC）有效时，设置的参数才有效。

② 路由信息设置区　该区用来设置确认路由信息的参数，可用指令 F151 写入这些参数。当用请求初始化信号（Y2C）使初始化操作完成（XC）有效时，设置的参数才有效。

③ 连接信息设置区　该区用来设置每一连接所采用的通信方式参数是采用 TCP/IP 还是 UDP/IP，是采用透明方式还是基于 MEWTOCOL 协议方式等，可用 F151 写入。

④ 初始化信息报告区　该区存放着有关初始化操作的信息，可以用 F150（READ）指令读出，了解初始化情况。

⑤ 连接信息报告区　该区存放着通信的结果和目的信息，可以用 F150 指令读取，了解连接情况。

⑥ 存储器握手区　该区存放着 PLC 与 ET-LAN 通信单元的握手信号，这些握手信号与 I/O 握手信号基本相同，但规定更细。其中 H0360～H0361、H0364～H0365 存放着输入信号（相当于 X0～X1F），可用 F150 读出；而 H0368～H0369、H036C～H036D 存放着输出信号（相当于 Y10～Y1F），可用 F151 写入。

⑦ 错误记录区　该区用来记录错误信息及错误地址。其中 H380～H382 为错误记录区，当错误记录请求信号（Y2F）被用 F151 指令写入存储器握手区时，错误信息被记录在此区。

## 7.4.4　ET-LAN 通信的实现

### （1）ET-LAN 通信单元的使用

ET-LAN 通信单元的前面板上有两排指示灯。左边一排 8 个为连接工作状态指示灯，右边一排 8 个为其他状态指示灯，包括初始化是否完成指示、通信正在进行指示、在线/离线指示、测试方式/正常方式指示、存储器握手/ I/O 端子握手指示、错误状态指示及硬件故障指示等。

ET-LAN 通信单元在使用之前，必须进行方式设置，在 ET-LAN 通信单元的前面板上有 4 个开关，可以按表 7-12 所示设置。

表 7-12　ET-LAN 通信单元设置表

| 开关　　通断 | ON（通） | OFF（断） |
|---|---|---|
| 开关 1 | — | 必须设为 OFF |

续表

| 开关\通断 | ON（通） | OFF（断） |
|---|---|---|
| 开关 2 | 存储器握手方式 | I/O 端子握手方式 |
| 开关 3 | 在线方式 | 离线方式 |
| 开关 4 | 测试方式 | 正常方式 |

① 进行两种方式切换时，必须先关掉电源，再改变开关，然后接通电源。

② I/O 端子握手方式与存储器握手方式都是用于透明方式通信，前者将占用 PLC 的 I/O 点，后者不占用 I/O 点，而是利用共享区中的握手区提供的握手信号。此信号用 F150、T151 指令读写。两者功能相同，选用其一。

③ 若 ET-LAN 通信单元设为在线方式与正常方式，则此单元参加 ET-LAN 网通信；若处于离线方式则 ET-LAN 通信单元与 ET-LAN 网脱开。

④ 若 ET-LAN 通信单元设为测试方式，并设为在线方式，则对全网进行测试；若设为离线方式则只对此 ET-LAN 通信单元测试。

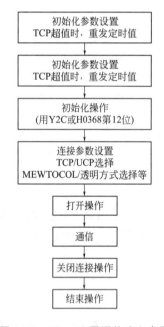

图 7-52　ET-LAN 网通信建立步骤

**（2）ET-LAN 网通信建立的步骤**

建立 ET-LAN 网通信的操作流程图如图 7-52 所示。

① 用 F151/P151 指令设置初始化区的参数。

② 用 F151/P151 指令设置路由区的参数。

③ 启动初始化操作，使上面设置的初始化参数及路由参数变为有效。启动初始化操作过程如下：

a. 使初化请求信号接通并保持（I/O 握手用 Y2C，存储器握手用 H0368 的第 12 位）。

b. 进行初始化操作。

c. 判初始化操作是否完成，是否出错。若 XC＝1（I/O 握手）或 H0360 第 12 位为 1（存储器握手），则表示初始化完成。若 XD＝1（I/O 握手）或 H0360 第 13 位为 1（存储器握手），则表示初始化出错。初始化出错时要求重新初始化。这时，应先断开初始化请求信号，等到初始化出错信号变为 OFF 时，再次接通初始化请求信号，则又开始了新的初始化操作。

d. 设置连接区参数。ET-LAN 允许建立 8 个连接，应当为每个连接设置通信方式，即在透明方式与 MEWTOCOL 方式中选一种。若用户打开某个连接时，它设置的是 MEWTOCOL 方式，这就意味着对于 PLC 与 PLC 之间的通信，应当遵守 MEWTOCOL-DATA 协议格式，把 F145 与 F146 专用指令编写在梯形图中。对于计算机与 PLC 或计算机之间的通信，在计算机中用高级语言，按 MEWTOCOL-COM 协议编写程序。若用户打开的连接设置为透明方式，则不受 MEWTOCOL 协议约束，可任意格式通信，但必须用握手信号实现收发应答。

e. 用握手信号打开连接，然后运行通信程序进行通信。通信完成后，又用握手信号关闭连接，则整个通信过程结束。

# 7.5 远程 I/O 通信系统

## 7.5.1 远程 I/O 系统的配置

远程 I/O 通信系统称为 F-LINK，它位于 FP 系列 PLC 网络的最底层，是专门用于工业现场控制的通信系统。它采用总线型拓扑结构，介质访问采用主、从方式。

**（1）I/O 系统的结构**

I/O 结构如图 7-53 所示，它由下列装置组成：

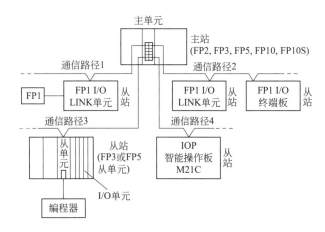

**图 7-53 I/O 系统结构**

① 主站由带有远程控制主单元的 FP2、FP3、FP10、FP10S 担任。整个远程 I/O 系统只有一个主站，其他皆为从站。主站最多带 4 个主单元，每个主单元最多连接 4 条通信路径，因此远程 I/O 系统表现为一束总线。

② 远程控制从单元带上 I/O 单元组成从站。

③ FP1 I/O LINK 单元带上 FP1 PLC 组成从站。

④ FP I/O 终端单元作为从站。

⑤ FP I/O 终端板作为从站。

⑥ IOP 智能操作板等高级单元作为从站。

**（2）远程 I/O 系统的主要技术性能**

① 主站 CPU 可带主单元数：最多带 4 个主单元。

② 主单元可控的站数：每个主单元最多带 32 个从站。

③ 主单元可控的槽数：最多 64 个槽。

④ 主单元可控的 I/O 点数：最多 1024 个 I/O 点。

⑤ 从单元可控的槽数：FP3 从单元每个最多可控 24 个槽。

⑥ FP I/O 终端板：每块板占用一个槽，可控 24～32 个点。

⑦ FP I/O 终端单元：每个单元占用一个槽，可控 8～32 个点。

⑧ FP1 I/O LINK 单元：每个单元占用一个槽，可控 64 个点。

⑨ 主单元上设两个 RS-485 接口。

⑩ 每个口最长通信距离为 400m。

⑪ 传输速率为 500kbit/s。

⑫ 差错校验为 CRC 校验。

## 7.5.2 远程 I/O 系统的 I/O 地址分配

FP 系列的远程 I/O 系统以 "周期 I/O 方式" 为基础进行通信，因此必须对远程 I/O 点的地址进行分配。FP 系列远程 I/O 系统主要包括只有主单元及 I/O 终端和包含有主单元及从单元这两类系统。这两类远程 I/O 系统的 I/O 地址的分配方法不同，下面分别加以介绍。

### （1）只包含主单元的远程 I/O 系统的 I/O 地址分配

只包含主单元的远程 I/O 系统的 I/O 地址的分配见图 7-54。图中主站 CPU 单元最多带 4 个远程主单元，分别作为 4 条远程 I/O 通信链路的 1～4 主站，从站只能是远程 I/O 终端单元或远程 I/O 终端板。图 7-54 给出了本地 I/O 与远程 I/O 的 I/O 地址范围，其具体地址分配原则如下：

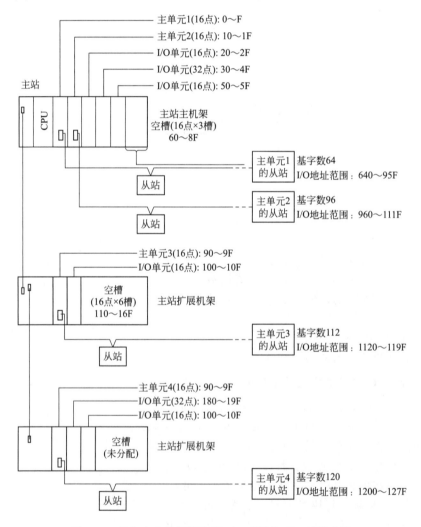

**图 7-54    只包含主单元的远程 I/O 系统的 I/O 地址分配**

① 主站 CPU 单元最多带 4 个主单元，一个主单元占用一个槽位，即占用 16 点地址空间。主单元编号以 CPU 单元为基准，从近到远分别为 1 号、2 号、3 号、4 号。

② 本地 I/O 单元地址分配以 CPU 单元为基准，先是主站主机架，再是主站扩展机架，由近到远，最后一个扩展机架的空槽可以不分配。

③ 主机架与扩展机架采用固定地址分配，如图 7-55 所示。

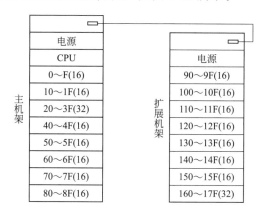

**图 7-55 主机架、扩展机架的固定地址分配**

④ 从站远程 I/O 地址规定从 64 通道开始。先给 1 号主单元从站分配，再给 2 号主单元从站分配，依次类推。

当一个 CPU 单元带 4 个主单元时，采用固定地址分配，在主单元初始化时自动分配的地址范围如下：1 号主单元从站为 640～95F；2 号主单元从站为 960～111F；3 号主单元从站为 1120～119F；4 号主单元从站为 1200～127F。

⑤上述 4 条原则均针对采用固定地址分配的情况。如果不采用固定地址分配，则应用编程软件 FPWIN-GR 进行设置，详见有关手册。

**（2）包含主单元与从单元的远程 I/O 系统的 I/O 地址分配**

包含主单元与从单元的远程 I/O 系统的 I/O 地址的分配如图 7-56 所示。其 I/O 地址分配的原则如下：

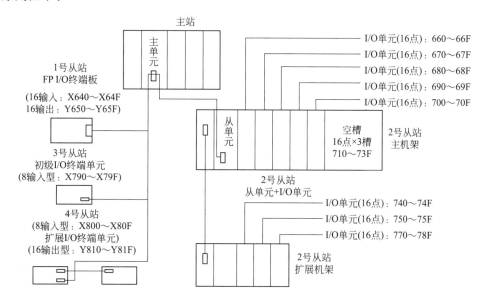

**图 7-56 包含主单元与从单元的远程 I/O 系统的 I/O 地址分配**

① 若主单元带有本地 I/O 单元，则先分配主机架及扩展机架上的本地 I/O 单元。

② 从站按站号从小到大进行 I/O 地址分配。

③ 从站的 I/O 地址从通道 64 开始，按顺序编号。

④ 一个 CPU 单元最多可带 1024 个远程 I/O 点。

⑤ 也可采用 FPWIN-GR 对这类远程 I/O 系统进行 I/O 地址分配。

## 7.5.3　远程 I/O 系统的通信方法

### （1）主站进行远程 I/O 控制

由于远程 I/O 缓冲区存储单元与远程 I/O 点有一一对应的关系，因而可以用远程 I/O 点的元件编号表示远程 I/O 缓冲区存储单元（位），这样就实现了主站的远程 I/O 控制，即通过主站程序达到控制从站的目的。

例如，在图 7-57 所示的远程 I/O 系统中，有一个主站和两个从站。各从站的 I/O 地址以及在主站中编写的梯形图均在图中表示出来。当这一远程 I/O 系统运行后，若 2 号从站的输入接点 X670 "ON"，则经远程 I/O 通信后，1 号从站的输出 Y64F 将接通。

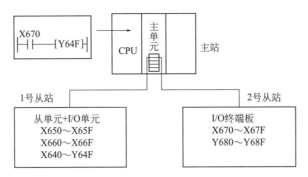

图 7-57　主站进行远程 I/O 控制

### （2）存储器访问

主站 CPU 单元可以对安装在从站上的高级单元通过存储器访问来进行通信。这种通信方式是用存储器读/写指令来实现的，如图 7-58 所示。

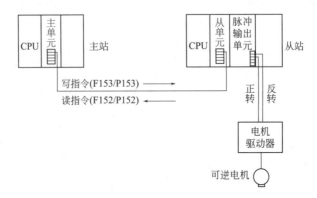

图 7-58　存储器访问

① 存储器读指令　⊢　⊢[F152 RMRD, S1, S2, N, D]⊣。

S1：存放控制字（占两个字）。

S2：指定高级单元存储器的首地址。

N：指定读取的字数，一条存储器读指令最多允许读取 32 个字。

D：指定读入的数据存放区的首地址，其中控制字的含义如下。

S1 的 b8～b15 用来指定主单元号，b0～b7 用来指定从站的站号。

S1+1 的 b8～b15 规定为 0，b0～b7 指定高级单元的槽号。

② 存储器写指令 ⊢⊢[ F153 RMWT,S1, S2, N, D ]⊣。

S1：存放控制字，其含义同存储器读指令相同；

S2：指定源数据区的首地址；

N：指定写入数据的字数，一条存储器读指令最多允许读取 32 个字；

D：指定高级单元中目的数据区的首地址。

③ 与存储器读、写指令有关的特殊寄存器。

R9035：存储器读/写指令可否执行的标志。R9035＝0 表示不可执行，R9035＝1 表示可执行。

R9036：存储器读/写操作出错标志。R90036＝0 表示操作正常，R9036＝1 表示操作出错。

R9037：当控制字超出范围或无主单元错误时，R9037＝1，并将错误地址存于 DT9D017 中。

R9038：用法含义同 R9037，只是当发生上述错误时，R9037 一直为 1，而 R9038 只接通一瞬间。

**（3）远程编程**

在远程 I/O 系统中的某个站上连接编程终端进行远程编程时，应当在编程软件 FPWIN-GR 的支持下进行，而且编程终端不能连接在 I/O 端。远程编程示意图如图 7-59 所示。应当指出，远程编程通信与远程 I/O 系统运行时的通信是两类通信，只不过共用了远程 I/O 通信短路而已。

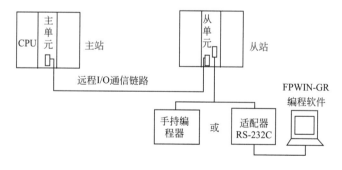

**图 7-59 远程编程示意图**

## 7.5.4 远程 I／O 系统主单元与从单元的设置

### (1)主单元工作方式设置

在主单元的前面板上有一个 8 位开关（MODE SW），用来设置主单元的工作方式。具体设置如表 7-13 所示。

表 7-13　主单元工作方式设置表

| 开关 | | | | | 说明 |
|---|---|---|---|---|---|
| 1　2 | 3　4 | 5　6 | 7 | 8 | |
| OFF　OFF<br>ON　ON | | | | | 选择口Ⅰ<br>选择口Ⅰ与口Ⅱ |
| | OFF　OFF<br>ON　ON | | | | 选择口Ⅰ不是终端站<br>选择口Ⅰ是终端站 |
| | | OFF　OFF<br>ON　ON | | | 选择口Ⅱ不是终端站<br>选择口Ⅱ是终端站 |
| | | | OFF<br>ON | | 发生通信错误时,中止远程 I/O<br>发生通信错误时,不中止远程 I/O |

### （2）从单元工作方式设置

在从单元的前面板上有一个 4 位开关（MODE SW），用来设置主单元的工作方式。具体设置如表 7-14 所示。

表 7-14　从单元工作方式设置表

| 开关 | | | | 说明 |
|---|---|---|---|---|
| 1 | 2 | 3 | 4 | |
| OFF<br>ON | OFF<br>ON | | | 不是终端站<br>是终端站 |
| | | OFF<br>ON | | 发生通信错误时,从站停止工作<br>发生通信错误时,从站继续工作 |
| | | | OFF<br>ON | 设置波特率为 192 000bit/s<br>设置波特率为 9600bit/s |

## 思考题

1. FP-X　PLC 具有哪些通信功能?

2. PLC 与 PC 机之间进行数据传送时可采用的串行通信接口有哪几种?

3. 网络的核心是什么? 局部网络的四大要素是什么?

4. 网络协议的分层结构是怎样的?

5. FR 系列的复合 PLC 网络包含有哪些子网? 其结构组成如何?

6. MEWTOCOL-COM 通信协议包含有哪些内容? 如何实现 FP1 PLC 与计算机的通信?

7. MEWTOCOL-DATA 数据传输协议主要用途是什么? 如何实现?

8. 如何构成 P-LINK 通信系统?

9. 如何配置 ET-LAN 的结构? 如何实现 ET-LAN 的通信?

10. 认真总结归纳, 本章内容中有哪些知识点? 其重点和难点在哪里?

11. 本章的知识点对完全攻略 PLC 技术有何作用? 通过本章的知识点的学习你有哪些收获?

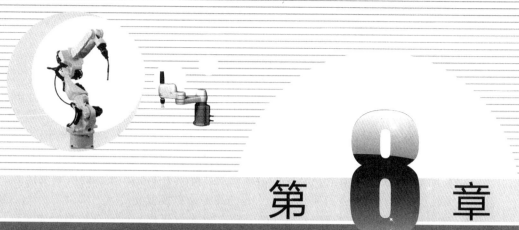

# 第**8**章

# 掌握PLC综合应用中的触摸屏和组态王技术

## 8.1 触摸屏

触摸屏也叫人机界面，是 PLC 重要的外部设备，它既能作为 PLC 的输入设备，向 PLC 输入开关信号和数据；又能作为 PLC 的输出设备，用灯的形式显示 PLC 继电器的通断状态，用显示窗口显示 PLC 数据寄存器的内容。

这里主要介绍触摸屏的特点、使用方法和触摸屏的编程软件 GTWIN。

### 8.1.1 触摸屏的特点及使用

日本松下电工的 GT 系列触摸屏分单色液晶显示和彩色液晶显示两种，有 GT10、GT30、GT40、GT50、GT60 等多种型号，画面尺寸从 4～12in（1in＝0.0254m）不等。

#### （1）GT 系列触摸屏的特点

① GT10 触摸屏　GT10 触摸屏是单色液晶显示，液晶显示画面尺寸为 4in，其特点如下：

a. 画面显示　在明亮易于察看的液晶画面上，不仅能显示信息、图形，还可显示按键、指示灯、PLC 内部的数据、棒图、时钟等。其背景光为绿、橙、红 3 色，可切换。

b. 触摸功能　画面上配有 20 个（横向）×8 个（纵向）的高分辨率触摸键盘，按键大小、位置、用途均可自由设置。

c. 超薄型机体　产品厚度为 32mm，属超薄机体。

d. 文字显示　画面点阵为 160 点×60 点，可显示 10 点×10 点大小的中、英文字。画面显示的文字数量最多为 16 个字（横向）×6 行（纵向）。

e. 穿越功能　触摸屏 Tool 口与计算机相连，COM 口与 PLC 相连，可以由计算机调试 PLC。

② GT30 触摸屏　GT30 触摸屏是 5.7in 液晶显示，分 GT30M 和 GT30C 两种形式。GT30M 是蓝色模式单色液晶显示型，GT30C 是 16 色彩色画面液晶温示型。其特点如下：

a. 画面显示　GT30 具有高档次的清晰画面，除具有 GT10 显示的所有功能外，还有表格和曲线显示功能。其背景灯采用 $5×10^5$ h 的高寿命更换背光灯。

b. 触摸功能　画面上配置 16 个（横向）×12 个（纵向）的高分辨率触摸键盘，按键在面板上布局十分方便。

c. 薄型机体　产品厚度为 41mm，窄边缘，结构紧凑。

d. 文字显示　画面点阵为 320 点×240 点，可显示从 10 点×10 点到 64 点×64 点，大小可选择的中、英文字。

e. 穿越功能　与 GT10 相同。

**（2）GT 系列触摸屏的技术参数**

① 一般参数　GT 系列触摸屏一般参数如表 8-1 所示。

**表 8-1　GT 系列触摸屏一般参数**

| 项目 | GT10 | GT30 |
|---|---|---|
| 额定电压 | 24V DC | |
| 操作电压范围 | 21.6～26.4V DC | |
| 消耗功率 | 5W 以下 | 10W |
| 使用环境温度 | 0～40℃ | 0～50℃ |
| 质量 | 约 280g | 约 440g |

② 显示部分参数　GT 系列显示部分参数如表 8-2 所示。

**表 8-2　GT 系列触摸屏显示部分参数**

| 项目 | GT10 | GT30M | GT30C |
|---|---|---|---|
| 显示元素 | STN 单色 LCD | STN 单色 LCD | STN 彩色 LCD |
| 点数 | 160(W)点×64(H)点 | 320(W)点×240(H)点 | |
| 显示色 | 2 色(黑、白) | 2 色(蓝、白) | 16 色 |
| 有效显示尺寸 | 52.8(W)mm×37.1(H)mm | 118.18(W)mm×89.38(H)mm | |
| 液晶部寿命 | 平均 $5×10^5$ h | | |

③ 功能参数　GT 系列功能参数如表 8-3 所示。

**表 8-3　GT 系列触摸屏功能参数**

| 项目 | GT10 | GT30 |
|---|---|---|
| 可显示字体种类 | 固定字体：1/4 角(8×8)、半角(16×8)、全角(16×16)，可纵横各显示 1、2、4 倍 | |
| 可显示文字种类 | 汉字、英文、数字 | |

续表

| 项目 | GT10 | GT30 |
|---|---|---|
| 可显示图形 | 直线、连接直线、四角形、圆形、椭圆形、圆弧、椭圆弧、扇形、椭圆扇形 | |
| 可登记画面数 | 约 160 个画面,可指定画面数、基础画面数:00～FF | 约 220 个单色画面,160 个彩色画面,可指定画面数、基础画面数:00～3FF |
| | 可登记画面数,根据登记内容有所不同 | |
| 部件功能 | 信息、灯、开关、数据、条线图、时间、键盘 | |
| 时钟功能 | 主机内存有时钟(可参考 PLC 时钟) | |
| 对比度调整 | 10 个等级 | |
| 自动通信设定 | 与 PLC 连接后,自动设定与 PLC 通信条件 | |
| 调试功能 | 穿越功能,可由计算机通过 GT 调试 PLC | |
| 画面制作 | 使用 GTWIN 软件 | |

④ 其他参数　GT 系列触摸屏开关参数如表 8-4 所示,GT 系列内存参数如表 8-5 所示,GT 系列接口参数如表 8-6 所示。

**表 8-4　GT 系列触摸屏开关参数**

| 项目 | GT10 | GT30 |
|---|---|---|
| 分辨率 | 20(W)×8(H)点 | 16(W)×12(H)点 |
| 操作功能 | 0.98N 以下 | |
| 寿命 | $10^7$ 次以上 | |

**表 8-5　GT 系列触摸屏内存参数**

| 项目 | GT10 | GT30 | |
|---|---|---|---|
| | | GT30M | GT30C |
| 用户内存 | F-ROM | F-ROM | F-ROM |
| 内存容量 | 384KB | 1.5MB | 3.25MB |
| 内存后备 | 用内置一次电池支持 | 锂电池 | |

**表 8-6　GT 系列触摸屏接口参数**

| 项目 | | GT10 | GT30 |
|---|---|---|---|
| COM 端口 | 通信规格 | RS-232C 标准 | — |
| | 与外部机器的通信条件 | 传输速率:9600bit/s、19200bit/s、38400bit/s、57600bit/s、76800bit/s、115200bit/s 无检验、奇检验、偶检验、停止位 1bit | |
| | 通信协议 | 适应 FP 系列/适用通用的 RS-232C | |
| | 连接器 | 插接端子(5 个插头) | |

| 项目 | | GT10 | GT30 |
|---|---|---|---|
| Tool 端口 | 通信规格 | RS-232 标准 | |
| | 与外部机器的通信条件 | 传输速率：9600bit/s，19200bit/s，15200bit/s<br>数据位 8bit、无检验、奇检验、偶检验、停止位 1bit | |
| | 通信协议 | 松下电工专用协议 | |
| | 连接器 | 微型 DING 插头 | |

**（3）GT10 触摸屏的系统设置**

GT10 触摸屏系统设置内容包括对比度、时钟内存、通信端口（COM 端口、Tool 端口）。

① 系统菜单　进入系统菜单的方法有两种：一种是同时触摸液晶显示屏的四角，可进入系统菜单；另一种是软件系统菜单进入。系统菜单画面如图 8-1 所示。

系统菜单画面有退出按钮 ESC、设置按钮 Setting 和测试按钮 Test。ESC 退出系统菜单画面，Setting：进入设置模式画面，Test：进入测试模式画面。

② 设置模式　触摸 Setting 按钮，系统进入如图 8-2 所示的设置模式画面。

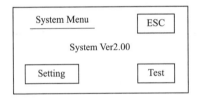

图 8-1　系统菜单

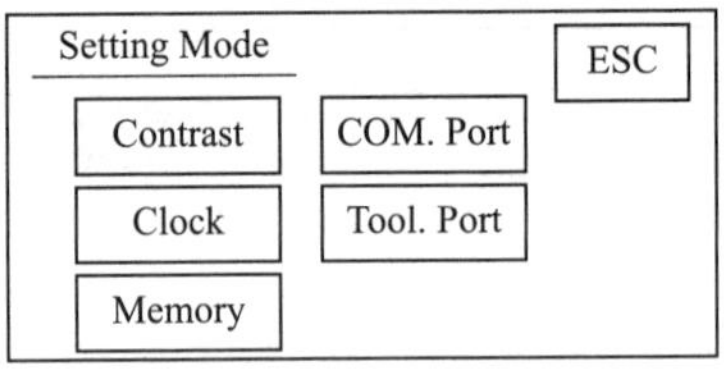

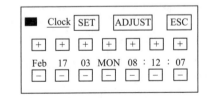

图 8-2　设置模式画面

设置模式画面有 6 个可选择按钮，即退出按钮 ESC、对比度按钮 Contrast、时钟按钮 Clock、内存按钮 Memory、通信 COM 端口按钮 COM. Port 和 Tool 端口按钮 Tool. Port。按 ESC 按钮可返回到设置模式画面。

a. 对比度设置　触摸 Contrast 按钮，系统进入如图 8-3 所示的对比度设置画面。对比度设置画面有退出按钮 ESC、对比度增加按钮＋、对比度减小按钮－。每触摸一次＋或－，可增加或减小对比度等级。对比度可在 10 个级别之间进行调整。触摸 ESC 按钮，可返回设置模式画面。

b. 时钟设置　触摸 Clock 按钮，系统进入如图 8-4 所示的时钟设置画面。

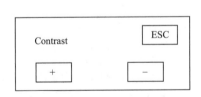
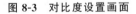

图 8-3　对比度设置画面

图 8-4　时钟设置画面

时钟设置画面有设置按钮 SET、调整按钮 ADJUST、退出按钮 ESC，还有 14 个同数量的增加按钮＋和减少按钮－、从左到右依次为月、日、年、星期、时、分、秒调节按钮，时钟设置方法是，首先触摸 ADJUST 按钮，然后依次调整时间和日期，调整后触摸 SET 按

钮，使设置保存。触摸 ESC 按钮返回到设置模式画面。

c. 内存清除　触摸 Memory 按钮，系统进入如图 8-5 所示的内存清除模式画面。

内存清除模式画面有退出按钮 ESC、时钟内存清除按钮 SRAM 和用户内存消除按钮 FROM。触摸 ESC 按钮可返回设置模式画面。

d. COM 端口设置　触摸 COM. Port 按钮，系统进入如图 8-6 所示的 COM 端口设置画面。

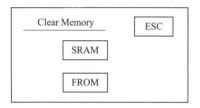

图 8-5　内存清除模式画面

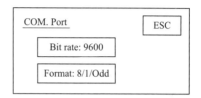

图 8-6　COM 端口设置画面

COM 端口设置画面有退出按钮 ESC、通信传输速度设置按钮 Bit rate、通信数据设置按钮 Format。触摸 Bit rate 按钮或 Format 按钮一次，按钮内的数据依次改变一次，并循环显示。Bit rate 按钮内的数据变化依次为 9600、19200、38400、57600、76800 和 115200（bit/s）。Format 按钮内的数据变化依次为 7/1/None、7/1/Odd、7/1/Even、8/1/None、8/1/Odd 和 8/1/Even。7/1/None 表示数据为 7bit、停止位为 1bit、无校验位，Odd 表示奇校验，Even 表示偶校验。按 ESC 按钮可返回到设置模式画面。

e. Tool 端口设置　触摸 Tool. Port 按钮，系统进入如图 8-7 所示的 Tool 端口设置画面。

Bit rate 和 Format 两按钮设置通信速率和通信数据方法与 COM 端口设置相同，区别在于传送速度 Tool 端口仅能设置 9600、19200 和 115200（bit/s），数据变化有 7/1/None、8/1/Odd 和 8/1/Even。

③ 测试模式　触摸 Test 按钮，系统进入如图 8-8 所示的测试模式画面。

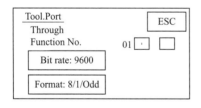

图 8-7　Tool 端口设置画面

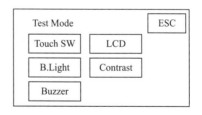

图 8-8　测试模式画面

GT10 的测试模式可以测试触摸开关好坏、背景灯颜色、蜂鸣器的响度、液晶屏的点阵和画面对比度。测试完一项内容后，在相应按钮前出现标记，表示已经测试过。

a. 触摸开关测试　触摸 Touch SW 按钮，系统进入如图 8-9 所示的触摸开关测试画面。

测试方法为触摸每一小方块，均响一次，认为合格。

b. 背景灯测试　触摸 B. Light 按钮，画面颜色依次出现绿、红、橙交替。

c. 蜂鸣器测试　触摸 Buzzer 按钮，GT10 发出长音。

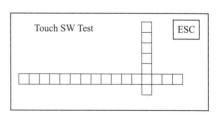

图 8-9　触摸开关测试画面

d. 液晶测试　触摸 LCD 按钮，显示屏画面出现点阵。

e. 触摸 Contrast 按钮，出现与图 8-3 相同的对比度设置画面，在测试完成后自动变为测试前的对比度。

**（4）触摸屏的通信方式**

GT 系列触摸屏既可以同计算机连接来编制画面，又可和 PLC 连接作为 PLC 输入、输出设备。因此，GT 系列触摸屏有 COM 端口和 Tool 端口。Tool 端口用来连接计算机的 COM 口，COM 端口用来连接 PLC 的 COM 口或 Tool 口。

① Tool 端口接线　触摸屏 Tool 口如图 8-10 所示。

在 Tool 口中 5V 电源供给手持编程器用。与计算机连接时，使用 SD、RD、SG 3 个端子，SD、RD 和计算机 SD、RD 交叉连接。

② COM 口接线　触摸屏 COM 口如图 8-11 所示，COM 口有 5 个接线端，在与 FP 系列 PLC 相连接时，仅使用 SD、RD、GND 3 个端子，触摸屏 SD、RD 与 PLC 的 SD、RD 交叉相连，用 GND 代替 SG。

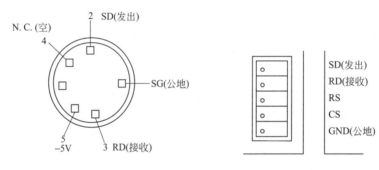

图 8-10　触摸屏 Tool 口　　　　图 8-11　触摸屏 COM 口

## 8.1.2　GTWIN 软件使用

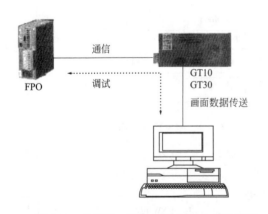

图 8-12　触摸屏、计算机和 PLC 之间的连接

**（1）简述**

GTWIN 是 GT10、GT30 等系列触摸屏（GT）编辑专用软件，它支持松下电工、欧姆龙、三菱等系列 PLC。它可以完成屏幕设计、编辑、GT 与 GTWIN 之间的数据传输、文件打印等功能。

触摸屏、计算机和 PLC 之间的连接如图 8-12 所示。通过计算机可以编辑 PLC 程序和触摸屏画面。它们之间可以进行数据传递与调试，并且在 GT 与 PLC 间通信的同时，GT 的数据传送与 PLC 调试可同时进行。

触摸屏可以显示 GTWIN 编辑的各种部件，主要包括以下几个方面：显示各种尺寸的字符，字符可闪烁或加亮；可显示实线、矩形、多边形、圆、圆弧、扇形，并可显示由它们构成的各种图案；通过 PLC 或计算机可以使所用灯点亮或闪烁；显示各种开关和键盘等。只要触摸触摸屏的画面就能输入数据。

**（2）工作窗口**

① 启动 GTWIN　选择"开始/程序/Nais/Terminal/GTWIN"，打开如图 8-13 所示的 GTWIN 的启动窗口。选择"Create New File"，打开如图 8-14 所示的"PLC 及 GT 设置"对话框；或选择"Open Existing File"，打开已编辑的扩展名为 IOP 的文件；或选择"Read from GT"，从 GT 中调入文件后，均可进入如图 8-15 所示的工作界面。

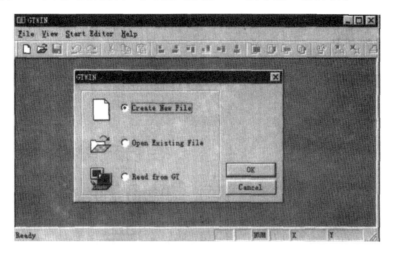

图 8-13　GTWIN 启动窗口

图 8-14　"设置 PLC 及 GT 型号"对话框

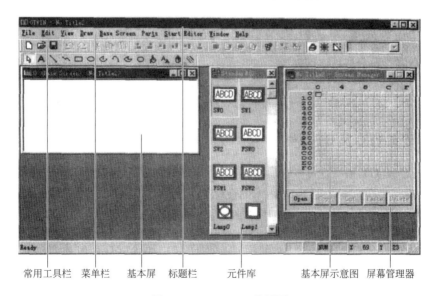

常用工具栏　菜单栏　基本屏　标题栏　元件库　基本屏示意图　屏幕管理器

图 8-15　GTWIN 工作界面

② 工作界面

a. 标题栏　标题栏用来指明当前所编辑文件的名称。

b. 菜单栏

•File：新建、打开、关闭、保存、另存为、删除、打印、打印形式设置、打印机设置、传送、设置、键盘屏、功能、最近打开的几个文件、退出。

•Edit：撤销、重做、剪切、复制、粘贴、拷贝基本屏位图、排列、置于中心、旋转、镜像、删除、清屏、取上一个、取下一个、取最顶层、取最底层、取合、取消取合、选择、全选。

•View：重画屏幕、栅格、工具栏、状态栏、绘图栏、屏幕管理器显示、缩放、缩放框、组件号、组件属性、组件状态、占用内存总量、GT 使用的 PLC 单元。

•Draw：选择组件、输入字符、画线、连线、矩形、圆/椭圆、画弧、曲线、扇形、圆角矩形、填充、位图、字符设置、颜色、线型。

•Base Screen：屏幕属性、每个基本屏占用内存数、关屏。

•Part：打开组件库、属性、画、组件列表。

•Start Editor：位图。

•Window：层叠窗口、排列窗口、排列图标。

•Help：FPWIN GR 帮助说明。

c. 常用工具栏　常用工具栏由一些图标式快捷按钮组成，分别对应菜单中的常用命令或工具，从左至右分别为新建、打开、保存、撤销、重做、剪切、复制、粘贴、左对齐排列、右对齐排列、上对齐排列、下对齐排列、水平中心对齐排列、垂直中心对齐排列、取上一个、取下一个、取最顶层、取最底层、打开组件库、分组、取消分组、显示/隐藏绘图工具栏、重画屏幕、移动步长使能、组件状态。

d. 屏幕管理器　屏幕管理器由中上部的 256 个基本屏组成的示意图及下部的打开、复制、剪切、粘贴屏幕等按钮所组成。按打开按钮"Open"，或双击上部的基本屏示意图，可打开基本屏和组件库。

e. 组件库　组件库为设计屏幕提供相应的组件，如开关、灯、键盘等。

f. 基本屏　基本屏用于设计 GT 运行时显示的界面。

## 8.1.3　参数设置

### （1）设置 PLC 及 GT 型号

设置 PLC 及 GT 型号既可以在启动 GTWIN 时进行，也可以在编辑文件的过程中进行。选择"File/New"，也会打开如图 8-14 所示的"设置 PLC 及 GT 型号"对话框。选择"File/Utility"还可以在不改变所编辑的文件的情况下更改 PLC 及 GT 的型号。

### （2）设置 GTWIN 参数

选择"File/Configuration/GTWIN Configuration"打开如图 8-16 所示的"GTWIN 参数设置"对话框。此对话框共有 6 个标签页，其功能如下。

① Drive 标签页用于设置组件库及 BMP 库路径。

② File 标签页用于设置所需编辑的文件的路径，并可设置是否需要自动保存，自动保存的间隔时间。可设置间隔时间为 5～30min。

③ Grid 标签页如图 8-17 所示（选择"View/Grid"也可打开图 8-17 所示的对话框）；用于设置有关栅格参数。各选项设置内容如下。

Display：是否显示栅格。

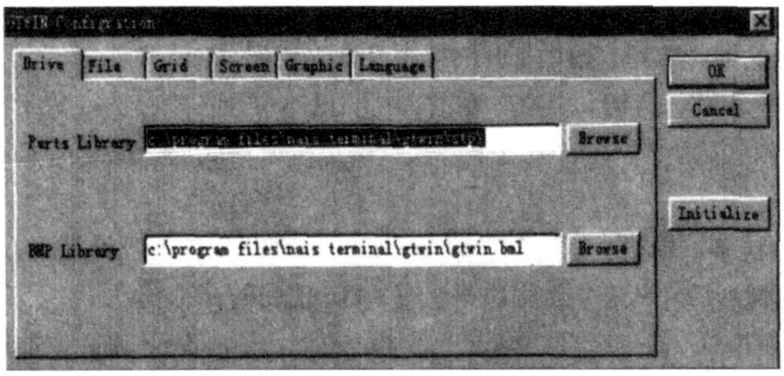

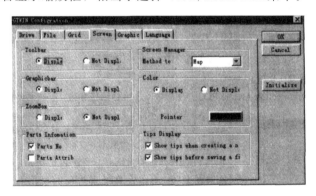

图 8-16　"GTWIN 参数设置"对话框

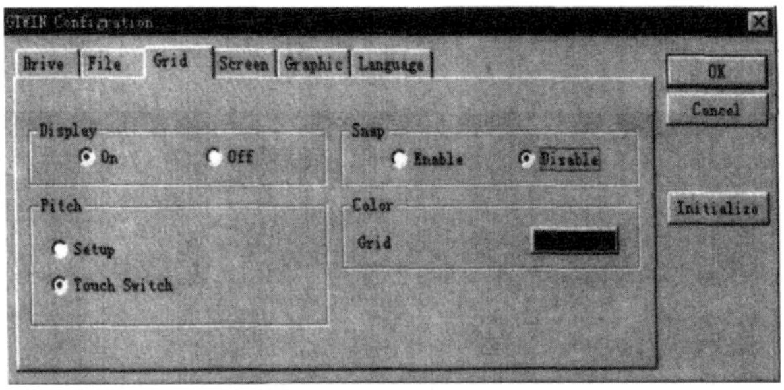

图 8-17　"Grid 标签页"对话框

Snap：步长是否使能。

Color：栅格颜色。

Pitch：栅格形式设置。选择"Setup"时可以设置尺寸；选择"Touch Switch"时设置栅格。

④ Screen 标签页如图 8-18 所示，用于设置屏幕栅格参数。各选项设置内容如下。

Toolbar：是否显示常用工具栏，相当于选择 View/ Toolbar 菜单。

Graphic bar：是否显示绘图栏，相当于选择 View/Graphic bar 菜单。

Zoom Box：是否显示缩放框，相当于选择 View/Zoom Box 菜单。

图 8-18　"Screen 标签页"对话框

Parts information：是否显示组件号及组件属性，相当于选择 View/Parts No. 和 View/ Parts Attribute 菜单。

Screen Manager：设置基本屏幕管理器的显示形式。选择"Map"时基本屏幕管理器显示为图 8-14 所示的示意图形式，选择"List"时管理器的显示为清单形式。

Color：用于设置屏幕颜色。

Tips Display：在文件存盘或新建文件前是否显示有关提示信息。

⑤ Graphic 标签页用于设置画图/圆弧时的形式。

⑥ Language 标签页用于设置语言输入形式（简体中文或英文）。

**（3）设置 GT 参数**

选择"File/Configuration/GT Configuration"，打开如图 8-19 所示的"GT 参数设置"对话框。此对话框共有 7 个标签页，其功能如下。

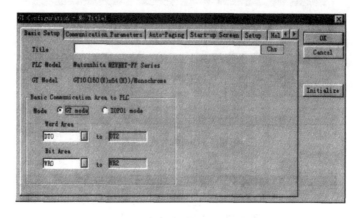

**图 8-19　"GT 参数设置"对话框**

① Basic Setup 标签页　如图 8-19 所示，主要设置 GT 与 PLC 连接的基本参数。各选项设置内容如下。

• Title：设置设计主题。

• Basic Communication Area to PLC：设置 GT 与 PLC 通信参数，共有两种模式。

初学者可以使用 Mode 模式。选择 Mode 模式时，Word Area 区用于设置初始屏幕号和当前屏幕号存储在 PLC 单元中的地址。设置时只需单击此区的对应图标，即可出现如图 8-20 所示的"PLC 单元设置"对话框，设置 PLC 单元。如图中 PLC 单元设置 DT0，那么从 DT0 开始的 3 个字节，用于存储初始屏幕号和当前屏幕号，其中 DT0 存储初始屏幕号，DT2 存储当前屏幕号，并随当前屏幕号的改变而改变。

• Bit Area 区用于设置读、写背景控制和其他信息以及

**图 8-20　"PLC 单元设置"对话框** 初始地址等。

有经验者最好使用 IOP01 模式，因为此种模式对数据传输更方便、快捷。选择 IOP01 模式时，Reference Date Area（PLC→GT）区用于通过 PLC 单元设置当前屏幕号和初始屏幕号的单元地址。Out Put Relay Area（GT→PLC）则是将当前屏幕号和初始屏幕号传送到 PLC 内部继电器单元中。

② Communication Parameters 标签页　如图 8-21 所示，用于设置通信参数。各选项设置内容如下。

COM Port 项设置与 PLC 的通信参数，Tool Port 项设置与计算机的通信参数。

Handle Communication Error：通信出错时的处理方式。按"Setup"按钮可进行有关设置。

③ Auto-Paging 标签页　如图 8-22 所示，用于设置自动翻页。各选项设置内容如下。

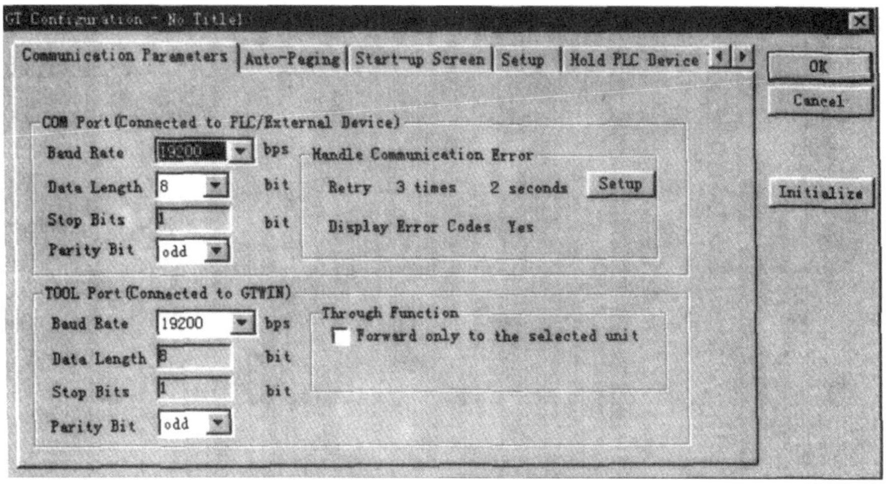

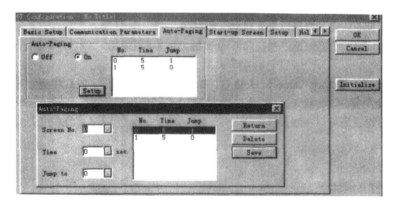

图 8-21  "Communication Parameters 标签页" 对话框

Auto-Paging：设置自动翻页功能。选择"Off"不进行自动翻页，选择"On"，并按"Setup"按钮可出现图 8-22 下部所示的对话框，可以设置屏幕号、翻页时间、要翻到屏幕号。

④ Start-up Screen 标签页  如图 8-23 所示，其中 Start-up Screen No. 项用于设置开始屏，Display Time 用于设置显示时间。

图 8-22  "Auto-Paging 标签页" 对话框

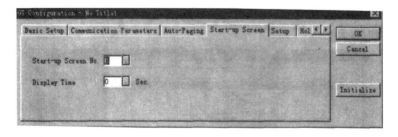

图 8-23  "Start-up Screen 标签页" 对话框

⑤ Setup 标签页  如图 8-24 所示，各选项设置内容如下。

Clock：选"GT Clock"时时钟选用 GT 时钟，选"PLC Clock"时时钟选 PLC 时钟。

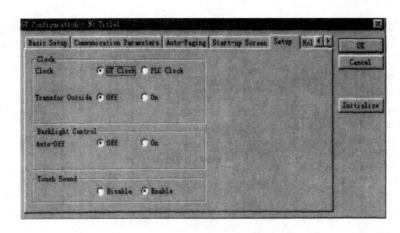

图 8-24　"Setup 标签页"对话框

Transfer Outside：选"Off"时，时钟数据不能向外传送；选"On"时时钟数据可以传送到数据寄存器 DT 中，如图中选"DT500"，则从 DT500 开始的 4 个字节存放时钟数据，其中 DT500 存放秒、分，DT501 存放时、日，DT502 存放月、年，DT503 存放星期。

Backlight Control：用于设置 GT 背景灯是否自动关闭。选"Off"时背景灯不自动关闭；选"On"时背景灯自动关闭，并可以设置自动关闭时间。

Touch Sound：设置触摸声音，选"Enable"触摸屏幕时会发出"嘀嘀"的声音，选"Disable"时则无声音。

⑥ Hold PLC Device Value 和 Hold GT Device Value　用于将 PLC 中指定单元的数据保存到 GT 指定单元中。

GT 参数设置还可以在触摸屏上进行。

## 8.1.4　GTWIN 基本操作

### （1）打开组件库

组件库主要包括标准组件库、灯组件库、键盘组件库等。选择"Parts/Open Parts Library"打开如图 8-25 所示的"选择组件库"对话框，根据选择的 GT 型号和所需要的组件情况选择相应的组件库。选择相应的组件库后，按"Open"按钮，即可在工作界面打开相应的组件库。组件库可以同时打开多个。

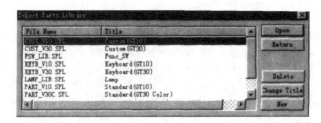

图 8-25　"选择组件库"对话框

### （2）编辑组件

① 放置组件　GTWIN 的标准组件库如图 8-26 所示。提供的组件主要有开关（SW）、功能开关（FSW）、灯（Lamp）、数据（Data）、时钟（Clock）、棒图（Bargrap）、信息组件（Msg）、键盘（Keyboard）等。需要放置某一组件时，只需将鼠标箭头移至此组件上并按住

左键将其拖至基本屏上，然后松开左键即可。放置相同组件系统自动按组件 0、组件 1、…的顺序进行编号。

②放置字符　选择"Draw/Character String"或单击工具栏按钮"A"，屏幕出现"｜"即可输入字符。输入字符后再按按钮"A"输入结束。按鼠标右键，选择"Character Type"项可以设置字符的语言、大小、字体等属性，也可以输入字符前选择"Draw/Character Type"设置字符的各种属性。

③编辑组件　组件放置在基本屏上后，双击此组件即可对此组件的属性进行编辑。

a. 开关组件　双击屏幕上的开关组件，打开如图 8-27 所示的"开关组件属性设置"对话框。其功能如下。

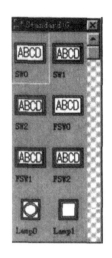

图 8-26　标准组件库

• Basic Setup 标签页开关组件基本设置各项设置内容如下。

Operation Mode 选项用于设置触摸开关组件时指定的 PLC 单元（在此选项的右下角可设置 PLC 单元）的工作状态。选"Bit Set"时，使指定的 PLC 单元置位；选"Bit Reset"时，使指定的 PLC 单元复位；选"Momentary"时，使指定的 PLC 单元瞬间接通；选"Alternate"时，使指定的 PLC 单元与原来的状态相反。

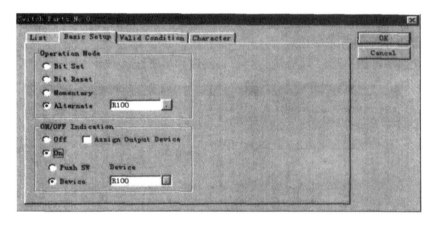

图 8-27　"开关组件属性设置"对话框

ON/OFF Indication 选项用于设置开关组件的指示状态。选"Off"时，开关组件的内容总是显示出来，不受开关组件的开关状态所影响；选"On"时，开关组件的内容显示状态受开关组件的状态或指定的 PLC 的状态所控制；选"Push SW"时，只有触摸开关组件时，开关组件的内容才显示出来；选"Device"时，开关组件的内容显示由此选项所指定的 PLC 单元的状态所控制；选"Assign Output Device"时，PLC 单元与 Operation Mode 选项指定的 PLC 单元相同。

• Valid Condition 标签页如图 8-28 所示，设置开关组件工作的有效条件。选"Always Operational"时开关组件的操作不受任何条件的限制；选"Operational under Valid Condition"时开关组件的操作受此选项所设置的条件限制（条件可按"Setup"按钮进一步设置），如图 8-28 的条件是 R100 ON 时开关组件才能工作。

• Character 标签页如图 8-29 所示，用于设置字符（此字符即为开关组件显示的内容），各项设置内容如下。

Character：设置字符的内容。

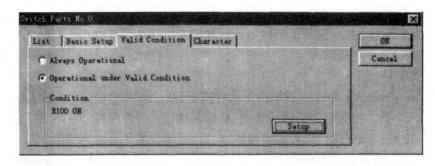

图 8-28 "Valid Condition 标签页" 对话框

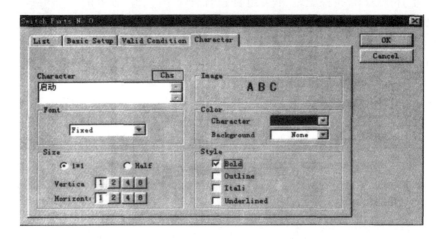

图 8-29 "Character 标签页" 对话框

Font：设置字符的字体，有 Fixed 和 True Fixed 两种字体。

Size：设置字符的大小。

Color：设置字符的背景颜色。

Style：设置字符的字形，有粗体、空心、斜体和下划线 4 种。

• List 标签页如图 8-30 所示，显示开关组件的所有属性，包括前面讲述的所有设置。

b. 功能开关 双击屏幕上的功能开关组件，打开如图 8-31 所示的 "功能开关属性设置" 对话框。这里主要介绍 Basic Setup 标签页，其他标签页设置参考开关组件属性设置。

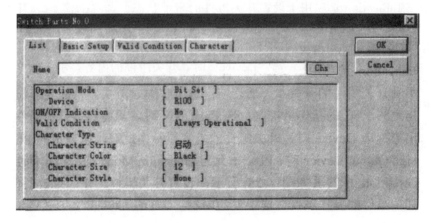

图 8-30 List 标签页

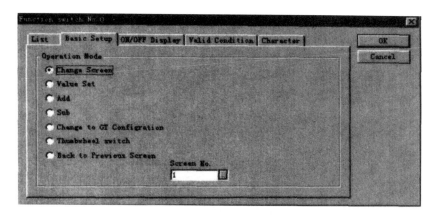

图 8-31 "功能开关属性设置"对话框

Basic Setup 标签页用于设置功能开关的工作模式。各项设置内容如下。

• Change Screen：改变屏幕。选择此项后，在触摸屏上触摸此功能开关时，可以实现翻屏功能。在图 8-31 的下面可设置目标屏幕号。

• Value Set：为指定的 PLC 单元设置值。当选此项时会出现如图 8-32 所示的对话框，在 Data Format 位置设置数据形式，选 Value Set（Word）和 Value Set（2 Word）分别用于设置为 1 个字和 2 个字；在 Output 处设置 PLC 单元；在 Value 处设置值。按此开关可把设定数值传到指定 PLC 存储单元。

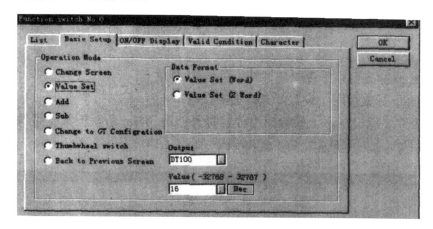

图 8-32 "Value Set 设置"对话框

• Add/Sub：每触摸一次功能开关所指定的 PLC 单元的值就会增加/减少所设置的值。具体设置参考 Value Set 设置。例如：选 Add 项，Output 设置为 DT100，Value 设置为 10，则每触摸一次功能开关，DT100 的值就增加 10。

• Change to GT Configuration：可选择设置时钟或屏幕对比度。

• Thumbwheel：用于将指定的 PLC 的值在指定的最大和最小值之间循环加 1（选"INC"项）或减 1（选"DEC"项）。例如设置如图 8-33 所示的状态，开始时 DT100 的值为 0，每触摸一次功能开关，DT100 的值加 1，直到 15，然后回到 0。如继续触摸功能开关，DT100 的值将在 0～15 之间每次加 1，如此循环。

• Back to Previous：返回前一屏幕。

c. 灯　双击屏幕上的灯，打开如图 8-34 所示的"灯属性设置"对话框。

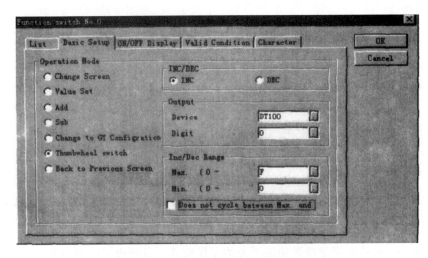

图 8-33　"Thumbwheel 设置"对话框

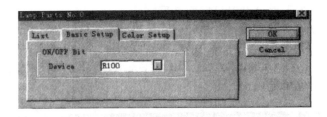

图 8-34　"灯属性设置"对话框

· Basic Setup 标签页用于设置使灯开/关的 PLC 单元。

· Color Setup 标签页用于设置灯开/关的颜色。

d. 数据组件　双击屏幕上的数据组件，打开如图 8-35 所示的"数据组件属性设置"对话框。其功能如下。

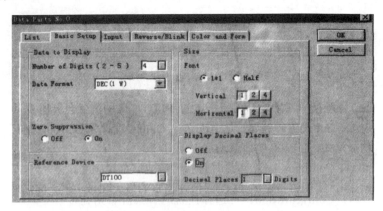

图 8-35　"数据组件属性设置"对话框

· Basic Setup 标签页用于数据组件基本设置。Number of Digits 选项用于设置数据位数；Data Format 用于设置数据形式，可选二进制、十进制、十六进制等；Zero Suppression 用于设置数据位数不足时是否用"0"补充，选"Off"时不用，选"On"时用；Reference Device 设置 PLC 单元；Size 设置数据字符的大小；Display Decimal Places 设置小数点的位数，选"Off"时无小数部分，选"On"可以进一步设置小数点的位数。

• Input 标签页如图 8-36 所示，用于数据组件的输入。选"Off"时，不能通过键盘向数据组件输入数据，但可以通过 PLC 向 GT 输入数据；选"On"时可以通过键盘向数据组件输入数据，此时还需设置以下内容。

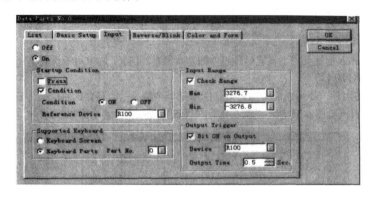

图 8-36　"Input 标签页设置"对话框

Startup Conditions 选项用于设置开始条件。选"Press"项时，触摸数据组件时就能使用键盘输入数据。选 Condition 时必须由它所设置的继电器接点状态满足时才能使用键盘输入数据，继电器接点状态可选"On"或"Off"。

Supported Keyboard 选项用于设置数据组件是支持键盘屏或是键盘组件。键盘屏或键盘组件都可以设置相应的序号。

选"Keyboard Screen"项时，键盘组件放在键盘屏内。GT10 有 8 个可用键盘屏，标号从 0～7，用 File/Keyboard 打开，在键盘里面同时加数据组件，所设置的序号应同键盘牌号相一致。当 GT10 工作时，基本屏内不显示所选的键盘，触摸数据组件后键盘出现，键盘向数据组件输入数值确定后，键盘消失，数值保持。选"Keyboard Parts"项时，把数据组件和键盘组件均放在基本屏中，所设置的序号应同键盘组件号相一致。当 GT10 工作时，触摸基本屏数据组件，出现带有键盘和数据组件的键盘屏，通过键盘向数据组件输入数值确定后，键盘屏消失，显示出基本屏所输入的数据。

Input Range 选项用于设置输入数据的范围。选"Checking Range"项即可进行设置。

Output Trigger 选项用于设置当输入数据时，如果需要指定的 PLC 单元闭合，可以选"Bit On Output"项，指定相应的 PLC 单元和延时时间。

• Reverse/Blink 和 Color and Form 两个标签页用于设置数据的显示形式、颜色和外框。

e. 时钟组件　双击屏幕上的时钟组件，打开如图 8-37 所示的"时钟组件属性设置"对话框。其功能如下。

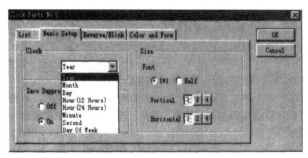

图 8-37　"时钟组件属性设置"对话框

Basic Setup 标签页用于设置时钟组件的基本属性。Clock 选项用于设置年、月、日、时、分、秒和星期等时间。

f. 棒图组件　棒图功能是用棒条状图形把一个值显示为指定的百分数。双击屏幕上的数据组件，打开如图 8-38 所示的"数据组件属性设置"对话框。其功能如下。

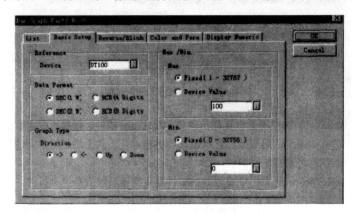

图 8-38　"数据组件属性设置"对话框

· Basic Setup 标签页用于基本设置。具体设置如下。

Reference：设置使棒图发生变化的 PLC 单元。

Data Format：设置数据形式。

Graph Type：设置棒图的增长方向，其中，→棒图向右增长；←棒图向左增长；Up 棒图向上增长；Down 棒图向下增长。

Max/Min：设置输入数据的最大、最小值。最大、最小值均可直接设置，也可通过 PLC 单元设置。

· Display Numeric 标签页如图 8-39 所示，用于设置棒图数据的显示形式。具体设置如下。

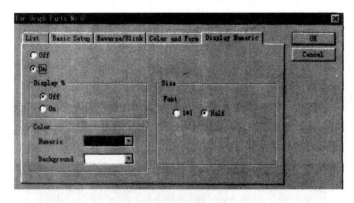

图 8-39　Display Numeric 标签页

Off：选择此项时，触摸屏上只显示棒图及其变化情况，不显示数值。

On：选择此项时，触摸屏上不仅显示棒图及其变化情况，同时显示数据。当 Display% 选"Off"时，触摸屏上显示由 Reference 项设置的 PLC 单元的值；选"On"时，在触摸屏上显示由 Reference 项设置的 PLC 单元的值与 Max/Min 选项设置最大的百分比。

g. 信息组件　双击屏幕上的信息组件，打开如图 8-40 所示的"信息组件属性设置"对话框。其功能如下。

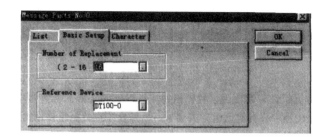

图 8-40 "信息组件属性设置"对话框

• Basic Setup 标签页如图 8-40 所示，此页主要设置信息变化数的范围和影响信息变化的 PLC 寄存器和十六进制的位数。

• Character 标签页如图 8-41 所示，用于设置信息组件显示的字符。按"Setup"按钮可设置字符内容、颜色和大小等功能。

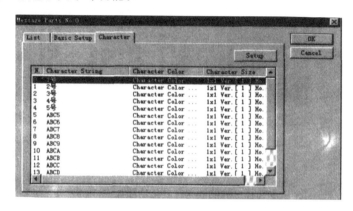

图 8-41 Character 标签页

信息组件显示的内容随着 Reference Device 中的内容改变而变化。例如选"DT100-0"，如果 DT100 中的内容为 0，触摸屏信息组件显示内容为 1 号；如果 DT100 的内容为 1，则显示 2 号。若选"DT100-1"，只有 DT100 的内容为 HOO，信息组件显示内容为 1 号，DT100 中的内容为 H10，信息组件显示内容为 2 号。

h. 键盘　放置键盘组件时必须首先打开键盘组件库。键盘库有十进制、十六进制、ASCII 码键盘，可根据需要选择。

双击屏幕上的键组，打开如图 8-42 所示的"键盘组件属性设置"对话框。On/Off Keyboard 项用于设置键盘的显示形式。Display Only On Entry Data 表示只有数据时显示键盘，Display Normally 表示正常时一直显示键盘。

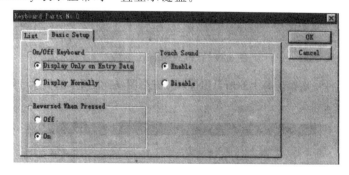

图 8-42 "键盘组件属性设置"对话框

键盘必须与数据组件一起使用，数据组件属性设置的 Input 标签页中 On 选项必须在 Supported Keyboard 项中设置键盘组件的序号。另外要注意数据组件设置的键盘组件序号必须与键盘组件的序号对应。

**（3）传输文件**

选择 "File/Transfer"，打开如图 8-43 所示的 "传输文件" 对话框，可以实现 GTWIN 向 GT 下传文件，也可以实现从 GT 向 GTWIN 上传文件。

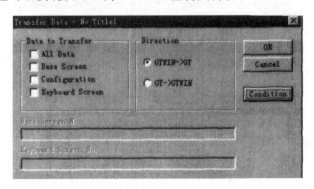

图 8-43　"传输文件" 对话框

① Data to Transfer 用于选择传输的数据。具体功能如下。

All Data：传输所有的数据。

Base Screen：传输基本屏，并可以在下面设置所传输的屏幕号。

Configuration：传输配置。

Keyboard Screen：传输键盘屏，并可以在下面设置所传输的键盘屏号。

②Direction 用于设置传输文件的方向。具体功能如下。

GTWIN→GT：由触摸屏向 GTWIN 传输文件。

GT→GTWIN：由 GTWIN 向触摸屏传输文件。

## 8.1.5　设计举例

以图 8-44 及图 8-45 的两个屏幕为例，设计触摸屏画面，并要求传送到触摸屏中，完成输入图中所示的字符、显示图中所示的时间、从 0 屏到 1 屏、从 1 屏返回到 0 屏、数据组件加边框等功能，具体步骤如下。

图 8-44　设计举例基本屏 0

图 8-45　设计举例基本屏 1

**（1）编辑屏幕 0**

① 选择 "File/New" 或按常用工具栏相应按钮打开屏幕管理器，按 "Open" 按钮或双击基本屏示意图左上角的小方框即可打开基本屏，双击最上行左边的第二个小方框即可打开基本屏 1，同时打开组件库。

② 打开基本屏 0，选择 "Draw/Character String" 即可输入 "欢迎进入触摸屏使用系统"，并设置字符的字体、字号等属性。

③ 在基本屏 0 放置 6 个时钟组件，并把时钟组件属性对话框中的 Clock 选项分别设置为年、月、日、时、分、秒，然后在相应的时钟组件后输入字符年、月、日、时、分、秒。

④ 在基本屏 0 放置一个功能开关组件，并双击此组件，打开它的属性设置对话框，如图 8-31 所示，在 Operation Mode 选项中选择 "Change Screen"，并把下面的屏幕号设置为 1。

**（2）编辑屏幕**

① 选择 "Parts/Open Parts Library"，打开如图 8-25 所示的选择组件库对话框，选择 "PART-V10. SPL Standard（GT10）"，打开如图 8-46 所示的键盘组件库，此组件库与前面打开的组件库是重叠的。使用哪个库单击哪个库的标题栏，使之变蓝色，此库即有效。

② 在基本屏 1 放置画面中的键盘，双击键盘组件，打开图 8-42 所示的键盘组件属性设置对话框。在 On/Off Keyboard 选项中选择 "Display Only On Entry Data" 项，也就是只有数据时才显示键盘。

③ 放置一个数据组件，双击此组件，打开如图 8-35 所示数据组件属性对话框，并如图中所示设置数据组件的 Basic Setup 属性；在图 8-36 Input 属性中 Startup Condition 选项选择 "Press" 项，Supported Keyboard 选项选 "Keyboard Parts" 项，并设 Part No. 0；

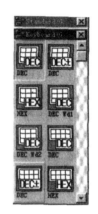

图 8-46　键盘组件库

Output Trigger 选项不设置；在 Color and Form 属性中的 Display Frame 选项中选择 "On" 项。

④ 根据前面的方法放置字符和功能组件。

**（3）传输文件**

以下两个画面编辑完成后，选择 "File/Transfer"，打开如图 8-43 所示的传输文件对话框，向 GT 传输文件。在触摸屏上将显示如图 8-47 和图 8-48 所示的两个画面。

图 8-47　运行后的基本屏 0

图 8-48　运行后的基本屏 1

在触摸屏第一页显示 GT 的当前时间，触摸翻页开关，触摸屏从 0 屏翻到 1 屏。因为键盘设置在输入数据时显示，所以键盘不显示。需要输入数据时触摸数据组件，显示键盘即可输入数据。触摸返回开关即可回到 0 屏。

本节小结：

① GT 触摸屏可以作为 PLC 的输入、输出设备，并用灯或显示窗口的形式显示 PLC 的继电器的开断状态及 PLC 数据寄存器的内容。

② 触摸屏系统设置包括对比度、时钟内存、通信端口等。

③ GTWIN 软件是 GT10、GT30 等系列触摸屏编辑专用软件，支持松下电工、欧姆龙、三菱等系列 PLC。

④ GTWIN 工作界面主要包括标题栏、菜单栏、常用工具栏、屏幕管理器. 组件库及基

本屏等。

⑤参数设置包括 PLC 和 GT 型号设置、GTWIN 参数设置、GT 参数设置。

⑥GTWIN 基本操作包括打开组件库、放置组件、编辑组件、文件传输等。

# 8.2 组态王

## 8.2.1 概述

### （1）组态王软件的结构

组态王是运行于 Microsoft Windows 98/2000NT 中文平台的中文界面的人机界面软件，采用了多线程、COM 组件等新技术，实现了实时多任务，软件运行稳定可靠。

组态王软件包由工程浏览器（Touch Explorer）、工程管理器（ProjManager）和画面运行系统（TouchVew）三部分组成。在工程浏览器中可以查看工程的各个组成部分，也可以完成数据库的构造、定义外部设备等工作；工程管理器内嵌画面管理系统，用于新工程的创建和已有工程的管理；画面的开发和运行由工程浏览器调用画面制作系统 TouchMak 和画面运行系统 TouchVew 完成。

画面制作系统是应用工程的开发环境，可以在这个环境中完成画面设计、动画连接等工作。TouchMak 具有先进完善的图形生成功能；数据库提供多种数据类型，能合理地提取控制对象的特性；对变量报警、趋势曲线、过程记录、安全防范等重要功能都有简洁的操作方法。

工程管理器是应用程序的管理系统。ProjManager 具有很强的管理功能，可用于新工程的创建及删除，并能对已有工程进行搜索、备份及有效恢复，实现数据词典的导入和导出。

画面运行系统是组态王软件的实时运行环境，在应用工程的开发环境中建立的图形画面只有在画面运行系统中可能运行。画面运行系统从控制设备中采集数据，并存在于实时数据库中。它还负责把数据的变化以动画的方式形象地表示出来，同时可以完成变量报警、操作记录、趋势曲续等监视功能，并按实际需求记录在历史数据库中。

### （2）组态王与外部设备的通信

组态王把每一台与之通信的设备看作是外部设备，为实现组态王和外部设备的通信，组态王内置了大量设备的驱动作为组态王和外部设备的通信接口，在开发过程中只需根据工程浏览器提供的设备配置向导一步步完成连接过程，即可实现组态王和相应外部设备驱动的连接。在运行期间，组态王就可通过驱动按口和外部设备交换数据，包括采集数据和发送数据/指令。每一个驱动都是一个 COM 对象，这种方式使驱动和组态下构成一个如图 8-49 所示的完整的系统，既保证了运行系统的高效率，也使系统有很强的扩展性。

### （3）建立应用工程

开发者在画面制作系统中制作的画面都是静态的，通过实时数据库，能以生动的方式反映工业现场的状况，因为只有数据库中建立的变量才是与现场状况同步变化的。数据库变量的变化与画面之间的动画效果是通过动画连接实现的，所谓动画连接就是建立画面的图素与数据库变量的对应关系。这样，工业现场的数据，比如温度、液面高度等，当它们发生变化时，通过设备驱动，将引起实时数据库中相关联变量的变化，如果画面上有一个图案，如指针，规定了它的偏转角度与这个变量相关. 就会看到指针随工业现场数据的变化而同步

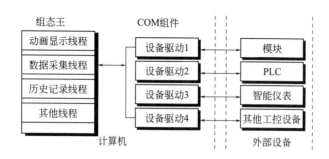

**图 8-49 组态软件与下位机通信**

偏转。

动画连接的引入是设计人机界面的一次突破，它把程序员从繁重的图形编程中解放出来，为程序员提供了标准的工业控制图形界面，并且可以通过内置的命令语言连接来增强图形动画效果。

① 建立应用工程的一般步骤　建立应用工程大致可分为以下 4 个步骤，即设计图形界面，构造数据库变量，建立动画连接，运行和调试。

这 4 个步骤并不是完全独立的，常常是交错进行的。

② 规划项目　在用画面制作系统构造应用工程之前，要仔细规划项目，主要考虑以下三方面问题。

a. 画面　用怎样的图形画面来模拟实际的工业现场和相应的控制设备。用组态王系统开发的应用工程是以画面为程序单位的，每一个画面对应于程序实际运行时的一个Windows 窗口。

b. 数据　怎样用数据来描述控制对象的各种属性方法，也就是创建一个实时数据库，用此数据库中的变量来反映控制对象的各种属性，比如变量温度、压力等。此外，还有代表操作者指令的变量，比如电源开关。规划中可能还要为临时变量预留空间。

c. 动画　数据和图形画面中的图素的连接关系，是画面上的图素以动画来模拟现场设备的运行以及让操作者输入控制设备的指令。

## 8.2.2 建立一个新工程

### （1）建立新工程的方法

在组态王中，所建立的每一个应用都称为一个工程。每个工程必须在一个独立的目录下，不同的工程不能共享一个目录。在每一个工程的路径下，生成了一些重要的数据文件，这些数据文件不允许直接修改。

现以建立一个反应车间的监控中心为例，介绍组态王的应用。监控中心从现场采集生产数据，并以动画形式直观地显示在监控画面上。监控画面还将显示实时趋势和报警信息，并提供历史数据咨询的功能，最后完成一个数据统计的报表。

① 确定采集的数据　反应车间需要采集以下 3 个数据（在数据字典中进行操作）：

a. 原料油液位（变量名：原料油液位，最大值100，整型数据）；

b. 催化剂液位（变量名：催化剂液位，最大值100，整型数据）；

c. 成品油液位（变量名：成品油液位，最大值100，整型数据）。

② 工程管理器功能　组态王工程管理器的主要作用是为用户集中管理本机上的组态王工程。工程管理器的主要功能包括新建、删除工程，对工程重命名，搜索组态王工程，修改

工程属性，工程的备份、恢复，数据词典的导入导出，切换到组态王开发或运行环境等。

工程管理器运行后，当前选中的工程是上次进行开发的工程，称为当前工程。如果第一次使用组态王，组态王的示例工程作为默认的当前工程。

③ 新工程建立的操作过程　为建立一个新的工程，需执行以下操作。

a. 在工程管理器中选择"菜单文件/新建工程"，或者点击工具栏的"新建"按钮，打开如图 8-50 所示的"新建工程向导之一"对话框。

b. 单击下一步按钮，打开如图 8-51 所示的"新建工程向导之二"对话框。

图 8-50　"新建工程向导之一"对话框　　　　图 8-51　"新建工程向导之二"对话框

c. 选择所要新建的工程存储的路径后，单击"下一步"按钮，打开如图 8-52 所示"新建工程向导之三"对话框。

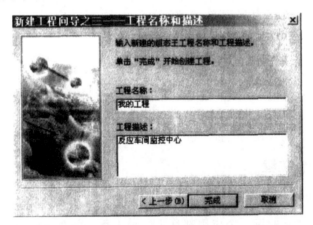

图 8-52　"新建工程向导之三"对话框

d. 在对话框中输入工程名称"我的工程"，在工程描述中输入"反应车间监控中心"，单击"完成"按钮，出现一个确认是否将新建工程设为组态当前工程的对话框。选择"是"按钮，将新建工程设为组态王当前工程。组态王将在"新建工程向导之二"对话框中所设置的路径下生成新的文件夹"我的工程"，并生成文件 ProjManager.dat，保存新工程的基本信息。

**（2）定义画面**

在菜单项中选择工具切换到开发系统，或者退出工程管理器，直接打开组态王工程浏览器，则进入如图 8-53 所示的工程浏览器画面，此时组态王自动生成初始的数据文件。

工程浏览器是组态王的集成开发环境。在这里可以看到工程的各个组成部分，包括画面、数据库、外部设备、系统配制、SQL 访问管理器等，它们以树形结构表示。

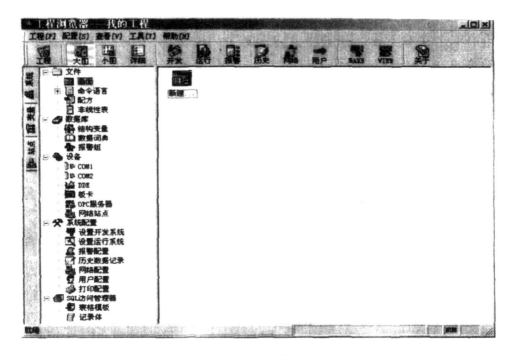

**图 8-53   工程浏览器画面**

工程浏览器由菜单栏、工具条、工程目录显示区、目录内容显示区、状态条组成。工程目录显示区以树形结构图显示大纲项节点，用户可以扩展或收缩工程浏览器中所列的大纲项。选中目录显示区的某项后，在目录内容显示区显示相应的选项所包括的内容。

① 建立新画面   在工程浏览器中左侧的树形结构中选择画面，在右侧视图中双击新建工程浏览器将打开"新画面"对话框，并在"新画面"对话框中进行如下设置。

a. 画面名称：监控中心。

b. 对应文件：pic00001. pic（自动生成，用户也可以自定义）。

c. 注释：反应车间的监控中心——主画面。

d. 画面风格：替换式。

e. 画面边框：粗边框。

f. 左边：0。

g. 右边：0。

h. 宽度：800（最大值不应超过当前显示器分辨率）。

i. 高度：600（最大值不应超过当前显示器分辨率）。

j. 标题杆：无效。

k. 大小可变：无效。

设置完成后，在对话框中单击"确定"，Touch Explore 按照指定的风格产生一幅名为"监控中心"的画面。

② 使用图形工具箱   绘制图素的主要工具放置在图形编辑工具箱内。当画面打开时，工具箱自动显示。如果工具箱没有出现，选择"菜单工具/显示工具箱"或按"F10"键打开它。

工具箱中各种基本工具的使用方法和 Windows 中的画笔类似。

在工具箱中单击文本工具，在画面上输入文字：反应车间监控画面。

如果要改变文本的字体、颜色和字号，先选中文本对象，然后在工具箱内选择字体，打开字体对话框即可设置字体。

选择菜单工具/显示调色板，或在工具箱中选择对应工具按钮，打开调色板画面设置对话框，可以设置相应文本的颜色。

③ 使用图库管理器　选择"菜单图库/打开图库"或按"F2"键打开如图 8-54 所示的图库管理器。使用图库管理器降低了工程人员设计界面的难度，用户更加集中精力于维护数据库和增强软件内部的逻辑控制，缩短开发周期；同时用图库开发的软件将具有统一的外观，方便工程人员学习和掌握；另外利用图库的开放性，工程人员可以生成自己的图库元素。

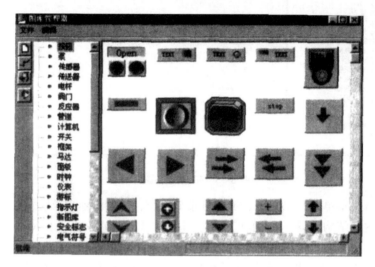

图 8-54　图库管理器

在图库管理器左侧图库名称列表中选择图库名称反应器，从中选择对应图标，双击鼠标，图库管理器自动关闭，在工程画面上，鼠标位置出现一个 ⌐ 标志。在画面上单击鼠标，该图素就被放置在画面上。拖动边框到适当的位置，改变其大小。在图库管理器中选择不同的图素，在画面上分别做出原料油罐、催化剂罐和成品油罐，生成画面。

选择工具箱中的立体管道工具，在画面上，鼠标图形变为"＋"形式，在适当位置作为立体管道的起始位置，单击鼠标左键，然后移动鼠标到结束位置后双击，则立体管道在画面上显示出来。如果立体管道需要拐弯，只需在折点处单击鼠标，然后继续移动鼠标，就可实现折线形式的立体管道。

选中所画的立体管道，在调色板上的"对象选择"按钮中按下"线条色"按钮，在选色区选择某种颜色，则立体管道变为相应的颜色。

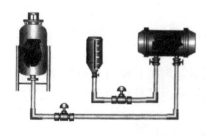

打开图库管理器，在阀门图库中选择图素，双击后在反应车间监控画面上单击鼠标，则该图素出现在相应的位置，移动到原料油罐和成品油罐之间的立体管道上，并拖动边框改变其大小。在旁边做出文本原料油出料阀，用同样的方法在画面上做出催化剂出料阀和成品油出料阀。最后生成的画面如图 8-55 所示。选择"菜单文件/保存"将所完成的画面进行保存。

图 8-55　反应车间控制画面

**（3）定义设备和数据变量**

① 外部设备的定义 组态王把那些需要与之交换数据的设备或程序都作为外部设备。外部设备包括：下位机（PLC、仪表、模块、板卡、变频器等），它们一般通过串行口和上位机交换数据；其他 Window 应用程序。它们之间一般通过 DDE 交换数据；外部设备还包括网络上的其他计算机。

只有在定义了外部设备之后，组态王可能通过 I/O 变量和它们交换数据。为方便定义外部设备，组态王设计了设备配置向导，引导设计者完成设备的连接。

② 定义仿真 PLC 以使用仿真 PLC 和组态王通信为例。仿真 PLC 可以模拟 PLC 为组态王提供数据，假设仿真 PLC 连接在计算机的 COM1 口。

a. 在组态王工程浏览器的左侧选中"COM1"，在右侧双击"新建"，打开如图 8-56 所示的"设备配置向导"对话框。

b. 选择仿真 PLC 的串口项，单击"下一步"，打开如图 8-57 所示的"逻辑名称设置"对话框。

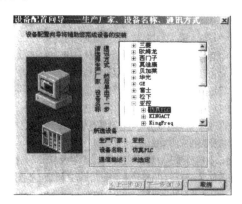

图 8-56 "设备配置向导"对话框

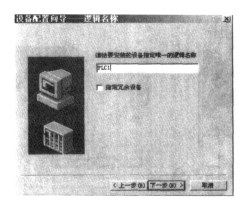

图 8-57 "逻辑名称设置"对话框

c. 为外部设备取一个名称，输入 PLC1，单击"下一步"，打开如图 8-58 所示的"选择串口设置"对话框。

d. 选择连接串口，假设为 COM1，单击"下一步"，打开设置如图 8-59 所示的"设备地址设置指南"对话框。

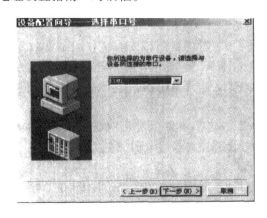

图 8-58 "选择串口设置"对话框

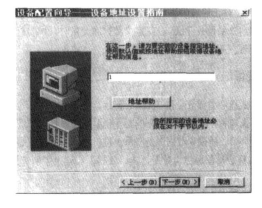

图 8-59 "设备地址设置指南"对话框

e. 填写设备地址，假设为 1，单击下一步，打开如图 8-60 所示的"设置通信故障恢复

参数"对话框。

图 8-60 "设置通信故障恢复参数"对话框      图 8-61 "设备配置向导完成"对话框

f. 设置通信故障恢复参数（一般情况下使用系统默认设置即可），单击"下一步"，打开如图 8-61 所示的"设备配置向导完成"对话框。

g. 检查各项设置是否正确，确认无误后，单击"完成"。设备定义完成后，可以在工程浏览器的右侧看到新建的外部设备 PLC1。在定义数据库变量时，只要把 I/O 变量连接到这台设备上，它就可以和组态王交换数据了。

**（4）数据库变量**

数据库是组态王最核心的部分。在 TouchVew 运行时，工业现场的生产状况以动画的形式反映在屏幕上，操作者在计算机前发布的指令也要迅速送达生产现场，所有这一切都是以实时数据库为中介环节，所以说数据库是联系上位机和下位机的桥梁。

数据库中变量的集合被形象地称为"数据词典"，数据词典记录了所有用户可使用的数据变量的详细信息。

在组态王软件中数据库分为实时数据库和历史数据库。

① 数据词典中变量的类型　数据库中存放着制作时定义的变量以及系统预定义的变量。变量可以分为基本类型和特殊类型两大类，基本类型的变量又分为内存变量和 I/O 变量两类。

I/O 变量指的是需要组态王和其他应用程序（包括 I/O 服务程序）交换数据的变量。这种数量交换是双向的、动态的，即在组态王系统运行过程中，每当 I/O 变量的值改变时，该位就会自动写入远程应用程序；每当远程应用程序中的值改变时，组态王系统中的变量值也会自动更新。所以，那些从下位机采集来的数据、发送给下位机的指令，如反应罐液位、电源开关等变量，都需要设置成 I/O 变量。那些不需要和其他应用程序交换、只在组态王内需要的变量，如计算过程的中间变量，就可以设置成内存变量。基本类型的变量也可以按照数据类型分为离散型、模拟型、长整数型和字符串型。

a. 内存离散变量、I/O 离散变量　类似一般程序设计语言中的布尔（DOOL）变量，只有 0、1 两种取值，用于表示一些开关量。

b. 内存实型变量、I/O 实型变量　类似一般程序设计语言中的浮点型变量，用于表示浮点数据，取值范围为 10E 38～10E－38，有效值 7 位。

c. 内存整数变量、I/O 整数变量　类似一般程序设计语言中的有符号长整数型变量，用于表示带符号的整型数据，取值范围－2147483648～2147483647。

d. 内存字符限串变量、I/O 字符串型变量　类似一般程序设计语言中的字符串变量，

可用于记录一些有特定含义的字符串，如名称、密码等，该类型变量可以进行比较运算和赋值运算。

特殊变量类型有报警窗口变量、报警组变量、历史趋势曲线变量、时间变量 4 种。这几种特殊类型的变量体现了组态王系统面向工控软件、自动生成人机接口的角色。

② 定义变量的方法　对于将要建立的监控中心，需要从下位机采集一个原料油的液位、一个催化剂液位和一个成品油液位，所以需要在数据库中定义这 3 个变量。因为这些数据是通过驱动程序采集到的，所以 3 个变量的类型都是 I/O 实型变量。这 3 个变量分别命名为原料油液位、催化剂液位和成品油液位，定义方法如下。

在工程浏览器的左侧选择"数据词典"，在右侧单击"新建"，打开如图 8-62 所示的"变量属性设置"对话框。具体设置如下。

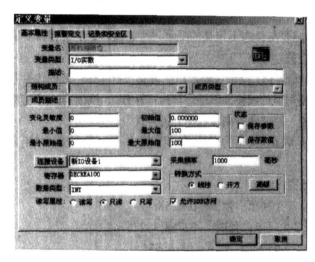

图 8-62　"变量属性设置"对话框

a. 变量名　唯一标识一个应用程序中数据变量的名字，同一应用程序中的数据变量不能重名。数据变量名区分大小写，最长不能超过 32 个字符。用鼠标单击编辑框的任何位置进入编辑状态，用户此时可以输入变量名字，变量名可以是汉字或英文名字，第一个字符不能是数字，例如温度、压力、液位、var1 等均可以作为变量名。

b. 变量类型　在对话框中只能定义 8 种基本类型中的一种，用鼠标单击变量类型下拉列表框列出的可供选择的数据类型，当定义有结构模板时，一个结构模板就是一个变量类型。

c. 描述　此编辑框用于编辑和显示数据变量的注释信息。若想在报警窗口中显示某变量的描述信息，可在定义变量时，在描述编辑框中加入适当说明，并在报警窗口中加上描述项，则在运行系统的报警窗口中可见该变量的描述信息。最长不超过 40 个字符。

• 结构成员：结构变量类型中的结构成员。

• 成员类型：结构变量类型中结构成员所对应的变量的数据类型。

• 成员描述：对于结构成员的描述。

只有选择的变量类型为结构类型时上述三项才有效。

d. 变化灵敏度　数据类型为模拟量或长整型时此项有效。只有当该数据变量的值变化幅度超过变化灵敏度时，组态王才更新与之相连接的图素。

• 最小值：指该变量值在数据库中的下限。

• 最大值：指该变量值在数据库中的上限。

- 最小原始值：指前面定义的最小值所对应的输入原始模拟值的下限。
- 最大原始值：指前面定义的最大值所对应的输入原始模拟值的下限。

e. 保存参数　在系统运行时，修改变量的域的值（可读可写型），系统自动保存这些参数值，系统退出后，其参数值不会变化。当系统再启动时变量的域的参数值为上次系统运行时最后一次的设置值。

f. 初始值　这项内容与所定义的变量类型有关，定义模拟量时出现编辑框可输入一个数值，定义离散量时出现开或关两种选择，定义字符串变量时出现编辑框可输入字符串，它们规定软件开始运行时变量的初始值。

g. 连接设备　只对 I/O 类型的变量起作用，用户只需从下拉式连接设备列表框中选择相应的设备即可。此列表框所列出的连接设备名是组态王设备管理中已安装的逻辑设备名。用户要想使用自己的 I/O 设备，首先单击"连接设备"按钮，则"变量属性"对话框自动变成小图标出现在屏幕左下角，同时打开"设备配置向导"对话框，用户根据安装向导完成相应设备的安装，当关闭"设备配置向导"对话框，"变量属性"对话框又自动弹出；用户也可以直接从设备管理中定义自己的逻辑设备名。

h. 寄存器　指定要与组态王定义的变量进行连接通信的寄存器变量名，该寄存器与用户指定的连接设备有关。

i. 转换方式　规定 I/O 模拟量输入原始值到数据库使用值的转换方式。其中，线性：用原始值和数据值使用值的线性插值进行转换；开方：用原始值的平方根进行转换；高级：提供非线性查表和累计算法两种高级数据转换方式。

j. 数据类型　只对 I/O 类型的变量起作用，共有 8 种数据类型供用户使用，这 8 种数据类型分别是：

Bit：1 位；范围：0 或 1。
BYTE：8 位，1 个字节；范围：0～255。
INT：16 位，2 个字节；范围：-32768～32767。
UINT：16 位，2 个字节；范围：0～65535。
BCD：16 位，2 个字节；范围：0～8888。
LONG：32 位，4 个字节；范围：0～88888888。
LONGBCD：32 位，4 个字节；范围：0～88888888。
FLOAT：32 位，4 个字节；范围：10e-38～10e38。

k. 采集频率　用于定义数据变量的采样频率。

读写属性：定义数据变量的读写属性，用户可根据需要定义变量为只读属性、只写属性、读写属性。

- 只读：对于进行采集的变量一般定义属性为只读，其采集频率不能为 0。
- 只写：对于只需进行输出而不需要读回的变量一般定义属性为只写。
- 读写：对于需要进行输出控制又需要读回的变量一般定义属性为读写。
- 允许 DDE 访问：组态王 Com 组件编写的驱动程序与外围设备进行数据交换，为了使用户用其他程序对这变量进行访问，可通过选中允许 DDE 访问，即时与 DDE 服务程序进行数据交换，项目名为设备名. 寄存器名。

数据变量完全建立起来后，对于大批同一类型的变量，组态王还提供了可以快速成批定义变量的方法，即结构变量的定义。

③ 结构变量的作用　为方便用户快速、成批定义变量，组态王支持结构变量。结构变量是指利用定义的结构模板在组态王中定义变量，该结构模板包含若干个成员，当定义的变

量的类型为该模板类型时，该模板下所有的成员都成为组态王的变量。结构变量中结构模板数目最多为 64 个，而且模板允许两层嵌套，即在定义了多个结构模板后，在一个结构模板的成员数据类型中可嵌套其他结构模板数据类型。

④ 结构变量的定义　在组态王工程浏览器中选择数据库下的结构变量，双击右侧的提示，打开如图 8-63 所示的"结构变量定义"对话框。

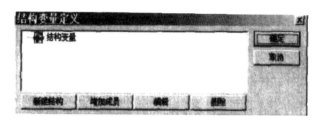

图 8-63　"结构变量定义"对话框

a. 单击"新建结构"按钮，即可增加新的结构变量，打开如图 8-64 所示的"结构变量名输入"对话框，输入结构变量名称。

b. 单击"确定"按钮，在结构变量树状目录中显示出用户定义的结构模板，如图 8-65 所示。

图 8-64　"结构变量名输入"对话框

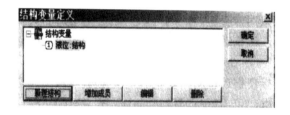

图 8-65　用户定义的结构模板

c. 选中一个结构模板后，单击"增加成员"按钮，打开如图 8-66 所示的"增加成员"对话框，可以增加成员。在输入成员文本框中输入成员名称，即模板下的变量的名称。然后单击成员类型列表框，选择该成员的数据类型，常用的类型为整型、实型、离散型、字符串型。另外，如果用户定义了其他的结构模板，此时，其结构模板的名称

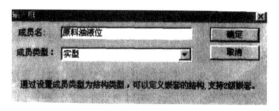

图 8-66　"增加成员"对话框

也出现在数据类型中，用户选择结构模板作为数据类型，将其嵌入当前结构模块中。定义完毕后，单击"确定"按钮。

## 8.2.3　动画连接

所谓动画连接就是建立画面的图素与数据库变量的对应关系。对于已经建立的监控中心，如果画面上的原料油罐图素能够随着原料油液位等变量值的大小变化实时显示液位的高低，那么对于操作者来说，就能够看到一个真实反映工业现场的监控画面。

**（1）动画连接种类**

① 属性变化　共有 3 种连接（线属性、填充属性、文本色），它们规定了图形对象的颜

色、线型、填充类型等属性如何随变量或连接表达式的值变化而变化。线类型的图形对象可定义线属性连接，填充形状的图形对象可定义线属性、填充属性连接，文本对象可定义文本色连接。单击任一按钮即可打开相应的连接对话框。

② 位置与大小变化　水平移动、垂直移动、缩放、旋转、填充等 5 种连接规定了图形对象如何随变量值的变化而改变位置或大小。不是所有的图形对象都能定义这 5 种连接。

③ 值输出　只有文本图形对象能定义 3 种值输出连接中的某一种。这种连接用来在画面上输出文本图形对象的连接表达式的值。运行时文本字符串将被连接表达式的值所替换，输出的字符串的大小、字体和文本对象相同。

④ 用户输入　所有的图形对象都可以定义为 3 种用户输入连接中的一种，输入连接使被连接对象在运行时为触敏对象，周围出现反显的矩形框，可由鼠标或键盘选中此触敏对象。按"Space"键、"Enter"键或鼠标左键，会打开输入对话框，可以从键盘输入数据以改变数据库中变量的值。

⑤ 特殊　所有的图形对象都可以定义闪烁、隐含两种连接，这是两种规定图形对象可见性的连接。

⑥滑动杆输入　所有的图形对象都可以输入两种连接中的一种，滑动杆输入连接使被连接对象在运行时为触敏对象。当 TouchVew 运行时，触敏对象周围出现反显的矩形框。鼠标左键拖动有滑动杆输入连接的图形对象可以改变数据库中变量的值。

⑦ 命令语言连接　所有的图形对象都可以定义 3 种命令语言连接中的一种，命令语言连接使被连接对象在运行时为触敏对象。当 TouchVew 运行时，触敏对象周围出现反显的矩形框，可由鼠标或键盘选中。按"Space"键、"Enter"键或鼠标左键，就会执行定义命令语言连接时用户输入的命令语言程序。

⑧ 等价键 设置被连接的图素在被单击执行命令语言时与鼠标操作相同功能的快捷键。

⑨ 优先级　此编辑框用于输入被连接的图形元素的访问优先级级别。当软件在 TouchVew 运行时，只有优先级级别不小于此值的操作员才能访问它，这是组态王保障系统安全的一个重要功能。

⑩ 安全区　此编辑框设置被连接元素的操作安全区。当软件 TouchVew 运行时，只有在设置安全区的操作员才能访问它。安全区与优先级一样是组态王保障系统安全的一个重要功能。

**（2）建立动画连接**

① 在画面上双击图形对象反应器，打开如图 8-67 所示的"填充连接设置"对话框。

② 在变量名处输入变量名：\ \本站点\原料油液位。注意变量名必须在工程浏览器中进行定义。

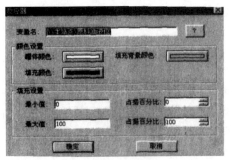

图 8-67　"填充连接设置"对话框

③ 分别选择罐体、填充背景和填充的颜色。

④ 单击"确定"按钮，完成原料油罐的动画连接。这样建立连接后，变量原料油液位的变化就通过设置颜色的填充范围表示出来，并且填充的高度随着变量值的变化而变化。

用同样的方法设置催化剂罐和成品油罐的动画连接。

作为一个实际可用的监控程序，操作者可能需要知道罐液面的准确高度，而不仅仅是形象的表示。这个功能由模拟值动画连接来实现。

⑤ 在工具箱中选用文本工具，在原料油罐旁边输入字符串"＃＃＃＃"。这个字符串是任意的，例如可以输入原料油罐液位。当工程运行时，实际画面上字符串的内容将被需要输出的模拟值所取代。

⑥ 双击文本对象"＃＃＃＃"，打开如图 8-68 所示的"动画连接设置"对话框。

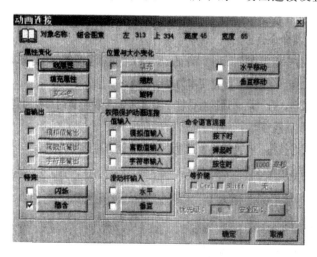

图 8-68　"动画连接设置"对话框

⑦ 单击"模拟值输出连接"对话框，打开如图 8-69 所示的"模拟值输出连接"对话框。

a. 表达式：＼＼本站点＼原料油液位（可以单击表达式右侧"?"按钮，弹出本工程已定义的变量列表）。

b. 输出格式为整数位：2；小数位：1；对齐方式：居左。

输出的格式可以随意更改，它们与字符串"＃＃＃＃"的长度无关。

单击"动画连接"对话框的"确定"，完成设置。

在此处，表达式是要输出的变量的名称。在

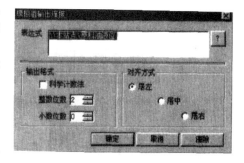

图 8-69　"模拟值输出连接"对话框

其他情况下，此处可以输入复杂的表达式，包括变量名称、运算符、函数等。

用同样的方法，为另外两个字符串建立模拟值输出动画连接，连接表达式分别为变量"＼＼本站点＼催化剂液位"和"＼＼本站点＼成品油液位"。

⑧ 设置完成后，选择"菜单文件＼全部保存"（画面改变后，必须保存全部信息）。启动运行程序 TouchVew。TouchVew 启动后，选择"菜单画面＼打开"，在打开的对话框中选择监控中心画面（如果想在 TouchVew 启动后便自动进入监控画面，则在"工程浏览器＼系统配置"双击设置运行系统，在打开的"运行系统设置"对话框中选择主画面配置，通过鼠标选择，成蓝色的画面名称即可设置为系统启动时自动打开）。

**（2）命令语言**

① 命令语言类型　命令语言是一段类似 C 语言的程序，可以利用这段程序来增强应用工程的灵活性。命令语言包括应用程序命令语言、热键命令语言、事件命令语言、变量改变命令语言、自定义函数命令语言、动画连接命令语言、画面属性命令语言。命令语言的词法

语法和 C 语言非常类似，是 C 的一个子集，具有完备的词法语法查错功能和丰富的运算符、数学函数、字符串函数、控件函数、报表函数 SQL 函数和系统函数。各类命令语言通过命令语言对话框编辑输入，在组态王运行系统中被编译执行。

② 动画连接命令语言  要在程序运行中退出系统，返回 Windows 可以用动画连接命令语言来实现。

a. 在面面上做一个按钮，按钮文本为退出系统。

b. 双击该按钮，打开"动画连接"对话框，可以选择 3 种形式的命令语言连接进行定义，即按下时、弹起时、按住时。

c. 单击"弹起时"按钮，打开如图 8-70 所示的命令语言对话框。

d. 在命令语言编辑区键入 Exit（0）。

e. 按确认按钮，关闭对话框，完成设置。

系统运行中，单击该按钮，当按钮弹起的时候系统退出到 Windows。

③ 画面的切换  建立了一个新的画面，画面名称为报警画面。那么在当前画面为监控中心画面时可切换到报警画面显示，这时可以用函数 Show Picture（）。

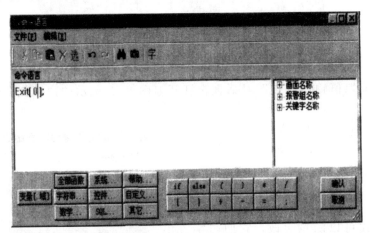

图 8-70    "命令语言"对话框

a. 做一个按钮，按钮文本为切换到报警画面。

b. 双击该按钮，打开图 8-70 所示的动画连接，并按下"弹起时"按钮进入图 8-71 所示的"热键命令语言"对话框中，键入 Show Picture（报警画面）；则当系统运行时，单击该按钮，在按钮弹起的时候，该函数执行，使报警画面得以显示。

其他常用的函数有 Close Picture（）、Bit Set（）、File Read Fields（）、Start App（）、File Write Fields（）、Print Window（）、Activate App（）、Bit（）、Play Sound（）。

④ 定义热键  在实际的工业现场，为了操作的需要，可能需要定义一些热键，当某键被按下时，系统执行相应的控制命令。例如，想要使"F1"键被按下时，控制原料油出料阀的状态切换。这样就可以使用"命令语言/热键命令语言"来实现。

a. 在工程浏览器的左侧的工程目录显示区内选择命令语言下的热键命令语言，点击目录内容显示区，打开如图 8-71 所示的"热键命令语言编辑"对话框，输入图中所示的语句。

b. 点击按钮 ████，在打开的选择键对话框中选择 F1 键后，关闭对话框，则热键"F1"就显示在 ████ 按钮的右侧。

c. 单击"确认"完成设置（需要注意，命令语句中使用的英文符号应为英文字符）。则当工程运行时，按下"F1"键时，执行以下命令：首先判断原料油进料阀的当前状态，如

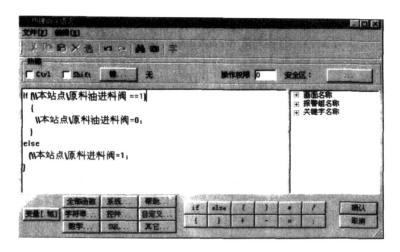

图 8-71　"热键命令语言编辑"对话框

果是打开的，则将其关闭；否则，就将它打开。

⑤ 动画显示液体流动　对于反应车间监控画面，动态显示立体管道中正有液体流动，可用命令语言来实现该动画。

a. 在数据词典中定义变量流体状态：变量类型为内存整型；变量最大值：2；变量最小值：0。

b. 在画面上画一段短线，通过调色板改变线条的颜色，通过菜单工具/选中线形可选择短线的线形；另外复制生成两段，并排列成"－－－"。

定义双击第一个短线，弹出"动画连接"对话框，点击"隐含"按钮，打开如图 8-72 所示的"隐含连接设置"对话框。

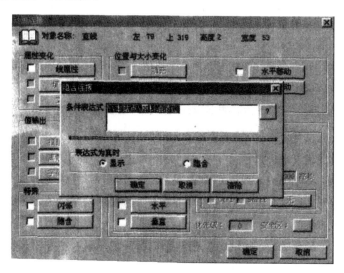

图 8-72　"隐含连接设置"对话框

当变量流体状态值为 0，并且原料油进料阀打开时，该短线显示，否则隐含。

对另外两段短线的隐含连接条件分别为：

\\本站点 \ 流体状态＝1 && \\本站点 \ 原料油进料阀＝1

\\本站点 \ 流体状态＝2 && \\本站点 \ 原料油进料阀＝1

表达式为真时，均选中显示。

至此，如果能够在程序中使变量流体状态能够在 0、1、2 之间循环，则 3 段短线就能循环显示，从而动态地表现了液体流动的形式。

c. 使变量流体状态的值在 0、1、2 之间循环是通过命令语言来实现的。

在工程浏览器左侧选择应用程序命令语言，双击右侧的 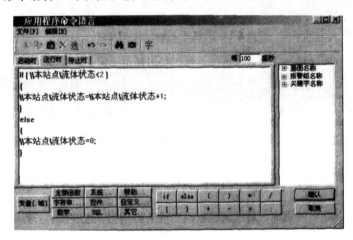，打开如图 8-73 所示的"应用程序命令语言"对话框。按"运行时"按钮，输入图中所示的语句。

图 8-73  "应用程序命令语言"对话框

设置命令执行的周期为 100ms。这样在程序运行以后，每个 100ms 执行一次上述语句，使变量流体状态的值在 0、1、2 之间循环，从而使得 3 段短线能够循环显示。

d. 选中全部 3 段短线，选择"菜单排列 \ 合成单元"，则将 3 段短线合成一个单元，再选择"菜单编辑 \ 复制"。另外生成 3 个短线单元，将它们排列在原料油出料阀后面的立体管道上。将画面保存后，即可运行。

切换原料油出料阀，当阀关闭时，不显示流体动画，当原料油出料阀打开时，可以在画面上动态显示流体的流动。

由于只有在反应车间监控画面显示时，才需要动态显示液体的流动，也就是说在该画面没有显示的时候没有必要使变量流体状态的值循环。这样就可以采用另外一种命令语言的形式——画面命令语言来实现。

选择"菜单编辑 \ 画面属性"，或按"Ctrl＋W"键，在"画面属性"对话框中选择"命令语言"按钮，打开"画面命令语言"对话框，选择存在时，在下面输入如下语句，并将应用程序命令语言中的相应语句删除。

$$if \; (\backslash\backslash本站点 \backslash 流体状态 < 2)$$
$$\{$$
$$\backslash\backslash本站点 \backslash 流体状态 = \backslash\backslash本站点 \backslash 流体状态 + 1;$$
$$\}$$
$$else$$
$$\{$$
$$\backslash\backslash本站点 \backslash 流体状态 = 0;$$
$$\}$$

设置命令执行的周期为 100ms。则每当该画面被打开以后，上面的语句就以 100ms 的

周期执行，从而使变量流体状态的值循环变化，同样达到了动画显示液体流动的效果。

## 8.2.4 报警和事件

### （1）报警和事件窗口

① 报警和事件窗口的作用 运行报警和事件记录是监控软件必不可少的功能，组态王提供了强有力的支持和简单的控制运行报警和事件记录方法。

组态王中的报警和事件主要包括变量报警事件、操作事件、用户登录事件和工作站事件。通过这些报警和事件，用户可以方便地记录和查看系统的报警、操作和各个工作站的运行情况。当报警和事件发生时，在报警窗口中会按照设置的过滤条件实时地显示出来。

为了分类显示报警事件，可以把变量划分到不同的报警组，同时指定报警窗口中只显示所需的报警组。

趋势曲线、报警窗口等都是一类特殊的变量，有变量名和变量属性等。

② 定义报警组 切换到工程浏览器，在左侧选择报警组，然后双击右侧的图标。打开如图 8-74 所示的"报警组定义"对话框。在"报警组定义"对话框中单击"修改"，在"修改报警组"对话框中将 RootNode 修改为"化工厂"。单击"增加"按钮，在"化工厂"报警组下再增加一个分组"反应车间"。

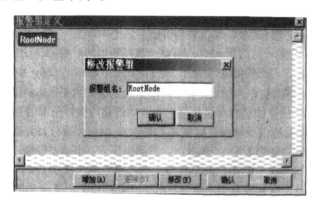

图 8-74 "报警组定义"对话框

③ 设置变量的报警定义属性 例如，设置变量反应罐压力的报警属性。在工程浏览器的左侧选择数据词典，在右侧双击变量名"反应罐压力"，打开"定义变量"对话框，并选择报警定义设置页，如图 8-75 所示。具体设置如下。

a. 报警组名 定义该变量属于哪个报警组，只能选择一个。

b. 优先级 定义变量的报警优先级，为 1～999 的一个整数。优先级数值越小，级别越高。

c. 越限报警 模拟量的值在跨越报警时产生的报警。越限报警的报警限有 4 个：低低限、低限、高限、高高限，它们的值在变量的最大值和最小值之间，它们的大小关系排列依次为高高限、高限、低限、低低限。在变量的值发生变化时，如果跨越某一个限值，立即发生越限报警。某个时刻，对于一个变量，只可能越一种限，因此只产生一种越限报警。

越限死区是指当变量产生越限报警后，再次产生新类型的越限报警时，如果变量的值在上一次报警限加减死区值的范围内，就不会恢复报警，也不产生新的报警；如果变量的值不在上一次报警限加减死区值的范围内，则先恢复原来的报警，再产生新报警。

d. 变化报警 模拟量的值在固定时间内的变化超过一定量时产生的报警，即变化量变

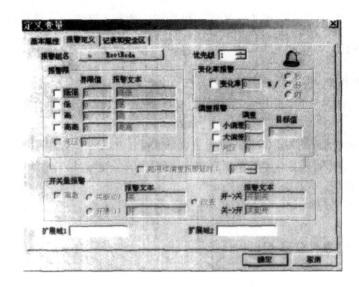

图 8-75　"报警定义设置"对话框

化太快产生的报警。当模拟量的值发生变化时，就计算变化率以决定是否报警。变化率的时间单位有 3 种：s、min 和 h。变化率报警利用如下公式计算。

　［（变量的当前值－变化一次的值）×100］／［（这一次产生值的时间－上一次产生值的时间）×（最大值－最小值）×单位对应的值（如果是 s，为 1；如果是 min，为 60；如果是 h，为 3600）］

　取其整数部分的绝对值作为结果，若计算结果大于定义的变化率的值，则出现报警。

　e. 偏差报警　模拟量的值相对目标值上下波动的量与变量范围的百分比超过一定量时产生的报警。用户在目标值中输入目标值（基准值）。偏差报警分为大偏差和小偏差两种。当波动的百分比大于大偏差或小于小偏差时，分别出现大、小偏差报警。计算公式如下。

　偏差＝［（当前值－目标值）／（最大值－最小值）］×100

　由于偏差有正负，在偏差范围内相对目标值（基准值）上下波动的模拟量最小分界值称为最小当前值，相对目标值（基准值）上下波动的模拟量最大分界值称为最大当前值，则有：

　最小当前值＝目标值－（偏差/100）×（最大值－最小值）

　最大当前值＝目标值－（偏差/100）×（最大值－最小值）

　若变量的最小值＝－1000，最大值＝1000，设定其小偏差＝10，大偏差＝15，目标值＝500，则可计算出小偏差报警和大偏差报警的条件如下。

　• 小偏差报警。

　最小当前值＝500－（10/100）×［1000－（－1000）］＝500－200＝300

　最大当前值＝500＋（10/100）×［1000－（－1000）］＝500＋200＝700

　则模拟变量值≥700 或模拟变量值≤300 时，出现小偏差报警；300＜模拟变量值＜700 时，为正常工作范围。

　• 大偏差报警。

　最小当前值＝500－（15/100）×［1000－（－1000）］＝500－300＝200

　最大当前值＝500＋（15/100）×［1000－（－1000）］＝500＋300＝800

　则模拟变量值≥800 或模拟变量值≤200 时，出现大偏差报警；200＜模拟变量值＜800 时，为正常工作范围。

• 偏差死区。是指变量产生偏差报警（如小偏差报警）后，再次产生新类型的偏差报警（如大偏差报警）时，如果变量的值在上一次产生偏差报警时的值加减死区值的范围内，就不会恢复报警，也不产生新的报警；如果变量的值不在上一次产生偏差报警时的值加减死区值的范围内，则先恢复原来的报警，再产生新报警。

④ 越限或偏差报警延时　越限和偏差统一为一个延时时间，单位为 s。当一个变量的值越限或超过偏差以后，并不立刻马上报警，而是立刻开始计时，当计时时间等于或超过所定义的延时时间时，才产生报警。如果在这段时间内产生了新类型的报警，则计时重新开始。

a. 报警文本　报警产生时显示的文本，用户可以根据自己的需要，在报警文本的文本框中输入。

b. 扩展域 1、扩展域 2　在扩展域 1 和扩展域 2 中输入报警的扩展域文本。

c. 开关量报警　开关量报警分 3 种类型：关断报警、开通报警和改变报警。用户只能定义其中的一种。

• 关断　选中此项表示当离散型变量由开状态变为关状态（由 1 变为 0）时，对此变量进行报警。

• 开通　选中此项表示当离散型变量由关状态变为开状态（由 0 变为 1）时，对此变量进行报警。

• 改变　选中此项表示当离散型变量发生变化时，即由关状态变为开状态或由开状态变为关状态，对此变量进行报警。多用于电力系统，又称为变位报警。

只有在报警定义对话框中定义了变量所属的报警组和报警方式后，才能在报警和事件窗口中显示此变量报警信息，而字符串类型变量不能定义报警。

⑤ 报警配置　在组态王工程浏览器中，选择"系统配置\报警配置"还可以设置文件配置、数据库配置、打印配置等项。

**（2）建立报警和事件窗口**

① 建立新画面　对于一个实际可用的系统来说，其是由多幅具有不同功能的监控画面构成的。组态王所允许的画面数量是不受限制的。

在组态王开发系统的画面中选择"菜单工具\报警窗口"或选择工具箱中的定义报警窗口按钮，这时鼠标形状在画面中变为十字形，在画面的适当位置按下鼠标左键，并拖放，画出一个矩形，则出现如图 8-76 所示的报警窗口。

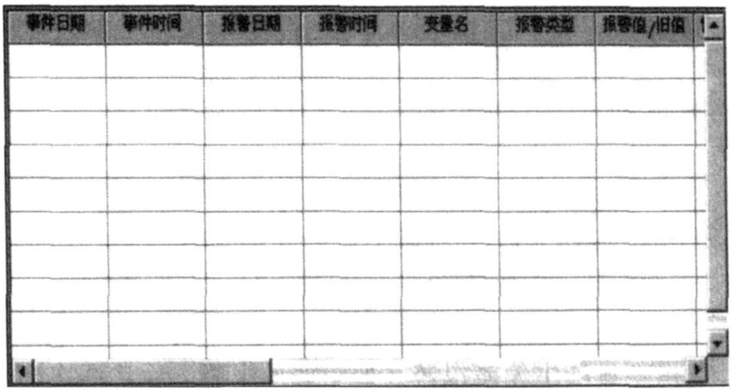

图 8-76　报警窗口

② 报警窗口设置　双击报警窗口，打开如图 8-77 所示的"报警窗口配置设置"对话框。

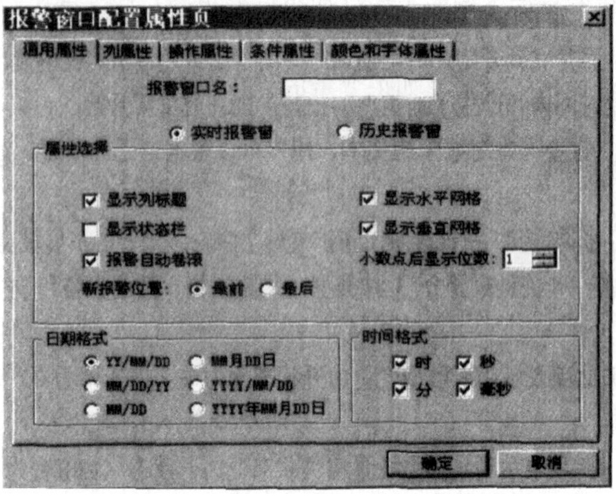

图 8-77    "报警窗口配置设置"对话框

a. 通用属性页

• 报警窗口名：规定报警窗口在数据库中的变量登记名，此报警窗口变量名可在为操作报警窗口建立的命令语言连接程序中使用。

• 实进报警窗：选择该项，窗口在运行时显示实时报警信息。

• 日期格式：选择报警窗中日期的显示格式，只选择一项。

• 时间格式：选择报警窗中时间的显示格式，该选择应该符合逻辑。例如只选择时和秒是错误的，时间格式选择错误时，系统会提示时间格式不对。

• 历史报警窗：选择该项，窗口在运行时将按照报警配置中设置的报警缓冲区的大小显示系统产生的报警和事件信息。

• 属性选择。

是否显示列标题：选中后，开发和运行中在窗口的上部均出现每一列的列标题。

是否显示状态栏：选中后，开发和运行中在窗口的下部均出现报警窗的状态栏。

报警自动卷滚：选中后，系统运行时，当出现新的报警时，报警窗会自动滚动，显示新报警。

是否显示水平网格：选中后，开发和运行中在窗口的信息显示部位均出现水平网格。

是否显示垂直网格：选中后，开发和运行中在窗口的信息显示部位均出现垂直网格。

小数点后显示位数：定义报警窗中各种数据显示时的小数位数。

新报警出现位置：产生一条新报警或事件后，显示新报警窗口的位置。新报警或事件可选择出现在最前或最后位置。

b. 列属性页    列属性页如图 8-78 所示。

• 未选择的列：在此框中出现的列将不在报警窗口中显示。

• 已选择的列：在此框中出现的列将在报警窗口中显示。

• 选入：选入某一列，在报警窗中显示，在未选择的列中选中一列名称后，单击"选入"按钮就可将列放到已选择的列中，即可在报警窗中显示。注意，必须在左边未选择的列框中选择某一列后，才可以执行此功能。

• 选出选择：将已选择的列选出，不在报警窗中显示，在未选择的列中选中一列后，单击选出按钮就可将列选出放到未选择的列中，即不在报警窗中显示。注意，必须在右边已选择的列框中选择某一列后，才可以执行此功能。

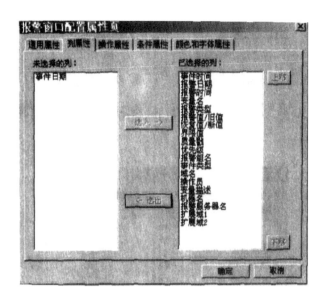

图 8-78　列属性页

• 上移：选入的列的排序，上移某一列名，必须在右边框选择某一个列名后并且选择的列名不在右边边框的最前面时，才能执行此功能。

• 下移：选入的列的排序，下移某一列名，必须在右边框选择某一个列名后并且选择的列名不在右边边框的最后面时，才能执行此功能。

c. 操作属性页　操作属性页如图 8-79 所示。

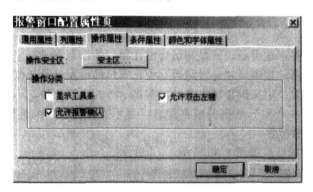

图 8-79　操作属性页

• 操作安全区：配置报警窗口在运行系统中允许操作该报警窗的安全区。安全区可以选择多个。

• 操作分类：配置报警窗口在运行时支持的操作内容和方式。

允许报警确认：系统运行时，允许通过图标等操作方式对报警进行确认。

显示工具条：选中时，开发和运行中在报警窗顶部显示快捷按钮，并允许用户在系统运行时通过图标操作报警窗。

允许双击左键：系统运行时，允许在某一报警条上双击左键执行顶置自定义函数功能。

d. 条件属性页　条件属性页如图 8-80 所示，条件属性是指配置运行时报警窗口需要显示的内容。

• 报警服务器名：当网络中有多台报警服务器时，报警信息可存在于多台服务器上，通

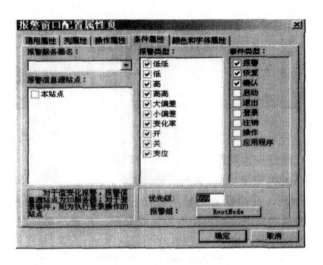

图 8-80　条件属性页

过该项选择，可指定将哪些报警服务器上的报警信息显示在该报警窗口。

　　• 报警信息源站点：列表框中列出网络中当前选择的报警服务器下的 I/O 服务器名称，通过该项选择，可指定将当前报警服务器下的哪些 I/O 服务器上的报警信息显示在该报警窗中。

　　• 优先级：选择报警中要显示的报警和事件的优先级，高于设定优先级的报警和事件将显示在报警窗中。优先级选择的范围为 1～888 的整数。

　　• 报警组名：选择报警窗中要显示的报警和事件的最高报警组，选择的报警组及其下报警组的报警和事件允许显示在报警窗中，只能选择一个报警组。

　　• 报警类型：选择报警窗口中允许显示何种显示类型的报警。

　　• 事件类型：选择报警窗口中允许显示何种显示类型的事件。

　　e. 颜色和字体属性页　颜色和字体属性页如图 8-81 所示，用于设置报警窗口各信息条在运行系统中显示的字体和颜色。

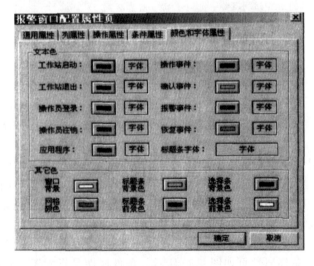

图 8-81　颜色和字体属性页

## 8.2.5　趋势曲线

趋势曲线用来反应数据变量随时间的变化情况。趋势曲线有两种，即实时趋势曲线和历史趋势曲线。这两种曲线外形都类似于坐标纸，$X$ 轴代表时间，$Y$ 轴代表变量的量程百分比。所不同的是，在画面程序运行时，实时趋势曲线随时间变化自动卷动，以快速反映变量的新变化，但是时间轴不能回卷，不能查阅变量的历史数据；历史趋势曲线可以完成历史数据的查看工作，但它不会自动卷动（如果实际需要自动卷动可以通过编程实现），而需要通过带有命令语言的功能按钮来辅助实现查阅功能。

**（1）实时趋势曲线**

① 放置实时趋势曲线　在同一个实时趋势曲线中最多可同时显示 4 个变量的变化情况，在同一个历史趋势曲线窗口中最多可同时显示 8 个变量的变化情况。

例如，要将反应罐的变量值用实时曲线显示出来。可按下述方法进行操作。

在组态王开发系统中制作画面时，选择"菜单工具 \ 实时趋势曲线"项或单击工具箱中的"画实时趋势曲线"按钮，此时鼠标在画面中变为十字形，在画面中用鼠标画出一个矩形，就会出现如图 8-82 所示的实时趋势曲线。

② 实时趋势曲线设置　双击实时趋势曲线，打开如图 8-83 所示的"实时趋势曲线设置"对话框。

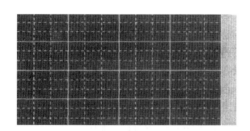

图 8-82　实时趋势曲线

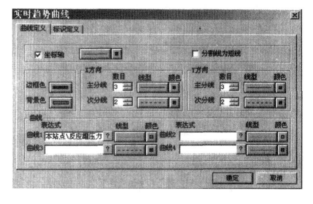

图 8-83　"实时趋势曲线设置"对话框

a. 曲线定义页

- 边框色、背景色：分别规定绘图区域的边框和背景（底色）的颜色。
- $X$ 方向、$Y$ 方向：$X$ 方向和 $Y$ 方向的主分割线将绘图区划分成矩形网格，次分割线将再次划分主分割线划分成的小矩形。这两种线都可通过线型和颜色按钮选择各自分割线的颜色和线型。分割线的数目可以通过小方框右边加减按钮增加或减少，也可通过编辑区直接输入。用户可以根据实时趋势曲线的大小决定分割线的数目，分割线最好与标识定义（标注）相对应。
- 曲线：定义所给的 1～4 条曲线 $Y$ 坐标对应的表达式，这是与历史曲线的不同之处，因为实时趋势曲线可以识别计算表达式的值，所以它可以使用表达式。实时趋势曲线名的编辑框中可输入有效的变量名或表达式，这个名字区分大小写，也可以是汉字。曲线 1、曲线 2、曲线 3、曲线 4 的编辑框中分别输入曲线所对应的表达式，表达式所用变量必须是数据库中已定义的变量。右边的"?"按钮可列出数据库中已定义的变量或域供选择。每条曲线可由右边的线型和颜色按钮分别选择线型和颜色。

b. 标识定义页　标识定义页如图 8-84 所示。

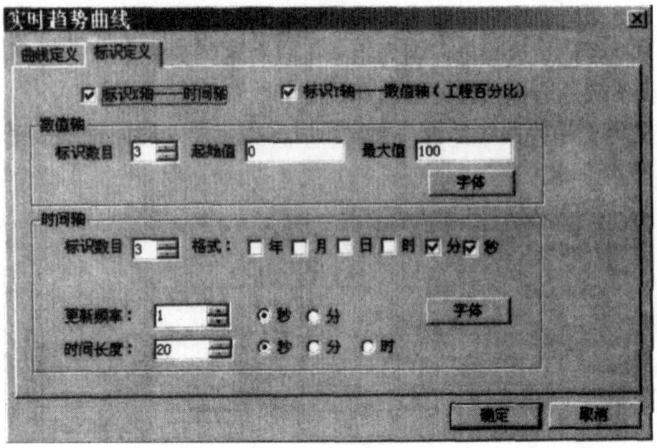

图 8-84　标识定义页

·标识 $X$ 轴——时间轴、标识 $Y$ 轴——数值轴：选择是否为 $X$ 或 $Y$ 轴加标识，即在绘图区域的外面用文字标注坐标的数值。如果此项选中，左边的检查框中有小叉标记，同时下面定义相应标识的选择项也由灰变加亮。

·数值轴（$Y$ 轴）定义区：因为一个实时趋势曲线可以同时显示 4 个变量的变化，而各变量的数值范围可能相差很大，为使每个变量都能表现清楚，组态王中规定，变量在 $Y$ 轴上以百分数表示，即以变量值与变量范围（最大值与最小值之差）的比值表示。所以 $Y$ 轴的范围是 0（0%）～1（100%）。

标识数：数值轴标识的数目，这些标识在数值轴上等间隔。

起始值：规定数值轴起点对应的百分比值，最小为 0。

最大值：规定数值轴终点对应的百分比值，最大为 100。

字体：规定数值轴标识所用的字体。

·时间轴定义区：

标识数目：时间轴标识的数目，这些标识在数值轴上等间隔。在组态王开发系统中，时间是以 yy：mm：dd：hh：Hmm：ss 的形式表示的；在 TouchVew 运行系统中，显示实际的时间；在组态王开发系统画面制作程序中的外观和历史趋势曲线不同，在两边是一个标识拆成两半，与历史趋势曲线区别。

格式：时间轴标识的格式，选择显示哪些时间量。

更新解：TouchView 是自动重绘一次实时趋势曲线的时间间隔。与历史趋势曲线不同，它不需要指定起始值，因为其时间始终在当前时间到起始时间之间。

时间长度：时间轴所表示的时间范围。

字体：规定时间轴标识所用的字体。与数值轴的字体选择方法相同。

设置完成后，单击"确定"，关闭此对话框。保存后，激活运行系统即可显示反应罐压力的实时趋势曲线。

**（2）历史趋势曲线**

① 通用历史趋势曲线　在组态王开发系统中制作画面时，选择"菜单图库＼打开图库＼图库管理器"，双击历史曲线库中的历史趋势曲线图库精灵，在画面上绘出如图 8-85 所示的历史趋势曲线。

双击历史趋势曲线，打开如图 8-86 所示的"历史趋势曲线向导"对话框。

a. 曲线定义页设置

·历史趋势曲线名：定义历史趋势曲线在数据库中的变量名（区分大小写），引用历史趋势曲线的各个域和使用一些函数时需要此名称。

·曲线1～曲线8：定义历史趋势曲线绘制的 8 条曲线对应的数据变量名。数据变量必须是在数据库中已定义的变量，不能使用表达式和域，并且定义变量时在"变量属性"对话框中选中是否记录选择框，因为组态王只对这些变量作历史记录。每条曲线可由右边的线条类型和线条颜色选择按钮分别选择线型和线条颜色。

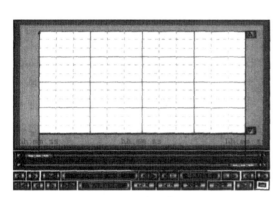

图 8-85　历史趋势曲线

图 8-86　"历史趋势曲线向导"对话框

·选项：定义历史趋势曲线是否需要显示时间指示器、时间轴缩放平移面板和 Y 轴缩放面板。

b. 坐标系页　坐标系页如图 8-87 所示。

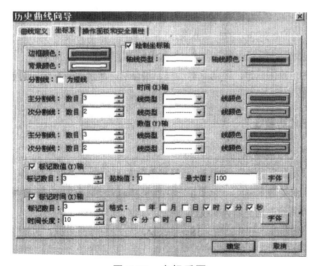

图 8-87　坐标系页

·边框颜色、背景颜色：分别规定网格区域的边框和背景颜色。按下按钮，弹出浮动调色板，选择所需的颜色。

·绘制坐标轴：选择是否在网格的底边和左边显示带箭头的坐标轴线。选中绘制坐标轴检查框（检查框中出现"√"号）表示需要坐标轴线，同时下面的轴线按钮加亮，可选择轴

线的颜色和线型。

· 分割线为短线：选择分割线的类型。选中此项后在坐标轴上只有很短的主分割线，整个图纸区域接近空白状态，没有网格，同时下面的次分割线选择项变灰。

· 分割线：$X$ 方向和 $Y$ 方向的主分割线将绘图区划分成矩形网格，次分割线将再次划分主分割线划分成的小矩形。这两种线都可通过属性按钮选择各自分割线的颜色和线型。分割线的数目可以通过小方框右边的加减按钮增加或减少，也可通过编辑区直接输入。工程人员可以根据历史趋势曲线的大小决定分割线的数目，分割线最好与标识定义（标注）相对应。

· 标识 $X$ 轴——时间轴、标识 $Y$ 轴——数值轴：选择是否为 $X$ 或 $Y$ 轴加标识，即在绘图区域的外面用文字标注坐标的数值。如果此项选中，左边的检查框中出现 "√" 号，同时下面定义相应标识的选择项也由灰变加亮。

· 数值轴（$Y$ 轴）定义区：因为一个历史趋势曲线可以同时显示 8 个变量的变化，变量的数值范围可能相差很大，为使每个变量都能表现清楚，组态王中规定，变量在 $Y$ 轴上以百分数表示，即以变量值与变量范围（最大值与最小值之差）的比值表示。所以 $Y$ 轴的范围是 0（0%）～1（100%）。

标识数目：数值轴标识的数目，这些标识在数值轴上等间隔设置。

起始值：规定数值轴起点对应的百分比值，最小为 0。

最大值：规定数值轴终点对应的百分比值，最大为 100。

字体：规定数值轴标识所用的字体。

· 时间轴（$X$ 轴）定义区。

标识数目：时间轴标识的数目，这些标识在数值轴上等间隔。在组态王开发系统、制作系统中，时间是以 yy：mm：dd：hh：Hmm：ss 的形式表示；在 TouchVew 运行系统中，显示实际的时间。

格式：时间轴标识的格式，选择显示哪些时间量。

时间长度：时间轴所表示的时间范围。运行时通过定义命令语言连接来改变此值。

字体：规定时间轴标识所用的字体。

c. 操作面板和安全属性页　操作面板和安全属性页如图 8-88 所示，可以设置换作面板关联变量、安全属性。

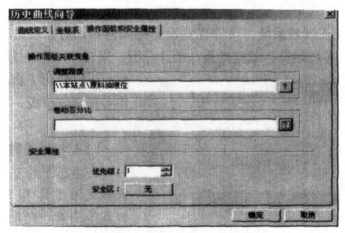

图 8-88　操作面板和安全属性页

· 操作面板关联变量：定义 $X$ 轴（时间轴）缩放平移的参数，即操作按钮对应的参数，包括调整跨度和卷动百分比。

・调整跨度：定义历史曲线向左或向右平移一个时间段，利用该变量来改变平移时间段的大小。

・卷动百分比：当需要时使历史趋势曲线的时间轴左移或右移一个时间百分比，百分比是指移动量与趋势曲线当前时间轴长度的比值，利用该变量改变该百分比的大小。

在进行操作面板和安全属性页设置之前，需要预先建立下面两个内存整型量。

・调整跨度：变量的最小值设为 0，最大值设为 3600（相当于 10h，可以根据需要设定）。用户可以在运行系统中通过对此变量值的修改来改变时间轴平移或单边移动的实际长度（以 s 为单位）。

・卷动百分比：变量的最小值设为 0，最大值设为 100。用户可以在运行系统中通过对此变量值的修改来改变时间轴平移的百分比长度（当前时间轴长度的百分比）。

只有在定义变量对话框中选择数据变化记录或定时记录选项时，才能在历史趋势曲线中显示此变量的变化情况，这是因为历史趋势曲线中的数据都取自历史数据记录文件，而历史数据记录文件只记录那些记录属性有效的变量。

如果需要的不仅是曲线，而且要求查看具体的数值，或者需要进行曲线名称的替换等操作，可以通过函数来实现。

② 个性化历史趋势曲线　在组态王开发系统中制作画面时，选择"菜单工具 \ 历史趋势曲线"项或单击工具箱中的"画历史趋势曲线"按钮，此时鼠标在画面中变为十字形，在画面中用鼠标画出一个矩形，就会出现类似于图 8-85 所示的历史趋势曲线。双击历史趋势曲线，也可以打开"历史趋势曲线设置"对话框，并进行相应设置，具体设置见实时趋势曲线设置。

## 8.2.6　报表系统

### （1）组态王内嵌数据报表

数据报表是反映生产过程中的数据、状态等，并对数据进行记录的一种重要形式，是生产过程必不可少的一个部分。它既能反映系统实时的生产情况，也能对长期的生产过程进行统计、分析，使管理人员能够实时掌握和分析生产情况。

组态王提供内嵌式报表系统，可以任意设置报表格式，对报表进行组态，也提供了丰富的报表函数，实现各种运算、数据转换、统计分析、报表打印等。既可以制作实时报表，也可以制作历史报表。另外，还可以制作各种报表模板，实现多次使用，以免重复工作。

① 制作实时数据报表　在组态王开发系统中制作画面时，选择"菜单工具 \ 报表窗口"项，即可像放置其他图素一样，放置如图 8-89 所示的报表窗口。

双击报表窗口的灰色部分（表格中单元格区域外没有单元格的部分），打开如图 8-90 所示的"报表设计设置"对话框。

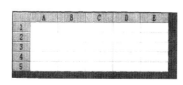

图 8-89　报表窗口

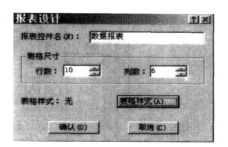

图 8-90　"报表设计设置"对话框

　　a. 报表控件名　输入报表的名称。

　　b. 表格尺寸　在行数、列数文本框中输入所要制作的报表的大致行列数。默认为 5 列。行数最大值为 2000 行，列数最大值为 52 列。行用数字 1、2、3…表示，列用英文字母 A、B、C、…表示。单元格的名称定义为列标＋行号，如 a1，表示第一行第一列，使用时不区分大小写。

　　可以直接使用已经定义的报表模板，而不必再重新定义相同的表格格式。单击"表格样式"按钮即可。

　　c. 单击报表窗口的灰色部分，打开如图 8-91 所示的报表工具箱和快捷菜单。

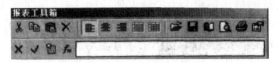

图 8-91　报表工具箱和快捷菜单

　　利用报表工具箱和快捷菜单，可以像使用 Excel 一样对报表进行编辑，如合并单元格、拆分单元格等。

　　② 显示变量的实时值　如要显示原料油液位的实时值，可在某个单元格（如 a4）中输入原料油液位文本值，再选中 b4 单元格，然后在组态王的工程浏览器选择命令语言数据改变命令语言，双击新建图标，打开如图 8-92 所示的"数据改变命令语言输入"对话框，输入图中所示的函数。运行组态时报表即可实时显示原料油液位的值。

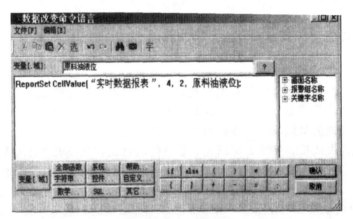

图 8-92　"数据改变命令语言输入"对话框

　　③ 制作历史实时报表　组态王历史报表的创建和表格样式设计与实时数据报表方法是一样的，并可以通过调用历史报表查询函数加以实现。

　　根据实时数据报表的设计方法，设计的历史报表样式如图 8-93 所示。

　　④ 建立查询函数　在画面上建立一个"报表查询"按钮，单击该按钮，打开如图 8-92 所示的"数据改变命令语言输入"对话框，在＜弹起时＞命令语言中输入历史查询函数 ReportSetHistData2 ()，此函数不需要任何参数。

　　⑤ 查询历史数据　运行组态王，打开历史报表画面，点击"报表查询"按钮，打开如图 8-94 所示的"报表历史数据查询设置"对话框。

　　a. 报表属性页。

　　报表名称：报表名称列表框中列出当前画面中所有报表的名称，用户通过单击列表框中

向下箭头弹出的下拉选择执行查询后的数据填充的报表名称。

图 8-93　历史报表样式

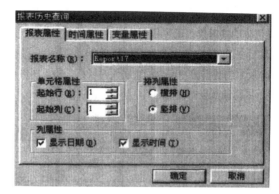

图 8-94　"报表历史数据查询设置"对话框

单元格属性：选择查询后的数据在报表中填充开始的位置，输入起始行数、列数。

排列属性：确定数据在报表中的填充方向，即横向填充或竖向填充。

列属性：有两个选项，即显示日期、显示时间。当用户需要在查询数据的数据报表中同时显示数据被采集的日期和时间时，可以选择该项，或按实际需要任选一项。

b. 时间属性页。时间属性页如图 8-95 所示。

起始时间：定义所查询的历史数据的起始点时间，包括起始日期和起始时间。

终止时间：定义所查询的历史数据的截止点时间，包括终止日期和终止时间。

时间间隔：定义查询历史数据时，查询的数据点间的时间间隔。

c. 变量属性页。变量属性页如图 8-96 所示。

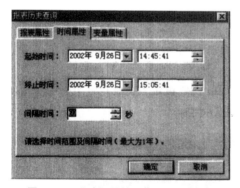

图 8-95　"时间属性页设置"对话框

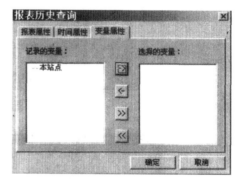

图 8-96　变量属性页

记录的变量：该列表框中列出了当前工程中所有定义了数据历史记录的变量。

选择的变量：该列表框将显示用户选择的需要进行历史数据查询的变量。

→：在"记录的变量"列表框中选择一个变量，单击此按钮，将选择的变量加入到右侧"选择的变量"列表框中。

←：在"选择的变量"列表框中选择一个已经选择的变量，单击此按钮，将选择的变量放回到左侧"记录的变量"列表框中。

》：将左侧"记录的变量"列表框中所有的项添加到右侧"选择的变量"列表框中。

《：将右侧"选择的变量"列表框中所有的项放回到左侧"记录的变量"列表框中。

各项选择完成后，单击"确定"按钮，所查询的历史数据便填充到指定的报表中。

组态王提供了丰富的报表函数以实现对历史数据的多种处理方法，用户可以根据实际要求设计需要的报表。

**（2）用 Excel 作报表输出**

① 动态数据交换（DDE）　组态王支持动态数据交换，能够和其他支持动态数据交换的应用程序方便地交换数据。通过 DDE，可以利用 PC 机丰富的软件资源来扩充组态王的功能，比如用电子表格程序从组态王的数据库中读取数据，对生产作业优化计算，然后组态王再从电子表格程序中读取结果报表打印、多媒体声光报警等功能，从而很容易组成一个完备的上位机管理系统；还可以和数据库程序、人工智能程序、专家系统等进行通信。

② 用 Excel 作历史报表输出　用户可以从组态王的安装路径下找到该文件。如组态王默认安装路径为 C:\Program Files \ Kingview，则在该路径下可以找到 Kintable. xls 文件。

a. 双击 Kintable. xls，打开如图 8-97 所示的"启动 Excel"对话框。

b. 单击"启用宏"按钮，进入如图 8-98 所示的 Excel 的报表画面。

图 8-97　"启动 Excel"对话框

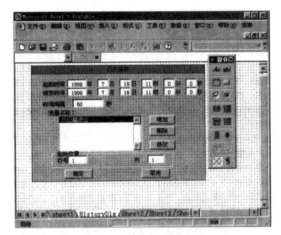

图 8-98　Excel 的报表画面

c. 点击画面中的"菜单 \ 工具 \ 宏 \ Visual Basic 编辑器"，进入如图 8-99 所示的 vba 编程环境。

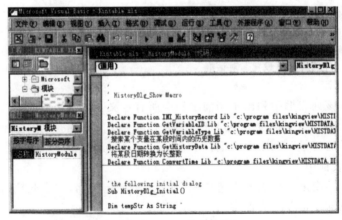

图 8-99　vba 编程环境

d. 点击菜单下方右边的过程列表框，选择"auto _ open"项，则光标停在相应的子程

序段。

ret＝INI ＿ HistoryRecord（0，0，″C：＼ Program Files ＼ Kingview ＼ Example ＼ Kingdemo2″，0，″C：＼ Program Files ＼ Kingview ＼ Example ＼ Kingdemo2″）的 INI HistoryRecord（）函数用于初始化查询子系统，函数中第三个参数表示组态王的历史库路径，最后一个参数表示组态王的工程路径，用户只需要修改这两个路径为自己的工程设置即可。例如，当前培训工程在"E：＼ 临时测试工程 ＼ 培训工程"下面，历史库路径也为当前工程路径，则函数设置为 ret＝INI ＿ HistoryRecord（0，0，″d：＼ 培训工程″，0，″d：＼ 培训工程″）。

e. 保存所做的操作。保存完毕后，关闭编程环境，回到 Excel 表的环境。点击画面中的"菜单 ＼ 报表 ＼ 历史报表"项，打开如图 8-100 所示的"历史报表设置"对话框，在对话框中输入要查询变量的起始时间、结束时间、时间间隔，然后点击"增加"按钮，输入所要查询的组态王变量即可。

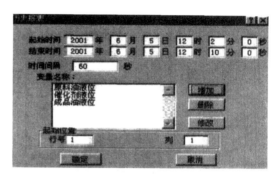

图 8-100　"历史报表设置"对话框

设置完后，按下"确定"按钮，则相应时间的历史数据变量在 sheet1 表中就生成了。

**（3）组态王和 Excel 之间的动态数据交换**

① 标识名　DDE 是 Windows 平台上的一个完整的通信协议，它使应用程序之间能彼此交换数据和发送指令。进行 DDE 通信的应用程序相互间是通过 3 个标识名来约定的，即一方的应用程序要想获取另一方的数据，必须定义另一方的 3 个标识。

a. 应用程序名　即进行 DDE 对话的双方的名称，组态王的应用程序名为 VIEW，Excel 应用程序名为 Excel。

b. 主题　即被讨论的数据对象。组态王的主题规定为 tagname，Excel 规定为 sheet1、sheet2。

c. 项目　即被讨论的特定的数据对象。若把组态王作为服务器向另一个应用程序提供数据，在数据词典里进行 I/O 变量定义后，其"设备名. 寄存器名"就作为项目名；若把 Excel 作为服务器向另一个应用程序提供数据，则其项目是单元，如 r1c1（表示第一行第一列的单元）。

② 组态王作为服务器向 Excel 提供数据　在组态王中定义好要向 Excel 发送数据的变量属性。需要注意的是要进行 DDE 数据交换，读写属性必须选择允许 DDE 访问，并在画面中建立相应变量的模拟值输出动画连接，然后运行组态王。

启动 Excel，在其中一个单元格，如 r1c1 中输入"＝ view ｜ tagname! 新 IO 设备. DECREA100"，然后按下回车键，则组态王的数据即可动态连接到 Excel 表的 r1c1 单元格中。

上面的式子中各项的意义如下：

view：　　　　　　　　对应组态王的应用程序名。

tagname：　　　　　　对应组态王的话题名。

新 IO 设备 . DECREA100：　对应组态王的项目名。

新 IO 设备：　　　　　　　　　　　对应原料油液位的连接设备。

DECREA100：　　　　　　　　　　对应原料油液位的寄存器名。

③ 组态王作为客户端从 Excel 获取数据　组态王从 Excel 中获取数据，需要把 Excel 作为 DDE 设备在组态王中进行定义，其具体步骤如下。

a. 在工程浏览器选择"设备\DDE"，并双击右边"新建"，打开如图 8-101 所示的"设备配置向导 1"对话框。

b. 在"设备配置向导 1"对话框中，选择 DDE 后，按"下一步"按钮，打开如图 8-102 所示的"设备配置向导 2"对话框。

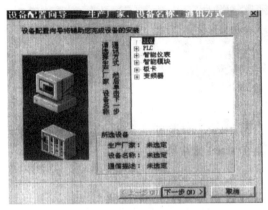

图 8-101　"设备配置向导 1"对话框

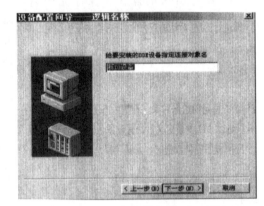

图 8-102　"设备配置向导 2"对话框

c. 在"设备配置向导 2"对话框中输入连接对象名后，按"下一步"按钮，打开如图 8-103 所示的"设备配置向导 3"对话框。

d. 在"设备配置向导 3"对话框中输入服务程序名（这里是 excel）和话题名后，按"下一步"按钮，打开如图 8-104 所示的设备配置向导 4 对话框。

单击"完成"按钮即可完成设置。

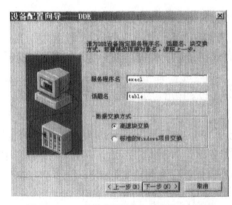

图 8-103　"设备配置向导 3"对话框

图 8-104　"设备配置向导 4"对话框

设备定义完成后，可在数据词典中定义一个变量，按图 8-105 定义变量 fromtoexcel。

按下"确定"按钮，即可完成变量的定义。然后在画面中建立该变量的模拟值输出动画连接，并保存设置。

先启动 Excel 程序，并在 sheet 表中的 r1c2 单元格中输入任一值，然后运行组态王，切

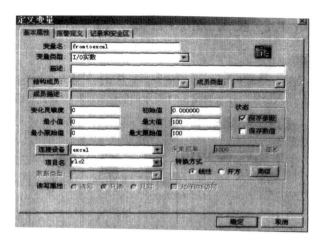

图 8-105　定义变量 fromtoexcel

换到 fromtoexcel 变量所在的画面,这时可以看到这个变量的数据也为 Excel 中 r1c2 单元格的值。任意改变 Excel 中相应单元格的值,组态王中的对应变量一直跟随变化。

## 8.2.7　控件

### (1) 控件简介

① 控件的任务　控件用来执行专门的任务,每个控件实质上都是一个微型程序,但不是一个独立的应用程序,通过控件的属性控制控件的外观和行为,接受输入并提供输出。

② 控件类似于组合因素　只需把控件放在画面上,然后配置控件的属性,进行相应的函数连接,控件就能实现其复杂的功能。组态王的控件能够创建棒形图、饼形图、可自由定义的 X-Y 轴曲线图、温控曲线图等。

③ 棒图、温控曲线、X-Y 轴曲线控件

a. 棒图　此控件以二维条形图、三维条形图或二维饼形图实现对数据变量的动态显示。

b. 温控曲线　实现对现场温度的控制和监测,既可以下发设定的温控曲线,也可以动态显示实时采样的温控曲线。

c. X-Y 轴曲线　此种控件的 X 轴和 Y 轴变量由用户任意设定,因此,X-Y 轴曲线能用曲线方式反映任意两个变量之间的函数关系,可以同时显示 16 对变量之间的函数关系。

不同类型控件具有不同的属性,如温度控件具有最大值、最小值、测试颜色、时间分度数、设定曲线颜色等属性;棒图控件具有背景颜色、前景颜色、标签字体等属性。

### (2) X-Y 控件

建立一个画面,利用组态王提供的 X-Y 控件显示成品油液位和成品罐压力之间的关系曲线。

① 选择控件

a. 在工程浏览器左侧选中画面,在右侧双击"新建画面",建立名称为"控件"的画面。在画面中选择"菜单编辑\插入控件",打开如图 8-106 所示的"创建控件种类设置"对话框。

b. 在对话框右侧单击 X-Y 轴曲线,然后单击"创建"按钮,即可放置如图 8-107 所示的 X-Y 轴曲线。

② 曲线属性设置　双击该 X-Y 轴曲线控件,打开如图 8-108 所示的"X-Y 轴曲线属性设置"对话框。

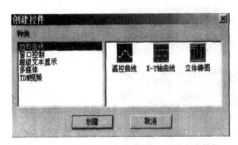

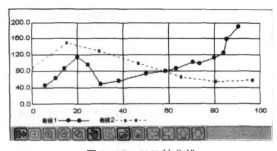

图 8-106 "创建控件种类设置"对话框          图 8-107 X-Y 轴曲线

a. 背景颜色　此按钮用于设置 X-Y 轴曲线的背景显示颜色。

b. 前景颜色　此按钮用于设置 X-Y 轴曲线横轴和纵轴刻度值的显示颜色。

c. X 轴（Y 轴）最大值　设定 X 轴（Y 轴）方向的最大刻度值。

d. X 轴（Y 轴）最小值　设定 X 轴（Y 轴）方向的最小刻度值。

e. X 轴（Y 轴）分度数　用于指定 X 轴或 Y 轴的最大坐标值和最小坐标值之间的等间距的刻度数。比如，如果 Y 轴的最大坐标值为 80，最小坐标值为 10，设定 Y 轴刻度数 20，则最小坐标值和最大坐标值之间有 20 等份，每一个等份值就是一个刻度值。

f. X 轴（Y 轴）小数位数　用于设置 X 轴（Y 轴）制度的小数位数。

g. 曲线最大点数　用于规定曲线上最多显示点数。

h. 显示操作条　此选项用于显示/隐藏操作条。当此选项有效时，此选项前面有一个对勾符号"√"。初始状态单选框由灰色变为正常色。

i. 初始状态　当显示操作条有效时，初始状态单选框由灰色变为正常色。此选项决定操作条显示时按最大化还是最小化方式显示。

③ 画面属性设置　为使 X-Y 曲线控件实时反映变量值，需要为该控件添加命令语言。在画面空白处点击鼠标右键，在快捷菜单中选择画面属性，打开"画面属性设置"对话框，单击其中的"命令语言"按钮。画面语言包括显示时、存在时、隐含时 3 种。

在画面存在时命令语言中，输入命令语言 xyAddNewPoint（"kI"，成品油罐压力，成品油液位，0）。

定义完毕后，点击"确认"按钮，然后保存所作的设置。

切换画面到运行系统，打开相应画面，控件运行情况如图 8-109 所示。

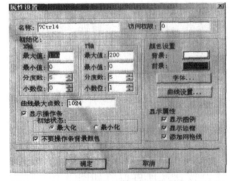

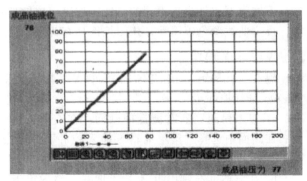

图 8-108 "X-Y 轴曲线属性设置"对话框          图 8-109 X-Y 曲线控件运行情况

**（3）模图控件**

① 放置棒图　双击 8-106 中的立体棒图，放置如图 8-110 所示的棒图。

② 棒图属性设置　双击棒图打开如图 8-111 所示的"棒图属性设置"对话框。

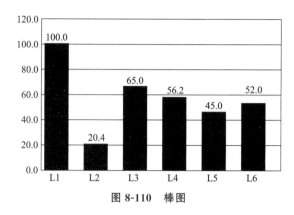

图 8-110　棒图

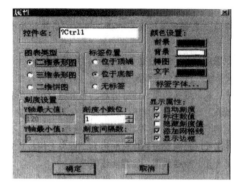

图 8-111　"棒图属性设置"对话框

　a. 颜色设置　设置前景、背景、棒图及文字的显示颜色。

　b. 标签字体　用于设置变量标签的字体大小、字体样式。

　c. $Y$ 轴最大值　用于设置 $Y$ 轴的最大坐标值。

　d. $Y$ 轴最小值　用于设置 $Y$ 轴的最小坐标值。

　e. 刻度小数位　用于设置 $Y$ 轴坐标刻度值的有效小数位。

　f. 刻度间隔数　用于指定 $Y$ 轴的最大坐标值和最小坐标值之间的等间隔数。

　g. 自动刻度　此选项用于自动/手动设置 $Y$ 轴坐标的刻度值，当此选项有效时，$Y$ 轴最大值和 $Y$ 轴最小值的编辑输入框变灰无效，则 $Y$ 轴坐标的最大刻度将根据温控曲线中的最大值进行自动设置和调整，而且 $Y$ 轴坐标的最大刻度比温控曲线中的要大一点，即留有一定裕量。

　h. 标注数值　用于显示/隐藏棒图上的标注数值。

　i. 隐藏刻度值　用于显示/隐藏 $Y$ 轴坐标的刻度值。

　j. 添加网格线　用于添加/删除网格线。

　k. 图表类型　提供二维条形图、三维条形图和二维饼图。图 8-110 即为二维条形图。三维条形图如图 8-112 所示，二维饼图如图 8-113 所示。

　l. 标签位置　用于指定标签放置的位置，有位于顶端、位于底部、无标签三种类型。对于不同的图表类型，位于顶端和位于底部两种类型的含义有所不同。

**本节小结**

① 组态王软件包由工程浏览器、工程管理器和画面运行系统三部分组成。

② 动画连接是建立画面的图素与数据库变量的对应关系，变量的值改变时，在画面上以图形对象的动画效果表示出来，或者由用户通过图形对象改变数据变量的值。组态王提供了线属性变化、填充属性变化、文本色变化、填充、缩放、旋转、水平移动、垂直移动、模拟值输出、离散值输出、字符串输出、模拟值输入、离散值输入、字符串输入、闪烁、隐含、水平滑动杆输入、垂直滑动杆输入、按下命令语言、弹起命令语言、按住命令语言等 21 种动画连接方式。

③ 组态王中的报警和事件主要包括变量报警事件、操作事件、用户登录事件和工作站事件。通过这些报警和事件，可以方便地记录和查看系统的报警、操作和各个工作站的运行情况。

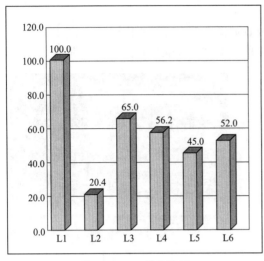

图 8-112　三维条形图

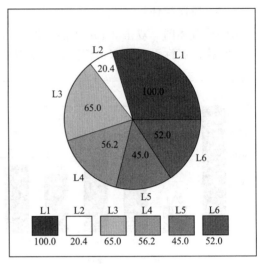

图 8-113　二维饼图

④ 趋势曲线用来反映数据变量随时间的变化情况。趋势曲线有实时趋势曲线和历史曲线两种。

⑤ 报表系统是反映生产过程的数据、状态等，并对数据进行记录的一种重要形式。组态王提供内嵌式报表系统，可以任意设置报表格式、对报表进行组态，并提供了丰富的报表函数，可以进行各种运算、数据转换、统计分析、报表打印等。另外，其既可以制作实时报表，又可以制作历史报表，还可以制作模板，实现多次使用，以免重复工作。

⑥ 控件用来执行专门的任务，每个控件是一个微型程序，但不是一个独立的应用程序，通过控制控件的属性可以控制控件的外观和行为。组态王的控件能够创建条形图、饼形图，用户还可以自由定义 $X$-$Y$ 轴曲线图、温控曲线图等。

# 8.3　PLC 的综合应用

## 8.3.1　试验电炉 PLC 控制系统

### （1）试验电炉的控制要求

在烧结配矿试验与烧结矿的理化检验中，常用到试验电炉。传统的试验电炉控制只具备恒温控制，温度设定值由人工通过温度控制器的给定电位器设定，试验准确性很难保证。为求得理想的配矿结构及烧结工艺，必须对炉膛的温度、温度对时间的变化率、试验时间进行调节与控制，因此要求对试验电炉的温度进行程序控制，使炉膛的温度严格按给定的温度曲线变化，以保证试验的准确性。试验电炉的温控曲线如图 8-114 所示。

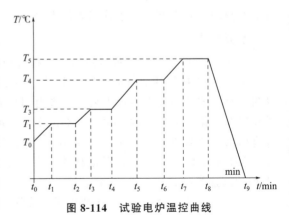

图 8-114　试验电炉温控曲线

设计中要考虑不同的试验品种，所需参数不同。

**（2）系统构成**

试验电炉的控制采用触摸屏、PLC 和 A/D、D/A 模块组合控制，触摸屏选择 GT10 型，PLC 选择 FP0-C10 继电器输出，A/D、D/A 选择 A21，A21 具有两路 A/D、一路 D/A。试验电炉控制系统如图 8-115 所示。

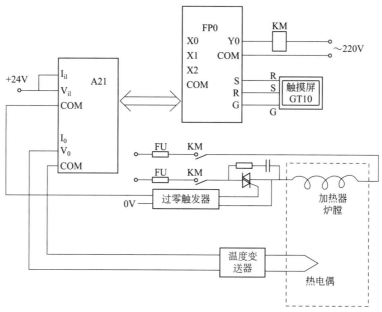

**图 8-115　试验电炉控制系统**

① 温控曲线的形成　可先根据 $K=(T_{i+1}-T_i)/(t_{i+1}-t_i)$（$i=0$，1，2，3，…，$n$）求出每段斜线的斜率。式中，$n$ 为段数。

当前温度给定值 $T_g$ 为　$T_g=K(t-t_i)+T_i$

式中　$t$——当前时间，s；

　　　$T_i$——$i$ 段初始温度；

　　　$t_i$——$i$ 段初始时间，s。

由此看出 $T_i=(t)$ 曲线就是给定的温控曲线。给定温控曲线各段初、末点温度 $T_i$、时间 $t_i$ 和段数，均由触摸屏设定。

② 加热控制　温度控制系统主回路采用双向晶闸管对加热器进行控制。由热电偶检测到的随温度变化的电信号直接加到温度变送器进行处理，温度变送器输出 4～20mA 模拟电流信号，加到 A21 的 A/D 输入端，经 PLC 进行浮点和 PID 运算后，经 A21 D/A 单元通过过零触发器，双向晶闸管，来达到控制加热器的目的。

③ 测量信号的变换　温度变送器输出信号为 4～20mA，而连接 FP0 的 A21 输入电流为 0～20mA，满量程 20mA。对应 PLC 的数字量为 K4000，因此需要进行数值变换。

测量出当前温度的数字值 $T_c$ 为

$$T_c=T_{i+1}\frac{WX2-初值}{K4000-初值}=T_{i+1}\frac{T_s-T_0}{K4000-T_0}$$

式中　$T_{i+1}$——$i$ 段末点温度；

　　　$T_s$——当前实际温度（WX2 值）；

$T_0$——初始温度。

④ PID 控制　FP0 有 PID 控制指令 F355，把当前温度给定值 $T_g$ 变换后的测量值 $T_e$，作为 PID 的给定信号和反馈信号，利用试凑法计算出比例系数、积分和微分时间常数，根据电炉的实际控制条件，对上述参数再进行细调。

**（3）触摸屏画面设计**

触摸屏设计 3 个画面，0 屏为初始画面，如图 8-116 所示。

开机后，系统首先进入初始屏，操作结束后，返回初始屏。1 屏为参数设定屏，如图 8-117 所示。

图 8-116　初始屏

图 8-117　参数设定屏

在参数设定屏中设计两个可输入参数的数据框，触摸这两个数据框中的任何一个都将出现如图 8-118 所示的键盘屏。

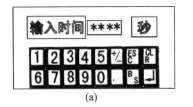

图 8-118　键盘屏

段数、各段时间、各段温度都可以由键盘屏输入数据，数据输入后按回车键，从键盘屏自动返回到参数设定屏。输入顺序依次为段数、时间、温度，例如，输入图 8-119 所示的温控曲线。时间、温度数值如表 8-7 所示。

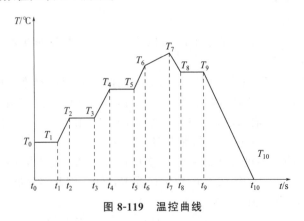

图 8-119　温控曲线

先触摸数据框，出现键盘屏，输入数字 10 后按回车键，返回参数设定屏。触摸数据框，用键盘分别输入 0，10.6，15.7……输入 10 个时间数据后，触摸温度按钮，DT10、DT12 文字框均由"输入时间""秒"变化为"输入温度""度"。当输入时间数据点数小于段数时，

表 8-7　时间、温度数值

| 段 | 时间/s | | 温度/℃ | | 段 |
|---|---|---|---|---|---|
| | 符号 | 数值 | 符号 | 数值 | |
| 1 | $t_0$ | 0 | $T_0$ | 20.3 | |
| | $t_1$ | 10.6 | $T_1$ | 20.3 | 2 |
| 3 | $t_2$ | 15.7 | $T_2$ | 30.5 | |
| | $t_3$ | 25.4 | $T_3$ | 30.5 | 4 |
| 5 | $t_4$ | 30.2 | $T_4$ | 38 | |
| | $t_5$ | 37.1 | $T_5$ | 38 | 6 |
| 7 | $t_6$ | 42.3 | $T_6$ | 45.4 | |
| | $t_7$ | 59.6 | $T_7$ | 50.6 | 8 |
| 9 | $t_8$ | 65.2 | $T_8$ | 40.7 | |
| | $t_9$ | 74.7 | $T_9$ | 40.7 | 10 |
| | $t_{10}$ | 98.6 | $T_{10}$ | 0 | |

触摸温度按钮时 DT10、DT12 文字框不变化。温度数据输入方法与时间数据输入方法相同。数据输入结束后，触摸"翻屏"按钮，进入操作屏画面，如图 8-120 所示。

图 8-120　操作屏

触摸"启动"按钮，电炉按给定温度曲线加热，自动停止，操作完成后，触摸"返初屏"按钮，回到初始屏画面。

**（4）程序设计**

① 存储区设置

- DT7～DT14、DT28：触摸屏数据输入、输出；
- DT20～DT60：计算中间值；
- DT100～DT199：时间 $t_i$（$i=0$，1，2，…，99）；
- DT200～DT299：温度 $T_i$（$i=0$，1，2，…，99）；
- DT300～DT399：PID 用。

② 数据输入　地址 405～532 是数据输入程序段，如表 8-9 所示。

③ 温控曲线的形成　由 $T_g = \dfrac{T_{i+1} - T_i}{t_{i+1} - t_i}(t - t_i) + T_i$ 可得出给定温度曲线。为了保持精度，式中的运算均采用浮点运算。

④ 模拟量的处理　本系统所需的模拟量有两个：一是炉膛实际温度测量反馈值，二是将温度设定值与实际温度进行 PID 运算后产生的控制信号。前者为模拟量输入，用 A21 的 A/D 单元来实现，将 A/D 单元设定为电流输入方式，将温度反馈信号进行 A/D 转换，在 PLC 中用 WX2 输入，为 PID 运算提供反馈信号。后者为模拟量输出，用 A21 的 D/A 单元来完成，将 D/A 单元设定为电压输出方式，输出电压 0～5V，在 PLC 中用 WY2 输出，将 PID 运算后产生的温度控制信号传送到 WY2，在 A21 的 D/A 中进行转换，作为过零触发器的给定电压。

⑤ 温控的运行　地址 0～404 是温控运行程序段，如表 8-8 所示。在程序设计中为了缩短程序扫描时间，执行程序输入时，R1A 闭合，程序跳转到地址 371，每次扫描都从地址 371 开始，到地址 532 结束一个扫描周期。执行运行操作程序时，R1B 闭合，程序执行地址 0～403 这一段，CNDE 为条件执行命令。

表 8-8　温度控制运行程序

| 梯形图 | 注释 |
|---|---|
| | 跳转到地址 317<br>PID 控制方式选择<br>输出下限设定<br>输出上限设定<br>$S+4$<br>$S+5$<br>$S+6$<br><br>$S+7$ 比例系数<br>$S+8$ 积分常数<br>$S+9$ 微分常数<br>$S+10$ 控制周期常数<br>$S-11$ 优化次数<br>启动回路 R0:启动<br>R1:停止<br>控制电磁接触器 TM<br>加热时间 $(t)$ 0.1s<br>步进<br><br>自动停止<br><br>温度变换器初始 $T_0$<br><br><br>$T_{i-1}-T_i$ 浮点运算<br><br>$t_{i-1}t_i$ 浮点运算<br>控制除法的除数不为零<br><br>斜率 $K$ 浮点运算<br>$t-t_i$ 浮点运算<br><br>$T_i T_0$ 浮点运算<br><br>$K4000-T_0$ 浮点运算与地址 106 目的相同<br><br>$(T_i-T_0)/$<br>$(K4000-T_0)$<br>反馈温度 $T_i$<br>$K(t-t_i)$ 浮点运算<br>给定温度 $T_s$<br>运行点数显示 |

梯形图内容：

```
0    R1A
     ─┤├─────────────────────────────────────────( JP0 )───

3    RB
     ─┤├──(DF)────                                        ─1
     R16
     ─┤├──(DF/)───

  1 ──────►[ F0  MV, H8000, DT300 ]
           [ F0  MV, K0, DT304 ]
           [ F0  MV, K4000, DT305 ]
           [ F0  MV, K15, DT306 ]
           [ F0  MV, K100, DT307 ]
           [ F0  MV, K1, DT308 ]
           [ F0  MV, K2, DT309 ]
           [ F0  MV, K5, DT310 ]

48   R0    R1    R10    R16                          R11
     ─┤├───┤/├───┤/├────┤/├────────────────────────{  }─
     R11
     ─┤├─

54   R11                                            {  }─
     ─┤├─
56   R901A            Y0
     ─┤├──(DF)────────┤├─                                 ─1
  1 ──────►[F35 +1, DT14]

62   Y0     [ >≈IX, DT13 ]                          R16
     ─┤├─                                           {  }─
69   R11
     ─┤├──(DF)───                                        ─1

  1 ──────►[ F325 FLT, WX2, DT62 ]
     R11
77   ─┤├──[ F311 F-, %IXDT201, %IXDT200, DT40 ]
          [ F311 F-, %IXDT101, %IXDT100, DT42 ]

106  [=DT42, K0 ]                                        ─1
  1 ──────►[ F0 MV, K1, DT42 ]

116  ─┤├──[ F313 F%, DT40, DT42, DT44 ]
          [ F311 F-, %DT14, %IXDT100, DT46]
          [ F311 F-, %WX2, DT62, DT48 ]
          [ F311 F-, K4000, DT62, DT50 ]

173  [=DT50, K0 ]                                        ─1
  1 ──────►[ F0 MV, K1, DT50 ]
     R11
183  ─┤├──[ F313 F%, DT48, DT50, DT52]
          [ F312 F*, DT52, %IXDT201, DT54 ]
          [ F312 F*, DT44, DT46, DT56 ]
          [ F310 F+, DT56, %IXDT200, DT58]
```

续表

| 梯形图 | 注释 |
|---|---|

```
         [ F0 MV,IX,DT9    ]
     R11
245 ┤├──────[ F355 PID,DT300 ]
         [ F331 ROFF,DT58,DT301 ]
         [ F331 ROFF,DT54,DT302 ]
         [ F0 MV,DT303,WY2 ]
         [ F0 MV,DT302,DT28 ]
         [ F27 -,DT301,DT302,DT22  ]
283 ┤[=K0, DT301]──────────────────────────1
  1 ──────→[ F0 MV, K1, DT301⁻ ]
     R11
293 ┤├──────[ F312 F%, %DT22, %DT301,DT64 ]
         [ F312 F*, DT64, K1000,DT66]
         [ F331 ROFF,DT66,DT8 ]
     R11
330 ┤├────(DF/)──────────────────────────1
  1 ──────→[ F0 MV,K0,IX ]
         [ F11 COPY,K0,DT14,DT99 ]
         [ F11 COPY,K0,DT301,DT30 ]
         [ F0  MV,K0,WY2]
         [ F0  MV,K0,WX2]
                                    Y0
361 ┤[ >= DT14,IXDT101]──────────(DF)─┤├──1
  1 ──────→[ L35 + LIX ]
371 ──────────────────────────( LBL0 )
     RA     RB                        R1A
372 ┤├──┬──┤/├──────────────────────[ ]
     R1A │
    ┤├───┘
     RC
376 ┤├──[ L0 MV,K0,DT0 ]
     RB              RC              R1B
382 ┤├──┬────────────┤/├────────────[ ]
     R1B │
    ┤├───┘
     RB
386 ┤├────────[F0 MV, K2, DT0    ]
         [F0 MV, K0, IX    ]
     RA
397 ┤├────────[F0 MV, K1, DT0    ]
     R1B
404 ┤├──────────────────────( CNDE )
```

注释栏：

PID 运算　S
给定信号 S+1
反馈信号 S+2

输出信号 S+3
反馈温度显示

与地址 106 功能相同

$$\frac{T_e\quad T_f}{T_k}\times100\%$$

温差相对值显示

停机初始化

改变运行点

跳转目的
数据输入

运行操作

条件结束

表 8-9　数据输入程序

| 梯形图 | 注释 |
|---|---|
| 405　RA／R16　(DF)　1 | 初始化 |
| 1→[ F11　COPY, K0, DT0, D199 ]　[ F0　MV, K0, IX ] | |
| 420　R5　>=DT5, DT13　RB／ R15 ( )　R15／R14 | 温度 |
| 431　R4　>=DT6, DT13　RB／ R14 ( )　RA／R15　R14 | 时间 |
| 443　R14　(DF)　R15　(DF)　1 | 段数显示清零 |
| 1→[ F0　MV, K0, IX ]　[ F0　MV, K0, DT7 ] | |
| 458　R14　(DF)　1 | 文字框显示时间, s |
| 1→[ F0　MV, K0, DT10 ]　[ F0　MV, K0, DT12 ] | |
| 470　R15　(DF)　1 | 文字框显示温度, ℃ |
| 1→[ F0　MV, K1, DT10 ]　[ F0　MV, K1, DT12 ] | |
| 482　R13　(DF)　R15　1 | 各点温度输入 |
| 1→[ F0　MV, DT11, IXDT200 ]　[ F0　MV, IX, DT6 ] | |
| 495　R13　(DF)　R14　1 | 各点时间输入 |
| 1→[ F0　MV, DT11, IXDT100 ]　[ F0　MV, IX, DT5 ] | |
| 508　R13　(DF/)　1 | |
| 1→[ F0　MV, K0, DT11 ] | |
| 515　R15　R13　(DF/)　<IX, DT13　1　R14 | 时间、温度点增加 |
| 1→[ F35　+1, IX ]　[ F0　MV, IX, DT7 ] | |
| 532　( ED ) | 结束 |

## 8.3.2 自动记忆挖掘机控制系统

### （1）挖掘机的控制要求

挖掘机有向前、后退、左转、右转、长臂升、长臂降、短臂升、短臂降 8 个操作动作。每个动作操纵的时间和顺序都是任意的。手动控制后，自动记忆，自动重复手动操作过程。

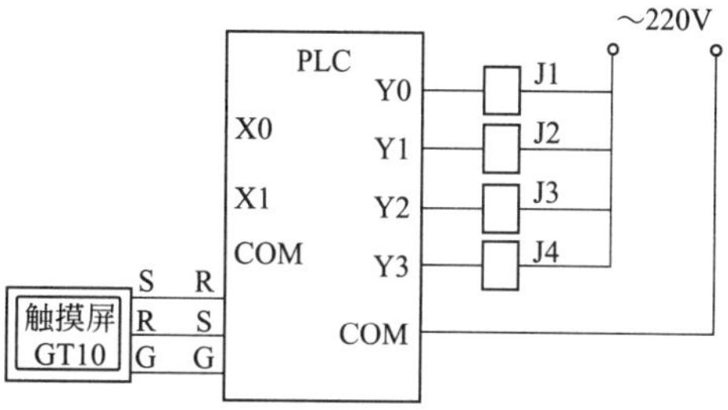

### （2）系统构成

自动记忆挖掘机控制系统由触摸屏、PLC 等组成。触摸屏选 GT30，PLC 选 FP0-C16。其控制电路如图 8-121 所示。

图 8-121 自动记忆挖掘机控制系统

### （3）触摸屏画面设计

触摸屏设计 3 个画面，0 屏为初始画面，如图 8-122 所示。开机后自动进入初始画面。1 屏为手动控制屏，如图 8-123 所示。手动控制有向前、后退、左转、右转等 9 个触摸按钮和相对应的指示灯。运行和停止时间可以通过键盘屏设定，键盘屏如图 8-123 所示。图 8-122 白框内显示运行、停止信息，随着工作状态而变化。手动操作结束后，触摸结束按钮，进入自动控制屏如图 8-124 所示。白框内信息表示方法与手动控制屏相同，触摸控制结束按钮，返回初始屏。

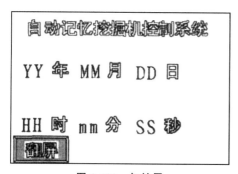

图 8-122 初始屏

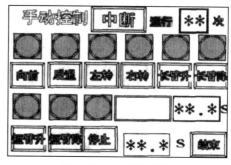

图 8-123 手动控制屏

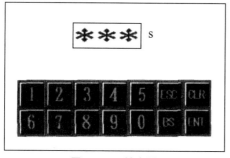

图 8-124 键盘屏

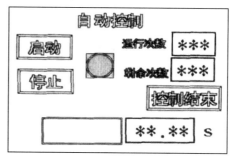

图 8-125 自动控制屏

### （4）程序设计

① 存储区设置。

DT0：触摸屏当前信号

DT14：运行次数

DT10：运行、停止时间　　　　　　　　DT15：剩余次数

DT11：文字框，有白框、运行时间、停止时间 3 种文字　DT100～DT198：存储运行状态

DT12：运行、停止时间　　　　　　　　DT200～DT298：存储运行时间

DT300～DT398：存储停止时间

② I/O 设置。本系统由于采用触摸屏作为数据交换，输入点均由内部继电器取代。

R0：初始屏翻屏按钮

R1：手动控制屏结束按钮　　　　　　　R30：自动控制屏停止按钮

R3：自动控制屏运行信号灯　　　　　　R4：手动控制屏停止按钮

R5：手动控制屏停止信号灯　　　　　　RB：自动控制屏控制结束

R6：自动控制屏启动按钮　　　　　　　Y0～YF：控制输出

R1E、R1F、R18、R19、R14、R15、R17、R16：分别是向前、后退、左转、右转、长臂升、长臂降、短臂升、短臂降等启动按钮。

③ 初始化。自动记忆挖掘机智能控制程序如表 8-10 所示。触摸初始屏按钮 R0，使索引寄存器 IX、IY、数据寄存器 DT10～DT500、字继电器 WR0、输出字继电器 WY0 等都清零，同时 K1 送到 DT0，使触摸屏显示手动控制屏，运行停止时间自动议定 5s。

表 8-10　智能控制程序

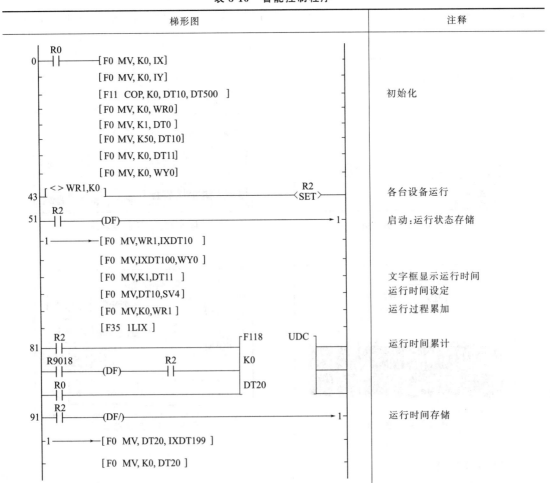

续表

| 梯形图 | 注释 |
|---|---|
| 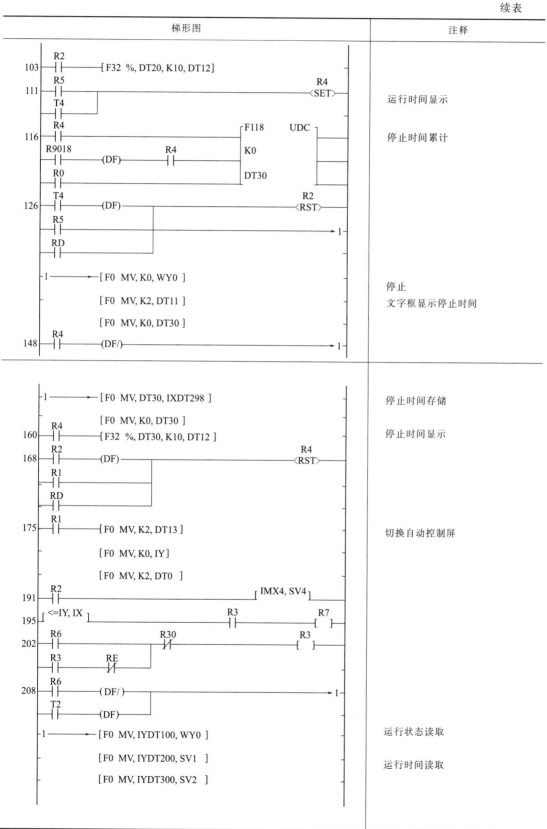 | 运行时间显示<br><br>停止时间累计<br><br><br><br><br><br>停止<br>文字框显示停止时间<br><br><br><br>停止时间存储<br><br>停止时间显示<br><br><br>切换自动控制屏<br><br><br><br><br><br><br><br><br>运行状态读取<br><br>运行时间读取 |

续表

| 梯形图 | 注释 |
|---|---|
| 228　R7　〈 〉 WY0, K0　　　　R3　R8 | 停止时间读取<br>运行 |
| 236　R8　　　　TMR1, SV1 | 运行延时 |
| 240　T1　T2　T3　　　　R9<br>　　　R9 | |
| 245　R9　　　　TMR2, SV2 | 停止延时<br>停止 |
| 249　R9　（DF）　　　　—1 | |
| —1——▶ [F0 MV, K0, WY0] | |
| 256　T2　（DF）　　　　—1 | 运行过程变换 |
| —1——▶ [F35 +1, IY] | |
| 261　RB　[F0 MV, K0, DT0] | |
| 267　R8　[F27 −, SV1, EV1, DT12] | |
| 275　R9　[F27 −, SV2, EV2, DT12] | 运行时间显示 |
| 283　R8　（DF）　　　　—1 | |
| —1——▶ [F0 MV, K1, DT11] | 停止时间显示 |
| 290　R9010　[F1 DMV, IX, DT14] | 已剩运行次数 |
| [F27 −, DT14, IY, DT15] | |
| 305　R9　（DF）　　　　—1 | |
| —1——▶ [F0 MV, K2, DT11] | |
| 312　R6　[F0 MV, DT13, SV100] | |
| [F0 MV, K0, IY] | |
| 323　YF　　　　　　　Y0<br>　　　Y8 | |
| 326　YE　　　　　　　Y2<br>　　　Y9 | |
| 329　YF　　　　　　　Y1<br>　　　　　　　Y3 | 输出 |
| 332　−DT15, K0　　　　RE | |
| 338　　　　　　　　（ED） | 结束 |

④ 手动控制。触摸 R1E～R16（按钮在屏面上的排序）中任一个启动按钮，R2 均动作并保持，R2 闭合的上升沿使 R1E～R16 的动作状态存储到 DT100 中，同时对应输以接点 Y 动作，K1 送到文字框寄存器 DT11，文字框显示"运行时间"字样，设定的运行时间 DT10

中数据传送到定时器 T4 的预置寄存器 SV4 中，索引寄存器 IX 自动加 1。加/减寄数器 F118（UDC）作为运行时间的累计，R9018 是 0.01s 脉冲继电器，F118（UDC）累计的时间以 10ms 为单位。运行停止时，R2 的下降沿使 F118（UDC）累计的时间存储到 DT200 中，由于 IX 此时为 1，故程序中为 DT199，相加后即为 DT200。触摸停止按钮 R4，另一个加/减计数器 F118（UDC）作为停止时间开始累计，结果存放在 DT300 中，以此类推，IX 由 0、1、2、…变化，运行状态分别存储在 DT100、DT101、DT102、…中，运行时间分别存储在 DT200、DT20、…中，停止时间分别存储在 DT300、DT301、…中。

⑤ 自动控制。手动控制结束后触摸 R1，索引寄存器 IY 清零，K2 传送到 DT0，触摸显示自动控制屏。触摸启动按钮 R6，R3 动作，运行信号灯亮，R6 的下降沿使 DT100 中的运行状态传送到 WY0，输出 Y 执行，同时 DT200、DT300 中的运行、停止时间分别传送到定时器 T1、T2 的预置寄存器 SV1、SV2 中。运行时，R8 闭合，使运行时间定时器 T1 延时。T1 动作后，R9 闭合，使系统运行停止，同时停止时间定时器 T2 延时，第一个运行、停止周期结束，索引寄存格 IY 自动加 1，再运行 DT101 的运行状态，DT201、DT301 再传送到 SV1、SV2，以此类推，直到 IY 等于 IX，运行结束。再触摸启动按钮 R6，又重复上述过程，可无限次重复。

## 思考题

1. 如何设置 GT 及 GTWIN 参数？
2. 如何设置键盘屏？
3. 开关组件的属性如何设置？
4. 如何设置时钟组件？
5. 信息组件显示的内容是如何随着 Reference Device 中的内容变化的？
6. 按图 8-126 编辑屏幕，并下传到触摸屏。

**图 8-126　题 6 图**

7. 工程浏览器、工程管理器和画面运行系统三部分的作用分别是什么？
8. 如何创建一个新工程、一个新画面？
9. 如何定义设备及数据变量？
10. 组态王可定义哪些类型的变量？
11. 如何建立报警和事件窗口？
12. 按系统时间以时、分、秒的格式，用指针形式创建一个石英钟表盘的动画连接。
13. 如何制作实时报表系统和历史实时数据报表？
14. 按图 8-127 所示建立画面，以进水阀门 K1 和出水阀门 K2 控制储水罐的液化变化，使液位按图 8-128 所示的给定曲线进行变化。当 K1 打开，K2 关闭时，液位上升；当 K1 关闭，K2 打开时，液位下降；当 K1、K2 同时打开时，液位缓慢上升。在控制过程中，以启动按钮实现系统的启动运行，以指示灯的形式指示阀门的开关状态，当液位为 0 时，系统自动停止。试用组态王实现上述变化过程，并建立液位变化的动画连接及液位变化的实时趋势

曲线与给定曲线进行比较。

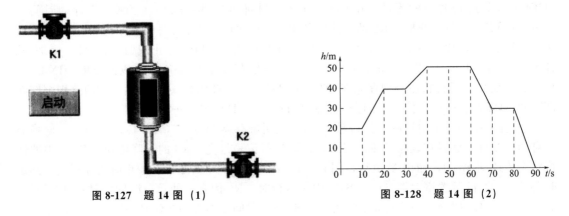

图 8-127   题 14 图（1）             图 8-128   题 14 图（2）

15. 认真总结归纳，本章内容中有哪些知识点？其重点和难点在哪里？

16. 本章的知识点对完全攻略 PLC 技术有何作用？通过本章的知识点的学习你有哪些收获？

第 **9** 章

# 学会松下PLC的安装与维护

## 9.1 PLC 的安装和接线

　　PLC 是专门针对工业生产环境而设计的控制装置，通常不需要采取什么措施就可以直接应用。但是，当生产环境过于恶劣，或安装使用不当时，都会影响 PLC 的正常工作。因此，在对 PLC 进行安装和接线时，除了要按照正确的操作规程进行外，还要考虑到周围的工作环境。

### 9.1.1 安装

　　可以利用 PLC 的控制单元、扩展单元、A/D 转换单元等模块上的安装孔将模块固定在安装板上，也可以利用 DIN 导轨安装杆将模块固定在安装板上。这样既可以水平安装，也可以垂直安装。在安装时，应尽可能使 PLC 的各功能模块远离产生高电子噪声的设备（如变频器），以及产生高热量的设备，而且模块的周围应留出一定的空间，以便于正常散热。一般情况下，模块的上方和下方至少要留出 25mm 的空间，模块前面板与底板之间至少要留出 75mm 的空间。另外，PLC 的工作环境还应该满足以下几点要求。

　　① 周围环境的温度范围一般为 0～55℃，并且要避免太阳光的直射。

　　② 为了保证 PLC 的绝缘性能，空气的相对湿度应小于 85%（无凝露）。

　　③ 周围应无过度的振动和冲击 10～55Hz 的频繁或连续振动。

　　④ 周围没有腐蚀和易燃的气体，如氯化氢、硫化氢等。

　　⑤ 周围不能有水的溅射。

　　PLC 的控制单元根据需要可以连接扩展单元、A/D 转换单元、D/A 转换单元和 I/O 连

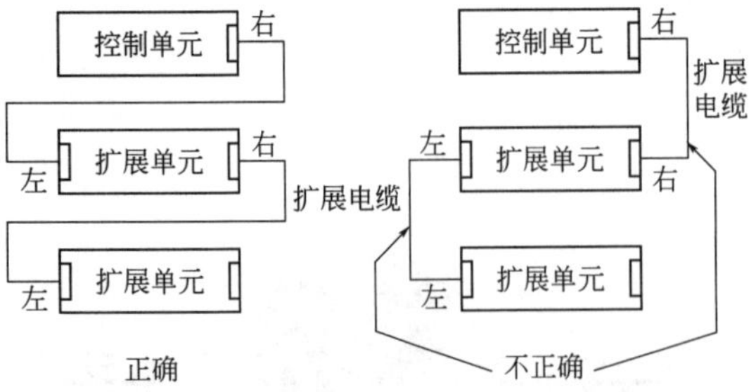

图 9-1    各单元连成直线的顺序

接单元，它们之间的连接采用折叠电缆。这种隐藏式折叠电缆既不妨碍工作，又可避免潜在的电噪声影响。

一个控制单元最多可同时连接两个扩展单元、一个 FP1 A/D 转换单元、两个 FP1 D/A 转换单元和一个 FP1 I/O 连接单元。

当各单元连成一条直线时，应按从左到右的顺序进行连接，如图 9-1 所示。

## 9.1.2  布线

一般来说，工业现场的环境都比较恶劣。因此合理地选择和敷设电缆对 PLC 控制系统来说十分重要。一般情况下，对动力电缆以及距离比较近的开关量信号使用的电缆无特殊要求。为了防止干扰，保证系统的控制精度，模拟量信号、高速脉冲信号以及距离比较远的开关量信号通常选用双层屏蔽电缆。通信用的电缆一般采用厂家提供的专用电缆，也可采用带屏蔽的双绞线电缆。

在敷设电缆时，应遵循以下几项要求。

① 将动力线、控制线、信号线严格分开，以防止它们之间的相互干扰。

② PLC 的输入线应尽可能远离输出线、高压线及用电设备。开关量和模拟量也要分开敷设。敷设模拟量信号使用双层屏蔽电缆时，屏蔽层应一端或两端接地，接地电阻应小于屏蔽层电阻的 1/10。

③ PLC 的控制单元与扩展单元以及其他各功能模块之间的连接电缆也应单独敷设，以防外界信号的干扰。

④ 交流输出线和直流输出线不要用同一根电缆。输出线应尽量远离高压线和动力线，且避免并行。

## 9.1.3  控制单元输入端子接线

① 输入接线一般不要超过 30m。如果环境干扰较小，且压降不大，输入接线可适当长些。

② 输入端尽可能采用动合触点的形式，这样编制的梯形图与继电器-接触器原理图一致，便于阅读。

③ 交流型 PLC 的内藏式直流电源输出可用于输入，而直流型 PLC 的直流电源输出功率较小，输入接线必须使用外部输入电源。PLC 的 COM 端一般为机内电源的负极。PLC 输入端标记为 L 和 N 的端子，用于接工频电源，电压为 95～260V。

④ 当输入端接入的器件不是无源触点，而是某些传感器输出的电信号时，要注意信号的极性，选择正确的电流方向接入电路。

FP1 控制单元输入端子的接线如图 9-2 所示。输入线应尽可能远离输出线、高压线及用电设备。交流型 PLC 的内藏式直流电源输出可用于输入，而直流型 PLC 的直流电源输出功率不够，输入接线使用外部输入电源。不得将输入设备连到带"."的端子上。

## 9.1.4  控制单元输出端子接线

① 输出端子的各"COM"端均为独立的，可使用不同的电源电压。当多个负载连接到

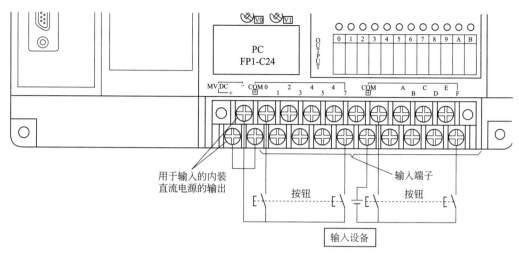

**图 9-2 FP1 控制单元输入端子接线图**

同一个电源上时，应使用短路片（元件号为 AFPl803）将它们的"COM"端短接起来。

②输出电路自身没有保险丝，因此，为保护输出元件，可在每一输出点接一外部保险丝。

③ PLC 的输出负载可能产生干扰，因此必须在输出电路中增加保护环节，以抑制高电压的产生。当负载为交流感性负载时，可在负载两端并联压敏电阻，或者并联阻容吸收电路，如图 9-3 和图 9-4 所示。

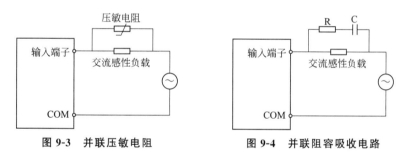

**图 9-3 并联压敏电阻**　　**图 9-4 并联阻容吸收电路**

当负载为直流感性负载时，可在负载两端并联一个二极管，如图 9-5 所示。

当负载为具有大冲击电流的容性负载时，可与负载串联一个电阻或电感，如图 9-6 所示。

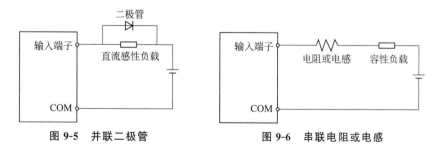

**图 9-5 并联二极管**　　**图 9-6 串联电阻或电感**

FP1 控制单元输出端子接线如图 9-7 所示。各"COM"端均为独立的，可使用不同的电压。当多个负载连到同一电源上时，应使用短路片（元件号 AFP1803）将它们的"COM"端短接起来。不得将输出设备连到带"."的输出端子上。

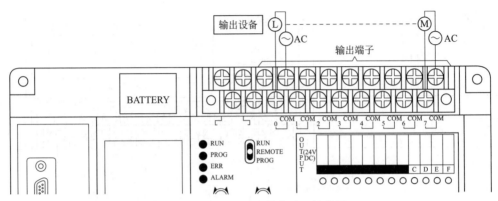

**图 9-7　FP1 控制单元输出端子接线图**

## 9.1.5　A/D 转换单元的接线

### （1）电压输入方式的接线

将输入设备用双绞线屏蔽电缆连接到模拟电压输入端子（V）上，屏蔽端接地。采用双绞线屏蔽电缆是为了防止输入信号线上的电磁感应和噪声干扰。其连线图如图 9-8 所示。电压范围选择端（RANGE）用来选择电压的输入范围，"RANGE"端开路表示电压范围为 0～5 V，"RANGE"端短路表示电压范围为 0～10V。如需将电压范围选择端短路，应直接在端子板上短接，而不要拉出引线短接。

### （2）电流输入方式的接线

电流输入方式下应将电压范围选择端开路，首先将模拟电压输入端（V）和电流输入端（I）连在一起，然后连输入设备，如图 9-9 所示。电流输入方式下应将电压范围选择端（RANGE）开路。

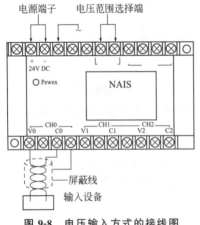

**图 9-8　电压输入方式的接线图**

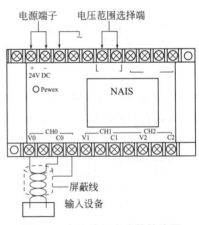

**图 9-9　电流输入方式的接线图**

A/D 转换单元的连线应远离高压线。对控制单元和 A/D 转换单元的供电，应采用同一组电源线。

### 9.1.6　D/A 转换单元的接线

#### （1）电压输出方式的接线

将负载用双绞线屏蔽电缆连接到模拟电压输出端子（V＋、V－）上。其接线图如图 9-10 所示。电压范围选择端（RANGE）用来选择电压的输出范围，0～5 V 表示"RANGE 端开路"；0～10 V 表示模拟电压输出端（V－）与"RANGE"端连在一起。

#### （2）电流输出方式的接线

将负载直接连到模拟电流输出端子（I＋、I－）上，如图 9-11 所示。模拟电流输出范围为 0～20mA。

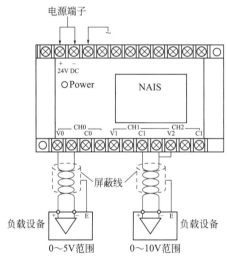

图 9-10　电压输出的接线图

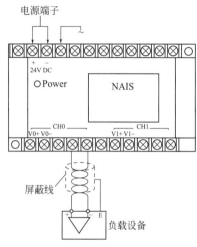

图 9-11　电流输出的接线图

### 9.1.7　FP1 I/O 连接单元的接线

用通信电缆将 FP1 I/O 连接单元的 RS-485 接口与 PLC 的 RS-485 接口连接在一起。连接通信电缆时，必须确保 RS-485 接口中的正端接正端，负端接负端，如图 9-12 所示。

通信电缆一般采用乙烯绝缘软电线或双绞线电缆。

一个 RS-485 接口上不能连接 3 个或 3 个以上的电缆，即最多连两个电缆。

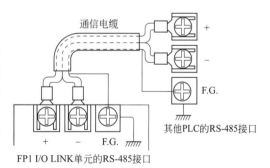

图 9-12　FP1　I/O 连接单元的接线

### 9.1.8　接地线

PLC 系统一般采用一点接地。接地线的截面积应不小于 $2mm^2$，接地电阻应小于 $100\Omega$。另外，PLC 系统的接地点应与动力设备（如电动机、变频器等）的接地点分开。

## 9.2 PLC 的自诊断及故障诊断功能

### 9.2.1 故障监测

PLC 通电后，首先执行系统内部的自诊断程序，检查 PLC 各部件操作是否正常，并将检查的结果显示给操作人员。自诊断的内容为 I/O 部分、存储器、CPU 等。

PLC 控制单元的前面板上设置了 RUN LED、PROG LED、ERR LED、ALARM LED 指示灯。系统的用户程序在执行过程中，一旦出现故障或异常，即可通过上述指示灯显示给操作人员，便于操作人员及时地发现并排除故障。表 9-1 给出了程序执行过程中各指示灯的状态。

表 9-1    程序执行过程中各指示灯的状态

| 控制单元指示灯状态 | | | 说明 | 状态 |
|---|---|---|---|---|
| RUN | PROG | ERR/ALARM | | |
| 亮 | 灭 | 灭 | 运行模式下的正常操作 | 操作 |
| 灭 | 亮 | 灭 | 编程模式下的正常操作 | 停止 |
| 闪烁 | 灭 | 灭 | 在运行模式下使用强制 I/O 功能 | 操作 |
| 亮 | 灭 | 闪烁 | 当发生自诊断错误时 | 操作 |
| 灭 | 亮 | 闪烁 | 当发生其他故障时 | 停止 |
| 灭 | 灭 | 亮 | 当系统看门狗定时器发生错误时 | 停止 |

### 9.2.2 常见故障及其诊断方法

系统工作过程中一旦发生故障，首先是要充分地了解故障，比如故障发生时的现象、故障的地点等，然后去分析故障产生的原因，并设法排除。表 9-2 给出了可能出现的各种常见故障及其诊断方法。

表 9-2    常见故障及其诊断方法

| 序号 | 故障现象 | 推测原因 | 诊断方法 |
|---|---|---|---|
| 1 | 保险丝多次熔断 | 线路短路或烧坏 | 更换电源部件 |
| 2 | 控制单元指示灯全灭 | ① 控制单元的电源与其他设备分享 | ① 将其他设备从电源上断开 |
| | | ② 电源线路不良或电压较低 | ② 更换电源部件 |
| 3 | 所有的输入均不接通 | ① 未加外部输入电源 | ① 接上电源 |
| | | ② 外部输入电压低 | ② 更换额定电压电源 |
| | | ③ 端子螺钉松动 | ③ 拧紧螺钉 |
| | | ④ 端子板连接处接触不良 | ④ 把端子板充分插入锁紧或更换端子板 |
| 4 | 某一编号的输入不接通 | ① 输入配线断线 | ① 检查输入配线 |
| | | ② 端子螺钉松动 | ② 拧紧螺钉 |
| | | ③ 端子板连接处接触不良 | ③ 把端子板充分插入锁紧或更换端子板 |
| | | ④ 程序错误 | ④ 修改程序 |

续表

| 序号 | 故障现象 | 推测原因 | 诊断方法 |
|---|---|---|---|
| 5 | 某一编号的输入不关断 | 程序错误 | 修改程序 |
| 6 | 输入不规则的 ON/OFF | ① 电源电压低 | ① 更换额定电压电源 |
| | | ② 噪声引起误动作 | ② 安装尖峰抑制器(或绝缘变压器)或用屏蔽线配线 |
| | | ③ 端子螺钉松动 | ③ 拧紧螺钉 |
| | | ④ 端子板连接处接触不良 | ④ 把端子板充分插入锁紧或更换端子板 |
| 7 | 所有的输出均不接通 | ① 未加外部输出电源 | ① 接上电源 |
| | | ② 外部输出电压低 | ② 更换额定电压电源 |
| | | ③ 端子螺钉松动 | ③ 拧紧螺钉 |
| | | ④ 端子板连接处接触不良 | ④ 把端子板充分插入锁紧或更换端子板 |
| | | ⑤ 保险丝熔断 | ⑤ 更换保险丝 |
| 8 | 某一编号的输出不接通(指示灯灭) | 程序错误 | 修改程序 |
| 9 | 某一编号的输出不接通(指示灯亮) | ① 输出配线断线 | ① 检查输出配线 |
| | | ② 端子螺钉松动 | ② 拧紧螺钉 |
| | | ③ 端子板连接处接触不良 | ③ 把端子板充分插入锁紧或更换端子板 |
| 10 | 某一编号的输出不关断(指示灯灭) | 由于漏电流或残余电压而不能关断 | 更换负载或加假负载电阻 |
| 11 | 某一编号的输出不关断(指示灯亮) | 程序错误 | 修改程序 |
| 12 | 输出不规则的 ON/OFF | ① 电源电压低 | ① 更换额定电压电源 |
| | | ② 噪声引起误动作 | ② 安装尖峰抑制器(或绝缘变压器)或用屏蔽线配线 |
| | | ③ 端子螺钉松动 | ③ 拧紧螺钉 |
| | | ④ 端子板连接处接触不良 | ④ 把端子板充分插入锁紧或更换端子板 |
| | | ⑤ 程序错误 | ⑤ 修改程序 |
| 13 | "ERR/ALARM"闪烁 | 错误代码为 1~9,程序中存在语法错误 | 修改程序 |
| | | 错误代码为 20 或以上;自诊断错误 | 在 PROG 模式下清除错误或采取错误代码表中所指示的行动 |
| 14 | "ERR/ALARM"亮 | 发生系统看门狗定时器错误 | 将控制单元的模式开关由"RUN"打到"PROG",并且关断电源再将其接通 |

## 9.3　PLC 的维护和检修

　　任何设备在一定的工作环境中运行总是要磨损的，PLC 也不例外。虽然 PLC 的设计已使维修和故障减少到最小程度，但如果能够对 PLC 进行经常性地定期维护和检修，则可以争取使其总是工作于最佳状态下，同时也可大大减少系统失常。

### 9.3.1　维护和检修

维护和检修的主要内容包括检查电源电压是否正常、周围环境是否符合安装要求、输入输出端子的电压是否失常、备份电池是否定期更换、PLC 各单元是否安装牢固，以及接线和端子是否完好等，具体内容如表 9-3 所示。

表 9-3　维护和检修内容

| 序号 | 项目 | 内容 | 判断标准 | 备注 |
|------|------|------|----------|------|
| 1 | 供电电源 | 在电源端子处测量电压变化情况 | 电压变化范围：（85%～110%）$U_e$ | 万用表 |
| 2 | 周围环境 | 环境温度 | 0～55℃ | 温度计 |
|   |      | 环境湿度 | 35%～85%RH 不结露 | 湿度计 |
|   |      | 积尘情况 | 不积尘 | 目视 |
| 3 | 输入输出电源 | 在输入输出端子处测量电压变化 | 以各输入输出的规格为标准 | 万用表 |
| 4 | 安装情况 | 各单元是否连接牢固 | 无松动 |  |
|   |      | 连接电缆的连接器是否完全插入旋紧 | 无松动 |  |
|   |      | 外部配线的螺钉是否松动 | 外观无异常 |  |
| 5 | 电池使用情况 | 备份电池是否需要更换 | 检测到"电池错误" |  |

### 9.3.2　备份电池更换

**（1）电池寿命**

对于 FP1-C24、C40、C56 和 C72 标准型 PLC，在周围环境温度为 25℃ 运行中，电池寿命大约 3 年，而 C24C、C40C、C56C 和 C72C 型的 PLC，电池寿命大约 6 年。

当备份电池电压较低时，特殊内部继电器 R9005 和 R9006 接通，且"ERR"灯亮。在检测到"电池错误"后，一个月内应更换电池。

**（2）怎样更换电池**

先给 PLC 充电 1min 以上，然后在 3min 之内电池更换完毕，具体操作步骤为：

① 切断电源。

② 打开存储单元盖板。

③ 拔下备份电池插头，并将其向上拉，到拉开电池盖，如图 9-13 所示。

④ 拉出导线取下电池。

⑤ 安装新电池并将它连到 PLC 插座上。

⑥ 盖上电池盖和存储单元盖。

⑦ 接通 PLC 电源。

**（3）可拆卸的端子板**

FP1-C24、C40、C56 和 C72 系列控制单元采用可拆卸的端子板结构，这种结构便于 I/O 端子接线。由于某种原因须更换控制单元时，可通过拆换端子板，而不必将所有接到端子板上的电缆重新拆接一遍。

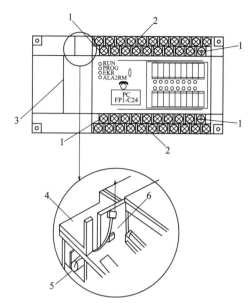

**图 9-13　更换电池示意图**
1—螺钉；2—端子板；3—单元盖；4—电池盖；5—备份电池；6—插座

## 思考题

1. PLC 的工作环境还应该满足哪几点要求？

2. PLC 在敷设电缆时，应遵循哪几项要求？

3. 控制单元输入端子接线有哪些要求？

4. 控制单元输出端子接线有哪些要求？

5. 如何进行 A/D 转换单元的接线？

6. 如何进行 D/A 转换单元的接线？

7. 如何进行 FP1 I/O 连接单元的接线？

8. 如何 PLC 接地线？

9. PLC 常见故障及其诊断方法有哪些？

10. PLC 维护和检修的具体内容有哪些？

11. 如何进行 PLC 备份电池更换？

12. 认真总结归纳，本章内容中有哪些知识点？其重点和难点在哪里？

13. 本章的知识点对完全攻略 PLC 技术有何作用？通过本章的知识点的学习你有哪些收获？

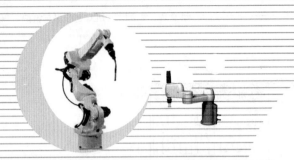

# 附录

# 松下PLC技术速记表

附表1　FPM 存储区域表

| 功能 | 名称与功能说明 | 符号 位/字 | 编号 | |
|---|---|---|---|---|
| | | | 2.7k 型 | 5k 型 |
| 外部输入/输出 继电器 | 外部输入继电器 该继电器将外设(如限位开关或光电传感器)来的信号送到 PLC | X(位) | 208 点 X0～X12F | |
| | | WX(字) | 13 字 WX0～WX12 | |
| | 外部输出继电器 该继电器输出 PLC 程序执行结果并使外部设备如电磁阀或电动机动作 | Y(位) | 208 点 Y0～Y12F | |
| | | WY(字) | 13 字 WY0～WY12 | |
| 内部继电器 | 内部继电器 该继电器不能提供外部输出,而只能在 PLC 内部使用 | R(位) | 1008 点 R0～R62F | |
| | | WR(字) | 63 字 WR0～WR62 | |
| | 特殊内部继电器 该继电器是有特殊用途的专用的内部继电器,它不能用于输出,而只能作为接点使用 | R(位) | 64 点 R900～R903F | |
| | | WR(字) | 4 字 WR900～WR903 | |

续表

| 功能 | 名称与功能说明 | 符号<br>位/字 | 编号 | |
|---|---|---|---|---|
| | | | 2.7k 型 | 5k 型 |
| 定时器/计数器 | 定时器接点<br>　该接点是定时器指令（TM）的输出，如果定时器指令定时时间到，则与其同号的触点动作 | T（位） | 100 点<br>T0～T99 | |
| | 计数器接点<br>　该接点是计数器指令（CT）的输出，如果计数器指令计数完毕，则与其同号的触点动作 | C（位） | 44 点<br>C100～C143 | |
| | 定时器/计数器预置值<br>　定时器/计数器预置值区是存储定时器/计数器指令预置值的存储区。每个定时器/计数器预置值区由 1 个字（1 个字＝16 位）组成。这个存储区的地址对应于定时器/计数器指令的号码 | SV（字） | 144 字<br>SV0～SV143 | |
| | 定时器/计数器经过值<br>　定时器/计数器经过值区是定时器/计数器的指令经过值的存储区。每个定时器/计数器经过值区由 1 个字（1 个字＝16 位）组成。该存储区的地址对应于定时器/计数器指令的号码 | EV（字） | 144 字<br>EV0～EV143 | |
| 数据区 | 数据寄存器<br>　数据寄存器用来存储 PLC 内处理的数据。每个数据寄存器由 1 个字（1 个字＝16 位）组成 | DT（字） | 1660 字<br>[DT0<br>~<br>DT1659] | 6144 字<br>[DT0<br>~<br>DT6143] |
| | 特殊数据寄存器<br>　特殊数据寄存器是有特殊用途的存储区 | DT（字） | 112 字<br>[DT9000~DT9069<br>和<br>DT9080~DT9121] | |
| 索引修正值 | 索引寄存器<br>　索引寄存器可用于存放地址和常数的修正值 | IX（字）<br>IY（字） | 一个字/每个单元<br>（无编号系统） | |
| 常数 | 十进制常数 | K | 16 位常数（字）<br>K32.768～K32.767 | |
| | | | 32 位常数（双字）<br>K2147483648～K2147483647 | |
| | 十六进制常数 | H | 16 位常数（字）<br>H0～HFFFF | |
| | | | 32 位常数（双字）<br>H0～HFFFFFFFF | |

## 附表 2 FP1 存储区域表

| 功能 | 名称与功能说明 | 符号 位/字 | 编号 | | |
|---|---|---|---|---|---|
| | | | C14/C16 | C24/C40 | C56/C72 |
| 外部输入/输出 继电器 | 外部输入继电器 该继电器将外设(如限位开关或光电传感器)来的信号送到 PLC | X(位) | 208 点 X0~X12F | | |
| | | WX(字) | 13 字 WX0~WX12 | | |
| | 外部输出继电器 该继电器输出 PLC 程序执行结果并使外部设备如电磁阀或电动机动作 | Y(位) | 208 点 Y0~Y12F | | |
| | | WY(字) | 13 字 WY0~WY12 | | |
| 内部继电器 | 内部继电器 该继电器不能提供外部输出,而只能在 PLC 内部使用 | R(位) | 256 点 R0~R15F | 1008 点 R0~R62F | |
| | | WR(字) | 16 字 WR0~WR15 | 63 字 WR0~WR62 | |
| 内部继电器 | 特殊内部继电器 该继电器是有特殊用途的专用的内部继电器,它不能用于输出,而只能作为接点使用 | R(位) | 64 点 R900~R903F | | |
| | | WR(字) | 4 字 WR900~WR903 | | |
| 定时器/计数器 | 定时器接点 该接点是定时器指令(TM)的输出。如果定时器指令定时时间到,则与其同号的触点动作 | T(位) | 100 点 T0~T99 | | |
| | 计数器接点 该接点是计数器指令(CT)的输出。如果计数器指令计数完毕,则与其同号的触点动作 | C(位) | 28 点 C100~C127 | 44 点 C100~C143 | |
| | 定时器/计数器预置值 定时器/计数器预置值区是存储定时器/计数器指令预置值的存储区。每个定时器/计数器预置值区由 1 个字(1 个字=16 位)组成。这个存储区的地址对应于定时器/计数器指令的号码 | SV(字) | 128 字 SV0~SV127 | 144 字 SV0~SV143 | |
| | 定时器/计数器经过值 定时器/计数器经过值区是定时器/计数器的指令经过值的存储区。每个定时器/计数器经过值区由 1 个字(1 个字=16 位)组成。该存储区的地址对应于定时器/计数器指令的号码 | EV(字) | 128 字 EV0~EV127 | 144 字 EV0~EV143 | |

附表 3　系统寄存器表

| 地址 | 系统寄存器名称 | 默认值 | 说明 |
|---|---|---|---|
| 0 | 程序容量 | K1,K3 或 K5 | 程序容量是根据 PLC 类型自动指定的：<br>FP1 C14/C16 系列(900 步)：K1<br>FP-M 2.7k 型和 FP1 C24/C40 系列(2720 步)：K3<br>FP-M 5k 型和 FP1 C56/C72 系列(5000 步)：K5<br>该系统寄存器中的数值是固定的 |
| 4 | 无备份电池的操作 | K0 | 当备份电池电压过低或者备份电池断开时该寄存器指定了<br>FP1 机的工作状态：<br>K0：以上情况当作错误处理<br>K1：以上情况不当作错误处理 |
| 5 | 计数器起始地址 | K100 | 可指定计数器起始号码<br>设定范围：<br>FP1 C14 和 C16 系列：K0～K128<br>FP1 C24/C40/C56/C72 系列及所有 FP-M 系列：K0～K144<br>建议设为与系统寄存器 No.6 同样值<br>如果输入设定范围的最大值，则全部区域被用作定时器<br>例：如果 FP1 C16 系列系统寄存器 No.5 设定为 K110：<br>定时器：T0～T109(110 个定时器)<br>计数器：C110～C127(18 个计数器) |
| 6 | 为定时器/计数器区域设定保持区首地址 | K100 | 可指定定时器/计数器保持区首地址<br>设定范围：<br>FP1 C14 和 C16 系列：K0～K128<br>FP1 C24/C40/C56/C72 系列及所有 FP-M 系列：K0～K144<br>建议与系统寄存器 No.5 设成同样值<br>如果输入设定范围的最大值，则全部区域用来作非保持区<br>例：如果 FP1 C16 系列系统寄存器被设为 K110：<br>非保持区：0～109<br>保持区：100～127 |
| 7 | 设定内部继电器保持区首地址 | K10 | 可以以字为单位指定内部继电器保持区首地址设定范围：<br>FP1 C14 和 C16 系列：K0～K16<br>FP1 C24/C40/C56/C72 系列及所有 FP-M 系列：K0～K63<br>如果输入设定范围的最大值，则全部区域均用作非保持区<br>例：如果 FP1 C14 系列系统寄存器 No.7 设定为 K5：<br>非保持区：R0～R4F<br>保持区：R50～R15F |
| 8 | 为数据寄存器设定保持区首地址 | K0 | 可指定数据寄存器保持区首地址<br>设定范围：<br>FP1 C14 和 C16 系列：K0～K256<br>FP-M 2.7k 型和 FP1 C24/C40 系列：K0～K1660<br>FP-M 5k 型和 FP1 C56/C72 系列：K0～K6144<br>如果输入设定范围的最大值，则所有区域均为非保持区<br>例：如果 FP1 C14 系列系统寄存器 No.8 设定为 K10：<br>非保持区：DT0～DT9<br>保持区：DT10～DT255 |
| 14 | 设定步进区的保持/非保持区 | K1 | 可指定步进操作的保持/非保持状态<br>K0：保持<br>K1：非保持 |

| 地址 | 系统寄存器名称 | 默认值 | 说明 |
|---|---|---|---|
| 20 | 设定"重复输出" | | 当编程时出现重复输出,系统寄存器可指定 FP1 和 FP-M 的工作状态<br>K0:如果发生重复输出,则当作总体检查错误处理<br>K1:如果发生重复输出,不作为总体检查错误处理 |
| 26 | 当操作错误发生时设定工作状态 | K0 | 当检测出操作错误后,寄存器可指定 FP1 的工作状态<br>K0:如果发生操作错误,FP-M 和 FP1 停止运行<br>K1:如果发生操作错误,FP-M 和 FP1 继续运行 |
| 31 | 设定多帧通信的等待时间 | | 当用计算机连接方式执行多帧通信时,该寄存器可指定两个限定符之间的最大等待时间<br>设定范围:<br>K4~K32760:10ms~81.9s<br>计算等待时间的公式是:设定值×2.5ms |
| 34 | 设定扫描时间常数 | K0 | 此寄存器可指定固定的扫描时间<br>设定范围:<br>K0:固定扫描功能不使能<br>K1~K64:2.5~160ms<br>用下面的公式计算固定扫描时间:设定值×2.5ms |
| 400 | 高速计数器方式设定 | H0 | 此寄存器可指定高速计数器的工作方式 X0、X1 和 X2 的设定 |

| 设定值 | X0 | X1 | X2 |
|---|---|---|---|
| H0 | 不使用高速计数器功能 | | |
| H1 | 2 相输入 | | 不使用 |
| H2 | 2 相输入 | | 复位输入 |
| H3 | 加输入 | 不使用 | |
| H4 | 加输入 | 不使用 | 复位输入 |
| H5 | 不使用 | 减输入 | 不使用 |
| H6 | 不使用 | 减输入 | 复位输入 |
| H7 | 加输入 | 减输入 | 不使用 |
| H8 | 加输入 | 减输入 | 复位输入 |

设定:
H0:在内部没有连接
H1:在内部已连接
如果使用的 FP1 是 C56 或 C72 系列,则 Y6 和 Y7 的脉冲可以直接输入到 X0 和 X1,不用外部接线。然而,如果 X0 和 X1 已用于 Y6 和 Y7 脉冲输入,它们就不能再作为其他输入端子

| 设定值 | 工作方式 |
|---|---|
| H107 | 脉冲输出 Y7→加输入 X0<br>脉冲输出 Y6→减输入 X1<br>此时 X1 不能用于高速计数器 |
| H108 | 脉冲输出 Y7→加输入 X0<br>脉冲输出 Y6→减输入 X1<br>此时 X2 用于复位输入 |

续表

| 地址 | 系统寄存器名称 | 默认值 | 说明 |
|---|---|---|---|
| 402 | 脉冲捕捉输入功能设定 | H0 | 此寄存器指定了 X0~X7 脉冲捕捉输入功能的可用性<br>设定：<br>0：标准输入方式<br>1：脉冲输入方式<br>当使用脉冲捕捉功能时，应按一定顺序输入指定值，以使与各输入相对应位变为"1"<br>系统寄存器 No.402<br><br>设定范围：<br>FP1 C14/C16 系列（4 个输入 X0~X3）：H0~HF<br>所有 FP-M 和 FP1 C24/C40/C56/C72 系列（8 个输入 X0~X7）：H0~HFF<br>例如：<br>若 FP1 C24 系列的 X3，X4，X5 被作为脉冲捕捉功能输入端，如下所示输入 H38<br>系统寄存器 No.402 |
| 403 | 中断触发器设定 | H0 | 此寄存器可指定 FP1 的输入作为中断触发器<br>设定：<br>0：正常输入方式<br>1：中断输入方式<br>当使用中断程序时，应按一定顺序输入一指定值，使与各个输入相对应的位变为"1"<br>系统寄存器 No.400<br><br>设定范围：<br>FP1 C14/C16 系列：不可用<br>所有 FP-M 和 FP1 C24/C40/C56/C72 系列（8 个输入 X0~X7）：H0~HFF<br>例：如果中断输入功能被用 FP1 C24 系列的 X1 和 X2 输入，则 H6 输入如下所示<br>系统寄存器 No.400 |

**系统寄存器 No.402（第一个表）**

| 位址 | 15 14 13 12 | 11 10 9 8 | 7 6 5 4 | 3 2 1 0 |
|---|---|---|---|---|
| 相应输入 | — | — | X7 X6 X5 X4 | X3 X2 X1 X0 |

**系统寄存器 No.402（第二个表）**

| 位址 | 15 14 13 12 | 11 10 9 8 | 7 6 5 4 | 3 2 1 0 |
|---|---|---|---|---|
| 相应输入 | — | — | X7 X6 X5 X4 | X3 X2 X1 X0 |
| 数据输入 | 0 0 0 0 | 0 0 0 0 | 0 0 1 1 | 1 0 0 0 |

H 3　8

**系统寄存器 No.400（第一个表）**

| 位址 | 15 14 13 12 | 11 10 9 8 | 7 6 5 4 | 3 2 1 0 |
|---|---|---|---|---|
| 相应输入 | — | — | X7 X6 X5 X4 | X3 X2 X1 X0 |

**系统寄存器 No.400（第二个表）**

| 位址 | 15 14 · 12 | 11 ·· 8 | 7 ·· 4 | 3 ·· 0 |
|---|---|---|---|---|
| 相应输入 | — | — | X7X6X5X4 | X3X2X1X0 |
| 数据输入 | 0 0 0 0 | 0 0 0 0 | 0 0 0 0 | 0 1 1 0 |

H 6

| 地址 | 系统寄存器名称 | 默认值 | 说明 |
|---|---|---|---|
| 404 | 设定输入延时滤波（X0～X1F） | H1111（全部 2ms） | 在 8 个输入单元设定输入滤波时间 设定：<br><br>设定值 / 输入滤波时间/ms：H0 / 1；H1 / 2；H2 / 4；H3 / 8；H4 / 16；H5 / 32；H6 / 64；H7 / 128<br><br>参考下例,设置系统寄存器 No. 404、405、406 和 407 |
| 405 | 设定输入延时滤波（X20～X3F） | H1111（全部 2ms） | No. 404=H□□□□ ← X0～X7；X8～XF；X10～X17；X18～X1F｝FP-M控制板 FP1控制单元<br>No. 405=H□□1□ ← X20～X27；Fixed；X30～X37；X38～X3F｝FP1初级扩展 |
| 406 | 设定输入延时滤波（X40～X5F）1 | H1111（全部 2ms） | No. 406=H□□1□ ← X40～X47；Fixed；X50～X57；X58～X5F｝FP1第二级扩展<br>No. 407=H 0 0 1 [ ] ← Fixed X60～X67 |
| 407 | 设定输入延时滤波（X60～X6F） | H0011（全部 2ms） | 例:如果指定 X0～X7 输入滤波时间为 1ms,X8～XF 为 8ms, X10～X17 为 2ms,X18～X1F 为 2ms,则输入 H1130 到系统寄存器 No. 404<br>系统寄存器 No. 404<br><br>位址 / 15··12 / 11··8 / 7··4 / 3··0<br>数据输入 / 000 / 0001 / 0011 / 0000<br>H / 1 / 1 / 3 / 0<br>X18～X19(2ms) / X10～X17(2ms) / X8～XF(8ms) / X0～X7(1ms) |
| 410 | 编程口（RS-422 口）站号设定 | K1 | 当通过编程口（RS-422 口）执行计算机连接通信时,此寄存器可指定站号 设定范围:K1～K32 |

续表

| 地址 | 系统寄存器名称 | 默认值 | 说明 |
|---|---|---|---|
| 411 | 编程口（RS-422 口）通信格式和调制解调器设定 | H0 | 当使用编程口（RS-422 口）时,该寄存器可设定通信格式和调制解调器兼容性<br><br>设定: 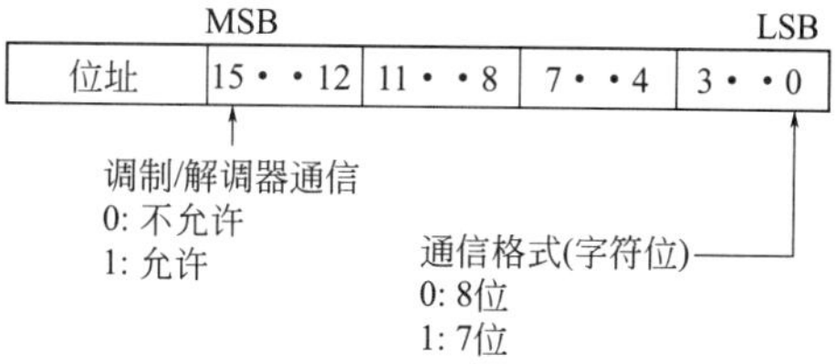<br><br>（见下图）<br><br>MSB　　　　　　　　　　　LSB<br>位址｜15··12｜11··8｜7··4｜3··0<br><br>调制/解调器通信<br>0: 不允许<br>1: 允许<br><br>通信格式(字符位)<br>0:8位<br>1:7位<br><br>设定值 / 设定(调制解调器 / 字符位):<br>H0 — 不允许 — 8位<br>H1 — 不允许 — 7位<br>H8000 — 允许 — 8位<br>H8001 — 允许 — 7位 |
| 412 | RS-232C 串口通信方式设定 | K0 | 选择 RS-232C 串口功能<br>设定:<br>K0:RS-232C 串口不使用<br>K1:RS-232C 串口用于计算机连接通信<br>K2:RS-232C 串口用于一般通信 |
| 413 | RS-232C 串口通信格式设定 | H3 | 此系统寄存器可指定 RS-232C 串口通信设定<br>设定:<br><br>位址｜15··12｜11··8｜7··4｜3··0<br><br>头码(第6位)<br>0: 没有STX码<br>1: 带STX码<br><br>结束符(第5和4位)<br>00: CR<br>01: CR+LF<br>10: CR<br>11: EXT<br><br>停止位(第3位)<br>0: 1位<br>1: 2位<br><br>奇偶校验(第2和1位)<br>00: 无<br>01: 奇<br>10: 无<br>11: 偶<br><br>字符位(第0位)<br>0:7位<br>0:8位<br><br>例:如果想如下设置 RS-232C 串口,则输入 H2 到系统寄存器 No. 413<br>头码:　　无 STX<br>结束符:　CR<br>停止位:　1 位<br>奇偶校验:奇<br>字符位:　7 位<br>系统寄存器 No. 413<br><br>位址｜15··12｜11··8｜7··4｜3··0<br>数据输入｜0000｜0000｜0000｜0010<br>　　　　H　　0　　2 |

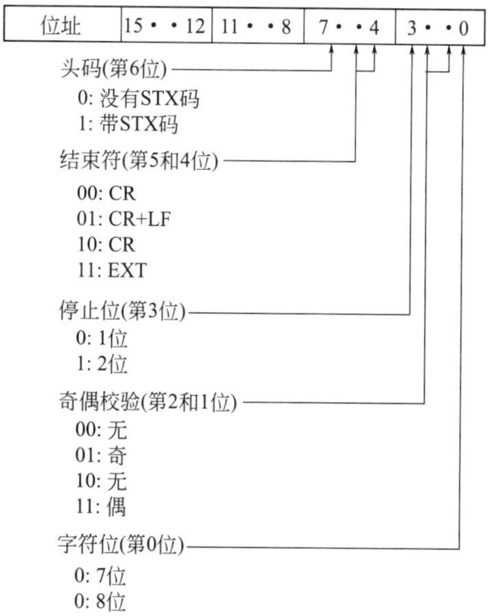

续表

| 地址 | 系统寄存器名称 | 默认值 | 说明 |
|---|---|---|---|
| 414 | RS-232C 串口波特率设定 | K1 | 此寄存器可指定 RS-232C 串口波特率<br>设定：<br><table><tr><td>设定值</td><td>波特率</td></tr><tr><td>K0</td><td>19200bps</td></tr><tr><td>K1</td><td>9600bps</td></tr><tr><td>K2</td><td>4800bps</td></tr><tr><td>K3</td><td>2400bps</td></tr><tr><td>K4</td><td>1200bps</td></tr><tr><td>K5</td><td>600bps</td></tr><tr><td>K6</td><td>300bps</td></tr></table> |
| 415 | RS-232C 串口站号设定 | K1 | 当 RS-232C 串口用于计算机连接通信方式时，此寄存器可指定站号<br>设定范围：K1～K32 |
| 416 | RS-232C 串口调制解调通信设定 | H0 | 当使用 RS-232C 串口时，该寄存器可设定调制解调器通信的兼容性<br>设定：<br>H0：调制解调器通信不允许<br>H8000：调制解调器通信允许<br>调制解调器通信允许时，可设定系统寄存器 No.412，No.413 和 No.415 |
| 417 | 从 RS-232C 串口接收数据的首地址设定 | K0 | 当执行一般通信时，此寄存器可指定作为从 RS-232C 串口接收数据的缓冲器使用的数据寄存器的首地址。<br>设定范围：<br>C 版本的 FP-M 2.7k 型和 FP1 C24C/C40C 型：K0～K1660<br>C 版本的 FP-M 5k 型和 FP1 C56C/C72C 型：K0～K6144<br>例：如果在系统寄存器 No.417 中输入 K0，则 RS-232C 串口接收数据的字节数存于 DT0 中，而接收的数据从 DT1 开始存放 |
| 418 | 从 RS-232C 串口接收数据的缓冲器容量设定 | K1660 | 此寄存器可指定缓冲器的字数<br>设定范围：<br>C 版本的 FP-M 2.7k 型和 FP1 C24C/C40C 型：K0～K1660<br>C 版本的 FP-M 5k 型和 FP1 C56C/C72C 型：K0～K6144<br>例：如果在系统寄存器 No.417 中输入 K0，在系统寄存器 No.418 中输入 K100，则接收数据的个数存于 DT0，接收的数据从 DT1 开始存到 DT99 |

## 附表 4　特殊内部继电器表

| 位地址 | 名称 | 说明 | 可用性 | | | |
|---|---|---|---|---|---|---|
| | | | FP1 | | | FP-M |
| | | | C14/C16 | C24/C40 | C56/C72 | |
| R9000 | 自诊断错误标志 | 当自诊断错误发生时 ON 自诊断错误代码存在 DT9000 中 | A | | | |
| R9005 | 电池错误标志(非保持) | 当电池错误发生时瞬间接通 | N/A | | | A |
| R9006 | 电池错误标志(保持) | 当电池错误发生时接通且保持此状态 | | | | |

续表

| 位地址 | 名称 | 说明 | 可用性 | | | |
|---|---|---|---|---|---|---|
| | | | FP1 | | | FP-M |
| | | | C14/C16 | C24/C40 | C56/C72 | |
| R9007 | 操作错误标志(保持) | 当操作错误发生时接通且保持此状态。错误地址存在 DT9017 中 | | | | |
| R9008 | 操作错误标志(非保持) | 当操作错误发生时瞬间接通。错误地址存在 DT9018 中 | | | | |
| R9009 | 进位标志 | 瞬间接通<br>当出现溢出时<br>当移位指令之一被置"1"时<br>也可用于数据比较指令[F60/F61]的标志 | | | A | |
| R900A | ＞标志 | 在数据比较指令[F60/F61]中当 S1＞S2 时瞬间接通。参考 F60 和 F61 指令的说明 | | | | |
| R900B | ＝标志 | 在数据比较指令[F60/F61]中当 S1＝S2 时瞬间接通。参考 F60 和 F61 指令的说明 | | | | |
| R900C | ＜标志 | 在数据比较指令[F60/F61]中当 S1＜S2 时瞬间接通。参考 F60 和 F61 指令的说明 | | | | |
| R900D | 辅助定时器指令 | 当设定值递减并减到 0 时变成 ON | N/A | | A | |
| R900E | RS-422 错误标志 | 当 RS-422 错误发生时接通 | | | | |
| R900F | 扫描常数错误标志 | 当扫描常数错误发生时接通 | | | A | |
| R9010 | 常闭继电器 | 常闭 | | | | |
| R9011 | 常开继电器 | 常开 | | | | |
| R9012 | 扫描脉冲继电器 | 每次扫描交替开闭 | | | | |
| R9013 | 初始闭合继电器 | 只在运行中第一次扫描时合上,从第二次扫描开始断开且保持打开状态 | | | | |
| R9014 | 初始断开继电器 | 只在运行的第一次扫描打开,从第二次扫描开始闭合且保持闭合状态 | | | | |
| R9015 | 步进开始时闭合的继电器 | 仅在开始执行步进指令(SSTP)的第一次扫描到来瞬间合上 | | | | |
| R9018 | 0.01s 时钟脉冲继电器 | 以 0.01s 为周期重复通/断动作<br>(ON：OFF＝0.005s：0.005s) | | | A | |
| R9019 | 0.02s 时钟脉冲继电器 | 以 0.02s 为周期重复通/断动作<br>(ON：OFF＝0.01s：0.01s) | | | | |
| R901A | 0.1s 时钟脉冲继电器 | 以 0.1s 为周期重复通/断动作<br>(ON：OFF＝0.05s：0.05s) | | | | |
| R901B | 0.2s 时钟脉冲继电器 | 以 0.2s 为周期重复通/断动作<br>(ON：OFF＝0.1s：0.1s) | | | | |
| R901C | 1s 时钟脉冲继电器 | 以 1s 为周期重复通/断动作<br>(ON：OFF＝0.5s：0.5s) | | | | |
| R901D | 2s 时钟脉冲继电器 | 以 2s 为周期重复通/断动作<br>(ON：OFF＝1s：1s) | | | | |
| R901E | 1min 时钟脉冲继电器 | 以 1min 为周期重复通/断动作<br>(ON：OFF＝30s：30s) | | | | |
| R9020 | 运行方式标志 | 当 PLC 方式置为"RUN"时合上 | | | | |

续表

| 位地址 | 名称 | 说明 | 可用性 | | | |
|---|---|---|---|---|---|---|
| | | | FP1 | | | FP-M |
| | | | C14/C16 | C24/C40 | C56/C72 | |
| R9026 | 信息标志 | 当信息显示指令执行时合上 | N/A | A | | |
| R9027 | 远程方式标志 | 当方式选择开关置为"REMOTE"时合上 | A | | | |
| R9029 | 强制标志 | 在强制通/断操作期间合上 | | | | |
| R902A | 中断标志 | 当允许外部中断时合上,参见 ICTL 指令说明 | N/A | A | | |
| R902B | 中断错误标志 | 当中断错误发生时合上 | | | | |
| R9032 | RS-232C 口选择标志 | 在系统寄存器 No.412 中当 RS-232C 口被置为 GENERAL(K2)时合上 | | A 仅适用于 FP1 C24C～C72C | | |
| R9033 | 打印输出标志 | 在 F147(PR)指令执行期间为 ON 状态,参见 F147(PR)指令 | | | | |
| R9036 | I/O 连接错误标志 | 当发生 I/O 连接错误时变成 ON | A | | | |
| R9037 | RS-232C 错误标志 | 当 RS-232C 错误发生时合上 | N/A | A 仅适用于 FP1 C24C～C72C | | |
| R9038 | RS-232C 接收标志 (F144) | 当 PLC 使用串行通信指令(F144)接收到结束符时该接点闭合 | | | | |
| R9039 | RS-232C 发送标志 (F144) | 当数据由串行通信指令(F144)发送完毕时合上[F144] 当数据正被串行通信指令(F144)发送时接点断开,参见 F144 指令说明 | | | | |
| R903A | 高速计数器控制标志 | 当高速计数器被 F162、F163、F164 和 F165 指令控制时合上。参见 F162、F163、F164 和 F165(高速计数器控制)指令的说明 | A | A | | |
| R903B | 凸轮控制标志 | 当凸轮控制指令[F165]被执行时合上,参见 F165 指令说明 | | | | |

附表 5　特殊数据库寄存器表

| 地址 | 名称 | 说明 | 可用性 | | | |
|---|---|---|---|---|---|---|
| | | | FP1 | | | FP-M |
| | | | C14/C16 | C24/C40 | C56/C72 | |
| DT9000 | 自诊断错误代码寄存器 | 当自诊断错误发生时,错误代码存入 DT9000 | A | | | |

续表

| 地址 | 名称 | 说明 | 可用性 | | | |
|------|------|------|--------|--|--|--|
| | | | FP1 | | | FP-M |
| | | | C14/C16 | C24/C40 | C56/C72 | |
| DT9014 | 辅助寄存器<br>（用于 F105 和 F106 指令） | 当执行 F105 或 F106 指令时,移出的 16 进制数据被存储在该寄存器十六进制位置 0(即位址 0～3)处<br>参考 F105 和 F106 指令的说明 | A | | | |
| DT9015 | 辅助寄存器<br>（用于 F32、F33、F52 和 F53 指令） | 当执行 F32 或 F52 指令时,除得余数被存于 DT9015 中<br>当执行 F33 或 F53 指令时,除得余数低 16 位存于 DT9015 中,参见 F32,F52,F33 和 F53 指令说明 | | | | |
| DT9016 | 辅助寄存器<br>（用于 F33 和 F53 指令） | 当执行 F33 或 F53 指令时,除得余数高位存于 DT9016 中,参见 F33 和 F53 指令的说明 | | | | |
| DT9017 | 操作错误地址寄存器(保持) | 当操作错误被检测出来后,操作错误地址存于 DT9017 中,且保持其状态 | | | | |
| DT9018 | 操作错误地址寄存器(非保持) | 当操作错误被检测出来后,最后的操作错误的最终地址存于 DT9018 中 | | | | |
| DT9019 | 2.5ms 振铃计数器寄存器 | DT9019 中的数据每 2.5ms 增加 1,通过计算时间差值可用来确定某些过程的经过时间 | | | | |
| DT9022 | 扫描时间寄存器（当前值） | 当前扫描时间存于 D9022,扫描时间可用下式计算:扫描时间＝数据×0.1ms | | | | |
| DT9023 | 扫描时间寄存器（最小值） | 最小扫描时间存于 DT9023,扫描时间用下式计算:扫描时间＝数据×0.1ms | | | | |
| DT9024 | 扫描时间寄存器（最大值） | 最大扫描时间存于 DT9024,扫描时间用下式计算:扫描时间＝数据×0.1ms | | | | |
| DT9025 | 中断屏蔽状态寄存器 | 中断屏蔽状态存于 DT9025 中,可用于监视中断状态<br>根据每一位的状态来判断屏蔽情况:<br>不允许中断为 0,允许中断为 1<br>DT9025 每位的位置对应中断号码,参考 ICTL 指令的说明 | N/A | A | | |
| DT9027 | 定时中断间隔寄存器 | 定时中断间隔存于 DT9027 中可用于监视定时中断间隔,用下式计算间隔:<br>间隔＝数据×10ms,参考 ICTL 指令说明 | | | | |
| DT9030 | 信息 0 寄存器 | 当执行 F149 指令时,指定信息的内容被存于 DT9030、DT9031、DT9032、DT9033、DT9034 和 DT9035 中,参考 F149 指令的说明 | N/A | A | | |
| DT9031 | 信息 1 寄存器 | | | | | |
| DT9032 | 信息 2 寄存器 | | | | | |
| DT9033 | 信息 3 寄存器 | | | | | |
| DT9034 | 信息 4 寄存器 | | | | | |
| DT9035 | 信息 5 寄存器 | | | | | |
| DT9037 | 工作寄存器 1<br>（用于 F96 指令） | 当 F96 指令执行时,已找到的数据个数存于 DT9037,参考 F96 指令的说明 | A | | | |
| DT9038 | 工作寄存器 2<br>（用于 F96 指令） | 当执行 F96 指令时,所找到的第一个数据的地址与 S2 所指定的数据区首地址之间的相对地址放在 DT9038 中,参考 F96 指令说明 | | | | |

续表

| 地址 | 名称 | 说明 | 可用性 | | | |
|---|---|---|---|---|---|---|
| | | | FP1 | | | FP-M |
| | | | C14/C16 | C24/C40 | C56/C72 | |
| DT9040 | 手动拨盘寄存器（V0） | 电位器的值（V0、V1、V2 和 V3）存于：<br>C14 和 C16 系列：　V0　DT9040<br>C24 系列：　　　　V0　DT9040<br>　　　　　　　　　V1　DT9041<br>C40/C56/C72 系列：V0　DT9040<br>　　　　　　　　　V1　DT9041<br>　　　　　　　　　V2　DT9042<br>　　　　　　　　　V3　DT9043 | A | A | A | A |
| DT9041 | 手动拨盘寄存器（V1） | | N/A | | | |
| DT9042 | 手动拨盘寄存器（V2） | | | A（仅 C40 系列可用） | | |
| DT9043 | 手动拨盘寄存器（V3） | | | | | |
| DT9044 | 高速计数器经过值区（低 16 位） | 高速计数器经过值低 16 位存于 DT9044 | A | | | |
| DT9045 | 高速计数器经过值区（高 16 位） | 高速计数器经过值高 16 位存于 DT9045 | | | | |
| DT9046 | 高速计数器预置值区（低 16 位） | 高速计数器预置值低 16 位存于 DT9046 | | | | |
| DT9047 | 高速计数器预置值区（高 16 位） | 高速计数器预置值高 16 位存于 DT9047 | | | | |
| DT9052 | 高速计数器控制寄存器 | 用于控制高速计数器工作参考 F0（高速计数器控制）指令的说明 | | | | |
| DT9053 | 时钟/日历监视寄存器 | 时钟/日历的小时和分钟数据存于 DT9053 中，它只能用于监视数据<br>用 BCD 表示的小时和分钟数据存放如下：<br>高8位　低8位<br>小时数据(BCD) H00～F23　分钟数据(BCD) H00～HS9 | N/A | A 仅适用于 FP1 C24C～C72C | | |
| DT9054 | 时钟/日历监视和设置寄存器（分/秒） | 时钟/日历的数据存于 DT9054、DT9055、DT9056 和 DT9057 中，可用于设置和监视时钟/日历<br>当用 F0 指令设置时钟/日历时，从 DT9058 的最高有效位变为"1"开始，修订值有效。数据以 BCD 码存放如下：<br>高8位　低8位<br>DT9054 分钟(BCD) H00～H59　秒(BCD) H00～H59<br>DT9055 日期(BCD) H01～H31　小时(BCD) H00～H23<br>DT9056 年(BCD) H00～H99　月(BCD) H01～H12<br>DT9057 ——— | | | | |
| DT9055 | 时钟/日历监视和设置寄存器（日/时） | | | | | |
| DT9056 | 时钟/日历监视和设置寄存器（年/月） | | | | | |
| DT9057 | 时钟/日历监视和设置寄存器（星期） | | | | | |
| DT9058 | 时钟/日历校准寄存器 | 当 DT9058 的最低有效位置为"1"时，时钟/日历可校准如下：<br>当秒数据为 H00～H29 时：<br>秒数据截断为 H00<br>当秒数据为 H30～H59 时：<br>秒数据截断为 H00，分数据加 1<br>用 F0 指令执行的修正时钟/日历设定，当 DT9058 最高有效位置为"1"时，开始有效 | | | | |

续表

| 地址 | 名称 | | 说明 | 可用性 | | | |
|---|---|---|---|---|---|---|---|
| | | | | FP1 | | | FP-M |
| | | | | C14/C16 | C24/C40 | C56/C72 | |
| DT9059 | 通信错误代码寄存器 | | RS-232C 口通信错误代码存于 DT9059 高 8 位区,编程工具口错误代码存于 DT9059 低 8 位区 | N/A | A | | |
| DT9060 | 步进过程监视寄存器(过程号:0～15) | | 这些寄存器用于监视步进程序的执行情况步进程序的执行监视如下: | A | | | |
| DT9061 | 步进过程监视寄存器(过程号:16～31) | | 执行:1 | | | | |
| DT9062 | 步进过程监视寄存器(过程号:32～47) | | 不执行:0 | | | | |
| DT9063 | 步进过程监视寄存器(过程号:48～63) | | 例:如下例所示,寄存器中的一位对应一个步进过程: | | | | |
| DT9064 | 步进过程监视寄存器(过程号:48～63) | | 如当 DT9061 的第 0 位置为 1 时,步进过程号 16 在执行 | | | | |
| DT9065 | 步进过程监视寄存器(过程号:80～95) | | | | | | |
| DT9066 | 步进过程监视寄存器(过程号:64～79) | | | | | | |
| DT9067 | 步进过程监视寄存器(过程号:112～127) | | | | | | |

位址 | 15··12 | 11··8 | 7··4 | 3··0
过程号 | 31··28 | 27··24 | 23··20 | 19··16
DT9061 | 0 0 0 0 | 0 0 0 0 | 0 0 0 0 | 0 0 0 1

| 地址 | 名称 | | 说明 | 可用性 | |
|---|---|---|---|---|---|
| | | | | FP1 | FP-M |
| DT9080 | 从模拟控制板 No.0 转换来的数字量 | 通道 0 | FM-M(A/D 板或模拟 I/O 板)的模拟控制板模拟量从输入,转换成数字,到最后存储在这些寄存器中 转换成的数字量的范围取决于模拟控制板的型号。如下所示: K0～K999(0～20mA/0～5V/0～10V) 转换成的数字量的范围(分辨率为 10 位) | N/A | A |
| DT9081 | | 通道 1 | | | |
| DT9082 | | 通道 2 | | | |
| DT9083 | | 通道 3 | | | |
| DT9084 | 从模拟控制板 No.1 转换来的数字量 | 通道 0 | 注:如果输入的模拟量超过了所允许的最大值(20mA/5V/10V)就都转换成 K1.023,然而为了避免损坏系统,应确保输入的模拟电压或电流在额定范围内 (在有模拟 I/O 板时) K0～K255(0～5V,0～10V) 转换成的数字量的范围(分辨率为 8 位) 注:即是输入的模拟数据在规定的范围之外,转换成的数字量也不会在 K0～K255 范围之外。为了系统免遭损坏,应确保输入的模拟电压在额定值范围之内 要确保用 F0(MV)指令将这些特殊数据寄存器中的数据传送到其他数据寄存器中去 | N/A | A |
| DT9085 | | 通道 1 | | | |
| DT9086 | | 通道 2 | | | |
| DT9087 | | 通道 3 | | | |
| DT9088 | 从模拟控制板 No.2 转换来的数字量 | 通道 0 | | N/A | A |
| DT9089 | | 通道 1 | | | |
| DT9090 | | 通道 2 | | | |
| DT9091 | | 通道 3 | | | |
| DT9092 | 从模拟控制板 No.3 转换来的数字量 | 通道 0 | | | |
| DT9093 | | 通道 1 | | | |
| DT9094 | | 通道 2 | | | |
| DT9095 | | 通道 3 | | | |

| 地址 | 名称 | | 说明 | 可用性 | |
|---|---|---|---|---|---|
| | | | | FP1 | FP-M |
| DT9096 | 从模拟控制板 No.0 输出模拟量的数字值 | 通道 0 | 这些寄存器用来指明输出的模拟信号所对应的数字量,这些模拟量来自 FP-M 的模拟控制板(D/A 板或模拟 I/O 板)<br>要输出的模拟量其数字值的范围取决于模拟控制板的型号,如下所示:<br>当有 D/A 板时,要输出的模拟量所对应的 10 位数字数据范围:K0~K999<br>(0~20mA/0~5V/0~10V) | N/A | A |
| DT9097 | | 通道 1 | | | |
| DT9098 | 从模拟控制板 No.1 输出模拟量的数字值 | 通道 0 | 注:<br>要确保要输出的数据在 K0~K999 范围之内。<br>如果要输出的数据是 K1000~K1023,输出的模拟量数据将稍大于最大的额定值(20mA/5V/10V)。如果要输出的数据在 K0~1023 之外,数据的第 10~15 位就被忽略不计<br>例:如果输入 K24,转化为模拟量输出时就会将其当成 K999。<br>当输入 K24 时数据结构为: | | |
| DT9099 | | 通道 1 | | | |
| DT9100 | 从模拟控制板 No.2 输出模拟量的数字值 | 通道 0 | | | |
| DT9101 | 从模拟控制板 No.2 输出模拟量的数字值 | 通道 1 | 在有模拟 I/O 板时,要输出的模拟量所对应的 6 位数字数据范围:K0~K255(0~20mA/0~5V/0~10V)<br>注:<br>要确保输出的数据在 K0~K255 范围之内<br>如果要输出的数据在 K0~K255 之外,数据的第 6 位到第 15 位就被忽略不计<br>例:如果输入 K1,转化为模拟量输出时就会将其当成 K255<br>当输入 K1 时数据结构为: | N/A | A |
| DT9102 | 从模拟控制板 No.3 输出模拟量的数字值 | 通道 0 | | | |
| DT9103 | | 通道 1 | 要确保用 F0(MV)指令将数据传送到这些特殊数据寄存器中去 | | |
| DT9104<br>DT9105 | 高速计数器板通道 0 | 目标值区域 0 | FP-M 高速计数器板的数据存储在这些寄存器中目标值 0 和 1,经过值和捕捉值按二进制数处理,范围为 K-8 388 608~K8 388 607<br>注:<br>·确保用 F1(DMA)指令将这些特殊数据寄存器中的数据传送到其他寄存器,或者将其他寄存器中的数据传送到这些特殊数据寄存器中<br>·当改变这些特殊寄存器中的数据时,要确保数据在 K-8 388 608~K8 388 607 范围之内<br>如果输入的数据在这个范围之外,数据的第 24~31 位会被忽略(即 32 位数的高 16 位中的第 8~15 位)<br>例:如果输入的数据是 K2 147 483 647,高速计数器将把它当成 K-8 388 608<br>当输入 K2 147 483 647 时,数据结构为: | N/A | A |
| DT9106<br>DT9107 | | 目标值区域 1 | | | |
| DT9108<br>DT9109 | | 经过值区域 | | | |
| DT9110<br>DT9111 | | 捕捉值区域 | | | |
| DT9112<br>DT9113 | 高速计数器板通道 1 | 目标值区域 0 | | | |
| DT9114<br>DT9115 | | 目标值区域 1 | | | |
| DT9116<br>DT9117 | | 经过值区域 | | | |
| DT9118<br>DT9119 | | 捕捉值区域 | | | |

续表

| 地址 | 名称 | 说明 | 可用性 | |
|---|---|---|---|---|
| | | | FP1 | FP-M |
| DT9120 | 高速计数器板控制区 | 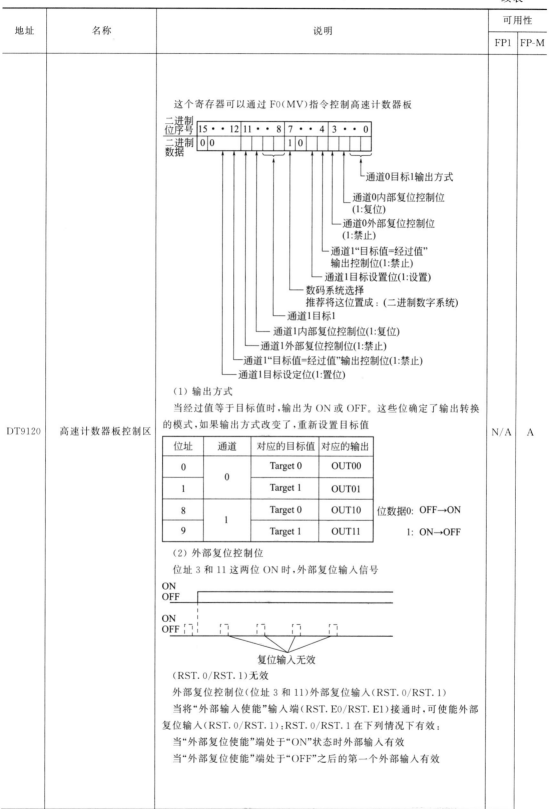 (1) 输出方式 当经过值等于目标值时,输出为 ON 或 OFF。这些位确定了输出转换的模式,如果输出方式改变了,重新设置目标值 (2) 外部复位控制位 位址 3 和 11 这两位 ON 时,外部复位输入信号 (RST.0/RST.1)无效 外部复位控制位(位址 3 和 11)外部复位输入(RST.0/RST.1) 当将"外部输入使能"输入端(RST.E0/RST.E1)接通时,可使能外部复位输入(RST.0/RST.1);RST.0/RST.1 在下列情况下有效: 当"外部复位使能"端处于"ON"状态时外部输入有效 当"外部复位使能"端处于"OFF"之后的第一个外部输入有效 | N/A | A |

| 地址 | 名称 | 说明 | 可用性 | |
| --- | --- | --- | --- | --- |
| | | | FP1 | FP-M |
| DT9120 | 高速计数器板控制区 | 外部复位控制位(位址 3 和 11)<br>"外部复位使能"输入(RST. E0/RST. E1)外部复位输入(RST. 0/RST. 1)<br>(3)目标设定<br>　为了给高速计数器板预置目标值,首先,将设定值传送到特殊数据寄存器作为目标值。然后,把目标设定位由 0 变成 1<br>　在检测到这一位的上升沿的瞬间,新的目标值就设定好了,因此,如果目标设定位曾经已设置成了 1,在你要把它变成 1 之前,预先把这一位由 1 变成 0,然后再将它由 0 变成 1<br>　(4) 数制系统选择<br>　这一位是为高速计数器板选择数制系统而准备的,如果将这一位设置成 0,按 BCD 数制系统来计数,然而,FP-M 通常是使用二进制数制系统。推荐使用二进制数制系统<br><br>ON _____<br>OFF _____<br><br>ON<br>OFF<br><br>ON<br>OFF<br><br>复位输入有效 | N/A | A |
| DT9121 | 高速计数器板控制区 | 该寄存器用于监视高速计数器板的状态<br><br>位址 15··12 / 11··8 / 7··4 / 3··0<br>数据 000<br><br>通道0<br>用于"复位使能输入的标志位(复位E0端)"<br>[1: ON(表示复位禁止)]<br><br>通道0<br>用于"输出禁止输入(0.INHO端)"<br>0: OFF(表示输出使能)<br>1: ON(表示输出禁止)<br><br>通道1<br>用于"复位使能输入的标志位(复位E1端)"<br>[1: ON(表示复位禁止)]<br><br>通道1用于"输出禁止输入(0. INHO端)"<br>0: OFF(表示输出使能)<br>1: ON(表示输出禁止)<br><br>通道0当"目标值0=经过值"时,该位接通。<br>通道0当"目标值1=经过值"时,该位接通。<br>通道1当"目标值0=经过值"时,该位接通。<br>通道1当"目标值1=经过值"时,该位接通。<br><br>错误码<br>错误标志(1: 表示有一错误) | N/A | A |

续表

| 地址 | 名称 | 说明 | 可用性 | |
|---|---|---|---|---|
| | | | FP1 | FP-M |
| DT9121 | 高速计数器板控制区 | (1) 输出禁止输入<br>即使通过 DT9120 将高速计数器设置成了输出使能模式,输出禁止输入仍能禁止向外的输出,而当这个输入变成 ON 时,即使经过值等于目标值,高速计数器板的输出也不会改变<br>(2) 错误代码<br>只有当用 F0(MV) 和 DT9120 的第 7 位将高速计数器板设置成 BCD 操作形式时,BCD 错误才能检测到<br><br>位址<br>11 10 9 8　说明<br>0　0　0　1　BCD 错误<br>0　0　1　0　CH0 上溢/下溢<br>0　1　0　0　CH1 上溢/下溢<br>1　0　0　0　看门狗错误 | N/A | A |

### 附表 6　FP1 扩展单元的连接

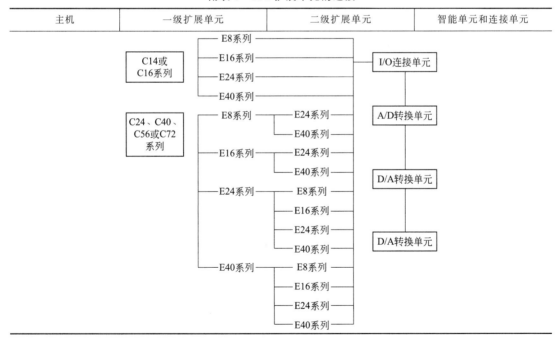

| 主机 | 一级扩展单元 | 二级扩展单元 | 智能单元和连接单元 |
|---|---|---|---|

### 附表 7　FP1 智能单元规格

| 类型 | 性能说明 | 工作电压 | 型号 |
|---|---|---|---|
| FP1 A/D 转换单元 | 模拟输入通道:4 通道/单元<br>模拟输入范围:0～5V,0～10V,0～20mA<br>数字输出范围:K0～K1000 | 24V DC | APF1402 |
| | | 100～240V AC | APF1406 |

| 类型 | 性 能 说 明 | 工作电压 | 型号 |
|---|---|---|---|
| FP1 D/A 转换单元 | 模拟输入通道:2 通道/单元<br>模拟输入范围:0~5V,0~10V,0~20mA<br>数字输出范围:K0~K1000 | 24V DC | APF1412 |
| | | 100~240V AC | APF1416 |

**附表 8　FP1 连接单元规格**

| | | | |
|---|---|---|---|
| FP1 I/O LINK 单元 | 用在 FP3/FP5 和 FP1 之间进行 I/O 信息交换的接口单元 | 24V DC | APF1732 |
| | | 100~240V AC | APF1736 |
| C-NET 适配器 | RS-485⇔RS-422/RS-232C 信息转换器。用于 PLC 与计算机之间的通信<br>通信介质(RS-485 口):两线制或双绞线电缆 | 24V DC | APF8532 |
| | | 100~240V AC | APF8536 |
| S1 型 C-NET 适配器 | RS-485⇔RS-422 用于 FP1 控制单元的信号转换器。用于 C-NET 适配器与 FP1 控制单元之间的通信 | | APF15401 |

**附表 9　FP1 的主要技术性能**

| 项　　目 | | C14 | C16 | C24 | C40 | C56 | C72 |
|---|---|---|---|---|---|---|---|
| I/O 分配 | | 8/6 | 8/8 | 16/8 | 24/16 | 32/24 | 40/32 |
| 最大 I/O 点数 | | 54 | 56 | 104 | 120 | 136 | 152 |
| 扫描速度 | | \multicolumn{6} 1.6$\mu$s/步:基本指令 | | | | | |
| 程序容量 | | 900 步 | | 2720 步 | | 5000 步 | |
| 程序存储器类型 | | 内装 E²PROM(无电池) | | 内装 RAM(电池保持)E²PROM(主存储器单元)EPROM(存储器单元) | | | |
| 指令数 | 基本 | 41 | | 80 | | 81 | |
| | 高级 | 85 | | 111 | | 111 | |
| 内部继电器(R) | | 256 点 | | 1008 点 | | | |
| 特殊内部继电器(R) | | 64 点 | | 64 点 | | | |
| 定时器/计数器(T/C) | | 128 点 | | 144 点 | | | |
| 数据寄存器(DT) | | 256 字 | | 1660 字 | | 6144 字 | |
| 特殊数据寄存器(DT) | | 70 字 | | 70 字 | | | |
| 索引寄存器(IX,IY) | | 2 字 | | 2 字 | | | |
| 主控寄存器点数 | | 16 点 | | 32 点 | | | |
| 标记数(JP,LOOP) | | 32 点 | | 64 点 | | | |
| 微分点数(DF 或 DF/) | | 点数不限制 | | | | | |
| 步进数 | | 64 级 | | 128 级 | | | |
| 子程序数 | | 8 个 | | 16 个 | | | |
| 中断数 | | — | | 9 个子程序 | | | |

续表

| 项　目 | | C14 | C16 | C24 | C40 | C56 | C72 |
|---|---|---|---|---|---|---|---|
| 特殊功能 | 高速计数 | X0、X1 为计数输入,可加/减计数,单相输入时计数最高频率为10kHz,两路两相输入时最高频率为5kHz。X2 为复位输入 | | | | | |
| | 手动拨盘寄存器 | 1 点 | | 2 点 | | 4 点 | |
| | 脉冲捕捉输入 | 4 点 | | 共 8 点 | | | |
| | 中断输入 | — | | 共 8 点 | | | |
| | 定时中断 | — | | 10ms～30s 间隔 | | | |
| | 脉冲输出 | 1 点(Y7) | | | | 2 点(Y6、Y7) | |
| | | 脉冲输出频率:45Hz～4.9kHz | | | | | |
| | 固定扫描 | 2.5ms×设定值(160ms 或更小) | | | | | |
| 输入延时滤波 | | 1～128ms | | | | | |
| 自诊断功能 | | 看门狗定时器、电池检测、程序检测等 | | | | | |
| 存储器备份电池(25℃) | | 无电池,通过内部电容可保持存储数据 240h | | 标准型:约 53000h,C 型:约 27000h | | | |

附表 10　FP1 内部寄存器

| 名　称 | 符号(位/字) | 地　址　编　号 | | |
|---|---|---|---|---|
| | | C14、C16 | C24、C40 | C56、C72 |
| 输入继电器 | X(位) | 208 点:X0～X12F | | |
| | WX(字) | 13 字:WX0～WX12 | | |
| 输出继电器 | Y(位) | 208 点:Y0～Y12F | | |
| | WY(字) | 13 字:WY0～WY12 | | |
| 内部继电器 | R(位) | 256 点:R0～R15F | 1008 点:R0～R62F | |
| | WR(字) | 16 字:WR0～WR16 | 63(字):WR0～WR62 | |
| 特殊内部继电器 | R(位) | 64 点:R9000～R903F | | |
| | WR(字) | 4 字:WR900～WR903 | | |
| 定时器 | T(位) | 100 点:T0～T99 | | |
| 计数器 | C(位) | 28 点:C100～C127 | 44 点:C100～C143 | |
| 定时器/计数器设定值寄存器 | SV(字) | 128 字:SV0～SV127 | 144 字:SV0～SV143 | |
| 定时器/计数器经过值寄存器 | EV(字) | 128 字:EV0～EV127 | 144 字:EV0～EV143 | |
| 数据寄存器 | DT(字) | 256 字:DT0～DT255 | 1660 字:DT0～DT1659 | 6144 字:DT0～DT6143 |
| 特殊数据寄存器 | DT(字) | 70 字:DT9000～DT9069 | | |
| 索引寄存器 | IX(字) | 一个字/每个单元,无编号系统 | | |
| | IY(字) | | | |
| 十进制常数寄存器 | K | 16 位常数(字):K—32768～K32767 | | |
| | | 32 位常数(双字):K—2147483646～K21474836647 | | |

续表

| 名　称 | 符号（位/字） | 地　址　编　号 | | |
|---|---|---|---|---|
| | | C14、C16 | C24、C40 | C56、C72 |
| 十六进制常数寄存器 | H | 16 位常数（字）：H0～HFFFF | | |
| | | 32 位常数（双字）：H0～HFFFFFFFF | | |

**附表 11　FP1 系列的 PLC I／O 地址一览表**

| 品种 | 型　号 | | 输入端编号 | 输出端编号 |
|---|---|---|---|---|
| 控制单元 | C14 | | X0～X7 | Y0～Y4、Y7 |
| | C16 | | X0～X7 | Y0～Y7 |
| | C24 | | X0～XF | Y0～Y7 |
| | C40 | | X0～XF、X10～X17 | Y0～YF |
| | C56 | | X0～XF、X10～X1F | Y0～YF、Y10～Y17 |
| | C72 | | X0～XF、X10～X1F、X20～X27 | Y0～YF、Y10～Y1F |
| 初级扩展单元 | E8 | 输入类型 | X30～X37 | — |
| | | I／O 类型 | X30～X33 | Y30～Y33 |
| | | 输出类型 | — | Y30～Y37 |
| | E16 | 输入类型 | X30～X3F | — |
| | | I／O 类型 | X30～X37 | Y30～Y37 |
| | | 输出类型 | X30～X3F | Y30～Y3F |
| | E24 | I／O 类型 | X30～X3F、X40～X47 | Y30～Y37 |
| | E40 | I／O 类型 | — | Y30～Y3F |
| 次级扩展单元 | E8 | 输入类型 | X30～X33 | — |
| | | I／O 类型 | X30～X33 | Y50～Y53 |
| | | 输出类型 | — | Y50～Y57 |
| | E16 | 输入类型 | X30～X33 | — |
| | | I／O 类型 | X30～X33 | Y50～Y57 |
| | | 输出类型 | | Y50～Y5F |
| | E24 | I／O 类型 | X30～X33 | Y50～Y57 |
| | E40 | I／O 类型 | X30～X33、X30～X33 | Y50～Y5F |
| I／O 链接单元 | | | X70～X7F(WX7)　X80～X8F(WX8) | Y70～Y7F(WY7)　Y80～Y8F(WY8) |
| A/D 转换单元 | 通道 0 | | X90～X9F(WX9) | — |
| | 通道 1 | | X100～X10F(WX10) | — |
| | 通道 2 | | X110～X11F(WX11) | — |
| | 通道 3 | | X120～X12F(WX12) | — |

续表

| 品种 | 型　号 | | 输入端编号 | 输出端编号 |
|---|---|---|---|---|
| D/A 转换 单元 | 单元 号 0 | 通道 0 | — | Y90～Y9F(WY9) |
| | | 通道 1 | — | Y100～Y10F(WY10) |
| | 单元 号 1 | 通道 2 | — | Y110～Y11F(WY11) |
| | | 通道 3 | — | Y120～Y12F(WY12) |

**附表 12　松下 FP1 系列 PLC 基本指令表**

| 分类 | 名　　称 | 助记符 | 说　　明 | 步数 | 可用性 | | |
|---|---|---|---|---|---|---|---|
| | | | | | C14/ C16 | C24/ C40 | C56/ C72 |
| 基本顺序指令 | 初始加载 | ST | 以常开接点开始一个逻辑操作 | 1 | | A | |
| | 初始加载非 | ST/ | 以常闭接点开始一个逻辑操作 | 1 | | | |
| | 输出 | OT | 将操作结果送至规定的位寄存器 | 1 | | | |
| | 非 | / | 将该指令处的操作结果取反 | 1 | | | |
| | 与 | AN | 串联一个常开接点 | 1 | | | |
| | 与非 | AN/ | 串联一个常闭接点 | 1 | | | |
| | 或 | OR | 并联一个常开接点 | 1 | | | |
| | 或非 | OR/ | 并联一个常闭接点 | 1 | | | |
| | 组与 | ANS | 实现指令块间的与操作 | 1 | | | |
| | 组或 | ORS | 实现指令块间的或操作 | 1 | | | |
| | 推入堆栈 | PSHS | 存储该指令处的操作结果 | 1 | | | |
| | 读取堆栈 | RDS | 读出由 PSHS 指令存储的操作结果 | 1 | | | |
| | 弹出堆栈 | POPS | 读出并清除由 PSHS 指令存储的操作结果 | 1 | | | |
| | 上升沿微分 | DF | 当检测到触发信号的上升沿时,接点仅"ON"一个扫描周期 | 1 | | | |
| | 下降沿微分 | DF/ | 当检测到触发信号的下降沿时,接点仅"ON"一个扫描周期 | 1 | | | |
| | 置位 | SET | 使接点 ON 并保持 | 1 | | | |
| | 复位 | RST | 使接点 OFF 并保持 | 3 | | | |
| | 保持 | KP | 使位寄存器 ON 或 OFF 并保持 | 3 | | | |
| | 空操作 | NOP | 不进行实质性操作 | 1 | | | |
| 基本功能指令 | 0.01s 定时器 | TMR | 以 0.01s 为基准值的延时动作定时器,定时时间＝时间常数×基准值,范围:0.01～327.67s | 3 | | A | |
| | 0.1s 定时器 | TMX | 以 0.1s 为基准值的延时动作定时器,定时时间＝时间常数×基准值,范围:0.1～3276.7s | 3 | | | |
| | 1s 定时器 | TMY | 以 1s 为基准值的延时动作定时器,定时时间＝时间常数×基准值,范围:1～32767s | 4 | | | |
| | 辅助定时器 | F137 (STMR) | 以 0.01s 为基准值的延时动作定时器,设定值及经过值寄存器由指令设定 | 5 | N/A | | A |
| | 计数器 | CT | 减计数器,经过值减至零,接点动作 | 3 | | A | |
| | 移位寄存器 | SR | 通用寄存器(WR)的 16 bit 数据左移 1 bit | 1 | | | |
| | 可逆计数器 | F118 (UDC) | 加/减计数器 | 5 | | | |
| | 左右移位寄存器 | F119 (LRSR) | 16 bit 数据区左移或右移 1 bit | 5 | | | |

| 分类 | 名 称 | 助记符 | 说 明 | 步数 | 可用性 | | |
|------|-------|--------|-------|------|--------|---|---|
| | | | | | C14/<br>C16 | C24/<br>C40 | C56/<br>C72 |
| 控制指令 | 主控继电器开始 | MC | 当其触发条件 ON 时,执行 MC 到 MCE 间的指令 | 2 | A | | |
| | 主控继电器结束 | MCE | | 2 | | | |
| | 跳转 | .JP | 当其触发条件 ON 时,跳转到指定标记处 | 2 | | | |
| | 跳转标记 | LBL | 执行 JP 和 LOOP 指令时所用标号 | 1 | | | |
| | 循环跳转 | LOOP | 当其触发条件 ON 时,跳转到同一标记处并重复标号后程序,直到指定的操作减至 0 | 4 | | | |
| | 结束 | ED | 该次主程序扫描结束 | 1 | | | |
| | 条件结束 | CNDE | 当其触发条件 ON 时,就此结束该次程序扫描 | 1 | | | |
| | 步进转移(脉冲式) | NSTP | 当检测到出发信号的上升沿时,将当前过程复位,然后激活指定过程 | 3 | | | |
| | 步进转移(扫描式) | NSTL | 当触发信号为 ON 时,将当前过程复位,然后激活指定过程 | 3 | | | |
| | 步进开始 | SSTP | 表示步进过程开始 | 3 | | | |
| | 步进消除 | CSTP | 消除指定的步进过程 | 3 | | | |
| | 步进结束 | STPE | 步进程序区域结束 | 3 | | | |
| | 调用子程序 | CALL | 跳转执行指定的子程序 | 2 | | | |
| | 子程序入口 | SUB | 开始子程序 | 1 | | | |
| | 子程序返回 | RET | 结束子程序并返回到主程序 | 1 | | | |
| | 中断控制 | ICTL | 设定中断方式 | 5 | N/A | | A |
| | 中断入口 | INT | 开始一个中断服务程序 | 1 | | | |
| | 中断返回 | IRET | 结束中断服务程序并返回到程序断点处 | 1 | | | |
| 比较指令 | 单字比较:相等时加载 | ST= | 比较两个单字的数据,按下列条件执行 Start,AND,OR 操作:<br>当 S1 等于 S2:ON<br>当 S1 不等于 S2:OFF<br>(注:S1,S2 是比较指令的操作数,下述的 S1,S2 同义) | 5 | N/A | | |
| | 单字比较:相等时与 | AN= | | 5 | | | |
| | 单字比较:相等时或 | OR= | | 5 | | | |
| | 单字比较:不等时加载 | ST<> | 比较两个单字的数据,按下列条件执行 Start,AND,OR 操作:<br>当 S1 不等于 S2:ON<br>当 S1 等于 S2:OFF | 5 | | | |
| | 单字比较:不等时与 | AN<> | | 5 | | | |
| | 单字比较:不等时或 | OR<> | | 5 | | | |
| | 单字比较:大于时加载 | ST> | 比较两个单字的数据,按下列条件执行 Start,AND,OR 操作:<br>当 S1>S2:ON<br>当 S1≤S2:OFF | 5 | | | |
| | 单字比较:大于时与 | AN> | | 5 | | | |
| | 单字比较:大于时或 | OR> | | 5 | | | |

续表

| 分类 | 名称 | 助记符 | 说明 | 步数 | 可用性 C14/C16 | C24/C40 | C56/C72 |
|---|---|---|---|---|---|---|---|
| 比较指令 | 单字比较：不小于时加载 | ST>= | 比较两个单字的数据，按下列条件执行 Start，AND，OR 操作：<br>当 S1≥S2：ON<br>当 S1<S2：OFF | 5 | | | |
| | 单字比较：不小于时与 | AN>= | | 5 | | | |
| | 单字比较：不小于时或 | OR>= | | 5 | | | |
| | 单字比较：小于时加载 | ST< | 比较两个单字的数据，按下列条件执行 Start，AND，OR 操作：<br>当 S1<S2：ON<br>当 S1≥S2：OFF | 5 | | | |
| | 单字比较：小于时与 | AN< | | 5 | | | |
| | 单字比较：小于时或 | OR< | | 5 | | | |
| | 单字比较：不大于时加载 | ST<= | 比较两个单字的数据，按下列条件执行 Start，AND，OR 操作：<br>当 S1≤S2：ON<br>当 S1>S2：OFF | 5 | | | |
| | 单字比较：不大于时与 | AN<= | | 5 | | | |
| | 单字比较：不大于时或 | OR<= | | 5 | | | |
| | 双字比较：相等时加载 | STD= | 比较两个单字的数据，按下列条件执行：<br>当(S1+1，S1)=(S2+1，S2)：ON<br>当(S1+1，S1)≠(S2+1，S2)：OFF | 9 | | | |
| | 双字比较：相等时与 | AND= | | 9 | | | |
| | 双字比较：相等时或 | ORD= | | 9 | | | |
| | 双字比较：不等时加载 | STD<> | 比较两个单字的数据，按下列条件执行：<br>当(S1+1，S1)≠(S2+1，S2)：ON<br>当(S1+1，S1)=(S2+1，S2)：OFF | 9 | N/A | | A |
| | 双字比较：不等时与 | AND<> | | 9 | | | |
| | 双字比较：不等时或 | ORD<> | | 9 | | | |
| | 双字比较：大于时加载 | STD> | 比较两个单字的数据，按下列条件执行 Start，AND，OR 操作：<br>当(S1+1，S1)>(S2+1，S2)：ON<br>当(S1+1，S1)≤(S2+1，S2)：OFF | 9 | | | |
| | 双字比较：大于时与 | AND> | | 9 | | | |
| | 双字比较：大于时或 | ORD> | | 9 | | | |
| | 双字比较：不小于时加载 | STD>= | 比较两个单字的数据，按下列条件执行 Start，AND，OR 操作：<br>当(S1+1，S1)≥(S2+1，S2)：ON<br>当(S1+1，S1)<(S2+1，S2)：OFF | 9 | | | |
| | 双字比较：不小于时与 | AND>= | | 9 | | | |
| | 双字比较：不小于时或 | ORD>= | | 9 | | | |
| | 双字比较：小于时加载 | STD< | 比较两个单字的数据，按下列条件执行 Start，AND，OR 操作：<br>当(S1+1，S1)<(S2+1，S2)：ON<br>当(S1+1，S1)≥(S2+1，S2)：OFF | 9 | | | |
| | 双字比较：小于时与 | AND< | | 9 | | | |
| | 双字比较：小于时或 | ORD< | | 9 | | | |
| | 双字比较：不大于时加载 | STD<= | 比较两个单字的数据，按下列条件执行 Start，AND，OR 操作：<br>当(S1+1，S1)≤(S2+1，S2)：ON<br>当(S1+1，S1)>(S2+1，S2)：OFF | 9 | | | |
| | 双字比较：不大于时与 | AND<= | | 9 | | | |
| | 双字比较：不大于时或 | ORD<= | | 9 | | | |

### 附表 13　松下 FP1 系列 PLC 高级指令表

| 分类 | 功能号 | 助记符 | 操作数 | 说　明 | 步数 | C14/C16 | C24/C40 | C56/C72 |
|---|---|---|---|---|---|---|---|---|
| | | | | | | 可用性 | | |
| 数据传输指令 | F0 | MV | S,D | 16 bit 数据传输[(S)→D] | 5 | | | |
| | F1 | DMV | S,D | 32 bit 数据传输[(S,S+1)→(D,D+1)] | 7 | | | |
| | F2 | MV/ | S,D | 16 bit 数据求反后传输[(S)/→D] | 5 | | | |
| | F3 | DMV/ | S,D | 32 bit 数据求反后传输 | 7 | | | |
| | F5 | BTM | S,n,D | 二进制数据位传输 | 7 | | | |
| | F6 | DGT | S,n,D | 十六进制数据位传输 | 7 | | A | |
| | F10 | BKMV | S1,S2,D | 数据块传输[(S1~S2)→D] | 7 | | | |
| | F11 | COPY | S,D1,D2 | 区块拷贝[(S)→(D1~D2)] | 7 | | | |
| | F15 | XCH | D1,D2 | 16 bit 数据交换[(D1)↔—D2] | 5 | | | |
| | F16 | DXCH | D1,D2 | 32 bit 数据交换[(D1,D1+1)↔(D2,D2+1)] | 5 | | | |
| | F17 | SWAP | D | 16 bit 数据的高/低字节交换 | 3 | | | |
| 比较指令 | F20 | + | S,D | 16 bit 数据加[(S)+(D)→D] | 5 | | | |
| | F21 | D+ | S,D | 32 bit 数据加[(S,S+1)+(D,D+1)→(D,D+1)] | 7 | | | |
| | F22 | + | S1,S2,D | 16 bit 数据加[(S1)+(S2)→D] | 7 | | | |
| | F23 | D | S1,S2,D | 32 bit 数据加[(S1,S1+1)+(S2,S2+1)→(D,D+1)] | 11 | | | |
| | F25 | — | S,D | 16 bit 数据减[(D)—(S)→(D)] | 5 | | A | |
| | F26 | D— | S,D | 32 bit 数据减[(D,D+1)—(S,S+1)→(D,D+1)] | 7 | | | |
| | F27 | — | S1,S2,D | 16 bit 数据减[(S1)—(S2)→(D)] | 7 | | | |
| | F28 | D— | S1,S2,D | 32 bit 数据减[(S1,S1+1)—(S2,S2+1)→(D,D+1)] | 11 | | | |
| | F30 | * | S1,S2,D | 16 bit 数据乘[(S1)*(S2)→(D,D+1)] | 7 | | | |
| BIN算术运算指令 | F31 | D* | S1,S2,D | 32 bit 数据乘[(S1,S1+1)*(S2,S2+1)→(D,D+3)] | 11 | N/A | | |
| | F32 | % | S1,S2,D | 16 bit 数据除[(S1)/(S2)→D,余数→(DT9015)] | 7 | A | | |
| | F33 | D% | S1,S2,D | 32 bit 数据除[(S1,S1+1)/(S2,S2+1)→D,余数→[(DT9015,DT9016)] | 11 | N/A | A | |
| | F35 | +1 | D | 16 bit 数据加 1[(D)+1→D] | 3 | | | |
| | F36 | D+1 | D | 32 bit 数据加 1[(D,D+1)+1→D] | 3 | | A | |
| | F37 | —1 | D | 16 bit 数据减 1[(D)—1→D] | 3 | | | |
| | F38 | D—1 | D | 32 bit 数据减 1[(D,D+1)—1→(D,D+1)] | 3 | | | |

| 分类 | 功能号 | 助记符 | 操作数 | 说　　明 | 步数 | 可用性 | | |
|---|---|---|---|---|---|---|---|---|
| | | | | | | C14/C16 | C24/C40 | C56/C72 |
| BCD码算术运算指令 | F40 | B+ | S,D | 4 digit BCD 码数据加[(S)+(D)→D] | 5 | A | | |
| | F41 | DB+ | S,D | 8 digit BCD 码数据加[(S,S1+1)+(D,D+1)→(D,D+1)] | 7 | | | |
| | F42 | B+ | S1,S2,D | 4 digit BCD 码数据加[(S1)+(S2)→D] | 7 | | | |
| | F43 | DB+ | S1,S2,D | 8 digit BCD 码数据加[(S1,S1+1)+(S2,S2+1)→(D,D+1)] | 11 | | | |
| | F45 | B− | S,D | 4 digit BCD 码数据减[(D)−(S)→D] | 5 | | | |
| | F46 | DB− | S,D | 8 digit BCD 码数据减[(D,D+1)−(S,S+1)→(D,D+1)] | 7 | | | |
| | F47 | B− | S1,S2,D | 4 digit BCD 码数据减[(S1)−(S2)→D] | 7 | | | |
| | F48 | DB− | S1,S2,D | 8 digit BCD 码数据减[(S2,S2+1)−(S2,S2+1)→(D,D+1)] | 11 | | | |
| | F50 | B* | S1,S2,D | 4 digit BCD 码数据乘[(S1)*(S2)→D] | 7 | | | |
| | F51 | DB* | S1,S2,D | 8 digit BCD 码数据乘[(S1,S1+1)*(S2,S2+1)→(D~D+3)] | 11 | N/A | A | |
| | F52 | B% | S1,S2,D | 4 digit BCD 码数据除[(S1)/(S2)→D…(DT9015)] | 7 | A | | |
| | F53 | DB% | S1,S2,D | 8 digit BCD 码数据除[(S1,S1+1)/(S2,S2+1)→(D,D+1)…(DT9015,DT9016)] | 11 | N/A | | |
| | F55 | B+1 | D | 4 digit BCD 码数据加 1[(D)+1→D] | 3 | A | | |
| | F56 | DB+1 | D | 8 digit BCD 码数据加 1[(D,D+1)+1→(D,D+1)] | 3 | | | |
| | F57 | B−1 | D | 4 digit BCD 码数据减 1[(D)−1→D] | 3 | | | |
| | F58 | DB−1 | D | 8 digit BCD 码数据减 1[(D,D+1)−1→(D,D+1)] | 3 | | | |
| 数据比较指令 | F60 | CMP | S1,S2 | 16 bit 数据比较<br>S1＞S2→R900A=ON；<br>S1=S2→R900B=ON；<br>S1＜S2→R900C=ON | 5 | A | | |
| | F61 | DCMP | S1,S2 | 32 bit 数据比较<br>(S1,S1+1)＞(S2,S2+1)→R900A=ON；<br>(S1,S1+1)=(S2,S2+1)→R900B=ON；<br>(S1,S1+1)＜(S2,S2+1)→R900C=ON | 9 | | | |
| | F62 | WIN | S1,S2,S3 | 16 bit 数据比较 S1＞S3→R900A=ON；<br>S2≤S1≤S3→R900B=ON；<br>S1＜S2→R900C=ON | 7 | | | |
| | F63 | DWIN | S1,S2,S3 | 32 bit 数据比较<br>(S1,S1+1)＞(S3,S3+1)→R900A=ON；<br>(S2,S2+1)≤(S1,S1+1)≤(S3,S3+1)→R900B=ON；<br>(S1,S1+1)＜(S2,S1+1)→R900C=ON | 13 | | | |
| | F64 | BCMP | S1,S2,S3 | 数据块比较 | 7 | N/A | A | |
| 逻辑运算指令 | F65 | WAN | S1,S2,D | 16 bit 数据"与"运算[(S1)·(S2)→D] | 7 | A | | |
| | F66 | WOR | S1,S2,D | 16 bit 数据"或"运算[(S1)+(S2)→D] | 7 | | | |
| | F67 | XOR | S1,S2,D | 16 bit 数据"异或"运算 | 7 | | | |
| | F68 | XNR | S1,S2,D | 16 bit 数据"异或非"运算 | 7 | | | |

续表

| 分类 | 功能号 | 助记符 | 操作数 | 说明 | 步数 | 可用性 C14/C16 | 可用性 C24/C40 | 可用性 C56/C72 |
|---|---|---|---|---|---|---|---|---|
| 数据转换指令 | F70 | BCC | S1,S2,S3 | 区域检查码计算 | 9 | | | |
| | F71 | HEXA | S1,S2,D | 十六进制数→十六进制 ASCII 码 | 7 | | | |
| | F72 | AHEX | S1,S2,D | 十六进制 ASCII 码→十六进制数 | 7 | | | |
| | F73 | BCDA | S1,S2,D | BCD→十进制 ASCII 码 | 7 | | | |
| | F74 | ABCD | S1,S2,D | 十进制 ASCII 码→BCD 码 | 9 | N/A | A | |
| | F75 | BINA | S1,S2,D | 16 bit 二进制数→十进制 ASCII 码 | 7 | | | |
| | F76 | ABIN | S1,S2,D | 十进制 ASCII 码→16 bit 二进制数 | 7 | | | |
| | F77 | DBIA | S1,S2,D | 32 bit 二进制数→十六进制 ASCII 码 | 11 | | | |
| | F78 | DABI | S1,S2,D | 十六进制 ASCII 码→32 bit 二进制数 | 11 | | | |
| | F80 | BCD | S,D | 16 bit 二进制数→4 digit BCD 码 | 5 | | | |
| | F81 | BIN | S,D | 4 digit BCD 码→16 bit 二进制数 | 5 | | | |
| | F82 | DBCD | S,D | 32 bit 二进制数→8 digit BCD 码 | 7 | | | |
| | F83 | DBIN | S,D | 8 digit BCD 码→32 bit 二进制数 | 7 | | | |
| | F84 | INV | D | 16 bit 二进制数求反 | 3 | | | |
| | F85 | NEG | D | 16 bit 二进制数求补 | 3 | | | |
| | F86 | DNEG | D | 32 bit 二进制数求补 | 3 | | | |
| | F87 | ABS | D | 16 bit 二进制数求绝对值 | 3 | | A | |
| | F88 | DABS | D | 32 bit 二进制数求绝对值 | 3 | | | |
| | F89 | EXT | D | 16 bit 二进制数扩展为 32 bit 二进制数 | 3 | | | |
| | F90 | DECO | S,n,D | 解码 | 7 | | | |
| | F91 | SEGT | S,D | 16 bit 数据 7 段显示解码 | 5 | | | |
| | F92 | ENCO | S,n,D | 编码 | 7 | | | |
| | F93 | UNIT | S,n,D | 16 bit 数据组合 | 7 | | | |
| | F94 | DIST | S,n,D | 16 bit 数据分离 | 7 | | | |
| | F95 | ASC | S,D | 字符→ASCII 码 | 15 | N/A | A | |
| | F96 | SRC | S1,S2,S3 | 表数据查找 | 7 | | A | |
| 数据移位指令 | F100 | SHR | D,n | 16 bit 数据右移 n bit | 5 | | | |
| | F101 | SHL | D,n | 16 bit 数据左移 n bit | 5 | | | |
| | F105 | BSR | D | 16 bit 数据右移 4 bit | 3 | | | |
| | F106 | BSL | D | 16 bit 数据左移 4 bit | 3 | | | |
| | F110 | WSHR | D1,D2 | 16 bit 数据区右移 1 个字 | 5 | | A | |
| | F111 | WSHL | D1,D2 | 16 bit 数据区左移 1 个字 | 5 | | | |
| | F112 | WBSR | D1,D2 | 16 bit 数据区右移 4 bit | 5 | | | |
| | F113 | WBSL | D1,D2 | 16 bit 数据区左移 4 bit | 5 | | | |
| | F118 | UDC | S,D | 加/减(可逆)计数器 | 5 | | | |
| | F119 | LRSR | D1,D2 | 左/右移位寄存器 | 5 | | | |

续表

| 分类 | 功能号 | 助记符 | 操作数 | 说　明 | 步数 | 可用性 C14/C16 | C24/C40 | C56/C72 |
|---|---|---|---|---|---|---|---|---|
| 数据循环移位指令 | F120 | ROR | D,n | 16 bit 数据右循环移位 | 5 | | | |
| | F121 | ROL | D,n | 16 bit 数据左循环移位 | 5 | | A | |
| | F122 | RCR | D,n | 16 bit 数据带进位标志位右循环移位 | 5 | | | |
| | F123 | RCL | D,n | 16 bit 数据带进位标志位左循环移位 | 5 | | | |
| 位操作指令 | F130 | BTS | D,n | 16 bit 数据置位(位) | 5 | | | |
| | F131 | BTR | D,n | 16 bit 数据复位(位) | 5 | | | |
| | F132 | BTI | D,n | 16 bit 数据求反(位) | 5 | | A | |
| | F133 | BTT | D,n | 16 bit 数据测试(位) | 5 | | | |
| | F135 | BCU | S,D | 16 bit 数据中"1"位统计 | 5 | | | |
| | F136 | DBCU | S,D | 32 bit 数据中"1"位统计 | 5 | | | |
| 附加定时器指令 | F137 | STMR | S,D | 辅助定时器 | 5 | | | |
| | F138 | HMSS | S,D | 时/分/秒数据→秒数据 | 5 | | | |
| | F139 | SHMS | S,D | 秒数据→时/分/秒数据 | 5 | | | |
| | F140 | STC | | 进位标志位(R9009)置位 | 1 | | | |
| | F141 | CLC | | 进位标志位(R9009)复位 | 1 | | | |
| | F143 | IORF | D1,D2 | 刷新部分I/O | 5 | N/A | A | |
| | F144 | TRNS | S,n | 串行口数据通信 | 5 | | | |
| | F147 | PR | S,D | 打印输出 | 5 | | | |
| | F148 | ERR | n | 自诊断错误代码设定 | 3 | | | |
| | F149 | MSG | S | 信息显示 | 13 | | | |
| | F157 | CADD | S1,S2,D | 时间累加 | 9 | | | |
| | F158 | CSUB | S1,S2,D | 时间递减 | 9 | | | |
| 高速计数器特殊指令 | F0 | MV | S,DT9052 | 高速计数器控制 | 5 | | | |
| | F1 | DMV | S,DT9044 | 存储高速计数器经过值 | 7 | | | |
| | F1 | DMV | DT9044,D | 调出高速计数器经过值 | 7 | | | |
| | F162 | HCOS | S,Yn | 符合目标值时ON | 7 | | A | |
| | F163 | HCOR | S,Yn | 符合目标值时OFF | 7 | | | |
| | F164 | SPDO | S | 脉冲频率及输出状态控制 | 3 | | | |
| | F165 | CAMO | S | 凸轮控制 | 3 | | | |

注:1. 对于双字节操作指令,表中"S1+1""S2+1""S3+1""D+1"为高字节,S1,S2,S3,D为低字节。
2. A:可用;N/A:不可用。

**附表14　键盘指令表**

| 指令名称 | 助记符 | 步数 | 功能说明 |
|---|---|---|---|
| 初始加载 | ST | 1 | 以常开触点从左母线开始一次逻辑运算 |

| 指令名称 | 助记符 | 步数 | 功能说明 |
|---|---|---|---|
| 初始加载非 | ST/ | 1 | 以常闭触点从左母线开始一次逻辑运算 |
| 输出 | OT | 1 | 将运算结果输出到指定的线圈,使之接通 |
| 非 | / | 1 | 将该指令处的运算结果求反 |
| 与 | AN | 1 | 串联一个常开触点 |
| 与非 | AN/ | 1 | 串联一个常闭触点 |
| 或 | OR | 1 | 并联一个常开触点 |
| 或非 | OR/ | 1 | 并联一个常闭触点 |
| 组与 | ANS | 1 | 将两个触点组串联 |
| 组或 | ORS | 1 | 将两个触点组并联 |
| 0.01s 定时器 | TMR | 3 | 以 0.01s 为单位的延时定时器 |
| 0.1s 定时器 | TMX | 3 | 以 0.1s 为单位的延时定时器 |
| 1.0s 定时器 | TMY | 4 | 以 1s 为单位的延时定时器 |
| 计数器 | CT | 3 | 可复位的减 1 计数器 |
| 字比较 相等时初始加载 | ST= | 5 | 通过两个单字数据比较,满足比较条件初始加载的条件触点接通 |
| 字比较 不等时初始加载 | ST<> | 5 | |
| 字比较 大于时初始加载 | ST> | 5 | |
| 字比较 不小于时初始加载 | ST>= | 5 | |
| 字比较 小于时初始加载 | ST< | 5 | |
| 字比较 不大于时初始加载 | ST<= | 5 | |
| 字比较 相等时与 | AN= | 5 | 通过两个单字数据比较,满足比较条件串联的条件触点接通 |
| 字比较 不等时与 | AN<> | 5 | |
| 字比较 大于时与 | AN> | 5 | |
| 字比较 不小于时与 | AN>= | 5 | |
| 字比较 小于时与 | AN< | 5 | |
| 字比较 不大于时与 | AN<= | 5 | |
| 字比较 相等时或 | OR= | 5 | 通过两个单字数据比较,满足比较条件并联的条件触点接通 |
| 字比较 不等时或 | OR<> | 5 | |
| 字比较 大于时或 | OR> | 5 | |
| 字比较 不小于时或 | OR>= | 5 | |
| 字比较 小于时或 | OR< | 5 | |
| 字比较 不大于时或 | OR<= | 5 | |
| 双字比较 相等时初始加载 | STD= | 9 | 通过两个双字数据比较,满足比较条件初始加载的条件触点接通 |
| 双字比较 不等时初始加载 | STD<> | 9 | |
| 双字比较 大于时初始加载 | STD> | 9 | |
| 双字比较 不小于时初始加载 | STD>= | 9 | |
| 双字比较 小于时初始加载 | STD< | 9 | |
| 双字比较 不大于时初始加载 | STD<= | 9 | |

续表

| 指令名称 | 助记符 | 步数 | 功能说明 |
|---|---|---|---|
| 双字比较 相等时与 | AND= | 9 | |
| 双字比较 不等时与 | AND<> | 9 | |
| 双字比较 大于时与 | AND> | 9 | |
| 双字比较 不小于时与 | AND>= | 9 | 通过两个双字数据比较,满足比较条件串联的条件触点接通 |
| 双字比较 小于时与 | AND< | 9 | |
| 双字比较 不大于时与 | AND<= | 9 | |
| 双字比较 相等时或 | ORD= | 9 | |
| 双字比较 不等时或 | ORD<> | 9 | |
| 双字比较 大于时或 | ORD> | 9 | |
| 双字比较 不小于时或 | ORD>= | 9 | 通过两个双字数据比较,满足比较条件并联的条件触点接通 |
| 双字比较 小于时或 | ORD< | 9 | |
| 双字比较 不大于时或 | OR<= | 9 | |

附表 15　非键盘指令表

| 指令名称 | 助记符 | 功能码 | 步数 | 功能说明 |
|---|---|---|---|---|
| 上升沿微分 | DF | 0 | 1 | 当输入条件接通瞬间(上升沿),使输出接点 ON 一个扫描周期 |
| 下降沿微分 | DF/ | 0 | 1 | 当输入条件断开瞬间(下降沿),使输出接点 ON 一个扫描周期 |
| 空操作 | NOP | 1 | 1 | 无任何操作 |
| 保持 | KP | 2 | 1 | 将输出线圈接通并保持,直至复位条件满足时断开 |
| 左移移位 | SR | 3 | 1 | 将寄存器 WR 的内容左移 1 bit |
| 主控继电器 | MC | 4 | 2 | 当输入条件满足时,执行 MC 到 MCE 间的指令 |
| 主控继电器结束 | MCE | 5 | 2 | |
| 跳转 | JP | 6 | 2 | 当输入条件满足时,跳转执行同一编号 LBL 指令后面的指令 |
| 跳转标记 | LBL | 7 | 1 | 与 JP 和 LOOP 指令配对使用,标记跳转程序的起始位置 |
| 循环跳转 | LOOP | 8 | 4 | 当输入条件满足时,跳转到同一编号 LBL 指令处,并重复执行 LBL 指令后面的程序,直至指定寄存器中的数减为 0 |
| 推入堆栈 | PSHS | 9 | 1 | 存储该指令处的运算结果 |
| 读出堆栈 | RDS | A | 1 | 读出由 PSHS 指令存储的运算结果 |
| 弹出堆栈 | POPS | B | 1 | 读出并清除由 PSHS 指令存储的运算结果 |
| 步进开始 | SSTP | C | 3 | 标记第 n 段步进程序的起始位置 |
| 转入步进(脉冲式) | NSTP | D | 3 | 输入条件接通瞬间(上升沿)转入执行第 n 段步进程序,并将此前的步进过程复位 |
| 步进清除 | CSTP | E | 3 | 清除与第 n 段步进程序有关的数据 |
| 步进结束 | STPE | F | 3 | 标记整个步进程序区结束 |
| 结束 | ED | 10 | 1 | 程序结束 |
| 条件结束 | CNDE | 11 | 1 | 只有当输入条件满足时,才结束此段程序 |
| 子程序调用 | CALL | 12 | 2 | 调用指定的子程序 |
| 子程序入口 | SUB | 13 | 1 | 标记子程序的起始位置 |
| 子程序返回 | RET | 14 | 1 | 由子程序返回原主程序 |
| 中断控制 | ICTL | 15 | 5 | 执行中断的控制命令 |

（推入堆栈、读出堆栈、弹出堆栈：用于梯形图分支处）

| 指令名称 | 助记符 | 功能码 | 步数 | 功能说明 |
|---|---|---|---|---|
| 中断入口 | INT | 16 | 1 | 标记中断处理程序的起始位置 |
| 中断返回 | IRET | 17 | 1 | 中断处理程序返回原主程序 |
| 置位 | SET | 19 | 3 | 将指定输出线圈接通并保持 |
| 复位 | RST | 1A | 3 | 将指定输出线圈断开并保持 |
| 转入步进(扫描式) | NSTL | 1B | 3 | 输入条件接通转入执行第 $n$ 段步进程序,并将此前的步进过程复位 |

**附表 16　FP1 特殊内部继电器表**

| 位地址 | 名称 | 说明 | 可用性 C14/C16 | 可用性 C24/C40 | 可用性 C56/C72 |
|---|---|---|---|---|---|
| R9000 | 自诊断标志 | 错误发生时:ON　正常时:OFF<br>结果被储于 DT9000 | A | | |
| R9005 | 电池异常标志(实时型) | 电池异常检出时:ON | N/A | | |
| R9006 | 电池异常标志(保持型) | 电池异常检出时:ON<br>一旦检出电池异常,即使正常后也可能 ON | | | |
| R9007 | 运算错误标志(保持型) | 运算错误发生时:ON<br>错误发生地址被存于 DT9017 | | | A |
| R9008 | 运算错误标志(实时型) | 运算错误发生时:ON<br>错误发生地址被存于 DT9018 | | | |
| R9009 | CY:进位标志 | 有运算进位时:ON<br>或由移位指令设定 | | | |
| R900A | >标志 | 比较结果为大于时:ON | | | |
| R900B | =标志 | 比较结果为等于时:ON | | | |
| R900C | <标志 | 比较结果为小于时:ON | | | |
| R900D | 辅助定时器 | 执行 F137 指令,当设定值递减为 0 值时:ON | | | |
| R900E | RS-422 异常标志 | 发生异常时:ON | | | |
| R900F | 扫描周期常数异常标志 | 发生异常时:ON | | | |
| R9010 | 常 ON 继电器 | 常闭 | A | | |
| R9011 | 常 OFF 继电器 | 常开 | | | |
| R9012 | 扫描脉冲继电器 | 每次扫描交替关闭 | | | |
| R9013 | 运行初期 ON 脉冲继电器 | 只在第一个扫描周期闭合,从第二个扫描周期开始断开并保持 | | | |
| R9014 | 运行初期 OFF 脉冲继电器 | 只在第一个扫描周期断开,从第二个扫描周期开始闭合并保持 | | | |
| R9015 | 步进初期 ON 脉冲继电器 | 仅在开始执行步进指令(SSTP)的第一个扫描周期内闭合,其余时间断开并保持 | | | |
| R9018 | 0.01s 时钟脉冲继电器 | 以 0.01s 为周期重复通/断动作,占空比 1:1 | | | |
| R9019 | 0.02s 时钟脉冲继电器 | 以 0.02s 为周期重复通/断动作,占空比 1:1 | | | |
| R901A | 0.1s 时钟脉冲继电器 | 以 0.1s 为周期重复通/断动作,占空比 1:1 | | | |
| R901B | 0.2s 时钟脉冲继电器 | 以 0.2s 为周期重复通/断动作,占空比 1:1 | | | |
| R901C | 1s 时钟脉冲继电器 | 以 1s 为周期重复通/断动作,占空比 1:1 | | | |

续表

| 位地址 | 名称 | 说明 | 可用性 C14/C16 | C24/C40 | C56/C72 |
|---|---|---|---|---|---|
| R901D | 2s 时钟脉冲继电器 | 以 2s 为周期重复通/断动作,占空比 1:1 | | | |
| R901E | 1min 时钟脉冲继电器 | 以 1min 为周期重复通/断动作,占空比 1:1 | A | | |
| R9020 | RUN 模式标志 | RUN 模式时:ON,PROG 模式时:OFF | | | A |
| R9026 | 信息显示标志 | 当 F149(MSG)指令执行时:ON | N/A | | |
| R9027 | 遥控模式标志 | 当 PLC 工作方式转为 REMOTE 时:ON | A | | |
| R9029 | 强制标志 | 在强制 I/O 点通断操作期间:ON | | | |
| R902A | 外部中断许可标志 | 在允许外部中断时:ON | | | |
| R902B | 中断异常标志 | 当中断发生异常时:ON | N/A | | |
| R9032 | 选择 RS-232C 口标志 | 通过系统寄存器 No.412 设置为使用串联通信时:ON | | | A* |
| R9033 | 打印指令执行标志 | 在 F147(PR)指令执行过程中:ON | | | |
| R9036 | I/O 连接异常标志 | 当 I/O 连接发生异常时:ON | | A | |
| R9037 | RS-232C 传输错误标志 | 传输错误发生时:ON<br>错误码被存放于 DT9059 | | | |
| R9038 | RS-232C 接收完毕标志 | 执行串联通信指令 F144(TRNS),<br>接收完毕时:ON 接收时:OFF | N/A | | A* |
| R9039 | RS-232C 传送完毕标志 | 执行串联通信指令 F144(TRNS),<br>传送完毕时:ON 传送请求时:OFF | | | |
| R903A | 高速计数器(HSC)控制标志 | 当高速计数器被 F162、F163、F164 和 F165 指令控制时:ON | | | A |
| R903B | HSC 凸轮(CAM)位置控制标志 | 当执行 F165 指令时:ON | | | |

**附表 17　FP1 特殊数据寄存器表**

| 位地址 | 名称 | 说明 | 可用性 C14/C16 | C24/C40 | C56/C72 |
|---|---|---|---|---|---|
| DT9000 | 自我诊断错误码 | 当自我诊断发现错误时,存放错误码 | | | |
| DT9014 | 运算用辅助寄存器(溢出位) | 执行 F105(BSR)、F106(BSL)指令时,存放溢出位(bit3~bit0) | | | |
| DT9015 | 运算用辅助寄存器(除法余数) | 16bit 除法时存放余数<br>32bit 除法时存放余数的低 16bit | | | |
| DT9016 | 运算用辅助寄存器(除法余数) | 32bit 除法时存放余数的高 16bit | | | |
| DT9017 | 操作错误地址寄存器(保持) | 当检测出操作错误时,存放操作错误地址,且保持其状态 | | A | |
| DT9018 | 操作错误地址寄存器(非保持) | 当检测出操作错误时,存放最后的操作错误地址 | | | |
| DT9019 | 2.5ms 环形计数器 | 其数据每 2.5ms+1 | | | |
| DT9022 | 扫描时间的现在值 | 存储扫描时间的现在值(扫描时间=数据×0.1ms) | | | |
| DT9023 | 扫描时间的最小值 | 存储扫描时间的最小值(扫描时间=数据×0.1ms) | | | |
| DT9024 | 扫描时间的最大值 | 存储扫描时间的最大值(扫描时间=数据×0.1ms) | | | |

续表

| 位地址 | 名称 | 说明 | 可用性 | | |
|---|---|---|---|---|---|
| | | | C14/C16 | C24/C40 | C56/C72 |
| DT9025 | 中断允许标志 | 存储中断屏蔽状态,由 ICTL 指令设定 0:禁止　1:允许 | | | |
| DT9027 | 定时中断的中断间隔时间标志 | 存储定时中断间隔时间,由 ICTL 指令设定。0:禁止　Kn:K1～K3000(乘以 10ms) | | | |
| DT9030 | 信息 0 | | N/A | A | |
| DT9031 | 信息 1 | | | | |
| DT9032 | 信息 2 | 当执行信息显示指令 F149 时,指定信息被分别存于 DT9030～DT9033 | | | |
| DT9033 | 信息 3 | | | | |
| DT9034 | 信息 4 | | | | |
| DT9035 | 信息 5 | | | | |
| DT9037 | 搜寻指令用寄存器 1 | 执行 F96 指令时,存放与搜寻资料符合的数据个数 | A | | |
| DT9038 | 搜寻指令用寄存器 2 | 执行 F96 指令时,存放最先符合搜寻资料的数据所在相对地址 | | | |
| DT9040 | Volume 可调输入 0(V0) | | N/A | C40以上 | A / A |
| DT9041 | Volume 可调输入 1(V1) | 手动可调电位器(Volume)的值(V0～V3)分别以数值(0～255)形式存于 DT9040～DT9043,以便于作为 PLC 的数据处理 | | | |
| DT9042 | Volume 可调输入 2(V2) | | | | |
| DT9043 | Volume 可调输入 3(V3) | | | | |
| DT9044 | HSC 经过值(低 16bit) | 存储高速计数器的经过值 | A | | |
| DT9045 | HSC 经过值(高 16bit) | | | | |
| DT9046 | HSC 预置值(低 16bit) | 存储高速计数器的目标值 | | | |
| DT9047 | HSC 预置值(高 16bit) | | | | |
| DT9052 | HSC 控制标志 | 高速计数器软复位或计数禁止控制码 | N/A | A* | |
| DT9053 | 日历计数器,显示时、分 | 小时、分钟数据监视器 高8位:小时　低8位:分钟(BCD 码) | N/A | A | |
| DT9054 | 日历计数器,设定分、秒 | 高8位:分　低8位:秒(BCD 码) | | | |
| DT9055 | 日历计数器,设定日、时 | 高8位:日　低8位:时(BCD 码) | | | |
| DT9056 | 日历计数器,设定年、月 | 高8位:年　低8位:月(BCD 码) | | | |
| DT9057 | 日历计数器,设定星期 | 低8位:星期(BCD 码) | | | |
| DT9058 | 日历计数器,设定 30s 修正 | 当对 bit0 写入"1",即可补正 30s | | | |
| DT9059 | 串行口通信异常码 | 发生通信错误时,存放异常码 低字节:RS-422 的内容 高字节:RS-232 的内容 | | | |
| DT9060 | 步进过程监视寄存器(过程号 0～15) | 工作:1　停止:0 bit0～15→step0～15 | A | | |
| DT9061 | 步进过程监视寄存器(过程号 16～31) | 工作:1　停止:0 bit0～15→step16～31 | | | |
| DT9062 | 步进过程监视寄存器(过程号 32～47) | 工作:1　停止:0 bit0～15→step32～47 | | | |
| DT9063 | 步进过程监视寄存器(过程号 48～63) | 工作:1　停止:0 bit0～15→step48～63 | | | |

续表

| 位地址 | 名称 | 说明 | 可用性 | | |
|---|---|---|---|---|---|
| | | | C14/ C16 | C24/ C40 | C56/ C72 |
| DT9064 | 步进过程监视寄存器（过程号 64～79） | 工作:1　停止:0 bit0～15→step64～79 | | | |
| DT9065 | 步进过程监视寄存器（过程号 80～95） | 工作:1　停止:0 bit0～15→step80～95 | | | |
| DT9066 | 步进过程监视寄存器（过程号 96～111） | 工作:1　停止:0 bit0～15→step96～111 | | A | |
| DT9067 | 步进过程监视寄存器（过程号 112～127） | 工作:1　停止:0 bit0～15→step112～127 | | | |

注：1. A：可用；N/A：不可用。
　　2. A$^*$：只有 C24C，C40C，C56C，C72C 型可用。

### 附表 18　松下 FP1 系列 PLC OP 功能表

| 功能号 | 显示信息 | 功能说明 |
|---|---|---|
| OP-0 | PROGRAM ALL CLR | 清除存储区和保持区 |
| OP-1 | NOP ALL DELETE | 删除程序中的所有 NOP 指令 |
| OP-2,3,8 | WORD DATE | 监视及设置单字寄存器 |
| OP-7 | PLURAL POINT | 监视位寄存器(1～4 点) |
| OP-9 | TOTAL CHECK | 程序整体检查,有错误显示错误信息 |
| OP-10,11 | (PRG)FORCE S/R (RUN)FORCE S/R | 强制位寄存器 ON/OFF |
| OP-12 | DOUBLE WORD DATA | 监视及设置双字寄存器值 |
| OP-14 | PLC EDIT MODE | 设置 PLC 为运行编辑方式 |
| OP-20 | LINK UNIT NO | 指定连接单元号。进行远程编程时,执行此功能 |
| OP-21 | ROUTE NO | 指定连接路径号。进行远程编程时,执行此功能 |
| OP-30,31,32 | PLC MODE | 在"遥控"方式下,设置 PLC 的工作方式("PROGRAM"或"RUN"方式) |
| OP-50 | SYSTEM REG | 监视及设置系统寄存器数据 |
| OP-51 | SYSTEM REG INIT | 系统寄存器初始化 |
| OP-52 | I/O LAYOUT ENTRY | 分配 I/O 表 |
| OP-70 | LANGUAGE SELECT | 选择显示语言 |
| OP-71 | LCD CONTRAST | 调节 LCD 的对比度 |
| OP-72 | PROT OPN=1 CLS=0 | 设置 PLC 口令记录的开/关状态 |
| OP-73 | PASSWORD | 记录和取消口令 |
| OP-74 | PASSWORD INITIAL | 强制取消口令 |
| OP-90 | ROM,ICCARD>RAM | 将一个程序从存储单元/ROM/IC 存储卡传送到内部 RAM |

续表

| 功能号 | 显示信息 | 功能说明 |
|---|---|---|
| OP-91 | TRANSFER PORGRAM | 在 FP 编程器 II 和 PLC 之间传送程序 |
| OP-92 | TRANS. SYSTEM REG. | 在 FP 编程器 II 和 PLC 之间传送系统寄存器的预置值 |
| OP-99 | RAM＞ROM，ICCARD | 将一个程序从内部 RAM 传送到存储单元/ROM/IC 存储卡 |
| OP-110 | SELF CHECK | 显示自诊断错误代码 |
| OP-111 | MESSAGE CLEAR | 清除由 MSG 指令设置的信息显示 |
| OP-112 | ERROR CLEAR | 关闭 PLC 控制单元上的错误指示灯 |

**附表 19　二进制/BCD 说明表**

| 十进制编码 | 二进制数据<br>（十六进制说明） | | | | | BCD 数据<br>（BCD H 码） | | | | |
|---|---|---|---|---|---|---|---|---|---|---|
| 0 | 0000 | 0000 | 0000 | 0000 | (H0000) | 0000 | 0000 | 0000 | 0000 | (H0000) |
| 1 | 0000 | 0000 | 0000 | 0001 | (H0001) | 0000 | 0000 | 0000 | 0001 | (H0001) |
| 2 | 0000 | 0000 | 0000 | 0010 | (H0002) | 0000 | 0000 | 0000 | 0010 | (H0002) |
| 3 | 0000 | 0000 | 0000 | 0011 | (H0003) | 0000 | 0000 | 0000 | 0011 | (H0003) |
| 4 | 0000 | 0000 | 0000 | 0100 | (H0004) | 0000 | 0000 | 0000 | 0100 | (H0004) |
| 5 | 0000 | 0000 | 0000 | 0101 | (H0005) | 0000 | 0000 | 0000 | 0101 | (H0005) |
| 6 | 0000 | 0000 | 0000 | 0110 | (H0006) | 0000 | 0000 | 0000 | 0110 | (H0006) |
| 7 | 0000 | 0000 | 0000 | 0111 | (H0007) | 0000 | 0000 | 0000 | 0111 | (H0007) |
| 8 | 0000 | 0000 | 0000 | 1000 | (H0008) | 0000 | 0000 | 0000 | 1000 | (H0008) |
| 9 | 0000 | 0000 | 0000 | 1001 | (H0009) | 0000 | 0000 | 0000 | 1001 | (H0009) |
| 10 | 0000 | 0000 | 0000 | 1010 | (H000A) | 0000 | 0000 | 0001 | 0000 | (H0010) |
| 11 | 0000 | 0000 | 0000 | 1011 | (H000B) | 0000 | 0000 | 0001 | 0001 | (H0011) |
| 12 | 0000 | 0000 | 0000 | 1100 | (H000C) | 0000 | 0000 | 0001 | 0010 | (H0012) |
| 13 | 0000 | 0000 | 0000 | 1101 | (H000D) | 0000 | 0000 | 0001 | 0011 | (H0013) |
| 14 | 0000 | 0000 | 0000 | 1110 | (H000E) | 0000 | 0000 | 0001 | 0100 | (H0014) |
| 15 | 0000 | 0000 | 0000 | 1111 | (H000F) | 0000 | 0000 | 0001 | 0101 | (H0015) |
| 16 | 0000 | 0000 | 0001 | 0000 | (H0010) | 0000 | 0000 | 0001 | 0110 | (H0016) |
| 17 | 0000 | 0000 | 0001 | 0001 | (H0011) | 0000 | 0000 | 0001 | 0111 | (H0017) |
| 18 | 0000 | 0000 | 0001 | 0010 | (H0012) | 0000 | 0000 | 0001 | 1000 | (H0018) |
| 19 | 0000 | 0000 | 0001 | 0011 | (H0013) | 0000 | 0000 | 0001 | 1001 | (H0019) |
| 20 | 0000 | 0000 | 0001 | 0100 | (H0014) | 0000 | 0000 | 0010 | 0000 | (H0020) |
| 63 | 0000 | 0000 | 0011 | 1111 | (H003F) | 0000 | 0000 | 0110 | 0011 | (H0063) |
| 255 | 0000 | 0000 | 1111 | 1111 | (H00FF) | 0000 | 0010 | 0101 | 0101 | (H0255) |
| 9999 | 0010 | 0111 | 0000 | 1111 | (H270F) | 1001 | 1001 | 1001 | 1001 | (H9999) |

**附表 20　ASCII 码表**

| b7 | b6 | b5 | b4 | b3 | b2 | b1 | ASCII HEX码 | 最重要的位 | | | | | | | |
|---|---|---|---|---|---|---|---|---|---|---|---|---|---|---|---|
| | | | | | | | | 0 | 1 | 2 | 3 | 4 | 5 | 6 | 7 |
| 0 | 0 | 0 | 0 | 0 | 0 | 0 | 0 | NUL | DLE | SPACE | 0 | @ | P | | p |
| | | | 0 | 0 | 0 | 1 | 1 | SOH | DC1 | 1 | 1 | A | Q | a | q |
| | | | 0 | 0 | 1 | 0 | 2 | STX | DC2 | ” | 2 | B | R | b | r |
| | | | 0 | 0 | 1 | 1 | 3 | ETX | DC3 | # | 3 | C | S | c | s |
| | | | 0 | 1 | 0 | 0 | 4 | EOT | DC4 | $ | 4 | D | T | d | t |
| | | | 0 | 1 | 0 | 1 | 5 | ENQ | NAK | % | 5 | E | U | e | u |
| | | | 0 | 1 | 1 | 0 | 6 | ACK | SYN | & | 6 | F | V | f | v |
| | | | 0 | 1 | 1 | 1 | 7 | BEL | ETB | ’ | 7 | G | W | g | w |
| | | | 1 | 0 | 0 | 0 | 8 | RS | CAN | ( | 8 | H | X | h | x |
| | | | 1 | 0 | 0 | 1 | 9 | HT | EM | ) | 9 | I | Y | i | y |
| | | | 1 | 0 | 1 | 0 | A | LF | SUB | * | ; | J | Z | j | z |
| | | | 1 | 0 | 1 | 1 | B | VT | ESC | + | : | K | [ | k | { |
| | | | 1 | 1 | 0 | 0 | C | FF | FS | , | < | L | | l | \| |
| | | | 1 | 1 | 0 | 1 | D | CR | GS | – | = | M | ] | m | } |
| | | | 1 | 1 | 1 | 0 | E | SO | RS | ’ | > | N | ^ | n | - |
| | | | 1 | 1 | 1 | 1 | F | SI | US | / | ? | O | - | o | DEL |

b7 b6 b5 取值：0000/0001/0010/0011/0100/0101/0110/0111

[1] 高安邦，胡乃文. 机电一体化系统设计及实例解析 [M]. 北京：化学工业出版社，2019.

[2] 高安邦，胡乃文. 例说 PLC（三菱 FX/A/Q 系列）[M]. 北京：中国电力出版社，2018.

[3] 高安邦，高素美. 例说 PLC（欧姆龙实例）[M]. 北京：中国电力出版社，2017.

[4] 高安邦，胡乃文，马欣. 通用变频器应用技术完全攻略 [M]. 北京：化学工业出版社，2017.

[5] 高安邦，姜立功，冉旭. 三菱 PLC 技术完全攻略 [M]. 北京：化学工业出版社，2016.

[6] 高安邦，李逸博，马欣. 欧姆龙 PLC 技术完全攻略 [M]. 北京：化学工业出版社，2016.

[7] 高安邦，孙佩芳，黄志欣. 机床电气识图技巧与实例 [M]. 北京：机械工业出版社，2016.

[8] 高安邦，石磊. 西门子 S7-200/300/400 系列 PLC 自学手册（第 2 版）[M]. 北京：中国电力出版社，2015.

[9] 高安邦，冉旭. 例说 PLC（西门子 S7-200 系列）[M]. 北京：中国电力出版社，2015.

[10] 高安邦，石磊，张晓辉. 典型工控电气设备应用与维护自学手册 [M]. 北京：中国电力出版社，2015.

[11] 高安邦，冉旭，高洪升. 电气识图一看就会 [M]. 北京：化学工业出版社，2015

[12] 高安邦，黄志欣，高洪升. 西门子 PLC 完全攻略 [M]. 北京：化学工业出版社，2015.

[13] 高安邦，陈武，黄宏耀. 电力拖动控制线路理实一体化教程 [M]. 北京：中国电力出版社，2014.

[14] 高安邦，高家宏，孙定霞. 机床电气 PLC 编程方法与实例 [M]. 北京：机械工业出版社，2013.

[15] 高安邦，石磊，胡乃文. 日本三菱 FX/A/Q 系列 PLC 自学手册 [M]. 北京：中国电力出版社，2013.

[16] 高安邦，褚雪莲，韩维民. PLC 技术与应用理实一体化教程 [M]. 北京：机械工业出版社，2013.

[17] 高安邦，佟星. 楼宇自动化技术与应用理实一体化教程 [M]. 北京：机械工业出版社，2013.

[18] 高安邦，刘曼华，高家宏. 德国西门子 S7-200 版 PLC 技术与应用理实一体化教程 [M]. 北京：机械工业出版社，2013.

[19] 高安邦，智淑亚，董泽斯. 新编机床电气控制与 PLC 应用技术 [M]. 北京：机械工业出版社，2013.

[20] 高安邦，石磊，张晓辉. 西门子 S7-200/300/400 系列 PLC 自学手册 [M]. 北京：中国电力出版社，2013.

[21] 高安邦，石磊，张晓辉. 德国西门子 S7-200 PLC 版机床电气与 PLC 控制技术理实一体化教程 [M]. 北京：机械工业出版社，2012.

[22] 高安邦，田敏，俞宁，等. 德国西门子 S7-200 PLC 工程应用设计 [M]. 北京：机械工业出版社，2011.

[23] 高安邦，薛岚，刘晓艳，等. 三菱 PLC 工程应用设计 [M]. 北京：机械工业出版社，2011.

[24] 高安邦，田敏，成建生，等. 机电一体化系统设计实用案例精选 [M]. 北京：中国电力出版社，2010.

[25] 隋秀凛，高安邦. 实用机床设计手册 [M]. 北京：机械工业出版社，2010.

[26] 高安邦，成建生，陈银燕. 机床电气与 PLC 控制技术项目教程 [M]. 北京：机械工业出版社，2010.

[27] 高安邦，杨帅，陈俊生. LonWorks 技术原理与应用 [M]. 北京：机械工业出版社，2009.

[28] 高安邦，孙社文，单洪，等. LonWorks 技术开发和应用 [M]. 北京：机械工业出版社，2009.

[29] 高安邦，等. 机电一体化系统设计实例精解 [M]. 北京：机械工业出版社，2008.

[30] 高安邦，智淑亚，徐建俊. 新编机床电气与 PLC 控制技术 [M]. 北京：机械工业出版社，2008.

[31] 高安邦，等. 机电一体化系统设计禁忌 [M]. 北京：机械工业出版社，2008.

[32] 高安邦. 典型电线电缆设备电气控制 [M]. 北京：机械工业出版社，1996.

[33] 张海根，高安邦. 机电传动控制 [M]. 北京：高等教育出版社，2001.

[34] 朱伯欣. 德国电气技术 [M]. 上海：上海科学技术文献出版社，1992.

[35] 朱立义. 冷冲压工艺与模具设计 [M]. 重庆：重庆大学出版社，2006.

[36] 张立勋. 电气传动与调速系统 [M]. 北京：中央广播电视大学出版社，2005.

[37] 齐占庆，王振臣. 电气控制技术 [M]. 北京：机械工业出版社，2006.

［38］张永革. 电气控制与 PLC［M］. 天津：天津大学出版社，2013.

［39］丁学恭. 电气控制与 PLC［M］. 杭州：浙江大学出版社，2011.

［40］李向东. 电气控制与 PLC［M］. 北京：机械工业出版社，2005.

［41］陈红康，王兆晶. 设备电气控制与 PLC 技术［M］. 济南：山东大学出版社，2006.

［42］付家才，王秀琴. 现代工业控制基础［M］. 哈尔滨：哈尔滨工业大学出版社，2003.

［43］胡文金. 可编程序控制器实训教程［M］. 重庆：重庆大学出版社，2007.

［44］常斗南. 可编程序控制器原理·应用·实验［M］. 北京：机械工业出版社，1998.

［45］王兰军. 单片机与可编程控制器［M］. 济南：山东科学技术出版社，2005.

［46］何友华. 可编程序控制器及常用控制电器［M］. 北京：冶金工业出版社，2008.

［47］吴建强，姜三勇. 可编程控制器原理及其应用［M］. 哈尔滨：哈尔滨工业大学出版社，1998.

［48］何友华. 可编程序控制器及常用控制电器［M］. 北京：冶金工业出版社，1999.

［49］田光明. 单片机与可编程控制器学习辅导与技能训练［M］. 济南：山东科学技术出版社，2006.

［50］尹昭辉，姜福详，高安邦. 数控机床的机电一体化改造设计［J］. 电脑学习，2006（4）.

［51］高安邦，杜新芳，高云. 全自动钢管表面除锈机 PLC 控制系统［J］. 电脑学习，1998（5）.

［52］邵俊鹏，高安邦，司俊山. 钢坯高压水除磷设备自动检测及 PLC 控制系统［J］. 电脑学习，1998（3）.

［53］赵莉，高安邦. 全自动集成式燃油锅炉燃烧器的研制［J］. 电脑学习，1998（2）.

［54］马春山，智淑亚，高安邦. 现代化高速话缆绝缘线芯生产线的电控（PLC）系统设计［J］. 基础自动化，1996（4）.

［55］高安邦，崔永焕，崔勇. 同位素分装机 PLC 控制系统［J］. 电脑学习，1995（4）.